国家出版基金项目
NATIONAL PUBLICATION FOUNDATION

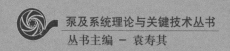

泵及系统理论与关键技术丛书
丛书主编 – 袁寿其

Basic Theory and Technology of Internal Flow in Reactor Coolant Pump

核主泵内部流动基础理论与技术

袁寿其　朱荣生　龙　云　付　强　王秀礼　著

江苏大学出版社
JIANGSU UNIVERSITY PRESS

镇 江

图书在版编目(CIP)数据

核主泵内部流动基础理论与技术 / 袁寿其等著. —
镇江：江苏大学出版社，2021.5
（泵及系统理论与关键技术丛书 / 袁寿其主编）
ISBN 978-7-5684-1471-5

Ⅰ. ①核… Ⅱ. ①袁… Ⅲ. ①主泵－应用－反应堆－
研究 Ⅳ. ①TB752②TL4

中国版本图书馆 CIP 数据核字(2020)第 268237 号

核主泵内部流动基础理论与技术
Hezhubeng Neibu Liudong Jichu Lilun yu Jishu

著　　者/	袁寿其　朱荣生　龙　云　付　强　王秀礼
责任编辑/	汪再非　孙文婷
出版发行/	江苏大学出版社
地　　址/	江苏省镇江市梦溪园巷 30 号(邮编：212003)
电　　话/	0511-84446464(传真)
网　　址/	http://press.ujs.edu.cn
排　　版/	镇江市江东印刷有限责任公司
印　　刷/	南京爱德印刷有限公司
开　　本/	718 mm×1 000 mm　1/16
印　　张/	37
字　　数/	686 千字
版　　次/	2021 年 5 月第 1 版
印　　次/	2021 年 5 月第 1 次印刷
书　　号/	ISBN 978-7-5684-1471-5
定　　价/	168.00 元

如有印装质量问题请与本社营销部联系(电话:0511-84440882)

泵及系统理论与关键技术丛书编委会

编委会荣誉主任

徐建中（中国科学院工程热物理研究所，院士 / 研究员）

编委会主任

袁寿其（江苏大学，研究员 / 党委书记）

编委会成员（按姓氏笔划为序）

王正伟（清华大学，教授）

王福军（中国农业大学，长江学者特聘教授）

刘小兵（西华大学，教授 / 副校长）

李仁年（兰州理工大学，教授 / 副校长）

张德胜（江苏大学流体机械工程技术研究中心，研究员 / 党委书记）

罗兴锜（西安理工大学，教授）

席　光（西安交通大学，教授 / 副校长）

袁建平（江苏大学流体机械工程技术研究中心，研究员 / 主任）

丛 书 序

泵通常是以液体为工作介质的能量转换机械,其种类繁多,是使用极为广泛的通用机械,主要应用在农田水利、航空航天、石油化工、冶金矿山、能源电力、城乡建设、生物医学等工程技术领域。例如,南水北调工程,城市自来水供给系统、污水处理及排水系统,冶金工业中的各种冶炼炉液体的输送,石油工业中的输油、注水,化学工业中的高温、腐蚀液体的输送,电力工业中的锅炉水、冷凝水、循环水的输送,脱硫装置,以及许多工业循环水冷却系统,火箭卫星、车辆舰船等冷却推进系统。可以说,泵及其系统在国民经济的几乎所有领域都发挥着重要作用。

对于泵及系统技术应用对国民经济的基础支撑和关键影响作用,也可以站在能源消耗的角度大致了解。据有关资料统计,泵类产品的耗电量约占全国总发电量的 17%,耗油量约占全国总油耗的 5%。由于泵及系统的基础性和关键性作用,从中国当前的经济体量和制造大国的工业能力角度看,泵行业的整体技术能力与我国的经济社会发展存在着显著的关联影响。

在我国,围绕着泵及系统的基础理论和技术研究尽管有着丰富的成果,但总体上看,与国际先进水平仍存在一定的差距。例如,消防炮是典型的泵系统应用装备,作为大型设施火灾扑救的关键装备,目前 120 L/s 以上大流量、远射程、高射高的消防炮大多使用进口产品。又如,现代压水堆核电站的反应堆冷却剂泵(又称核主泵)是保证核电站安全、稳定运行的核心动力设备,但是具有核主泵生产资质的主要是国外企业。我国在泵及系统产业上受到的能力制约,在一定程度上说明对技术应用的基础性支撑仍旧有很大的"强化"空间。这主要反映在一方面应用层面还缺乏关键性的"软"技术,如流体机械测试技术,数值模拟仿真软件,多相流动及空化理论、液固两相流动及流固耦合等基础性研究仍旧薄弱,另一方面泵系统运行效率、产品可靠性与寿命等"硬"指标仍低于国外先进水平,由此也导致了资源利用效率的低下。按照目前我国机泵的实际运行效率,以发达国家产品实际运行效率和寿命指标为参照对象,我国机泵现运行效率提高潜力在 10% 左右,若通过泵及系统关键集成技术攻关,年总节约电量最大幅度可达 5%,并且可以提高泵产品平均使用寿命一倍以上,这也对节能减排起到非常重要的促进作用。另外,随着国家对工程技术应用创新发展要求的提高,泵类流体机械在广泛领域应用中又存在着显著个性化差异,由此不断产生新的应用需求,这又促进了泵类机械技术创新,如新能源领域的光伏泵、熔盐泵、LNG 潜液泵,生物医学工程领域的人工心脏泵、海水淡化泵系统,煤矿透水抢险泵系统等。

可见,围绕着泵及系统的基础理论及关键技术的研究,是提升整个国家科研能力和制造水平的重要组成部分,具有十分重要的战略意义。

在泵及系统领域的研究方面,我国的科技工作者做出了长期努力和卓越贡献,除了传统的农业节水灌溉工程,在南水北调工程、第三代第四代核电技术、三峡工程、太湖流域综合治理等国家重大技术攻关项目上,都有泵系统科研工作者的重要贡献。本丛书主要依托的创作团队是江苏大学流体机械工程技术研究中心,该中心起源于 20 世纪 60 年代成立的镇江农机学院排灌机械研究室,在泵技术相关领域开展了长期系统的科学研究和工程应用工作,并为国家培养了大批专业人才,2011 年组建国家水泵及系统工程技术研究中心,是国内泵系统技术研究的重要科研基地。从建立之时的研究室发展到江苏大学流体机械工程技术研究中心,再到国家水泵及系统工程技术研究中心,并成为我国流体工程装备领域唯一的国际联合研究中心和高等学校学科创新引智基地,中心的几代科研人员薪火相传,牢记使命,不断努力,保持了在泵及系统科研领域的持续领先,承担了包括国家自然科学基金、国家科技支撑计划、国家 863 计划、国家杰出青年基金等大批科研项目的攻关任务,先后获得包括 5 项国家科技进步奖在内的一大批研究成果,并且 80% 以上的成果已成功转化为生产力,实现了产业化。

近年来,该团队始终围绕国家重大战略需求,跟踪泵流体机械领域的发展方向,在不断获得重要突破的同时,也陆续将科研成果以泵流体机械主题出版物形式进行总结和知识共享。"泵及系统理论及关键技术"丛书吸纳和总结了作者团队最新、最具代表性的研究成果,反映在理论研究及关键技术优势领域的前沿性、引领性进展,一些成果填补国内空白或达到国际领先水平,丰富的成果支撑使得丛书具有先进性、代表性和指导性。希望丛书的出版进一步推动我国泵行业的技术进步和经济社会更好更快发展。

国家水泵及系统工程技术研究中心主任
江苏大学党委书记、研究员

前　言

　　积极发展核电是中国重要的能源战略。

　　进入 21 世纪,在能源安全和环境安全的双重目标驱动下,核电成为中国优化能源结构的一种理想选择。2003 年党中央、国务院决定引进先进核电技术,确定了大力发展核电的方针,2006 年决定引进三代核电技术。2011 年日本福岛核事故使全球的核电发展进入低谷,核电安全问题成为焦点。2014 年8 月,采用"能动＋非能动"设计理念的中国自主三代核电技术"华龙一号"HPR1000 推出;2015 年 5 月,"华龙一号"首堆示范工程开工建设;2018 年6 月,AP1000 全球首堆首次并网成功;2019 年,"国和一号"CAP1400 核电示范工程开工建设;2020 年 3 月,"华龙一号"全球首堆热试完成。中国核电经过十多年的努力,经历了引进世界先进技术,在消化吸收的基础上,通过再创新实现核电技术自主化的发展过程。

　　"华龙一号"和"国和一号"是中国独立自主三代核电技术走向世界的名片。为了响应中国核电发展战略和核电行业"走出去"的战略布局,亟需突破核电产业发展的关键核心技术、重大试验验证技术、关键设备设计和制造技术,以满足当前最高安全标准和最严苛环境排放要求为目标,进一步优化加工工艺,提高安全性、稳定性、效率性和经济性,促进大功率核电装备的制造和推广。

　　核主泵是反应堆冷却剂系统中唯一高速旋转设备,是影响核电站安全性和可靠性的关键设备之一,其长时间可靠、稳定、安全运行对防止核电站事故的发生极为重要,常被喻为核电站的"心脏"。核主泵作为一回路承压边界的组成部分,在海啸、地震、火灾等瞬变灾变极端工况下,或发生卡轴、轴密封泄漏或失去外动力等事故时,核主泵提供循环冷却能力与反应堆堆芯热量导出之间的平衡若遭到破坏,将严重威胁堆芯安全。

以 AP1000 系列核主泵为例,其采用带高转动惯量飞轮的大功率屏蔽电动机泵,由于设计、分析计算、制造、检验和试验技术难度大、要求高,从引进技术、消化吸收到国产化制造的全过程历尽坎坷,一直备受业界高度关注。为了确保核主泵 60 年安全可靠运行,Westinghouse 和制造商 EMD 公司制定了极为严格甚至苛刻的设计标准和试验验证标准——无论是核主泵的设计、零部件材料,还是在制造精度、生产工艺方面,都突破以往的通用标准,提出了最高标准的要求,并要求必须满足包括失水试验在内的各种苛刻的热瞬态试验,堪称世界之最。仅耐久性试验就需要完成包括冷态性能试验、热态性能试验、温升和电气平衡试验(热停堆)、服役循环试验、失电试验、失去外部冷却水试验、反转运行试验等 15 项试验项目。

在引进消化吸收的过程中,核主泵制造加工试验问题频出,核主泵安全运行警钟长鸣。核主泵在 60 年设计寿命周期内,水力部件将在高温高压的环境中运行,经受近万次循环,还要考虑极端工况的安全运行。例如,在第三次工程与耐久性试验中叶轮叶片前缘出现轻微裂纹,经采用计算流体动力学、有限元分析、共振试验、模态分析等基础研究方法,探明了引起质量问题的原因并采取了补救措施。加强基础研究是突破关键核心技术的根本途径,因此开展核主泵内部流动基础理论和技术研究对核电厂的设计和安全运行至关重要。

各种复杂工况下核主泵关键部件及其关联系统的复杂性和高安全性,是造成核主泵制造困难的主要原因。面向大型先进压水堆核电站建设的国家重大需求,解决国产化和自主化进程中核主泵制造的基础科学问题,进一步认识和掌握影响核主泵关键部件设计和制造的关键技术原理,创新核主泵关键部件的设计方法与制造工艺,自主建立中国核电装备制造的理论体系,是核主泵长使役寿期设计对核主泵的高可靠性制造提出的新的极大挑战。

江苏大学流体机械工程技术研究中心(简称"流体中心")自 1962 年成立以来,对泵相关领域进行了大量深入系统的科学研究,成果广泛应用于国民经济各个领域,也为行业培养了大批专业人才。2011年组建国家水泵及系统工程技术研究中心。流体中心核电泵团队自2006年开始,十余年来先后承担了国家科技支撑计划项目(2011BAF14B04)、国家自然科学基金项目(51379091,51509112,51906085)、国家自然科学基金联合基金重点项目(U20A20292)、江苏省重点研发计划项目(BE2015129,BE2018112)、江苏省自然科学基金项目(BK2011504,BK20130516,BK20171302)、中国博士后科学基金项目(2012M521008,2019M651734)、江苏省博士后科学基金项目(1201024B)、江苏省"双创博士"项目等,同时与哈尔滨电气动力装备有限公司、上海电气凯士比核电泵阀有限公司、沈阳鼓风机集团股份有限公司等多家核主泵设计制造加工单位开展相关合作,在核主泵内部流动基础理论和关键技术等方面做了大量的研究工作,积累了丰富的成果。

基于作者团队长期积累的核主泵科学研究成果,历经两年多时间撰写成书——《核主泵内部流动基础理论与技术》。本书共分为12章,内容包括绪论、核主泵技术发展历程、泵水力设计和数值计算基础理论、核主泵水力优化设计方法、核主泵全特性、核主泵卡轴事故工况水动力特性、核主泵流固耦合特性、核主泵失水事故工况压力脉动特性、核主泵失水事故工况气液两相流动特性、核主泵断电事故工况惰转特性、核主泵空化特性、核主泵试验台。本书是第一部全面介绍核主泵内部流动基础理论与技术的著作,希望本书的出版能为中国核主泵国产化"卡脖子"问题的解决提供帮助。

本书的研究工作由袁寿其、朱荣生、龙云、付强、王秀礼指导完成。江苏大学流体机械工程技术研究中心毕业的一批极具才能的研究生曹梁、邢树兵、陈宗良、刘永、卢永刚、钟伟源、钟华舟、蔡峥、王海彬、王学吉、郑宝义等参与了核主泵内部流动关键技术的研究,他们的很多研究成果也被吸收编入本书。本书第12章中的"SEC-KSB核主泵高温高压全流量试验台"由上海电气凯士比核电泵阀有限公司李天斌撰写。全书由袁寿其、朱荣生、龙云统稿。

在本书编写过程中,清华大学王正伟教授、中国农业大学王福军教授、兰州理工大学李仁年教授、哈尔滨电气动力装备有限公司蔡龙高级工程师、沈阳鼓风机集团股份有限公司牛红军高级工程师、上海电气凯士比核电泵阀有限公司李天斌高级工程师对全书进行了认真审核，并提出了宝贵意见，在此一并表示衷心的感谢！

　　本书的出版得到了江苏大学出版社汪再非和孙文婷编辑的大力支持和帮助，在此表示诚挚的谢意。

　　本书既能为核电泵从业人员提供参考，也能为相关专业高年级学生提供一部核电泵内部流动专题的研究性资料。

　　本书内容较多，且限于作者能力和知识水平，虽数易其稿，但书中难免存在疏漏和不当之处，恳请读者批评指正。

2020 年 8 月

主要符号表

拉丁字母	释义
a	与泵结构有关的经验系数
a_1	液体的热扩散率
A	回路管道平均截面积
A_1	叶轮进口过流面积
A_2	叶轮出口过流面积
A_j	信号 $f(t)$ 在第 j 层的低频近似部分系数
b_1	叶轮叶片进口宽度
b_2	叶轮叶片出口宽度
$\overline{b}_1$	叶轮中流线在进口位置的过水断面宽度与叶轮名义直径 D 的比值
$\overline{b}_2$	叶轮中流线在出口位置的过水断面宽度与叶轮名义直径 D 的比值
b_4	导叶出口宽度
b_i	回归系数，$i=0,1,2,3,4,5,6$
B	叶片数
B_s	相对宽度
c_{pk}	某一相的比热容
$\boldsymbol{C}$	阻尼矩阵
$C_{1\epsilon},C_{2\epsilon},C_{3\epsilon}$	经验常数，$C_{1\epsilon}=0.09,C_{2\epsilon}=1.44,C_{3\epsilon}=1.92$
C_c	凝结过程经验校正系数
C_D	一方程模型经验常数

拉丁字母	释义
C_{dest}	经验常数，$C_{dest}=9\times10^5$
C_e	汽化过程经验校正系数
C_F	阀门阻力系数
C_{prod}	经验常数，$C_{prod}=3\times10^4$
C_p	压力脉动系数
C_μ	一方程模型经验常数
$\boldsymbol{d}$	位移向量
d_0	轴径
d_1	模型泵的进水管道管径
d_2	模型泵的出水管道管径
dL	某一时间间隔 dt 内流体质点系对叶轮轴线动量矩 L 的变化量
D	叶轮名义直径
$\overline{D}_1$	叶轮进口直径的平均值
$\overline{D}_1$	叶轮中流线在进口位置的直径与叶轮名义直径 D 的比值
D_2	叶轮叶片出口直径
$\overline{D}_2$	叶轮中流线在出口位置的直径与叶轮名义直径 D 的比值
D_j	信号 $f(t)$ 在第 j 层的高频细节部分系数
D_s	相对直径
D_w	轴密封轴径
e	叶轮流道轴面投影内中线的展开长度
E	包括流体内能、动能和势能之和的总能量
E	飞轮转动惯量储存的能量
E_f	惰转过渡过程中各种损失消耗的能量
E_p	流场中的比压能
E_T	机组转动惯量和输送液体惯量储存的总能量
f_i	质量力强度
f_{ik}	某一相的体积力

拉丁字母	释义
f_s	叶轮叶片的影响频率
$f(r,z)$	叶片上的角坐标
$f(t)$	原始信号
$\boldsymbol{F}$	节点受力,包括所受离心力载荷、重力及压力
F	流体冲击力
F_1	混合函数
F_{1N}	设计工况点叶片轴向力
F_{2N}	设计工况点前后盖板轴向力
F_c	凝结系数,$F_c=0.01$
F_e	蒸发系数,$F_e=50$
F_N	设计工况点叶轮轴向力
F_r	径向合力
F_{rx}	径向载荷沿 x 方向的分量
F_{ry}	径向载荷沿 y 方向的分量
g	重力加速度
g	小波重构滤波器系数
G_k,G_b	湍动能生成项
G	滤波系数
h	无因次扬程 H
h	小波重构滤波器系数
h	飞轮高度
h_0	零流量扬程系数
H	滤波系数
H	扬程
H^*	无量纲扬程,$H^*=H/H_{BEP}$
$+H$	正扬程
$-H$	负扬程
H_0	水箱液面高度
H_1	零流量工况的扬程
H_2	0.3 倍设计流量工况的扬程

拉丁字母	释义
H_4	1.2 倍设计流量工况的扬程
H_{BEP}	设计扬程
H_{BEP}	最优效率工况的扬程
H_d	动扬程
H_1	单位扬程
H_n	额定扬程
H_N	设计工况点扬程
H_P	势扬程
H_{su}	瞬态总理论扬程
H_s	稳态理论扬程
H_t	有限叶片数理论扬程
H_{ta}	叶片出口的前盖板有限叶片理论扬程
$H_{t\infty a}$	叶片出口的前盖板无限叶片理论扬程
H_{tb}	叶片出口的后盖板有限叶片理论扬程
$H_{t\infty b}$	叶片出口的后盖板无限叶片理论扬程
$H_{t\infty}$	无穷叶片数理论扬程
H_u	非稳态理论扬程
H_{u1}	旋转加速附加扬程
H_{u2}	管路内冷却剂加速造成的瞬时扬程
i	混合物质的焓值
I	飞轮转动惯量
I	核主泵机组转动惯量
j	分解层数
j	重复角标,称为亚标,表示三项相加,$j = 1, 2, 3$
J	机组转动部分的转动惯量
J_j	组分 j 的扩散通量
k_{eff}	有效热传导系数
k_1	液体热导率
K	流体传热系数
$\boldsymbol{K}$	刚度矩阵

拉丁字母	释义
K_0	叶轮进口当量直径系数
K_{b2}	叶轮叶片出口宽度系数
K_{D2}	叶轮叶片出口直径系数
K_G	气体常数
K_P	修正系数
L	汽化潜热
L	特征长度
$L_{Ai}(k), L_{Bi}(k)$	关联系数,反映了不同因素组合构成的比较序列之间的相关性
L_1	模型泵的进水管道长度
L_2	模型泵的出水管道长度
L_R	叶片弦长
m	流体质量
m	导叶对叶轮影响而造成干涉波及其谐波的阶数
m	分组数目
m_G	气泡内部气体质量
$\boldsymbol{M}$	质量矩阵
$+M$	正轴扭矩
$-M$	负轴扭矩
M_d	电动机的输入力矩
M_f	电动机的阻力力矩
M_h	冷却剂对叶轮的水力矩
M_f	转子的摩擦力矩
M_i	相间作用力
M_N	设计工况点叶轮扭矩
M_{1N}	设计工况点叶片扭矩
M_{2N}	设计工况点前后盖板扭矩
n	所有样本观测值的个数
n'	无因次转速 n
$+n$	正转速
$-n$	负转速

拉丁字母	释义
n_0	泵额定转速
n_i	各组样本观测值的个数
$n(t)$	惰转过渡过程中不同时刻的转速
$n(t)$	泵断电后 t 时刻的转速
n_s	比转速
n_{sBEP}	最优效率点比转速
n_e	额定转速
N	比较序列的长度
N	单环路功率
N	小波阶数
N_B	单位体积内空泡数
N_E	在系统压力下补入液体（$=Q_L$）而消耗的功率
N_m	电动机功率
$NPSHA$	有效汽蚀余量
N_R	Z 级密封的机械摩擦功率
N_{Th}	冷却 Q_L 液体所需热功率
p	流体中压强
p	显著水平
$\bar{p}$	平均静压值
p_0	压力下降系数
p_0	水箱液面压强
p_1	核主泵空化初生工况进口压力
p_1	模型泵进口点的压力
p_2	模型泵出口点的压力
p_B	空泡的内部压力
p_D	设计压力
p_i	泵内某一时刻某一点的静压值
$p_{in}(t)$	进口压力
p_k	叶片背面进口稍后处的压力
p_k	某一相的压强
p_s	系统压力

拉丁字母	释义
p_v	空化压力(汽化压力)
$p_v(T_\infty)$	气泡外部液体温度时的汽化压力
$p_v(T_B)$	气泡内温度时的汽化压力
P	轴功率
P	检验统计量 F 超过具体样本观测值的概率
P	有限叶片数修正系数
P_0	额定工况下核主泵的有效功率
P_j	流场中任意时间任意节点的压能
P_{max}	卡轴开始瞬间 $t=0$ s 时刻叶轮内最大压能
P_N	设计工况点功率
P_e	水力功率
q	无因次流量 Q
Q	流量
$+Q$	正流量
$-Q$	负流量
Q^*	无量纲流量,$Q^*=Q/Q_{BEP}$
Q_1	零流量
Q_2	0.3 倍设计流量工况的流量
Q_4	1.2 倍设计流量工况的流量
Q_{BEP}	最优效率工况的流量
Q_D	设计流量
Q_I	单位流量
Q_K	冷却密封系统所需要的冷却水量
Q_n	额定流量
Q_m	质量流量
Q_t	瞬时流量
r	径向距离
r_{Ai}	子序列 i 与母序列 A 的关联度
$\boldsymbol{r}_{ij}$	相关矩阵
R	两相间的质量传输率

拉丁字母	释义
R	叶轮和导叶流道的中间流线上的点到叶轮旋转中心轴线的垂直距离
R_0	叶轮和导叶流道的中间流线与叶轮出口边的交点到叶轮旋转中心轴线的垂直距离
R_1	叶轮叶片进口半径
R_1	飞轮轴径
R_2	飞轮外径
R_2	叶轮外圆半径
R_B	球形气泡半径
R_c	蒸汽凝结率
R_e	蒸汽生成率
R_m	叶轮流道轴面投影内中线重心的半径
R_t	导叶与叶轮间隙
S	叶片轴面投影图中线对旋转轴的静矩
S_1	模型泵的进水管道截面积
S_2	模型泵的出水管道截面积
S_h	体积热源项
S_t	泵体喉部面积
S_T	黏性耗散项
S^u	外部体积力引起的动量源项及用户自定义的动量源项总和
S_k,S_ε	根据计算环境由用户自定义的源项
t	检验值
t	自断电开始计算的时间
t	卡轴时间
t	时间
t	仿真过程时间
t'	无因次时间 t
t_1	初始时间
t_p	半转速时间

拉丁字母	释义
t_∞	特征时间尺度,取 $t_\infty = L/U_\infty$
T	温度
T	表面张力
T_B	气泡内部温度
T_D	设计温度
T_∞	气泡外部周围液体的温度
T_e	核主泵电动机的电磁力矩
u	额定工况叶轮外缘绝对速度
$\boldsymbol{u}$	节点的位移
$\boldsymbol{u}$	节点位移矢量
$\dot{\boldsymbol{u}}$	节点速度矢量
$\ddot{\boldsymbol{u}}$	节点加速度矢量
u_1	叶轮进口圆周速度
u_2	叶轮出口圆周速度
u_i	轴 x_i 上的速度分量
u_i	速度矢量在直角坐标系中的速度分量
u_{ik}	某一相 i 方向的雷诺平均速度
u'_{ik}	某一相的速度脉动量
u_j	速度矢量在直角坐标系中的速度分量
u_j	轴 x_j 上的速度分量
u_k	轴 x_k 上的速度分量
u_{xk}	单一相的 x 方向的速度分量
u_{yk}	单一相的 y 方向的速度分量
u_{zk}	单一相的 z 方向的速度分量
U_∞	无穷远处自由流体的速度
v	流体速度
$\bar{v}$	速度平均分量
$\tilde{v}$	速度周期分量
v_{m2}	出口轴面速度
v_{u1}	叶轮进口处速度在圆周方向上的分量
v_{u2}	叶轮出口处速度在圆周方向上的分量

拉丁字母	释义
v_x, v_y, v_r	流体质点沿 x, y 方向和径向的分速度
V_g	气相体积
V_l	液相体积
$\boldsymbol{x}$	新坐标系下的某一向量
x_1, x_2, x_3	变换后坐标系 3 个坐标轴
x_i	直角坐标系的坐标分量
x_j	直角坐标系的坐标分量
$\bar{y}$	总样本平均数,表示样本观测值
y_{ij}	样本观测值
$\bar{y}_{ij}$	个体样本平均值
Y	叶轮和导叶的面积比
Y_M	可压流体中脉动扩张作用引起的湍流能量损失
z	整个回路有效管路长度
z	轴向距离
z, Z	叶片数
Z	相互串联的密封级数

希腊字母	释义
α	标量函数
α	与泵结构有关的经验系数
α	相体积分数
α_3	导叶进口安放角
α_4	导叶出口安放角
α_{nuc}	空化核体积分数
α_g	气体体积分数
β_1	叶轮叶片进口安放角
β_2	叶轮叶片出口安放角
γ	出口倾斜角
Γ_1	叶轮进口速度环量
Γ_2	叶轮出口速度环量
δ	系数,$\delta = 1.473\,\phi^{2.16}$
δ	叶片厚度

希腊字母	释义
δ_a	前盖板的计算系数
δ_b	后盖板的计算系数
δ_{ij}	克罗内克数($i=j$ 时,$\delta_{ij}=1$;$i \neq j$ 时,$\delta_{ij}=0$)
$\delta_{\max \cdot a}$	叶片轮缘侧最大厚度
$\delta_{\max \cdot e}$	叶片轮毂侧最大厚度
ε	耗散率
$\Delta_{Ai}(k)$,$\Delta_{Bi}(k)$	序号 $t=k$ 时的效率序列、扬程序列与第 i 个因素子序列之间的绝对差
$\Delta_{\max}$	各序列之间的绝对差最大值
$\Delta_{\min}$	各序列之间的绝对差最小值
Δt	时间步长
Δv_{u2}	滑移速度
Δv	相变过程的比容变化
$\Delta \beta$	冲角
η	效率
η_0	额定工况下核主泵的有效效率
η_e	额定效率
η_h	水力效率
η_v	容积效率
θ	流体质点初始角度
θ	周向转角
Θ	空化中的热力学效应修正项
k	湍动能
λ_1	模型泵的进水管道沿程阻力系数
λ_2	模型泵的出水管道沿程阻力系数
λ_H	扬程尺寸系数
λ_Q	流量尺寸系数
μ	滑移系数
μ	气液两相混合的动力黏度
μ_m	混合物动力黏度
μ_t	气液两相混合的湍流黏度

希腊字母	释义
ν	流体的运动黏性系数
ν_k	某一相的运动黏度
ν_k^t	Boussinescq 涡黏性系数
$\boldsymbol{\xi}$	初始坐标系内某一向量
ξ_1, ξ_2, ξ_3	初始坐标系 3 个坐标轴
ξ_1	模型泵的进水管道局部阻力系数
ξ_2	模型泵的出水管道局部阻力系数
ρ	流体的密度
ρ	飞轮材料的密度
ρ	分辨系数,$\rho \in (0,1)$
ρ	冷却剂密度
ρ_i	势扬程和理论扬程之比,又称为叶轮反击系数
$\rho_1, \rho_2, \cdots, \rho_p$	直接通径系数
ρ_g	气相密度
ρ_l	液相密度
ρ_k	某一相的密度,下标 k 为气液两相中的单一相
ρ_m	气液混合物平均密度
ρ_{ye}	剩余项的通径系数
$-\rho \overline{u_i' u_j'}$	附加应力项——Reynolds 应力
σ	滑移系数
σ_k	一方程模型经验常数
$\sigma_k, \sigma_\varepsilon$	k 和 ε 的普朗特数,$\sigma_k = 1.0, \sigma_\varepsilon = 1.3$
τ	节点应力
φ	尺度函数
φ	叶片包角
φ	周期速度势函数
$\overline{\varphi}$	平均速度势函数
φ_2	滑移系数公式修正系数,$\varphi_2 = v_{m2}/u_2$
φ_{q_V}	与源汇相关的周期速度势函数
$\overline{\varphi}_{q_V}$	与源汇相关的平均速度势函数
$\overline{\varphi}_{\Gamma}$	与环量相关的平均速度势函数

希腊字母	释义
φ_Γ	与环量相关的周期速度势函数
ϕ	几何参数
ϕ_a	前盖板的几何参数
ϕ_b	后盖板的几何参数
ψ	小波
ψ	扬程系数
ψ_1	水泵叶轮中间流线进口处水流的排挤系数
ψ_2	水泵叶轮中间流线出口处水流的排挤系数
ψ_2	叶片出口排挤系数
ψ_a	前盖板的扬程系数
ψ_b	后盖板的扬程系数
ω	湍流频率
ω	瞬时角速度
ω	飞轮运行角转速
ω	旋转角速度
ω_0	额定角速度
$\Phi_{\delta max}$	叶片最大厚度处的角度
Ω_j	叶轮区域流体旋转惯性常数
Ω_M	叶轮区域流体的流动惯性常数

注:本书内容涉及多位研究者的学术成果,可能出现同一符号具有不同含义以及同一变量采用不同符号表示的情况。读者查阅本书时以正文表述解释为准,本表所列主要符号及其释义仅作参考补充。

目 录

6 核主泵卡轴事故工况水动力特性 218

绪 论

1.1 核电技术发展概况

能源是社会和经济发展的基础,是人类生活和生产的重要资源。随着社会的发展,能源的需求不断扩大。

进入 21 世纪,国际能源市场发生了深刻变化。技术进步和环境保护意识不断增强,促使全球能源结构转变不断加快,能源需求趋向低碳化,能源技术趋向多样化。从能源结构来看,主要能源消耗来自煤炭、石油、天然气三大资源。目前,这三种能源利用率较低,而且污染排改造成生态环境的恶化。未来全球能源行业面临的最大挑战是,在满足日益增长的能源需求的同时,减少全球温室气体排放[1]。发展可再生能源与核电是应对这两大挑战的重要选择。核能被公认为唯一现实的可大规模替代常规能源的既清洁又经济的现代能源[2,3]。

核能在人类生产和生活中应用的主要形式是核电。核燃料资源丰富,运输方便,核电具有污染少、发电成本低等优点[4]。

核电厂的建设和运行始于 20 世纪 50 年代,1954 年苏联试验性核电厂建设成功,1957 年美国原型核电厂建成,它们被称为第一代核电机组。这一时期建造的核电厂属于研究探索的试验原型核反应堆,设计比较粗糙,结构松散,体积较大,缺乏系统、规范、科学的安全标准,存在许多安全隐患,发电成本较高。此后在此基础上发展出第二代核电机组,但由于 1979 年美国三哩岛及 1986 年苏联切尔诺贝利核事故的发生,直接导致世界核电建设进入停滞期,人们开始重新评估核电的安全性和经济性。为保证核电厂的安全,世界各国采取了增加更多安全设施、实行更严格的审批制度等措施[5]。之后,美国及欧洲发达国家在第二代核电机组的基础上发展出第三代核电技术。目前第二代核电技术已较为成熟,第三代核电技术已被少数国家掌握,但有待实践验证,少数国家正在研发第四代核电技术。

在日本福岛发生核泄漏事故前,核电长期处于安全运行状态。因此,世界各国对发展核电重新转为积极态度。世界经济的复苏、全社会电气化进程的推进,推动了电力需求的不断增长,伴随而来的是越来越严重的能源、环境危机。核电作为清洁能源的优势重新显现,同时经过多年的发展,核电技术的安全可靠性进一步提高,世界核电的发展开始进入复苏期,许多国家制定了积极的核电发展规划。当前,核电与水电、煤电一起构成了世界能源供应的三大支柱,在世界能源结构中占有重要地位。

目前,全球核电发展有两个鲜明特点:

一是核电发展的重心从传统的核电大国转向新兴经济体国家。对亚洲、东欧、南美、非洲的许多新兴经济体国家来说,核电是清洁低碳发展的重要选择,亚洲已经成为全球核电发展最快的地区。

二是核电技术升级改造的步伐加快,三代核电机组已成为全球在建核电站的主要机型。发展安全性更高、经济性更好的三代核电,已经是许多国家保证电力供应和应对气候变化的一个重要选择。

1.1.1 世界主要三代核电技术

1979 年以来,全球核电发展经历了三次大的核电事故,虽然每次事故发生在一个国家、一台核电机组,但事故的影响却是全球性的,每一次事故都对全球核电发展造成巨大冲击[6,7]。与此同时,核电事故也推进了对核电技术的改进与创新,通过对事故的分析研究和对核电技术及管理方面的持续改进,提高了核电技术的安全性、可靠性。美国三哩岛事故后,为了消解社会对核电技术安全性、可靠性和经济性的担忧,进一步振兴核电市场,美欧核电工业界在政府和电力企业的支持下,于 20 世纪 80 年代末先后制定了"先进轻水堆用户要求文件"(Utility Requirements Document,URD)和"欧洲用户对轻水堆核电厂的要求文件"(European Utility Requirements Document,EUR),满足 URD 和 EUR 要求的"先进(Advanced)核电技术"被称为"第三代核电技术"。

从 20 世纪 80 年代以来,全球已经开发的三代核电技术包括以下几种核反应堆型:

——美国和日本联合开发的先进沸水堆 ABWR;

——美国西屋公司开发的先进压水堆 AP1000;

——俄罗斯原子能公司开发的先进压水堆 VVER;

——法国和德国联合开发的欧洲压水堆 EPR；

——韩国开发的先进压水堆 APR－1400；

——中国自主研发的三代核电技术"华龙一号"HPR1000 和"国和一号"CAP1400。

1.1.2　中国三代核电建设和发展现状

国务院发布的《"十三五"节能减排综合工作方案》中指出，国家将优化产业和能源利用结构，力争到 2020 年我国工业能源利用效率和清洁化水平大幅度提高。结合能源发展趋势和政府政策支持，核能在未来很长一段时间都有着光明的发展前景[1-3]。

自 1991 年秦山 30 万千瓦压水堆核电机组投运、1994 年大亚湾核电厂 100 万千瓦压水堆商运开始，中国核电产业历经近 30 年努力，已跻身世界核电大国行列。截至 2020 年 12 月底，我国大陆地区商运核电机组达到 48 台，总装机容量为 4 988 万千瓦，仅次于美国、法国，位列全球第三。我国在建核电机组 17 台，在建机组装机容量连续多年保持全球第一。继美国、法国、俄罗斯之后，中国成为第四个拥有自主三代核电技术和全产业链的国家。就在建规模和发展前景而言，中国已成为全球三代核电发展的中心，具备了从"核电大国"向"核电强国"迈进的条件。

"十三五"期间，我国核电机组保持安全稳定运行，新投入商运核电机组 20 台，新增装机容量 2 344.7 万千瓦，新开工核电机组 11 台，装机容量 1 260.4 万千瓦，其中自主三代核电"华龙一号"进入批量化建设阶段，"国和一号"示范工程开工建设，我国在建机组装机容量连续保持全球第一。今后新建的机组将全部采用第三代核电技术，中国核电已经实现了由二代向三代的技术跨越。

根据《电力发展"十三五"规划（2016－2020 年）》，中国核电技术已步入世界先进行列，完成国外三代技术的消化吸收，形成具有自主知识产权的"国和一号"CAP1400 和"华龙一号"HPR1000 三代压水堆核电技术。CAP1400 型号研发是压水堆国家科技重大专项的核心，也是三代非能动核电自主化能力的集中体现。CAP1400 的总体设计思路包括：突破核电产业发展关键核心技术、重大试验验证技术、关键设备设计和制造技术，实现当前最高安全目标和满足最严苛环境排放要求，进一步提高经济性[8]。融合后的"华龙一号"技术统一采用"177 堆芯"和"能动＋非能动"安全技术，统一了主参数、主系统、技术标准和主要设备的技术要求。"华龙一号"借鉴了国际三代核电技术的先进理念，充分吸收了中国现有压水堆核电厂的设计、建造、调试、运行经验,采用的系统和主要设备都是经过验证的成熟技术,设备供应立足于中国已有的装备制造业体系,技术成熟并拥有自主知识产权,再加上近年来针对福岛核事故所做的一系列技术改进,不仅满足中国最新核安全法规要求,也符合国际最先进的安全标准和三代核电技术的要求。"华龙一号"的开工建设和"国和一号"具备开工建设的条件,标志着中国已拥有独立自主三代核电技术。另外,在高温气冷堆与小型堆技术领域,中国自主研发的成果走在世界前列。

1.1.3　压水堆核电厂的系统及关键设备简介

本书以 CAP 系列核电厂为例,简要介绍第三代压水堆系统及关键设备。CAP 核电技术基于先进的设计理念,简化了电厂设备,减少了系统配置,大量减少了安全级设备和抗震厂房,具有鲜明的特色。CAP 系列核电厂主要系统和设备包括反应堆堆芯和堆内构件、反应堆冷却剂系统(简称"RCS")及其设备、专设安全系统、核辅助系统、蒸汽动力转换系统、仪表和控制系统、电气系统等。反应堆冷却剂系统(RCS)通常称为核电厂一回路系统,下面主要介绍RCS 及其设备。

(1) RCS 系统布置

RCS 系统布置如图 1-1 所示。CAP 系列核电厂 RCS 采用了紧凑的布局,由反应堆和 2 条环路组成,每条环路有 1 台蒸汽发生器、2 台无轴封电动机驱动的核主泵(屏蔽或湿绕组电动机泵)、2 根冷段主管道和 1 根热段主管道。无轴封电动机泵采用立式倒置方式安装在蒸汽发生器底部(电动机在下,泵体在上)。主管路省去二代核电厂中的 U 形连接管,减少了环路的压降,优化了布局。RCS 简化紧凑的布局优点明显:2 条反应堆主冷却剂环路的2 根冷段管道完全相同(除仪表和小管道连接处外),缩短后的主管道可降低流通阻力,同时带有弯道的主管道可灵活补充热段与冷段管道不同的热胀冷缩量;环路设计大大减小了管道应力,使主管道和大型辅助管线都符合先漏后破的要求,从而降低对减震装置、防甩装置和支承架的需求量。

(2) 反应堆压力容器

反应堆压力容器是包含堆芯核燃料、控制部件、堆内构件和反应堆冷却剂的承压容器,是承受高温高压的设备,由顶盖、接管、O 形环及螺栓螺母等部件组成。CAP 系列反应堆压力容器与传统设计有明显不同,其主要特点是:压力容器的部件全部采用锻件,在对应于堆芯的区段没有焊缝;堆内测量装置由反应堆堆顶装入堆芯,消除了因反应堆压力容器下封头发生泄漏导致失水事故(LOCA)和堆芯裸露的可能性。

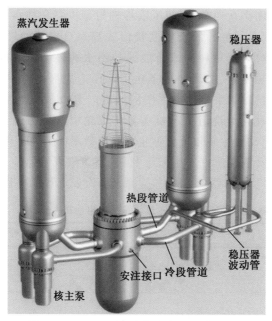

图 1-1　CAP 系列反应堆冷却剂系统(RCS)

（3）反应堆冷却剂主循环泵

反应堆冷却剂主循环泵(核主泵)是 CAP1400 示范项目关键设备之一,采用"双保险"技术路线推进:一种是沈阳鼓风机集团和哈电集团引进美国 EMD 的技术,采用屏蔽电动机泵;另一种是采用德国 KSB 公司的湿绕组电动机核主泵技术。两种技术的核主泵在性能、结构、工艺复杂性、生产周期和成本等方面各具优势[9]。CAP 1400 核主泵设计参数见表 1-1,两种技术路线核主泵的结构如图 1-2 所示。

屏蔽电动机泵没有轴密封部件,不需要轴封水系统,因此,不需要上充泵连续运行,从而简化了化学和容积控制系统。由于主泵没有轴封,不会因轴密封失效而导致失水事故,因此提高了核电厂的安全性。由于不存在更换轴密封部件的需求,因而也简化了维修。CAP 系列屏蔽电动机泵采用倒置式安装的设计,电动机腔室内的气体可以自动排入泵,避免了在轴承和电机腔水区域出现空化的潜在危害。因此,这种泵的运行可靠性比常规正立式主泵高。CAP 系列屏蔽电动机泵相对于一般商用和潜艇屏蔽电动机泵的一项改进是增加了飞轮,以增大主泵的转动惯量。在断电情况下,可以依靠惰转维持堆芯冷却所需的流量,提高核电厂的安全性。

从概念上来说,KSB 的湿绕组电动机核主泵借鉴了 KSB 在核电领域有大量应用业绩的两类系列产品,即压水堆轴封型主泵和沸水堆内置再循环泵的相关技术,其水力部件、飞轮、轴联接形式都来自成熟的轴封泵技术;而湿绕组、电动机布置形式、材料则来自成熟的沸水堆再循环泵技术。湿绕组电动机主泵不使用轴密封、把高惯量飞轮引入压力边界内、采用湿绕组电动机这三点是它与传统轴封泵相比最主要的区别。与沸水堆内置再循环泵相比,二者唯一的区别就是湿绕组电动机主泵将飞轮引入压力边界内。因不使用屏蔽套,湿绕组电动机主泵较屏蔽型主泵整机效率高 8～10 个百分点。

核主泵直接安装在蒸汽发生器下封头,与蒸汽发生器使用同一根垂直支撑,不仅大大简化了支撑系统,还为核主泵和蒸汽发生器检修提供了更大空间。

表 1-1　核主泵(屏蔽电动机主泵与湿绕组电动机主泵)设计参数对比

参数	屏蔽电动机主泵	湿绕组电动机主泵
设计压力(表压)/MPa	17.2	17.2
设计温度/℃	350	350
主法兰直径/m	2.245	2.245
连续设备冷却水最高进口温度/℃	35	35
电动机和泵壳总干质量/kg	～120 000	90 000
泵参数		
设计流量/(m³/h)	21 642	21 642
设计扬程/m	111	111
泵出口直径(内直径)/mm	650	650
泵进口直径(内直径)/mm	710	710
转速(同步)/(r/min)	1 500	1 500
电动机参数		
电动机型式	水冷屏蔽电动机	水冷湿绕组电动机
电动机额定功率(热稳态设计点)/kW	6 680	6 800
频率/Hz	50	50
电压/V	6 000	6 900
额定电流/A	～1 200	～800
机组总输入功率/kW	<9 600	<8 000
机组总效率(热稳态设计点)/%	～58	65.7

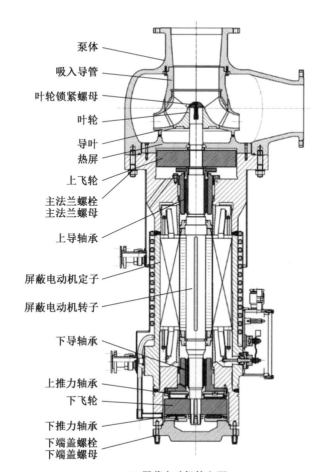

泵体
吸入导管
叶轮锁紧螺母
叶轮
导叶
热屏
上飞轮
主法兰螺栓
主法兰螺母
上导轴承
屏蔽电动机定子
屏蔽电动机转子
下导轴承
上推力轴承
下飞轮
下推力轴承
下端盖螺栓
下端盖螺母

(a) 屏蔽电动机核主泵

泵壳　　中段　　电动机壳　　轴承托架和轴承室
　　　　　　　导轴承　　　　推力轴承

吸入段　叶轮　导叶　泵轴　电动机转子　电动机定子
接线盒

(b) 湿绕组电动机核主泵

图 1-2　CAP1400 核主泵

（4）蒸汽发生器

管板和传热管采用全深度液压膨胀连接，支撑管板采用三叶几何形状孔，改进的防振条工艺，升级改造的一、二级汽水分离器，改善了的维修设备以及一侧封头设计，更便于机器人工具进出和维护保养。汽水分离器由固定旋叶式初级分离器和带钩波形板二级分离器组成。

（5）稳压器

稳压器是基于成熟技术和运行经验的常规设计，体积比同等容量电厂的常用稳压器大30％左右。较大的稳压器增加了瞬态运行裕量，减少了反应堆非计划停堆次数，降低了瞬态阶段对设备和操纵员的要求，使电厂运行更可靠。此外，它还可取消快速动作的动力卸压阀，这些阀门是引起一回路泄漏的环节，从而简化维修，降低了一回路泄漏的可能性。

（6）自动卸压系统

自动卸压系统的阀门是 RCS 的组成部分，与非能动堆芯冷却系统有接口。在发生假想事故工况后，根据非能动堆芯冷却系统的要求，自动卸压系统为执行应急堆芯冷却功能按次序开启其阀门。开启次序为 RCS 提供一个可控的卸压过程，并能防止同时开启多于一级的阀门。第 4 级自动卸压子系统的爆破阀是被连锁的，在 RCS 的压力没有充分降低之前不能开启。第 1～3 级自动卸压子系统控制阀按一定的时间滞后，在隔离阀开启之后开启。第 4 级自动卸压子系统直接与反应堆冷却剂回路热管段的顶部相连，并直接向蒸汽发生器隔间排放[10]。

CAP 系列核电厂压水堆系统设计的优点是可以提升核电厂的安全性，简化设计，易于操作、数字化仪控和模块化建造，且充分利用非能动安全系统，实现堆芯在紧急状况下的自然冷却、余热通过系统自动循环排出和安全壳在重力作用下的喷淋冷却等，进一步提高了核电厂应对突发事故的能力，保障了核岛安全运行，同时也明显缩短了施工周期，降低了核电厂长期运行的成本。相比第二代核电技术，CAP 系列核电技术显著提升了核反应堆的安全性及经济性。

1.2　核主泵内部流动研究现状

近年来，随着全球核电技术的发展，核主泵的重要性受到国内外学者的广泛关注，研究者针对核主泵的水力优化设计、事故工况下水动力特性、流固耦合特性、非定常特性、气液两相流动特性、空化特性等开展了大量的基础研究。

1.2.1 水力优化设计

核主泵的水力部件由叶轮、导叶和泵体三部分组成。

叶轮是能量转换部件,将电动机转轴的机械能通过叶轮叶片转化为流体的压力能、位置势能和动能,其性能对能量转化效率有决定性作用[11]。

导叶的功能是收集从叶轮出口流出的工作介质,将工作介质送入下一级叶轮或蜗壳中,以及将介质的部分动能转化为压力能。核主泵的导叶和传统的导叶又有些区别,除了具有收集液体的作用外还要求改变液体的流向,用于平衡球形泵壳引起的不对称流动对叶轮径向力的影响。

泵体一般起收集液体和消除液体旋转分量的作用,核主泵的泵体主要起安全保护作用,因此将核主泵的泵壳设计为类球形。

由于国外对核主泵技术严格保密,关于核主泵设计及优化的文献并不多见。核主泵由于其大流量、高扬程的要求,依据可查到的公开资料,其泵型大多采用混流泵形式,因此,其水力模型可以参考混流泵的设计方法。

1991 年 Neumann[12] 对泵内部的流动损失进行分析,得到了水力部件的不同设计参数对泵性能的影响关系;1995 年 Joseph[13] 对低温火箭发动机泵进行设计,并编写了 PUMPA 程序,用来预测常见叶片泵的偏工况运行性能;1996 年 Zangeneh 等[14] 采用三元反设计方法,设计了一个中等比转速混流泵的叶片几何形状,降低了叶轮进口的流动不均匀性,抑制了叶片吸力面二次流,从而得到更均匀的出口流动;2001 年 Sun 等[15] 通过模拟技术与试验相结合的方法,对某一泵的偏工况运行性能进行了研究,发现定子和转子的干涉作用对泵的性能影响较大;Ashihara 等[16] 改进了混流泵设计的优化过程,提高了泵的效率和空化特性,与常规的优化过程相比减少了设计时间;2002 年 Kato 等[17] 应用大涡模拟技术对一小流量工况下的高比转速混流泵的流动特性进行了研究,利用激光多普勒测速仪验证了模拟结果的准确性;Miyabe 等[18,19](2008,2009)用 PIV 测量技术和 CFD 非定常计算方法研究了混流泵非设计工况下性能的不稳定性,分析了混流泵扩散段对泵性能的影响关系;2009 年 Takayama 等[20] 针对泵优化(尤其是多目标优化)设计研究很少的现状,提出了一种混流泵多目标优化设计方法,用三维反设计方法设计泵叶轮和导叶,用试验设计(DoE)建模,生成样本空间,用 CFD 模拟分析性能,优化变量取叶轮和导叶的叶片表面载荷分布和子午面形状,优化的目标函数取泵的效率、扬程曲线的最大斜率和关死扬程。

我国对核主泵技术高度重视,近几年来,许多高校及企业对核主泵的设计方法展开了探索。目前,国内关于核主泵设计方法的研究主要有:2010 年李良[21]利用传统速度系数法自主设计了一台 5 叶片的核主泵的叶轮及其整机,但轴功率过大,需要进一步改进;单玉姣[22]应用模型变换法,在一混流泵基础上,设计出带有 5 叶片叶轮及 14 叶片空间导叶的核主泵水力模型,并应用 CFD 技术分析了混流泵叶轮内部流场;秦杰等[23,24](2010,2011)在高温高压工况下对核主泵进行模拟计算,并与常温常压下的外特性进行对比,结果表明速度系数法适用于核主泵的设计,为水力模型的进一步优化打下了理论基础;张栋俊等[25]设计了多个核主泵模型方案,通过对比分析核主泵内部流动特性,得到了蜗壳扩散管的最佳位置及截面形状,并依此建立了最优水力模型;2012 年沈飞[26]进一步完善了基于 CFD 技术的核主泵过流部件设计方法,对核主泵的叶轮进行了改进设计,取得了较好的效果;2014 年龙云等[27,28]、习毅[29]采用正交优化设计方法对核主泵的叶轮和导叶开展了优化设计,并通过试验验证了设计方法,获得了较高性能的水力模型;2014 年江苏大学完成了百万千瓦级核主泵水力模型研制鉴定;2017 年钟华舟[30]、2018 年蔡峥[31]将事故工况下核主泵惰转性能作为优化设计指标,基于正交试验对核主泵叶轮和导叶开展了优化设计研究。

1.2.2　事故工况下水动力特性

在核电厂运行中,核主泵的事故工况主要分为三大类[10]:

第Ⅰ类事故工况:包括小幅度反应堆冷却剂失流、失去正常供水及小幅度的温度失衡,属于中等频率事故。

第Ⅱ类事故工况:包括小破口失水事故(Small Break Loss of Coolant Accident,SBLOCA)和强制循环冷却剂流量完全丧失,其中小破口事故包括 RCS 系统小破口、二次侧系统小破口,属于稀有事故。

第Ⅲ类事故工况:核主泵发生主轴卡死、断裂或主循环回路大破口失水事故(Large Break Loss of Coolant Accident,LBLOCA)。在强烈地震、海啸等不可抗自然灾害发生时,有可能会引发系统或设备故障,诱发该类事故,属于极限事故。

核主泵在极端工况下的运行能力,是预防核事故发生的重要保证,也是评价核主泵性能优劣的一个重要指标。核主泵不同于常规泵,它需要确保压力边界完整,以及在特殊事故工况下泵的可靠运行,故要求核主泵具有更高的安全可靠性。

(1) 全特性

尽管国内外现有文献针对核主泵内多工况下全特性的研究甚少,但却有大量文献针对离心泵、混流泵、水泵水轮机等叶片泵的全特性进行研究,同时也有大量文献针对叶片泵的瞬态过渡过程和气液两相流动进行相关研究,前人的研究对核主泵全特性研究的拓展具有充分的参考价值。

国内针对叶片泵全特性的研究起步比较迟。1981 年程良骏[32]提出关于水泵水轮机的全特性问题,按基本原理阐述了四象限八工况的形成,特别指出全特性图上任一半径射线只代表一个工况,并讨论了水泵水轮机运行中的主要问题。1982 年端润生等[33]提出可逆式混流水泵水轮机的全特性,论证了稳态方法测定可逆式水泵水轮机全特性的可行性,同时通过叶轮设计和运行控制来消除或减轻在水泵工况的高压区和 S 形特性区域出现的不稳定性水流增高、较强烈的压力脉动和振动等现象。1989 年牛笑莲等[34]采用定能头法做离心泵全特性试验,得到了水泵作为水轮机运行时的特性。常近时[35,36]在 1991 年和 1995 年分别提出混流式水泵水轮机装置泵工况断电过渡过程的解析计算方法和水轮机全特性曲线及其特征工况点的理论确定法。1998 年郑梦海[37]对泵四象限试验回路与试验方法进行了阐述。2000 年王林锁等[38]以相对流动角和导叶开度为自变量来表示可逆式水力机械全特性曲线的曲面函数。刘梅清等[39]应用瞬变流的基本理论,建立了适用于大型轴流式泵站水力过渡过程计算的数学模型,提出了在超驼峰运行条件下泵站出口闸门满足安全所要求的启闭规律。王伦其[40]通过对可逆式水力机械过渡过程进行计算分析,得出其最大压升和速升变化规律。2003 年王乐勤等[41]针对混流泵瞬态水力特性进行试验研究,得出瞬时调阀过程、开机和关机过程的特性曲线。2008 年杨绪剑等[42]提出了泵四象限试验系统的硬件及软件设计方法。2011 年赵玉艳等[43]依据试验数据分析泵的全特性曲线,展示泵在四象限工况的特性。张兰金等[44]对水泵水轮机 S 形区流动特性进行了数值分析。杨孙圣等[45]指出存在最佳叶片包角使可逆式水泵达到最高效率。2013 年郑小波等[46]对水泵水轮机的全特性曲线进行了变换处理。尹俊连等[47]介绍了数值计算在可逆式水力机械方面的研究进展。

国外针对叶片泵全特性的研究文献很少。松井良雄等[48]通过试验获得了螺旋离心泵的全特性,并预测该泵可以作为可逆式水泵水轮机使用,此外他们还研究了净正吸入扬程对泵特性的影响。Ayder 等[49]针对管路中泵故障造成的水锤现象,为测得水锤产生的压力变化时间,进行叶片泵全特性试验研究,发现管路水锤压力计算必须考虑泵的全特性。

从 20 世纪 80 年代至今,很多学者对各类泵的全特性开展了不同程度的研究。Derakhshan 等[50]认为,在泵特性和透平特性之间建立一种关联是一项很有意义的工作。Pérez Flores 等[51]指出,适当调节泵壳可以改善轴流泵运转特性中扬程突然下降的情况。Mahar 等[52]结合泵特性,提出了一种非线性优化模型来设计泵主管道。也有学者提出了一种改善泵系统特性的方法，可以作为设计、评估城市污水源泵系统的参考[53]。1993 年张森如[54]使用一种同系压头曲线对核主泵的全特性进行了描述。1996 年陈乃祥等[55]提出了一种以全特性曲线图中等开度线长度的函数为单位参数的全特性表达方式。2004 年邵卫云等[56]引入导叶相对开度，利用最小二乘曲面拟合法对全特性曲线进行了新的变换。Wan 等[57]使用一种以常规特性曲线为基础、经过优化的方法获得了离心泵的全特性。Moreno 等[58]介绍了一种用于获得泵站最优特性曲线的数学方法，指出了 Q-H 特性曲线形状的主要影响因素。Yin 等[59]使用 CFD 软件对水力损失进行模拟，分析得出泵性能曲线中的 S 区域主要是由叶轮引起的。上述研究得到的全特性表达方式具有较强的实用性，但是仍有不足之处，其中有些表达方式无法对试验范围以外的外特性进行预测，有些对转速、扬程、轴扭矩的描述是不连续的，有些则在外特性分析中没有考虑轴扭矩，也没有将全特性包含的所有工况全部表达出来。目前，较为普遍的全特性曲线方程获得方法是，首先通过试验获得大量试验数据，然后使用各种类型方程尝试拟合，并控制拟合误差大小。虽然这种做法相对可靠，但仍存在曲线方程预测精度低、没有固定精确数学模型等不足。现有关于全特性的研究大多集中在全特性试验管路设计和试验方法[33,56]、全特性各工况下内部流场分析[55,56,60]、全特性试验数据的无因次化处理方法[57,58]等方面，涉及核主泵全特性曲线数学模型建立的文献鲜有报道。

全特性研究是核主泵开发设计中的一项很重要的基础性工作，从 20 世纪 80 年代至今，虽然有很多学者对其开展了大量的研究，但是由于存在包含工况众多、不同工况之间的过渡过程比较复杂等原因，全特性研究仍然不够全面和深入。尤为重要的是，全特性应该包含从负无穷到正无穷流量区间所有工况的全部外特性，这样一个无穷大的流量区间不仅给研究工作增加了难度，而且使全特性的图形表达变得困难。传统的全特性表达方式虽然包含了核主泵运行时可能出现的所有工况，但只能描述一定转速下的全特性，其他转速下的全特性必须使用相似定律转换求解。此外，传统的全特性表达方式只能表示核主泵在有限大小流量区间上的外特性，无法对无穷大的流量区间进行描述，这是该种表达方式的一个典型缺陷。上述不足不仅影响了全特性表达的完整性，而且限制了对全特性的进一步研究。因此，迫切需要一种更加完善的数形结合方式对全流量范围内所有转速下的全特性实现准确、完整、简洁的表达。

（2）卡轴事故

核主泵卡轴事故工况是一种复杂的瞬态过渡过程，可以将其理解为核主泵全特性中的一个特殊过程工况,但是目前并没有准确、简洁的表达方式对这一过程进行描述。

核主泵卡轴事故属Ⅲ类工况(极限事故工况),是指核主泵在额定工况点满功率运行时转子突然受到极大的阻力矩被迫快速停转。卡轴持续时间远小于停机惰转和急停用时,造成事故的直接原因有核主泵联轴器破裂、轴承润滑系统故障等[61]。卡轴后核主泵推送冷却剂能力骤降,回路冷却剂流量降低,堆芯温度升高,燃料棒存在偏离泡核沸腾(DNB)的危险[62]。然而,关于核主泵卡轴事故的研究较少。靖剑平等[63]、朱大欢等[64]、齐炳雪等[65]使用TACOS 等程序建模分析了卡轴事故发生后一回路冷却剂温度、压力和燃料包壳表面温度上升的情况;陈秋炀等[66]分析了止回阀对卡轴后 RCS 热工-水力特性和核功率瞬态的影响。可见,现有文献主要研究卡轴事故发生后的回路系统,对作为卡轴事故核心部件的核主泵研究甚少。江苏大学核电泵研究团队先后开展了核主泵模型泵卡轴事故水动力特性和流固耦合特性研究。刘永[67]基于数值计算方法研究了小破口卡轴事故工况下核主泵的水动力特性,介绍了归一化方法在卡轴事故中的表达及小破口卡轴工况下的水动力特性。联轴器破裂、轴承润滑系统故障等原因造成的卡轴阻力矩不相同,卡轴持续时长和转速随时间变化曲线也不尽相同。核主泵的安全设计标准要求停机半流量时间超过 5 s[68],断电 20 s 叶轮转速通常能达到近 400 r/min[69]。因此,卡轴事故持续时长远小于停机时长实际上涵盖了由机械故障而非操作员意愿导致的所有事故工况。

(3)断电事故

断电事故工况下核主泵的惰转过渡过程属于瞬态流动过程,对其内部流动的瞬态模拟分析相比稳态过程数值模拟分析更为复杂,并且在惰转过渡过程的大部分时间内,核主泵流量、转速和扬程等参数都是非线性变化的。因此,掌握核主泵惰转变化规律和研究其内部瞬态流动特性的难度大大提升。

核电生产安全可靠性很大程度上取决于核主泵惰转特性是否达到了安全评价标准,国内外不少学者投入了大量精力对核主泵惰转过渡过程进行研究。Dundulis 等[70]采用 RELAP5 模型对核电厂核主泵事故停机进行了研究分析,建立了隔离控制阀和节流调节阀的特性变化曲线。Dien 等[71]使用VVER-1200 NPP 模拟器对核主泵惰转瞬态过程进行了研究,基于试验结果验证了建立模型的合理性。Benčik 等[72]针对不同瞬态工况下的惰转过渡过程,介绍了反应堆冷却剂泵的 RELAP5/MOD3.3 的分析结果。张亚培等[73]建立了 CPR1000 压水堆一回路系统模型,并对断电事故工况下的瞬态热工水力特性进行分析,通过 RELAP5/MOD3.4 验证了模型的可靠性。徐一鸣[74]

结合动量守恒方程推导断电事故下核主泵新的惰转转速数学模型,计算了核主泵惰转转速变化过程,分析了飞轮转动惯量与惰转半流量时间的关系。王秀礼等[75]通过对比线性、常规和带惰轮 3 种核主泵停机惰转模型,发现带惰轮惰转模型径向力特性优于线性与常规惰转模型,径向力变化幅度更小。刘夏杰[76]对断电事故下核主泵惰转过渡过程中的轴承座振动特性进行了研究,发现断电时流量剧变、振动突然加强、电磁不平衡,导致机组可靠性下降。张森如[54]根据现有数据得到惰转过渡过程中水力学力矩和压头数据,最终得到在惰转过渡过程中的计算模型。张龙飞等[77]基于瞬态分析程序 RELAP5/MOD3 研究不同转动惯量对惰转过渡过程的影响,结果表明转动惯量越大惰转时间越长,由泵惰转所提供的惯性流量不仅能够在断电后短时间载出堆芯的剩余发热,而且有助于建立后续的自然循环。

(4) 失水事故(LOCA)

对核电厂事故报告分析发现,失水事故工况下发生的熔堆事故是造成核辐射泄漏的最主要的原因[78]。通常意义上的失水事故主要分为小破口事故与大破口事故,而长期历史经验表明小破口事故所占比重较大。因此,预防小破口失水事故的发生对于提高反应堆工作的可靠性非常关键。

针对核主泵小破口失水事故的研究越来越多。Koo 等[79]对核主泵在非正常工况下的振动进行了试验监测与数值分析研究,提出了一种系统诊断方法。Carlin 等[80]对 AP1000 核主泵的瞬态流动损失进行了裕度评估,提出了改善方法,并通过试验验证了改善效果。Poullikkas[81]结合结构设计、相间分离、压缩比例等多因素对核主泵两相流工况附加损失进行了研究,改进了失水事故工况的扬程计算模型。Robinson 等[82]研究了小破口失水事故工况下管路系统压力的变化,分析了不同因素对管道裂纹发展的影响,提出了改善方法。Poullikkas[83]研究了失水工况下叶轮进口气泡发展规律,对不同流量下泵的内部流动进行高速摄影,得到了气相分布规律。付强等[84]基于 Euler - Euler 非均相流模型对失水事故工况下核主泵内的气液两相瞬态流动规律进行了模拟分析,得到了流量变化时气相成分对内部流动变化趋势的影响。黄洪文等[85]基于 RETRAN - 02 程序构建模型,研究了小破口失水事故工况核主泵瞬态过程的热工水力参数,分析事故发生原因并提出预防方案。杨江等[86]通过 RELAP5/MOD3.4 程序构建压水堆模型,分析了 AP1000 核主泵小破口失水事故工况下冷却剂的瞬态流动特性,得到流量、温度和压力的变化规律,验证了小破口失水事故的安全性。林诚格等[87]针对传统失水事故分析模型的不足,基于最佳估算方法提出了改进措施,获得了事故最佳估算模型。

朱荣生等[88]、付强等[89]对失水事故下核主泵的气液两相流动做了大量研究,得到了包括含气率对核主泵外特性和压力脉动的影响、气相在流道内的流动分布等规律。王伟伟等[90]使用 WCOBRA/TRAC 软件对失水事故中冷却剂系统压力、堆芯冷却流量及包壳温度等做了研究。党高健等[91]使用相应程序分别模拟了核主泵相似特性曲线、自由容积和外特性对失水事故后果的影响。杨江等[92]基于 RELAP5/MOD3.4 程序验证了核主泵系统应对冷管段小破口失水事故的响应能力。

综上所述,虽然核主泵卡轴事故瞬变过渡工况是其安全运行评价和考核的重要指标,但是鲜有文献报道对卡轴事故工况及卡轴工况下特性参数的变化情况进行研究。对断电事故下核主泵惰转过渡过程的研究主要是针对不同惰转模型的对比,以及瞬态流动特性分析,缺乏核主泵参数设计对惰转特性影响的研究。同时,目前对失水事故工况的研究主要围绕内部瞬态流动特性分析和改善事故分析数学模型,对于失水事故工况内部流动损失与核主泵惰转工况、卡轴工况、两相流的内在联系缺乏深入分析。

1.2.3 流固耦合特性

流固耦合力学是研究在流场作用下固体的形变位移响应以及固体位移形变对流场的影响二者互相耦合的一门力学分支,属于交叉学科。在研究中考虑流固耦合作用会使结果更接近于实际情况,可信度更高。

国内外学者对核主泵做了大量研究,但对核主泵在考虑流固耦合作用后的研究较少。主要归纳如下:王秀礼等[93]对考虑流固耦合作用后的核主泵空化进行了研究,得到不同空化工况下的叶轮形变及径向力趋势规律;廖传军等[94]提出了一种流体静压型机封的流固强耦合模型,并进行了试验验证,为核主泵机封的设计研究提供了理论基础;钟伟源等[95]基于双向流固耦合求解方法在核主泵不同流量下进行了求解计算,研究了流固耦合作用下核主泵叶轮的力学特性,揭示了考虑流固耦合作用后叶轮总体、叶片进出口边及叶根在不同流量下的应力及变形分布规律;张野[96]对流固耦合作用下的核主泵叶轮进行了总体应力应变和干湿模态振型研究;朱荣生等[97]对 1 000 MWe 级核主泵的流固热的多场耦合进行了计算仿真,得到了叶轮在多场中的应力和变形分布,并分析了叶轮中热应力与离心力所产生的拉应力在耦合场中的差异。

随着科学技术的发展,越来越多相关学科的研究方法和理论成果被应用到流固耦合问题的研究中,使得对流固耦合问题的认识及研究更加深入。然而,流固耦合在核主泵中的研究还相对较少,特别是对核主泵瞬态过程中的

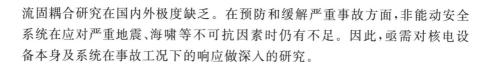

流固耦合研究在国内外极度缺乏。在预防和缓解严重事故方面,非能动安全系统在应对严重地震、海啸等不可抗因素时仍有不足。因此,亟需对核电设备本身及系统在事故工况下的响应做深入的研究。

1.2.4 非定常特性

(1) 泵压力脉动特性

核主泵依靠冷却剂来实现能量传递,当核主泵工作时,叶片随着叶轮的旋转与固定导叶周期性交汇,导致叶轮和导叶内速度、压力分布相互影响[98],这种转动叶轮与静止导叶之间的相互作用被称为动静干涉[99]。一方面,以固定转速旋转的叶轮出口尾流会对固定导叶的内流场产生周期性的影响;另一方面,固定导叶的存在会改变叶轮出口的边界条件,从而引起叶轮内速度场、压力场的周期性变化。叶轮与导叶之间的动静干涉作用会使核主泵内的压力在一定范围内连续波动,这种压力单次持续时间不长且呈现一定的周期性的现象被称为压力脉动[100]。现有研究[101-103]表明,叶轮出口的不均匀流动及叶轮与导叶之间的动静干涉是引起泵内流场压力脉动及噪声的主要原因。由动静干涉引起的压力脉动在流场内不断传播,持续不断的压力脉动不仅可使某些部件在长期交变应力的作用下发生疲劳破坏,还可能沿径向传播造成核主泵过流部件的异常振动。在某些特定条件下,当压力脉动的振动频率接近机械系统的固有频率时,可诱发共振,造成机械结构损坏,对核主泵安全稳定运行产生严重威胁。同时,压力脉动信号与内流场的流动分布密切相关,包含了大量与流场相关的信息,因此,核主泵在不同运行状态的压力脉动信号具有不同的表现形态。研究压力脉动信号不仅有助于了解核主泵内部流动机理,还可以通过对压力脉动信号的频谱分析监测核主泵的工作状态。由此可见,对核主泵在不同工况下的压力脉动特性进行系统研究是十分必要的。

目前,国内众多的专家学者已经对核主泵内的压力脉动规律做了大量研究,而国外关于核主泵的研究文献则相对较少。Miyabe 等[104,105]运用 PIV 和压力脉动测量仪器对核主泵内部旋转失速现象进行了研究,结果表明不稳定内部流动特性是由叶轮出口至导叶进口处出现的大尺度回流所激励的,同时研究显示核主泵内非定常流动结构可能会导致严重的压力脉动和振动,进而影响泵的安全稳定运行。韩国原子能研究院(KAERI)[106]为 1 400 MW 核反应堆设计制造了一台测试用核主泵,并进行了冷态与热态性能测试,观测到在特定温度范围内压力脉动振幅异常增加,其原因是当核主泵叶片通过频率及其谐波与核主泵测试设备的频率成正比时发生了声共振现象。

Baumgarten 等[107]通过对核主泵进行三维非定常模拟,分析了模型泵内部压力脉动的变化规律,并对压力脉动进行了试验测试,经过对比分析发现,试验结果与数值计算的结果十分吻合。朱荣生等[108]采用计算流体动力学方法对核主泵在小流量工况下的压力脉动规律进行了研究,通过对内部流场的分析发现,由于叶轮与导叶间的动静干涉作用,在小流量工况下核主泵内出现强烈的压力脉动现象,叶频在压力脉动诱发的振动中起主导作用,同时在叶轮和导叶的进口处存在明显的回流现象,回流导致小流量工况下压力脉动剧烈波动且周期性差。倪丹等[109]采用大涡模拟方法研究了混流式核主泵内流动结构与压力脉动的相关性,通过模拟发现监测点处的压力频谱与涡量频谱具有相同的激励频率,从而说明核主泵内非定常旋涡流动结构是压力脉动的诱因之一。朱荣生等[110]对正转水泵工况下核主泵压水室出口处的压力脉动信号进行了系统研究,结果显示在不同流量工况下,压水室出口处的脉动信号存在明显差异,且越偏离设计工况点其压力脉动越剧烈;同时还发现,在压水室出口附近出现的回流会对压力脉动信号产生影响,且回流的出现与泵壳的类球形设计有关。李靖等[111]研究了导叶结构对核主泵内压力脉动信号的影响,建立了采用非均布导叶的 1 400 MW 核主泵模型,并对内流场进行了分析,研究结果表明,采用非均布导叶不会对核主泵的外特性造成明显影响,这种结构不仅可以改善压水室内流动状态、降低水力冲击,还可以大幅降低导叶通频及其倍频的脉动幅度。

从上述相关研究文献可以看出,目前针对压力脉动信号的研究对象主要为离心泵、水轮机,针对核主泵内压力脉动信号的研究则集中在正转水泵工况,而对核主泵在事故工况下压力脉动特性的研究极少。

（2）泵瞬态特性

泵类机械设备的瞬态特性一直是国内外学者研究的重点,国外学者已经进行了大量的试验研究。Omahen 等[112]研究了核主泵应急启动瞬态过程中泵和主回路整体运行状态的变化特性,验证了启动程序的合理性。Farhadi 等[113,114]建立了启动模型,对核主泵启动瞬态过程进行研究,明确了转子惯性与一回路系统惯性之比对核主泵启动过程的影响,并验证了模型的准确性。Duplaa 等[115]通过改变离心泵进口和出口处的压力,对启动瞬态过程的空化特性进行了研究,捕捉到叶轮内启动瞬态的空化现象。Skalak[116]对一种水锤的理论进行了延伸和推广。Tanaka 等[117-119]通过试验方法对离心泵的瞬变工况特性进行了深入研究,并捕捉到其内的气穴破坏过程。Tsukamoto 等[120,121]通过试验方法对泵的启动和停机过渡过程进行了研究分析,并对比了准稳态理论和瞬态理论结果的差异性。国内学者对泵的瞬态特性研究始于 20 世纪 90 年代,近年来也取得了一定的成果。邵昌[122]基于试验和数值模拟方法,对超低比转速泵的启动瞬态过程进行研究,得到了不同启动加速度下的泵内流场分布和启动瞬态水力特性。李伟[123]对斜流泵启动特性进行了研究,证明了准稳态方法不适用于泵的启动瞬态过程。王乐勤等[124,125]、吴大转等[126,127]对混流泵、离心泵的快速启动特性进行了大量的试验研究,获得了叶轮加速度、管阻特性对启动过程的影响,并揭示了混流泵瞬态过渡过程的内流机理。

Gaikwad 等[128]对核主泵瞬态参数变化进行研究,给出了采取阶跃降功率的操作建议。Han 等[129]研究了一回路冷却剂早期特性对惰转流量的影响,通过采用不同惰轮,对惰转流量的瞬态影响进行研究,得出堆芯峰值温度、惰轮尺寸、衰变热交换初始值、惰转时间等最佳设计参数。邓绍文[130]对秦山核电站二期工程主泵的瞬态进行了计算,获得了较好的计算结果。Gao 等[131]采用力矩平衡关系,推导出惰转流量与转速的关系,发展了核主泵惰转瞬态流量计算的数学模型。

国内外许多学者已对泵的启动、停机等瞬变过渡过程进行了较为系统的研究,取得了一些进展,这些研究大多集中在瞬变工况下泵外特性及影响机理方面,对核主泵事故工况下的瞬态特性缺乏深入研究。

1.2.5 气液两相流动特性

对核主泵内气液两相流的研究可分为两个阶段。第一阶段:20 世纪80 年代到 20 世纪末。这一阶段为核主泵气液两相流研究的初级阶段,受限于当时的研究条件,只能通过外特性试验来衡量失水事故中含气量对性能的影响,无法应用计算流体力学来揭示核主泵内部两相流动的内在规律。第二阶段:21 世纪初到现在。这一阶段开始从微观上研究气液两相的流动机理,结合了数值模拟方法。由于气液两相流的复杂性,其理论与数学模型的建立及试验,一直是研究的难点。

气液两相流的研究始于 1965 年 Stepanoff[132]对泵与风机中的气液两相流动现象进行的描述及初步理论推导。在 20 世纪 80 年代中期 Furuya[133]通过对两相流的研究,建立了一维不可压模型,但由于该方法没有充分考虑流体的黏性及泵内的水力损失,应用范围受到了限制。1999 年黄思等[134]综合考虑泵的主要设计参数、泵内气体体积分数与气液两相间的速度滑移,在一维控制体模型的基础上,推导得到扬程计算公式,适用于气液两相混输泵。2003 年 Poullikkas[83]对失水事故下的核主泵气液两相流进行研究,利用高速摄影技术得到了流道内的气泡分布规律。2007 年 Haeberle 等[135]介绍了离心磁力泵内部气液两相流的流动机理。2010 年张有忱等[136]采用 FLUENT

的 RNG k-ε 湍流模型进行了气液两相流工况下迷宫螺旋泵的模拟计算,并进行了试验验证。2012 年朱荣生等[88]通过对含气率及冷却剂温度变化进行数值模拟,分析了事故工况下核主泵内气体分布对性能的影响。2013 年朱荣生等[137]利用 CFX 模拟得到核主泵内部的瞬态流场,并通过分析泵内的含气率分布规律以及压力脉动的频域与时域图,得到导叶出口边安放的最佳位置。

对核主泵的瞬态过渡过程研究,有利于深入了解在不同运行工况、不同时刻泵内的流动情况,发现泵内不稳定流场,并依此对泵的设计进行改进。核主泵气液两相瞬态过渡过程研究也是当前研究的一大热点。

国外针对水泵在瞬态工作过程的性能研究开始于 20 世纪 50 年代,美国学者 Bournia[138]对 3 种类型的冷却剂流失事故进行了分析,得到了 1 台泵事故、2 台泵事故和 4 台泵事故下的泵瞬态功率。1982 年 Chi 等[139]介绍了一种适用于热泵瞬态分析的计算机程序(TRPUMP),它利用一阶数学微分方程描述单相流或两相流的热量、质量和动量的转移,并将计算结果与在 NBS 实验室采集到的试验数据进行了比较,两者吻合性较好。1993 年张森如[54]分析了在全厂断电工况下的一回路冷却剂系统在惰转时的动量守恒方程,研究表明通过公式推导得到的数学模型可应用于核主泵的瞬态过程分析。2007 年 Dazin 等[140]应用叶轮的不稳定流动和不可压缩流体力学理论,研究了一涡轮机启动瞬态,并通过试验来验证启动过程中的动力特性。2009 年刘夏杰等[141]分析了惰转过程中的核主泵流量、振动及转速等主要参数的变化,并通过与试验结果对比,得到了惰转过程的核主泵水力特性。2010 年黄剑峰等[142]在三维 N-S 方程的基础上,应用 Smargorinsky 模型对混流泵内的瞬态流动特性和瞬时涡演变进行了大涡模拟分析。2011 年 Gao 等[131]对核主泵关机瞬态过程进行数学建模,很好地模拟出关机过程中流量、转速的变化,与核电厂发布的数据一致。文献[74,83,143,144]对核主泵启动阶段、关机惰转及变流量工况下的气液两相瞬态过渡流动特性进行了模拟及试验研究,得到了内部压力脉动、径向力的瞬态结果,对核主泵的优化设计有很好的借鉴意义。2015 年 Groudev 等[145]利用 RELAP5/MOD3.2 的计算机代码,得出了科兹洛杜伊核电厂小破口失水事故初期的热工水力计算的结果。

国内一些学者在其他类型泵的气液两相流方面也做了很多研究。2014 年张人会等[146]通过数值模拟的方法对液环真空泵出现的非稳态气液两相流进行研究,得到了两相流分界面的变化规律,并探究了两相流分界面对泵外特性的影响规律。2015 年李红等[147]用高速摄影系统对自吸泵的主要过流部件进行观测,实现了气液两相流可视化的研究。2016 年李贵东等[148]通过数值计算的方法对离心泵的内流场进行了模拟,探究了气液两相流工况下泵内部流体的流动状态和受力情况的变化规律。2017 年袁建平等[149]使用数值模拟的方法在气液两相流工况下对离心泵进行分析,得到了离心泵在气液两相流工况下的内部流动特性。

1.2.6　空化特性

小破口失水事故的破口面积小于 0.09 m²,是一种造成一回路压力整体缓慢下降的事故[150,151]。当压力降至一定值时,核主泵进口位置发生空化,外特性改变,通过堆芯的流量不再满足堆芯的冷却要求。

（1）泵空化水动力学特性

Jeanty 等[152]利用 CFD 软件对离心泵进口、叶轮、导叶和蜗壳的空化性能进行了模拟预测,研究结果表明,在非空化工况下模拟结果准确,但在空化状态下模拟值与试验值有一定差距。Kim 等[153]使用冷却剂流动来分析泵内空化,采用不同温度与冷却剂组成对泵进行流量测量。Ding 等[154]提出了一种关于泵空化数值计算的新理论,通过对轴流泵的空化进行预测,应用多重坐标系与瞬态的方法分析了不同流量下泵在初生空化时的效率、扬程、空化性能等。Medvitz[155]以离心泵空化流动为研究对象,使用两相流模型分别进行定常和非定常模拟,在各种流量下分析空化时的内部流场,发现计算预测和试验研究结果较为接近。Nohmi 等[156]采用新建立的可压缩气液两相流空化模型,利用 Star-CD 求解器进行模拟计算,将计算结果和 VOF 模型计算值以及试验结果分别进行了对比研究,计算得出的空化临界点与试验得到的结果十分接近。Liu 等[157]应用尾流封闭空化模型对空化流进行了预测,并采用离心泵试验进行对比分析,得出模型能够较为准确地预测离心泵在不同空化系数时叶轮上的空泡形状与空化性能。Okita 等[158]对叶栅和诱导轮进行了模拟研究,采用修正后的空化模型进行空化的非定常计算,模拟发现间隙产生了旋涡空化,同时在进口和出口处出现回流空化,并通过试验验证了模拟的结果。

李军等[159]改进了两相流界面的空化模型,通过商用软件对离心泵不同工况下的空化性能进行了预测,模拟出了离心泵在不同流量下叶轮内的游离空化与云状空化的空泡形状,同时计算出了在泵叶轮内的多个空化区域。随后,李军等[160]应用 RANS 方程的空化模型,对离心泵不同流量系数下未发生空化和发生空化时进行了计算。杨敏官等[161]以轴流泵为对象,使用完全空化模型与混合两相流模型进行了研究,在额定流量下模拟预测了全流道的空化特性,得到在不同空化程度下泵内的流场特性与气液体积分布。刘宜等[162]采用 FLUENT 软件中集成的完全空化模型,以离心泵为研究对象,对流道内空化区域和流场分布进行了研究。高波等[163]通过采用高速摄影及振动加速度的试验方法,分析了空化气泡形态随空化发展的演化规律。段向阳等[164]使用水听器以及加速度传感器得到了喷水推进泵发生空化时的声压以及振动特性。谭磊等[165]通过数值模拟实现了对离心泵临界空化点的精确预测及分析。刘宜等[166]采用数值模拟的方法有效改善了离心泵内的空化性能。同时,国内外也对核主泵进行了大量研究。Rahim等[167]用Matlab软件研究了AP1000核主泵在大破口失水事故下的安全性问题。Chan等[168]通过试验的方法得到了全尺寸泵的性能参数随气体率的变化规律。王一名等[169]对混流式核主泵的空化进行了数值计算研究,通过数值预测对核主泵的空化性能进行了改进。陆鹏波[170]进行了高温高压混流式核主泵的空化数值模拟,并研究了泵结构设计对空化的影响,在结构上对核主泵的空化性能进行了改进。王秀礼等[171]以核主泵为研究对象,在不同工况下对其水动力特性进行模拟预测,并应用小波变换与傅里叶变换对模拟值进行分析,得到气体含量随泵内压力的降低或时间的增加呈指数变化的特性。

(2)空化模型

空化现象同时涉及紊流、热力学效应、两相质量输运、气体与液体的可压缩性等复杂的流体力学问题。得益于计算机技术的快速发展,近年来,计算流体动力学对空化模拟的实用性和准确性提高。优秀空化模型在空化流数值计算中起到十分关键的作用,良好的空化模型能够准确描述微观空泡变化与宏观空化流动,同时在计算时能够有效地控制计算量[172-174]。

将空泡动力学与流体力学相结合,合理简化现有条件,提出合适的空化模型,再使用空化模型对翼型、泵、水轮机等进行数值计算,将预测结果与试验结果进行对比验证其准确性。如果预测结果与试验结果误差较大,再对空化模型的表达式、经验参数等进行改进,利用改进后的空化模型再次进行模拟预测,并再次与试验结果进行对比研究,如此反复,直至得到满意的空化模型为止。

已有很多学者通过各种理论方法建立了多个非常实用的空化流动数学模型。Delannoy[175]基于状态方程提出了一种简单的空化模型,随后Coutier-Delgosha等[176]将空化流作为一种均匀平衡气液混合物,对该空化模型进行了改进,应用压力和密度的单值关系来阐述水和水蒸气之间的相变过程。1992年Kubota等[177]通过与气泡半径有关的函数关系式得到气体质量分数,从而提出了一种两相流模型,此处的气泡半径是在气泡动力学R-P方程的基础上考虑气泡之间的相互作用得到的。2002年Singhal等[178]根据R-P方程进行相关推导与简化,提出了完全空化模型,并考虑湍流与不凝结气体对空化的影响,得到了气液两相间的质量输运计算公式。2004 年 Zwart 等[179]在 R-P 方程的基础上,进一步推导出了液体和蒸汽之间的质量传递计算式,简称 Z-G-B 模型。Gustavsson 等[180]研究了翼型空化中的热力学效应,发现受热力学的影响,空化作用产生的气泡直径明显减小。Goncalvès 等[181]详细分析了在低温流体中空化的热力学效应对空化流动的影响,提出了一种在低马赫数区域内的预处理方法,并与试验值进行对比,得到了比较好的结果。Cervone 等[182]通过对一个考虑热力学效应的 NACA 翼型进行空化试验,发现随着流体温度增加空化更严重。

在国内,季斌等[183]在全空化模型的基础上,引入气体运动理论,把蒸汽和液体分子之间相互转换的势与当地的温度联系起来,发展了一种改进的空化模型。张瑶等[184]考虑了热力学效应与气泡生长过程之间的关系,提出一种考虑空化热力学效应的新模型,并对离心泵在 25,100,150 ℃的不同温度下的空化流场进行了模拟,证明这种热力学效应对空化有抑制作用。刘厚林等[185]采用 Z-G-B 模型、Kunz 模型与 S-S 模型对离心泵进行空化预测,并与试验结果进行对比,以验证其准确性。陈喜阳等[186]以离心泵为研究对象,利用空化模型进行了模拟预测,并通过试验研究得出该模型对离心泵的空化预测较为精确。黄彪等[187]分别应用 4 种不同的输运类空化模型对水翼进行了非定常空化模拟,通过试验对比得出不同的模型预测结果整体差异不大,都能够较准确地计算出空化的周期性发展与溃灭,但不同模型对气泡脱落过程的预测存在一定差异。王巍等[188]利用全空化模型对 NACA 翼型在常温水和高温水条件下进行了空化模拟,得到热力学效应在不同温度下对空化模拟的影响,结果表明随着温度的升高,热力学效应会对空化产生抑制。刘艳等[189]分别使用 Singhal 模型与 Z-G-B 空化模型进行空化模拟,以水翼为研究对象,通过将试验数据与翼型的压力分布、流动分析等比较,得出 2 种空化模型的预测结果均比较令人满意。时素果等[190]对 Kubota 空化模型进行修正,以液态氮为流动介质对其进行了空化模拟,得出热力学效应修正后的空化模型对低温流体的空化预测与试验结果更为接近。杨琼方等[191]通过考虑不凝结的气核质量分数与体积分数对 Saucer 空化模型进行了修正,对螺旋桨在不同空化程度下进行模拟与试验,得出改进的空化模型能有效提高设计效率。

1.3 核主泵内部流动研究意义

核能和其他能源相比有很多优点,但是事物的利弊往往都是相对的,核辐射是核能一个致命的弊端。历史上发生过多次核事故：1986 年，苏联切尔诺贝利核电站因人为强制切断反应堆电源，使核主泵停止运行，冷却回路系统停止工作，造成反应爆炸，发生严重的核泄漏事故；2011 年，由于地震引发的海啸致使世界上最大的核电厂——日本福岛第一核电厂断电，反应堆冷却回路系统停止工作，而备用发电机组由于受损无法正常对核电内部系统供电，导致反应堆堆芯产生的热量无法排出，氢气不断在反应堆中聚集，最终在机组产生的电火花作用下发生剧烈爆炸，造成安全壳边界破坏，大量放射性物质泄漏，造成无法估计的财产损失和"核恐慌"。由此可见，核电安全性不应局限于正常运行期间，也要考虑核电系统在事故工况下的安全性。

在核反应堆中核主泵的安全可靠是最重要的，核主泵的设计、加工、制造极具挑战。因此，对核主泵内部流动基础理论和关键技术进行深入研究，突破国外的技术壁垒，掌握具有自主知识产权的核心技术和关键技术，实现核主泵技术的跨越式发展，是当前我国亟待解决的"卡脖子"难题。

参考文献

[1] 黄峰. 我国三代核电发展政治社会经济生态战略价值研究报告（上篇）[R/OL]. (2018-09-29)[2020-03-18]. http://www.china-nea.cn/site/content/32942.html.

[2] 刘春龙. 全球核电发展现状及趋势[J]. 全球科技经济瞭望，2017，32(5)：67-76.

[3] 臧希年，申世飞. 核电厂系统及设备[M]. 北京：清华大学出版社，2010.

[4] 欧阳予，汪达升. 国际核能应用及其前景展望与我国核电的发展[J]. 华北电力大学学报（自然科学版），2007(5)：1-10.

[5] 张爱文. 世界重大核电事故原因分析[J]. 科技创新与应用，2015，32：109-110.

[6] 郑明光，叶成，韩旭. 新能源中的核电发展[J]. 核技术，2010，33(2)：81-86.

[7] 邢树兵. AP1000 核主泵气液两相流数值模拟及试验研究[D]. 镇江：江苏大学，2015.

[8] 郑明光. 从 AP1000 到 CAP1400，我国先进三代非能动核电技术自主化历程[J]. 中国核电，2018，11(1)：41-45.

[9] 史涛锋. 屏蔽主泵与湿绕组主泵的对比研究[J]. 发电设备，2015，29(5)：370-372.

［10］孙汉虹. 第三代核电技术 AP1000［M］. 北京：中国电力出版社，2010.

［11］蔡龙，张丽平. 浅谈压水堆核电站主泵［J］. 水泵技术，2007(4)：1－9.

［12］Neumann B. The interaction between geometry and performance of a centrifugal pump［M］. London：Mechanical Engineering Publications Limited，1991.

［13］Joseph P V. Centrifugal and axial pump design and off-design performance［R］. US：National Aeronautics and Space Administration，1995：17－21.

［14］Zangeneh M，Goto A，Takemura T. Suppression of secondary flows in a mixed flow pump impeller by application of three-dimensional inverse design method：Part Ⅰ—design and numerical validation［J］. ASME Journal of Turbomachinery，1996，118：536－543.

［15］Sun J，Tsukamoto H. Off-design performance prediction for diffuser pumps［J］. Journal of Power and Energy，2001，215(2)：191－201.

［16］Ashihara K，Goto A. Turbomachinery blade design using 3D inverse design method，CFD and optimization algorithm［C］// ASME Turbo Expo 2001：Power for Land，Sea，and Air. New Orleans，Louisiana，USA，2001：53－62.

［17］Kato C，Mukai H，Manabe A. LES of internal flows in a mixed-flow pump with performance instability［C］// ASME 2002 Fluids Engineering Division Summer Meeting. Montreal，Quebec，Canada，2002：955－962.

［18］Miyabe M，Furukawa A，Maeda H，et al. Rotating stall behavior in a diffuser of mixed flow pump and its suppression［C］// ASME 2008 Fluids Engineering Division Summer Meeting. Jacksonville，Florida，USA，2008：1147－1152.

［19］Miyabe M，Furukawa A，Maeda H，et al. Investigation of internal flow and characteristic instability of a mixed flow pump［C］// ASME 2009 Fluids Engineering Division Summer Meeting. Vail，Colorado，USA，2009：315－321.

［20］Takayama Y，Watanabc H. Multi-objective design optimization of a mixed-flow pump［C］// ASME 2009 Fluids Engineering Division Summer Meeting. Vail，Colorado，USA，2009：371－379.

［21］李良. AP1000 核反应堆用冷却剂泵水力模型的设计与研究［D］. 大连：

大连理工大学，2010.

[22] 单玉姣. 基于 CFD 的 1 000 MW 级核主泵水力模型模化计算方法研究
[D]. 大连：大连理工大学，2010.

[23] 秦杰. 核主泵过流部件水力设计与内部流场数值模拟[D]. 大连：大连
理工大学，2010.

[24] 秦杰，徐士鸣. 核主泵过流部件设计及内部流场数值仿真[J]. 计算机
仿真，2011，28(4)：316-319，374.

[25] 张栋俊，徐士鸣. 球形压水室扩散管位置对核主泵性能的影响[J]. 流
体机械，2010(5)：13-17.

[26] 沈飞. AP1000 核主泵高效水力模型设计与性能研究[D]. 大连：大连理
工大学，2012.

[27] 龙云. AP1000 核主泵优化设计及全特性数值模拟[D]. 镇江：江苏大
学，2014.

[28] Long Y, Zhu R S, Wang D Z, et al. Numerical and experimental
investigation on the diffuser optimization of a reactor coolant pump
with orthogonal test approach[J]. Journal of Mechanical Science and
Technology, 2016, 30(11): 4941-4948.

[29] 习毅. AP1000 核主泵叶轮优化设计及气液两相数值模拟[D]. 镇江：江
苏大学，2014.

[30] 钟华舟. 事故工况下 AP1000 核主泵惰转模型优化设计[D]. 镇江：江苏
大学，2017.

[31] 蔡峥. 事故工况下核主泵非线性惰转模型特性优化[D]. 镇江：江苏大
学，2018.

[32] 程良骏. 关于水泵-水轮机的全特性问题[J]. 水力发电，1981(8)：33-
36,48.

[33] 端润生，梅祖彦. 混流可逆式水泵水轮机的全特性[J]. 水利水电技术，
1982(2)：34-40.

[34] 牛笑莲，陈文学. 离心泵全特性试验研究[J]. 北京农业工程大学学报，
1989，9(1)：54-57.

[35] 常近时. 混流式水泵水轮机装置泵工况断电过渡过程的解析计算方法
[J]. 水利学报，1991(11)：61-67.

[36] 常近时. 水轮机全特性曲线及其特征工况点的理论确定法[J]. 北京农
业工程大学学报，1995，15(4)：77-83.

[37] 郑梦海. 泵的四象限试验[J]. 水泵技术，1998(5)：32-36.

［38］王林锁，索丽生，刘德有. 可逆式水泵水轮机全特性曲线处理新方法
　　　［J］. 水力发电学报，2000(3)：68－74.

［39］刘梅清，刘光临，冯为民，等. 大型泵站水力过渡过程计算及蓄能式液
　　　压启闭闸门的研究［J］. 农业机械学报，2000,31(3)：55－58.

［40］王伦其. 可逆式水泵水轮机过渡过程计算的研究［J］. 东方电气评论，
　　　2000(4)：191－195,226.

［41］王乐勤，吴大转. 混流泵管路负载快速变化过程瞬态特性的试验研究
　　　［J］. 通用机械，2003(2)：65－68.

［42］杨绪剑，张策，王丽平. 离心泵四象限运行特性曲线试验系统［J］. 机床
　　　与液压，2008(4)：71－72,76.

［43］赵玉艳，陶洁宇，纪永刚. 泵的四象限特性试验研究［J］. 水泵技术，
　　　2011(5)：6－8.

［44］张兰金，王正伟，常近时. 混流式水泵水轮机全特性曲线 S 形区流动特
　　　性［J］. 农业机械学报，2011，42(1)：39－43,73.

［45］杨孙圣，孔繁余，陈斌. 叶片包角对可逆式泵性能影响的数值研究［J］.
　　　流体机械，2011，39(6)：17－20.

［46］郑小波，同焕珍. 水泵水轮机全特性曲线的改进 Suter 变换［J］. 排灌机
　　　械工程学报，2013，31(12)：1061－1064,1104.

［47］尹俊连，王德忠，王乐勤，等. 水泵水轮机流动 CFD 模拟的研究进展
　　　［J］. 水力发电学报，2013，32(6)：233－238,243.

［48］松井良雄，宮江伸一，木綿隆弘，等. スクリュー式遠心ポンプの完全特性
　　　と吸込性能［J］. 日本機械学会論文集 B 編，1994，60(576)：2785－2791.

［49］Ayder E，Ilikan A N，Sen M，et al. Experimental investigation of the
　　　complete characteristics of rotodynamic pumps［C］// ASME 2009
　　　Fluids Engineering Division Summer Meeting. Vail，Colorado，USA，
　　　2009.

［50］Derakhshan S，Nourbakhsh A. Experimental study of characteristic
　　　curves of centrifugal pumps working as turbines in different specific
　　　speeds［J］. Experimental Thermal and Fluid Science，2008，32(3)：
　　　800－807.

［51］Pérez Flores P，Kosyna G，Wulff D. Suppression of performance curve
　　　instability of an axial-flow pump by using a double-inlet-nozzle［J］.
　　　International Journal of Rotating Machinery，2008：536850.

［52］Mahar P S，Singh R P. Optimal design of pumping mains considering pump characteristics[J]. Journal of Pipeline Systems Engineering and Practice, 2013, 5(1): 04013010.

[53] Zhao X L, Fu L, Zhang S G, et al. Study of the performance of an urban original source heat pump system[J]. Energy Conversion and Management, 2010, 51(4): 765 - 770.

[54] 张森如. 主循环泵瞬态特性计算[J]. 核动力工程, 1993(2): 183 - 190.

[55] 陈乃祥, 张扬军, 祝宝山, 等. 水泵水轮机全特性的新表达方式及复合工况计算[J]. 清华大学学报(自然科学版), 1996(7): 64 - 68.

[56] 邵卫云, 毛根海, 刘国华. 基于曲面拟合的水泵水轮机全特性曲线的新变换[J]. 浙江大学学报(工学版), 2004(3): 130 - 133.

[57] Wan W, Huang W. Investigation on complete characteristics and hydraulic transient of centrifugal pump[J]. Journal of Mechanical Science and Technology, 2011, 25(10): 2583 - 2590.

[58] Moreno M A, Planells P, Córcoles J I, et al. Development of a new methodology to obtain the characteristic pump curves that minimize the total cost at pumping stations[J]. Biosystems Engineering, 2009, 102 (1): 95 - 105.

[59] Yin J L, Wang D Z, Wei X Z, et al. Hydraulic improvement to eliminate S-shaped curve in pump turbine[J]. Journal of Fluids Engineering, 2013, 135(7): 071105.

[60] 关醒凡. 现代泵技术手册[M]. 北京: 宇航出版社, 1995.

[61] 台山核电有限公司. 台山核电厂 1、2 号机组初步安全分析报告[R]. TS-X-GTST-TPD-SAR-001, 2008.

[62] 郝老迷. 秦山核电厂主泵轴卡死事故的堆芯 DNBR 计算[J]. 原子能科学技术, 1993(4): 309 - 313.

[63] 靖剑平, 乔雪冬, 贾斌, 等. 基于 RELAP5 程序的 AP1000 典型事故瞬态特性研究[J]. 原子能科学技术, 2015, 49(4): 646 - 653.

[64] 朱大欢, 田文喜, 秋穗正, 等. 基于 TACOS 程序的 SCWR 典型事故瞬态特性研究[J]. 核动力工程, 2013, 34(Z1): 61 - 65.

[65] 齐炳雪, 俞冀阳. 超临界水冷堆的安全分析[J]. 原子能科学技术, 2012, 46(6): 669 - 673.

[66] 陈秋炀, 周拥辉. 止回阀对 EPR 反应堆主泵卡轴事故后果的影响[J]. 核动力工程, 2012, 33(5): 76 - 78, 95.

[67] 刘永. 小破口卡轴事故工况下 AP1000 核主泵水动力特性分析[D]. 镇

江：江苏大学，2017.

[68] 姜茂华，邹志超，王鹏飞，等. 基于额定参数的核主泵惰转工况计算模型[J]. 原子能科学技术，2014，48(8)：1435－1439.

[69] 徐一鸣，徐士鸣. 核主泵惰转转速计算模型的比较[J]. 发电设备，2011，25(4)：236－238.

[70] Dundulis G，Kaliatka A，Rimkevicius S. Ignalina accident localisation system response to maximum design basis accident[J]. Nuclear Energy，2003，42(2)：105－111.

[71] Dien L D，Diep D N. Verification of VVER－1200 NPP simulator in normal operation and reactor coolant pump coast-down transient[J]. World Journal of Engineering and Technology，2017，5：507－519.

[72] Benčik V，Bajs T，Debrecin N. RELAP5/MOD3. 3 analysis of the reactor coolant pump trip event at NPP Krško for different transient scenarios[C] // International Conference Nuclear Energy for New Europe 2005. Bled，Slovenia，2005.

[73] 张亚培，田文喜，秋穗正，等. CPR1000 全厂断电事故瞬态特性分析[J]. 原子能科学技术，2011，45(9)：1056－1059.

[74] 徐一鸣. 断电事故下核主泵内流场数值模拟[D]. 大连：大连理工大学，2011.

[75] 王秀礼，袁寿其，朱荣生，等. 核主泵停机过渡过程瞬态水动力特性研究[J]. 原子能科学技术，2013，47(3)：364－370.

[76] 刘夏杰. 断电事故下核主泵流动及振动特性研究[D]. 上海：上海交通大学，2008.

[77] 张龙飞，张大发，王少明. 转动惯量对船用核动力主泵瞬态特性的影响研究[J]. 船海工程，2005(2)：55－57.

[78] 博金海，王飞. 小破口失水事故研究综述[J]. 核科学与工程，1998(2)：81－88.

[79] Koo I S，Kim W W. The development of reactor coolant pump vibration monitoring and a diagnostic system in the nuclear power plant[J]. ISA Transactions，2000，39(3)：309－316.

[80] Carlin E L，Hilton P A，Sung Y X. Margin assessment of AP1000 loss of flow transient[C] // 14th International Conference on Nuclear Engineering. American Society of Mechanical Engineers，2006：603－611.

[81] Poullikkas A. Two phase flow performance of nuclear reactor cooling pumps[J]. Progress in Nuclear Energy, 2000, 36(2): 123-130.

[82] Robinson G C, Merkle J G, Derby R W. Fracture initiation aspects of the loss of coolant accident for water cooled nuclear reactor pressure vessels[R]. Oak Ridge National Lab., TN (USA), 1973.

[83] Poullikkas A. Effects of two-phase liquid-gas flow on the performance of nuclear reactor cooling pumps[J]. Progress in Nuclear Energy, 2003, 42(1): 3-10.

[84] 付强, 袁寿其, 朱荣生, 等. 失水事故工况下核主泵气液两相瞬态流动特性[J]. 华中科技大学学报(自然科学版), 2013, 41(9): 112-116.

[85] 黄洪文, 刘汉刚, 钱达志, 等. 主回路小破口失水事故分析[J]. 核动力工程, 2010, 31(4): 78-81.

[86] 杨江, 田文喜, 苏光辉, 等. AP1000 冷管段小破口失水事故分析[J]. 原子能科学技术, 2011, 45(5): 541-547.

[87] 林诚格, 刘志弢, 赵瑞昌. 压水堆失水事故最佳估算方法研究[J]. 核安全, 2010(1): 1-12.

[88] 朱荣生, 郑宝义, 袁寿其, 等. 1 000 MW 核主泵失水事故工况下气液两相流分析[J]. 原子能科学技术, 2012, 46(10): 1202-1206.

[89] 付强, 习毅, 朱荣生, 等. 含气率对 AP1000 核主泵影响的非定常分析[J]. 振动与冲击, 2015, 34(6): 132-136.

[90] 王伟伟, 余建辉. 主泵两相降级对大破口失水事故的影响研究[J]. 原子能科学技术, 2015, 49(10): 1798-1803.

[91] 党高健, 黄代顺, 高颖贤. 主泵参数变化对失水事故后果影响分析[J]. 核动力工程, 2015, 36(1): 132-136.

[92] 杨江, 田文喜, 苏光辉, 等. AP1000 冷管段小破口失水事故分析[J]. 原子能科学技术, 2011, 45(5): 541-547.

[93] 王秀礼, 卢永刚, 袁寿其, 等. 基于流固耦合的核主泵汽蚀动力特性研究[J]. 哈尔滨工程大学学报, 2015, 36(2): 213-217.

[94] 廖传军, 黄伟峰, 索双富, 等. 核主泵机械密封的流固强耦合模型[J]. 中国科学: 技术科学, 2011, 41(12): 1649-1657.

[95] 钟伟源, 朱荣生, 王秀礼, 等. 基于双向流固耦合的核主泵叶轮力学特性[J]. 排灌机械工程学报, 2018, 36(6): 479-487.

[96] 张野. AP1000 核主泵流固耦合数值分析及动静叶匹配研究[D]. 大连: 大连理工大学, 2012.

[97] 朱荣生，郑宝义，王秀礼，等. 1 000 MWe核反应堆冷却剂泵多场耦合特性分析[J]. 原子能科学技术，2013，47(5)：784－788.

[98] 司乔瑞. 离心泵低噪声水力设计及动静干涉机理研究[D]. 镇江：江苏大学，2014.

[99] (瑞士)彼得·德夫勒，(瑞士)米尔哈姆·施克，(加)安德烈·库都. 水力机械中流动诱导的脉动和振动[M]. 方玉建，张金凤，译. 镇江：江苏大学出版社，2015.

[100] Long Y，Wang D Z，Yin J L，et al. Numerical investigation on the unsteady characteristics of reactor coolant pumps with non-uniform inflow[J]. Nuclear Engineering and Design，2017，320：65－76.

[101] Long Y，Wang D Z，Yin J L，et al. Experimental investigation on the unsteady pressure pulsation of reactor coolant pumps with non-uniform inflow[J]. Annals of Nuclear Energy，2017，110：501－510.

[102] 刘攀. 动静干涉引起的水轮机组振动研究[D]. 武汉：华中科技大学，2016.

[103] 张克危. 流体机械原理(下)[M]. 北京：机械工业出版社，2001.

[104] Miyabe M，Furukawa A，Maeda H，et al. On improvement of characteristic instability and internal flow in mixed flow pumps[J]. Journal of Fluid Science and Technology，2008，3(6)：732－743.

[105] Miyabe M，Maeda H，Umeki I，et al. Unstable head-flow characteristic generation mechanism of a low specific speed mixed flow pump[J]. Journal of Thermal Science，2006，15(2)：115－120.

[106] Cho Y J，Kim Y S，Cho S，et al. Advancement of reactor coolant pump (RCP) performance verification test in KAERI[C]//2014 22nd International Conference on Nuclear Engineering. American Society of Mechanical Engineers，2014.

[107] Baumgarten S，Brecht B，Bruhns U，et al. Reactor coolant pump type RUV for Westinghouse reactor AP1000[C]// Proceedings of the International Congress on Advances in Nuclear Power Plants. San Diego，CA，USA，2010.

[108] 朱荣生，龙云，付强，等. 核主泵小流量工况压力脉动特性[J]. 振动与冲击，2014，33(17)：143－149.

[109] 倪丹，杨敏官，高波，等. 混流式核主泵内流动结构与压力脉动特性关联分析[J]. 工程热物理学报，2017，38(8)：1676－1682.

[110] 朱荣生，李小龙，袁寿其，等. 1 000 MW 级核主泵压水室出口压力脉动[J]. 排灌机械工程学报，2012，30(4)：395 – 400.

[111] 李靖，王晓放，周方明. 非均布导叶对核主泵模型泵性能及压力脉动的影响[J]. 流体机械，2014，42(9)：19 – 24.

[112] Omahen P, Gubina F. Simulations and field tests of a reactor coolant pump emergency start-up by means of remote gas units[J]. IEEE Transactions on Energy Conversion, 1992, 7(4)：691 – 697.

[113] Farhadi K, Bousbia-Salah A, D'Auria F. A model for the analysis of pump start-up transients in Tehran Research Reactor[J]. Progress in Nuclear Energy, 2007, 49(7)：499 – 510.

[114] Farhadi K. Transient behaviour of a parallel pump in nuclear research reactors[J]. Progress in Nuclear Energy, 2011, 53(2)：195 – 199.

[115] Duplaa S, Coutier-Delgosha O, Dazin A, et al. Experimental study of a cavitating centrifugal pump during fast startups[J]. Journal of Fluids Engineering, 2010, 132(2)：365 – 368.

[116] Skalak R. An extension of the theory of water hammer[R]. Columbia University, New York, 1955.

[117] Tanaka T, Tsukamoto H. Transient behavior of a cavitating centrifugal pump at rapid change in operating conditions—Part 1：Transient phenomena at opening/closure of discharge valve[J]. Journal of Fluids Engineering, 1999, 121(4)：841 – 849.

[118] Tanaka T, Tsukamoto H. Transient behavior of a cavitating centrifugal pump at rapid change in operating conditions—Part 2：Transient phenomena at pump startup/shutdown[J]. Journal of Fluids Engineering, 1999, 121(4)：850 – 856.

[119] Tanaka T, Tsukamoto H. Transient behavior of a cavitating centrifugal pump at rapid change in operating conditions—Part 3：Classifications of transient phenomena[J]. Journal of Fluids Engineering, 1999, 121(4)：857 – 865.

[120] Tsukamoto H, Matsunaga S, Yoneda H, et al. Transient characteristics of a centrifugal pump during stopping period[J]. Journal of Fluids Engineering, 1986, 108(4)：392 – 399.

[121] Tsukamoto H, Ohashi H. Transient characteristics of a centrifugal pump during starting period[J]. Journal of Fluids Engineering, 1982,

104(1)：6－13.

[122] 邵昌. 超低比转速离心泵瞬态过程特性研究[D]. 镇江：江苏大学，2016.

[123] 李伟. 斜流泵启动过程瞬态非定常内流特性及实验研究[D]. 镇江：江苏大学，2012.

[124] 王乐勤，吴大转，郑水英. 混流泵瞬态水力性能试验研究[J]. 流体机械，2003，31(1)：1－3,6.

[125] 王乐勤，李志峰，戴维平，等. 离心泵启动过程内部瞬态流动的二维数值模拟[J]. 工程热物理学报，2008，29(8)：1319－1322.

[126] 吴大转，许斌杰，李志峰，等. 离心泵瞬态操作条件下内部流动的数值模拟[J]. 工程热物理学报，2009，30(5)：781－783.

[127] 吴大转，王乐勤，胡征宇. 离心泵快速启动过程外部特性的试验研究[J]. 工程热物理学报，2006，27(1)：68－70.

[128] Gaikwad A J, Kumar R, Vhora S F, et al. Transient analysis following tripping of a primary circulating pump for 500-MWe PHWR power plant[J]. IEEE Transactions on Nuclear Science，2003，50(2)：288－293.

[129] Han J W, Lee T H, Eoh J H, et al. Investigation into the effects of a coastdown flow on the characteristics of early stage cooling of the reactor pool in KALIMER－600[J]. Annals of Nuclear Energy，2009，36(9)：1325－1332.

[130] 邓绍文. 秦山核电二期工程主泵瞬态计算[J]. 核动力工程，2001，22(6)：494－496.

[131] Gao H, Gao F, Zhao X C, et al. Transient flow analysis in reactor coolant pump systems during flow coastdown period[J]. Nuclear Engineering and Design，2011，241：509－514.

[132] Stepanoff A J. Pumps and blowers：Two-phase flow[M]. John Wiley & Sons，1965.

[133] Furuya O. An analytical model for prediction of two-phase flow pump performance[J]. Journal of Fluids Engineering，1985，107(3)：139－147.

[134] 黄思，李汗强，班耀涛，等. 叶片式气液混输泵扬程的一种估算方法[J]. 石油机械，1999，27(9)：12－13,26.

[135] Haeberle S, Schmitt N, Zengerle R, et al. Centrifugo-magnetic pump for gas-to-liquid sampling[J]. Sensors and Actuators A：Physical，

2007，135(1)：28 - 33.

[136] 张有忱，杨春玲，黎镜中. 迷宫螺旋泵气液两相流场的数值模拟及试验[J]. 排灌机械工程学报，2010，28(6)：492 - 496.

[137] 朱荣生，习毅，袁寿其，等. 气液两相条件下核主泵导叶出口边安放位置[J]. 排灌机械工程学报，2013，31(6)：484 - 489.

[138] Bournia A. Studies of thermal behavior under loss of pump power transient conditions[R]. Westinghouse Electric Corp. Atomic Power Dept. , Pittsburgh, 1958.

[139] Chi J, Didion D. A simulation model of the transient performance of a heat pump[J]. International Journal of Refrigeration，1982，5(3)：176 - 184.

[140] Dazin A, Caignaert G, Bois G. Transient behavior of turbomachineries：Applications to radial flow pump startups[J]. Journal of Fluids Engineering, 2007, 129(11)：1436 - 1444.

[141] 刘夏杰，刘军生，王德忠，等. 核电事故对核主泵安全特性影响的试验研究[J]. 原子能科学技术，2009，43(5)：448 - 451.

[142] 黄剑峰，张立翔，王文全，等. 基于大涡模拟的水轮机内瞬态湍流场特性分析[J]. 排灌机械工程学报，2010，28(6)：502 - 505.

[143] Zhu R S, Wang X L, Long Y, et al. Transient dynamic characteristics study on reactor coolant pump in variable working conditions[C]// Advanced Materials Research, 2013, 601：258 - 264.

[144] 王秀礼，袁寿其，朱荣生，等. 核主泵变流量过渡过程瞬态水力特性研究[J]. 原子能科学技术，2013，47(7)：1169 - 1174.

[145] Groudev P, Andreeva M, Pavlova M. Investigation of main coolant pump trip problem in case of SBLOCA for Kozloduy nuclear power plant，WWER - 440/V230[J]. Annals of Nuclear Energy, 2015, 76：137 - 145.

[146] 张人会，郭广强，杨军虎，等. 液环泵内部气液两相流动及其性能分析[J]. 农业机械学报，2014，45(12)：99 - 103.

[147] 李红，姜波，陆天桥. 泵自吸过程气液两相流的可视化试验[J]. 农业机械学报，2015，46(8)：59 - 65.

[148] 李贵东，王洋，郑意，等. 气液两相条件下离心泵内部流态及受力分析[J]. 排灌机械工程学报，2016，34(5)：369 - 374.

[149] 袁建平，张克玉，司乔瑞，等. 基于非均相流模型的离心泵气液两相流

动数值研究[J]. 农业机械学报，2017，48(1)：89-95.

[150] 丁书华，钱立波，吴丹. 反应堆冷却剂泵水力特性对大破口失水事故的影响研究[J]. 核动力工程，2013，34(S1)：192-195.

[151] 周翀. 系统安全分析程序在超临界水冷堆和钠冷快堆上的适用性研发与应用[D]. 上海：上海交通大学，2013.

[152] Jeanty F, De Andrade J, Asuaje M, et al. Numerical simulation of cavitation phenomena in a centrifugal pump[C]// ASME 2009 Fluids Engineering Division Summer Meeting. American Society of Mechanical Engineers Digital Collection，2009：331-338.

[153] Kim K, Hwang K, Lee K, et al. Investigation of coolant flow distribution and the effects of cavitation on water pump performance in an automotive cooling system[J]. International Journal of Energy Research，2009，33(3)：224-234.

[154] Ding H, Visser F C, Jiang Y, et al. Demonstration and validation of a 3D CFD simulation tool predicting pump performance and cavitation for industrial applications[J]. Journal of Fluids Engineering，2011，133(1)：1-14.

[155] Medvitz R B, Kunz R F, Boger D A, et al. Performance analysis of cavitating flow in centrifugal pumps using multiphase CFD [J]. Journal of Fluids Engineering，2002，124(2)：377-383.

[156] Nohmi M, Goto A, Iga Y, et al. Experimental and numerical study of cavitation breakdown in a centrifugal pump[C]// ASME/JSME 2003 4th Joint Fluids Summer Engineering Conference. American Society of Mechanical Engineers Digital Collection，2003：1251-1258.

[157] Liu L, Li J, Feng Z. A numerical method for simulation of attached cavitation flows[J]. International Journal for Numerical Methods in Fluids，2006，52(6)：639-658.

[158] Okita K, Ugajin H, Matsumoto Y. Numerical analysis of the influence of the tip clearance flows on the unsteady cavitating flows in a three-dimensional inducer[J]. Journal of Hydrodynamics，2009，21(1)：34-40.

[159] 李军，刘立军，丰镇平. 附着空化流动下离心泵水力性能数值预测[J]. 西安交通大学学报，2006，40(3)：257-260.

[160] 李军，刘立军，李国君，等. 离心泵叶轮内空化流动的数值预测[J].

工程热物理学报，2007，28(6)：948-950.

[161] 杨敏官，姬凯，李忠. 轴流泵叶轮内空化流动的数值计算[J]. 农业机械学报，2010，41(1)：11-14.

[162] 刘宜，陈建新，宋怀德，等. 离心泵内部空化流动的定常数值模拟及性能预测[J]. 西华大学学报(自然科学版)，2010，29(6)：80-84.

[163] 高波，杨敏官，李忠，等. 空化流动诱导离心泵低频振动的实验研究[J]. 工程热物理学报，2012，33(6)：965-968.

[164] 段向阳，王永生，苏永生. 喷水推进泵空化特征联合分类识别[J]. 上海交通大学学报，2011，45(9)：1322-1326，1331.

[165] 谭磊，曹树良，桂绍波，等. 带有前置导叶离心泵空化性能的试验及数值模拟[J]. 机械工程学报，2010，46(18)：177-182.

[166] 刘宜，李永乐，韩伟，等. 离心泵的进口几何参数对泵空化性能的影响[J]. 兰州理工大学学报，2011，37(1)：50-53.

[167] Rahim F C, Rahgoshay M, Mousavian S K. A study of large break LOCA in the AP1000 reactor containment[J]. Progress in Nuclear Energy, 2012, 54(1)：132-137.

[168] Chan A M C, Kawaji M, Nakamura H, et al. Experimental study of two-phase pump performance using a full size nuclear reactor pump [J]. Nuclear Engineering and Design, 1999, 193：159-172.

[169] 王一名. 基于模型变换法设计的混流泵空化研究与评价[D]. 大连：大连理工大学，2013.

[170] 陆鹏波. 高温高压混流泵空化及其泵结构设计影响分析[D]. 大连：大连理工大学，2012.

[171] 王秀礼，王鹏，袁寿其，等. 核主泵空化过渡过程水动力特性研究[J]. 原子能科学技术，2014，48(8)：1421-1427.

[172] Senocak I, Shyy W. Interfacial dynamics-based modelling of turbulent cavitating flows, Part-1：Model development and steady-state computations[J]. International Journal for Numerical Methods in Fluids, 2004, 44(9)：975-995.

[173] Senocak I, Shyy W. Interfacial dynamics-based modelling of turbulent cavitating flows, Part-2：Time-dependent computations [J]. International Journal for Numerical Methods in Fluids, 2004, 44(9)：997-1016.

[174] Wang G, Senocak I, Shyy W, et al. Dynamics of attached turbulent

cavitating flows[J]. Progress in Aerospace Sciences，2001，37(6)：551 - 581.

[175] Delannoy Y，Kueny J L. Two phase flow approach in unsteady cavitation modeling[C] // Proceedings of Cavitation and Multiphase Flow Forum，1990，98：153 - 158.

[176] Coutier-Delgosha O，Fortes-Patella R，Reboud J L，et al. Numerical simulation of cavitating flow in 2D and 3D inducer geometries[J]. International Journal for Numerical Methods in Fluids，2005，48(2)：135 - 167.

[177] Kubota A，Kato H，Yamaguchi H. A new modelling of cavitating flows：A numerical study of unsteady cavitation on a hydrofoil section [J]. Journal of Fluid Mechanics，1992，240：59 - 96.

[178] Singhal A K，Athavale M M，Li H，et al. Mathematical basis and validation of the full cavitation model [J]. Journal of Fluids Engineering，2002，124(3)：617 - 624.

[179] Zwart P J，Gerber A G，Belamri T. A two-phase flow model for predicting cavitation dynamics[C] // Fifth International Conference on Multiphase Flow. Yokohama，Japan，2004.

[180] Gustavsson J P R，Denning K C，Segal C. Hydrofoil cavitation under strong thermodynamic effect [J]. Journal of Fluids Engineering，2008，130(9)：091303.

[181] Goncalvès E，Patella R F. Numerical study of cavitating flow with thermodynamic effect [J]. Journal of Computers and Fluids，2010，39 (1)：99 - 113.

[182] Cervone A，Bramanti C，Rapposelli E，et al. Thermal cavitation experiments on a NACA 0015 hydrofoil [J]. Journal of Fluids Engineering，2006，128(2)：326 - 331.

[183] 季斌，罗先武，彭晓星，等. 绕扭曲翼型三维非定常空泡脱落结构的数值分析[J]. 水动力科学研究与进展，2010，25(2)：217 - 223.

[184] 张瑶，罗先武，许洪元，等. 热力学空化模型的改进及数值应用[J]. 工程热物理学报，2010，31(10)：1671 - 1674.

[185] 刘厚林，刘东喜，王勇，等. 三种空化模型在离心泵空化流计算中的应用评价[J]. 农业工程学报，2012，28(16)：54 - 59.

[186] 陈喜阳，彭玉成，张克危. 基于正压模型的离心叶轮空化性能分析

[J]. 水电能源科学，2012，30(3)：132 - 135.

[187] 黄彪，王国玉，张博，等. 云状空化流动数值模拟的空化模型评价[J]. 北京理工大学学报，2009，29(9)：785 - 789.

[188] 王巍，林茵，王晓放，等. 高温条件下热力学效应对空化的影响[J]. 排灌机械工程学报，2014，32(10)：835 - 839.

[189] 刘艳，赵鹏飞，王晓放. 两种空化模型计算二维水翼空化流动研究 [J]. 大连理工大学学报，2012，52(2)：176 - 182.

[190] 时素果，王国玉. 一种修正的低温流体空化流动计算模型[J]. 力学学报，2012，44(2)：269 - 276.

[191] 杨琼方，王永生，张志宏. 螺旋桨叶截面空化模拟数值模型的改进与评估[J]. 北京理工大学学报，2011，31(12)：1401 - 1407.

② 核主泵技术发展历程

2.1 核主泵功能

核反应堆冷却剂主循环泵——核主泵(RCP)位于一回路的反应堆与蒸汽发生器之间,是 RCS 的压力边界和主要设备之一,也是一回路主系统中唯一高速旋转的设备。核主泵的主要功能:在系统充水时赶气;在开堆前循环升温;在正常运行时,抽送高温、高压及强辐射的反应堆冷却剂,将冷却剂升压,补偿系统的压力降,为反应堆堆芯提供足够的冷却剂流量,连续不断地将由反应堆堆芯核裂变产生的热能传递给蒸汽发生器,以保证一回路系统的正常工作;在事故工况下,依靠核主泵机组的惯性惰转,带出堆芯余热,保证反应堆堆芯不被烧毁。

核主泵与普通泵的最大区别在于强调压力边界的完整性和在特殊工况下的可运行性,这对核主泵的可靠性和安全性提出了更高的要求。由于核主泵的特殊工作条件,核主泵为核安全 1 级设备,泵的承压部分应该与核安全 1 级容器和管道采用同样的质量保证标准。

对于压水堆、重水堆和沸水堆核电站,从核主泵的密封形式来看,核主泵可以分为轴封泵和无轴封泵(屏蔽泵、湿绕组泵)。

2.2 核主泵发展历程

2.2.1 早期屏蔽泵

在早期的核动力装置中,轴封技术无法避免反应堆冷却剂的泄漏问题,起源于军用反应堆的屏蔽电动机泵技术被优先移植到商用试验堆上。这种泵的叶轮和电动机转子连成一体,并封装在同一个密封壳内,用水润滑轴承支撑,所以不必担心放射性物质的外漏。这种泵有零泄漏的优点,工作安全可靠。自 20 世纪 50 年代起,屏蔽泵作为核主泵开始在核动力舰船和核电厂中广泛应用。1954 年美国建成的世界上第一艘核动力潜艇"鹦鹉螺号"(Nautilus)即采用屏蔽泵作为核主泵,该泵由西屋电气公司(Westing House,WH)下属电气机械分部(Electro-Mechanical Division,EMD)制造,如图 2-1所示。图 2-2 为 1957 年苏联建成的"列宁号"核动力破冰船采用的核主泵,也是屏蔽泵。法国法马通核能公司(Framatome)下属的热蒙公司(Jeumont)引进西屋公司的主泵技术,于 1965 年为法国第一座商用核电厂 250 MW 机组提供了 4 台屏蔽电动机核主泵。图 2-3 为 1972 年建成的日本"陆奥号"(Mustu)核商船使用的核主泵,同样是屏蔽泵。

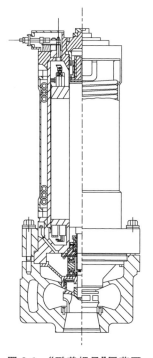

图 2-1 "鹦鹉螺号"屏蔽泵

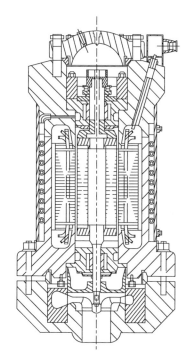

图 2-2 "列宁号"屏蔽泵

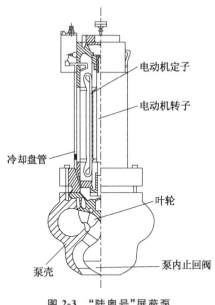

电动机定子

电动机转子

冷却盘管

叶轮

泵壳

泵内止回阀

图 2-3 "陆奥号"屏蔽泵

屏蔽泵通常是一台立式离心泵,图 2-4 所示为西屋公司的卧式屏蔽电动机核主泵的典型结构,泵在左端,电动机在右端。它主要由水力部件、承压壳体、电动机、热交换器和轴承等组成。泵的叶轮和电动机转子构成一个整体转子,电动机的转子与定子间用屏蔽套隔开。左端相当于一般工业用的悬臂式单级泵,由装在一个能承受系统全部压力的密封壳体内的屏蔽电动机驱动。电动机的定子绕组按常规结构制造,由一层薄的屏蔽套使冷却水与电动机线圈隔离,因此定子绕组是干的,没有放射性介质外漏的可能,故又称为全封闭泵。为了使电动机免受高温,叶轮右方设有隔热屏,起热屏障作用,防止冷却剂的热量向电动机方向传导。电动机的定子、转子及叶轮全部封闭在高压壳体内。密封壳体外部盘绕蛇形管换热器(序号 14),蛇形管外部通设备二次冷却水。蛇形管内部为一次冷却水,一次冷却水是与反应堆冷却剂连通的,所以蛇形管内压力就是一回路压力。一次冷却水从泵的右侧进入小叶轮(序号 7),从小叶轮流出后沿定子与转子的间隙向左流动,吸收转子与定子的发热,并润滑径向轴承和推力轴承,最后进入蛇形管,被二次侧冷却水冷却了的一次循环水从泵的左端进入冷却泵径向轴承后返回小叶轮吸入口,形成封闭的循环。这种设计使蛇形管成为一回路压力边界的一部分。屏蔽套一般用因科镍合金制造,由于转子浸没在液体中,回转阻力高且屏蔽套有涡流损失,因此屏蔽泵效率较低。

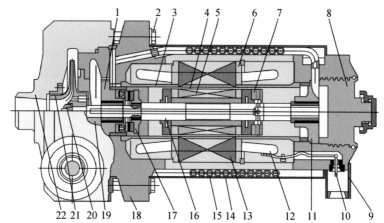

1—轴承;2—螺栓;3—屏蔽套;4—转子外套;5—转子;6—压紧板;7—小叶轮;8—盖;
9—接线盒;10—接线柱;11—径向滑动轴承;12—线圈;13—硅钢片;14—蛇形冷却管;
15—外壳;16—轴;17—止推轴承;18—电动机壳;19—迷宫密封件;20—螺母;21—叶轮;
22—泵壳体

图 2-4　屏蔽电动机泵的结构

通常屏蔽泵的轴承、推力盘均由奥氏体不锈钢制造,表面堆焊耐磨的硬质合金。轴承一般由浸渍树脂石墨制成,选用的树脂必须耐辐照。转子、定子间的屏蔽套材料,过去用 18-8 不锈钢,现在用哈斯特洛依镍钼基合金材料制造,它的厚度不到 1 mm,国外已达到 0.127 mm。屏蔽套耗功较多,厚度越薄,电动机效率越高。屏蔽套上、下两端与电动机的定子焊接,起屏蔽和密封作用。

屏蔽电动机泵长期在核动力舰船上使用,其密封性能好,运行安全可靠。但由于它的电动机结构特殊,与普通电动机相比造价昂贵,容量小,不宜安装飞轮,因而转动惯量小,与轴封泵相比效率低 10%～20%,当泵容量变大时,这一效率差所对应的功率损失相当可观,这些原因引发了轴封泵的发展。随着装置功率的增大,屏蔽泵的缺点也更为突出,由于轴封泵研究已有明显进展,第二代核电厂普遍选用轴封泵。对大型核动力装置,轴封泵是一个较好的选择,因为它初始投资低,易制造,具有较高的转动惯量,效率高,并且容易维修。但在核动力舰船、钠冷快堆以及一些试验研究堆等应用场合,由于所需泵的功率小,屏蔽泵仍发挥着重要作用。

表 2-1 列举了几种核电厂和核动力舰船使用的屏蔽泵的基本参数。

表 2-1 几种屏蔽泵的基本参数

核电厂名称	堆电功率/MW	核主泵台数	流量/(m³/h)	扬程/m	吸入压力/MPa	吸入水温/℃	转速/(r/min)	电动机功率/kW
印第安角 1 号（美国）	275	8	3 000	108	9.80	249	1 800	1 270
扬基·罗（美国）	185	4	5 400	72	13.43	260	1 800	1 360
新沃罗涅 H-1（苏联）	196	6	5 250	50	6.80	250	1 460/360	1 530
新沃罗涅 H-3（苏联）	410	6	6 500	58	12.25	270	1 450	1 970

2.2.2 轴封式核主泵

为了克服采用屏蔽套带来的缺点,有人提出采用湿定子泵(又称湿绕组泵)。图 2-5 所示为沸水堆(BWR)上使用的湿定子全密封泵,湿定子泵不用屏蔽套,定子绕组是湿的,采用特制的绝缘导线制成,工作时浸入高压水中,水在电动机绕组间循环以加强冷却。图 2-5 中整个泵的外壳与反应堆压力容器连接在一起。在先进沸水堆核电厂(ABWR)的设计中,也选用了这种湿定子全密封泵。

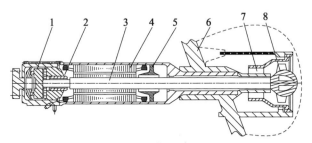

1—止推轴承;2—下部径向轴承;3—轴;4—定子;5—上部径向轴承;
6—堆壳;7—导叶;8—叶轮
图 2-5 湿定子全密封泵

随着对核电厂安全性和经济性要求的不断提高,特别是为适应大容量机组的要求,轴封泵结构形式的核主泵技术得到迅速发展并已经成熟,它有下列优点:① 采用常规的鼠笼式感应电动机,成本降低,效率提高,比屏蔽电动机泵效率高 10%～20%;② 电动机部分可以装一只很重的飞轮,提高了泵的惰转性能,从而提高了断电事故时反应堆的安全性;③ 轴密封技术同样可以严格控制泄漏量;④ 维修方便,轴密封结构更换仅需 10 h 左右。

轴封式核主泵研发并定型于 300 MW 级的商用核反应堆。1955—1965 年是核主泵由屏蔽泵向轴封泵发展的重要阶段,核电机组容量为 200~300 MW 等级,大都属于试验性的商用堆。1965—1970 年为商用堆发展的过渡阶段,机组容量为 400~650 MW,轴封式核主泵在此期间得到了充分的发展。轴封式核主泵技术的成熟期在 1970—1980 年,核蒸汽供给系统(Nuclear Steam Supply System,NSSS)有 3 个环路的标准设计,单环路功率为 300~350 MW,机组功率为 900~1 000 MW。核主泵功率由 4 000 kW 提高到 6 500 kW。1980 年后,开发了 4 环路 NSSS 的标准设计,机组功率达到 1 300~1 500 MW。

典型核主泵的技术参数见表 2-2。

表 2-2 典型核主泵的技术参数

生产企业	美国西屋	法国法马通	德国电站联盟	德国电站联盟
核电厂的装机容量/MW	900	900	900	1 000
形式	立式轴封离心泵 93A	立式轴封离心泵 93D	单级离心泵	单级离心泵
单堆台数	3	3	3	3
流量/(m³/h)	21 801.6~22 391.3	20 988	17 660	19 051.2
扬程/m	85.04	92	97.2	104
转速/(r/min)	1 189	1 500	1 490	1 190
效率/%		79		
电动机功率/kW	冷态 7 000 热态 5 200	冷态 7 300 热态 5 500	冷态 9 200 热态 6 500	冷态 9 870 热态 7 320
转动惯量/(kg·m²)	4 003.3	3 730		
设计压力/Pa	1.72×10^7	1.72×10^7	1.76×10^7	1.76×10^7
设计温度/℃	343	343	350	350
泵壳材料	SA302B	ASTM35/CF8		CS18NiMoCr37
泵及电动机质量/t	93.1	89		

(1) 三轴承轴系的美式风格核主泵

在为西平港(Shipping Port)商用试验堆提供了屏蔽式核主泵后,西屋公司开发了用于单环路功率 150～170 MW 的 63 型轴封式核主泵。1963 年,63 型轴封式核主泵首先安装在康涅狄格州的扬基 300 MW 核电机组上。1965 年,63 型核主泵又被用于南加州圣奥诺弗来核电厂的 450 MW 机组,并做了改进和完善。轴密封和密封系统中的问题,大部分是在这个电站中解决的。单泵最长运行 42 000 h,随后完成了初步设计定型,采用三轴承支承的轴系结构,如图 2-6a 所示。63 型核主泵的运行参数:$Q=14\ 018\ \mathrm{m^3/h}$,$H=73\ \mathrm{m}$,$n=1\ 180\ \mathrm{r/min}(60\ \mathrm{Hz})$,$P_\mathrm{m}=2\ 980\ \mathrm{kW}$。

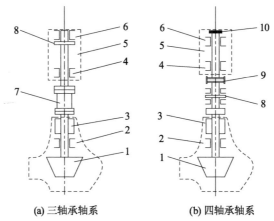

(a) 三轴承轴系　　　　　(b) 四轴承轴系

1—叶轮;2—水润滑径向轴承;3—轴密封;4,6—油润滑径向轴承;5—电动机;
7—刚性联轴器;8—双向推力轴承;9—挠性联轴器;10—单向推力轴承

图 2-6　核主泵两种典型结构示意图

20 世纪 60 年代后期,法国热蒙公司(Jeumont)从引进西屋公司的 93D 型核主泵技术,到 1979 年年底已生产的核主泵超过了 100 台,成为法国唯一的轴封式核主泵制造企业。

日本也是较早发展核电的国家之一。1968 年,日本关西电力公司购买了西屋公司 63 型核主泵用于美浜一号 340 MW 核电机组,1970 年又采购了 2 台 93A 型核主泵用于美浜二号 500 MW 核电机组。三菱重工(MHI)则从西屋公司引进了 93 型、93A 型和 100 型核主泵技术,并由下属的大型旋转机械设计制造工厂——高砂制作所(TAKASAGO Machinery Works,TMW)进行国产化研究。1979 年,三菱重工将日本国产化 93A 型核主泵用于九州电力的玄海 1 号 560 MW 核电机组,又于 1987 年将国产化的 100D 型核主泵用于北海道电力泊 1 号 580 MW 核电机组。

20 世纪 70 年代,比利时比国沙城电器公司(ACEC)引进西屋公司的核主泵技术后,为 400 MW 级核电机组提供核主泵,后发展到为本国 1 000 MW 级核电机组提供 93D 型和 100D 型核主泵。

自 1965 年以后的十多年是压水堆(PWR)轴封式核主泵发展的鼎盛时期,这一时期西屋公司下属 EMD 分部一直基于这种三轴承结构进行核主泵的研发和完善。源于西屋公司三轴承结构的美式风格核主泵技术被用于全球一半以上的 PWR 核电厂。西屋公司下属 EMD 分部的核主泵系列型号列于表 2-3 中。另外,在同一时期,美国的 Byron-Jackson(BJ)、Bingham-Willamette(BW)等著名的泵制造公司,也按西屋公司三轴承结构的设计框架,研发生产核主泵。

表 2-3　西屋公司的轴封式核主泵

泵型号	泵名义流量		首台泵运行年份
	gal/min(美制)	m³/h(公制)	
63	63 000	14 318	1967
70	70 000	15 909	1968
93	90 000	20 455	1969
93A	100 000	22 727	1970
93D	95 000	21 590	1974
93A1	100 000	22 727	1982
100	100 000	24 090	1979

注:① 泵型号后的字母表示电源频率,A 代表 60 Hz,D 代表 50 Hz,字母后的数字 1 表示第一次改进设计。

② 数字后无字母的泵型号,均为 60 Hz 电源。

西屋公司主导的三轴承轴系核主泵结构特点:① 电动机轴与泵轴用刚性联轴器直联,双向推力轴承布置在电动机顶部,与电动机 2 个油润滑径向轴承中的上部径向轴承组合成一体式结构。在泵部分的第 3 个径向轴承是水润滑轴承。② 轴密封系统由 3 道密封组成:第 1 道是可控泄漏密封,第 2 道是特殊设计的端面机械密封,第 3 道是端面机械密封,有 2 ft(610 mm)液柱的背压,防止干磨和汽化,形成了西屋公司特色的轴密封系统的基本型式。③ 泵机组的结构刚性、转子动力学以及电动机与泵之间的轴系对中问题,是结构设计、计算、制造、安装中的关键点。

（2）四轴承轴系的欧式风格核主泵

在核电发展初期,欧洲在常规火电站成套设备设计制造方面实力雄厚的大型企业,如德国西门子(Siemens)、ABB 和 KWU 等很快介入核电市场,其核主泵从著名的泵制造商如德国 KSB、瑞士 Sulzer 等公司采购。核主泵与不同公司的电动机产品匹配时有不同的技术接口,泵与电动机采用挠性联轴器联接,高参数的双向作用推力轴承部件布置在泵的上部,这是泵能与不同支承刚度和不同转子动力学性能电动机匹配的最好选择。这样便形成了四轴承轴系的欧式风格核主泵,如图 2-6b 所示。在泵上增加一道与双向推力轴承一体化的油润滑径向轴承,加上挠性联轴器,使得泵和电动机轴的对中便利,也使得机组的抗震设计和振动分析较容易处理。

德国 KSB 公司和瑞士 Sulzer 公司自主研发的核主泵技术风格类似,都起步于轴封式核主泵。1966 年 KSB 为德国第一座商用试验堆——KWU 的奥布里海姆(Obrigheim)350 MW 的 PWR 核电机组提供了其首次研发的 RER700 型核主泵,技术参数分别为 $Q=14\ 450\ \mathrm{m^3/h}, H=72\ \mathrm{m}, n=1\ 485\ \mathrm{r/min}, P_\mathrm{m}=4\ 200\ \mathrm{kW}$。

Sulzer 起步稍迟一些,1968 年 Sulzer 公司为荷兰的波舍尔(Borssele)核电厂 450 MW 的 PWR 机组生产了其首次研发的 NPTV,72 - 84 型核主泵。为了发展欧洲自己的、有球形安全壳的 EPR 设计,1971 年 Sulzer 和 KSB 公司双方投资,在德国 KSB 公司总部法兰肯塔尔建立了生产核级泵的合资企业 Sulzer - KSB 核电公司(SKK)。1974 年 Sulzer 出让了 SKK 的股权,SKK 并入 KSB 公司。此后 KSB 公司为 Siemens - KWU 和西屋公司的 PWR 核电厂生产了 100 多台核主泵。

欧洲泵制造商为西屋公司生产三轴承轴系的核主泵时,尽管配套电动机的供应商都是 Siemens,ABB 和 GE 等知名厂商,但在电动机与泵对中方面,存在比西屋下属的 EMD 更多的问题需要解决。为此,KSB 公司为核主泵研发了带有特殊球顶结构的端面齿(Hirth 型)半刚性半挠性联轴器,很好地解决了这一问题。这也是 GE 与 KSB 在美国建立合资企业的原因之一。

2.3 典型轴封式核主泵结构 (100D)

现代 PWR 核电厂使用最广泛的核主泵是立式单级轴密封泵,电源为 6.6 kV 交流电。总体结构可分为三大部分:① 水力机械部分,包括泵体、热屏、泵水导轴承和轴封水注入接口;② 轴封系统,由三级串联的轴封组成,这些是核主泵的精密部件,轴封系统提供从反应堆冷却剂系统压力到环境压力的压降;③ 电动机部分,包括电动机下部轴承、电动机主体(转子和定子)、止推轴承、上部轴承和惰转飞轮。

例如秦山二期核电厂采用的西屋 100D 型核主泵,与广东大亚湾核电厂、岭澳一期和二期核电厂及秦山第二核电厂扩建所采用的核主泵属于同一类型,其结构、辅助系统设计、支承,以及控制、保护和监测检测基本相同,核主泵主要部件的规范等级和安全等级见表 2-4,主要参数见表 2-5,结构如图 2-7 所示。

表 2-4　核主泵主要部件的规范等级和安全等级

主要部件	ANSI N18.2/ N18.2n 安全等级	ASME 规范第Ⅲ卷 规范等级
泵叶轮	2	X
泵轴	2	X
泵壳	1	1
主法兰	1	1
热交换器法兰	1	1
热交换器盘管	1	1
1 号密封壳	1	1
2 号密封壳	2	1
主螺栓和密封壳螺栓	1	1
联轴器	2	X
中间联轴器	2	X
联轴器和中间联轴器螺栓、螺母	2	X
电动机支座螺栓	2	X
泵轴承	2	X
电动机支座	2	X
密封注入管	1	1
1 号密封泄漏管	1	1
换热器、设备冷却水进水排水管	1	1
2 号密封泄漏管	非安全级	见注②
3 号密封泄漏管	非安全级	见注②
3 号密封注入管	非安全级	见注②

主要部件	ANSI N18.2/N18.2n 安全等级	ASME 规范第Ⅲ卷规范等级
导叶法兰	1	1
温度计(RTD)套管	1	1
焊颈法兰(泵机组与系统的注入水管线,冷却水进、出口管和 1 号密封引漏管等相连接的法兰)	1	1
焊颈法兰的螺栓和螺母(泵机组与系统的注入水管线,冷却水进、出口管和 1 号密封引漏管等相连接的法兰副的螺栓连接件)	1	1

注:① 标有 X 的部件为非承压部件但需进行抗震设计,这些部件应满足结构完整性的要求。

② ASME 规范的分级不适用于这些部件,可以采用 ASME 规范的 3 级限值来分析这些部件。

表 2-5　秦山二期核主泵主要参数

指标		参数
扬程/m		91
流量/(m³/h)		24 290
设计压力/MPa		17.2
正常运行压力/MPa		15.5
正常运行温度/℃		293
额定转速/(r/min)		1 488
设计温度/℃		343
核主泵机组总效率/%		79
电动机额定功率/kW	热态	5 966
	冷态	7 457
输入功率/kW	热态	6 390
	冷态	7 945

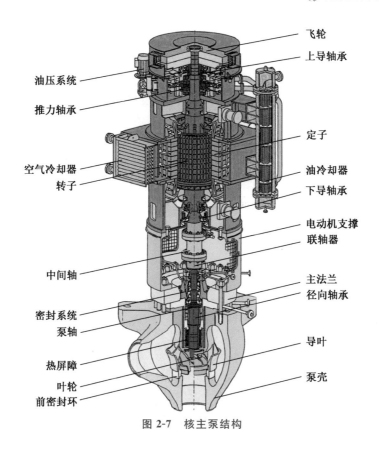

图 2-7　核主泵结构

2.3.1　水力机械部分结构

　　水力机械部分包括泵的入口和出口接管、泵壳、法兰、叶轮、导叶、泵轴、径向轴承及热屏组件,其基本功能是将泵轴的机械能传递给流体并变为流体的静压能。泵壳、导叶、进水导管、叶轮、泵轴为不锈钢材料。反应堆冷却剂由泵底部的进口接管吸入,依靠装在泵轴下部的叶轮抽送,经导叶从泵壳侧的出口接管排出。进水导管的上端固定在导叶上,下端对准泵壳进口接管中心线,将反应堆冷却剂引入叶轮。水力机械部分结构如图 2-8 所示。

　　(1) 泵壳

　　泵的外壳包容并支撑着泵的水力部件,是 RCS 压力边界的一部分。泵壳是一个不锈钢铸件(100D 型主泵),其出入口接管焊接在一回路系统管道上。冷却剂从泵壳底部沿叶轮轴线流入,向上经导流管进入叶轮。通过叶轮后的冷却剂经导叶后通过与叶轮成切线方向的出口接管排出。

　　泵壳是一种重型铸钢件,泵壳在高压、高温、强腐蚀、强辐照的恶劣条件下工作,在瞬态过程中受到温度、压力交变载荷的冲击作用。它属于安全1级部件,应按照 ASME 规范第Ⅲ卷第1册的要求进行设计、制造和检验。

目前主要采用近似球形的回转对称泵体,不用蜗壳泵体。前者受力条件好、工艺性好、成品率高,且保证了泵体的强度和可靠性,但效率有所降低。选择泵壳材料也要谨慎,一般采用 18-8 型不锈钢。西屋公司采用奥氏体不锈钢。德国 KSB 采用低合金钢做母体,内表面再堆焊一层不锈钢。对泵体铸件除做材料分析检验外,还应做射线、着色、超声波、磁粉探伤等检验。泵壳的进出口接管与主管道焊接在一起,焊接和热处理等都要按 ASME 规范规定的技术条件进行。核主泵组装后,必须进行水压试验,试验压力为设计压力的 1.25 倍,还要进行性能试验,必须使各项指标都达到设计要求。试验完毕后,应对零部件进行复检。

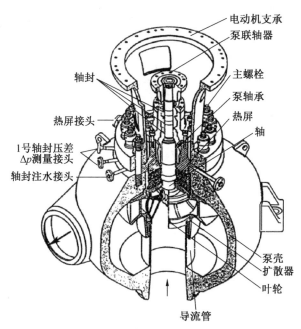

图 2-8 核主泵水力机械部分

(2) 叶轮

叶轮采用不锈钢铸件,用热装和加键固定在泵轴的下端,并在轴端用螺母锁紧。叶轮是泵的核心部件,依靠叶轮的旋转使流体获取能量。

(3) 吸入导流管和导叶

吸入导流管是一个不锈钢圆筒,用螺栓固定在泵壳的内侧,它把吸入流体引进叶轮中心。吸入导流管和叶轮吸入接管之间由迷宫密封环阻挡从排出室向吸入室的流体泄漏。

导叶由不锈钢铸造而成,位于叶轮外侧。导叶的作用是降低在扩压叶片之间延伸流道中的流体流速,把流体的速度头转换成静压头。

(4) 泵轴承

泵的径向轴承为泵轴提供径向支撑和对中。泵轴承浸没在水中并位于热屏与轴封之间,它是水润滑轴承,由司太立合金堆焊的不锈钢轴颈和石墨环轴瓦构成的套壳组成。轴承安装在一个球形座内,当泵轴有一些倾斜时,轴瓦外表面的球面可自调对中,这样能校正泵-电动机组轴线的不对中。石墨环轴瓦由水润滑和冷却,因此通过轴承的水保持低温是很重要的,高温会破坏石墨环并使轴承损坏。所用的轴承冷却水由化学和容积控制系统(RCV)的轴封注入水的一部分提供。

(5) 热屏组件

热屏组件安装在叶轮上方、水润滑轴承下部,由紧固法兰、防护套筒(又称隔热套)、奥氏体不锈钢蛇形管热交换器以及紧固法兰上的蛇形管进出口接管组成,其作用是阻止泵壳内高温反应堆冷却剂的热量向泵上方的泵径向轴承和密封组件传热,使泵径向轴承免受高温,起屏蔽作用,也称为热屏障或热屏蔽。防护套筒安装在导叶内侧,蛇形管热交换器安装在叶轮与泵径向轴承之间。

在热屏热交换器蛇形管内循环着设备冷却水系统(RRI)的冷却水,分别由位于热屏紧固法兰处的 2 个接管流入和流出。

在核主泵正常运行时,因从 RCV 系统注入冷的高压轴封水,故热屏起辅助作用。此时,高压轴封水以比冷却剂稍高的压力注入水润滑径向轴承和冷却器之间,流量约为 1 800 L/h,其中 2/3 流量流经冷却器后进入一回路系统外,其余 1/3 往上流经水润滑轴承进入机械密封装置。热屏热交换器盘管内循环着设备冷却水,供水温度 35 ℃。但在高压轴封水中断时,高温冷却剂将由下向上涌进冷却器,这时冷却器的热负荷将很大,热屏就发挥保护泵轴承和轴封的主要作用,冷却向上流动的一回路冷却剂,防止泵轴承和轴封损毁,只要泵轴承及轴封的温度未达到限值,核主泵仍可运行 24 h。

(6) 轴封水

由 RCV 系统而来的高压冷水,其压力稍高于 RCS 系统压力,通过热屏法兰上的接管从泵径向轴承和 1 号轴封之间注入。受轴封装置的阻挡,此流量的大部分沿轴向下流经泵轴承进入 RCS 系统主管道,剩余流量沿轴向上流过 1 号轴封。

轴封水的作用主要包括:高压冷水经过泵轴承、热屏流到泵壳内,抑制反应堆冷却剂不能向上流动；保证泵轴承润滑；流过轴封，提供轴封水；在 RRI 系统故障而失去热屏冷却水时，保证泵轴承和轴封的短时间应急冷却。

在轴封注入水入口装有一只过滤器，以保证水质的清洁度，以免水中的杂物使轴封或轴承磨损。如果热屏冷却水和轴封注入水同时丧失，必须立即停运主泵，并在 1 min 内恢复二者之一。

2.3.2　电动机部分

电动机常采用立式鼠笼式感应电动机，电压 6 000 V 或 6 600 V，同步转速为 1 500 r/min。与普通立式电动机相比，核主泵电动机具有如下一些特点：① 对电动机绝缘有特殊要求。在核岛安全壳内的电动机运行条件恶劣，环境温度为 50 ℃，相对湿度为 50%，放射性照射率为 2.384×10^{12} Bq/(kg·s)。在这种条件下，一般绝缘材料的物理化学性能将有很大改变。因此，电动机材料均须经严格的辐照试验及性能试验。② 电动机上装有推力轴承及飞轮。③ 要求充分冷却，均有专用的冷却系统。④ 电动机产生的扭矩必须足够大，以便驱动泵由静止到设计转速。

100D 型核主泵电动机转动部分设计质量特别大，以增加惯性。热态运行时额定功率为 6 500 kW，额定转速为 1 485 r/min。转子和定子用空气冷却，装在转子两端的风叶通过电动机体的冷却孔吸入空气，使其流过电动机，然后回到装在电动机机架外的空气冷却器冷却。每台电动机有 2 个正对安装的空气冷却器，冷却器管内流动的是 RRI 系统的冷却水。

电动机装有上下 2 个径向轴承、1 个双向金斯泊里（Kingsbury）型止推轴承、惰转飞轮、防逆转装置、润滑油冷却器以及相应的仪表。

为防止核主泵停止运转后电动机绕组受潮，安置了电动机绕组电加热器。核主泵停运后，电加热器自动投入运行；核主泵启动时，电加热器自动断开。

(1) 惰转飞轮

在核主泵断电的情况下，反应堆将紧急停堆。停堆后反应堆剩余功率呈指数下降，故短时间内必须保持有较高的冷却剂流量通过反应堆堆芯。每台核主泵都在转轴的顶端安装一个大质量的飞轮，用键固定在电动机的轴端。飞轮的作用是增大核主泵转动部件的转动惯量，以便在发生断电事故时，使核主泵具有足够的惰转时间，减慢流量下滑速率，维持一回路冷却剂必需的惯性流量，导出堆芯余热。飞轮与反应堆保护系统配合，保证在紧急停堆和泵断电时有充分的排热能力。随后，可以用应急电源启动备用泵或依靠自然循环进一步带走余热，以确保反应堆安全。飞轮提供的惰转流量也有助于产生自然循环流动。飞轮结构如图 2-9 所示。

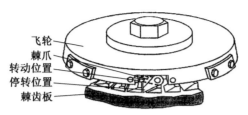

飞轮
棘爪
转动位置
停转位置
棘齿板

图 2-9　核主泵飞轮和防逆转装置

核主泵转轴部件的动能与它的转动惯量和转速的平方成正比,核主泵的惰转时间特性主要取决于核主泵机组转动惯量,并可表示为

$$I=\frac{P_0}{\omega_0^2\eta_0}\times\frac{t}{[n_0/n(t)]-1}$$　　　　(2-1)

式中:I 为核主泵机组转动惯量,kg·m^2;P_0,η_0 分别为额定工况下泵的有效功率和效率;n_0,$n(t)$ 分别为泵的额定转速和断电后 t 时刻的转速,r/min;t 为自断电开始计算的时间,s;ω_0 为额定角速度,rad/s。

根据核电厂安全分析的要求,断电后的一定时间内,应保证核主泵有一定的转速,根据式(2-1)即可计算核主泵应具有的转动惯量,进而确定飞轮的质量。

飞轮是关系堆芯安全的重要部件,必须使用强度、韧性都较高的合金钢锻造,如采用 ASTM SA533 - B 的 Ⅰ 类钢材或 ASTM A - 516 制造并经过 100% 的超声波探伤。飞轮加工完毕后,还应做动平衡试验。

(2) 防逆转装置

如果一台核主泵断电而其余核主泵仍在运行,在断电核主泵的环路中将发生流体逆向流动。这一逆向流动对冷却堆芯是不利的。逆流还会引起泵的反转,如果想再次启动该泵,就会产生过大的电流,可能使电动机过热或引起其他损坏。

为了防止泵反转,装设了防逆转装置,该装置包括安装在飞轮底部外缘上的多个棘爪、一块安装在电动机机架上的棘齿板,以及棘齿板用的恢复弹簧和振动吸收器。在泵停转后,每个棘爪与棘齿板啮合。当电动机开始逆向旋转时,棘齿板稍有转动,振动吸收器便使其停止转动。电动机启动时,恢复弹簧使棘齿板恢复初始位置。随着电动机转速的提高,棘爪在棘齿板上拖过,在电动机达到其额定转速的 1/10 后,离心力使棘爪保持在升高的位置上。

(3) 止推轴承和径向轴承

电动机上部装有 1 个组合式双向金斯泊里型止推轴承和 2 个径向轴承。径向轴承分置于止推轴承上、下方,采用碳钢上挂巴氏合金止推轴承,在平衡垫(止推转盘)的上、下两面各有 8 块碳钢挂巴氏合金的止推轴瓦,平衡垫把推力负荷均匀地分配到各止推轴瓦上。随着电动机轴和止推转盘的转动,油液的压力作用在止推轴瓦上,使其略微倾斜,并在轴瓦和平衡垫之间建立一层薄油膜,使轴瓦与平衡垫不接触,如图 2-10 所示。

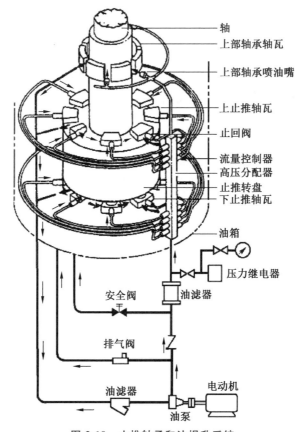

图 2-10　止推轴承和油提升系统

常用的径向轴承是中心支撑瓦块式结构,它是自调的,轴颈上覆盖了一层强化的酚醛树脂,自调衬套或不锈钢支撑瓦块套在轴颈上。这种轴承能产生一层完整的液膜而不易磨损,因而它能承受大于 16 MPa 的压力。

核主泵在额定条件下运行时,泵轴会传递很大的轴向力,通常向上推力为 600～700 kN,甚至 1 000 kN 以上;低压启动时,向下推力为 100～200 kN。转动部件的重力和泵产生的上述轴向推力由止推轴承承受。

当核主泵运行时,RCS 系统的压力和流体产生的向上的推力大于泵和电动机转动部件的重力,泵受到一个约 45 tf(tf 为吨力,45tf 相当于 441 kN)的向上的轴向力,作用在上止推轴瓦上;当泵启动和停运时,泵转动部件的重力大于流体的压力,产生一个约 25 tf(tf 为吨力,25tf 相当于 245 kN)的向下的轴向力,作用在下止推轴瓦上。

止推轴承和上部径向轴承都置于上贮油箱中,并浸没在油内。在泵工作时,轴承是自润滑的,不需要外部的油泵,止推转盘起离心泵作用,在它上面钻了一些通道,油通过它循环,从轴承流向一个外部润滑油冷却器,在冷却器内用 RRI 系统的水对润滑油进行冷却。

电动机下部径向轴承浸在电动机下部油箱的油中,在油箱中安装有 RRI 系统冷却水流过的冷却盘管。

(4)油提升系统

设置止推轴承油提升系统是为了在泵启动和停运时减小启动电流和防止止推轴承损坏(因为止推轴承只在较高泵转速下才是自润滑的)。此系统由一台电动柱塞油泵(称为顶轴油泵)、压力继电器、油滤器、安全阀、止回阀、排气阀以及相连接的管道所组成。在核主泵启动和停运前要先启动顶轴油泵,在止推轴瓦和止推转盘之间产生一层油膜,这样可避免止推轴承损坏,并使核主泵较容易地加速到额定转速。油提升系统流程如图 2-10 所示。顶轴油泵将润滑油注入止推轴瓦,经止推轴瓦上面的小孔流入止推轴瓦和止推转盘之间,以绝对压力大于 4.2 MPa 的油压迫使轴瓦离开止推转盘,并在其间形成油膜。此外,润滑油也被泵入电动机上部径向轴承。

顶轴油泵从上部油箱吸油。每台核主泵配备一台顶轴油泵,装在核主泵电动机机架外,它的电动机功率为 7.5 kW,转速为 1 500 r/min,由 380 V 电源供电。油泵出口装有压力继电器,在核主泵供电前必须将油压(绝对压力)升高到大于 4.2 MPa,才能启动核主泵,否则将有闭锁信号阻止泵的启动。

2.3.3　轴封组件

轴封组件通过主法兰装到轴上,与泵轴同心放置,是核主泵的旋转轴与泵壳间的高压密封装置,又称轴封系统,是核主泵的关键部件。轴封组件装在一个密封外罩内,而外罩用螺栓固定在主法兰上,其性能好坏直接影响核主泵是否安全工作。轴封泵的特点主要表现在轴密封装置上。在 PWR 核主泵中,轴封系统通常采用数级密封串联的结构,位于泵轴末端。它的作用是保证在核电厂正常运行期间,从 RCS 沿核主泵泵轴向安全壳气空间的反应堆冷却剂泄漏量基本为零。

西屋公司的 93A 与法国热蒙公司的 93D 型核主泵的密封装置是由三级串联的密封件组成的。轴封组件的三级密封自下而上依次称为 1 号、2 号、

3号密封,其中1号、2号密封是按承受全部系统压力设计的轴封,而3号密封只是一个泄漏水导流轴封,即将2号密封的泄漏水导流至收集点。图2-11所示是核主泵轴封组件三道密封的相对位置。1号密封是可控制泄漏的液体静压密封,它有两个比较宽的密封面,是三道密封中最关键的一道。由于冷却剂在1号密封的两个密封面间产生很大的压降,使得这两个密封面间有一层0.008～0.013 mm厚的液膜。工作时两个密封面相互不接触,因此不会由于磨损而破坏,即使轴不转动也能产生薄液膜。通过液膜的泄漏量见表2-6。

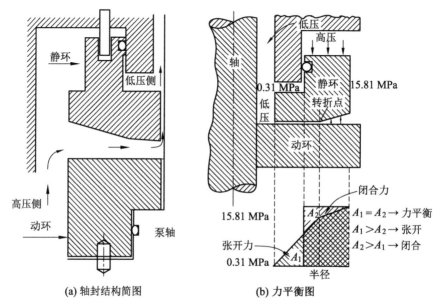

(a) 轴封结构简图   (b) 力平衡图

图 2-11   1号轴封结构及力平衡原理

表 2-6   三级串联机械密封泄漏量

密封件	密封面进口表压/MPa	泄漏量/(L/h)
1号密封	15.8	680
2号密封	0.35	7.7
3号密封	0.02	0.1

2号密封是普通的接触式机械密封,与主轴一起转动的密封件是一个比较宽的动环,用氧化铝等硬质材料制作。与其相对的是一个比较窄的静环,用石墨等软材料制成。在正常运行工况下,它承受1号密封泄漏介质的压力,其表压为0.35 MPa。经过2号密封后,表压降至0.05 MPa,泄漏量也大大减

少。当 1 号密封损坏,冷却剂的压力全部作用在 2 号密封上时,在短期内也同样能起到密封作用。

3 号密封是一个比较小的低压接触式机械密封,其结构形式和材料与 2 号密封相似,它能限制每小时泄漏量在 0.1 L 以内,这样少量的泄漏用来冷却和润滑接触面是足够的。

(1) 1 号轴封

1 号轴封是主轴封,位于泵轴承上面,结构如图 2-11a 所示。它是一种流体静力平衡式、依靠液膜悬浮的受控泄漏轴封,其主要部件是一个随轴一起转动的动环和一个与密封外罩固定的静环(可上下移动)。动环和静环的不锈钢圈上喷涂氧化铝覆面,这样的密封覆面很耐腐蚀,而且它的膨胀系数和不锈钢圈基本相同。在运转中两个环的表面不接触,由一层液膜隔开,否则就会磨损,从而发生过量泄漏。

在正常运行中,温度为 55 ℃的轴封注入水以高于 RCS 系统的绝对压力(约 15.8 MPa)进入泵中,流量约为 1.8 m³/h,在 1 号轴封产生 15.5 MPa 的压降。此注入水中大约 1.1 m³/h 经过泵轴和热屏向下流动,并进入 RCS 系统中,这就防止一回路冷却剂进入泵轴和轴封区。其余 0.7 m³/h 的注入水通过 1 号轴封,被 2 号轴封阻挡,一小部分流过 2 号轴封,其余流入 1 号轴封泄漏管线,与 RCS 过剩下泄管线汇合后回到 RCV 上充泵入口处。上述各参数是在 RCS 系统绝对压力为 15.5 MPa 时的数值,实际上,轴封水压力、流量、1 号轴封压差及泄漏流量是随 RCS 系统压力变化的。

这个轴封之所以称为受控泄漏轴封,是因为通过该轴封的泄漏量已被预先确定并受到控制。控制的方法是保证静环和动环之间的间隙始终为一定值(约 0.1 mm),这是通过作用在静环上的流体压力平衡来实现的。作用在静环上的力可分成闭合力(这个力趋向于使间隙闭合)和张开力(这个力趋向于使间隙张开)。如图 2-11b 所示,一个正比于静环两边压差的恒定闭合力 A_2 施加在环的上表面,这个力在图中的力平衡曲线上被表示为矩形。静环底部所受的压力产生一个张开力 A_1,如果底面是平行的,这个力在力平衡图上将由一个三角形代表,然而静环朝着高压侧有一个渐开段,这就使转折点处的压力更高,因而在力平衡图上张开力是一个近似梯形。顶部和底部的面积差产生了一个不大的张开力,这个力将使静环上抬离开动环,并在静环和动环之间保持一个间隙。

为了便于解释,我们忽略环的重力,并假定当 $A_1 = A_2$ 时,静环和动环之间稳定地保持着适当的间隙。如果间隙趋于闭合(轴向上移动或静环向下移动),平行段降低的百分数将大于渐开段减小的百分数,因此平行段中的流动阻力增加得更快,使转折点处的压力升高。这样就改变了力平衡,使张开力稍有增加(即 $A_1 > A_2$),于是静环就向上移动,直至张开力等于闭合力,恢复设计所要求的间隙。同样,如果轴向下移动或静环向上移动使间隙张开,张开力将减小(即 $A_1 < A_2$),最终间隙将恢复到正常值。

如果轴封两端压差降低,力平衡图的形状不会改变,不过实际数值要降低。但是,低压下不能忽略静环的重力,因为它变成闭合力的一个重要分量。在静环两边压差小于 1.5 MPa 的情况下,张开力的大小可能不足以保持间隙,因此核主泵运行时应保持 1 号轴封两边压差大于 1.5 MPa。在核主泵启动和停运过程中由于转速较低,要求压差大于 1.9 MPa。为保证 1 号轴封压差大于 1.9 MPa,核主泵必须在 RCS 系统绝对压力高于 2.4 MPa 时才允许投入运行。

(2) 2 号轴封

2 号轴封是一个摩擦面型轴封,它由一个石墨覆面的不锈钢静环和一个与轴一起转动的喷涂碳化铬覆面的不锈钢动环组成,如图 2-12 所示。

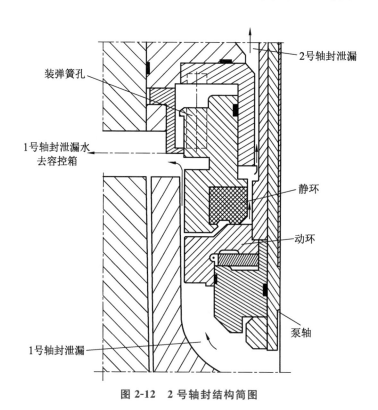

图 2-12　2 号轴封结构简图

2 号轴封的作用是阻挡 1 号轴封的泄漏水,引导其流回 RCV 系统。通过液体压力和弹簧力使静环压在动环上,动、静环之间的摩擦面由 1 号轴封泄漏量的一小部分进行润滑和冷却。

2 号轴封具有承受 RCS 系统运行压力的能力,所以它的另一功能是作为 1 号轴封损坏时的备用轴封。如果 1 号轴封损坏,无论核主泵在转动状态还是静止状态,2 号轴封都能在 RCS 系统压力下短时间代替 1 号轴封。当 1 号轴封损坏时,主控室内指示和报警"1 号轴封泄漏量高",操纵员应关闭 1 号轴封泄漏阀,使 1 号轴封全部泄漏量都通过 2 号轴封,让 2 号轴封作为主要轴封使用。核电厂随后按正常程序停堆,以便更换损坏的轴封。

根据 2 号轴封泄漏量是否异常,可以判断轴封有没有损坏。在 2 号轴封故障的情况下,只要泵轴承无异常振动,核主泵可保持运行。

(3)3 号轴封

3 号轴封是一个摩擦面双侧型轴封。其结构基本与 2 号轴封相同,但不是按照承受 RCS 系统压力设计的。3 号轴封的作用是引导 2 号轴封的泄漏水到 RCS,以避免 2 号轴封的泄漏水流到安全壳内,同时防止含硼的泄漏水在泵的末端产生硼结晶。

3 号轴封依靠由硼水补给系统(REA)供水的立管(RCP011BA)的位置压头(绝对压力 0.2 MPa)注入轴封水,它的一半流量(0.4 L/h)流经轴封一侧冷却和润滑动、静环的摩擦面,并排入 2 号轴封泄漏管线,另外一半流量流向轴封的另一侧冲洗轴末端,并通过 3 号轴封泄漏管线排入核岛排气和疏水系统(RPE)。如果立管水位变化异常,则表明 3 号轴封可能发生故障。

在 3 号轴封故障的情况下,核主泵可保持运行。由于此时冷却剂向安全壳泄漏,应密切监视辐射水平。

这样设置的三道轴封实现了核主泵中反应堆冷却剂向外界的零泄漏。轴封注入水在轴封系统的流程如图 2-13 所示,图中标出了 RCS 绝对压力为 15.5 MPa 时各部位轴封水额定流量下的压力。

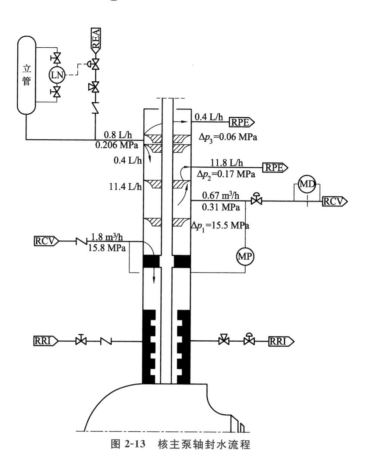

图 2-13 核主泵轴封水流程

2.4 屏蔽电动机核主泵结构

AP1000 核主泵采用的屏蔽电动机泵,由美国西屋公司下属 EMD 设计和制造。RCS 采用屏蔽电动机泵的理由:① 屏蔽电动机泵技术成熟。不同尺寸的屏蔽电动机泵在军工、石油、化工,以及早期核电厂和其他工业部门使用,取得了良好的使用业绩。在免维修和在役检查的条件下,屏蔽电动机泵最长的服役时间已达 40 余年,至今无一失效和故障记录。② 传统 PWR 核电厂核主泵采用轴封泵的轴封问题已成为引发现有核电厂反应堆冷却剂泄漏的潜在原因之一。由于轴密封需要大量的外部系统支持,一旦出现全厂停电,所有支持系统可能丧失作用,轴密封部位即成为冷却剂泄漏的潜在根源,而屏蔽电动机泵彻底消除了这一潜在的泄漏根源。AP1000 核主泵在核电厂中的位置如图 2-14 所示。表 2-7 对比了屏蔽电动机泵和传统轴封泵对设计及维护的要求。

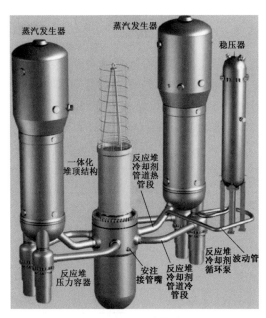

图 2-14 AP1000 核主泵在核电厂中的位置

表 2-7 屏蔽电动机泵和轴封泵对设计及维护的要求对比

设计指标/维护要求	轴封泵	屏蔽电动机泵
设计寿命/年	40	60
密封检查间隔/年	4.5	无(无密封)
密封 O 形环更换间隔/年	6	无(无密封)
泵轴承检查间隔/年	10~12	无明确要求
飞轮超声检查间隔	按 ASME 规范第Ⅺ卷要求的间隔	无检查要求
每年对电动机的检查: ——电气试验 ——外观检查	每次换料停堆时	无检查要求
每 5 年对电动机的检查: ——检查转子和定子绕组 ——检查飞轮 ——检查下部径向轴承 ——电气试验	每 5 年一次	无检查要求
每 10 年对电动机的检查: ——完全解体 ——检查和清洁 ——检查所有轴承 ——更换磨损部件 ——电气试验	每 10 年一次	无检查要求
电动机重绕	40 年服役期内一次	无此要求

2.4.1 屏蔽泵的设计与结构

屏蔽电动机泵是单级、高惯量、采用屏蔽电动机的无轴封离心泵,用于输送大容量高温高压反应堆冷却剂。蒸汽发生器下封头有 2 个出口接管,每个接管直接连一台屏蔽电动机泵,每个蒸汽发生器上的 2 台泵按同一方向运转。屏蔽电动机泵主要设计参数见表 2-8,屏蔽电动机泵结构如图 2-15 所示。

表 2-8 AP1000 屏蔽电动机泵主要设计参数

设计指标	参数
机组设计压力(表压)/MPa	17.13
机组设计温度/℃	343.3
机组总高/mm	6 705
设备冷却水流量/(m³/h)	136.3
连续设备冷却水最高进口温度/℃	35
电动机和泵壳总质量(干重)/kg	90 718
泵设计流量/(m³/h)	17 886
泵设计扬程/m	111
泵出口内直径/mm	558
泵进口内直径/mm	660
同步转速/(r/min)	1 800
电动机类型	鼠笼式感应电动机
电动机额定功率(热态设计点)/kW	5 450
电压/V	6 900
相数	3
频率/Hz	60
绝缘等级	H 级或 N 级
电流/A ——启动 ——名义输入,冷态反应堆冷却剂	可变的 可变的
电动机/泵转子要求的最小转动惯量	计算值不得小于 16 500 ft·lb² 实际的转动惯量约为 931 kg·m² (能够为缓解假想事故提供足够的惰转流量)

注:设备冷却水供应水源升温至 110 ℉(43 ℃)可能会在 6 h 后发生。

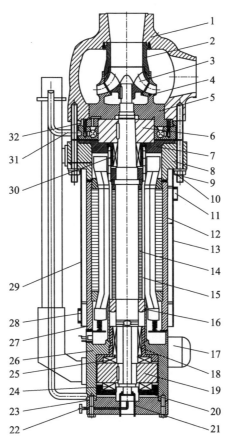

1—泵壳；2—吸入段；3—叶轮；4—导叶；5—热屏障；6—上惰转飞轮；7—上盖板；

8—定子法兰；9—主法兰螺栓；10—主法兰螺母；11—冷却水入口套管；

12—定子冷却水套；13—定子组件；14—转子组件；15—转子屏蔽套；16—定子屏蔽套筒；

17—接线盒；18—径向轴承；19—下惰转飞轮；20—轴承压盖；21—转速探头；

22—排气和充气管；23，32—C 式密封；24，25—推力轴承；26—定子下部壳体；

27—定子 RTD 组件；28—冷却水出口套管；29—定子壳体；30—径向轴承；

31—轴承水 RTD

图 2-15　屏蔽电动机泵结构

　　屏蔽电动机泵将电动机和所有转动部件放置在一个压力容器内。该压力容器由泵壳、定子盖、定子主法兰、定子外壳、定子下部法兰和定子端盖组成，是反应堆冷却剂压力边界的核安全 1 级部件，按 RCS 压力设计。屏蔽电动机泵中定子和转子被封在抗腐蚀的屏蔽套中，以防止转子铜条和定子绕组与反应堆冷却剂接触。由于叶轮和转子的轴包括在压力边界中，不需要轴密封来限制泵中的反应堆冷却剂泄漏进入安全壳中。泵壳和定子盖间的连接设有一个可焊的卡努比(Canopy)型式密封组件,为泵定子盖提供最终的泄漏保护。若检修需要接触泵和电动机的内件,则要切割开卡努比密封焊。当泵重新组装之后,卡努比密封要重新焊好。

屏蔽电动机泵由水力部件和电动机部件两部分组成。

水力部件主要是由泵壳、叶轮和导叶等部件组成的混流泵。泵和电动机之间由热屏隔离堆芯冷却剂的高温。电动机功率为 5 500 kW,额定转速为1 800 r/min。启动和运行时通过变频器来控制电动机转速。

屏蔽电动机是一种专门设计的立式、水冷、单绕组、四极、三相、鼠笼式的带有屏蔽转子和定子的感应电动机。该电动机由三相 6 900 V,60 Hz 的电源驱动。变频器用于泵的启动,并在泵连续运行时将电源频率从 50 Hz 改变至60 Hz。

AP1000 屏蔽电动机的设计是在已有运行经验的同类电动机的基础上改进的。可参考的屏蔽电动机均没有飞轮,而 AP1000 屏蔽电动机有上、下2 个飞轮,这是其最显著的特征,由飞轮带来的能量损耗约为 1 000 kW。由于屏蔽电动机的损耗较高,冷却措施及温升控制是关键。电动机冷却满足设计要求,是实现长期可靠运行的关键。电动机绕组的绝缘级别选用 N 级(200 ℃)。

需要时,电动机可从泵壳上拆下来进行维修检验和更换。定子屏蔽套保护定子(绕组和绝缘体)不接触在电动机内部和轴承腔内循环的反应堆冷却剂。转子上的屏蔽套将转子铜条与系统隔离,以减小铜析出的可能性。

电动机由电动机腔内循环流动的反应堆冷却剂和电动机壳外侧冷却套内循环的设备冷却水进行冷却。冷却电动机的一次冷却剂从转子下端进入,轴向通过电动机内腔带出转子和定子的热量。辅助叶轮为冷却剂循环提供动力,一次冷却剂的热量传递给外置热交换器内的设备冷却水。

每台泵电动机由一台变频器驱动。在泵启动和反应堆冷却剂低温运行时(反应堆停堆断路器打开),用变频器来驱动泵减速运行。对于 50 Hz 电网,当反应堆冷却剂升温时,变频器给泵电动机提供 60 Hz 电源,不管反应堆停堆断路器是否闭合。

与反应堆冷却剂和冷却水相接触的材料(除了轴承材料)采用奥氏体不锈钢、镍-铬-铁合金或耐腐蚀性能相当的材料。

屏蔽电动机泵的屏蔽电动机和泵共用一根主轴,在主轴上有 2 个径向轴承和 1 个双向推力轴承,都在电动机一侧。

屏蔽电动机泵设置了可以连续监测泵结构振动的振动监测系统。遵循多重性的原则,设置了 5 个振动传感器监测泵的振动,并提供信息输出。信号输出系统包括报警器和高振动级别报警器,以及分析器的信号输出。

遵循多重性的原则,设置了 4 个电阻温度计(RTD)监测电动机循环冷却水的温度。这些电阻温度计提供了轴承和电动机异常运行的指示,同时还作为长时间丧失设备冷却水事件发生时自动停堆的信号。

设置一个速度传感器监测转子的转速,另外设置电压和电流传感器监测电动机载荷和电源输入。

2.4.2　屏蔽泵的主要部件

(1) 定子绕组及冷却

由于屏蔽电动机的能耗高、发热量大,定子屏蔽套使定子成为一个封闭区域,造成定子铁芯和绕组只能靠温度梯度产生的热传导散热。绕组端部由于散热困难,是温度场中的热点。由此可见,电动机冷却措施及温升控制是保证屏蔽电动机泵正常运行的关键。作为解决措施,一方面 AP1000 屏蔽电动机绕组采用较高的绝缘等级(N 级,200 ℃),另一方面通过有效的冷却来降低电动机各部分的温度。

除了由迷宫式密封(在转子与热屏之间)阻隔泵壳腔内的高温冷却剂和电动机腔内的低温冷却剂进行热交换外,电动机冷却功能由 2 个冷却回路来实现:

① 外置热交换器冷却回路。外置热交换器的管侧为屏蔽电动机腔内的反应堆冷却剂,壳侧为设备冷却水,以此来冷却屏蔽电动机腔内的反应堆冷却剂。

② 通过流经电动机定子冷却外套的设备冷却水来冷却电动机定子绕组发出的热量。

通过冷却回路的有效工作使电动机腔内的冷却剂温度保持在 80 ℃以下,定子绕组中的最高温度不大于 180 ℃,以此保证绕组绝缘的性能和寿命。

此外,变频器主体设备安置在汽轮机厂房,变频器的可用率为 0.999 9,因此变频器的可靠性是可以接受的。

定子的制造工艺(见图 2-16)与一般电动机定子的制造类似,定子铁芯主要由定子上端盖指板、下端盖指板、定子叠片、支承棒组装而成,在定子叠片叠装后由上、下两块端盖指板夹住,然后将支承棒焊接在指板两端,这样就制成了定子铁芯,之后还要进行定子线圈绕组的绕线、屏蔽套支承棒的安装等工序,最后才是定子屏蔽套的安装和两端装焊。

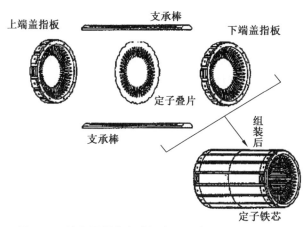

图 2-16 核主泵屏蔽电动机定子制造工艺流程示意图

（2）屏蔽套

为将电动机的定子绕组和转子与一回路冷却剂介质完全隔绝开来，设置2个屏蔽套，即定子屏蔽套和转子屏蔽套。屏蔽套材料为 Hastelloy C276 合金，是一种超低碳型 Ni，Mo，Cr 系列镍基、非磁性、耐蚀、耐高温、抗氧化材料，加工成厚度约 0.46 mm、幅宽约 2 m 的精轧板材。电动机组装后定子屏蔽套和转子屏蔽套之间的间隙为 4.83 mm。定子屏蔽套的直径为 559 mm，其公差控制在 ±0.076 mm；屏蔽套只承担密封功能，屏蔽套的背部支承承担其机械力，屏蔽套的背部支承由中段铁芯（包括槽楔）以及两端支承筒三部分组成。

屏蔽电动机泵的屏蔽套加工、安装和检验是屏蔽电动机制造过程中最关键的环节，也是反应堆冷却剂泵实现国产化的难点之一。屏蔽套的制造过程是先将 Hastelloy C276 合金的板材按屏蔽套周长剪切下料，然后滚压成开口圆筒，再将滚成的圆筒开口缝压在自动焊机上焊接，焊后再在滚压机上滚压整形，最后用 π 尺进行两端直径检查。转子屏蔽套是过盈配合热套在转子铁芯上的。转子屏蔽套立着在立式加热炉内加热，达到热套状态后，转子铁芯要在 10 s 内快速插入加热炉内的转子屏蔽套内，然后整体吊出。定子屏蔽套与定子铁芯内径为间隙配合，故可直接套入。

定子屏蔽套、转子屏蔽套焊接后均须经过水压试验及氦检漏试验检验。定子屏蔽套的水压试验利用定子本身外加两端堵板形成定子屏蔽套水压试验腔。试验过程如下：① 按规定的试验压力（为设计压力的 1.25 倍）进行水压试验；② 水压试验完成后将定子腔内水压降到试验水压的 75% 保压，然后对线圈腔进行气压试验，气体为氮气，压力为定子腔水压的 75%，用气泡法检查定子出线密封；③ 除去定子腔的水压及线圈腔的气压，送到烘干炉缓慢加热到 212 ℃进行烘干处理,然后线圈腔抽真空、定子腔充 13.8 MPa 的氦气进行氦检漏。

线圈腔抽真空约需两周时间,原因是定子绝缘材料在电动机运行过程中会挥发出气体,引起定子线圈腔压力增加,可能造成屏蔽套出问题,所以目前采用氦检漏前抽真空的方法处理,充氦气时定子应处于热温状态。

AP1000 屏蔽泵的屏蔽套相关数据见表 2-9。

表 2-9　AP1000 屏蔽泵的屏蔽套相关数据及对比

参数	AP1000	EMD 经验(1 500 台)
材料	Hastelloy C276	Hastelloy C276,Hastelloy C,Hastelloy N,SST,Inconel 600 和 625
厚度/mm	0.381～0.483	0.381～0.889
直径/mm	559	20～1 016。据现场考察,EMD 有焊接成形的定子屏蔽套,其最大尺寸约为 $\Phi500 \times 3\ 000$
工作压力(表压)/(kgf/cm²)	158.2	28.1～316.4

注:1 kgf/cm² = 98.066 5 kPa。

（3）水润滑轴承

反应堆冷却剂泵的轴承属于商品级产品,一般都是外购件。屏蔽电动机泵装有 3 个轴承,分别为 2 个径向轴承和 1 个双向推力轴承,都在电动机一侧。

2 个径向轴承,一个在转子轴底部,另一个在上部飞轮组件和电动机之间。轴承采用水力水膜润滑设计。转子转动时,在轴径和衬垫间形成一层薄水膜提供润滑。

双向推力轴承组件位于转子轴底部。在任何工况下自调节的水力水膜润滑轴承提供了转动组件的相对向上轴向定位。双向推力轴承的动盘(镜板)为下飞轮的上、下两个端面,而静盘的摩擦副为推力瓦。

在转速达到一定值时,轴和轴承(摩擦副)之间就会形成稳定的水膜,由于水膜的存在,轴和轴承(摩擦副)不会受到磨损。

从承载条件来看,关键在于推力轴承。AP1000 屏蔽电动机泵轴系质量约 12 700 kg,静态时轴系重力作用于双向推力轴承的下表面,运行条件下水力作用于轴上的力是向上的,此时,轴系自重成为平衡载荷,通过改变叶轮平衡孔的尺寸可以调节转子的轴向力。推力轴承的比压控制在≤50 psi(344.7 kPa),设计最小水膜厚度约 0.012 7 mm。只要保证水膜厚度及冷却水温度,就可保证轴承正常运行。推力轴承的动盘(镜板)及轴套为不锈钢,表面等离子喷焊硬质合金,推力瓦及径向轴承(导轴承)的轴瓦均为碳-石墨材料,即轴承采用石墨-硬质合金摩擦副。

在泵启停过程中和正常运行时,通过冷却系统使轴承冷却剂温度保持在80 ℃以下(检测保护温度为 110 ℃),可以保证或延长轴承的寿命,水润滑轴承设计寿命为 60 年。

(4)飞轮

屏蔽电动机泵的飞轮分为上飞轮、下飞轮两部分,每个飞轮组件为重金属钨合金块和 403 型不锈钢轮毂组成的双金属设计,在有限体积的条件下实现高转动惯量,以保证屏蔽电动机泵惰转特性。上飞轮组件位于电动机和泵叶轮之间,下飞轮与推力轴承的推力盘采用一体化组合结构,高惯量飞轮在水中高速旋转,并且上下表面作为推力轴承的双向推力盘。飞轮组件的周围是定子盖、泵壳、热屏或定子下部法兰的厚壁。

飞轮在制造时将 12 块钨合金组装在一个实心的 403 型不锈钢轮毂的外径上,并用厚壁不锈钢套环(18Ni-250 不锈钢)通过与钨合金块的过盈配合来保证在所有运行条件下及热瞬态期间固定钨合金块,即采用预应力结构。这样,钨合金块处于受压状态,避免了其承受拉伸载荷。飞轮结构如图 2-17 所示。钨合金块通过焊接的 Ni/Fe/Cr 合金 Inconel 600 外壳(屏蔽套)与主冷却剂隔离,以防止应力腐蚀。最后将飞轮固定在屏蔽电动机泵的主轴上。

图 2-17　飞轮结构示意图

飞轮在水中高速旋转摩擦产生热量的导出、12块扇形钨合金块和厚壁不锈钢套环热套结构的热膨胀变形匹配及高速旋转离心力、作为推力盘的表面等离子堆焊硬化处理、LOCA和地震等事故工况下的完整性(防止产生飞射物)等,都需要通过制造工艺模拟、超速试验模拟、动态分析以及疲劳寿命评估等来验证。

此外,飞轮的设计还应确保屏蔽电动机泵转子进行125%额定转速的超速试验时不会发生机械损坏,在LOCA和地震等事故工况下,泵转子、轴承及飞轮必须保持结构的完整性。

屏蔽电动机泵的制造必须遵循质量保证大纲的要求,压力边界部件满足ASME规范规定的要求。表2-10中列出了AP1000屏蔽泵质量保证大纲中关于制造阶段的无损检验要求。

表 2-10　AP1000 屏蔽泵制造阶段的无损检验要求

被检物项	RT	UT	PT	MT
铸件				
飞轮		是	是	
泵壳(或压力边界)	是		是	
锻件		是		是
板			是	
焊接件				
圆周形	是	是	是	
仪表接头			是	
电机接线端子	是		是	

注:RT—射线照相检验;UT—超声波检验;PT—液体渗透检验;MT—磁粉检验。

2.4.3　屏蔽泵的运行

反应堆冷却剂由主叶轮输送,冷却剂从叶轮入口吸入,经过导叶后由泵壳的径向出口接管排出。转子轴下部的辅助叶轮驱动主冷却剂流过电动机内腔和外置热交换器进行循环。冷却剂由外置的热交换器壳侧循环的设备冷却水冷却到约150 ℉(65.56 ℃),然后通过电动机内腔将转子和定子产生的热量带走,并润滑和冷却电动机的水润滑轴承。一旦电动机壳内充满冷却剂,泵运行时,叶轮和热屏之间轴周围的迷宫密封使反应堆冷却剂沿主轴直接进入电动机的流量达到最小。

变频器可以使反应堆冷却剂泵低速启动,从而降低泵电动机在冷态运行时所需要的功率。变频器为泵的启动和RCS的升温过程提供了运行的灵活性。在电厂启动过程中,泵以低速启动;在RCS升温过程中,泵在电动机电流允许的限值内提高转速。随着冷却剂温度的上升,泵的允许转速同时增加。变频器用于泵运行的所有模式。

2.4.4 屏蔽泵的设计评价

(1)泵的性能

屏蔽电动机泵的规格尺寸可以输送等于或大于要求的冷却剂流量。核电厂启动前的试验确认了屏蔽泵总的输送能力。因此,核电厂首次运行前要确认有足够的强迫循环反应堆冷却剂流量,提供必需的空化余量,并具有足够的裕度来确保运行,同时使空化可能性减到最小。

(2)超速工况

电气系统发生故障导致的供电电流频率提高,或者管道破裂导致的流过泵的冷却剂流量增加,都会使反应堆冷却剂泵发生超速。

在电网解列瞬态或因反应堆紧急停堆系统或汽轮机保护系统动作导致汽轮机脱扣时,汽轮机超速控制系统会动作,以限制反应堆冷却剂泵超速。汽轮机控制系统会动作,来快速关闭汽轮机调速器和截止阀。

可导致发电机立即跳闸(同时导致汽轮机脱扣)的电气故障会造成与电气耦合的反应堆冷却剂泵处于超速工况,但不会超过电网解列(汽轮机脱扣)瞬态所造成的超速工况。

因反应堆冷却剂管道破裂事故造成冷却剂流量突然增加而产生的泵超速,可以通过泵、飞轮和电动机的惯量以及通过与电动机连接的电网来缓解。由于应用了"先漏后破"准则,满足LBB(Leak-Before-Break,破前漏)准则的管道破裂不会引起流量突然增加,所以无须评估泵超速的动态效应。

(3)压力边界的完整性

必须对正常运行、预期瞬态和假想事故工况进行压力边界结构完整性的验证。压力边界部件(泵壳、定子盖、定子主法兰、定子外壳、定子下部法兰、定子端盖和外部管道以及外置热交换器的管侧)应满足ASME规范第Ⅲ卷的要求。这些部件的设计、分析和试验满足ASME规范第Ⅲ卷NB-3400的要求。电阻温度计、压差接头和速度传感器贯穿件的相应通道也满足ASME规范第Ⅲ卷的要求。

在屏蔽电动机的定子屏蔽套失效时,电动机接线端子就会成为压力边界的一部分。在ASME规范中没有介绍如何确保这样的端子结构完整性的设计分析方法和接受准则。电动机接线端子的设计、分析和试验采用的准则是基于 EMD 公司多年使用的经验建立和确认的。在性能试验前,要对单个端子进行水压试验来测试其强度。

如果定子屏蔽套在运行时泄漏,反应堆冷却剂可能引起定子绕组短路。这种情况下,其结果会与泵失电一样。不管是转子屏蔽套失效还是定子屏蔽套失效,都不会有反应堆冷却剂泄漏到安全壳。

（4）惰转能力

屏蔽电动机泵设有惰转飞轮,以实现核电厂特殊的安全功能要求。由于泵叶轮、电动机转子和飞轮组成的整个屏蔽电动机泵转子组件具有足够的转动惯量,在反应堆紧急停堆和泵失电后,能确保反应堆冷却剂继续流动一段时间,即继续维持一定的反应堆冷却剂流量,这对于保护反应堆至关重要。反应堆冷却剂泵按 SSE(Safe－Shut Down－Earthquake,安全－停堆－地震)地震要求设计。在丧失厂内、厂外供电和 SSE 地震同时发生时,泵的惰转能力仍能保持缓解事故所需的反应堆冷却剂流量。

设备冷却水丧失对惰转能力没有影响。因为屏蔽电动机泵能够在无冷却水的情况下运行,直到轴承水温过高引起安全相关的停泵,这就避免了设备冷却水丧失对惰转功能的影响。

（5）轴承完整性

反应堆冷却剂泵轴承的设计要求保证长期的、可忽略磨损的运行寿命。振动报警和高振动报警整定值的确定部分基于振动对轴承寿命影响的评估。

轴承有足够的刚度来控制轴的偏移,保护泵的叶轮和轴迷宫密封不受磨损和避免电动机转子与定子间的接触。各种工况下轴承(轴)的设计载荷已通过分析和试验确定,即使在发生地震等严重工况下,轴承的载荷仍被维持在水润滑径向轴承的承载能力之内。

结构振动探测器监测轴承的振动状况并把信号送到主控室。主控室有相应的指示器和报警器为操纵员的动作提供必要的指示。

通过温度监测系统来监测轴承冷却状况。该系统连续运行,并且遵循多重性的要求,每台泵至少设置有 4 个温度传感器。一旦出现异常,系统在控制室中发出"轴承温度高"的指示和报警,指示操纵员停泵,如果这些指示信号被忽略,当轴承温度达到高温整定值时,泵就会自动停止运转。

（6）转动部件完整性

对泵和电动机的转动部件进行动力特性分析(包括固有频率、稳定性、正常运行负荷的受迫响应),并对一些与转动质量有关的假想故障工况包括卡轴事件和转动部件(含飞轮)丧失结构完整性进行分析。

① 自振频率和临界转速

屏蔽电动机泵的转动部件考虑了在恰当阻尼条件下,其自振频率大于正常运行转速的120%。

对于屏蔽电动机泵的转子轴承系统,在恰当阻尼条件下,其自振频率的确定考虑了包括轴承液膜、屏蔽套的环形流体、电动机磁化现象和泵结构的影响。屏蔽电动机泵考虑了在恰当阻尼条件下,对其在自振频率下的振动具有足够的能量耗损以保持稳定,大的阻尼比使得泵平滑运行。

对泵的转子和定子在外部激振(受迫函数)作用下的响应进行分析,分析模型中需考虑蒸汽发生器与管道对泵的支承和连接。响应评估采用的准则包括临界载荷、应力变形、磨损和位移限制,以确定实际系统的临界转速。

② 卡轴(卡转子)

泵的设计要使泵的任何转动部件都不会瞬间停转。转动惯量和电动机电源在一定时间内会克服叶轮、轴承、飞轮组件、电动机转子或转子屏蔽套与周围部件之间的干涉所产生的阻力,使泵继续转动。任何一个部件状态变化引起对转动的干涉,都会通过监测速度、振动、温度或电流的仪器指示出来。

为了分析转动组件快速减速带来的机械和结构影响,假设转动组件失效,并与周围的部件发生干涉而引起变形,使泵和电动机在很短的时间内停止转动。这个假定在机械和结构上的影响远大于使转子快速减速的其他机械假定,包括叶轮摩擦、转子或定子屏蔽套失效。对泵与蒸汽发生器和反应堆冷却剂管道冷管段的连接对泵的振动、水力效应的影响,以及转动组件快速减速而产生的扭矩进行分析,在上述假设条件下,泵壳、电动机壳、蒸汽发生器下封头和管道的应力均小于 ASME 规范第Ⅲ卷 D 级使用限值。

泵轴(转子)假定卡死情况下的热工和水力效应的瞬态分析是基于叶轮非机械瞬间停止的极端保守假设。

③ 飞轮的结构完整性

屏蔽电动机泵满足了美国联邦法规 IOCFR50 的总体设计准则 GDC 4 的要求。该准则规定:由于飞射物的影响,需要考虑防护的安全重要设备。

飞轮组件被定子盖、定子主法兰、泵壳、热屏或下部定子法兰的厚壁所包围。在飞轮组件发生假想的最坏失效情况下,周围的结构部件有很大余量,能包容碎片的能量而不引起压力边界破裂。电动机腔室包容飞轮碎片能力的分析采用 Hagg 和 Sankey 的能量吸收方程。

按照 GDC 4 的要求,对飞射物的相关要求可以不涉及飞轮的完整性,但是飞轮的设计和制造需要遵循美国核管会管理导则 RG 1.14。RG 1.14 导则适用于钢制飞轮。由于屏蔽电动机泵飞轮双金属设计的响应方式与均质钢制飞轮不同,因此 RG 1.14 中的很多要求不适用。但根据 RG 1.14 的原则要求,双金属飞轮的每个结构部件都将在最终装配前,按照 ASME 规范第Ⅲ卷 NB-2500 规定的制造程序进行检验。不锈钢内轮毂材料将按照美国试验材料学会标准 ASTM A370 做 3 次 Charpy V 型缺口冲击试验;按照 ASTM A788 补充要求 S18 做磁粉检验,按 S20 做超声波检验,其验收等级为 BR 级和 S 级。当飞轮最终装配完成后,卡环的外表面和内轮毂的内表面需根据 ASTM E-165 的要求做液体渗透检验。飞轮组件制造过程中严格的加工控制程序有效保证了组件的质量。

飞轮的设计转速为电动机同步转速的 125%。设计转速包络了所有预期的超速工况。在正常转速时,飞轮组件计算的最大一次应力小于最小屈服强度的 1/3;在设计转速时,飞轮组件计算的最大一次应力小于最小屈服强度的 2/3。

假想管道破裂事故引起的超速工况小于飞轮临界失效转速。为评估飞轮设计,对飞轮的延性失效、脆性失效和过量变形等失效模式进行了分析,该分析用来确定飞轮临界失效转速大于设计转速。

飞轮组件被密封在一个焊制的镍-铬-铁合金包壳中,以防止其与反应堆冷却剂或任何其他流体接触。包壳将飞轮腐蚀和反应堆冷却剂污染的可能性降到最低。包壳材料技术条件是 ASTM B-168 和 ASTM B-564。虽然飞轮包壳的焊缝不是受内压的压力边界焊缝,但是这些焊缝的设计、制造和检验,包括焊缝的着色渗透检验(PT)和超声检验(UT),还是要符合 ASME 规范和技术条件的要求。

在产生飞轮飞射物的分析中不考虑包壳对碎片的包容作用。运行时包壳的泄漏可能会导致飞轮组件失去平衡,失去平衡的飞轮表现出的振动量增大,可以由振动仪表监测到。

飞轮包壳的质量很小,在转动的飞轮组件的储能中只占了很小一部分能量。

在正常和设计转速下飞轮包壳部件焊缝的应力符合 ASME 规范第Ⅲ卷 NG 分卷的要求。

④ 其他转动部件

要对转动部件(除飞轮外),包括叶轮、辅助叶轮、转子和转子屏蔽套产生飞射物的可能性进行评估。在发生断裂事故时,从这些部件上掉落的碎片被周围的耐压壳包容。叶轮被泵壳包容,转子和转子屏蔽套被定子、定子屏蔽套和电动机壳包容,辅助叶轮被电动机壳包容。在各种情况下,假想碎片的能量小于穿透压力边界所需的能量。

2.5 核主泵的设计要求

人们清醒地认识到,核电厂的核泄漏事故引发的灾难是超越国界的。核安全理念上的共识,成就了核安全技术上的共识。人们基于在轴封式核主泵上多年的研发和运行实践,在反应堆核主泵的设计和制造技术上达成了一些共识,并将其作为核主泵设计的基本要求。本书只对压水堆(PWR)核主泵的有关问题进行阐述和讨论。

2.5.1 核主泵功能的定位

核主泵是核电厂最重要的设备之一,是反应堆冷却剂系统中唯一的旋转设备。它看似一个辅助设备,但事实上可以把它看成核电厂的心脏。

水冷却反应堆的可靠运行,在于它产生的热量可由流经堆芯的冷却剂依靠强制循环传输出去,这就是核主泵的功能。因此,核主泵应在下列条件下,承担输送大量冷却水的功能:

——系统压力高;

——介质(水)温度高;

——轴密封泄漏(轴封泵)尽可能少;

——可利用率高,易于维修。

2.5.2 水力设计

压水堆系统的启动压力高,为 $15\sim20$ bar(1 bar$=100$ kPa),正常运行时为 150 bar。从安全设计出发,泵的水容积应尽可能小一些,泵效率应尽可能高一些。泵可以选择高的工作转速和比转速,对于同步转速 $n=1\,200$ r/min (60 Hz)和 $n=1\,500$ r/min(50 Hz),泵的比转速大都在 $n_s=400\sim500$ 的混流泵范围。

重水压水堆(HWPWR)的核主泵,由于水容积的限制,必须采用蜗壳型的泵体;轻水压水堆(LWPWR)大都采用轴对称的桶型或者准球型泵壳。从瞬变工况下减少热应力的观点出发,后一种泵壳构型会更好一些。

相同比转速的叶轮,轴面通道的形状是径向流型还是混流型,会影响径向力的大小。设计理论和设计方法的不同也会导致在泵的四象限全特性曲线中,等扬程曲线 $H=0$ 射线的位置会在不同的象限。

泵体承压边界静密封的可靠性,要求泵体上与泵盖匹配的开口直径尽可能减小,开口直径的大小与叶轮、导叶体的水力尺寸和构型是密切相关的。

2.5.3 轴承与润滑冷却系统

双向推力轴承布置在电动机顶部或者泵上部,都需要有高压油顶升装置,后一种设计还带来了提高冷却能力的油冷器一体化的课题。与推力轴承一体化的导轴承与轴密封的距离,关系到密封处的轴振水平和轴密封的稳定运行。考虑到抑制轴承中的油膜振荡和机组对中时的调整,有中心支承可倾瓦的导轴承是最佳的选择。

泵内水润滑导轴承有流体动压型和流体静压型两种。叶轮的出口扬程是静压型的压力源,它无润滑水温的限制,设计的径向负荷必须准确,这是轴承稳定运行的前提。核主泵启动时和停机时,应对轴承的承载能力加以关注。以浸渍金属的石墨为轴瓦材料的动压轴承,润滑水温通常要求低于80 ℃,事故工况下最高可达 107 ℃。在冷却润滑水足够的场合,轴承可承受较高的比压。在确定水润滑导轴承尺寸时,在三轴承的静不定轴系中与在四轴承的静定轴系中,轴承的径向间隙和比压的差异也是应考虑的因素。事实上,在泵轴系的细节设计时,除了轴承以外,径向间隙处流体的动压或者静压效应,以及保证轴承润滑油或水循环的内置螺旋泵叶轮、迷宫泵叶轮或镜板泵叶轮与系统及冷却器的匹配都应十分仔细地考量和处理。

2.5.4 轴密封与系统

轴密封是核主泵承压边界上转动件与静止件间的界面部件,是保证承压边界完整性的关键部件。根据轴密封的工作参数,采用动、静摩擦副表面不接触的可控泄漏密封是可靠的选择。由密封面间液膜形成方法区分的流体静压密封和流体动压密封都是 PWR 核主泵可以采用的成熟技术。核电厂的成功运行经验表明,PWR 核主泵选用下列密封组合是恰当的:

——三道流体动压密封,这是欧式风格核主泵轴密封的典型设计;

——一道流体静压密封和一道流体动压密封,这是美式风格核主泵轴密封的典型设计。

每道单独的密封,必须能承受系统的全压力且可靠地运行,这是关于轴密封技术共识的重要论点。核主泵采用三道流体动压密封的另一个原因是,在 NSSS 的管系做 $p_T = 235$ bar 的水压试验时,无须拆卸轴密封,因为每级密封的压降约为 50 bar,但每级都按全压力来设计。

确切地说,西屋公司开发的美式风格的核主泵轴密封是由二道静压密封组成的。当第一道静压密封失效后,第二道密封在全系统压力下,通过密封环与环座变形的控制,端面机械密封变化成了斜面型密封面的静压密封。

在轴密封与水导轴承下方,布置检修用的静密封,这是满足核主泵易于维修的安全要求所必需的设计。在轴密封通大气侧布置蒸汽密封、停泵安全密封,这是不同系统的技术规范要求的安全性设计。

欧式风格和美式风格核主泵轴密封的设计定型应该说是根据成熟技术的传统和习惯进行优选的结果。KSB 公司在奥布里海姆核电厂的 RER700 型核主泵上,曾选用了二道流体静压密封(台阶密封面型)和一道流体动压安全密封(见图 2-18),运行了 58 000 h 而无须维修。西屋公司在分叉河核电厂 1 120 MW 核电机组的 70 型核主泵上,也曾选用了三道流体动压密封和一道低压蒸汽密封,核主泵安全运行了 44 200 h 后检修。上述两家公司成功的实例并没有改变轴密封最终的设计定型。诚然,实际运行的成功经验十分重要,但是自主化技术特长的充分发挥,对高端技术的持续发展更为重要。就设计理论而言,可控泄漏密封是借助于推力轴承的原理形成密封面间的液膜的。可以认为,流体动压密封是米契尔(Michell)轴承或者金斯泊里(Kingsbury)轴承可倾瓦块式动压轴承与机械密封的组合;流体静压密封则是固定油楔面的油囊式(Oil Pocket)静压轴承与机械密封的组合。密封面间微小的轴向间隙被磨损后,会影响泄漏量的稳定。轴密封注入水必须通过流通粒径≤5 μm 的过滤器,才能进入密封腔,这是两种轴密封共同的基本要求。

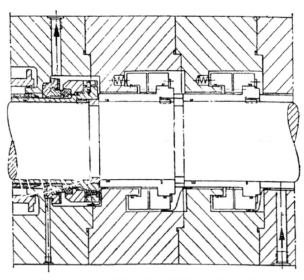

图 2-18　奥布里海姆核电厂的核主泵密封部件

除了可靠性高以外,轴密封还必须满足以下条件:

——启动压力低;

——监测、检查方便;

——更换安全、迅速,人员受辐照量低。

基于模块化设计的理念,20 世纪 60 年代 KSB 公司在对核主泵轴密封系统进行试验研究的基础上,得到了系统压力 $p_s=150$ bar,轴径 $D_w=200$ mm,转速 $n=1\,470$ r/min,滑动速度 $v=20$ m/s 的典型设计的 PWR 核主泵轴密封技术数据,见表 2-11。表 2-11 中,Z 为相互串联的密封级数;Q_L 为密封的泄漏量;N_R 为 Z 级密封的机械摩擦功率;N_E 为在系统压力下补入液体($=Q_L$)而消耗的功率;N_{Th} 为冷却 Q_L 液体所需热功率;Q_K 为冷却密封系统所需要的冷却水量。

表 2-11　$D_w=200$ mm 核主泵轴密封性能数据

结构类型	Z	$Q_L/(\mathrm{m^3/h})$	N_R/kW	N_E/kW	N_{Th}/kW	$Q_K/(\mathrm{m^3/h})$
流体动压式机械密封	2~3	0.001	13.5	~1	8	3~5
流体静压式机械密封	1~2	0.3~1.0	3	1~4	14~46	$>Q_L$
浮环密封	8	10~25	5~10	460~1 000	460~1 150	$\approx Q_L$

可以说,KSB 公司的轴密封试验研究成果,以及轴密封在奥布里海姆核电厂核主泵和在诺沃·沃隆奈希(Nowo Woronesch)型 440 MW 的 PWR 核主泵(三道流体动压密封加一道安全密封)上十分成功的运行实绩和经验,为形成轴密封设计的技术共识奠定了可信赖的基础。

2.5.5　模块化设计

在压水堆 NSSS 中,单环路功率 $N=300\sim350$ MW 的设计已成为第二代 PWR 核电机组中的标准系统。一个反应堆压力容器,最多可布置 4 个环路,模块化设计的核主泵便由此而生。

轴密封是与核主泵安全性紧密相联的关键部件,理所当然地成为核心的固定载荷模块。KSB 推荐了 $D_w=200$ mm 轴径的轴密封用于 RER 系列的核主泵,热蒙公司在引进西屋公司技术的基础上,完善了 8 in(轴径 $d_0=200$ mm)轴密封,用于 93 型、93A 型、93A1 型、100D 型和 N24 型 5 种核主泵。这些核主泵流量范围 $Q=20\,100\sim24\,850$ m³/h,扬程范围 $H=80\sim106$ m,配套电动机功率 $N_m=4\,800\sim7\,100$ kW,适用于 3 环路和 4 环路的机组功率为 $900\sim1\,500$ MW 的 PWR 机组。

泵机组的高参数推力轴承是另一个重要部件。系统的内压力在泵转子上形成的轴向推力负荷,只取决于轴密封中的一个有效直径,因而有高压油顶升装置的推力轴承及油冷却循环系统也顺理成章地成为固定载荷模块。不同功率的电动机的转子与飞轮重量的变化,只影响推力轴瓦上的比压在设计范围内幅度不大的改变。

上述 5 种规格的核主泵中有桶型和准球型两种低碳 Cr-Ni 不锈钢材质的铸造泵壳供选配。MHI 在核主泵的国产化中也试用过 SA508 CL3 低合金钢整体锻造的泵壳,内部过流表面堆焊低碳不锈钢。KSB 公司也只优选了一种形式的整体锻造泵壳。这样,由叶轮和导向器组成的水力部件就成了核主泵主要的可变有效载荷模块。

PWR 核电机组中,核主泵的配置是相对固定的,也可以说是"模块化"的配套。法马通核能公司只选择 100D 型核主泵用于法国国内的 1 000~1 300 MW 核电机组,自主开发的 N24 型核主泵只用于法国风格的 N4 1 500 MW 4 环路设计和所谓的法国第三代核电技术的 EPR1600 设计。MHI 只选用 93A1 型核主泵用于 60 Hz 系统,100D 型核主泵用于 50 Hz 系统。100A 型核主泵是 100D 型的改进设计,用于 MHI 自主开发的 APWR1500 型 4 环路核电机组。

2.5.6　全负荷试验台架

在核安全理念的共识下,为测试核主泵的性能与可靠性,核主泵在出厂前必须进行模拟实际运行工况的热态全负荷试验,首批产品的第一台核主泵还需在全负荷工况下运行足够长的时间。不具备全负荷试验装置时,若用户同意,在完成关键部件如轴密封的单独考核试验的前提下,可以在泵上安装小流量的叶轮,在模拟运行压力和温度的小管径试验回路上,检测除水力参数外的泵的性能。但是泵的水力性能必须由足够精度等级的水力模型试验台来见证和验收。

自 20 世纪 60 年代轴封式核主泵问世以来,国外先后建造了不少全负荷核主泵热态试验台架。试验台管道的材质也由碳钢或低合金钢发展为 Cr-Ni 不锈钢或低合金钢内表面堆焊不锈钢。

综合分析相关资料可知,在核安全共识下,不同年代建造的核主泵试验台架的技术特点如下:

① PWR 核主泵的全负荷试验台架最早是美国 BJ 公司于 20 世纪 60 年代初期建造的;最迟建造的是英国中央发电局(CEGB)投资、建造在伟尔泵公司的阿洛瓦(Alloa)工厂,于 1991 年投运的核主泵试验台。首台被测试核主

泵是热蒙公司生产的 100D 型核主泵。由于决策的失误,适用于安全发电的 PWR 进入英国电力工业比美国推迟了 30 年。

② 轴封式核主泵发展的初期,在美国,泵制造商生产的核主泵占主导地位,他们建造了不止一座核主泵试验台来满足核主泵出厂前的验收试验要求。

BW 公司建了两座管径为 DN700 mm 的全负荷试验台,共用一套温度、压力测控系统。

美国 BJ 公司在 20 世纪 70 年代已拥有了世界上仅有的 7 座全负荷试验台中的 4 座,其中的 3 座集中安装在洛杉矶工厂的一个面积为 2 320 m²、高为 30 m、吊装能力为 100 t 的专用测试厂房内。其中,一座试验台的管径为 25 in（DN650 mm）,$Q_D＝6.3$ m³/s;另两座台架相同,管径为 42 in（DN1 000 mm）,$Q_D＝12.6$ m³/s。管道用低合金碳素钢铸焊而成。

③ NSSS 设备总包商建造的核主泵试验台,大都是在垂直平面内的单环路台架,管材为不锈钢。图 2-19 中所示的 MHI 的核主泵试验台是典型的实例,它用一个同口径的阀门来调节流量,测试流量的幅度限制在设计流量的 $80\%\sim120\%$。

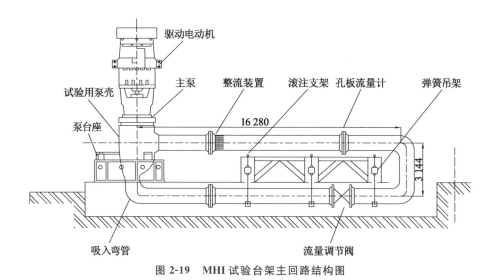

图 2-19　MHI 试验台架主回路结构图

④ 实用性强的简化设计是 BW 公司的试验台,其基本的设计理念是在相邻两条平行的地坑中设两条单环路试验管道,连接流量调节阀前后的支管被设计为一台蒸发器的一次侧管系,改变通大气的二次侧壳体的水位来

控制冷却水的蒸发量,从而控制主管道的水温与压力。两座试验台共用一套温控设备,一座排放水蒸气的专用烟囱是必不可少的。从发展初期的核主泵运行试验的要求来看,这是一款满足要求、操作简单和经济节能的设计。

⑤ 复杂的设计是 CEGB 投资、建造在伟尔公司的核主泵试验台(见图 2-20)。它是一个模仿电站中实际状况的空间管系设计,核主泵安装在活动支撑架上,横向与阻尼器相连,流量调节阀附近是整个测试管路的锚定的固定点。虽然此试验台的功能扩大了,但流量测定范围还是受到单一的同口径阀门的限制。

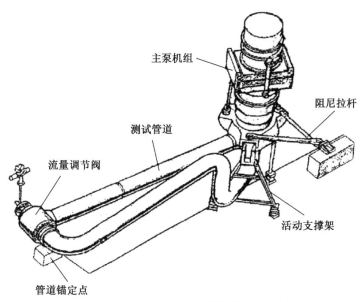

主泵机组

阻尼拉杆

测试管道

流量调节阀

活动支撑架

管道锚定点

图 2-20 CEGB 在伟尔公司建造的试验台架主回路

⑥ 专业技术性强、测试流量范围最大的试验台是 KSB 公司建造在德国法兰肯塔尔的主泵试验台(见图 2-21)。台架的管径为 DN1 000 mm,设计压力 $p_D=180$ bar,设计温度 $T_D=350$ ℃。2 根平行的主管道的远端有 9 根横向、平行的带有蝶阀的小口径管道相连接,可在大范围内调节流量。流量的微调通过安装在 2 根更小管径的平行管路上的节流阀实现。管路的材质是低合金钢,内表面与介质接触面堆焊低碳不锈钢。试验台架不仅能在很大的流量范围内准确地测试泵的性能,而且回避了大口径流量调节阀的技术难点和高成本问题。

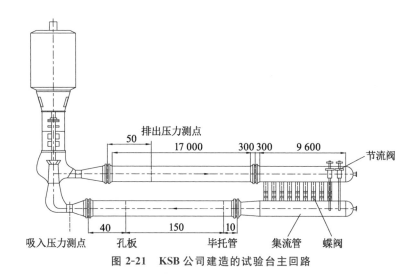

图 2-21　KSB 公司建造的试验台主回路

参考文献

［1］穆丽红，张增强，马俊杰. 我国核电站核泵现状及国产化前景［J］. 水泵技术，2009(3)：1-3,11.

［2］欧阳予. 秦山核电工程［M］. 北京：原子能出版社，2000.

［3］臧希年. 核电厂系统及设备［M］. 2 版. 北京：清华大学出版社，2010.

［4］林诚格. 非能动安全先进压水堆核电技术［M］. 北京：原子能出版社，2010.

［5］朱继洲. 压水堆核电厂的运行［M］. 北京：原子能出版社，2000.

［6］高亚珍. 核动力装置用泵［M］. 2 版. 哈尔滨：哈尔滨工程大学出版社，2009.

［7］顾军扬，陈连发. 先进型沸水堆核电厂［M］. 北京：中国电力出版社，2007.

［8］林诚格. 非能动安全先进核电厂 AP1000［M］. 北京：原子能出版社，2008.

［9］庞凤阁，彭敏俊. 船舶核动力装置［M］. 哈尔滨：哈尔滨工程大学出版社，2000.

［10］朱齐荣. 核动力机械设计［M］. 长沙：国防科技大学出版社，2006.

［11］孙汉虹. 第三代核电技术 AP1000［M］. 北京：中国电力出版社，2010.

[12] 蔡龙，张丽平. 浅谈压水堆核电站主泵[J]. 水泵技术，2007(4)：1 - 5，9.

[13] 袁丹青，张孝春，陈向阳，等. 第三代反应堆主泵的发展现状及展望[J]. 流体机械，2010，38(1)：31 - 34.

[14] 蒋树德. 大型核电站用泵[J]. 化工与通用机械，1983(5)：13 - 17.

[15] 王昌彦. 核电用泵浅谈[J]. 水泵技术，1994(2)：1 - 4.

[16] 黄经国. 压水堆核电厂冷却剂主循环泵的技术历程和发展（Ⅰ）[J]. 水泵技术，2009(4)：1 - 8.

[17] 黄经国. 压水堆核电厂冷却剂主循环泵的技术历程和发展（Ⅱ）[J]. 水泵技术，2009(5)：1 - 7.

[18] 张森如. 主循环泵瞬态特性计算[J]. 核动力工程，1993(2)：183 - 190.

[19] 邓绍文. 秦山核电二期工程主泵瞬态计算[J]. 核动力工程，2001(6)：494 - 496.

[20] 郭玉君，张金玲，秋穗正，等. 反应堆系统冷却剂泵流量特性计算模型[J]. 核科学与工程，1995(3)：220 - 225.

[21] 刘夏杰，刘军生，王德忠，等. 断电事故对核主泵安全特性影响的试验研究[J]. 原子能科学技术，2009，43(5)：448 - 451.

[22] 王勤湖，李社坤，卢文跃，等. 压水堆核电站一回路工况变化对主泵主要机械性能的影响[J]. 核动力工程，2005(S1)：103 - 108.

[23] 张龙飞，张大发，王少明. 转动惯量对船用核动力主泵瞬态特性的影响研究[J]. 船海工程，2005(2)：55 - 57.

[24] 徐一鸣，徐士鸣. 核主泵惰转转速计算模型的比较[J]. 发电设备，2011，25(4)：236 - 238.

[25] 周文霞. 核主泵地震谱响应及转子临界转速分析[D]. 上海：上海交通大学，2010.

[26] 袁寿其，施卫东，刘厚林. 泵理论与技术[M]. 北京：机械工业出版社，2014.

3

泵水力设计和数值计算基础理论

3.1 引言

叶片泵的叶轮形式一般分为离心式、混流式和轴流式。离心式叶轮的特点是小流量、高扬程,轴流式叶轮的特点是大流量、低扬程,混流式叶轮同时具有离心式叶轮和轴流式叶轮的特点。混流泵在性能方面介于离心泵和轴流泵之间,一般是单级泵,其比转速范围通常为 $n_s = 300 \sim 600$,最高达到 $n_s = 1\ 100$[1]。由于混流泵具有流量、扬程变化范围广,高效区宽,合理设计可避免扬程曲线出现驼峰现象,运行稳定等特点,所以混流泵的使用范围正在向传统离心泵和轴流泵的应用领域扩大。

混流泵的比转速介于离心泵和轴流泵之间。它对水的作用,既有离心力做功,也有升力做功。因此,对中低比转速混流泵的设计主要参考离心泵的设计方法,对高比转速混流泵的设计主要参考轴流泵的升力法或奇点法[2]。核主泵在大流量和高扬程工况下工作,其叶轮通常为中低比转速混流式,因此核主泵水力设计主要采用离心泵设计方法。

离心泵和混流泵应用领域广泛,为了提高效率,节约能源,提高运行可靠性和延长无故障使用寿命,离心泵在设计上需要有新的突破。为了达到提高效率、扩大工况范围、提高安全性等目标,国内外学者做了很多基础研究。与国际先进水平相比较,中国在泵设计和内部流动的基础研究方面起步较晚,所做工作和研究水平也有一定的差距。本章对泵水力设计和内部流动数值计算基础理论进行总结和梳理。

3.2 泵水力设计方法

设计叶片泵根本在于得到符合流动规律的叶片形状。为此,应首先研究液体在叶轮中的运动规律。把叶轮内的液流从前盖板到后盖板分成若干层，每层相当于一个流面。液体只沿着每层流动，层与层之间的液体不相互混杂。这样就把研究叶轮内的流动简化为研究几个流面上的流动。每个流面上的流动可能不同，但处理问题的方法相同。这样又进一步把研究叶轮内的流动简化为研究一个流面上的流动。流面上液体相对运动的轨迹和叶片表面形状一致，即叶片和流面的交线是相对运动流线。两叶片间有很多相对运动流线，假设叶片无穷多，那么这些流线的形状都相同，这时只研究每个流面上的一条流线，即叶片表面的一条型线。叶片表面和每个流面都有一条交线（相对运动流线），把若干个流面的交线按一定规律叠加起来，就成为叶片的表面，加上厚度，则得到叶片的两个表面。可见，设计叶片其实就是画相对运动流线。

相对运动流线和给定的叶轮内部流动规律有关。实际上，叶轮内的流动很复杂，在设计中，对叶轮内的流动做了一系列假设，用具有不同规律的流动代替叶轮内复杂的流动，这就是所谓一元、二元和三元理论设计叶片方法的基础。

为说明一元、二元和三元理论，取三个坐标轴分别表示轴面流线方向、正交线（过水断面与轴面交线）方向和圆周方向。

一元理论假设流动是轴对称的，即每个轴面上的流动均相同。在同一个过水断面上轴面速度均匀分布，因而轴面速度只随轴面流线一个坐标变化。在比转速较低的离心泵叶轮流道中，过流部分的宽度与长度之比一般比较小，用一元理论计算这种窄流道已积累了宝贵的经验和大量的试验资料，其中也考虑了离心泵叶轮中空间流动计算的复杂性和近似性，因此，对于离心泵叶轮初步设计和方案选择，一元理论仍具有重要的实用价值。一元理论反映了流道截面上平均参数的主要变化规律和总的特征，为进一步以二元、三元理论计算分析提供依据。对于比转速较高的混流泵，其流道宽度与长度之比较低比转速离心泵大，所以应用一元理论误差要大一些。但对于初步设计和方案选择，一元理论仍然是广泛采用的一种分析方法。

二元理论同样假设流动是轴对称的，但轴面速度沿同一个过水断面不是均匀分布的。这样，轴面速度随轴面流线和过水断面形成线两个坐标而变化。可见，一元和二元理论都是以无限叶片数假设为基础的。

三元理论以有限叶片数为基础，假设流动不是轴对称的，每个轴面的流动各不相同。另外，沿同一个过水断面轴面速度也不是均匀分布的。这样，轴面速度随轴面、轴面流线和过水断面形成线三个坐标而变化。

目前，对于离心泵大都按一元理论设计。但是研究叶轮中的运动规律，采用二元和三元理论的设计方法是值得探讨的。

　　离心泵水力设计属于离心泵过流部件水力计算的反问题。水力计算有两个基本类型：正问题和反问题。正问题是已知流动的全部几何边界条件和一定的流动边界条件，求解流道中流动参数分布。反问题是已知流动参数，给定流动分布或几何参数的变化规律等足以求解命题的条件，求出全部流动边界，其目的是设计合理的几何边界。1964 年 Kovats[3] 提出离心泵、轴流泵和混流泵的设计可采用环列叶栅升力法，但是没有建立可行的具体设计方法。1991 年 Neumann[4] 从泵内流动的损失分析出发，找出水力参数与性能参数之间的关系和水力参数与通流部件几何参数之间的关系，设计中考虑了离心泵的效率和可靠性，在应用计算机的基础上根本性地改变了离心泵的设计方法。

　　当前叶轮机械的流动设计方法正从传统的一元流动设计方法向二元或三元的设计方法发展。为设计出性能优良的离心泵，在水力设计中主要采用正反问题相互迭代的方法。目前，在工程上离心泵的设计基本上应用一元流动模型等设计方法，为进一步以二维、三维流动的计算分析提供依据。一元理论方法是一种半理论半经验的方法，经验的积累主要依靠大量的模型试验，积累丰富的设计经验后能达到优秀的水力效果，因此长期以来一直为人们所熟悉。二元理论较一元理论更为科学，更接近真实流动状况，但二元理论实际应用并不多，仅适用于高比转速混流泵叶片和混流式转轮设计，并不适用于离心泵设计。目前，三元设计法主要用于求解水力机械叶轮的正问题计算。国内外对水力机械叶轮的三元设计，大多是先对叶片进行空间造型和修型，然后进行全三元流动的计算，根据得到的流场判定设计叶片的好坏，之后进行再修型。李昳等[5] 对近年来逐步发展起来的低比转速泵水力设计方法，如加大流量法、无过载原理、复合叶轮设计、面积比理论及各种优化设计方法进行了简要评述，对各种设计方法进行了比较并讨论了其间的相互关系，还对低比转速泵的发展趋势做了前瞻。严敬等[6] 介绍了低比转速离心泵叶轮水力设计领域近年所取得的进展和新理论，讨论分析了不同目标的叶轮几何参数计算方法，介绍了特殊叶片绘型方法，并对这类叶轮水力设计的研究方向提供了建议。毕尚书等[7] 对低比转速离心泵叶轮设计方法进行分析、整理与概括，对低比转速离心泵新的设计原则和方法进行了总结。黄列群等[8] 阐述了化工流程泵可靠性设计的发展现状、分析方法，并列举了一些通过改进水力模型及结构来提高泵可靠性的措施。

3.2.1　相似换算法

　　水力模型相似换算法简称模型法，又称相似理论换算法，是考虑了几何和流体动力相似而得出的一种设计方法，也是工程设计中最常用的一种设计方法。对完全相似的泵来说,比转速 n_s 相等。在相似工况,假定实型泵和模型泵效率相等,可按相似原理求得换算系数[9]。

已知一台泵的几何形状和性能参数,可以利用相似定律,按照比例放大或缩小为另一台几何相似的泵,并换算出相应的性能曲线。在具有优秀的水力模型库时,这是一种简单、可靠的方法。

相似换算法已成为离心泵设计的公知常识性方法,尽管其在工程上应用最为广泛,但关于该方法应用的文献却并不多。邹滋祥[10]系统论述了几何相似、物理相似以及不同体系中相似的必要和充分条件,阐述了用此分析法求解相似准则的原理、方法和步骤,通过具体例子系统研究了模型法则问题,同时也研究了相似理论在各种类型的叶轮机械模型研究中的具体应用。陈凤军[11]针对空调系统运行中出现的循环泵电动机发热严重、能耗高,实际效果差等问题,提出了运用相似原理、按功率匹配进行叶轮切割的技术改造方案,经实践证明满足设计要求,实现了优化运行。胡庆喜等[12]从相似理论与设计方法出发,依据理论与实践研究,论述了相似理论在 MCP 型中浓度纸浆泵设计过程中的具体应用。云忠等[13]采用相似理论,阐述了模型血泵的设计过程,得出了具体的设计参数。张根广等[14]以日本磁悬浮离心式血泵为原型,设计制作了放大 2 倍的模型泵,用不同流体对泵的相似性进行试验验证,发现采用黄原胶溶液模拟血液比水的相似性更好。

另外,改型设计法也是一种变型的相似换算设计方法,它通过局部改变现有性能优良的泵的进口直径、叶片出口角、叶片数、叶轮前后盖板间的出口宽度、喉部面积、叶轮出口直径等几何参数,获得所需要的泵性能。薛敦松等[15]根据优化设计准则,对几种低比转速离心水泵、输油泵和长输油泵进行了改型设计,与原有设计相比,改型泵的性能有所改进,效率有所提高,并且拓宽了泵的高效区。李明等[16]运用变域变分有限元求解方法,结合离心泵叶轮内附面层黏性修正计算,对泵进行了优化改型设计和性能预测,达到改进要求。周永霞等[17]根据三元叶轮的结构形状设计理论对 D82 型电泵进行了改型设计,改型后叶轮水力性能各个参数都有所改善,提高了单级扬程。黎义斌等[18]为解决超低比转速离心泵小流量不稳定、有驼峰、效率低,大流量轴功率易过载等问题,从改进离心泵水力设计参数和过流部件的匹配关系入手,对 XCM128 型离心泵进行了改型设计,达到了提高水力性能的要求。王洋等[19]在利用 FLUENT 软件对离心泵进行性能预测的基础上,对 IS50 - 32 - 160 型无过载离心泵进行了 3 次改型尝试,结果表明采用该方法可以有效增加无过载离心泵扬程和提高效率,有效改善了无过载离心泵的性能。孙玉祥[20]采用 CFD 技术对某长轴泵在不同运行工况下的参数进行了全面性能分析,在此基础上进行了改进设计,达到了用户要求的性能参数。符杰等[21]采用加大流量设计法对 600 MW 汽轮机组配套主油泵进行了改型设计,有效解决了设计工况参数匹配问题。

（1）比转速

泵的相似定律建立了几何相似的泵在相似工况下性能参数之间的关系,但用相似定律来判断泵是否几何相似和运动相似,既不直观,也不方便。因此在相似定律的基础上,希望有一个判别数,它是一系列几何相似的泵性能之间的综合数据。如果各个泵的这一数据相等,则认为这些泵是几何相似和运动相似的,可以用相似定律来换算各泵性能之间的关系。这个判别数就是比转速,有时也称为比转数或比速。因为比转速是相似判别数,因此从比转速的大小也可判断泵的一般几何形状。

根据相似准则,可得到单位流量 Q_I 和单位扬程 H_I,对几何相似的泵,在相似工况下工作,Q_I 和 H_I 为常数,故可以作为相似判据使用,但其中包括叶轮尺寸,使用起来很不方便,故将 Q_I,H_I 联立并消除尺寸因数,即

$$\frac{Q_\mathrm{I}^{1/2}}{H_\mathrm{I}^{3/4}}=\frac{\dfrac{\sqrt{Q}}{\sqrt{n}D^{3/2}}}{\dfrac{H^{3/4}}{n^{6/4}D^{6/4}}}=\frac{n\sqrt{Q}}{H^{3/4}} \tag{3-1}$$

则解得综合数据的性能参数,因此公式从相似定律推得,故它也是泵的相似准则,称之为比转速,用 n_s 表示。为使泵的比转速与水轮机的比转速一致,将式（3-1）乘以常数 3.65,表示为

$$n_\mathrm{s}=\frac{3.65n\sqrt{Q}}{H^{3/4}} \tag{3-2}$$

式中:n 为转速,r/min;H 为扬程,对多级泵取单级扬程,m;Q 为流量,对双吸泵取 $Q/2$,m³/s。

另外,有的国家所用的比转速无常数,流量 Q、扬程 H 的单位也不相同,因而对同一相似泵算得的 n_s 的数值不同。在比较时,应换算为使用相同单位下的数值,其换算关系见表 3-1。

表 3-1　各国比转速换算表

国别	中国与苏联	美国	英国	日本	德国
量纲公式	$\dfrac{3.65n\sqrt{\mathrm{m^3/s}}}{\mathrm{m^{3/4}}}$	$\dfrac{n\sqrt{\mathrm{U.Sgal/min}}}{(\mathrm{ft})^{3/4}}$	$\dfrac{n\sqrt{\mathrm{Imp.gal/min}}}{(\mathrm{ft})^{3/4}}$	$\dfrac{n\sqrt{\mathrm{m^3/min}}}{\mathrm{m^{3/4}}}$	$\dfrac{n\sqrt{\mathrm{m^3/s}}}{\mathrm{m^{3/4}}}$
	1	14.16	12.89	2.12	1/3.65

国别	中国与苏联	美国	英国	日本	德国
换算系数	0.070 6	1	0.91	0.15	0.26
	0.077 6	1.1	1	0.165	0.28
	0.470 9	6.68	6.079	1	1.72
	0.274 0	3.88	3.53	0.58	1

$$n_{s中} = \frac{n_{s美}}{14.16} = \frac{n_{s英}}{12.89} = \frac{n_{s日}}{2.12} = 3.65 n_{s德} \tag{3-3}$$

（2）泵相似理论的应用

① 相似方法设计泵

相似设计法又称模型换算法，这种方法简单可靠，是泵的主要设计方法之一，得到广泛的应用。可以把实型泵设计成模型泵（因为有的实型泵体积较大，试验比较困难）进行模型试验研究、改进，试验成功后，再定型制造。也可按其使用条件，选择性能优秀的模型泵，换算成实型泵，设计的大致步骤如下：

a. 按给定的使用参数 (Q,H,n)，计算所要设计泵的比转速 n_s。

b. 根据计算的比转速选择比转速相同或相近、性能优秀的模型泵。

c. 按所要设计泵和模型泵的参数 (Q_M,H_M,n_M)，计算尺寸系数 λ。尺寸系数的计算可利用流量和扬程相似定律：

$$\lambda_Q = \frac{D}{D_M} = \sqrt[3]{\frac{Q}{Q_M}\frac{n_M}{n}} \tag{3-4}$$

$$\lambda_H = \frac{D}{D_M} = \frac{n_M}{n}\sqrt{\frac{H}{H_M}} \tag{3-5}$$

d. 计算实型泵的尺寸。按 $D=\lambda D_M$ 进行计算，其中 λ 用 λ_Q 或 λ_H 均可，但一般选用其中较大的值或平均值。

e. 实型泵的各尺寸确定后，即可画出实型泵的设计图，并根据模型泵的特性曲线换算出所设计泵的特性曲线。此处要注意，所谓模型和实型几何相似，一般是保证模型和实型过流部分的几何相似，至于其他方面的结构，可根据强度需要或结构需要进行改动。

② 换算转速改变时泵的特性曲线

如果泵的相应尺寸相等（或对同一台泵），则相似定律就变为

$$\frac{Q_1}{Q_2} = \frac{n_1}{n_2} \text{ 或 } Q_1 = \frac{n_1}{n_2}Q_2 \tag{3-6}$$

$$\frac{H_1}{H_2} = \left(\frac{n_1}{n_2}\right)^2 \quad 或 \quad H_1 = \left(\frac{n_1}{n_2}\right)^2 H_2 \tag{3-7}$$

$$\frac{P_1}{P_2} = \left(\frac{n_1}{n_2}\right)^3 \quad 或 \quad P_1 = \left(\frac{n_1}{n_2}\right)^3 P_2 \tag{3-8}$$

上式称为比例定律,表示了泵转速改变时性能参数之间的关系。在进行泵试验时,通常采用异步电动机作为原动机,电动机转速随负荷变化而变化。试验时,在不同的工况下,泵的转速一般是变化的,故试验完毕后必须把各试验转速下的数据换算为额定转速下的数据,这种换算就是按比例定律进行的。

③ 相似抛物线及其应用

根据前面的讨论可知,当泵的转速变化时,泵的特性也会发生变化。若已知转速为 n_1 时的特性曲线上的点 A_1,则当转速分别为 n_2,n_3 时,与点 A_1 相似的工况点 A_2,A_3 的参数分别为

$$
\begin{aligned}
H_2 = \left(\frac{n_2}{n_1}\right)^2 H_1, \quad Q_2 = \left(\frac{n_2}{n_1}\right) Q_1 \\
H_3 = \left(\frac{n_3}{n_1}\right)^2 H_1, \quad Q_3 = \left(\frac{n_3}{n_1}\right) Q_1
\end{aligned}
\tag{3-9}
$$

类似地可以求出点 A_1,B_1,C_1,… 的相似工况点 A_2,B_2,C_2,…,把相应的 A_2,B_2,C_2,… 各点光滑地连接起来,就是转速为 n_2,n_3,… 时的特性曲线,而泵的效率是相等的,根据转速为 n_1 时已知的效率曲线,可作出转速为 n_2,n_3,… 时的效率曲线,连接与 n_1 时的点 A_1 对应的相似工况点 A_2,A_3,… 的曲线称为相似抛物线。

在相似抛物线上,泵的扬程 H 和流量 Q 的关系可通过比例定律得到。对相似工况的泵有

$$\frac{H_1}{H_2} = \left(\frac{n_1}{n_2}\right)^2, \quad \frac{Q_1}{Q_2} = \frac{n_1}{n_2}$$

由此可得

$$\frac{H_1}{H_2} = \left(\frac{Q_1}{Q_2}\right)^2$$

即

$$\frac{H_1}{Q_1^2} = \frac{H_2}{Q_2^2}$$

同理可得

$$\frac{H_1}{Q_1^2} = \frac{H_3}{Q_3^2}$$

令比例系数为 K,则

$$H = KQ^2 \tag{3-10}$$

此为一抛物线方程,称为相似抛物线,它是转速改变时泵相似工况点的连线,如图 3-1 所示。如果认为转速改变时的相似工况下泵效率相等,则这条曲线也是一条等效率线。又因为几何相似的泵在相似工况下比转速相等,所

以这条曲线也是一条等比转速线。

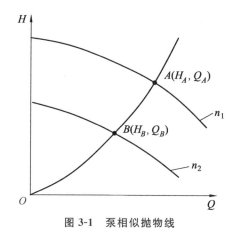

图 3-1　泵相似抛物线

3.2.2　速度系数法

速度系数设计法其实质也是一种相似设计法。所不同的是，相似换算法以一台模型泵为基础，而速度系数法则以一系列相似泵为基础。以现有性能较好的产品为基础统计出来的各种流速的速度系数图为依据，设计时按 n_s 选取速度系数，作为计算水力尺寸的依据，这种设计方法叫速度系数设计法。

Stepanoff[22]早在 1957 年就提出了利用比转速规律进行水力设计的速度系数法，在统计大量实测资料的基础上提出了著名的 Stepanoff 速度图。1984 年，Kasia 等[23]采用与 Stepanoff 不同的方法，直接确定设计叶轮的主要尺寸，实现了按比转速设计多种离心泵。国内于 20 世纪 80 年代初开始对部分优秀模型进行统计，1985 年陈次昌[24]用多元逐步回归分析法对离心泵叶轮主要几何尺寸进行了统计，推荐了一些计算公式。1990 年张俊达等[25]对166 种离心泵和混流泵的各种系数进行了统计，给出了速度系数图，具有一定的参考价值。1995 年张玉臻[26]对离心泵速度系数设计方法进行了较为系统的研究。1997 年何希杰等[27]对一些优秀模型进行了重新统计。2004 年严敬等[28]详细分析了美国最新发展的速度系数法的特征，有助于提高国内泵技术人员掌握国外先进技术的能力和泵设计水平。2005 年沙毅等[29]利用叶片泵能量方程和相似理论，推导出离心泵叶轮出口直径 D_2、出口叶片宽度 b_2 和进口直径 D_0 的速度系数法水力设计公式。其中 IS 系列泵参数回归统计基础上，利用最小二乘法拟合速度系数与比转速的关系方程式，并用 $n_s = 87$ 和

$n_s=118$ 两种泵的设计实例验证了此设计方法的准确性。2005 年牟介刚等[30]采用速度系数法设计了 CI80－100 型离心泵水力模型,分析了能量传递过程中能量损失的原因,试验验证表明直线型叶轮出口前后盖板具有消除驼峰和提高扬程的作用。2006 年葛宰林等[31]以离心泵速度系数法为前提,应用机械优化设计的方法,以离心泵的效率和空化性能为优化目标,建立了离心泵叶轮优化设计模型,并通过实例计算证明了该方法切实可行。刘厚林等[32]通过对不同滑移系数计算公式的比较,揭示了滑移系数是离心泵理论扬程计算结果准确与否的关键,提出了对于不同比转速的离心泵滑移系数应采用不同的计算公式。2008 年白小榜等[33]在对 6 种混流泵优秀水力模型统计分析的基础上,对叶轮和蜗壳的主要几何参数,包括叶轮进口速度 U_0、叶轮出口直径 D_2、出口宽度 b_2 以及蜗壳几何参数计算中的速度系数进行公式拟合,得出了混流泵的水力参数设计方法。

用速度系数法设计产品时,虽然设计计算比较简便,但是产品只能保持原有的技术水平[34,35]。因此,在采用速度系数法设计产品时,应结合模型试验,不断创造新的优秀模型,并将这些模型的速度系数充实到速度系数曲线中去,才能不断提高产品技术水平。

（1）基本设计参数

设计流量 Q_{BEP},m³/s;设计扬程 H_{BEP},m;额定转速 n,r/min。

比转速
$$n_s=\frac{3.65n\sqrt{Q_{BEP}}}{H_{BEP}}$$

（2）速度系数法初步确定叶轮主要尺寸

叶轮进口当量直径系数 K_0:

主要考虑效率时,$K_0=3.5\sim4.0$;

兼顾效率和空化时,$K_0=4.0\sim4.5$;

主要考虑空化时,$K_0=4.5\sim5.5$。

叶轮进口当量直径
$$D_0=K_0\sqrt[3]{\frac{Q_{BEP}}{n}} \tag{3-11}$$

叶轮出口宽度系数
$$K_{b2}=(0.64\sim0.7)\left(\frac{n_s}{100}\right)^{\frac{5}{6}} \tag{3-12}$$

叶轮出口宽度
$$b_2=K_{b2}\sqrt[3]{\frac{Q_{BEP}}{n}} \tag{3-13}$$

叶轮出口直径系数
$$K_{D2}=(9.35\sim9.6)\left(\frac{n_s}{100}\right)^{-\frac{1}{2}} \tag{3-14}$$

叶轮出口直径
$$D_2=K_{D2}\sqrt[3]{\frac{Q_{BEP}}{n}} \tag{3-15}$$

叶片进口安放角	β_1
叶片出口安放角	$\beta_2 = 18° \sim 40°$

叶片数
$$z = 13 \frac{R_m}{e} \sin \frac{\beta_1 + \beta_2}{2}$$

式中:e 为叶轮流道轴面投影内中线的展开长度;R_m 为叶轮流道轴面投影内中线重心的半径。

(3)精算叶轮出口直径

水力效率

$$\eta_h = 1 + 0.083\,5 \lg \sqrt[3]{\frac{Q}{n}} \tag{3-16}$$

有限叶片数理论扬程

$$H_t = \frac{H}{\eta_h} \tag{3-17}$$

与泵结构有关的经验系数 α:

对导叶式压水室,$\alpha = 0.6$;

对蜗壳式压水室,$\alpha = 0.65 \sim 0.85$;

对环形压水室,$\alpha = 0.85 \sim 1.0$。

修正系数

$$K_P = \alpha \left(1 + \frac{\beta_2}{60°}\right) \tag{3-18}$$

叶片轴面投影图中线对旋转轴的静矩

$$S = \int_{S_1}^{S_2} R\mathrm{d}S = \sum_{i=1}^{n} \Delta S_i R_i \tag{3-19}$$

对于低比转速离心泵

$$S = \int_{S_1}^{S_2} R\mathrm{d}S = \int_{R_1}^{R_2} R\mathrm{d}R = \frac{R_2^2 - R_1^2}{2} \tag{3-20}$$

有限叶片数修正系数

$$P = K_P \frac{R_2^2}{zS} \tag{3-21}$$

无穷叶片数理论扬程

$$H_{t\infty} = (1 + P)H_t \tag{3-22}$$

叶片出口排挤系数

$$\psi_2 = 1 - \frac{z\delta_2}{\pi D_2} \sqrt{1 + \left(\frac{\cot \beta_2}{\sin \lambda_2}\right)^2} \tag{3-23}$$

容积效率

$$\eta_v = \frac{1}{1 + 0.68 n_s^{-\frac{2}{3}}} \qquad (3\text{-}24)$$

出口轴面速度

$$v_{m2} = \frac{Q}{\pi D_2 b_2 \psi_2 \eta_v} \qquad (3\text{-}25)$$

出口圆周速度

$$u_2 = \frac{v_{m2}}{2\tan \beta_2} + \sqrt{\left(\frac{v_{m2}}{2\tan \beta_2}\right)^2 + gH_{t\infty}} \qquad (3\text{-}26)$$

叶轮出口直径

$$D_2 = \frac{60 u_2}{\pi n} \qquad (3\text{-}27)$$

3.2.3　面积比原理

英国著名泵专家 Anderson[36] 于 1938 年首次提出了离心泵的面积比原理。他指出,叶轮出口过流面积与泵体喉部面积之比乃是泵扬程、流量和轴功率等特性的主要决定因素,进而根据相关资料得出扬程系数、流量系数和比转速与面积比的关系曲线。他将面积比 Y 定义为叶轮叶片间的出口面积与泵体喉部面积之比。Worster[37] 于 1963 年首次提出了与实际试验相一致的数学解释,用数学方法从理论上证明了 Anderson 所提出的面积比原理的科学性。Anderson[38] 于 1984 年对 15 000 台泵的试验资料进行统计分析,结果表明用面积比原理预测的泵性能与实际的泵性能相当符合,这大大增强了面积比原理的说服力。

中国从 20 世纪 80 年代初开始对面积比原理进行研究,郭自杰等[39] 对 18 台水泵进行统计分析表明,对 n_s 小于 50 的低比转速泵来说,实际的面积比与 Anderson 的高效区偏差较大;n_s 在 90～130 的范围时,可选用偏向下限的面积比值;n_s 大于 130 时,可选用偏向上限的面积比值。罗崇来[40] 对比转速 n_s 在 30～380 范围内的 10 种水泵进行统计表明,泵体喉部速度系数均明显小于原水泵设计手册和教材所推荐的值,这说明现代泵设计中有选取较大泵喉部的趋势,以降低喉部速度,从而减小泵体内的水力摩擦损失。郭自杰[41] 对 11 种 IB 型离心泵、3 种双吸离心泵和 6 种 BA 型离心泵面积比的实际值和计算值进行比较,结果显示低、中比转速离心泵实际的面积比点主要分布于 Anderson 高效区的上下限平均值以下范围内,特别是比转速小于 50 的小泵,实际点基本不在高效区内,而是在低于高效区的下限范围内。张俊达[42] 从国内产品中选取 166 种较优秀的模型进行统计,在转速、流量、扬程、泵型等方面都有相当的广泛性和代表性,因而具有一定的可信性。袁寿其等[43]对面积比进行了理论分析和试验研究,以用面积比绘制扬程系数和流量系数的形式来修正标准化的设计数据,从整体上把叶轮和泵体这两大水力部件联系在一起,具有其科学性和发展前途。杨军虎等[44,45]依据离心泵的面积比原理,推导得出了离心泵面积比的计算公式,体现了面积比值和叶轮、蜗壳的水力参数关系。刘在伦等[46]从理论上证明了要获得较高的水泵扬程,面积比系数 Y 应小于或等于 1,提出了在面积比系数不变的条件下,泵体不变只改变叶轮的水泵设计方法。魏清顺等[47]采用上述方法,以 250QJ125 型潜水泵为基础,选配两种不同的叶轮,对该方法进行试验验证,同时运用 CFD 方法对其内部流场进行计算,结果吻合较好。吴仁荣等[48]依据蜗壳式离心泵面积比的设计原理,对采用相似换算法设计的船用卧式离心泵系列产品的实尺参数和试验数据进行对照分析,了解两种设计方法的异同,为新产品设计提供参考。

Anderson 的面积比定义为

$$Y = \frac{\text{叶轮叶片间的出口面积}}{\text{泵体喉部面积}} = \frac{\pi D_2 b_2 \sin \beta_2 \times 0.95}{S_t} \qquad (3-28)$$

式中:D_2 为叶轮出口直径,m;β_2 为叶片出口安放角,(°);S_t 为泵体喉部面积,m^2。

Worster 的面积比定义为

$$Y = \frac{\pi D_2 b_2 \tan \beta_2}{S_t} \qquad (3-29)$$

在 β_2 很小时,$\sin \beta_2$ 和 $\tan \beta_2$ 是等价无穷小量。在式(3-28)中,Anderson 以 0.95 来统一考虑叶片出口的排挤,而 Worster 则不予考虑。在加大流量设计中,一般 $\beta_2 > 30°$;在无过载设计中,一般 $\beta_2 < 20°$。在这两种情况下,实际的排挤系数相差较大,因此面积比公式中引入排挤系数 ψ_2 是较为合理和准确的,这时

$$Y = \frac{\pi D_2 b_2 \psi_2 \sin \beta_2}{S_t} \qquad (3-30)$$

3.2.4　优化设计法

沈天耀[49]提出了在出口附近易产生脱流和边界层分离的部位添加短叶片,会对吸力面出口附近的液流起到加功作用,有效防止脱流产生,改善叶轮流道内的液流扩散程度,稳定液流在叶轮内的流动;短叶片增加后,还增大了有限叶片数修正系数,有助于提高扬程,并减小进口的排挤和冲击,降低进口的动压降,因此采用复合叶轮是设计高性能低比转速离心泵的有效途径之

一。吴达人等[50]采用优化方法对叶轮的结构参数进行优化,并采用载荷法设计叶片的型线,计算了叶轮内的速度分布,对 3B-33 型离心泵进行了改型设计,结果表明该方法可行。严敬[51]将优化理论应用于低比转速叶轮主要几何参数设计,针对其圆盘摩擦损失过大的特殊性,提出了与现行设计理论不同的参数确定方法,建立了以降低叶轮出口直径值为目标的数学模型,解决了妨碍改善低比转速叶轮效率的主要矛盾。张蓉生[52]以降低泵叶轮圆盘摩擦损失及叶轮几何参数对叶轮流道和运行稳定性的影响作为提高低比转速泵效率的主要途径,得出了低比转速泵叶轮几何参数的优化设计模型,经过计算和叶片绘型表明效果较理想。赵万勇等[53]根据叶轮圆盘摩擦损失与蜗壳内水力损失之和为最小的原则,建立了叶轮出口几何参数与修正系数的数学表达式,用回归分析方法得到了优化函数关系式,该方法可以快速确定叶轮出口几何参数,并能保证泵在设计工况运行接近最高效率。何希杰[54]在考虑多种设计约束条件下,将离心泵叶轮水力设计视为一个多目标优化设计问题,对中低比转速离心泵叶轮入口和出口参数的优化设计方法进行研究,并将优化结果与传统方法进行对比。汪建华[55]针对低比转速离心泵圆盘摩擦损失和压水室内水力损失过大的特点,在对部分优秀低比转速泵叶轮出口参数统计分析的基础上,提出了以叶轮出口绝对速度为约束条件,以叶轮直径有极小值为目标函数,寻求最优 D_2,b_2,β_2 和 z 的优化设计方法。孙建平等[56]对泵优化水力设计的现状进行了较为系统的总结,并对水力设计做出了展望。严敬[57]以减小叶轮出口直径和减少圆盘摩擦损失为主要追求目标,通过约束反应系数以适当减小叶轮出口液流的冲击损失,比较全面地优化了低比转速叶轮的出口几何参数,提高了泵的效率。孙建平等[58]在性能预测的基础上,建立了以泵的最高效率为目标函数、以泵的主要几何参数为约束条件的离心泵优化设计模型,通过寻优计算,获得了满足一定扬程和流量的几何尺寸最优组合。曹银春等[59]论述了复合形法的机械优化方法计算机实现过程和理论基础,并将该法成功运用于离心泵叶轮出口参数优化设计。王江祥[60]使用控制包角的逐点计算法进行流线分点计算及离心泵叶片进口角与叶片包角的优化设计,给出了计算程序框图,列举了计算实例。邓德力等[61]考虑黏度对离心泵基本公式中滑移系数、理论扬程的影响,对低比转速离心油泵叶轮出口直径进行了优化设计,结果表明,黏度对低比转速离心油泵的叶轮出口直径和机械效率影响很大。周玉娟等[62]在总结 Bezier 曲线主要性质的基础上,将 Bezier 曲线应用到离心泵叶轮的水力设计中,通过实例验证了该法的可行性。袁寿其等[63]针对核电厂离心式上充泵水力性能需同时满足 5 个工况点的特殊要求,提出了多种叶轮水力设计方案优化组合与叶轮多工况水力设计相结合的技术,并进行了上充泵多工况水力设计实践,结果表明,该技术可实现多工况水力设计目的。王幼民等[64]以泵的能量损失最小为目标函数,以 $b_2,\beta_2,D_2,z,D_0,\beta_1,b_1$ 为设计变量,提出了离心泵叶轮优化设计模型及优化设计方法。曹卫东等[65]应用优化设计方法讨论了污水泵叶轮特性曲线的趋势,通过对约束条件的分析,列出了叶轮各结构参数对水泵性能的影响,重点推荐了水泵效率统计图表,对各主要参数给出了统计值和推荐值。陈洪海等[66]对低比转速离心泵优化设计的各种数学模型做了简要评述,指出了不同数学模型的优缺点,提出了一些改进措施,为进一步提高泵性能指明了方向。李龙等[67]对优化设计法在国内的发展历程和研究现状进行了概括性总结,探索了泵优化设计的发展趋势。严俊峰等[68]针对低比转速高速离心泵在理论设计和实际应用中存在的小流量扬程曲线驼峰、空化性能差和效率低三个主要问题,提出了利用遗传算法求解低比转速高速离心泵优化模型的方法,试验结果表明该方法可达到优化目的。韩绿霞等[69]采用 Excel 软件进行离心泵叶轮优化设计及叶轮轴面投影图、平面投影图过流面积的检查,同时借助 SolidWorks 软件进行精确叶轮轴面投影和平面投影图的绘制,准确地对叶轮流道中线进行等分。何希杰等[70]采用遗传算法,对低比转速离心泵参数的优化设计方法进行了研究,建立了中低比转速离心泵叶轮参数优化设计的数学模型,将多目标优化设计转化为单目标优化设计问题。赖喜德等[71]以某 300 MW 汽轮机组配套的主油泵改造为对象,采用数值模拟技术取代传统模型试验实现了双吸离心泵的优化设计,使其性能得到很大提高。胡敬宁等[72]针对海水淡化高压泵,在已有高效水力模型的基础上,对影响效率的几个关键水力尺寸进行不同的优化组合,设计了 6 种叶轮模型和 2 种导叶模型,组合成 6 组水力模型,并采用 CFD 技术对其进行性能预测,最优水力模型方案的试验证明了优化的可行性。贾瑞宣等[73]针对传统低比转速混流泵设计中对叶型径向参数变化规律研究不足的情况,依据内流损失理论,分析了叶轮流道过流断面二次流形成的原因,并应用先进控制流理论,找到了削弱二次流的方法,然后在对叶片参数化建模的基础上,实现了叶型径向参数快速高效的优化设计。朱荣生等[74]为提高叶片式污水泵的效率,在统计大量优秀水力模型的基础上,提出了一种高效叶片式污水泵叶轮主要几何参数的优化设计方法,采用该方法设计的双叶片污水泵效率值明显提高,满足了污水泵站节能改造要求。

3.2.5　三元理论水力设计方法

三元理论中有两个基本的问题,即算法及其应用研究。算法研究就是探索依据设计理论得到叶片的途径和手段以及它们的难易程度、收敛性、内存需要量和计算时间等问题,它不涉及泵的水力性能等问题,其研究结果属于一种理论形态的成果,距离工程设计还有一定的距离。目前三元设计理论的研究绝大多数都属于此类。算法应用研究就是利用已有的三元设计理论,进行满足水力性能的最优设计,通常结合流场数值计算开展设计研究,三元设计方法也是流体机械数值模拟的重要方向。三元理论的设计方法与三维流动的数值计算相辅相成,三元设计方法能够更好地计算流动空间特性,这对于空间几何形状十分复杂的叶轮来说极为重要。1952 年吴仲华[75]提出两类相对流面三元流动理论,它把一个复杂的三元流动问题分解为两类流面($S1$和 $S2$ 流面)流动问题,通过两类流面的迭代计算求得流道内的三元解,降低维数使得数学处理和数值计算大为简化。最初两类相对流面理论应用于可压缩的流体机械,20 世纪 70 年代开始应用于水力机械,而今已成为求解离心泵三元流动十分重要的理论基础。

（1）三元流动计算优化设计

目前,三元理论主要用于三元流场计算,对离心泵设计正问题进行求解。在离心泵设计中先采用一元理论进行初步的造型设计,然后对模型进行三元正问题求解,完成对离心泵内三元流动的计算,修正某些几何边界,再进行流动计算,采用人机对话,反复迭代,得到性能优良并满足空化条件及其他要求的离心泵,最终完成对离心泵的优化设计。1990 年 Oh 等[76]为使离心泵设计中参数的选择更加方便,以图表的形式列出了不同比转速下变量参数的最优设计值范围、泵内流动损失的计算公式及空化余量优化设计。目前,要设计出高性能的离心泵,就必须精确地掌握其内部流动规律,数值计算辅助设计能很好地完成对离心泵内流动的观测。2000 年 Blanco-Marigorta 等[77]分析了叶轮与蜗壳相对位置对流动的影响,运用 FLUENT 软件完成了对比转速为 30 的离心泵二维非定常流动的数值模拟。2002 年 Gonzalez 等[78]继续对三维模拟进行分析,得到了与试验数据[79]一致的模拟数据。2007 年 Dorsch 等[80]利用商业软件 CFD 对离心泵进行优化设计,对优化前后的性能做了对比分析,得到很好的效果。Asuaje 等[81,82]（2004,2005）自主开发了 HELIOX 软件,该软件可有效地进行离心泵设计,同时可以对原有离心泵进行快速改进及优化设计,并完成对泵内流动特性的观测。

（2）全三元反问题设计理论

全三元反问题计算数学模型的主要思路:在定常流动及流动不可压、无黏性假设下用涡模拟叶片骨线对流场的排挤作用,采用 Clebsch 变换得到流速的表达式,把有限叶片数的影响通过将速度分解成周向平均分量和周期性脉动分量来表示,并用傅里叶级数展开的方法把三维空间问题转化为多个二维问题来求解。数值方法是在贴体坐标下将方程离散成差分方程加以求解。全三维反问题计算方法在计算得到叶型的同时,也得到与该叶片相应的流场,在此基础上可对叶轮进行性能预估。从 20 世纪 80 年代开始,三元反问题计算根据理想不可压缩流动的三维奇点法,形成了一种全三维叶轮机械的流动设计方法。1984 年 Borges[83] 提出了混流式叶轮三维叶片设计方法,该法假设叶片为无限薄,并采用贴体坐标下的有限差分法。Hawthorne 等[84] 发展了全三维设计方法,并运用于轴流式和混流式叶轮。1990 年 Bando 和 Miyake 发展了此类设计计算方法,并考虑了叶片的厚度。清华大学陈乃祥[85]、罗兴琦[86] 等在 1990 年后对水轮机叶轮采用三维反问题设计进行了深入的研究。Goto 等[87,88] 和 Zangeneh 等[89,90] 对多种泵的叶轮、压水室的流道等进行三维反问题设计,形成了由三维 CAD 模型绘制、自动网格生成系统、CFD 流动分析和三维反问题设计组成的设计系统,大大减少了高性能泵复杂设计的时间,并运用于工程设计中。

叶轮内流动是十分复杂的,要描述其运动规律,须对叶轮内部水流运动做如下假设:

a. 叶轮中的流动是相对稳定的、无黏性的且不可压缩。

b. 叶轮进流是无旋的。

c. 叶片数是有限的,且叶片是有厚度的。

由以上假定可知,叶轮内的流动受有限叶片数和叶片厚度的影响而成为三元非对称流动。

① 全三元反设计计算的基本原理

在建立流动方程时,采用柱坐标(r,θ,z),其中 r 为径向距离,θ 为周向转角,z 为轴向距离。为更好地描述叶片区和非叶片区的特性,引入变量 $\alpha(r,\theta,z)$,其定义为[88-90]

$$\alpha(r,\theta,z)=\theta-f(r,z) \tag{3-31}$$

式中:$f(r,z)$ 是叶片上的角坐标,也称叶片包角;α 是一个标量函数,其梯度为

$$\nabla\alpha=\frac{\partial\alpha}{\partial r}e_r+\frac{\partial\alpha}{r\partial\theta}e_\theta+\frac{\partial\alpha}{\partial z}e_x=\frac{\partial f}{\partial r}e_r+\frac{1}{r}e_\theta-\frac{\partial f}{\partial z}e_x \tag{3-32}$$

在叶片面上的梯度 $\nabla\alpha$ 是垂直于叶片表面的矢量,即叶片表面的法向矢量。

从式(3-32)中可知,$\alpha=m\dfrac{2\pi}{B}$ 代表叶片位置,此处用 B 表示叶片数(区别于坐标轴 z),m 为整数 $0,\pm1,\pm2,\cdots$。

在以后的方程中,以 α 为自变量,当 $\alpha=m\dfrac{2\pi}{B}$ 时即为叶片,α 为其他值时则

为叶片之间的区域。

叶轮内流动是非对称的,但沿圆周方向是周期变化的,周期为$\dfrac{2\pi}{B}$,因此可把表示流动的物理量分解成平均分量$\bar{v}$和周期分量$\tilde{v}$(其中周期分量平均值为0)。

对速度而言,有$v=\bar{v}+\tilde{v}$,而$\bar{v}=(\bar{v}_r,\bar{v}_\theta,\bar{v}_x)$,其中,

$$\bar{v}_r = \frac{B}{2\pi}\int_0^{\frac{2\pi}{B}} v_r\,\mathrm{d}\theta$$

$$\bar{v}_\theta = \frac{B}{2\pi}\int_0^{\frac{2\pi}{B}} v_\theta\,\mathrm{d}\theta$$

$$\bar{v}_x = \frac{B}{2\pi}\int_0^{\frac{2\pi}{B}} v_x\,\mathrm{d}\theta$$

② 全三元反设计计算的数学模型

全三元反问题计算方法用 Clebsch 公式表达速度,对周期分量沿周向进行傅里叶级数展开。Clebsch 公式为

$$v=\nabla\varphi+\lambda\nabla\mu \tag{3-33}$$

式中:φ,λ,μ为标量。由 Clebsch 公式可得

$$v=\bar{v}+\tilde{v} \tag{3-34}$$

$$\bar{v}=\nabla\bar{\varphi}+r\bar{v}_\theta\nabla\alpha \tag{3-35}$$

$$\tilde{v}=\nabla\varphi-S(\alpha)\nabla r\bar{v}_\theta \tag{3-36}$$

$$S(\alpha)=\sum_{K=1}^{\infty}\frac{2}{KB}\sin(KB\alpha) \tag{3-37}$$

式中:$\bar{\varphi},\varphi$分别为平均速度势函数及周期速度势函数。

用涡代替叶片骨线的作用,用源汇代替叶片厚度的作用,可得

$$\bar{\varphi}=\bar{\varphi}_\Gamma+\bar{\varphi}_{q_V} \tag{3-38}$$

$$\varphi=\varphi_\Gamma+\varphi_{q_V} \tag{3-39}$$

式中:$\bar{\varphi}_\Gamma$为与环量相关的平均速度势函数;$\bar{\varphi}_{q_V}$为与源汇相关的平均速度势函数;φ_Γ为与环量相关的周期速度势函数;φ_{q_V}为与源汇相关的周期速度势函数。

③ 平均流动方程

a. 势函数方程

$$\overline{\nabla}^2\bar{\varphi}_\Gamma=-\nabla\cdot(r\bar{v}_\theta\nabla\alpha) \tag{3-40}$$

$$\overline{\nabla}^2\bar{\varphi}_{q_V}=\bar{q}_V \tag{3-41}$$

其中,$\overline{\nabla}^2=\dfrac{\partial^2}{\partial r^2}+\dfrac{\partial}{r\partial r}+\dfrac{\partial^2}{\partial z^2}$。

b. 与势函数方程等价的流函数方程

由于势函数方程在边界条件的处理上不太方便，在实际求解时，式(3-41)用等价的流函数方程来代替。其等价方程为

$$\frac{\partial^2 \psi}{\partial r^2} - \frac{\partial \psi}{r \partial r} + \frac{\partial^2 \psi}{\partial z^2} = -r\left(\frac{\partial \varphi}{\partial z}\frac{\partial r}{\partial r}\frac{\bar{v}_\theta}{} - \frac{\partial \varphi}{\partial r}\frac{\partial r}{\partial z}\frac{\bar{v}_\theta}{}\right) \tag{3-42}$$

c. 周期流动方程

$$\nabla^2 \varphi_\Gamma = \nabla \cdot \left[S(\alpha)\nabla(r\bar{v}_\theta)\right] \tag{3-43}$$

$$\nabla^2 \varphi_{q_V} = q_V \tag{3-44}$$

其中，$\nabla^2 = \dfrac{\partial^2}{\partial r^2} + \dfrac{\partial}{r\partial r} + \dfrac{\partial^2}{\partial z^2} + \dfrac{\partial^2}{r^2 \partial \theta^2}$。

d. 叶片方程

$$(\bar{v}_r + \tilde{v}_{rbc})\frac{\partial \varphi}{\partial r} + (\bar{v}_z + \tilde{v}_{zbc})\frac{\partial \varphi}{\partial z} = \frac{r\bar{v}_\theta}{r^2} + \frac{\tilde{v}_{\theta bc}}{r} - \omega \tag{3-45}$$

式(3-45)为一阶偏微分方程。在叶片方程中 ω 是叶轮转动的角速度。环量的分布 $r\bar{v}_\theta$ 预先给定，故只要知道速度场，通过积分可得到叶片包角 φ。

3.2.6 不等扬程设计方法

目前广泛采用的离心泵叶轮水力设计方法，主要是以 Stepanoff 的经验系数方法为基础的相似设计法。这种方法的特点是总结了前人的设计制造经验，特别是应用计算机以后，建立了优秀水力模型的数据库，根据所需要的流量、扬程，可从数据库中选出比转速合适的水力模型设计一台相似泵，满足生产需要。

（1）离心泵基本方程式

泵的基本方程式就是定量地表示液体流经叶轮前后运动状态的变化与叶轮传给单位重量液体的能量之间关系的方程式，也就是在无限叶片数假设情况下泵理论扬程的计算公式[1]，表达式如下：

$$H_{t\infty} = \frac{\omega}{g}(v_{u2}R_2 - v_{u1}R_1) = \frac{1}{g}(u_2 v_{u2} - u_1 v_{u1}) \tag{3-46}$$

在流体力学中，称 $\Gamma_1 = 2\pi R v_u$ 为速度环量，故基本方程还可以用速度环量表示为

$$H_{t\infty} = \frac{\omega}{g}\frac{\Gamma_2 - \Gamma_1}{2\pi} \tag{3-47}$$

式中：Γ_1，Γ_2 分别为叶轮进口和出口的速度环量。

基本方程式的实质是能量平衡方程，它建立了叶轮外特性（无限叶片理论扬程 $H_{t\infty}$）和叶轮前后液体运动参数 v_u 之间的关系。对于既定叶轮，求得

叶轮前后的 v_{u1} 和 v_{u2} 后,代入方程式即可求出理论扬程。

基本方程式是在无限叶片数假设的前提下推导出来的,实际叶轮的叶片数是有限的,液体在有限叶片数叶轮和无限叶片数叶轮内的流动状态差别很大,因此,两种情况下叶轮的理论扬程也不相同。

根据速度三角形,理论扬程可以写成如下形式:

$$H_{t\infty} = \frac{v_2^2 - v_1^2}{2g} + \frac{u_2^2 - u_1^2}{2g} - \frac{w_2^2 - w_1^2}{2g} \tag{3-48}$$

式(3-48)中第一项称为叶轮动扬程:

$$H_d = \frac{v_2^2 - v_1^2}{2g} = \frac{v_{u2}^2 + v_{m2}^2 - v_{u1}^2 - v_{m1}^2}{2g} \tag{3-49}$$

通常,$v_{m2} \approx v_{m1}$,v_{u1} 很小可以忽略,这时

$$H_d = \frac{v_{u2}^2}{2g} \tag{3-50}$$

动扬程 H_d 大,表示叶轮出口的绝对速度大,这样在流动中必然产生很大的水力损失,因而从提高效率的角度考虑,不希望 H_d 过大。

式(3-48)中的第二项和第三项之和称为势扬程,用 H_P 表示,它表示液体通过叶轮后压力能的增加值。

液体的能量在叶轮内是以动扬程和势能两种形式增加的,势能的增加是能量的最终形式而不必转换。与此不同的是,在流出叶轮时液体动能要通过泵不动的过流元件转换为压力能,这一过程伴随着水力损失。

势扬程和理论扬程之比称为叶轮反击系数,用 ρ_i 表示,即

$$\rho_i = \frac{H_P}{H_{t\infty}} = 1 - \frac{H_d}{H_{t\infty}} \text{ 或 } \rho_i = 1 - \frac{v_{u2}^2 g}{2g u_2 v_{u2}} = 1 - \frac{v_{u2}}{2u_2} \tag{3-51}$$

反击系数 ρ_i 是叶轮的主要技术性能参数,对泵效率有显著的影响,因为动能转换为压力能将伴随较大损失。在离心泵内,通常反击系数 $\rho_i = 0.70 \sim 0.75$。

无限叶片数时,叶片间的间距极小,液体受到叶片严格的约束,只能沿着叶片间隙从旋转的叶轮中流出,液体相对运动的流线和叶片形状完全一致。

有限叶片数叶轮中,相邻叶片间形成宽阔的流道,液体的流动不可能完全被叶片所约束,液体被叶片夹持的程度大为减弱,从而使液体的惯性得以表现。有限叶片数叶轮中液体的实际流动情况,可以近似地认为是轴向旋涡运动和流经不动叶轮的贯流两者之叠加。

在叶片流道中部,靠叶片工作面,两个叠加的流动方向相反,靠背面相同,即工作面的相对速度小于背面的相对速度。叶轮出口处速度分布也有类似趋势,即叶片背面相对速度 w_y 大,轴面速度亦大,即流过的流体多,而 v_u 却

小,工作面的情况则相反,可见从叶轮流道中大量流出的是 v_u 小的液体,所以理论扬程要比按平均值计算的低。

在叶轮出口,轴向旋涡流动的方向和旋转方向相反,叠加的结果是向反旋转方向偏离一分量 Δw_u,即有限叶片数和无限叶片数相比,相对速度产生滑移,造成液体在出口旋转不足。根据速度三角形可知,

$$v_{u2} < v_{u\infty}$$

$$H_t = \frac{1}{g}(u_2 v_{u2} - u_1 v_{u1}) < H_{t\infty} = \frac{1}{g}(u_2 v_{u2\infty} - u_1 v_{u1})$$

需要说明的是,这种由液体惯性引起的 H_t 和 $H_{t\infty}$ 的差别,和黏性作用引起的水力损失不能混为一谈。黏性损失将使叶轮传递给液体的能量减少,也就是消耗能量,直接引起泵效率下降。流动滑移引起的理论扬程减小,不是损失,它使叶轮输入功率相应减小,所以只是降低叶轮转换能量的功能,而不直接降低泵的效率。实际上,流动滑移引起叶轮内流动状态的变化,将引起附加的水力损失。

（2）滑移系数定义

目前研究流体机械通常都采用一元理论,即假设叶片无限多无限薄。但实际上液体在有限叶片数叶轮和无限叶片数叶轮中的流动状态差别特别大。叶片无限多时叶轮内任意点的相对速度方向与该处的叶片表面切线方向一致,而有限叶片数时相对速度则会产生滑移,造成液体在出口处旋转不足,因此两种情况下叶轮的理论扬程也不相同。H_t 和 $H_{t\infty}$ 的差值到目前为止还没有精确的计算方法,可以说这是影响泵设计理论发展的重大问题。通常的做法是利用滑移系数来处理两者的差值,关于滑移系数的定义主要有以下两种[91]。

① 利用滑移速度 Δv_{u2} 与出口圆周速度 u_2 之比来表示滑移系数,表达式为

$$\sigma = \frac{u_2 - \Delta v_{u2}}{u_2} = 1 - \frac{\Delta v_{u2}}{u_2} \tag{3-52}$$

式中:Δv_{u2} 为叶片无限多和有限叶片数时出口速度圆周分量的差值。

② 利用有限叶片的理论扬程 H_t 与无限叶片的理论扬程 $H_{t\infty}$ 之比来表示滑移系数,表达式为

$$\mu = \frac{H_t}{H_{t\infty}} = \frac{v_{u2}}{v_{u2\infty}} \tag{3-53}$$

上述两种滑移系数的定义是不同的,实际计算采用 μ 更为方便,σ 和 μ 之间存在如下关系:

$$\mu = 1 - (1-\sigma)\frac{u_2}{v_{u2\infty}} = 1 - \frac{1-\sigma}{1 - \frac{v_{m2}}{u_2}\cot\beta_2} \tag{3-54}$$

（3）滑移系数公式

在设计离心泵叶轮时,正确计算滑移系数以修正理论扬程是非常重要的,因此人们多年来一直致力于对滑移系数的研究,从而得出了各种不同的滑移系数关系式。一般来说,这些关系式在中、低比转速叶轮中的误差比在高比转速叶轮中的小。迄今为止,这些关系式或者是在理想流体的条件下通过分析得出的如 Stodola 公式,或者是通过统计得出的如 Weisner 公式[92]。现将这些滑移系数的具体关系式列出如下[93]:

① Stodola(1927 年)主要考虑了轴向旋涡的影响,经过简化得到

$$\sigma = 1 - \frac{\pi}{Z}\sin\beta_2 \tag{3-55}$$

或

$$\mu = 1 - \frac{\pi}{Z}\sin\beta_2\frac{1}{1-\varphi_2\cot\beta_2}$$

式中:Z 为叶片数;β_2 为叶片出口安放角;φ_2 为系数,$\varphi_2 = \frac{v_{m2}}{u_2}$。

该式未考虑流体黏性的影响,主要用于叶栅稠密度较大的离心泵叶轮。

② Busemann(1928 年)通过对具有对数螺线叶片(从进口到出口 β 角恒定)及平行轮毂和盖板的二维径流几何叶轮的无摩擦流动进行理论研究,得出以下公式:

$$\mu = \frac{h_0 - \varphi_2\cot\beta_2}{1 - \varphi_2\cot\beta_2} \tag{3-56}$$

式中:h_0 为零流量扬程系数,其值与 Z 和 β_2 有关。

③ Pfleiderer(1935 年)在考虑了叶轮的几何形状、载荷和蜗壳(或导叶)的影响后,提出如下公式:

$$\mu = \frac{1}{1 + \frac{a}{z}\left(1+\frac{\beta_2}{60}\right)\frac{2}{1-\left(\frac{R_1}{R_2}\right)^2}} \tag{3-57}$$

式中:R_1 为叶轮叶片进口半径;R_2 为叶轮外圆半径;a 为与泵结构有关的经验系数。

④ Stanitz(1952 年)用松弛法分析离心式叶轮中液体的流动,对于 $90° > \beta_2 > 45°$ 的叶轮,得出以下公式:

$$\sigma = 1 - 0.63\frac{\pi}{Z} \tag{3-58}$$

或
$$\mu = 1 - 0.63 \frac{\pi}{Z} \frac{1}{1 - \varphi_2 \cot \beta_2}$$

⑤ Eck（1953 年）试图把离心力和摩擦作用引入滑移系数，得到如下
公式：

$$\mu = \frac{H_t}{H_{t\infty}} = \frac{v_{u2}}{v_{u2\infty}} = \frac{1}{1 + \dfrac{\sin \beta_2}{2Z\left(1 - \dfrac{R_1}{R_2}\right)}} \tag{3-59}$$

⑥ Nel（1965 年）否定了 Stodola 的近似计算方法，考虑了液体进、出叶
轮的挠动，提出如下公式：

$$\sigma = 1 - \frac{\pi}{Z}\left[2 - \frac{R_1}{R_2} - \left(\frac{R_1}{R_2}\right)^2\right] \sin^2\left(\frac{\beta_1 + \beta_2}{2}\right) \tag{3-60}$$

式中：β_1 为叶片进口安放角。

⑦ Weisner（1967 年）研究了 65 个叶轮的试验资料后，把 Busemann 公式
用以下简捷的近似公式表示：

$$\sigma = 1 - \frac{\sqrt{\sin \beta_2}}{Z^{0.7}} \tag{3-61}$$

⑧ Balje 公式（1954 年）：

$$\mu = \frac{H_t}{H_{t\infty}} = \frac{v_{u2}}{v_{u2\infty}} = \frac{Z}{Z + 6.2\left(\dfrac{R_1}{R_2}\right)^{\frac{2}{3}}} \tag{3-62}$$

此式可用于径向直叶片叶轮计算。

⑨ Coppage 公式：

$$\mu = \frac{H_t}{H_{t\infty}} = \frac{v_{u2}}{v_{u2\infty}} = \frac{1}{1 + \dfrac{\pi \sin \beta_2}{2Z\left(1 - \dfrac{\overline{D}_1}{D_2}\right)}} \tag{3-63}$$

式中：$\overline{D}_1$ 为叶轮进口直径的平均值，$\overline{D}_1 = \dfrac{D_{st} + D_{h1}}{2}$。

⑩ Stechkin 对 Pfleiderer 公式进行了改进，提出如下公式：

$$\mu = \frac{1}{1 + \dfrac{2}{3} \dfrac{\pi}{z} \dfrac{1}{1 - \left(\dfrac{R_1}{R_2}\right)^2}} \tag{3-64}$$

⑪ Stirling（1983 年）提出如下公式：

$$\mu = \frac{H_t}{H_{t\infty}} = \frac{v_{u2}}{v_{u2\infty}} = \frac{\psi_{u2}}{v_{u2\infty}} = \frac{\psi}{1 - \varphi_2 \cot(\beta_2 - \delta)} \tag{3-65}$$

$$\psi = \frac{v_{u2}}{u_2} = 1 - \sqrt{\frac{\sin \beta_2}{Z^{0.7}}} - \varphi_2 \cot(\beta_2 - \delta) \tag{3-66}$$

$$\phi = \frac{2\pi R_2}{Z L_R} \frac{b_2}{b_1} \left(\sin \beta_2 - \frac{R_1}{R_2} \sin \beta_2 \right) \tag{3-67}$$

式中：ψ 为扬程系数；δ 为系数，$\delta = 1.473 \phi^{2.16}$；$\phi$ 为几何参数；b_1，b_2 分别为叶轮进、出口宽度；L_R 为叶片弦长，$L_R = \dfrac{R_2 - R_1}{\sin\left(\dfrac{\beta_1 + \beta_2}{2}\right)}$。

上述的滑移系数关系式中，除 Stirling 公式考虑到黏性因素的某种修正之外，其他都是理想流体情况下的计算或统计关系式。就实用性而言，Stodola 公式应用于离心泵时其绝对误差较大；Pfleiderer 公式中的经验系数很难确定，故其实际应用很少；Weisner 公式物理意义不明确。从工程的观点而言，滑移系数略有误差，比如在 3% 左右时，对计算的影响并不大，可以认为是在允许的范围内。相关分析表明，滑移系数的误差随着比转速的增大而增大，因此中、高比转速离心泵在选用滑移系数时必须慎重[94]。

（4）传统水力设计存在的问题

在离心泵的主要设计方法和设计理论中，相似换算法和速度系数法应用最为广泛，尤其以相似换算法应用最为普遍。应用相似换算法设计结果的质量在很大程度上依赖优秀水力模型的技术水平，若没有合适的水力模型，将无法开展新产品的设计。依靠传统的计算方法不能十分准确地计算出离心泵的性能参数，新产品必须进行型式试验，以检测新产品的运行可靠性和实际性能参数的大小，传统的设计方法对进一步提高技术水平是不利的，与社会经济发展的需求也是不相称的。总体来说，传统的设计方法已经不能满足泵行业技术发展的需求。

为了避免有害的流动，传统设计方法预先假定，对整个流线来说，理论扬程 H_t 为同一数值。同时认为，在整个出口边上出口安放角 β_2 的值保持不变，但由 Pfleiderer 滑移系数公式可知，每一条流线的静矩 S 并不相同，由此可以得出，减功系数 P 也是变化的，每一条流线的速度 u_2 也不同，也就是说，出口边对转轴而言，并不是如假设那样平行的。改变给定流线的静矩 S，也就是改变流线的长度，可以在某种程度上修正减功系数 P，但此时的可能性是有限的。一般应将位于叶轮叶片前壁的流线加长，但这对叶轮进口叶间流道形状有不良影响。

对于改变的减功系数 P，虽然也可以达到恒定的速度 u_2，但这时必须改变叶片出口安放角 β_2 沿叶片出口边不变的假定。确定出口边位置比较困难。当比转速 $n_s < 250$ 时，出口边一般是一根直线，如果争取使出口边与流线近似

成直角,则应使出口边成凹状。当比转速 $n_s>250$ 时,为了在某种程度上改善叶片间流道的形状,可将流线相对于叶轮壁移动,此时出口边就不再能保持与转轴平行,即采取了将叶轮流出边倾斜布置的方法。随着比转速 n_s 的增大,倾角也增大,这时采用不等的叶轮出口直径,即后盖板的叶轮出口直径小于前盖板的叶轮出口直径,以减小叶轮出口的回流区,降低水动力损失,使特性曲线在小流量区扬程升高。在出口边倾斜的情况下,叶片一般位于叶轮壁的扭曲区。正交轨迹线以不同的 v_{m2} 通过出口边各点。出口边的倾斜度不能太大,否则在出口直径相差太大和部分功率情况下,可能产生强烈的二次流而降低泵的效率。另外,要注意保持流线的相应长度,以适应流线等静矩的条件,这时需要相应地延长前壁的长度和缩短后壁的长度。在确定进出口的位置后,要计算各流线的静矩,并根据中间流线的参数确定叶片数,接着计算叶片进出口边的倾角。

(5)叶轮不等扬程水力设计方法基本理论

由 Pfleiderer 滑移系数公式可知,离心泵叶轮每一条流线的静矩 S 不相同,即叶轮前后盖板流线的滑移系数 μ 不等,而认为无限叶片理论扬程 $H_{t\infty}$ 相等,实际的前后盖板有限叶片理论扬程 H_t 不等。在离心泵水力设计时,叶轮前后盖板有限叶片理论扬程 H_t 相等时所产生的水力损失最小,这样的水力设计才是最佳的设计结果。基于上述设计理论,本节从无限叶片理论扬程 $H_{t\infty}$ 不等的前提出发,通过修改叶轮几何参数,以调整静矩 S 和减功系数 P 不同所造成的影响,使有限叶片理论扬程 H_t 相等,达到采用不等扬程方法对离心泵叶轮进行水力设计的目的[95]。

不等扬程水力设计基本方法如下:

由有限叶片理论扬程 H_t 基本公式可知,H_t 受 D_1,D_2,β_1,β_2,n 等参数影响,但这是在未考虑离心力作用使得液体沿前盖板流动时会产生脱流现象时得出的。若考虑流体黏性、前盖板的脱流现象以及叶片出口的射流-尾迹结构等因素,则 H_t 还将受 b_1,b_2,n_s 等几何参数的影响。H_t 与 $H_{t\infty}$ 的关系是通过滑移系数建立起来的,但现有滑移系数公式均按轴面流道中线(即平均值)进行计算,未考虑前后盖板的实际流动不同所产生的影响。因此,需首先建立一个可以对前后盖板的滑移系数分别计算的公式。

综合比较现有滑移系数公式,Stirling 公式考虑了黏性的影响,因此在 Stirling 公式的基础上进行改进。考虑前后盖板滑移系数不同,则有

$$\begin{cases} \mu_a = \dfrac{\psi_a}{1-\varphi_{2a}\cot(\beta_{2a}-\delta_a)}(\text{前盖板}) \\[3mm] \mu_b = \dfrac{\psi_b}{1-\varphi_{2b}\cot(\beta_{2b}-\delta_b)}(\text{后盖板}) \end{cases} \tag{3-68}$$

式中：ψ_a，ψ_b 分别为前、后盖板的扬程系数，表达式为

$$\begin{cases} \psi_a = 1 - \sqrt{\dfrac{\sin \beta_{2a}}{Z^{0.7}}} - \varphi_{2a} \cot(\beta_{2a} - \delta_a)（前盖板） \\ \psi_b = 1 - \sqrt{\dfrac{\sin \beta_{2b}}{Z^{0.7}}} - \varphi_{2b} \cot(\beta_{2b} - \delta_b)（后盖板） \end{cases} \tag{3-69}$$

δ_a，δ_b 分别为前、后盖板的计算系数，表达式为

$$\begin{cases} \delta_a = \begin{cases} 1.473 \phi_a^{2.16}, & \phi_a > 0 \\ 0, & \phi_a \leqslant 0 \end{cases}（前盖板） \\ \delta_b = \begin{cases} 1.473 \phi_b^{2.16}, & \phi_b > 0 \\ 0, & \phi_b \leqslant 0 \end{cases}（后盖板） \end{cases} \tag{3-70}$$

ϕ_a，ϕ_b 分别为前、后盖板的几何参数，表达式为

$$\begin{cases} \phi_a = \dfrac{2\pi R_2}{Z L_{Ra}} \dfrac{b_2}{b_1} \left(\sin \beta_{2a} - \dfrac{R_1}{R_2} \sin \beta_{2a} \right)（前盖板） \\ \phi_b = \dfrac{2\pi R_2}{Z L_{Rb}} \dfrac{b_2}{b_1} \left(\sin \beta_{2b} - \dfrac{R_1}{R_2} \sin \beta_{2b} \right)（后盖板） \end{cases} \tag{3-71}$$

b_1，b_2 分别为叶轮进、出口宽度。L_R 为叶片弦长，表达式为

$$\begin{cases} L_{Ra} = \dfrac{R_2 - R_1}{\sin\left(\dfrac{\beta_{1a} + \beta_{2a}}{2} \right)}（前盖板） \\ L_{Rb} = \dfrac{R_2 - R_1}{\sin\left(\dfrac{\beta_{1b} + \beta_{2b}}{2} \right)}（后盖板） \end{cases} \tag{3-72}$$

由无限叶片理论扬程计算公式，可以分别计算叶片出口前、后盖板的无限叶片理论扬程 $H_{t\infty a}$，$H_{t\infty b}$，即

$$\begin{cases} H_{t\infty a} = \dfrac{1}{g} (u_{2a} v_{u2a} - u_{1a} v_{u1a})（前盖板） \\ H_{t\infty b} = \dfrac{1}{g} (u_{2b} v_{u2b} - u_{1b} v_{u1b})（后盖板） \end{cases} \tag{3-73}$$

根据上述滑移系数公式，由有限叶片理论扬程 H_t 计算公式，可以分别确定叶片出口前、后盖板的有限叶片理论扬程 H_{ta}，H_{tb}，即

$$\begin{cases} H_{ta} = \mu_a H_{t\infty a} \\ H_{tb} = \mu_b H_{t\infty b} \end{cases} \tag{3-74}$$

若叶轮出口前、后盖板的有限叶片理论扬程相等，则有下列关系式成立：

$$H_{ta} = H_{tb} \tag{3-75}$$

对叶轮几何参数进行调整，使其满足式（3-75），即可达到按不等无限叶片理论扬程设计实现有限叶片理论扬程相等的目的。

3.2.7　叶轮多工况设计方法

目前,公知的离心泵叶轮设计均采用速度系数法,按使用场合提出的某一个工况点进行叶轮几何参数的设计。该方法确定叶轮主要几何参数的公式如下:

$$D_2 = K_{D2}\sqrt[3]{\frac{Q_{BEP}}{n}} \tag{3-76}$$

$$b_2 = K_{b2}\sqrt[3]{\frac{Q_{BEP}}{n}} \tag{3-77}$$

式中:D_2 为叶轮叶片出口直径,m;b_2 为叶轮叶片出口宽度,m;n 为转速,r/min;Q_{BEP} 为最优效率工况点流量,m^3/s;K_{D2} 为叶轮叶片出口直径系数;K_{b2} 为叶轮叶片出口宽度系数。

采用传统速度系数法设计的离心泵,其轴功率曲线随流量的增加而不断上升,经常会出现离心泵在大流量区运行时过载或烧毁电动机的现象。同时,采用速度系数法设计离心泵只能保证最优效率工况点的性能,而其他工况点由于偏离最优效率工况,其性能在设计中根本无法保证。通常情况下,离心泵在应用现场不能固定在最优效率工况,或根本达不到最优效率工况,因此对离心泵叶轮的设计不仅应考虑最优效率工况点的高效率,同时也应考虑在其他工况下使用时的可靠性,这就要求离心泵有较宽的性能范围,以适应从零流量至大于最优效率工况流量的工况变化。目前许多应用现场对离心泵均有严格的性能要求,不仅要满足最优效率工况点的性能要求,同时也要满足其他工况点的性能要求,即仅仅满足 1 个工况点性能要求的设计是远远不够的,有时要求离心泵叶轮的设计满足 5 个工况点的性能要求。由此可见,采用速度系数法进行离心泵叶轮的水力设计越来越不符合日益复杂的生产需要。

四工况设计方法通过对叶轮的几何参数进行调节,达到离心泵的设计性能曲线与要求的性能曲线重合的效果。四工况设计方法可以保证离心泵的实际运行性能曲线与要求性能曲线一致,特别适用于多个工况点性能要求严格的离心泵叶轮设计[96]。

四工况法在设计离心泵叶轮时,根据离心泵的 4 个工况点要求设计计算叶轮叶片的几何参数:第一工况点,零流量 $Q_1=0$,零流量工况的扬程 H_1;第二工况点,0.3 倍设计流量工况的流量 Q_2,0.3 倍设计流量工况的扬程 H_2;第三工况点,最优效率工况的流量 Q_{BEP},最优效率工况的扬程 H_{BEP};第四工况点,1.2 倍设计流量工况的流量 Q_4,1.2 倍设计流量工况的扬程 H_4。此外,还

应考虑对叶轮转速 n 的要求。其特征是把离心泵叶轮的几何参数与不同工况点的性能参数联系起来，即叶轮主要几何参数与不同工况点性能参数之间存在以下关系：

$$\sin \beta_2 = 0.53 n^{0.45} Q_{BEP}^{0.22} H_{BEP}^{-0.35} \tag{3-78}$$

$$D_2 = 5.96 n^{-0.66} Q_{BEP}^{0.67} H_{BEP}^{1.44} b_2^{-1} (\tan \beta_2)^{-0.26} (H_{BEP} + \Delta H)^{0.45} \tag{3-79}$$

$$b_2 = 0.082 n^{0.34} Q_{BEP}^{0.65} H_{BEP}^{-0.47} D_2^{-4.95} D_{2BEP}^{4.95} \tag{3-80}$$

$$\Delta H = \max\{\Delta H_1, \Delta H_2, \Delta H_{BEP}, \Delta H_4\} \tag{3-81}$$

$$\Delta H_i = H_i - H_i' \tag{3-82}$$

$$H_i' = H_{BEP} \left[(0.078 \ln n_{sBEP} - 1.06) \left(\frac{Q}{Q_{BEP}} \right)^2 + \right.$$

$$\left. (-0.62 \ln n_{sBEP} + 2.92) \left(\frac{Q}{Q_{BEP}} \right) + (0.41 \ln n_{sBEP} - 0.38) \right] \tag{3-83}$$

式中：D_2 为叶轮叶片出口直径，m；D_{2BEP} 为按最优效率工况点确定的叶轮叶片出口直径，m；b_2 为叶轮叶片出口宽度，m；Q_{BEP} 为最优效率工况点（即第三工况点）流量，m³/s；H_{BEP} 为最优效率工况点扬程，m；n_{sBEP} 为最优效率工况点比转速；H_i 为设计要求的第 i 工况点扬程（$i=1,2,3,4$），m；H_i' 为速度系数法确定的第 i 工况点扬程（$i=1,2,3,4$），m；n 为转速，r/min；ΔH_i 为第 i 工况点要求扬程与传统设计扬程的差值（$i=1,2,3,4$），m；β_2 为叶轮叶片出口安放角，(°)。

以上关系式中，没有对叶片包角、叶片数和叶片厚度提出要求，因此，在不影响铸造和加工工艺的前提下，设计时可以根据需要随意控制这几个参数。

根据所要求各工况点组成的性能曲线形状，在 $20°\sim30°$ 之间调整 β_2，当扬程曲线陡降时 β_2 取小值，当扬程曲线平坦时 β_2 取大值。

3.2.8　叶轮全特性水力设计方法

核反应堆在满功率情况下运行时，若核主泵进口段冷却剂管道突然发生破裂导致失水事故（LOCA）发生而引起主冷却剂流失，将会使 RCS 压力整体下降。失水事故是指一回路压力边界产生破口或发生破裂，一部分或大部分冷却剂泄漏的事故。当破口在热管段，且破口尺寸持续增大时，核主泵将在短时间内发生由泵工况到制动工况的瞬变过渡过程，同时伴随流量逐步减小。当破口在冷管段，且破口尺寸持续增大时，核主泵将在短时间内发生流量突增的瞬变过渡过程。

目前，除少数核主泵采用离心式叶轮或轴流式叶轮外，大多数核主泵都采用混流式叶轮，因为这种叶轮可以在满足大流量要求的同时，达到比较高的扬程。在事故工况时,核主泵的运行情况十分复杂,导致核主泵实际运行工况偏移,所以采用单一水泵工况参数来设计核主泵叶轮,不能满足核电厂安全稳定运行的要求。

为了使核主泵能够在各种正常工况和过渡工况下运行,并保证核电厂在事故工况下安全稳定运行,朱荣生等[97]提出了一种核主泵全特性水力设计方法,使设计的叶轮几何参数不仅满足水泵工况的运行要求,而且满足水轮机工况的运行要求,尤其适合失水事故时核主泵的全特性要求。

水泵工况对核主泵的选择起决定性作用,所有核主泵叶轮的设计过程都和常规水泵相近,但发生事故时核主泵将处于复杂的过渡工况,需考虑水轮机工况对核主泵安全运行的影响。

图 3-2 和图 3-3 共同确定的叶轮形状与大多数离心泵叶轮一样,具有叶轮前盖板和叶轮后盖板,是一种闭式叶轮。图中,叶片的凸面为叶片工作面,叶片的凹面为叶片背面。

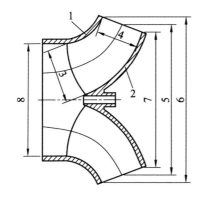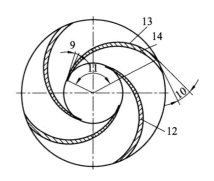

1—叶轮前盖板;2—叶轮后盖板;3—叶轮叶片进口宽度;4—叶轮叶片出口宽度 b_2;

5—叶轮出口平均直径 D_2;6—叶轮前盖板直径 D_{20};7—叶轮后盖板直径 D_{2h};

8—叶轮进口直径 D_0;9—叶片进口安放角 β_1;10—叶片出口安放角 β_2;11—叶片包角 φ;

12—叶片;13—叶片工作面;14—叶片背面

图 3-2　叶轮轴面剖视图　　　　　　　　图 3-3　叶轮叶片图

核主泵全特性水力设计通过以下几个关系式来调整叶轮几何参数:

$$D_0 = K_0 \sqrt[3]{\frac{Q}{n}} \tag{3-84}$$

$$D_2 = K_2 K_{D2} \sqrt[3]{\frac{Q}{n}} \tag{3-85}$$

$$K_{D2} = 9.35 \left(\frac{n_s}{100} \right)^{-\frac{1}{2}} \tag{3-86}$$

$$D_s = D_0 / D_2 = 0.72 \sim 0.95 \tag{3-87}$$

$$b_2 = K_b K_{b2} \sqrt[3]{\frac{Q}{n}} \tag{3-88}$$

$$K_{b2} = 0.64 \left(\frac{n_s}{100} \right)^{\frac{5}{6}} \tag{3-89}$$

$$B_s = b_2 / D_2 = 0.25 \sim 0.34 \tag{3-90}$$

$$\beta_1 = \beta_1' + \Delta\beta \tag{3-91}$$

$$\delta_{\max \cdot a} = 0.016 \left(\frac{n_s}{100} \right)^{-0.06} \cdot D_2 \tag{3-92}$$

$$\delta_{\max \cdot e} = 0.03 \left(\frac{n_s}{100} \right)^{-0.59} \cdot D_2 \tag{3-93}$$

$$\Phi_{\delta\max} = 25.96 \left(\frac{n_s}{100} \right)^{0.07} \tag{3-94}$$

式中：K_0 为泵进口尺寸系数；K_2 为叶轮出口直径修正系数；K_{D2} 为 D_2 修正系数；K_b 为叶轮出口宽度修正系数；K_{b2} 为 b_2 修正系数；n_s 为比转速；D_s 为相对直径；B_s 为相对宽度；$\Delta\beta$ 为冲角，(°)；$\delta_{\max \cdot a}$ 为叶片轮缘侧最大厚度，m；$\delta_{\max \cdot e}$ 为叶片轮毂侧最大厚度，m；$\Phi_{\delta\max}$ 为叶片最大厚度处角度，(°)。

K_0 是泵进口尺寸系数，保证效率时取 $K_0 = 4 \sim 4.25$；考虑效率和空化时取 $K_0 = 4.25 \sim 4.5$；保证空化性能时取 $K_0 = 4.5 \sim 5.5$。K_2 是叶轮出口直径修正系数，和比转速有关。K_b 是叶轮出口宽度修正系数，和比转速有关。

以上公式中，叶轮叶片出口宽度 b_2，叶轮出口平均直径 D_2，叶轮进口直径 D_0，叶片进口安放角 β_1，叶片出口安放角 β_2，叶片包角 φ 可使核主泵性能满足设计流量 Q、设计工况点扬程 H、叶轮转速 n 的要求，同时通过水轮机工况运行条件进行核主泵水力设计，以确保核主泵在事故工况下安全稳定运行。

根据离心泵设计经验，叶片进水边具有一定量的正冲角对空化特性有利，由于核主泵的比转速高，一般取 $\Delta\beta = 8° \sim 12°$，冲角也不宜取得过大，否则不利于水泵工况运行。

叶片出口安放角 $\beta_2 = 15° \sim 25°$，比转速大时取小值。为保证水轮机工况在低水头或小负荷时的水流稳定性，尽量选择小的 β_2。

叶片包角 $\varphi = 120° \sim 200°$。用大包角可以形成较长的流道而使水流平稳，但会带来较大的摩擦损失。叶片包角和叶片数可以根据铸造工艺要求选择确定。

3.3 数值计算基础理论

3.3.1 CFD 技术在泵中的应用

随着计算机技术的应用范围越来越广,计算流体动力学(CFD)逐渐为大家所熟知,并成为一个新的研究工具,在水力机械研究过程中被广泛使用,对水力机械的设计与性能预测具有重要作用。CFD 技术的本质是在近代流体力学的基础上,利用各种离散化的数学方法建立方程组,并应用计算机对其进行求解,用计算得到的参数定性、定量地描述流体流动特性。

(1)叶轮机械内流数值模拟的发展过程

叶轮机械内流数值模拟的发展过程大致可以分成三个阶段。

① 无黏流数值模拟

20 世纪 80 年代以前是叶轮机械内流无黏数值模拟时期。受计算机技术的制约,这个时期的内流计算常简化为二维不可压势流、准三维或全三维势流,以流函数、势函数或 Euler 方程为控制方程进行求解。1952 年,吴仲华[75]提出了 $S1, S2$ 两类相对流面理论,对叶轮机械内部流动的数值模拟产生了深远的影响。此后,人们普遍采用 $S1, S2$ 流面相互迭代的方法来计算叶轮内部流动,并产生了一些新的数值方法,如流线曲率法[98]、准正交面法[99]、压气机三元流场计算方法[100]等。非黏性计算在一定程度上可以反映实际的流动,现在国内还有不少学者用这类方法模拟叶轮内部的流动。

流线曲率法是计算二维无黏流场的一种较为简单的方法,它采用积分任意准正交线上的速度梯度方程,得出该准正交线上的速度,利用连续性方程校核各通道截面上的流量,反复迭代直到满足给定的流量计算精度为止。流线曲率法要求的计算机内存较小,程序简单,但引入的假设较多,流线曲率的计算有一定任意性,使得计算精度下降。忻孝康等[101]用它计算了水泵流道中的三维黏性流场,证明其可用于流场分析和叶型设计。

准正交面法在求解叶轮机械无黏流场的方法中应用较广,它具有方法简明、步骤清晰、计算速度快和占用内存少等优点,可用于计算三维无黏流场。朱士灿[102]采用该方法计算了离心泵叶轮中的三维流动,并用相邻叶片吸力面与轮盖结合处的速度作初值,采用新的修正公式以及广义 Kutta 条件,从而大大节省了计算时间。另外一种应用较广的求解叶轮机械无黏流场的方法是有限元法,它以流函数或势函数为基函数建立方程,这就要求叶轮机械内部的流动为有势流动。陈德江等[103]以流函数为基函数,运用伽辽金方法建立有限元方程,对离心式叶轮回转面上的流动进行了计算,数值计算结果正确地揭示了离心式叶轮内部的流动规律。有限元法的缺点是要求计算机内存量大,计算时间长,而且要求预先找出相应的变分原理。

② 准黏性流数值模拟

20 世纪 80 年代至 90 年代,叶轮机械内流的数值模拟有了新的发展,不再停留在势流阶段,而是开始综合考虑内流的黏性、回流及旋涡对内流的影响,计算机技术的发展也使得更为复杂的数值计算方法开始出现,包括势流-边界层迭代解法、射流-尾流模型、涡量-流函数法等。由于这些方法计算量较小,在国内外仍有一定的应用,尤其是势流-边界层迭代解法。势流-边界层迭代解法就是把叶轮机械内的流场分为无黏性的势流区和有黏性的湍流边界层两个区域,分别计算并进行迭代。相对于完全黏性数值模拟方法,势流-边界层迭代解法可节省计算机内存,提高计算效率,对于叶轮机械内部存在旋涡、二次流、脱流和叶尖间隙损失的复杂流动是一种比较好的解决方法,但该方法在端壁和间隙处不适用。关于该方法在叶轮机械内流计算中的应用,许多学者做了相关研究[104-106]。

③ 完全黏性流数值模拟

20 世纪 90 年代以后,大容量高速度计算机的出现、矢量机的问世以及并行计算技术的发展,极大地推动了计算流体力学的发展,叶轮机械内流数值模拟进入三维黏性数值模拟时期,通过直接求解 Reynolds 时均化的 Navier-Stokes 方程组,结合湍流模型来计算叶轮内的三维黏性流动成为叶轮机械内部流动数值模拟的主流。这一时期的数值模拟方法包括压力修正法、时间相关法和拟可压缩法等。

(2) 泵内部流场数值模拟

离心泵内部流场的研究主要有两个方面,一是流场测试,二是数值模拟。近几十年,随着速度与压力探针、热线风速仪器、激光测速仪和 CFD 技术的应用,人们对离心泵的内部流动进行了探讨和研究。由于作为试验手段的流场测试技术很难获得离心泵的内部流动,并且开展试验研究投入较高,因此大量研究依赖于数值模拟,数值模拟技术也就获得了很大的发展。特别是近几十年来,借鉴航空机械的成果,离心泵内部流动的数值模拟取得了巨大的进步,已由无黏性发展到黏性、二维、准三维再到全三维。

数值模拟技术已经成功应用于多种泵的设计[107-110],并对旋转-静止部件之间的相互作用导致的非定常以及动态现象进行了较为系统的研究[111]。数值模拟技术显著降低了新泵的研发费用。Heilmann 等[112]和 Majidi 等[113]分别采用数值模拟技术研究发现离心泵螺旋形和环形蜗壳内存在强烈的二次流。Ziegler 等[114],Shi 等[115],Shum 等[116] 和 Akhras 等[117] 分别研究了叶轮扩散段与泵性能之间的相互影响,发现叶轮出口处的不稳定流动是造成压力脉动的重要原因。Hong 等[118] 和 Hagelstein 等[119] 分别研究了叶轮出口和蜗壳流场内的压力分布,发现叶轮与蜗壳的相互作用是影响压力分布的主要因素。

传统离心泵设计方法主要基于一元理论、模型测试和工程经验[120],由于泵内旋转和静止部件的相互作用使其内部的边界层分离、旋涡等复杂流动难以有效控制,造成传统设计方法在进一步改善泵的设计工况和非设计工况性能方面难度较大。Zhang 等[121,122] 发现在叶轮出口附近出现的射流-尾迹结构与流量和位置无关。Byskov 等[123] 采用大涡模拟(LES)技术,分别在设计和非设计工况下对 6 叶片闭式叶轮进行了研究,结果表明,在设计工况,叶轮内部流动光滑,且没有流动分离现象发生;在 0.25 倍设计工况,入口出现了稳定无旋失速现象,同时流道内剩余部位出现了相对旋涡。Long 等[124] 基于试验和数值计算研究了不同入口来流对核主泵性能与内部流动的影响。

空化是泵设计和应用中必须解决的一个难题,目前多数商用 CFD 软件已具备空化分析功能,能够比较准确地进行空化性能预测,但由于空化自身的复杂性,空化 CFD 分析仍然是一个难点,不同计算方法得到的结果差异较大。

CFD 技术广泛应用于航空航天、旋转机械、能源、石油化工、机械制造、汽车、水处理等领域,可用于计算耦合传热、热辐射、多相流、粒子输送、化学反应等,还常与结构有限元系统集成,用于流固耦合计算,以完成水泵结构动力学特性分析,特别是结构振动特性和结构强度特性的分析。

3.3.2 控制方程

(1)连续性方程

连续性方程是质量守恒的数学表达式,即单位时间内流体微元体中质量的增加,等于同一时间间隔内流入该微元体的净质量,对于瞬态三维可压缩流体,其连续性微分方程的张量形式可写成

$$\frac{\partial \rho}{\partial t} + \frac{\partial(\rho u_i)}{\partial x_i} = 0 \tag{3-95}$$

式中:ρ 为流体的密度;t 为时间;u_i 为速度矢量在直角坐标系中的速度分量;x_i 为直角坐标系的坐标分量;$i=1,2,3$。若流体恒定、不可压缩,密度 ρ 为常数,上式可写成

$$\frac{\partial u_i}{\partial x_i} = 0 \tag{3-96}$$

（2）动量方程

动量方程是动量守恒定律的数学表达式。不可压缩牛顿型流体运动的控制方程是熟知的 Navier - Stoke 方程，根据微小控制体的受力及运动情况，借助连续性方程可推导出微分方程的张量形式为

$$\frac{\partial u_i}{\partial t} + \frac{\partial (u_i u_j)}{\partial x_j} = f_i - \frac{1}{\rho} \frac{\partial p}{x_i} + \nu \frac{\partial^2 u_i}{\partial x_j x_i} \qquad (3-97)$$

式中：f_i 为质量力强度；ρ 为流体的密度；p 为流体中压强；ν 为流体的运动黏性系数；u_i 为速度矢量在直角坐标系中的速度分量；x_i 为直角坐标系的坐标分量；j 为重复角标，称为亚标，表示三项相加，$j = 1,2,3$。

（3）能量方程

能量守恒定律的本质是热力学第一定律。

$$\frac{\partial (\rho E)}{\partial t} + \nabla \cdot [\boldsymbol{u}(\rho E + p)] = \nabla [k_{\text{eff}} \nabla T - \sum_j h_j J_j + (\tau_{\text{eff}} \cdot \boldsymbol{u})] + S_h$$

$$(3-98)$$

式中：E 为包括流体内能、动能和势能之和的总能量，J/kg；k_{eff} 为有效热传导系数；J_j 为组分 j 的扩散通量；S_h 为体积热源项。

需要注意的是，虽说能量方程是流体流动、传热问题的基本方程，但有些情况下该方程可不做考虑，如在不可压缩流动中，热交换量较小以致可忽略时。

3.3.3　离散方法

21 世纪以来，计算机技术的快速发展带动了科学研究的飞速向前，离散化的数值计算技术也渗透到了各个学科中，并得到了广泛应用。计算流体力学的基本思想是，在数值计算前将计算域采用离散方法进行离散化生成网格节点，每个网格节点上均包含所需计算数据，计算机通过求解流体控制方程等组成的偏微分方程组解得近似的数值解。根据离散原理的不同，离散方法大体可分为有限差分法（Finite Difference Method）、有限元法（Finite Element Method）、边界元法（Boundary Element Method）和有限体积法（Finite Volume Method）[45,46]。其中，有限差分法作为数值模拟最早采用的最经典的离散方法，至今仍被广泛应用；有限元法和有限体积法是计算流体力学领域最常用的离散方法。本书计算所涉及的结构场模块采用了有限元法，而流场模块采用了基于有限元的有限体积法。核主泵过流部件水体网格划分如图 3-4 所示。

图 3-4　核主泵过流部件水体网格划分

3.3.4　湍流模型

湍流是远比层流复杂的流体运动形式。到目前为止,人们对湍流的物理本质还不很清楚。一般而言,湍流是一种流动参量随时间、空间随机变化的不规则流动状态,流场中分布着无数大小和形状不一的旋涡。随流场几何空间的情况而定,大涡形成和存在的时间较长,可作为流场特征的涡结构,即湍流的拟序结构,而小涡则是无序的。虽然 Navier‒Stokes 方程组仍然可以描述此类流动,但是湍流流场中时间及空间特征尺度之间的巨大差异,使得人们目前仍然难以直接利用 Navier‒Stokes 方程组来研究实际的湍流问题。从工程角度考虑,人们所关心的往往只是在湍流时间尺度上平均的流场,所以当前工程上用于研究湍流流动的数学模型绝大多数仍然是 Reynolds 时均化的 Navier‒Stokes 方程组:

质量守恒方程:

$$\frac{\partial \bar{\rho}}{\partial t}+\frac{\partial(\bar{\rho}\bar{u}_j)}{\partial x_j}=0 \tag{3-99}$$

动量守恒方程:

$$\frac{\partial \bar{\rho}\bar{u}_i}{\partial t}+\frac{\partial(\bar{\rho}\bar{u}_i\bar{u}_j)}{\partial x_j}=\frac{\partial}{\partial x_j}(\bar{\tau}_{ij}-\rho\overline{u'_i u'_j})+F_i \tag{3-100}$$

其中,

$$\bar{\tau}_{ij}=-\bar{p}\delta_{ij}+\mu\left(\frac{\partial \bar{u}_i}{\partial x_j}+\frac{\partial \bar{u}_j}{\partial x_i}-\frac{2}{3}\delta_{ij}\frac{\partial \bar{u}_k}{\partial x_k}\right) \tag{3-101}$$

变量输运方程:

$$\frac{\partial(\bar{\rho}\bar{\Phi})}{\partial t}+\frac{\partial(\bar{\rho}\bar{u}_j\bar{\Phi})}{\partial x_j}=\frac{\partial}{\partial x_j}\left(\Gamma_\Phi\frac{\partial \bar{\Phi}}{\partial x_j}-\bar{\rho}\overline{u'_j \Phi'}\right)+\bar{S}_\Phi \tag{3-102}$$

为方便起见,此后,除脉动值的时均值外,其他时均值的符号均予以略去。通过比较可知，Reynolds 时均化的 Navier - Stokes 方程组和 Navier - Stokes 方程组形式类似，最大的不同在于多了由湍流脉动所造成的附加应力项——Reynolds 应力 $-\rho\overline{u_i'u_j'}$，这属于新的未知量，该项的引入使得方程组不再封闭，为解决此问题，需要引入湍流模型。

国内外很多学者对湍流进行长期观察和试验研究，由于湍流运动具有强烈非线性，其运动路径极不规则，但通过对一定数量的结果进行平均，湍流运动就具有了一定的规律性。因此，使用统计学中的加权平均法可以将瞬态无规律的湍流问题转化成有规律的稳流问题。近年来，随着计算流体力学的发展，湍流模型也得到了较大的发展。湍流模型依据微分方程的个数分为以下几种模型：

（1）零方程模型

零方程模型是指利用方程式，将湍流场中的雷诺应力项与流场中某微团的时均变量联系起来的模型。最著名的零方程模型是由普朗特建立的混合长度模型，其优点是对于流体之间存在剪切作用的流动模拟准确性较高，如射流流动、混合层和边界层流动等。由于零方程模型没有考虑紊流脉动特征的影响，故只有在简单流动中才会应用。

（2）一方程模型

由于零方程模型没有考虑到流体扩散与对流作用的影响，它的方程建立在局部平衡的假设之上。通过对零方程进行改进，除原有的雷诺方程与湍流时均方程外，又补充了一个 k（湍动能）的传递方程，将 μ_t 表示成 k 的函数，最终使方程组可以求解。

$$\frac{\partial(\rho k)}{\partial t}+\frac{\partial(\rho k u_i)}{\partial x_i}=\frac{\partial}{\partial x_i}\left[\left(\mu+\frac{\mu_t}{\sigma_k}\right)\frac{\partial k}{\partial x_j}\right]+\mu_t\left(\frac{\partial u_i}{\partial x_j}+\frac{\partial u_j}{\partial x_i}\right)\frac{\partial u_i}{\partial x_j}-\rho C_D\frac{k^{3/2}}{l}$$

$$\text{（3-103）}$$

$$\mu_t=\rho C_\mu\sqrt{kl} \tag{3-104}$$

相比零方程模型，一方程模型更加贴近实际流动状态，因为它考虑了湍流中的扩散作用与对流的输运作用。其中 σ_k，C_D，C_μ 为经验常数，在计算时还需要借助经验对参数进行取值，因而限制了一方程模型的通用性。一般选取 $\sigma_k=1$，$C_\mu=0.09$，而 C_D 的取值从 0.08 至 0.38 不等。

（3）二方程模型

在 CFD 数值模拟中常用的湍流模型有标准 k - ε 模型、RNG k - ε 模型、k - ω 模型及 SST 模型等，这些均属于二方程模型。二方程模型是一种全新模型，与零方程和一方程模型相比，二方程模型利用 2 个独立的偏微分方程使方程组封闭，在计算湍流黏性系数时省去了引入经验公式的麻烦。由于二方程模型在本书的计算中起到重要作用,因此对其进行重点介绍。

① 标准 $k\text{-}\varepsilon$ 方程模型

标准 $k\text{-}\varepsilon$ 模型由一方程与耗散率 ε 方程组合而成。标准 $k\text{-}\varepsilon$ 模型是目前适用性最强的湍流模型。标准 $k\text{-}\varepsilon$ 模型的约束方程[125]如下:

$$\frac{\partial(\rho k)}{\partial t}+\frac{\partial(\rho k u_i)}{\partial x_i}=\frac{\partial}{\partial x_j}\left[\left(\mu+\frac{\mu_i}{\sigma_k}\right)\frac{\partial k}{\partial x_j}\right]+G_k+G_b-\rho\varepsilon-Y_M+S_k \quad (3\text{-}105)$$

$$\frac{\partial(\rho\varepsilon)}{\partial t}+\frac{\partial(\rho k u_i)}{\partial x_i}=\frac{\partial}{\partial x_j}\left[\left(\mu+\frac{\mu_i}{\sigma_\varepsilon}\right)\frac{\partial\varepsilon}{\partial x_j}\right]+C_{1\varepsilon}\frac{\varepsilon}{k}(G_k+C_{3\varepsilon}G_b)-C_{2\varepsilon}\rho\frac{\varepsilon^2}{k}+S_\varepsilon$$

$$(3\text{-}106)$$

式中: G_k, G_b 表示湍动能生成项; Y_M 代表在可压流体中脉动扩张作用引起的湍流能量损失; $C_{1\varepsilon}$, $C_{2\varepsilon}$ 和 $C_{3\varepsilon}$ 为经验常数, $C_{1\varepsilon}=0.09$, $C_{2\varepsilon}=1.44$, $C_{3\varepsilon}=1.92$; σ_k 和 σ_ε 分别代表 k 和 ε 的普朗特数, $\sigma_k=1.0$, $\sigma_\varepsilon=1.3$; S_k 和 S_ε 是根据计算环境由用户自定义的源项。

② RNG $k\text{-}\varepsilon$ 方程模型

RNG $k\text{-}\varepsilon$ 模型方程是由标准 $k\text{-}\varepsilon$ 模型方程发展而来的,其中加入了涡旋流动、分离流动及应变率所产生的影响。标准 $k\text{-}\varepsilon$ 模型是一种适用于高雷诺数的湍流模型,而 RNG $k\text{-}\varepsilon$ 模型则考虑了低雷诺数流体的流动黏性,这有效提高了近壁区域的计算精度。RNG $k\text{-}\varepsilon$ 模型给出了普朗特数的计算公式,相比于标准 $k\text{-}\varepsilon$ 模型,RNG $k\text{-}\varepsilon$ 模型应用范围更广且计算精度也有了较大的提高。其控制方程[126]为

$$\frac{\partial(\rho k)}{\partial t}+\frac{\partial(\rho k u_i)}{\partial x_i}=\frac{\partial}{\partial x_j}\left[\alpha_k\left(\mu+\rho C_\mu\frac{k^2}{\varepsilon}\right)\frac{\partial k}{\partial x_j}\right]+G_k+\rho\varepsilon \quad (3\text{-}107)$$

$$\frac{\partial(\rho k)}{\partial t}+\frac{\partial(\rho k u_i)}{\partial x_i}=\frac{\partial}{\partial x_j}\left[\alpha_\varepsilon\left(\mu+\rho C_\mu\frac{k^2}{\varepsilon}\right)\frac{\partial\varepsilon}{\partial x_j}\right]+\frac{C_{1\varepsilon}^*}{k}G_k-C_{1\varepsilon}\rho\frac{\varepsilon^2}{k}$$

$$(3\text{-}108)$$

$$C_{1\varepsilon}^*=C_{1\varepsilon}-\frac{\eta(1-\eta/\eta_0)}{1+\beta\eta^3} \quad (3\text{-}109)$$

式中:各经验常数取值分别为 $C_\mu=0.0845$, $C_{1\varepsilon}=1.42$, $\eta_0=4.38$, $\beta=0.012$。

③ $k\text{-}\omega$ 方程模型

$k\text{-}\omega$ 模型由 $k\text{-}\varepsilon$ 模型发展而来,于 1988 年由 Wilcox 首次提出,最明显的变化就是关于耗散率 ε 的输运方程被关于比耗散率 ω(时间尺度)的输运方程所代替。$k\text{-}\omega$ 方程模型考虑了 $k\text{-}\varepsilon$ 方程模型中的湍流耗散率、湍动能在湍流强度较弱时趋近于 0 的特殊情况,此时 ε 输运方程中会出现分母为 0 的问题。$k\text{-}\omega$ 模型假设湍流黏度与湍动能、湍流时间尺度相关,通过湍动能 k 和湍流频率 ω 确定湍流黏度,其输运方程关系式[127,128]为

$$\rho\frac{\partial k}{\partial t}+\rho v_j\frac{\partial k}{\partial x_j}=\frac{\partial}{\partial x_j}\Big[\Big(\mu+\frac{\rho k}{\omega\sigma_k}\Big)\frac{\partial k}{\partial x_j}\Big]+\frac{\rho k}{\omega}\frac{\partial v_j}{\partial x_i}\Big(\frac{\partial v_j}{\partial x_i}+\frac{\partial v_i}{\partial x_j}\Big)-\beta^*\rho k\omega$$

$$(3\text{-}110)$$

$$\rho\frac{\partial\omega}{\partial t}+\rho v_j\frac{\partial\omega}{\partial x_j}=\frac{\partial}{\partial x_j}\Big[\Big(\mu+\frac{\rho k}{\sigma_\omega\omega}\Big)\frac{\partial\omega}{\partial x_j}\Big]+\frac{\rho\alpha\partial v_j}{\partial x_i}\Big(\frac{\partial v_i}{\partial x_j}+\frac{\partial v_j}{\partial x_i}\Big)-\beta\rho\omega^2$$

$$(3\text{-}111)$$

式中：各经验常数取值分别为 $\sigma_k=2,\beta^*=0.09,\sigma_\omega=2,\alpha=0.555,\beta=0.075$。

④ SST 方程模型

在某些情况下，如旋转流体的流动、边界层分离流、弯曲面上的流动等，需要用到 SST 湍流模型[129]。20 世纪 90 年代中期，Menter 首次提出了融合 $k-\varepsilon$ 和 $k-\omega$ 两种模型的 SST 模型。SST 模型兼具 $k-\varepsilon$ 和 $k-\omega$ 两种模型的优点，计算近壁区域黏性流动时更接近于 $k-\omega$ 模型，计算远场自由流动时接近 $k-\varepsilon$ 模型，在混合区域则通过一个加权函数 F_1 来混合使用这两种模型，其控制方程表达式[130]如下：

$$\nu_t=\frac{a_1 k}{\max(a_1\omega;\Omega F_2)}\tag{3-112}$$

$$\frac{\mathrm{D}\rho k}{\mathrm{D}t}=\frac{\partial}{\partial x_j}\Big[(\mu+\sigma_k\mu_t)\frac{\partial k}{\partial x_j}\Big]+\tau_{ij}\frac{\partial u_i}{\partial x_j}-\beta^*\rho\omega k\tag{3-113}$$

$$(\tau_{ij}=-\rho\overline{u_i'u_j'})$$

$$\frac{\mathrm{D}\rho\omega}{\mathrm{D}t}=\frac{\partial}{\partial x_j}\Big[(\mu+\sigma_\omega\mu_t)\frac{\partial\omega}{\partial x_j}\Big]+\frac{\gamma}{\nu_t}\tau_{ij}\frac{u_i}{x_j}-\beta\rho\omega^2+2(1-F_1)\rho\sigma_{\omega 2}\frac{1}{\omega}\frac{\partial k}{\partial x_j}\frac{\partial\omega}{\partial x_j}$$

$$(3\text{-}114)$$

式中：Ω 为涡量；$F_2=\tanh(\arg_2^2)$，$\arg_2=\max\Big(2\frac{\sqrt{k}}{0.09\omega y};\frac{500\nu}{y^2\omega}\Big)$，其中 y 为距离壁面的距离。模型中的参数取值为 $\psi=F_1\psi_1+(1-F_1)\psi_2$。其中，混合函数：

$$F_1=\tanh(\arg_1^4)\tag{3-115}$$

$$\arg_1=\min\Big(\max\Big(\frac{\sqrt{k}}{0.09\omega y};\frac{500\nu}{y^2\omega}\Big);\frac{4\rho\sigma_{\omega 2}k}{CD_{k\omega}y^2}\Big)\tag{3-116}$$

$$CD_{k\omega}=\max\Big(2\rho\sigma_{\omega 2}\frac{1}{\omega}\frac{\partial k}{\partial x_j}\frac{\partial\omega}{\partial x_j};10^{-20}\Big)\tag{3-117}$$

第一组参数 ψ_1 设定 $a_1=0.31,\sigma_{k1}=0.85,\sigma_{\omega 1}=0.5,\beta_1=0.075,\beta^*=0.09$，$\kappa=0.41,\gamma_1=\frac{\beta_1}{\beta^*}-\frac{\sigma_{\omega 1}\kappa^2}{\sqrt{\beta^*}}$。

第二组参数 ψ_2 设定 $a_1=0.31,\sigma_{k2}=1.0,\sigma_{\omega 2}=0.856,\beta_2=0.0828,\beta^*=$

$0.09, \kappa = 0.41, \gamma_2 = \dfrac{\beta_2}{\beta^*} - \dfrac{\sigma_{\omega 2} \kappa^2}{\sqrt{\beta^*}}$。

从以上公式可以看出,SST 方程模型兼有 $k-\omega$ 湍流模型计算近壁面处黏性流动的准确性以及 $k-\varepsilon$ 湍流模型计算远场自由流的可靠性,因此核主泵在单纯液相情况下选用 SST 湍流模型;在气液两相流工况下采用非均相流湍流模型,液相为连续相,选用 $k-\varepsilon$ 湍流模型,气相设置为离散相,选用零方程模型[131]。

3.3.5 气液两相流

气液两相流中气相与液相存在明显的相间界面。按流动过程中两者是否存在热交换可分为绝热两相流与加热两相流,由于加热两相流的流动更加复杂,目前还没有比较准确的数学模型,所以本节所讲气液两相流均指绝热两相流。两相流的名词在 20 世纪 40 年代末已开始有文献报道,Lockhart 和 Matinelli 最早提出气液两相流在水平管中的压降与空泡份额的计算关系,并得出 Lockhart-Matinelli 经验公式,可以计算出气液两相流摩擦阻力。

当前气液两相流理论研究可以分为两个方向:微观分析和宏观分析。微观分析以格子-Boltzman 方程为基础,结合统计学中的平均理论,从分子运动理论出发,建立气液两相流动方程;宏观分析以假设各相均为连续介质流体为前提,对每一相分别建立守恒方程,再通过考虑相间的传递作用,最终得到两相流的基本方程组。

宏观分析法是现在应用最广的理论,它又可以细分为三种方法,这三种方法均仅考虑在两相交界面上聚集的流体粒子间的作用,忽略了小范围的和瞬态的流动特性:

① 扩散模型法:假设气液两相间扩散效应是连续的。这种方法认为混合物中的每一个单元都同时含有两相介质;两相流体运动简化为各自的质心移动,在模型内完成相间的扩散作用,各相的特性及在气液混合相中所占的比例决定了两相流的热力学与流动特性。

② 平均法:在假设流体达到平衡状态的前提下,用平均的守恒方程对气液混合相进行描述。

③ 容积法:假定流体处于平衡状态,将流动假设为一维流动,对一个有限容积建立守恒方程,可按气液混合相写出能量、质量和动量守恒方程,也可按气相、液相单独列出。

研究气液两相流动特性,首先利用必要的流场参数使守恒方程成立,然后对所需参数进行方程的求解,利用参数来描述流动特性。气液两相流也遵循三大守恒定律,即流场的质量守恒、动量守恒和能量守恒定律。与三者相关联的结构式 N-S(Navier-Stokes)方程称为基本方程,N-S 方程适用于黏性不可压流体,在流体力学中十分重要。气液两相之间的界面是不稳定的,气相的大小及形状在流动中是不断变化的,由此使流型改变,进而导致基本参数方程与特性传递函数求解方式发生变化。由于气液两相流存在明显的界面,在两相交界面上有参数或特性的交换,为了使基本方程组闭合(即可以求解),两相流基本方程在数量上明显多于单相流基本方程,且参数的内涵更加复杂。

目前在 CFD 软件中有两种两相流的基本模型:① 把两相流简化为"均匀"介质流动,采用单流体 N-S 方程进行计算,即所说的均相流模型;② 假设气液两相相互独立,将两相边界视为一个移动的交界面,对每相分别进行加权平均,求解各自的 N-S 方程,即非均相流模型[132]。非均相流模型可把流体作为两种单相流动进行处理,分别将单独相的介质参数代入方程组中进行求解。非均相流模型也是一种经验模型。

(1) 基本参数及基本控制方程

① 气液两相流中的基本参数

在气液两相流计算过程中会涉及一些参数,主要有容积含气率 β、气液混合物平均密度 ρ_m。

$$\beta = \frac{V_g}{V_l + V_g} \tag{3-118}$$

式中: V_g, V_l 分别表示气相体积、液相体积,m^3。

$$\rho_m = \beta \cdot \rho_g + (1-\beta) \cdot \rho_l \tag{3-119}$$

式中: ρ_g, ρ_l 分别表示气相密度、液相密度,kg/m^3。

② 连续性方程

对单相流动,雷诺时均化的质量守恒定律的微分方程式为

$$\frac{\partial \rho_k}{\partial t} + \frac{\partial(\rho_k u_{xk})}{\partial x} + \frac{\partial(\rho_k u_{yk})}{\partial y} + \frac{\partial(\rho_k u_{zk})}{\partial z} = 0 \tag{3-120}$$

式中:下标 k 为气液两相中的单一相;t 为时间,s;u_{xk}, u_{yk}, u_{zk} 分别为单一相的 x, y, z 三个方向的速度分量,m/s;ρ_k 为某一相的密度,kg/m^3。

③ 动量方程

雷诺时均化动量微分方程如下:

$$\frac{\partial u_{ik}}{\partial t} + u_{jk}\frac{\partial u_{ik}}{\partial x_j} = f_{ik} - \frac{1}{\rho_k}\frac{\partial p_k}{\partial x_i} + \frac{\partial}{\partial x_j}\left(\nu_k\frac{\partial u_{ik}}{\partial x_j} - \overline{u'_{ik}u'_{jk}}\right) \tag{3-121}$$

式中: p_k 为某一相的压强;ν_k 为某一相的运动黏度;f_{ik} 为某一相的体积力;u'_{ik} 为某一相的速度脉动量;u_{ik} 为某一相 i 方向的雷诺平均速度。

④ 能量守恒方程

$$\frac{\partial(\rho_k T)}{\partial t} + \mathrm{div}(\rho_k u_k T) = \mathrm{div}\left(\frac{K}{c_{pk}}\mathrm{grad}T\right) + S_T \tag{3-122}$$

式中：c_{pk} 为某一相的比热容；T 为温度；K 为流体传热系数；S_T 为黏性耗散项。

（2）均相流模型控制方程

均相流模型中不同相间没有相对运动速度，并假设：① 相与相之间达到热力平衡，无热交换；② 气液两相无滑移且流速相等。因此，均相流模型一般适用于流型为泡状流的气液两相流动，若两相之间实际的相对速度较大，则此时模型的预测结果与试验值有较大出入[133]。

均相流的控制方程可以简化为

$$\frac{\partial \rho_m}{\partial t} + \frac{\partial(\rho_m u_x)}{\partial x} + \frac{\partial(\rho_m u_y)}{\partial y} + \frac{\partial(\rho_m u_z)}{\partial z} = 0 \tag{3-123}$$

$$\frac{\partial u_i}{\partial t} + u_j\frac{\partial u_i}{\partial x_j} = f_i - \frac{1}{\rho_m}\frac{\partial p}{\partial x_i} + \frac{\partial}{\partial x_j}\left(\nu_m\frac{\partial u_i}{\partial x_j} - \overline{u_i' u_j'}\right) + S^u \tag{3-124}$$

$$\mathrm{d}q_0 = \mathrm{d}\left(i + \frac{u_m^2}{2}\right) + \mathrm{d}(pV) + g\sin\theta\mathrm{d}z \tag{3-125}$$

式中：S^u 为外部体积力引起的动量源项及用户自定义的动量源项总和；i 为混合物质的焓值。

（3）非均相流模型控制方程

非均相流模型对均相流模型进行了完善，为了更加接近真实流动，充分考虑了不同相间的能量传递及速度滑移作用，计算结果较精确，其基本假设如下：① 不同的相与相之间处于热力学平衡状态；② 气液两相的速率为不一定相等的常数。当气液两相速度相等时，非均相流模型就转化为均相流模型，即均相流模型是非均相流模型的一个特例。

非均相流模型对每一相单独求解，考虑到相变会使控制方程更加复杂，故本书中假设气液两相不存在相变，则其控制方程为[134]

$$\frac{\partial \rho_g}{\partial t} + \frac{\partial(\rho_g u_{xg})}{\partial x} + \frac{\partial(\rho_g u_{yg})}{\partial y} + \frac{\partial(\rho_g u_{zg})}{\partial z} = 0 \tag{3-126}$$

$$\frac{\partial \rho_l}{\partial t} + \frac{\partial(\rho_l u_{xl})}{\partial x} + \frac{\partial(\rho_l u_{yl})}{\partial y} + \frac{\partial(\rho_l u_{zl})}{\partial z} = 0 \tag{3-127}$$

$$\frac{\partial u_{ik}}{\partial t} + \frac{\partial}{\partial x_j}(u_{ik}u_{jk}) = f_{ik} - \frac{1}{\rho_k}\frac{\partial p_k}{\partial x_i} + \frac{\partial}{\partial x_j}\left[(\nu_k + \nu_k^t)\left(\frac{\partial u_{ik}}{\partial x_j} + \frac{\partial u_{jk}}{\partial x_i}\right)\right] + \rho_k f_i + \frac{M_{ik}}{\rho_k} \tag{3-128}$$

$$\mathrm{d}q_0 = \mathrm{d}i + \mathrm{d}\left[\beta\frac{u_g^2}{2} + (1-\beta)\frac{u_l^2}{2}\right] + \mathrm{d}(pV_H) + g\sin\theta\mathrm{d}z \tag{3-129}$$

式中：下标 g 与 l 分别表示气相、液相；ν_{tk} 表示 Boussinescq 涡黏性系数；M_i 表示相间作用力。

由于气液两相流动存在较大的不确定性，气泡会受到黏性流体的阻力、浮力、哥氏力等，因此两相之间一定存在速度滑移，对比均相流与非均相流的控制方程，可以看出，非均相流更加符合真实流动，因此本书中的气液两相模拟采用非均相流模型。

3.3.6 空化

（1）空化及其危害

在一定温度下，液体压力降低至该温度下的汽化压力时，形成大量的空泡，这就是空化现象，又称汽蚀。空化现象在泵、喷管、螺旋桨、水轮机等流体机械中经常出现，而且空化不只发生在水中，轴承的润滑油和火箭发动机的液氢等处也会产生空化现象。

根据空化物理特性的不同可以将空化分为游移泡状空化、附着空化、旋涡空化等几种形式[1,135]。

游移泡状空化由单个瞬变的空泡或者空穴组成，其具体形式如图 3-5 所示，不稳定的球形空泡经过低压区域时，空泡尺寸增大，而运动到压强较高的区域时，又会迅速收缩、破裂或者溃灭，空泡收缩到很小后，随着压力的变化往往又会再一次开始膨胀，这种空化的游移特性是其区别于其他瞬变空化的标志。

图 3-5　游移泡状空化

附着空化也称为固定空化，是指液体流过通道时，与固体边界壁面分离，从而形成依附在边界上的空穴。从一定意义上来说，附着空化是稳定的。附着空化根据水动力学条件的不同可以划分为片状空化与云状空化两种空化形式，图 3-6 所示的空化类型为片状空化，图 3-7 所示的空化类型为云状空化。空穴具有很强的不稳定特性,云状空化会产生强烈的振荡和湍动,在翼型尾部的液体也会产生大量气泡,由于脉动强烈,会对透平机械造成剧烈的侵蚀。云状空化又称为超空化。

图 3-6　片状空化　　　　　　　　　图 3-7　云状空化

旋涡空化通常发生在具有强剪切力的旋涡流场中,旋涡的中心会产生低压区域,在低压区域则会形成旋涡空化,如图 3-8 所示。旋涡空化在螺旋桨的叶梢处经常出现,在钝体边界层分离的湍流尾迹中也会出现此种空化,这种情况下空化不是发生在物体的表面,而是发生在分离区域的表面上,具有溃灭慢的特点。

图 3-8　旋涡空化

空化除了降低水力机械的性能,长久的空化还会造成材料表面的破坏,降低过流部件的机械强度与过流性能,而瞬时的空化则会造成流场内部紊乱,产生振动和噪声,这些不稳定的压力和振荡可能造成过流部件的结构破坏。

空化气泡迅速溃灭,会对固体材料的表面造成破坏,学者在这方面已经开展了深入研究[136]。图 3-9 为不同流量下的侵蚀速度曲线,由图可知,在非设计工况下,随着流量偏离设计流量,空化增强,对离心泵的侵蚀速度加快。

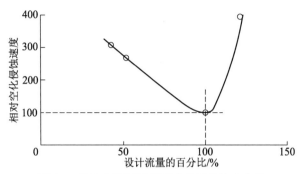

图 3-9　离心泵不同流量下空化侵蚀速度曲线

核主泵在出现破口失水事故等工况时,失水的增加等因素会造成泵内空化的增强,冷却剂出现气液两相流状态对其输送造成严重影响,因此应当对核主泵的空化性能进行优化。

(2) 空化流动控制方程

空化流动基本守恒定律的连续性方程、动量方程与气液两相体积分数的输运方程分别如下:

$$\frac{\partial \rho_m}{\partial t} + \frac{\partial (\rho_m u_j)}{\partial x_j} = 0 \tag{3-130}$$

$$\frac{\partial (\rho_m u_i)}{\partial t} + \frac{\partial (\rho_m u_i u_j)}{\partial x_j} = -\frac{\partial p}{\partial x_i} + \frac{\partial}{\partial x_j}\left[(\mu + \mu_t)\left(\frac{\partial u_i}{\partial x_j} + \frac{\partial u_j}{\partial x_i} - \frac{2}{3}\frac{\partial u_k}{\partial x_k}\delta_{ij}\right)\right] \tag{3-131}$$

$$\frac{\partial (\alpha_g \rho_g)}{\partial t} + \frac{\partial (\alpha_g \rho_g u_j)}{\partial x_j} = R \tag{3-132}$$

式中:t 为时间;u_i,u_j,u_k 分别为轴 x_i,x_j,x_k 上的速度分量;ρ 为介质的密度;p 是压强;μ,μ_t 分别指气液两相混合的动力黏度与湍流黏度;δ_{ij} 表示克罗内克数($i=j$ 时,$\delta_{ij}=1$;$i \neq j$ 时,$\delta_{ij}=0$);R 表示两相间的质量传输率;α 表示相体积分数;下标 m,l,g 分别表示混合相、液相、气相;下标 i,j,k 分别表示坐标方向。

动量方程式(3-131)中的混合物密度 ρ_m 为

$$\rho_m = \rho_g \alpha_g + \rho_l (1 - \alpha_g) \tag{3-133}$$

混合物动力黏度为

$$\mu_m = \mu_g \alpha_g + \mu_l (1 - \alpha_g) \tag{3-134}$$

相间质量传输率 R 可以表示为

$$R = R_e - R_c \qquad (3-135)$$

式中：R_e 表示蒸汽生成率；R_c 表示蒸汽凝结率。

（3）空化模型

经典的空化模型主要有两种形式：一种是球形空泡模型，主要适用于气泡空化的形成；另一种是自由流线模型，主要适用于附着空穴和充满蒸汽的尾迹流动。目前空化模型主要由输运方程推导而来，Rayleigh-Plesset 方程的形式为

$$R_B \frac{d^2 R_B}{dt^2} + \frac{3}{2} \left(\frac{dR_B}{dt} \right)^2 + \frac{2T}{R_B} = \frac{p_v - p}{\rho_l} \qquad (3-136)$$

式中：R_B 为球形气泡半径；T 为表面张力；p_v 为汽化压力；p 为外部的液体压力；ρ_l 为液体密度。该方程的左边为球形空泡的半径变化，右边为汽化压力与局部静压的关系。该方程不考虑热力学效应对空化的影响，应用汽化压力 p_v 近似代替空泡的内部压力 p_B。

引入黏性项的公式为

$$R_B \frac{d^2 R_B}{dt^2} + \frac{3}{2} \left(\frac{dR_B}{dt} \right)^2 + \frac{2T}{R_B} + \frac{4\nu}{R_B} \frac{dR_B}{dt} = \frac{p_v - p}{\rho_l} \qquad (3-137)$$

式中：ν 为运动黏度。

假设空泡中包括蒸汽和不凝性气体，由基本汽化热力学效应可知：

$$p_B(t) = p_v(T_B) + \frac{3m_G K_G T_B}{4\pi R^3} = p_v(T_\infty) - \rho_l \Theta + \frac{3m_G K_G T_B}{4\pi R^3} \qquad (3-138)$$

式中：T_B 为气泡内部温度；$p_v(T_\infty)$ 为气泡外部液体温度时的汽化压力；m_G 为气泡内部气体质量；K_G 为气体常数。计算汽化压力 p_v 应用气泡外部周围液体的温度 T_∞ 比应用气泡内部温度 T_B 更为方便简单，因此使用 Θ 项表示 $p_v(T_\infty)$ 与 $p_v(T_B)$ 之间的差别，Θ 项即为空化中的热力学效应修正项。

克劳修斯关系式为

$$\frac{dp}{dT} = \frac{L}{T \Delta v} \qquad (3-139)$$

式中：L 为汽化潜热；Δv 为相变过程的比容变化。

通过式（3-139）推导可得到：

$$\Theta \simeq \frac{\rho_g L}{\rho_l T_\infty} [T_\infty - T_B(t)] \qquad (3-140)$$

引入热力学界面上的潜热利用率函数式（3-141）与液体中热扩散方程式（3-142）：

$$\left(\frac{\partial T}{\partial r} \right)_{r=R} = \frac{\rho_g L}{k_1} \frac{dR}{dt} \qquad (3-141)$$

$$\left(\frac{\partial T}{\partial r}\right)_{r=R} = \frac{T_\infty - T_B(t)}{(a_1 t)^{1/2}} \tag{3-142}$$

式中：$\left(\dfrac{\partial T}{\partial r}\right)_{r=R}$ 为界面上液体的温度梯度；k_1 为液体热导率；a_1 为液体的热扩散率 $\left(a_1 = \dfrac{k_1}{\rho_1 c_{PL}}\right.$，其中 c_{PL} 为液体的比热$\left.\right)$。

将式（3-141）与式（3-142）代入式（3-140）可以得到热力学效应修正项为

$$\Theta = \frac{\rho_g^2 L^2}{\rho_1^2 c_{PL} T_\infty a_1^{1/2}} t^{1/2} \frac{dR}{dt} \tag{3-143}$$

① Zwart – Gerber – Belamri 空化模型

在 Zwart – Gerber – Belamri（简称 Z – G – B）空化模型中，为了便于数值求解，不考虑方程中表面张力和所有的二阶项，可以将式（3-136）的方程简化为[137]

$$\frac{dR_B}{dt} = \sqrt{\frac{2}{3}\frac{p_v - p}{\rho_1}} \tag{3-144}$$

从而得到单个气泡的质量变化速率为

$$\frac{dm_B}{dt} = \rho_g \frac{dV_B}{dt} = 4\pi R_B^2 \rho_g \sqrt{\frac{2}{3}\frac{p_v - p}{\rho_1}} \tag{3-145}$$

假设 N_B 为单位体积内的空泡数，则气体体积分数 α_g 可以表示为

$$\alpha_g = N_B V_B = \frac{4}{3}\pi R_B^3 N_B \tag{3-146}$$

则用单位体积内的空泡数乘以单个空泡的质量变化速率就可以求得单位体积内总的相间质量传递速率为

$$m_t = N_B \frac{dm_B}{dt} = \frac{3\alpha_g \rho_g}{R_B} \sqrt{\frac{2}{3}\frac{p_v - p}{\rho_1}} \tag{3-147}$$

由于随着气体体积分数的增长，成核的密度会相应地减少，所以蒸发过程中用 $\alpha_{nuc}(1-\alpha_g)$ 来代替 α_g，Z – G – B 空化模型表达式为

$$m = \begin{cases} -F_e \dfrac{3\alpha_{nuc}(1-\alpha_g)\rho_g}{R_B} \sqrt{\dfrac{2}{3}\dfrac{p_v - p}{\rho_1}}, & p < p_v \\[4mm] F_c \dfrac{3\alpha_g \rho_g}{R_B} \sqrt{\dfrac{2}{3}\dfrac{p - p_v}{\rho_1}}, & p > p_v \end{cases} \tag{3-148}$$

式中：α_{nuc} 为空化核体积分数；F_e，F_c 分别为蒸发系数和凝结系数。模型中的经验常数值：空化核体积分数 $\alpha_{nuc} = 5 \times 10^{-4}$；蒸发系数 $F_e = 50$；凝结系数 $F_c = 0.01$；空泡半径 $R_B = 10^{-6}$ m。因为蒸发过程通常比凝结过程快得多，所以模型中蒸发系数比凝结系数大。

② Singhal 空化模型

Singhal 空化模型与 Z - G - B 空化模型一样是在单个空泡动力学方程上提出的空化模型。在商用软件 FLUENT 中已经集成该模型，其表达公式[138]如下：

$$m = \begin{cases} -C_{\mathrm{e}} \dfrac{\sqrt{k}}{T} \rho_{\mathrm{l}} \rho_{\mathrm{g}} \sqrt{\dfrac{2}{3} \dfrac{p_{\mathrm{v}} - p}{p_{\mathrm{l}}}} (1 - \alpha_{\mathrm{g}}), & p < p_{\mathrm{v}} \\ C_{\mathrm{c}} \dfrac{\sqrt{k}}{T} \rho_{\mathrm{l}} \rho_{\mathrm{g}} \sqrt{\dfrac{2}{3} \dfrac{p - p_{\mathrm{v}}}{p_{\mathrm{l}}}} \alpha_{\mathrm{g}}, & p > p_{\mathrm{v}} \end{cases} \tag{3-149}$$

式中：T 为表面张力系数；k 为湍流动能；α_{g} 为气体体积分数；C_{e} 为汽化过程经验校正系数，C_{c} 为凝结过程经验校正系数，一般取 $C_{\mathrm{e}} = 0.02$，$C_{\mathrm{c}} = 0.01$。

③ Kunz 空化模型

Kunz 空化模型与其他输运方程类空化模型最大的差别在于，它分别对蒸发过程和凝结过程进行了推导，两者质量传输率的表达式不一样。蒸发过程中质量传输率与汽化压力和流场压力的差值成正比，凝结过程应用了 G - L 的势函数简化。模型的蒸发和凝结方程式[139]分别如下：

$$R_{\mathrm{e}} = \frac{C_{\mathrm{dest}} \rho_{\mathrm{g}} (1 - \alpha_{\mathrm{g}}) \max(p_{\mathrm{v}} - p, 0)}{(0.5 \rho_{\mathrm{l}} U_{\infty}^2) t_{\infty}} \tag{3-150}$$

$$R_{\mathrm{c}} = \frac{C_{\mathrm{prod}} \rho_{\mathrm{g}} \alpha_{\mathrm{g}} (1 - \alpha_{\mathrm{g}})^2}{t_{\infty}} \tag{3-151}$$

式中：U_{∞} 为无穷远处自由流体的速度；t_{∞} 表示特征时间尺度，取 $t_{\infty} = L / U_{\infty}$，其中 L 表示特征长度；经验常数 $C_{\mathrm{dest}} = 9 \times 10^5$，$C_{\mathrm{prod}} = 3 \times 10^4$。

④ Schnerr - Sauer 空化模型

Schnerr - Sauer(S - S)空化模型[140]同样也是基于 R - P 方程推导出来的。通过混合物质的连续方程式(3-130)可推导出：

$$\frac{\partial u_j}{\partial x_j} = -\frac{1}{\rho} \frac{\partial \rho}{\partial t} = \frac{\rho_{\mathrm{l}} - \rho_{\mathrm{g}}}{\rho} \frac{\mathrm{d}\alpha_{\mathrm{g}}}{\mathrm{d}t} \tag{3-152}$$

将气相体积分数输运方程式(3-132)代入式(3-152)中，可以得到单位体积相间质量传输率：

$$R = \frac{\partial(\alpha_{\mathrm{g}} \rho_{\mathrm{g}})}{\partial t} + \frac{\partial(\alpha_{\mathrm{g}} \rho_{\mathrm{g}} u_j)}{\partial x_j} = \frac{\rho_{\mathrm{g}} \rho_{\mathrm{l}}}{\rho_{\mathrm{m}}} \frac{\mathrm{d}\alpha_{\mathrm{g}}}{\mathrm{d}t} \tag{3-153}$$

从而得到 S - S 空化模型蒸发过程和凝结过程的表达式如下：

$$R_{\mathrm{e}} = 3 \frac{\rho_{\mathrm{g}} \rho_{\mathrm{l}} \alpha_{\mathrm{g}} (1 - \alpha_{\mathrm{g}})}{\rho} \frac{1}{R_{\mathrm{B}}} \sqrt{\frac{2}{3} \frac{p_{\mathrm{v}} - p}{\rho_{\mathrm{l}}}}, p < p_{\mathrm{v}} \tag{3-154}$$

$$R_{\mathrm{c}} = 3 \frac{\rho_{\mathrm{g}} \rho_{\mathrm{l}} \alpha_{\mathrm{g}} (1 - \alpha_{\mathrm{g}})}{\rho} \frac{1}{R_{\mathrm{B}}} \sqrt{\frac{2}{3} \frac{p - p_{\mathrm{v}}}{\rho_{\mathrm{l}}}}, p > p_{\mathrm{v}} \tag{3-155}$$

式中:空泡半径 $R_B = \left[\dfrac{3\alpha_g}{4\pi n_0(1-\alpha_g)}\right]^{1/3}$。

（4）边界条件设置

边界条件的设置分为进出口边界条件与壁面边界条件两个部分[141]。核主泵的非空化计算与空化计算一样使用相同的进出口边界条件设置,进口均为总压进口,出口均为恒定的质量流量,假设进口截面上的压力均匀分布,壁面为无滑移边界条件,近壁区域使用 Scalable 壁面函数,同时壁面设置为绝热无滑移壁面。

3.3.7 流固耦合

（1）结构动力学控制方程

核主泵工作腔内的流场会对叶轮及导叶叶片等产生很大的瞬态流体压力载荷,使其在工作中呈现一定的结构动力学特性。有限元法将弹性理论与计算机软件有机地结合,用于结构场的仿真分析,使很多复杂的几何结构分析求解成为可能,大大提高了现代工程案例的效率和精确性。有限元法利用加权余量法及变分原理,将计算域分成有限个相互独立的单元,而节点作为求解函数的插值点,将微分方程离散求解。作为多自由度结构动力学方程最有效的基本方法,汉密尔顿原理给出了一准则,即实际发生的真实运动可由一切可能发生的运动来判断。依据该原理,可得出弹性体的结构动力学方程[142]:

$$M\ddot{u} + C\dot{u} + Ku = F(t) \tag{3-156}$$

式中:M 为质量矩阵;C 为阻尼矩阵;K 为刚度矩阵;F 为节点受力,包括所受离心力载荷、重力及压力;u 为节点位移矢量;$\dot{u}$ 为节点速度矢量;$\ddot{u}$ 为节点加速度矢量。

（2）流固耦合求解方法

流固耦合力学是研究在流场作用下固体的形变位移响应以及固体位移形变对流场影响二者互相耦合的一门力学分支,属于交叉学科。在研究中考虑流固耦合作用会使结果更接近于实际情况,可信度更高。

① 耦合界面边界条件

流固耦合系统中,其交界面应保持双方应力及速度的连续性,即在理想状态下,流体与固体节点的应力及法向速度在交界面上必须连续且一致,表达式如下:

$$u_f = u_s \tag{3-157}$$

$$n\tau_f = n\tau_s \tag{3-158}$$

式中：u 表示节点的位移；τ 表示节点应力；n 表示耦合交界面的法线方向；下标 f 和 s 分别代表流体与固体。

② 任意拉格朗日欧拉方法

众所周知，固体力学求解中往往采用着眼于质点的拉格朗日坐标系（Lagrange Coordinate System），而流体力学求解中则采用着眼于空间点的欧拉坐标系（Euler Coordinate System），坐标系的不统一给流固耦合的联合求解带来了极大的困难。流固耦合工作的需要使得任意拉格朗日欧拉方法（Arbitrary Lagrange – Euler，ALE）应运而生，该方法最早于 1974 年由 Hirt 提出。任意拉格朗日欧拉方法的基本思路：在流场求解时采用欧拉单元，在结构场求解时采用拉格朗日单元，最终在 ALE 坐标系下进行耦合计算。既不同于拉格朗日坐标系完全固定在物质节点上，又区别于欧拉坐标系完全固定在空间上，ALE 坐标系是两坐标系的综合与延伸，其网格可做任意需要的变形运动。由于具有其他方法无法相提并论的优越性，在流场与结构场的耦合求解中，ALE 描述方法得到了越来越普遍的应用[143]。

图 3-10 为 ALE 坐标系定义示意图。ξ_1，ξ_2 与 ξ_3 分别为初始坐标系 3 个坐标轴；x_1，x_2 与 x_3 分别为变换后坐标系 3 个坐标轴；$\boldsymbol{\xi}$ 为初始坐标系内某一向量；$\boldsymbol{x}$ 为新坐标系下的某一向量；$\boldsymbol{d}$ 为位移向量。

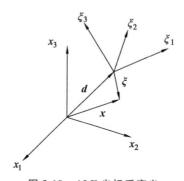

图 3-10　ALE 坐标系定义

将初始坐标系加上其位移就可得到新坐标系，表达式如下：

$$\boldsymbol{x} = \boldsymbol{\xi} + \boldsymbol{d}(\boldsymbol{\xi}, \tau) = \boldsymbol{x}(\boldsymbol{\xi}, \tau) \tag{3-159}$$

$$t = \tau \tag{3-160}$$

式中：t 和 τ 均为时间。

新坐标系($\boldsymbol{\xi}$，τ)由移动坐标系($\boldsymbol{x}$，t)得到，任意移动坐标系则用向量 $\boldsymbol{d}(\boldsymbol{\xi}, \tau)$ 处理。

任意函数 $f(\boldsymbol{x}, t) = f(\boldsymbol{\xi} + \boldsymbol{d}(\boldsymbol{\xi}, \tau), \tau)$ 对时间的导数如下：

$$\frac{\partial f}{\partial \tau} = \frac{\partial f}{\partial t} + \frac{\partial \boldsymbol{x}}{\partial \tau} \cdot \frac{\partial f}{\partial \boldsymbol{x}} \tag{3-161}$$

若用 $\boldsymbol{w}(\equiv \partial \boldsymbol{x}/\partial \tau = \partial \boldsymbol{d}/\partial \tau)$ 表示移动坐标系速度，则有

$$\frac{\partial f}{\partial t} = \frac{\partial f}{\partial \tau} - \frac{\partial \boldsymbol{x}}{\partial \tau} \cdot \frac{\partial f}{\partial \boldsymbol{x}} = \frac{\partial f}{\partial \tau} - \boldsymbol{w} \cdot \nabla f \tag{3-162}$$

式（3-162）表示坐标系变换公式，应用于欧拉坐标系下对 N-S 方程进行变换，即可获得 ALE 坐标系下的 N-S 方程，从而可对流固耦合问题进行描述和求解。

（3）流固耦合求解策略

目前，已在工程实际中应用的流固耦合求解方法主要有直接耦合求解方法（Directly Coupled Solution Method）和迭代耦合求解方法（Iterative Coupling Solution Method）两种[144]。直接耦合求解属于强耦合，将流体与固体作为一个完整的系统在同一个耦合坐标系内，按统一的方程及数值方法进行离散求解，可实现时间上真正的同步。但其对计算资源要求较高，是一种全隐式求解方法。限于目前流体与结构系统的相关直接耦合理论还未完全成熟，该方法对一些复杂的实际工程问题的流固耦合求解还存在明显短板，因而未能得到广泛的应用。迭代耦合求解方法则是在流体计算域和固体计算域分别在各自的坐标系统下单独求解，再采用耦合界面数据传递的方式实现耦合计算，相对于目前的直接耦合求解方法具有更好的收敛性及高效性。

按计算过程中的数据传递方式，迭代耦合求解策略又可分为弱耦合求解策略与强耦合求解策略，分别对应单向流固耦合与双向流固耦合。单向流固耦合仅考虑流场载荷对结构场的作用，忽略固体结构变形对流场的影响，因其计算迅速，节省计算资源，在工程实际中多采用此法；而当需考虑固体结构场及流体流场两者的相互作用或进行流固耦合瞬态分析计算时，则需应用双向流固耦合方法求解。

核主泵是带环形泵体的导叶式混流泵，计算的模型泵耦合变形较小，结构模型复杂，特别是进行卡轴事故下的瞬态耦合仿真时具有较强的流动不稳定性，因此主要采用迭代耦合求解策略中的双向流固耦合方法，其求解流程如图 3-11 所示。

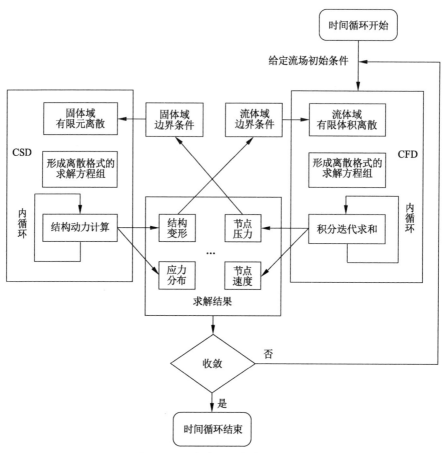

图 3-11 双向流固耦合求解流程图

参考文献

［1］关醒凡. 现代泵理论与设计［M］. 北京：中国宇航出版社，2011.

［2］张鑫太，冀春俊，高国红，等. 混流泵叶轮的水力设计方法研究［J］. 水泵技术，2012(1)：23-27.

［3］Kovats A. Design and performance of centrifugal and axial flow pump and compressors［M］. Oxford：Pergamon Press，1964.

［4］Neumann B. The interaction between geometry and performance of a centrifugal pump［M］. London：Mechanical Engineering Publications Limited，1991.

[5] 李昤，袁寿其. 低比速离心泵水力设计进展[J]. 排灌机械，2000，18(1)：9-13.

[6] 严敬，杨小林. 低比转速泵叶轮水力设计方法综述[J]. 排灌机械，2003，21(3)：6-9.

[7] 毕尚书，王文新，严敬，等. 低比转速离心泵叶轮水力设计新方法综述[J]. 机械，2008，35(10)：4-7.

[8] 黄列群，武鹏，薛存球，等. 离心式化工流程泵设计技术进展综述[J]. 机电工程，2009，26(6)：1-4.

[9] 袁寿其. 低比速离心泵理论与设计[M]. 北京：机械工业出版社，1997.

[10] 邹滋祥. 相似理论在叶轮机械模型研究中的应用[M]. 北京：科学出版社，1984.

[11] 陈凤军. 相似原理在循环泵技术改造中的应用[J]. 节能，2003(1)：33-34.

[12] 胡庆喜，陈中豪. 相似理论在中浓度纸浆泵设计中的应用[J]. 造纸科学与技术，2004，23(6)：85-88.

[13] 云忠，谭建平，彭俊. 相似理论在旋转叶轮血泵模型设计中的应用[J]. 机械工程师，2006(7)：47-48.

[14] 张根广，张鸣远，杨万英，等. 模型血泵相似性设计及验证[J]. 西安交通大学学报，2008(1)：32-35.

[15] 薛敦松，黄思. 离心泵三元叶轮的优化改型设计[J]. 水泵技术，1990(4)：5-9.

[16] 李明，王六玲，朱肇瑞. 全三元流理论在离心泵叶轮优化改型中的应用[J]. 云南师范大学学报(自然科学版)，1994，14(1)：22-25.

[17] 周永霞，万邦烈. 电动潜油离心泵能量平衡试验及叶轮改型设计[J]. 石油大学学报(自然科学版)，1994，18(1)：39-44.

[18] 黎义斌，王洋. 无过载超低比转速离心泵改型设计[J]. 排灌机械，2006，24(2)：7-9.

[19] 王洋，何文俊. 基于FLUENT的无过载离心泵改型设计[J]. 农业机械学报，2009，40(9)：85-88.

[20] 孙玉祥. 基于CFD数值分析的水泵改型设计[J]. 水电能源科学，2009，27(3)：165-167.

[21] 符杰，赖喜德，宋文武，等. 基于性能预测的离心泵改型及优化设计[J]. 流体机械，2009，12(9)：14-17.

[22] Stepanoff A J. Centrifugal and axial flow pumps theory design and

application[M]. New York: John Wiley and Sons, 1957.

[23] Kasia T, 戴元安. 按比转数进行离心泵叶轮水力设计[J]. 流体工程, 1984, 12(5): 14-17.

[24] 陈次昌. 离心泵叶轮主要几何尺寸的计算[J]. 排灌机械, 1985, 3(1): 34-40.

[25] 张俊达, 薛国富. 速度系数统计[J]. 水泵技术, 1990(1): 19-23.

[26] 张玉臻. 离心泵速度系数设计方法研究[J]. 流体工程, 1995, 23(5): 14-17.

[27] 何希杰, 劳学苏. 离心泵系数法设计中新的统计曲线和公式[J]. 水泵技术, 1997(5): 30-37.

[28] 严敬, 严利. 对美国一种新离心叶轮设计资料的分析[J]. 农业机械学报, 2004, 35(3): 65-67.

[29] 沙毅, 康灿, 陈燕. 基于 IS 系列离心泵速度系数法水力设计[J]. 流体机械, 2005(4): 20-23.

[30] 牟介刚, 张生昌. CI80-100 型离心泵水力模型的设计与试验研究[J]. 水泵技术, 2005, 33(4): 5-8.

[31] 葛宰林, 吕斌, 于馨. 基于速度系数法的离心泵叶轮优化设计[J]. 大连铁道学院学报, 2006, 27(3): 37-40.

[32] 刘厚林, 谈明高, 袁寿其. 离心泵理论扬程的计算[J]. 农业机械学报, 2006, 37(12): 65-67.

[33] 白小榜, 沙毅, 李金磊. 混流泵速度系数法水力设计探讨[J]. 水泵技术, 2008(5): 11-15.

[34] 虞俊. 国外叶片泵水力设计的研究现状[J]. 流体工程, 1985, 13(11): 31-37.

[35] 蒋树德. 现代离心泵的水力设计方法[J]. 流体工程, 1983, 14(10): 28-35.

[36] Anderson H H. Mine pumps[J]. Journal of Mining Socity, 1938.

[37] Worster C R. The flow in volutes and its effect on centrifugal pump performance [J]. ARCHIVE Proceedings of the Institution of Mechanical Engineers 1847—1982 (vols 1-196), 1963, 177(1963): 843-875.

[38] Anderson H H. The area ratio system[J]. Word Pumps, 1984(6): 201-211.

[39] 郭自杰, 金忠正. 面积比原理的探讨[J]. 水泵技术, 1982(3): 34-37.

[40] 罗崇来. 离心泵压水室喉部面积探讨[J]. 水泵技术，1986(4)：28 - 29.

[41] 郭自杰. 涡壳泵面积比原理讨论[J]. 排灌机械，1989，7(2)：1 - 4.

[42] 张俊达. 面积比系数的统计[J]. 水泵技术，1991(2)：28 - 29.

[43] 袁寿其，曹武陵，陈次昌. 面积比原理和泵的性能[J]. 农业机械学报，1993，24(2)：36 - 41.

[44] 杨虎军，张人会，王春龙，等. 低比转速离心泵的面积比原理[J]. 兰州理工大学学报，2006，32(5)：53 - 55.

[45] 杨虎军，张人会，王春龙，等. 计算离心泵面积比和蜗壳面积的方法[J]. 机械工程学报，2006，42(9)：67 - 70.

[46] 刘在伦，梁森，魏清顺. 基于面积比原理的水泵设计方法[J]. 农业机械学报，2007，38(6)：21 - 24.

[47] 魏清顺，刘在伦. 面积比原理在潜水泵中的应用[J]. 流体机械，2009，37(9)：18 - 20.

[48] 吴仁荣，王智磊. 离心泵设计的相似换算和面积比法[J]. 船舶工程，2009，37(9)：27 - 31.

[49] 沈天耀. 离心叶轮的内流理论基础[M]. 杭州：浙江大学出版社，1986.

[50] 吴达人，景思睿，陈胜利，等. 离心泵叶轮的优化设计[J]. 水动力学研究进展(B 辑)，1988，3(4)：27 - 33.

[51] 严敬. 低比转速叶轮的优化设计[J]. 流体工程，1990，27(8)：22 - 27.

[52] 张蓉生. 低比转数泵叶轮优化设计模型[J]. 流体工程，1991，28(8)：27 - 30.

[53] 赵万勇，丁成伟. 离心泵叶轮最佳出口几何参数计算[J]. 甘肃工业大学学报，1992，18(1)：26 - 30.

[54] 何希杰. 中低比转数离心泵叶轮优化设计方法[J]. 水泵技术，1992(3)：29 - 32.

[55] 汪建华. 低比转数离心泵叶轮的优化设计[J]. 水泵技术，1993(6)：10 - 13.

[56] 孙建平，张克危，贾宗谟. 泵优化水力设计的现状及展望[J]. 水泵技术，1994(5)：12 - 15.

[57] 严敬. 再论低比转速叶轮的优化设计[J]. 水泵技术，1994(6)：19 - 23.

[58] 孙建平，刘龙珍，张克危. 离心泵主要几何参数的优化[J]. 水泵技术，1996(4)：30 - 32.

[59] 曹银春，陈次昌. 叶轮出口参数的优化设计[J]. 排灌机械，1996，14(3)：10 - 11.

[60] 王江祥. 离心泵叶轮叶片进口角和包角的优化设计[J]. 水泵技术，1996(2)：4-10.

[61] 邓德力，李文广，魏育添，等. 低比转速离心油泵叶轮出口直径的优化[J]. 水泵技术，2000(1)：3-6.

[62] 周玉娟，赵林明. Bezier 曲线在离心泵叶轮水力设计中的应用[J]. 华北水利水电学院学报，2000，21(4)：39-41.

[63] 袁寿其，付强，朱荣生. 核电站离心式上充泵多工况水力设计[J]. 排灌机械工程学报，2010，28(3)：185-189.

[64] 王幼民，唐铃凤，苏应龙. 离心泵叶轮的优化设计模型[J]. 北京工业大学学报，2000，26(2)：115-118.

[65] 曹卫东，李红，朱荣生，等. 闭式污水泵叶轮与泵体的水力设计及优化[J]. 流体机械，2001，29(12)：22-24.

[66] 陈洪海，袁寿其. 低比速离心泵优化设计方法[J]. 流体机械，2001，29(8)：19-22.

[67] 李龙，陈黎明. 泵优化设计国内现状及发展趋势[J]. 水泵技术，2003(2)：29-32.

[68] 严俊峰，陈炜. 基于遗传算法的低比转速高速泵优化设计[J]. 火箭推进，2006，32(3)：1-7.

[69] 韩绿霞，宋怀俊. 低比转数离心泵叶轮优化设计方法研究[J]. 水泵技术，2007(4)：22-24.

[70] 何希杰，朱广奇，劳学苏. 遗传算法在离心泵优化设计中的应用[J]. 排灌机械，2008，26(2)：40-44.

[71] 赖喜德，胡苑，王建录，等. 基于多工况性能预测的双吸泵优化设计方法[J]. 水泵技术，2008(4)：11-15.

[72] 胡敬宁，肖霞平，周生贵，等. 万吨反渗透海水淡化高压泵的优化设计[J]. 排灌机械，2009，27(1)：25-29.

[73] 贾瑞宣，徐鸿. 低比转速混流泵叶轮优化设计[J]. 排灌机械工程学报，2010，28(2)：98-102.

[74] 朱荣生，胡自强，杨爱玲. 高效叶片式污水泵叶轮的优化设计[J]. 水泵技术，2010(3)：5-7.

[75] 吴仲华. 使用非正交曲线坐标和非正交速度分量的叶轮机械三元流动基本方程及其解法[J]. 机械工程学报，1979，15(1)：1-24.

[76] Oh H W, Chung M K. Optimum values of design variables versus specific speed for centrifugal pumps[J]. Technical Note, 1990, 213：

219 - 226.

[77] Blanco-Marigorta E，Fernandez-Francos J，Parrondo-Gayo J L，et al. Numerical simulation of centrifugal pumps[C]∥ Proceedings of the ASME Fluids Engineering Division Summer Meeting. Boston，Mass，USA，2000.

[78] Gonzalez J，Fernandez J，Blanco E，et al. Numerical simulation of the dynamics effects due to impeller - volute interaction in centrifugal pump [J]. Journal of Fluids Engineering，2002，124：348 - 355.

[79] Gu F，Engeda A，Cave M，et al. A numerical investigation on the volute/diffusser interaction due to the axial distortion at the impeller exit[J]. Journal of Fluids Engineering，2001，123：475 - 483.

[80] Dorsch G，Keeran K. Optimizing existing designs through cost-effective simulation[J]. Pumps & Systems，2007(6)：88 - 91.

[81] Asuaje M，Bakir F，Kouidri S，et al. Inverse design method for centrifugal impellers and comparison with numerical simulation tools [J]. International Journal of Computational Fluid Dynamics，2004，18：101 - 110.

[82] Asuaje M，Bakir F，Kouidri S，et al. Computer-aided design and optimization of centrifugal pumps[J]. Proceedings of the Institution of Mechanical Engineers，Part A：Journal of Power and Energy，2005，219：187 - 195.

[83] Borges J E. A three-dimensional inverse method for turbomachinery (Part one)：Theory[J]. ASME Journal of Engineering for Power，1984，106：341 - 353.

[84] Hawthorne W R，Tan C S，Wang C，et al. Theory of blade design for large deflection(Part Ⅱ)：Annular cascades[J]. ASME Journal of Engineering for Gas Turbines and Power，1984，106：354 - 365.

[85] 陈乃祥. 可用于混流式水轮机叶片三元设计的反问题计算方法[J]. 机械工程学报，1990，26(5)：77 - 82.

[86] 罗兴琦. 混流式水轮机转轮全三维反问题计算和优化[D]. 北京：清华大学，1995.

[87] Goto A，Zangeneh M. Hydrodynamic design of pump diffuser using inverse design method and CFD[J]. Journal of Fluids Engineering，2002，124：319 - 327.

[88] Goto A, Zangeneh M. Hydrodynamic design system for pumps based on 3D CAD, CFD, and inverse design method[J]. Journal of Fluids Engineering, 2002, 124: 329 - 335.

[89] Zangeneh M, Goto A, Harada H. On the design criteria for suppression of sencondary flows in centrifugal and mixed flow impellers[J]. ASME Journal of Turbomachinery, 1998, 120: 732 - 735.

[90] Zangeneh M, Goto A, Takemura T. Suppression of secondary flows in a mixed flow pump impeller by application of 3-D inverse design method(Part Ⅰ): Design and numerical validation[J]. ASME Journal of Turbomachinery, 1996, 118: 536 - 543.

[91] 张克危. 流体机械原理[M]. 北京：机械工业出版社，2001.

[92] 程良骏. 离心泵叶轮中的流动滑移[J]. 排灌机械，1987，5(1): 4 - 7.

[93] 吴达人. 离心泵流体力学[M]. 北京：中国电力出版社，1998.

[94] Cao D T. Design of a centrifugal pump for liquid fuel pumping application[D]. Michigan: Michigan State University, 2002.

[95] 朱荣生. 离心泵叶轮不等扬程水力设计方法研究[D]. 镇江：江苏大学，2011.

[96] 朱荣生，袁寿其，付强. 离心泵叶轮的四工况点水力设计方法[P]. CN102086884A，2011 - 06 - 08.

[97] 朱荣生，龙云，付强，等. 核主泵全特性水力设计方法[P]. CN103115019A，2013 - 05 - 22.

[98] 张莉，陈汉平，徐忠. 离心压缩机叶轮内部流场的准三元迭代数值分析[J]. 风机技术，2000(5): 3 - 7.

[99] 忻孝康. 叶轮机械三元流动与准正交面法[M]. 上海：复旦大学出版社，1988.

[100] 忻孝康，朱士灿. 具有分流叶片的径流式压气机叶轮三元流场计算[J]. 机械工程学报，1981，17(1): 50 - 60.

[101] 忻孝康，蒋锦良，朱士灿. 计算叶轮机械三元流动的任定准正交面方法Ⅱ. S_1流面翘曲的三元流动计算[J]. 力学学报，1979(1): 42 - 51.

[102] 朱士灿. 离心式水泵叶轮三元流场计算[J]. 流体工程，1989(6): 29 - 31.

[103] 陈德江，王尚锦. 应用有限元法计算离心式叶轮内部流场[J]. 应用力学学报，1999(16): 27 - 32.

[104] 王灿星，林建忠，宋向群. 多叶离心通风机内部流场的计算[J]. 风机

技术，1997(4)：6-9.

[105] 袁卫星，张克危，贾宗谟. 离心泵射流-尾迹模型的三元流动计算[J].
水泵技术，1990(1)：12-18.

[106] 朱刚，王少平，沈孟育，等. 叶轮机内部流场的修正 Taylor - Galerkin
(MDTGFE)有限元法[J]. 上海力学，1994，15(4)：58-63.

[107] Hornsby C. CFD—driving pump design forward[J]. World Pumps,
2002(8)：18-22.

[108] Cao S, Peng G, Yu Z. Hydrodynamic design of rotodynamic pump
impeller for multiphase pumping by combined approach of inverse
design and CFD analysis[J]. Journal of Fluids Engineering, 2005,
127：330-338.

[109] Muggli F A, Holbein P. CFD calculation of a mixed flow pump
characteristic from shutoff to maximum flow[J]. Journal of Fluids
Engineering, 2002, 124：798-802.

[110] Asuaje M, Bakir F, Kouidri S, et al. Inverse design method for
centrifugal impellers and comparison with numerical simulation tools
[J]. International Journal for Computational Fluid Dynamics, 2004,
18(2)：101-110.

[111] Zhang M, Tsukamoto H. Unsteady hydrodynamic forces due to rotor -
stator interaction on a diffuser pump with identical number of vanes
on the impeller and diffuser[J]. Journal of Fluids Engineering, 2005,
127：743-751.

[112] Heilmann C M, Siekmann H E. Particle image velocimetry as CFD
validation tool for flow field investigation in centrifugal pumps[C]//
Proceedings of the 9th International Symposiumon Transport
Phenomena and Dynamics of Rotating Machinery (ISROMAC'02).
Honolulu, Hawaii, USA, 2002.

[113] Majidi K, Siekmann H E. Numerical calculation of secondary flow in
pump volute and circular casings using 3D viscous flow techniques[J].
International Journal of Rotating Machinery, 2000, 6(4)：245-252.

[114] Ziegler K U, Gallus H E, Niehuis R. Astudyon impeller - diffuser
interaction—Part Ⅰ：Influence on the performance[J]. Journal of
Turbomachinery, 2003, 125(1)：173-182.

[115] Shi F, Tsukamoto H. Numerical study of pressure fluctuations

caused by impeller – diffuser interaction in a diffuser pump stage[J]. Journal of Fluids Engineering, 2001, 123(3): 466 – 474.

[116] Shum Y K P, Tan C S, Cumpsty N A. Impeller – diffuser interaction in a centrifugal compressor[J]. Journal of Turbomachinery, 2000, 122(4): 777 – 786

[117] Akhras A, Hajem M El, Champagne J Y, et al. The flow rate influence on the interaction of a radial pump impeller and the diffuser [J]. International Journal of Rotating Machinery, 2004, 10(4): 309 – 317.

[118] Hong S S, Kang S H. Flow at the centrifugal pump impeller exit with circumferential distortion of the outlet static pressure[J]. Journal of Fluids Engineering, 2004, 126(1): 81 – 86.

[119] Hagelstein D, Hillewaert K, Van den Braembussche R A, et al. Experimental and numerical investigation of the flow in a centrifugal compressor volute[J]. Journal of Turbomachinery, 2000, 122(1): 22 – 31.

[120] Stepanoff A J. Centrifugal and axial flow pumps: Theory, design and application[M]. Melbourne: Krieger Publishing Company, 1992.

[121] Zhang M J, Pomfret M J, Wong C M. Three dimensional viscous flow simulation in a backswept centrifugal impeller at the design point [J]. Computers and Fluids, 1996, 25(5): 497 – 507.

[122] Zhang M J, Pomfret M J, Wong C M. Performance prediction of a backswept centrifugal impeller at off-design point conditions [J]. International Journal for Numerical Methods in Fluids, 1996, 23(9): 883 – 895.

[123] Byskov R K, Jacobsen C B, Pedersen N. Flow in a centrifugal pump impeller at design and off-design conditions—Part Ⅱ: Large eddy simulations[J]. Journal of Fluids Engineering, 2003, 125 (1): 73 – 83.

[124] Long Y, Wang D Z, Yin J L, et al. Experimental investigation on the unsteady pressure pulsation of reactor coolant pumps with non-uniform inflow[J]. Annals of Nuclear Energy, 2017, 110: 501 – 510.

[125] Launder B E, Spalding D B. Lectures in mathematical models of turbulence[M]. London: Academic Press, 1972.

[126] Yakhot V，Orszag S A. Renormalization group analysis of turbulence. Ⅰ. Basic theory[J]. Journal of Scientific Computing，1986，1(1):3-51.

[127] Wilcox D C. Reassessment of the scale-determining equation for advanced turbulence models[J]. AIAA Journal，1988，26(11):1299-1310.

[128] Wilcox D C. Turbulence modeling for CFD[M]. California：DCW Industries，1998.

[129] Menter F R，Kunts M，Langtry R. Ten years of industrial experience with the SST turbulence model[J]. Turbulence，Heat and Mass Transfer，2003，4(1).

[130] Menter F R. Two-equation eddy-viscosity turbulence models for engineering applications[J]. AIAA Joumal，1994，32(8):1598-1605.

[131] 付强，王秀礼，袁寿其，等. 气-液条件下导叶出口位置对反应堆冷却剂主泵性能的影响[J]. 核动力工程，2013，34(6)：111-114.

[132] 黄志刚. 转筒干燥器中颗粒物料流动和传热传质过程的研究[D]. 北京：中国农业大学，2004.

[133] 白泽宇，王国玉，黄彪. 非均相流模型在非定常空化流动计算中的应用及评价[J]. 船舶力学，2013，17(11)：1221-1228.

[134] 王国玉，白泽宇，黄彪. 非均相流模型在气液两相流动计算中的应用及评价[J]. 北京理工大学学报，2014，34(7)：685-690.

[135] 潘中永，袁寿其. 泵空化基础[M]. 镇江：江苏大学出版社，2013.

[136] Christopher E B. 泵流体力学[M]. 潘中永，译. 镇江：江苏大学出版社，2012.

[137] Zwart P J，Gerber A G，Belamri T. A two-phase flow model for predicting cavitation dynamics[C]//Fifth International Conference on Multiphase Flow. Yokohama，Japan，2004：152.

[138] Singhal A K，Athavale M M，Li H. Mathematical basis and validation of the full cavitation model[J]. Journal of Fluids Engineering，2002，124(3)：617-624.

[139] Kunz R F，Boger D A，Stinebring D R. A preconditioned Navier-Stokes method for two-phase flows with application to cavitation prediction[J]. Computers & Fluids，2000，29(8)：850-872.

[140] Schnerr G H，Sauer J. Physical and numerical modeling of unsteady cavitation dynamics［C］∥ ICMF 2001 International Conference on Multiphase Flow. New Orleans，USA，2001.

[141] Marzio P，Enrico N，Thomas J. DNS study of turbulent transport at low Prandtl numbers in a configurations［J］. Journal of Fluid Mechanics，2012(458)：419－441.

[142] 王瑁成. 有限单元法［M］. 北京：清华大学出版社，2003.

[143] 王学. 基于 ALE 方法求解流固耦合问题［D］. 长沙：国防科学技术大学，2006.

[144] 裴吉. 离心泵瞬态水力激振流固耦合机理及流动非定常强度研究［D］. 镇江：江苏大学，2013.

4

核主泵水力优化设计方法

4.1 引言

随着科学技术的发展,许多领域对泵的性能要求越来越高,传统的设计方法已不能满足设计需要,因此必须采用现代设计理论和方法。优化设计是目前泵设计中人们最感兴趣的问题之一,也是实现泵优良性能的主要措施[1]。

泵优化设计是根据泵的设计理论和方法,应用优化设计理论对泵进行优化设计,从而得到性能优良的泵。目前国内外对泵优化设计的研究主要围绕以下几个方面展开[2]:

(1) 基于试验设计理论优化设计

迄今为止,水泵设计仍然处于半理论半经验的阶段,试验研究在泵发展中具有举足轻重的地位。

相似换算法和速度系数法是泵设计的主要方法。泵设计手册给出了各几何参数的计算公式(修正过的)和系数图表,手册上的系数图表是由成百上千种模型泵统计出来的,这些优秀的模型泵是经过无数次反复试验后形成的,这些试验花费了巨大的人力、物力、财力和时间,可是其中有不少是重复试验和无效试验,这些重复试验和无效试验完全可以通过科学的试验设计避免。

人们至今尚未完全掌握泵内部流动规律,泵的试验研究仍是主要工作。广泛使用的正交试验设计技术非常适用于泵的研究。文献[3-10]都是用正交试验法研究主要几何参数对泵性能的影响。

(2) 基于速度系数法优化设计

速度系数法是一种建立在对大量优秀水力模型统计基础上的相似换算方法。基于速度系数法的优化设计就是对已有的水力模型和速度系数进行修正和完善。计算机技术的发展和应用给速度系数法优化设计带来了方便，人们已经建立了优秀水力模型库，可以随时添加先进模型入库，及时优化各种系数，跟进当前的泵先进水平。

（3）基于损失极值法优化设计

如何提高泵的效率历来是重要的研究课题。效率与损失紧密相关，最高效率应该与最小损失相对应。因此，优化设计自然是要建立各种损失 Δh_i 与泵的几何形状 x_j 之间的关系，即

$$\Delta h_i = f_i(x_1, x_2, \cdots, x_j, \cdots, x_n)(i=1,2,\cdots,m; \ j=1,2,\cdots,n) \quad (4\text{-}1)$$

离心泵的总损失为

$$\sum_{i=1}^{m} \Delta h_i = \sum_{i=1}^{m} f_i(x_1, x_2, \cdots, x_j, \cdots, x_n) \quad (4\text{-}2)$$

所谓基于损失极值法优化设计，就是在保证工况点要求的扬程 H 与流量 Q 的条件下，通过 $x_1, x_2, \cdots, x_n$ 的不同组合，使得 $\sum\limits_{i=1}^{m} \Delta h_i$ 取最小值。

（4）基于 CFD 技术数值模拟优化设计

基于 CFD 技术的优化设计的基本思想：根据泵内部流场的数值模拟结果，调整泵的几何参数，使得泵内的流态接近理想流态。

混流泵内部流动特性及其控制是大型压水堆核主泵研制中的关键问题，计算机技术和 CFD 技术的飞速发展为混流式核主泵内部流动特性的研究提供了新的手段，基于 CFD 技术的优化设计已成为优化设计的主要方法。本章将上述四个方面的优化设计方法贯穿到核主泵各水力部件的优化设计中。

4.2 水力性能与惰转特性

（1）核主泵水力部件及其作用

由于核主泵运行条件非常苛刻，因此对叶轮、导叶和蜗壳等水力部件的设计有特殊要求。核主泵的水力部件主要由叶轮、导叶和泵体三部分组成。叶轮是泵能量转换的核心部件，它将电动机机械能通过叶轮叶片做功转化为输送液体的势能和动能[11]。由于冷却回路系统要求核主泵能够在大流量和高扬程工况下工作，因而选择高效混流式叶轮。导叶的功能是收集从叶轮出口流出的液体，将其动能进一步转化为压力能，输送到下一级叶轮或蜗壳中。CAP 系列核主泵的导叶和传统导叶又有些区别，除了收集液体将动能进一步转化为压力能外，还要改变液体的流向，均匀流态，消除转子径向力，减少流动损失。传统泵体收集液体通过自身结构来消除液体圆周速度分量，泵体主要起压力边界的作用，以维持核主泵的完整性，所以一般设计成类球形[12]。

（2）核主泵水力性能对惰转特性的影响

在核主泵失去动力源的情况下，机组通过自身转动惯量储存的能量来维持核主泵运行一段时间，称为核主泵的惰转特性。在惰转过渡过程中，飞轮储存的能量需要保证核主泵流量下降到半流量所用的时间在规定的安全时间裕量内[13,14]。CAP 系列核主泵的飞轮一般分为上飞轮和下飞轮两部分，固定在主轴上[15]。为了在有限的体积内最大限度地提高转动惯量来维持核主泵的惰转特性，飞轮通常由高密度重金属钨合金块和高质量的不锈钢轮毂组成。为了确保飞轮在极端情况下可以保持完整性和无损性，在结构和加工精度方面都有很高的要求，因此飞轮的制造成本较高。从能耗方面来说，飞轮主要的作用是在惰转过渡过程中提供能量维持核主泵惰转运行，而在核主泵启动过程和正常运行期间，需要消耗大量的能量来维持。结合式（4-3）和式（4-4）可知，惰转时间不仅受转动惯量影响，额定工况点的效率和整个惰转过渡过程中的能量损失也是影响惰转过渡过程的重要因素。由于叶轮自身的转动惯量相对飞轮而言很小，小范围地改变叶轮几何参数，机组转动惯量几乎保持不变，因而可以通过优化叶轮几何参数来提高水力模型额定点效率，整体上减小惰转过渡过程中额外的能量损失，延长惰转过渡过程的时间。

$$E_{\mathrm{T}} = 2\pi^2 \int \left[\oint \rho n^2(t) A \mathrm{d}z \right] \mathrm{d}t + E_f \tag{4-3}$$

$$t = \frac{P_0}{4\pi^2 I \eta_0 n_0^2} \left[\frac{n_0}{n(t)} - 1 \right] \tag{4-4}$$

式中：$E_{\mathrm{T}} = \dfrac{1}{2} I_{\mathrm{P}} \omega_0^2 + \dfrac{1}{2} \oint \rho \omega_0^2 A \mathrm{d}z$ 为机组转动惯量和输送液体惯量储存的总能量，J；E_f 为惰转过渡过程中各种损失消耗的能量，J；ρ 为输送液体的密度，g/m³；A 为回路管道平均截面积，m²；z 为整个回路有效管路长度，m；t 为自断电开始计算的时间，s；I 为机组总转动惯量，kg·m²；P_0，η_0 和 n_0 分别为额定工况下核主泵的有效功率（W）、效率（%）和额定转速（r/min）；$n(t)$ 为惰转过渡过程中不同时刻的转速，r/min。

惰转特性是核主泵重要的安全评价内容，惰转过渡过程是利用核主泵机组高转动惯量储存的能量来维持冷却回路系统运行较长时间。但是高转动惯量机组对核主泵有很高的可靠性要求，且在启动过程和正常运行期间需要消耗大量的能量，因此在现有的核主泵叶轮水力模型的基础上考虑惰转过渡过程的运行特点，通过正交试验优化核主泵的水力性能，从而提高核主泵的惰转能力，避免发生严重的核事故。在不改变飞轮尺寸的条件下，通过优化核主泵惰转过程来提高核主泵的惰转能力，有利于提高系统可靠性并节约成本，符合我国能源政策，对实现我国核电工业国产化具有重要的战略意义。

4.3 叶轮正交优化设计

4.3.1 正交试验设计

试验设计是以概率论与数理统计为理论基础,经济地、科学地安排试验的一项科学技术,其主要内容是研究如何合理地安排试验和正确地分析试验数据,从而达到尽快地获得优化方案的目的。

目前国内外广泛采用的是正交试验设计。正交试验设计是一种安排和分析多因素试验的科学方法,它是以人们的生产实践经验、有关的专业知识和概率论与数理统计为基础,利用一套根据数学上的"正交性"原理编制并已标准化了的表格——正交表,来科学地安排试验方案和对试验结果进行计算、分析,找出最优或较优的生产条件或工艺条件的数学方法。

20 世纪 80 年代后,一些新颖的优化方法逐渐出现,如模拟退火、混沌、进化规划、遗传算法、人工神经网络、禁忌搜索等,这些算法通过模拟自然现象或者自然规律得出一些结论,逐渐形成了具有鲜明特色的优化方法。国内外实践表明,正交试验设计在科学合理安排试验、减少试验次数、缩短试验周期、提高经济效益等方面效果显著。

对核主泵而言,叶轮是核主泵中直接使被输送液体动能和压力能同时增加的过流部件,因而叶轮几乎决定了泵的扬程和效率[16]。在惰转过渡过程中,虽然依靠机组转动惯量储存的能量使叶轮叶片继续对液体做功,但由于能量不断被消耗,转速逐渐下降。在非设计工况下叶轮损失进一步增加,因而需要通过提高叶轮设计点效率来整体提高惰转工况下的效率值,减小惰转过渡过程中的能量损失。通过正交试验将选取的参数进行科学的排列组合,从而保证结果具有代表性。

(1) 试验目的

① 找出叶轮主要几何参数对核主泵水力性能的影响规律。

② 分析叶轮几何参数对水力性能的直接影响作用及通过其他几何参数对水力性能的间接影响作用。

③ 得出叶轮几何参数的最优组合。

(2) 叶轮参数的选择

通过查阅大量文献选取影响核主泵水力性能的叶轮几何参数(见图 4-1)来优化设计点水力性能,选取的参数分别为出口倾斜角 γ、叶片出口安放角 β_2、叶片包角 φ、叶片数 Z、叶轮出口直径 D_2、叶片出口宽度 b_2、叶轮进口直径

D_0。其中,由于叶轮出口倾斜角的改变,导叶进口倾斜角和出口倾斜角必须相等才能保证泵的正常运行,所以在不改变导叶主要尺寸的情况下,叶轮和导叶的面积比(Y)大小随叶轮参数的改变而改变。根据核主泵设计参数,利用速度系数法和相似换算法等方法对所选叶轮几何参数进行计算得到因素水平表(见表 4-1),利用正交表确定的各因素和各个水平值的组合见表 4-1。

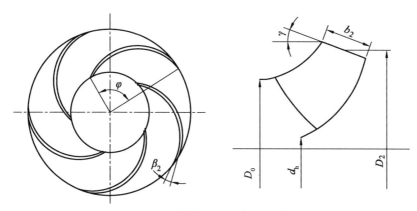

图 4-1　叶轮主要几何参数示意图

表 4-1　因素水平表

水平	因素						
	$\gamma/(°)$	$\beta_2/(°)$	$\varphi/(°)$	Z	D_2/mm	b_2/mm	D_0/mm
1	20	20	115	4	760	190	550
2	23	25	120	5	765	195	555
3	26	30	125	6	770	200	560

（3）数值模拟设置

将表 4-1 中的参数通过不同的正交组合得到 18 组不同的参数组合,通过 Pro/E 三维建模,然后分别将进口段、叶轮、导叶和蜗壳三维水体模型导入 ICEM-CFD 中进行非结构网格划分,保证计算网格质量在 0.3 以上。在导入 ANSYS CFX 中进行网格无关性计算后,进行核主泵的定常数值模拟,定常计算的设置如下:选择适合流体机械模拟计算的 SST k-ω 湍流模型,时间步长设置为 0.007 14 s,计算精度选择满足工程需要的 10^{-4}[17,18]。经过计算 18 组叶轮几何参数的组合,得到核主泵在设计点的效率和扬程数据(见表 4-2)。

表 4-2　试验方案和性能计算结果

序号	$\gamma/(°)$	$\beta_2/(°)$	$\varphi/(°)$	Z	D_2/mm	b_2/mm	D_0/mm	Y	指标	
									$\eta/\%$	H/m
1	20	20	115	4	760	190	555	0.927	79.45	94.89
2	20	25	120	5	765	190	560	0.916	81.09	109.48
3	20	30	125	6	770	195	550	0.916	82.76	134.33
4	23	30	125	5	765	195	550	0.932	84.38	111.69
5	23	25	120	6	760	200	560	1.002	84.70	138.02
6	23	20	115	4	760	200	555	0.952	84.04	100.39
7	26	20	115	4	770	190	555	0.914	82.24	101.80
8	26	25	120	5	765	190	560	0.925	82.16	112.89
9	26	30	120	6	765	195	550	0.935	82.32	136.20
10	20	20	125	2	770	195	550	0.916	80.67	101.59
11	23	30	125	4	770	200	560	0.931	83.10	95.47
12	26	25	115	5	760	200	555	0.956	82.90	119.49
13	20	30	115	6	770	190	555	0.905	84.22	137.83
14	23	30	120	5	765	190	560	0.921	83.69	124.90
15	26	25	120	6	760	195	550	0.946	82.27	120.81
16	20	20	115	4	770	195	550	0.916	83.98	101.89
17	23	20	125	5	765	200	560	0.941	83.11	100.60
18	26	25	125	4	760	200	555	0.956	81.31	103.49

4.3.2　正交试验分析

从表 4-2 中可以看出,8 个叶轮几何参数通过不同的组合得到的效率和扬程结果是不同的,说明不同几何参数及参数组合对效率和扬程的影响大小不同。下面采用多元线性回归来深入分析各参数与效率和扬程之间的关系。

（1）数据标准化处理

数据标准化处理是进行多元线性回归的重要步骤。由于各个变量所具有的物理性质不同,通常具有不同的数量级和量纲,直接建立回归方程时,回归系数往往不具有直接的可比性[19]。当各变量间的水平相差较大时,如果直接利用原始数据进行分析,就会突出数值较高的变量在综合分析中的作用,而削弱数值相对较低变量的作用。因此,为了保证结果的可靠性,需要对表4-2 和模拟数据进行标准化处理,从而消除变量间的量纲影响,使数据具有可比性。其主要步骤如下:

① 数据中心化处理是指平移变化,即

$$x_{ij}^* = x_{ij} - \bar{x}(i=1,2,3,\cdots,n;j=1,2,3,\cdots,p) \tag{4-5}$$

经过数据中心化处理可以使新坐标系的原点与样本点集合的中心重合,但不会改变样本点间的相互位置和各变量间的相关性,为数据的科学研究带来了很大的便利。

② 数据无量纲化处理是对不同变量进行压缩处理,使每个变量的方差变成 1,即

$$x_{ij}^* = \frac{x_{ij}}{s_j}(i=1,2,3,\cdots,n;j=1,2,3,\cdots,p) \tag{4-6}$$

③ 数据标准化处理是指对数据同时进行中心化和压缩处理,具体原理如下:

$$x_{ij}^* = \frac{x_{ij} - \bar{x}}{s_j}(i=1,2,3,\cdots,n;j=1,2,3,\cdots,p) \tag{4-7}$$

(2) 相关分析

相关分析是指对 2 个或者 2 个以上变量进行相关系数计算,从而得到变量和变量之间的相关值,反映相关密切程度。将表 4-2 中的数据进行标准化处理后,计算 8 个叶轮几何参数与设计工况效率、扬程之间的相关系数,得到相关系数矩阵如表 4-3 所示。从表中可以看出:对设计点效率而言,叶片包角与效率呈负相关,其余叶轮几何参数与效率呈正相关。其中,各叶轮几何参数与效率的相关系数大小关系为 $\beta_2 > b_2 > Y > Z > D_2 > \varphi > D_0 > \gamma$,说明在一定范围内,增大叶片出口安放角、叶片出口宽度和面积比可提高设计点效率,而改变其他参数对效率改变没有明显的影响。对设计点扬程而言,出口倾斜角、叶片出口安放角、叶片数和面积比与扬程呈正相关,其余叶轮几何参数与扬程呈负相关。其中,叶片数与扬程达到极显著正相关($r = 0.7893$),叶片出口安放角与扬程达到显著正相关,各叶轮几何参数与扬程的相关系数大小关系为 $Z > \beta_2 > Y > D_0 > b_2 > \gamma > \varphi > D_2$,说明在一定范围内增加叶片数和叶片出口安放角能提高扬程,而改变其他参数对扬程改变可能没有明显的影响。不同几何参数之间的相关性是不同的,叶轮出口倾斜角与叶轮出口直径、叶片出口宽度和面积比之间有较大的相关性。其中,叶轮出口倾斜角与叶轮出口直径呈负相关,与叶片出口宽度和面积比呈正相关;叶片出口安放角与叶片包角、叶片数和叶轮出口直径呈较大的正相关;叶片包角与叶片出口安放角、叶片数、叶轮出口直径和叶片出口宽度呈正相关;叶片数与叶轮进口直径

呈较大的负相关;叶轮出口直径与叶片出口宽度、叶轮进口直径和面积比呈负相关;叶片出口宽度和面积比呈较大的正相关;叶轮进口直径与面积比呈较大的正相关。

表 4-3　叶轮几何参数与性能之间的相关系数

因素	γ	β_2	φ	Z	D_2	b_2	D_0	Y
φ	0	0.333 3						
Z	−0.083 3	0.416 7	0.250 0					
D_2	−0.416 7	0.166 7	0.166 7	0.083 3				
b_2	0.250 0	−0.083 3	0.333 3	−0.083 3	−0.333 3			
D_0	0.083 3	0	0	−0.250 0	−0.166 7	0		
Y	0.414 7	−0.078 4	0.061 2	0.073 7	−0.735 5	0.696 6	0.237 4	
η	0.050 3	0.346 0	−0.073 8	0.140 6	0.114 2	0.312 3	0.073 2	0.268 3
H	0.068 0	0.643 6	−0.042 1	0.789 3	−0.019 4	−0.112 4	−0.116 1	0.183 1

（3）偏相关分析

通过相关分析可知:对扬程而言,可以确定在一定范围内增加叶片数和叶片出口安放角一定能提高扬程,而对效率而言,并不能确定各几何参数与效率具有线性关系,且各个几何参数之间可能存在耦合关系。因此,需要消除其他变量对该变量的影响,进一步确定单个几何参数对效率和扬程的影响。偏相关分析也称静相关分析,是通过控制其他自变量的影响,单独分析某个自变量与因变量之间的线性相关性,通过自变量和因变量偏相关系数来确定其线性关系[20]。通过 DPS(Data Processing System)数据处理系统完成 8 个自变量和 2 个因变量间偏相关系数计算,剔除自变量与因变量间极不相关的因素。其中,每个自变量与因变量的偏相关系数、t 检验值、显著水平 p 值见表 4-4。

表 4-4　叶轮主要几何参数与性能之间的偏相关系数

相关关系	偏相关系数	t 检验值	p 值
$r(\eta, \beta_2)$	0.531 8	2.175 4	0.041 6
$r(\eta, \varphi)$	−0.510 5	2.056 6	0.047 4
$r(\eta, D_2)$	0.518 2	2.099 1	0.045 9
$r(\eta, b_2)$	0.259 4	0.930 4	0.369 1

相关关系	偏相关系数	t 检验值	p 值
$r(\eta, Y)$	0.395 3	1.490 7	0.159 9
$r(H, \beta_2)$	0.831 4	4.963 0	0.000 3
$r(H, \varphi)$	$-0.727\ 2$	3.513 2	0.004 3
$r(H, Z)$	0.871 5	5.893 0	0.000 1
$r(H, D_2)$	0.321 5	1.126 1	0.282 1
$r(H, b_2)$	$-0.233\ 3$	0.795 6	0.441 7
$r(H, Y)$	0.523 7	2.038 9	0.064 1

从表 4-4 中可以看出：对于扬程而言，保持其他因素相关系数为常数时，叶片数与扬程的偏相关系数为 0.871 5，呈极强正相关（$p<0.001$）；叶片出口安放角与扬程的偏相关系数为 0.831 4，呈强正相关（$p<0.05$）；叶片包角与扬程的偏相关系数为 $-0.727\ 2$，呈强负相关（$p<0.05$）；面积比与扬程的偏相关系数为 0.523 7，呈弱正相关（$p<0.5$）；叶轮出口直径与扬程的偏相关系数为 0.321 5，呈弱正相关（$p<0.5$）；叶片出口宽度与扬程的偏相关系数为 $-0.233\ 3$，呈弱负相关（$p<0.5$）。这表明扬程主要与叶片数、叶片包角、叶片出口安放角、叶片出口宽度、叶轮出口直径和面积比 6 个因素有关，与剩余 2 个参数相对关系不大。对于效率而言，保持其他因素相关系数为常数时，在设计工况下，叶片出口安放角和叶轮出口直径与效率的偏相关系数分别为 0.531 8 和 0.518 2，呈强正相关（$p<0.05$）；叶片包角与效率的偏相关系数为 $-0.510\ 5$，呈强负相关（$p<0.05$）；叶片出口宽度与效率的偏相关系数为 0.259 4，呈弱正相关（$p<0.5$）；面积比与效率的偏相关系数为 0.395 3，呈弱正相关（$p<0.5$）。这表明效率主要与叶轮出口直径、叶片包角、叶片出口安放角、面积比和叶片出口宽度 5 个因素有关，与剩余 3 个参数相对关系不大。

（4）通径分析

通过比较叶轮几何参数与性能之间的相关分析和偏相关分析结果可知：就扬程而言，相关分析和偏相关分析都同时证明叶片数和叶片出口安放角是决定性因素。但是，在偏相关分析中叶片包角也是决定性因素，而在相关分析中叶片包角却与扬程呈极弱相关，结合相关分析和偏相关分析原理可知：就某一性能而言，叶轮几何参数之间不是相互独立的关系，而是彼此起着相互加强或削弱的关系，相关分析和偏相关分析不能反映不同几何参数之间的耦合关系和效应大小。通径分析可用于分析叶轮几何参数与泵性能之间的直接关系,同时也可以分析各参数之间的间接耦合关系[21]。设在 p 个自变量 $x_1, x_2, \cdots, x_p$ 中,每两个变量之间与因变量 y 之间的简单相关系数可以构成求解通径系数的标准化正规方程:

$$\begin{cases} r_{11}\rho_1 + r_{12}\rho_2 + \cdots + r_{1p}\rho_p = r_{1y} \\ r_{21}\rho_1 + r_{22}\rho_2 + \cdots + r_{2p}\rho_p = r_{2y} \\ \cdots\cdots \\ r_{p1}\rho_1 + r_{p2}\rho_2 + \cdots + r_{pp}\rho_p = r_{py} \end{cases} \tag{4-8}$$

其中,$\rho_1, \rho_2, \cdots, \rho_p$ 为直接通径系数。直接通径系数表示自变量对因变量直接作用效应大小,间接通径系数表示自变量通过影响其他自变量对因变量间接作用效应大小,一般可以通过相关系数 r_{ij} 和直接通径系数 ρ_i 来计算。直接通径系数可以通过求上述相关矩阵的逆矩阵获得。假设 $\boldsymbol{B}_{ij}$ 为相关矩阵 $\boldsymbol{r}_{ij}$ 的逆矩阵,那么直接通径系数 $\rho_i (i=1, 2, \cdots, p)$ 为

$$\begin{bmatrix} \rho_1 \\ \rho_2 \\ \vdots \\ \rho_p \end{bmatrix} = \begin{bmatrix} B_{11} & B_{12} & B_{13} & \cdots & B_{1p} \\ B_{21} & B_{22} & B_{23} & \cdots & B_{2p} \\ \vdots & \vdots & \vdots & \vdots & \vdots \\ B_{p1} & B_{p2} & B_{p3} & \cdots & B_{pp} \end{bmatrix} \begin{bmatrix} r_{1y} \\ r_{2y} \\ \vdots \\ r_{py} \end{bmatrix} \tag{4-9}$$

剩余项的通径系数 ρ_{ye} 表达式如式(4-10)所示,如果剩余项的通径系数 ρ_{ye} 较小,则表明叶轮几何参数与各性能之间很好地满足线性关系;反之,如果剩余项的通径系数 ρ_{ye} 较大,则表明试验误差较大或其他重要因素没有被引入[22]。

$$\rho_{ye} = \sqrt{1 - \left(\sum_{i=1}^{p} r_{iy}\rho_i\right)} \tag{4-10}$$

对叶轮几何参数与泵扬程和效率性能的通径分析计算结果见表4-5。

表 4-5 叶轮几何参数与性能之间的通径分析结果

因素	直接作用	间接作用							
		$\gamma \to H$	$\beta_2 \to H$	$\varphi \to H$	$Z \to H$	$D_2 \to H$	$b_2 \to H$	$D_0 \to H$	$Y \to H$
γ	0.007 6		0.042 4	0	−0.050 2	−0.074 8	−0.036 5	−0.003 1	0.182 5
β_2	0.509 1	0.000 6		−0.124 4	0.251 0	0.029 9	0.012 2	0	−0.034 9
φ	−0.373 1	0	0.169 7		0.150 6	0.029 9	−0.048 7	0	0.029 5
Z	0.602 5	−0.000 6	0.212 1	−0.104 1		0.015 0	0.012 2	0.009 2	0.032 2
D_2	0.179 5	−0.003 2	0.084 9	−0.062 2	0.050 2		0.048 7	0.006 1	−0.323 5
b_2	−0.146 1	0.001 9	−0.042 4	−0.124 4	−0.050 2	−0.059 8		0	0.308 7
D_0	−0.036 8	0.000 6	0	0	−0.150 6	−0.029 9	0		0.100 7
Y	0.440 1	0.003 2	−0.040 4	−0.025 0	0.044 1	−0.132 0	−0.102 5	−0.008 4	

因素	直接作用	间接作用							
		$\gamma \to \eta$	$\beta_2 \to \eta$	$\varphi \to \eta$	$Z \to \eta$	$D_2 \to \eta$	$b_2 \to \eta$	$D_0 \to \eta$	$Y \to \eta$
γ	$-0.052\,8$		$0.040\,0$	0	$0.000\,1$	$-0.272\,6$	$0.107\,0$	$0.004\,0$	$0.250\,9$
β_2	$0.480\,3$	$-0.004\,4$		$-0.163\,6$	$-0.000\,5$	$0.109\,0$	$-0.026\,9$	0	$-0.048\,0$
φ	$-0.490\,8$	0	$0.160\,1$		$-0.000\,3$	$0.109\,0$	$0.107\,6$	0	$0.040\,6$
Z	$-0.001\,1$	$0.004\,4$	$0.200\,1$	$-0.122\,7$		$0.054\,5$	$-0.026\,9$	$-0.012\,0$	$0.044\,3$
D_2	$0.654\,2$	$0.022\,0$	$0.080\,0$	$-0.081\,8$	$-0.000\,1$		$-0.107\,6$	$-0.008\,0$	$-0.444\,5$
b_2	$0.322\,8$	$-0.013\,2$	$-0.040\,0$	$-0.163\,6$	$0.000\,1$	$-0.218\,1$		0	$0.424\,2$
D_0	$0.048\,0$	$-0.004\,4$	0	0	$0.000\,3$	$-0.109\,0$	0		$0.138\,3$
Y	$0.604\,7$	$-0.021\,9$	$-0.038\,1$	$-0.032\,9$	$-0.000\,1$	$-0.480\,9$	$0.226\,5$	$0.011\,0$	

（5）核主泵主要几何参数对性能的直接影响分析

对于核主泵设计点扬程而言，从表 4-5 中可以看出：8 个叶轮几何参数中，直接影响较大的参数为叶片数、叶片出口安放角、叶片包角、面积比、叶轮出口直径和叶片出口宽度，其余 2 个参数对扬程的影响相对而言不大。直接影响较大的 6 个参数中，叶轮叶片数影响最大，叶片出口安放角、面积比、叶片包角和叶轮出口直径依次次之，叶片出口宽度影响最小。叶轮叶片数对扬程的直接通径系为 0.602 5，表明叶轮叶片数在影响核主泵扬程的几何参数中起最主要作用，改变叶轮叶片数，会使叶轮做功大小有较大的改变，核主泵的扬程明显改变，即在一定范围内，增加叶轮叶片数，泵的扬程一定会明显上升。叶轮叶片出口安放角和面积比对扬程的直接通径系数分别为 0.509 1 和 0.440 1，表明叶片出口安放角和面积比在影响核主泵扬程的几何参数中也起主要作用，其中，改变叶片出口安放角，叶轮出口处绝对速度的圆周分量会发生改变，即叶片出口安放角增大，叶轮出口处绝对速度的圆周分量变大，由泵理论扬程原理可知，泵的扬程上升；面积比是反映叶轮和导叶匹配关系的重要物理量，泵的性能不是由叶轮单方面决定的，而是由叶轮和导叶两者共同决定的（蜗壳一直保持不变，所以不考虑），其中导叶进口面积大小在设计过程中几乎不发生改变，所以在一定范围内增大面积比相当于减小了冲击损失，会使扬程上升。叶片包角对扬程的直接通径系数为 $-0.373\,1$，对于叶片包角而言，叶片包角的改变使叶轮流道内的流体受到的约束力发生改变，且叶轮出口相对速度液流角也发生改变，即在一定范围内，随着叶片包角的增大，流道内流体虽然受到更强的叶片约束，但是叶轮出口相对液流角减小，扬程下降。叶轮出口直径对扬程的直接通径系数为 0.179 5，说明在一定范围内，增大叶轮出口直径可使流体的能量增多，扬程上升。叶片出口宽度在对扬程的影响方面，直接通径系数最小，为 $-0.146\,1$，说明在一定范围内，增大叶片出口宽度可导致叶轮出口边过度倾斜,出现较大的二次流,使扬程下降。

对于核主泵设计点效率而言,从表 4-5 中可以看出:8 个叶轮几何参数中,直接影响较大的参数为叶片出口安放角、叶片包角、叶片出口宽度、叶轮出口直径和面积比,其余 3 个参数对效率的影响相对而言不大。直接影响较大的 5 个参数中,叶轮出口直径影响最大,面积比、叶片包角和叶片出口安放角依次次之,叶片出口宽度影响最小。叶轮出口直径对效率的直接通径系数为 0.654 2,表明叶轮出口直径在影响核主泵效率的几何参数中起最主要作用,改变叶轮出口直径,会使叶轮出口流动状况发生变化,核主泵的效率发生改变,即在一定范围内,增大叶轮出口直径,可降低叶轮出口速度,使叶轮和导叶间的冲击损失降低,泵水力效率得到提高。叶轮与导叶之间面积比对效率的直接通径系数为 0.604 7,说明在一定范围内,增大叶轮出口面积,使叶轮和导叶更好地匹配,可减小冲击损失,提高效率。叶片出口安放角和叶片包角对效率的直接通径系数分别为 0.480 3 和 −0.490 8,表明叶片出口安放角和叶片包角在影响核主泵设计点效率的几何参数中也起主要作用,其中,在一定范围内,增大叶片出口安放角,叶轮出口处绝对速度的圆周分量变大,效率上升;对于增大叶片包角而言,流道内流体虽然受到更强的叶片约束,但是过长的流道增大了摩擦损失,会降低泵的效率。叶片出口宽度对效率的直接通径系数为 0.322 8,说明在一定范围内,增大叶片出口宽度可提高泵的效率。

(6)核主泵主要几何参数对性能的间接影响分析

叶轮几何参数除了对泵性能有直接影响外,还存在不同程度的相互影响。由通径分析原理可知:相关系数＝直接通径系数＋间接通径系数,即改变某一参数时,除了对性能有直接影响外,还有通过改变其他几何参数对该性能的间接影响。

结合表 4-3 和表 4-5 可知:对于扬程指标而言,出口倾斜角和叶轮进口直径对扬程的间接通径系数分别为 0.060 4 和 −0.079 3,表明出口倾斜角和叶轮进口直径通过改变其他几何参数对扬程间接影响较小,主要是通过改变面积比来提高扬程($\gamma \rightarrow Y \rightarrow H = 0.182\ 5$,$D_0 \rightarrow Y \rightarrow H = 0.100\ 7$);叶片出口安放角对扬程的间接通径系数为 0.134 5,表明叶片出口安放角通过改变其他几何参数对扬程有加强作用的间接影响,其中,叶片出口安放角通过改变叶片包角对扬程有削减作用($\beta_2 \rightarrow \varphi \rightarrow H = -0.124\ 4$),而叶片出口安放角通过叶片数对扬程有加强作用($\beta_2 \rightarrow Z \rightarrow H = 0.251\ 0$);叶片包角对扬程的间接通径系数为 0.331 0,表明叶片包角通过改变其他几何参数对扬程有加强作用的间接影响,其中,叶片包角通过叶片出口安放角和叶片数对扬程有加强作用($\varphi \rightarrow \beta_2 \rightarrow H = 0.169\ 7$,$\varphi \rightarrow Z \rightarrow H = 0.150\ 6$);叶轮叶片数对扬程的间接通径系数为

0.186 8,表明叶轮叶片数通过改变其他几何参数对扬程间接影响很小,其中,叶轮叶片数通过叶片出口安放角对扬程有加强作用($Z \to \beta_2 \to H = 0.212\ 1$),而叶轮叶片数通过叶片包角对扬程有削减作用($Z \to \varphi \to H = -0.104\ 1$);叶轮叶片出口宽度对扬程的间接通径系数为 0.033 7,表明叶轮叶片出口宽度通过改变其他几何参数对扬程有很小程度增强的间接影响,其中,叶轮叶片出口宽度通过叶片包角对扬程有削减作用($b_2 \to \varphi \to H = -0.124\ 4$),叶轮叶片出口宽度通过面积比对扬程有加强作用($b_2 \to Y \to H = 0.308\ 7$);叶轮出口直径对扬程的间接通径系数为 $-0.198\ 9$,表明叶轮出口直径通过改变其他参数对扬程有削减作用,其中,叶轮出口直径的改变主要通过面积比来削减扬程($D_2 \to Y \to H = -0.323\ 5$);叶轮和导叶的面积比对扬程的间接通径系数为 $-0.257\ 0$,表明改变面积比对扬程有削减作用,其中,改变面积比主要通过叶轮出口直径和叶片出口宽度来削减扬程($Y \to D_2 \to H = -0.132\ 0$,$Y \to b_2 \to H = -0.102\ 5$)。

对于效率指标而言,叶轮进口直径对效率的间接通径系数为 0.025 2,表明叶轮进口直径通过改变其他几何参数对提高效率间接影响较小,叶轮进口直径的改变主要通过叶轮出口直径和面积比来影响效率,其中,叶轮进口直径通过叶轮出口直径来降低效率($D_0 \to D_2 \to \eta = -0.109\ 0$),叶轮进口直径通过面积比来提高效率($D_0 \to Y \to \eta = 0.138\ 3$);出口倾斜角对效率的间接通径系数为 0.103 1,表明出口倾斜角通过改变其他几何参数有提高效率的间接影响,其中,出口倾斜角通过叶片出口宽度和面积比对效率有提高作用($\gamma \to b_2 \to \eta = 0.107\ 0$,$\gamma \to Y \to \eta = 0.250\ 9$),出口倾斜角通过叶轮出口直径对效率有降低作用($\gamma \to D_2 \to \eta = -0.272\ 6$);叶片出口安放角对效率的间接通径系数为 $-0.134\ 3$,表明叶片出口安放角通过改变其他几何参数对效率有降低作用的间接影响,其中,叶片出口安放角通过叶片包角对效率有降低作用($\beta_2 \to \varphi \to \eta = -0.163\ 6$),叶片出口安放角通过叶轮出口直径对效率有提高作用($\beta_2 \to D_2 \to \eta = 0.109\ 0$);叶片包角对效率的间接通径系数为 0.417 0,表明叶片包角通过改变其他几何参数对效率有提高作用的间接影响,其中,叶片包角通过叶片出口安放角、叶轮出口直径和叶片出口宽度对效率有提高作用($\varphi \to \beta_2 \to \eta = 0.160\ 1$,$\varphi \to D_2 \to \eta = 0.109\ 0$,$\varphi \to b_2 \to \eta = 0.107\ 6$);叶轮叶片数对效率的间接通径系数为 0.141 7,表明叶轮叶片数通过改变其他几何参数有提高效率的间接影响,其中,叶轮叶片数通过叶片出口安放角对效率有提高作用($Z \to \beta_2 \to \eta = 0.200\ 1$),而叶轮叶片数通过叶片包角对效率有降低作用($Z \to \varphi \to \eta = -0.122\ 7$);叶轮出口直径对效率的间接通径系数为 $-0.540\ 0$,表明叶轮出口直径通过改变其他几何参数有降低效率的间接影响,其中,叶轮出口直径通过叶片出口宽度和面积比使效率降低($D_2 \rightarrow b_2 \rightarrow \eta = -0.107\ 6$, $D_2 \rightarrow Y \rightarrow \eta =$ $-0.444\ 5$);叶轮叶片出口宽度对效率的间接通径系数为$-0.010\ 5$,表明叶轮叶片出口宽度通过其他参数对效率有较小的降低作用,其中,叶轮叶片出口宽度通过面积比对效率有提高作用($b_2 \rightarrow Y \rightarrow \eta = 0.424\ 2$),叶轮叶片出口宽度通过叶片包角和叶轮出口直径对效率有降低作用($b_2 \rightarrow \varphi \rightarrow \eta = -0.163\ 6$, $b_2 \rightarrow$ $D_2 \rightarrow \eta = -0.218\ 1$)。

通过对不同几何参数间的间接通径系数分析可知:以不同性能为指标时,各参数间的影响权重不同($\beta_2 \rightarrow Z \rightarrow H = 0.251\ 0$, $\beta_2 \rightarrow Z \rightarrow \eta = -0.000\ 5$);以相同性能为指标时,各参数间的影响权重具有方向性($\beta_2 \rightarrow \varphi \rightarrow H = -0.124\ 4$, $\varphi \rightarrow \beta_2 \rightarrow H = 0.169\ 7$);间接通径系数较小,不代表该参数与其他参数之间几乎没有相互作用(叶轮进口直径对效率的间接通径系数为$0.025\ 2$, $D_0 \rightarrow D_2 \rightarrow$ $\eta = -0.109\ 0$, $D_0 \rightarrow Y \rightarrow \eta = 0.138\ 3$),而是对每个参数的作用中和了间接影响。

(7)剩余通径系数分析

剩余通径系数是衡量参数和性能之间是否满足线性关系的重要数值。选取的 8 个叶轮几何参数对核主泵性能的决定通径系数和剩余通径系数见表4-6。

表 4-6　叶轮几何参数与性能之间的决定通径系数和剩余通径系数

性能	决定通径系数	剩余通径系数
H	0.842 1	0.290 9
η	0.667 8	0.554 1

从表4-6中可以看出,扬程性能的决定通径系数为$0.842\ 1$,说明选取的 8 个参数能够通过线性关系准确计算扬程性能,而效率性能的决定通径系数为$0.667\ 8$,表明选取的 8 个参数与效率性能之间不能很好地满足线性关系,可能有较大的误差或有主要的参数没有选中。结合实际情况可知:叶轮作为核主泵核心的过流部件,其作用是将机械能转化为势能,所以扬程主要取决于叶轮的几何参数,针对效率而言,叶轮只是核主泵过流部件的一部分,且影响效率的叶轮几何参数不止所选的 8 个参数,所以导致以效率为指标时各数决定通径系数较小,因而该计算过程是较准确的,选取的 8 个参数可以线性表示效率。

为了直观表示扬程指标和效率指标与各参数之间的关系,依据表4-5及相关分析,并去除影响不大的几何参数,作通径图,如图4-2所示,图中 e 为剩余通径系数。

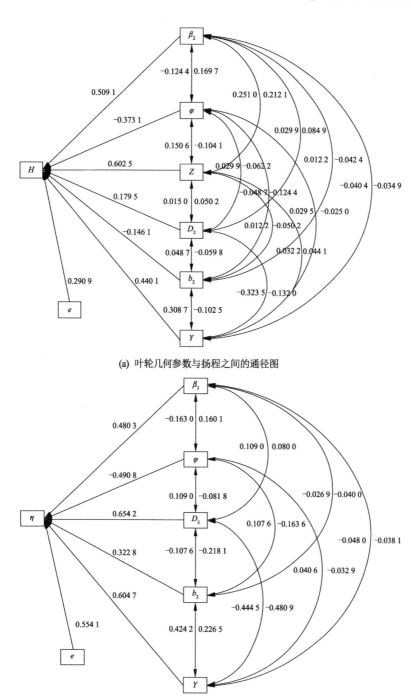

(a) 叶轮几何参数与扬程之间的通径图

(b) 叶轮几何参数与效率之间的通径图

图 4-2　叶轮几何参数与性能之间的通径图

4.3.3 最优参数

通过选取叶轮8个主要参数分别以效率和扬程为性能评价指标时,不同的指标对应的几何参数影响作用大小不同。当以效率为性能指标时,有5个几何参数对效率的影响较大,按照影响权重大小来分,从大到小依次为叶轮出口直径、面积比、叶片包角、叶片出口安放角、叶轮叶片出口宽度;而以扬程为性能指标时,有6个几何参数对扬程的影响较大,但是与效率不同,按照影响权重大小来分,从大到小依次为叶轮叶片数、叶片出口安放角、面积比、叶片包角、叶轮出口直径、叶轮叶片出口宽度。根据偏相关分析和通径分析计算所得的结果,以效率性能为主要指标选取最优参数,选取结果见表4-7。

表 4-7　叶轮几何参数最优组合选择

因素	选取理由	最优结果
γ	在一定范围内,叶轮出口倾斜角对效率和扬程没有明显的影响,有一定的间接作用,取平均数	23
β_2	在一定范围内,叶轮叶片出口安放角对效率和扬程都有较强正影响,为保证效率最大,取较大数	30
φ	在一定范围内,叶片包角对效率和扬程都有较强负影响,为保证效率最大,取较小数	115
Z	在一定范围内,叶片数对效率没有明显影响,而对扬程有很大正影响,不宜太大,取平均数	5
D_2	在一定范围内,叶轮出口直径对效率和扬程都有较强正影响,为保证效率最大,取较大数	770
b_2	在一定范围内,叶片出口宽度对效率有正影响,对扬程有负影响,为保证效率最大,取较大数	200
D_0	在一定范围内,叶轮进口直径对效率和扬程没有明显的影响,有一定的间接作用,取平均数	555
Y	在一定范围内,面积比对效率和扬程都有较强正影响,为保证效率最大,取较大数	1.002

通过对18组计算模型外特性结果进行相关性分析,得到叶轮几何参数与效率和扬程之间的相关性大小,以及不同几何参数之间的相关性关系;对外

特性计算结果进行偏相关分析,得到影响效率和扬程的主要参数;对外特性计算结果进行通径分析计算,得到各几何参数对效率和扬程的直接影响大小,以及各几何参数通过影响其他参数对效率和扬程的间接影响大小。以效率为目标,扬程为约束条件,结合偏相关分析和通径分析计算所得结果,选取最优的参数组合:$\gamma = 23°$,$\beta_2 = 30°$,$\varphi = 115°$,$Z = 5$,$b_2 = 200$ mm,$D_2 = 770$ mm,$D_0 = 555$ mm,$Y = 1.002$ [23]。

4.4 导叶正交优化设计

4.4.1 正交试验设计

由于在偏设计工况下核主泵水力损失会进一步增加,为了提高小流量工况下核主泵运行的效率与扬程,降低核主泵惰转过渡过程中的能量损失,从而延长惰转时间,保证堆芯过热量得到充分排出,选择通过正交试验来优化导叶几何参数,改善核主泵内部流动,提升核主泵的惰转特性。

(1)优化目标

① 获得导叶的主要几何参数与效率和扬程之间的关联度排序。

② 以效率和扬程为优化目标综合分析,得到导叶几何参数最优组合。

(2)优化因素

以效率和扬程为指标,对核主泵导叶的主要几何参数进行评价,以泵设计理论为基础进行分析,确定以下 6 个因素:导叶进口安放角 α_3、导叶出口安放角 α_4、叶片包角 φ、叶片厚度 δ、导叶出口宽度 b_4 和导叶与叶轮间隙 R_t,各因素均分别取 3 个水平,因素水平见表 4-8。参照核主泵的设计参数,对不同因素组合的导叶模型进行水力设计,导叶的主要几何参数和结构示意图如图4-3所示。

表 4-8 因素水平表

水平	因素					
	$\alpha_3/(°)$	$\alpha_4/(°)$	$\varphi/(°)$	δ/mm	R_t/mm	b_4/mm
1	22	18	70	15	5	280
2	26	20	75	20	10	290
3	30	22	80	25	15	300

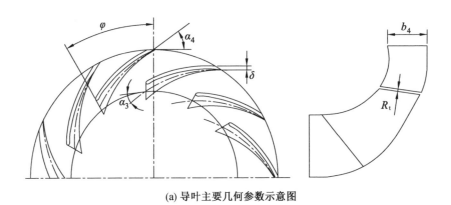

(a) 导叶主要几何参数示意图

(b) 导叶模型

图 4-3　导叶主要几何参数示意图和模型

（3）正交试验数值模拟及结果分析

利用 CREO 软件分别绘制叶轮、进口段、蜗壳和不同因素组合的导叶水体模型，通过 ICEM-CFD 进行网格划分并对网格数量进行无关性检验。借助 ANSYS CFX 对核主泵水体进行定常计算，主要设置如下：湍流模型采用适应性较强的标准 $k-\varepsilon$ 模型[18]，边界条件设为全压进口和质量流量出口，叶轮边界速度为给定的叶轮周向速度[24]，离散格式设为一阶迎风格式，计算收敛精度设为 10^{-4}，计算步长为 0.040 54 s。对 18 组不同几何参数组合导叶的核主泵水体模型进行定常计算，试验方案性能计算结果见表 4-9。

表 4-9 正交试验数值计算结果

序号	$\alpha_3/(°)$	$\alpha_4/(°)$	$\varphi/(°)$	δ/mm	R_1/mm	b_4/mm	指标	
							$\eta/\%$	H/m
1	22	18	70	15	5	280	79.59	131.532
2	22	20	75	20	10	290	82.30	130.936
3	22	22	80	25	15	300	82.98	125.460
4	26	18	70	20	15	300	80.65	124.954
5	26	20	75	25	5	280	82.23	131.721
6	26	22	80	15	10	290	83.12	128.980
7	30	18	75	25	10	300	82.50	128.234
8	30	20	80	15	15	280	82.80	125.961
9	30	22	70	20	5	290	78.20	131.295
10	22	18	80	20	5	280	83.20	130.161
11	22	20	70	25	15	290	76.41	124.076
12	22	22	75	15	5	300	82.52	134.112
13	26	18	75	15	15	290	82.67	126.207
14	26	20	80	20	5	300	83.52	132.032
15	26	22	70	25	10	280	77.36	126.807
16	30	18	80	25	5	290	83.43	136.537
17	30	20	70	15	10	300	79.71	127.180
18	30	22	75	20	15	280	81.72	123.568

4.4.2 正交试验结果灰色关联分析

由正交试验的性能计算结果分析可知,不同因素组合得到的试验结果指标具有明显的差异性,但不同因素组合与性能指标的内在规律很难直接对比得到。因此,选择灰色关联分析法来揭示各因素组合与效率和扬程之间的联系。

通常意义上的关联度是指不同因素组合或因素之间相关性的大小[25]。它描述系统内自变量与因变量或自变量相互之间的关系,揭示了系统序列之间的影响程度。与常用的数理统计分析不同,灰色关联分析[26]主要是基于灰色过程对系统因素进行动态比较,而数理统计分析[27]则是基于概率论对随机分布因素进行数组间的静态比较,两者的理论基础、分析方法和数据量都不一样。相比之下,灰色关联分析对于系统内不同因素之间的主次关系和优劣关系有更加清晰的认识,对因素之间存在耦合关系的情况更具适应性。

(1) 原始数据变换

通常情况下,不同因素的量纲和数量级可能存在差异性,比如叶片出口安放角为度,而导叶的出口宽度为毫米,又比如导叶与叶轮间隙仅为几毫米,而扬程达到上百米。因此,消除量纲使原始数据同一化,可以更好地挖掘系统内各参数的内在联系。目前,常用的数据同一化处理方法有以下三种[28]:

① 将序列数据的平均值除序列中的每个数据得到新的序列,称为均值化处理。

$$x'_{ij} = \frac{x_{ij}}{\frac{1}{m}\sum_{i=1}^{m}x_{ij}} \quad (i=1,2,\cdots,m;j=1,2,\cdots,n) \tag{4-11}$$

② 将序列首位数据除序列中余下的其他数据得到新的序列,称为初值化处理。

$$x'_{ij} = \frac{x_{ij}}{x_{1j}} \quad (i=1,2,\cdots,m;j=1,2,\cdots,n) \tag{4-12}$$

③ 将序列中每个数据与序列平均值之差除以序列的标准差得到新的序列,称为标准化处理。

$$x'_{ij} = \frac{x_{ij}-\bar{x}_j}{s_j} \quad (i=1,2,\cdots,m;j=1,2,\cdots,n) \tag{4-13}$$

式中:$\bar{x}_j = \frac{1}{m}\sum_{i=1}^{m}x_{ij}$,$s_j = \sqrt{\frac{1}{m}\sum_{i=1}^{m}(x_{ij}-\bar{x}_j)^2}$。

基于大量分析经验可知,均值化处理和标准化处理相对来说比较适合于数据序列之间的相关分析。对正交试验结果中各因素与效率、扬程指标之间的相关性进行灰色关联分析时,对上述正交试验结果采取标准化处理,试验数据进行无量纲化后使各数据具有了统一的度量标准,保证了分析结果的可靠性与科学性。

其中,试验数据标准化处理结果如表 4-10 所示。

表 4-10 标准化变换结果

序号	α_3	α_4	φ	δ	R_t	b_4	指标	
							η	H
1	−1.190 2	−1.190 2	−1.190 2	−1.190 2	−1.190 2	−1.190 2	−0.811 4	0.731 2
2	−1.190 2	0	0	0	0	0	0.414 4	0.567 2
3	−1.190 2	1.190 2	1.190 2	1.190 2	1.190 2	1.190 2	0.721 9	−0.939 9
4	0	−1.190 2	−1.190 2	0	1.190 2	1.190 2	−0.331 9	−1.079 2
5	0	0	0	1.190 2	−1.190 2	−1.190 2	0.382 7	0.783 2
6	0	1.190 2	1.190 2	−1.190 2	0	0	0.785 2	0.028 9
7	1.190 2	−1.190 2	1.190 2	1.190 2	0	1.190 2	0.504 8	−0.176 5
8	1.190 2	0	1.190 2	−1.190 2	1.190 2	−1.190 2	0.640 5	−0.802 0
9	1.190 2	1.190 2	−1.190 2	0	−1.190 2	0	−1.440 1	0.666 0
10	−1.190 2	−1.190 2	1.190 2	0	0	−1.190 2	0.821 4	0.353 9
11	−1.190 2	0	−1.190 2	1.190 2	1.190 2	0	−2.249 7	−1.320 8
12	−1.190 2	1.190 2	0	−1.190 2	−1.190 2	1.190 2	0.513 9	1.441 3
13	0	−1.190 2	0	−1.190 2	1.190 2	0	0.581 7	−0.734 3
14	0	0	1.190 2	0	−1.190 2	1.190 2	0.966 2	0.868 8
15	0	1.190 2	−1.190 2	1.190 2	0	−1.190 2	−1.820 0	−0.569 2
16	1.190 2	−1.190 2	1.190 2	1.190 2	−1.190 2	0	0.925 4	2.108 7
17	1.190 2	0	−1.190 2	−1.190 2	0	1.190 2	−0.757 1	−0.466 5
18	1.190 2	1.190 2	0	0	1.190 2	−1.190 2	0.152 0	−1.460 7

（2）计算关联系数

将标准化处理后的效率和扬程两个母序列分别记作 $\{X_A(t)\}$ 和 $\{X_B(t)\}$，6 个因素的子序列分别记为 $\{X_i(t)\}$，$i=1,2,\cdots,6$。在序号 $t=k$ 时母序列 $\{X_A(t)\}$ 和 $\{X_B(t)\}$ 与子序列 $\{X_i(t)\}$ 的关联系数 $L_{Ai}(k)$ 和 $L_{Bi}(k)$ 可分别由下面两个公式计算：

$$L_{Ai}(k)=\frac{\Delta_{\min}+\rho\Delta_{\max}}{\Delta_{Ai}(k)+\rho\Delta_{\max}} \qquad (4\text{-}14)$$

$$L_{Bi}(k)=\frac{\Delta_{\min}+\rho\Delta_{\max}}{\Delta_{Bi}(k)+\rho\Delta_{\max}} \qquad (4\text{-}15)$$

式中：$\Delta_{Ai}(k)$，$\Delta_{Bi}(k)$ 分别表示序号 $t=k$ 时的效率序列、扬程序列与第 i 个因

素子序列之间的绝对差,即 $\Delta_{Ai}(k) = |x_A(k) - x_i(k)|$ $(1 \leqslant i \leqslant 6)$;$\Delta_{max}$ 代表各序列之间的绝对差最大值,Δ_{min} 则代表最小值,由于比较序列相交,故一般取 $\Delta_{min} = 0$;ρ 称为分辨系数,$\rho \in (0,1)$。所以,关联系数 $L_{Ai}(k)$ 和 $L_{Bi}(k)$ 反映了不同因素组合构成的比较序列之间的相关性。

基于以上分析,求出正交试验中核主泵效率、扬程分别与导叶进口安放角 α_3、出口安放角 α_4、叶片包角 φ、叶片厚度 δ、出口宽度 b_4 和导叶与叶轮间隙 R_t 各因素之间的关联系数 $L_A(k)$ 和 $L_B(k)$ 如表 4-11、表 4-12 所示。

表 4-11 效率与试验各因素的关联系数

序号	$L_A(k)$					
	α_3	α_4	φ	δ	R_t	b_4
1	0.822 4	1.000 0	0.532 1	0.686 2	0.821 7	0.743 6
2	0.282 6	0.950 2	0.495 7	0.654 0	0.783 1	0.702 2
3	0.242 7	0.883 7	0.449 2	0.610 6	0.731 1	0.647 6
4	0.887 2	0.586 4	0.267 5	0.733 8	0.318 3	0.257 0
5	0.817 4	0.994 3	0.527 9	0.430 7	0.309 8	0.249 7
6	0.503 5	0.962 9	0.504 8	0.213 8	0.525 9	0.444 4
7	0.556 5	0.340 6	0.422 3	0.481 8	0.699 7	0.493 2
8	0.649 5	0.722 0	0.393 4	0.228 1	0.664 5	0.218 4
9	0.182 4	0.231 9	0.724 9	0.278 0	1.000 0	0.269 6
10	0.232 1	0.294 0	0.543 3	0.425 6	0.509 6	0.200 7
11	0.399 1	0.266 5	0.221 3	0.131 1	0.157 0	0.181 4
12	0.268 3	0.695 6	0.416 1	0.242 2	0.290 0	0.498 2
13	0.624 9	0.328 0	0.375 1	0.234 4	0.623 5	0.556 6
14	0.429 4	0.536 5	0.781 8	0.378 6	0.237 5	1.000 0
15	0.253 4	0.205 3	0.350 6	0.147 9	0.274 4	0.525 3
16	1.000 0	0.281 3	0.695 8	0.814 7	0.241 5	0.390 3
17	0.238 8	0.642 5	0.478 5	0.638 3	0.539 4	0.206 7
18	0.405 6	0.507 6	1.000 0	1.000 0	0.429 7	0.286 5

表 4-12　扬程与试验各因素的关联系数

序号	$L_B(k)$					
	α_3	α_4	φ	δ	R_t	b_4
1	0.134 5	0.172 0	0.151 8	0.263 5	0.159 4	0.119 1
2	0.145 4	0.451 9	0.415 3	0.699 6	0.399 9	0.322 2
3	0.570 4	0.157 0	0.138 3	0.240 4	0.145 9	0.108 5
4	0.218 7	1.000 0	1.000 0	0.430 4	0.138 0	0.102 5
5	0.280 4	0.358 8	0.325 2	0.869 9	0.155 8	0.116 3
6	1.000 0	0.263 7	0.235 8	0.389 4	1.000 0	1.000 0
7	0.180 2	0.294 1	0.831 8	0.353 9	0.708 5	0.160 5
8	0.130 2	0.352 4	0.146 9	0.895 5	0.154 5	0.415 9
9	0.372 5	0.476 5	0.156 6	0.624 3	0.164 1	0.286 5
10	0.162 5	0.207 9	0.308 8	0.946 3	0.524 7	0.144 5
11	0.743 0	0.237 1	0.943 0	0.207 3	0.126 3	0.165 3
12	0.101 5	0.728 6	0.195 9	0.198 6	0.121 2	0.535 2
13	0.294 2	0.521 6	0.342 0	0.809 8	0.159 2	0.266 2
14	0.123 8	0.158 4	0.286 4	0.242 6	0.098 9	0.233 5
15	0.352 4	0.185 8	0.388 5	0.284 8	0.399 1	0.301 7
16	0.501 3	0.161 8	0.606 3	1.000 0	0.150 2	0.223 4
17	0.153 0	0.514 1	0.345 9	0.587 3	0.450 5	0.135 8
18	0.100 8	0.129 0	0.193 6	0.334 4	0.120 4	0.514 3

（3）求关联度

两序列之间的关联度是指各试验序列之间关联系数的平均值,即

$$r_{Ai} = \frac{1}{N}\sum_{k=1}^{N}L_{Ai}(k) \tag{4-16}$$

式中:r_{Ai} 为子序列 i 与母序列 A 的关联度;N 为比较序列的长度,即数据个数。

对正交试验结果进行分析,得到核主泵效率、扬程分别与试验中导叶进口安放角 α_3、出口安放角 α_4、叶片包角 φ、叶片厚度 δ、出口宽度 b_4 和导叶与叶轮间隙 R_t 各因素之间的关联度如表 4-13 所示。

表 4-13 效率、扬程与试验各因素的关联度

因素	r_{Ai}	r_{Bi}
α_3	0.488 7	0.309 2
α_4	0.579 4	0.353 9
φ	0.510 0	0.389 6
δ	0.462 8	0.287 6
R_t	0.508 7	0.521 0
b_4	0.437 3	0.286 2

（4）关联序

将不同子序列与母序列之间的关联度按大小顺序进行排序后，可以得到系统的关联序，记为 $\{X\}$。灰色关联分析过程中，关联序清晰地反映了各因素与指标之间的相关程度。

本正交试验中，导叶进口安放角 α_3、出口安放角 α_4、叶片包角 φ、叶片厚度 δ、出口宽度 b_4、导叶与叶轮间隙 R_t 各因素对于效率有关联度 $\{r_{11},r_{12},r_{13},r_{14},r_{15},r_{16}\}=\{0.488\ 7,0.579\ 4,0.510\ 0,0.462\ 8,0.508\ 7,0.437\ 3\}$，则有 $r_{12}>r_{13}>r_{15}>r_{11}>r_{14}>r_{16}$；各因素对于扬程有关联度 $\{r_{21},r_{22},r_{23},r_{24},r_{25},r_{26}\}=\{0.309\ 2,0.353\ 9,0.389\ 6,0.287\ 6,0.521\ 0,0.286\ 2\}$，则有 $r_{25}>r_{23}>r_{22}>r_{21}>r_{24}>r_{26}$。

（5）灰色关联结果分析

由上述灰色关联分析可知，正交试验中导叶各因素对于效率和扬程的不同关联度有较大差异，其中，进口安放角 α_3、叶片厚度 δ、出口宽度 b_4 这 3 个因素对效率和扬程的影响相对较小，对扬程的关联序与对效率的是相同的，出口宽度 b_4 不管是对于效率还是扬程，其相关性都是 6 个因素中最小的；而叶片包角 φ、导叶与叶轮间隙 R_t、出口安放角 α_4 这 3 个因素对效率和扬程的影响较大，其中出口安放角 α_4 对效率的影响相关性是最有优势的，而导叶与叶轮间隙 R_t 对扬程的影响相关性是最有优势的。结合效率指标的大小对比，可以得到基于额定点效率的最优试验方案的进口安放角 α_3、出口安放角 α_4、叶片包角 φ、叶片厚度 δ、导叶与叶轮间隙 R_t、出口宽度 b_4 分别取 2,2,3,2,1,3 水平，即 $\alpha_3=26°$，$\alpha_4=20°$，$\varphi=80°$，$\delta=20$ mm，$R_t=5$ mm，$b_4=300$ mm；结合扬程指标的大小对比，可以得到基于额定点扬程的最优试验方案的进口安放角 α_3、出口安放角 α_4、叶片包角 φ、叶片厚度 δ、导叶与叶轮间隙 R_t、出口宽度 b_4 分别取 3,1,3,3,1,2 水平，即 $\alpha_3=30°$，$\alpha_4=18°$，$\varphi=80°$，$\delta=25$ mm，$R_t=5$ mm，$b_4=290$ mm。

4.4.3 最优参数

分别对效率和扬程的最优方案进行分析,可以发现方案中都有叶片包角 $\varphi = 80°$ 和导叶与叶轮间隙 $R_t = 5$ mm。以效率为优化目标,扬程为优化参考平衡其他条件,对于进口安放角 α_3 而言,α_3 取 30° 时比取 26° 时扬程增大了 0.27%,但效率降低了 0.24%,即进口安放角 α_3 取 30° 时扬程虽然增大了,但效率降低了,所以 α_3 取 26°;对于出口安放角 α_4 而言,α_4 取 20° 时比取 18° 时扬程降低了 0.73%,效率降低了 1.1%,即出口安放角 α_4 取 20° 时扬程和效率都降低了,所以 α_4 取 18°;对于叶片厚度 δ 而言,δ 取 20 mm 时比取 25 mm 时扬程增加了 0.1%,效率增加了 0.98%,即叶片厚度 δ 取 20 mm 时扬程虽然几乎不变,但效率有所增加,所以 δ 取 20 mm;对于出口宽度 b_4 而言,b_4 取 300 mm 时比取 290 mm 时扬程降低了 0.8%,效率增加了 1.2%,即出口宽度 b_4 取 300 mm 时扬程虽然降低了,但效率增加了,所以 b_4 取 300 mm。最终,正交试验各因素的最优结果如表 4-14 所示。

表 4-14   各因素的最优结果

因素	$\alpha_3/(°)$	$\alpha_4/(°)$	$\varphi/(°)$	δ/mm	R_t/mm	b_4/mm
最优结果	26	18	80	20	5	300

4.4.4 分流式导叶结构优化设计

将上述通过正交试验得到的核主泵水力性能最优的导叶方案称为优化方案一。以上述方案得到的导叶为基础进行以下三个步骤的结构优化得到分流式导叶,将其称为优化方案二,其中优化方案二得到的导叶轴面示意图与三维实物图如图 4-4 所示:

① 在导叶各流道中心沿流线设置分流板,分流板厚度取叶片厚度的一半即 10 mm,为减少叶轮出流对分流板进口边的冲击,将分流板进口边设在导叶进口内侧,出口边则与导叶出口平齐。

② 将导叶出口宽度扩大 10 mm,调整导叶轴面图,保证分流板分隔后的上、下分流道内过流面积相近,减少对分流板的压力冲击。

③ 由于叶片进口边与分流板进口边不平齐,为了便于导叶模型的机加工,将整片叶片设计分隔为两层叶片,称为上层叶片和下层叶片,其中靠近前盖板为上层叶片,靠近后盖板为下层叶片,设计过程中使上层叶片旋转 $\alpha = 16.4°$,将上、下层流道出口错开,其中上层叶片处于下层流道的中心位置,由于上、下层叶片是对称分布的,下层叶片也处于上层流道的中心位置。

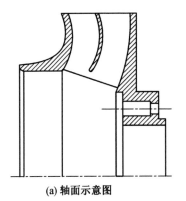

(a) 轴面示意图　　　　　　　　　(b) 三维实物图

图 4-4　分流式导叶

4.4.5　导叶优化前后外特性对比

通过以上两种优化方案得到了两个不同的导叶,为了方便对不同导叶进行对比分析,将优化前的导叶称为模型一,优化方案一即正交试验得到的优化导叶称为模型二,优化方案二即分流式结构优化的导叶称为模型三。三个不同导叶模型的主要几何参数如表 4-15 所示。

表 4-15　不同导叶模型主要参数

参数	模型一	模型二	模型三
$\alpha_3/(°)$	22	26	26
$\alpha_4/(°)$	24	18	18
$\varphi/(°)$	60	80	80
δ/mm	25	20	15
R_t/mm	10	5	5
b_4/mm	290	300	310

对上述三个模型分别通过 CREO 构造三维水体结构,如图 4-5 所示,对导叶三维水体结构进行网格划分并进行网格数量无关性检验。

(a) 模型一　　　　　(b) 模型二　　　　　(c) 模型三

图 4-5　导叶的三维水体结构示意图

将不同导叶模型的水体网格与相同进口段、叶轮和蜗壳水体网格进行组装,得到导叶不同的核主泵计算模型,将三个核主泵计算模型导入 ANSYS CFX 中进行定常计算,通用设置如下:湍流模型选用 SST k-ω 模型,边界条件设为全压进口和质量流量出口,叶轮边界速度为给定的叶轮周向速度,离散格式设为一阶迎风格式,计算收敛精度设为 10^{-4}。计算不同流量点下的水力性能参数,整理数值计算结果后得到导叶优化前后核主泵的外特性曲线,如图 4-6 所示。

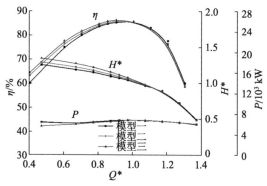

图 4-6 导叶优化前后核主泵的外特性曲线

图 4-6 中,$Q^* = Q/Q_{BEP}$,Q_{BEP} 为额定流量,Q 为计算流量;$H^* = H/H_{BEP}$,$H_{BEP} = 111.1$ m,H 为计算扬程值。从导叶优化前后核主泵效率曲线可以看出,三种不同导叶模型泵高效区分布在 $0.9Q_{BEP} \sim 1.0Q_{BEP}$ 之间,随着流量增加效率先缓慢增加,当流量大于 $1.2Q_{BEP}$ 时效率开始明显地陡降。不同的是,模型一的最高效率点位于 $1.0Q_{BEP}$,此时 $\eta_1 = 85\%$,而模型二、模型三的最高效率点偏离设计点向小流量偏移,出现在 $0.9Q_{BEP}$ 附近,此时 $\eta_2 = 85.5\%$,$\eta_3 = 86\%$。当流量点在 $0.4Q_{BEP} \sim 1.0Q_{BEP}$ 区间时,可以看出优化模型三效率整体相对最高,优化模型二效率次之,导叶优化模型泵的效率在小流量区间整体表现均高于优化前,且在小流量工况效率提升更为明显。由于主泵从失去外动力开始发生惰转时,依靠机组转动惯量储存的能量可以使转子继续驱使流体流动,主泵在非设计工况下的运行效率越高,就意味着其储存能量损耗越低,相同储能时可获得更大的流量和更长的惰转时间,即惰转特性得到优化。从导叶优化前后核主泵扬程曲线可以看出,随着流量的增加,模型泵扬程呈下降趋势,大流量工况时扬程下降速度进一步加快,在 $0.4Q_{BEP} \sim 1.0Q_{BEP}$ 流量区间内,模型三扬程最高,模型二的扬程计算值低于模型三,原始模型一的扬程在 $0.2Q_{BEP} \sim 1.0Q_{BEP}$ 流量区间低于其他两个优化模型,但随着流量增加,扬

程差距逐渐缩小,到达 $1.0Q_{BEP}$ 时,三种模型的扬程几乎相等,与设计扬程的偏差在 1.0% 左右,可知优化模型二与模型三能正常满足主泵的设计工作点要求。由导叶优化前后的模型泵功率曲线可以看出,由于叶轮没有变化,因此三种模型的功率随着流量增加有基本一致的变化趋势,在 $0.4Q_{BEP}\sim$ $1.0Q_{BEP}$ 流量区间机组功率缓慢增加,当流量大于 $1.0Q_{BEP}$ 后功率呈缓慢下降趋势,其中模型三在 $0.4Q_{BEP}\sim0.6Q_{BEP}$ 时的功率明显低于模型一和模型二,这是由于小流量工况叶轮二次回流的影响,而模型三的分流板可以更好地消除二次回流带来的能量损耗,降低小流量工况时机组的运行功率,因此在机组同样的储存能量下,模型三的惰转时间延长,过流量增大,即提升了核主泵的惰转特性。

正交优化导叶和分流式导叶两种导叶优化方案对核主泵小流量工况的效率和扬程都有明显提升,也就是说降低了惰转过渡过程中的流动损耗,在机组相同储能的情况下,能量损耗下降,冷却剂流量增大,惰转特性得到优化。分流式导叶优化方案的核主泵水力性能曲线的高效区向小流量偏移,且小流量工况下的水力性能较正交优化导叶优化方案更好,说明分流板的设计有利于降低小流量工况下叶轮出口二次回流产生的流动损耗[29]。

4.5 泵壳优化设计

4.5.1 泵壳断面形状

从瞬变工况下减少热应力与核主泵运行工况特殊性的观点出发,轻水压水堆的核主泵大多采用轴对称式的类球形泵壳,这使得主泵的结构明显区别于常规泵。关于泵壳最佳形状,根据美国、德国的试验资料及分析,普遍认为类球形泵壳、径向出流的设计方案和传统的螺旋形泵壳、切向出流的方案相比,虽然牺牲了水力效率,但其带来的优点是设计强度高、工艺简化,易于产品质量检查及探伤。

核主泵类球形泵壳的环形部分按等截面设计,图 4-7 为三种核主泵缩比模型泵壳断面形状,表 4-16 为三种断面形状泵壳的设计参数,三种泵壳断面形状显著的区别在于泵壳的轴向宽度不同,而过流断面面积与均值最大偏差 1.97%,可以认为三种泵壳过流断面面积相等[30]。

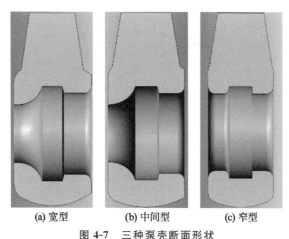

(a) 宽型　　　　　(b) 中间型　　　　　(c) 窄型

图 4-7　三种泵壳断面形状

表 4-16　三种断面形状泵壳的设计参数

模型	过流断面面积/mm²	宽度/mm	最大外径/mm	出口直径/mm	出口扩散角/(°)
a	310 689	940	1 738	559	17
b	309 612	840	1 804	559	17
c	304 604	780	1 870	559	17

4.5.2　外特性

图 4-8 绘制了三种断面形状泵壳的核主泵外特性曲线。从核主泵三种模型的效率曲线变化规律的对比分析可以看出,三种模型的最高效率点均在设计工况,随着流量增加效率缓慢增加,高效区在 $0.8Q_{BEP} \sim 1.1Q_{BEP}$ 之间,当流量大于 $1.1Q_{BEP}$ 时效率出现明显的陡降,核主泵泵壳断面形状为窄型(模型 c)时效率最高,中间型(模型 b)断面形状次之,宽型(模型 a)断面形状的核主泵效率最低,设计点效率最大偏差为 0.67%。对比分析核主泵三种模型的扬程曲线变化规律可以看出,随着流量的增加扬程缓慢下降,偏向大流量时扬程下降更快,核主泵泵壳断面形状为窄型时扬程最高,中间型断面形状次之,宽型断面形状的核主泵扬程最低,设计点扬程最大偏差为 1.02 m。随着流量增加,核主泵三种模型的功率曲线缓慢上升,大于设计点时呈缓慢下降趋势。核主泵三种模型的功率曲线几乎重合,三种模型的效率偏差和扬程偏差都不大,这表明过流断面面积相近时,虽然断面形状变窄使核主泵的性能略有提高,但并不明显。

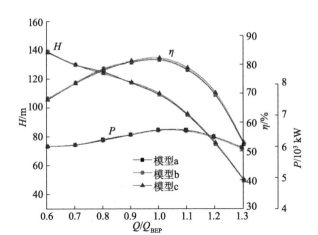

图 4-8   三种断面形状泵壳的核主泵外特性曲线

4.5.3   水力损失分布

图 4-9 为三种泵壳断面形状时核主泵导叶水力损失分布情况。从图中可以看出，泵壳断面形状为窄型(模型 c)时导叶水力损失最小，中间型(模型 b)断面形状次之，宽型(模型 a)断面形状的核主泵导叶水力损失最大，但三种泵壳断面形状的导叶水力损失相差不大，其性能曲线几乎重合，表明在过流断面面积不变的情况下，泵壳断面形状变窄对导叶水力损失影响较小。三种泵壳断面形状的导叶水力损失曲线呈相同的变化规律，随着流量的增加，曲线斜率的绝对值逐渐减小，表明导叶水力损失不断减小，在模型 c 的设计点附近出现低谷值，最低值为 7.44 m，占额定扬程的 6.69%，随着流量继续增加，曲线斜率的绝对值逐渐增大，表明导叶水力损失逐渐增大。

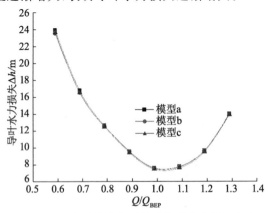

图 4-9   三种泵壳断面形状时导叶水力损失分布

图 4-10 为三种泵壳断面形状时核主泵泵壳水力损失分布情况。从图中可以看出，泵壳断面形状为中间型（模型 b）和窄型（模型 c）时泵壳水力损失曲线变化规律一致，与前两者相比，宽型（模型 a）断面形状的核主泵泵壳水力损失曲线略有不同。当流量大于 $0.9Q_{BEP}$ 时，三者具有相同的变化规律，即随着流量增加，模型 a、模型 b、模型 c 的泵壳水力损失呈递增趋势，但当流量小于 $0.9Q_{BEP}$ 时，模型 a 的泵壳水力损失要小于模型 b 和模型 c，模型 a 的泵壳水力损失曲线的低谷出现在 $0.85Q_{BEP}$，而模型 b 和模型 c 的泵壳水力损失曲线的低谷出现在 $0.9Q_{BEP}$，最低值为 8.42 m，为额定扬程的 7.57%。这是因为模型 b 和模型 c 的断面形状更为接近，模型 a 的断面形状与前两者区别明显。

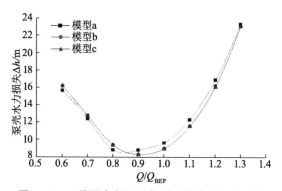

图 4-10　三种泵壳断面形状时泵壳水力损失分布

综上所述，宽型断面形状的泵壳对水力损失有一定的影响，中间型和窄型断面形状的泵壳水力损失区别不大，三种泵壳断面形状对导叶水力损失的影响较小，流量偏离设计工况时，泵壳和导叶中的水力损失增加，其主要成分是冲击损失。

4.5.4　流场分析

由于模型 b 和模型 c 具有相似的性能和相近的断面形状，本节只分析宽型和窄型断面形状泵壳的核主泵的内部流场。流场截面均选取进出口中心线构成的截面。

图 4-11 为宽型模型 a 不同工况点的静压云图。从图中可以看出，在不同工况下，整个流域的压力分布都比较均匀，存在明显的梯度变化，受导叶和泵壳的扩压作用，液体在叶轮中的静压明显低于导叶和泵壳中的静压，在出口管段上，静压沿着出流方向逐渐降低，在出口收缩管与类球形泵壳交界处存在局部高压，如图中 A 区域，这表明该区域的流动不顺畅。针对这一问题，建

议对交界处倒圆角,以改善流体在类球形泵壳中的出流。与出口方向相反的泵壳区域中,沿着导叶的出流方向静压不断增大,在泵壳壁面压力达到最大。随后高压水向两边扩散,在两侧形成旋涡,在图中 B,C 区域存在局部低压,该旋涡又受流体作用绕泵壳中心轴旋转着流出泵壳。对比 $0.8Q_{BEP}$,$1.0Q_{BEP}$,$1.2Q_{BEP}$ 工况点的静压云图可知,随着流量增加,整个流域的静压降低。

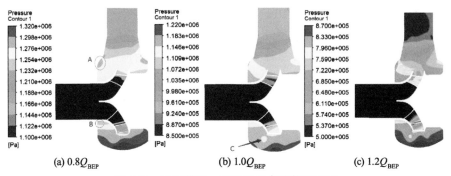

图 4-11　宽型模型 a 不同工况点的静压云图

图 4-12 为宽型模型 a 不同工况点的速度流线图。从图中可以看出,在不同工况下,整个流域的流线分布较为合理,叶轮中的流速要高于其他水力部件,流体进入导叶后流速降低,动能逐渐转化为压力能。在 B 区域及其环向区域,无流线绕过或存在低速流体,沿着导叶出流方向液体流出导叶后向两边扩散,在图中 C,D 区域形成两个涡结构,该旋涡又受流体作用绕泵壳中心轴旋转着流出泵壳。在出口收缩管与类球形泵壳交界处流动不顺畅,流线存在明显的转向趋势。对比 $0.8Q_{BEP}$,$1.0Q_{BEP}$,$1.2Q_{BEP}$ 工况点的流线分布可知,随着流量增加,上述 A 区域流线逐渐加密,分布更为均匀。随着流量的增加,在 C,D 区域旋涡逐渐扩大,流线逐渐密集。

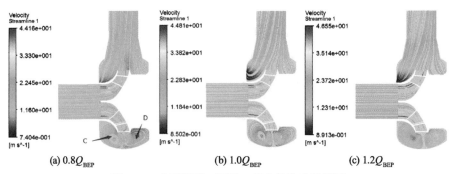

图 4-12　宽型模型 a 不同工况点的速度流线图

图 4-13 为宽型模型 a 设计工况点的速度矢量图。从图中可以看出,流体从进口进入叶轮,受叶轮做功作用,流体获得较高的动能,在叶轮中形成高速液流,经导叶扩压作用,流速降低,流体经导叶流入类球形泵壳后,在泵壳两侧(C,D 区域)形成方向相反的两个旋涡,核主泵水力部件的结构和类球形泵壳是造成该旋涡的主要原因。

图 4-13   宽型模型 a 设计工况点的速度矢量图

图 4-14 为窄型模型 c 不同工况点的静压云图。从图中可以看出,在不同工况下,相对于模型 a,模型 c 整个流域的压力分布更均匀,压力梯度变化较为明显,受导叶和泵壳的扩压作用,液体在叶轮中的静压明显低于导叶和泵壳中的静压。在出口管段上,静压沿着出流方向逐渐降低,在出口收缩管与类球形泵壳交界处,如图中 A 区域,局部高压区域明显减少,这表明窄型断面形状更利于出流。而在图中 B 区域并未出现较为明显的压力梯度,这是因为 B 区域的倒圆角使流动更顺畅。与出口方向相反的泵壳中,沿着导叶的出流方向静压不断增大,在泵壳壁面压力达到最大。随后高压水向两边扩散,在两侧形成局部低压区,如图中 C,D 区域。对比 $0.8Q_{BEP}$,$1.0Q_{BEP}$,$1.2Q_{BEP}$ 工况点的静压云图可知,随着流量增加,整个流域的静压降低。

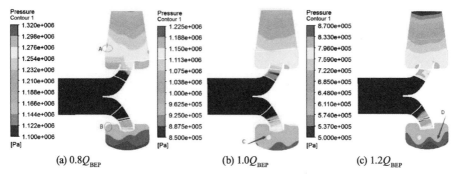

图 4-14   窄型模型 c 不同工况点的静压云图

图 4-15 为窄型模型 c 不同工况点的速度流线图。从图中可以看出,在不同工况下,整个流域的流线分布较为合理,叶轮中的流速要高于其他水力部件,流体进入导叶后流速降低,动能逐渐转化为压力能。在 B 区域及其环向区域流线均匀分布,倒圆角对该区域的流动产生明显影响。沿着导叶出流方向液体流出导叶后向两边扩散,在 C,D 区域形成两个涡结构,该旋涡又受流体作用绕泵壳中心轴旋转着流出泵壳。在出口收缩管与类球形泵壳交界处流动顺畅,对比 $0.8Q_{BEP}$,$1.0Q_{BEP}$,$1.2Q_{BEP}$ 工况点的流线分布可知,随着流量增加,在 C,D 区域旋涡逐渐扩大,流线逐渐密集。

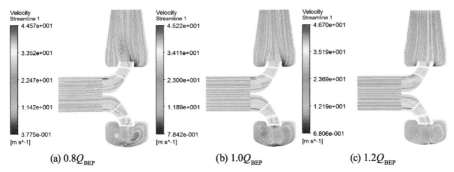

(a) $0.8Q_{BEP}$ (b) $1.0Q_{BEP}$ (c) $1.2Q_{BEP}$

图 4-15 窄型模型 c 不同工况点的速度流线图

图 4-16 为窄型模型 c 设计工况点的速度矢量图。从图中可以看出,与宽型断面形状的泵壳相比,流体从进口进入叶轮,受叶轮做功作用,流体获得较高的动能,在叶轮中形成高速液流,经导叶扩压作用,流速降低,流体经导叶流入类球形泵壳后,在泵壳两侧(C,D 区域)也形成方向相反的两个旋涡。和常规泵壳相比,类球形泵壳不利于液体出流,这也是造成核主泵效率指标略低的主要原因之一。

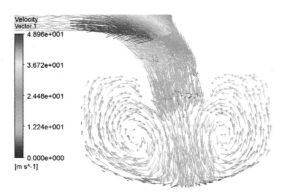

图 4-16 窄型模型 c 设计工况点的速度矢量图

泵壳是核主泵中重要的过流部件和承压边界。泵壳的功能是收集从叶轮和导叶中流出的液体,消除液体的旋转运动,将一部分动能转换成压力能。对比上述三种断面形状泵壳的优化结果,在过流断面面积相近时,虽然泵壳变窄使泵的流场更加顺畅,从而使泵壳的水力损失更小,核主泵的性能略有提高,但对导叶水力损失的影响较小,核主泵三种模型的功率曲线几乎重合,效率偏差和扬程偏差都不大。泵壳壁厚应能承受在事故工况下由接管传递的各种载荷,即除考虑设计状态外,还应考虑事故工况下的最高工作压力、地震载荷、温度瞬态、管道破裂等各种载荷。在疲劳方面,应对核主泵在设计寿期内交变应力的范围做出估计,并进行疲劳强度分析,其结果均应满足ASME 的要求。考虑到核主泵在受应力时的安全要求,建议采用宽型断面形状的泵壳。图 4-17 为核主泵模型泵泵壳实物图。

图 4-17　核主泵模型泵泵壳实物图

4.6　其他优化设计方法

4.6.1　层约束叶轮设计

（1）层约束设计思路

核主泵属于混流泵。该类泵由于叶轮流道较宽,叶片前、后盖板流线的理论扬程相差较大,容易造成叶轮出口处压力偏差明显。此时高压流体将会向低压区流动,叶轮出流位置因两股流体的相互掺混冲击造成较大的水力损失。基于此考虑,文献[31]提出了不等扬程理论,通过优化叶轮参数达到各条流线理论扬程相等的目的。

为研究失水事故下核主泵的空化特性,有必要针对空化工况下的叶轮进行水力优化设计。考虑到空化发生后叶轮流道内气泡将由后盖板向前盖板运动,为保证气泡不会堵塞整个叶轮流道,在此提出叶轮层约束水力设计的思路。其主要是将混流式叶片沿不同流线分成若干层分别进行水力设计,各层之间偏转一定角度,尽量使得产生在后盖板附近的气泡不至于快速向前盖板方向发展,即将气泡的发展约束到不同层内,以达到优化混流式叶轮水力性能的目的。

层约束设计的主要步骤:首先根据传统速度系数法与不等扬程理论设计出口位置各流线理论扬程相等的叶片,然后将上述叶片沿流线分成若干层,通过不同层叶片间的匹配以及 CFD 技术的优化设计,得到层约束水力设计方案。研究过程中在保证采用层约束设计方法设计的叶片主要参数(叶片进出口宽度、叶轮出口直径、叶片数等)不变的前提下,通过改变叶片进口安放角和包角设计出多组水力模型。对所得水力模型进行数值模拟,获得层约束设计叶片对外特性的影响规律。

按照传统设计方法设计出的混流泵很难保证各流线理论扬程相等,因此需要基于不等扬程理论对上述设计参数进行修正。不等扬程理论[31]:从无限叶片理论扬程 $H_{t\infty}$ 不等的假设出发,通过优化叶轮的部分设计参数,达到有限叶片条件下各流线理论扬程相等的目的。将叶片分成三条流线,即前盖板流线、中间流线、后盖板流线,使用滑移系数 μ 将 H_t 与 $H_{t\infty}$ 联系起来,并对每条流线分别计算。

研究过程中将上述基于速度系数法和不等扬程理论设计的叶片分成两层进行层约束设计方法的探究,采用层约束位置在上述叶片中间流线处,层约束长度与叶片中间流线等长的方式。

(2) 层约束叶轮优化

将已设计的初始叶片沿中间流线截成两部分,叶片进、出口宽度为原先的一半,叶轮出口直径、包角等不变,如图 4-18a,b 所示。在 CATIA 软件中将图 4-18a 所示叶片顺时针分别旋转 3°,5°,7°,再利用软件中的桥接功能将两部分叶片拼合为一个整体,层约束处厚度与叶片厚度一致,如图 4-18c 所示。此时层约束叶片与初始叶片具有相同的叶片进、出口宽度,叶轮出口直径等。

为了研究层约束叶片对核主泵流量-扬程、流量-效率曲线的影响,共设计出 12 种不同形式的叶片。叶片形式标记为 Ax(或 Bx,Cx):上层叶片进口安放角(见图 4-18a 叶片)-下层叶片进口安放角(见图 4-18b 叶片)-层约束旋转角度。12 组叶片分别为 A1:23 - 23 - 0,A2:23 - 23 - 3,A3:23 - 23 - 5,A4:23 - 23 - 7;B1:25 - 25 - 0,B2:25 - 25 - 3,B3:25 - 25 - 5,B4:25 - 25 - 7;C1:

23－25－0,C2:23－25－3,C3:23－25－5,C4:23－25－7。

运用 CREO 软件进行三维实体的布尔运算,通过叶轮实体域与叶片差集得到 12 组不同的叶轮水体域,如图 4-18d 所示。

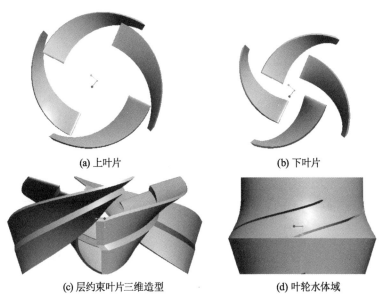

(a) 上叶片

(b) 下叶片

(c) 层约束叶片三维造型

(d) 叶轮水体域

图 4-18　叶轮三维图

（3）层约束叶片对核主泵外特性的影响

为了研究层约束叶片对核主泵外特性的影响,在保证叶轮出口直径 D_2、叶轮进口直径 D_0、叶片数 Z 等参数不变的情况下,仅改变叶片进口安放角 β_1 和包角 φ,得到 12 组水力模型。对上述 12 组水力模型进行定常数值模拟,得到 $0.7Q_{BEP}\sim1.3Q_{BEP}$ 流量范围内的性能数据。图 4-19a,b 分别为层约束叶片进口安放角为 23°、25°时不同偏转角度下的核主泵外特性曲线。横坐标为计算流量与设计流量 Q_{BEP} 之比,左侧纵坐标为计算所得扬程与设计扬程 H_{BEP} 之比。

如图 4-19a 所示,叶片进口安放角为 23°、包角为 110°的 A 组方案,在 $0.8Q_{BEP}\sim1.2Q_{BEP}$ 区间各方案扬程基本相当,当流量大于 $1.2Q_{BEP}$ 时核主泵扬程随偏转角度增大而减小。从流量-效率曲线中可以发现,偏小流量工况下采用层约束叶片可获得较高的水力效率,而大流量下正好相反。如图 4-19b 中流量-扬程曲线所示,叶片进口安放角为 25°、包角为 115°的 B 组方案,随着偏转角度的增大,流量-扬程曲线呈整体下移趋势,各方案在设计流量处扬程分别为设计扬程的 1.035,1.022,1.015 及 1.004 倍。由图 4-19b 中流量-效率曲线可知,在 $0.9Q_{BEP}$～$1.0Q_{BEP}$ 区间各方案效率相差无几,均达到 81.5% 以上。水力效率在偏小流量范围内随偏转角度增大而提高,在偏大流量工况下随偏转角度增大而降低,即层约束叶片随上、下两层叶片之间偏转角度的增大,能提高在小流量运行范围内的效率。对比 A1～A4 与 B1～B4 流量-扬程曲线的差异可以发现,采用较小进口安放角及包角时层约束叶片对扬程的影响较小,更易控制采用层约束后核主泵的外特性,得到满意的设计方案。

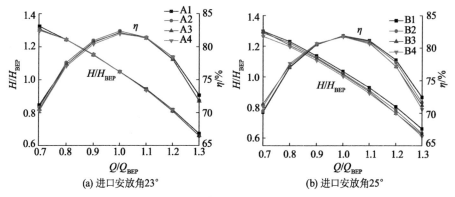

图 4-19　进口安放角为 23°,25° 时层约束叶片对核主泵外特性的影响

　　为了进一步分析层约束叶片对核主泵性能的影响,对 C 组 4 个方案进行数值模拟,得到外特性数据如图 4-20 所示。如图 4-20a 所示,C1 方案组合叶片的扬程低于相同流量下的 A1,B1 方案,其中在小流量范围内相差无几,随着流量的增大扬程差加大。就流量-效率曲线而言,C1 方案在小流量至额定工况附近较大范围内比 A1,B1 方案高,在大流量情况下效率偏低,最高效率达到 82.23%。由图 4-20b 可知,对组合叶片来说,偏转角度对流量-扬程、流量-效率曲线的影响与前述 A1～A4,B1～B4 的影响相同。

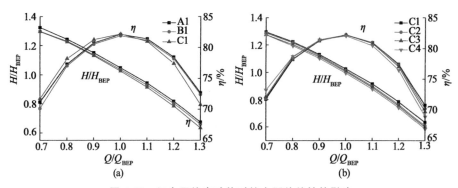

图 4-20　组合层约束叶片对核主泵外特性的影响

综上所述,在只改变叶片进口安放角 β_1 和包角 φ 的情况下,采用层约束叶片的形式将导致流量-扬程曲线下移。扬程下降趋势随着进口安放角 β_1 的增大、偏转角度的增大而增大,尤其是泵运行在大流量工况时更加显著。层约束叶片能够有效改善泵在小流量条件下的水力效率,且在额定工况附近效率基本保持不变[32]。

4.6.2 叶轮叶片包角优化

结合理论分析和数值计算,分别研究叶轮主要几何参数(叶片包角、叶轮进口边)对核主泵性能的影响,叶轮叶片数为 5。在保持泵壳和导叶几何参数不变的前提下,只改变叶轮叶片包角,对不同包角的核主泵进行数值模拟。对比分析包角分别为 $80°,90°,100°,110°,120°,130°$ 时核主泵的外特性。

(1)扬程曲线分析

图 4-21 为不同叶片包角核主泵的扬程曲线。从图中可以看出,不同叶片包角核主泵的扬程曲线具有相似的变化规律,即随着流量的增加,泵的扬程呈下降趋势。随着叶片包角增大,流量-扬程曲线向下偏移,流量-扬程曲线的斜率绝对值增加,即大流量时扬程曲线更陡,扬程下降得更快。

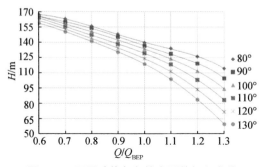

图 4-21　不同叶片包角核主泵的扬程曲线

(2)效率曲线分析

图 4-22 为不同叶片包角核主泵的效率曲线,具体数值见表 4-17。从图 4-22 和表 4-17 中可以看出:包角为 $80°$ 时,最高效率点出现在 $1.0Q_{BEP}$ 工况,最高效率为 77.82%;包角为 $90°$ 时,最高效率点出现在 $0.9Q_{BEP}$ 工况,最高效率为 79.58%;包角为 $100°$ 时,最高效率点出现在 $0.9Q_{BEP}$ 工况,最高效率为 80.82%;包角为 $110°$ 时,最高效率点出现在 $0.9Q_{BEP}$ 工况,最高效率为 81.46%;包角为 $120°$ 时,最高效率点出现在 $0.8Q_{BEP}$ 工况,最高效率为 81.91%;包角为 $130°$ 时,最高效率点出现在 $0.8Q_{BEP}$ 工况,最高效率为

82.52％。分析可知,随着叶片包角增大,流量-效率曲线最高效率点向小流量偏移。在设计工况点,叶片包角为110°时效率最高,最高效率为80.53％,其次分别是120°,100°,130°,90°,80°,在小流量区域,随着叶片包角增大,同一工况的效率提高;在大流量区域,随着包角的增大,效率曲线下降得更快,综合考虑,建议叶轮采用100°包角。

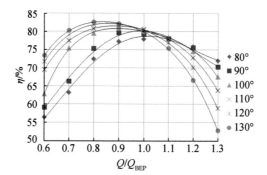

图 4-22 不同叶片包角核主泵的效率曲线

表 4-17 不同叶片包角核主泵的效率

包角/(°)	最高效率点		设计点	
	Q	$\eta/\%$	Q	$\eta/\%$
80	$1.0Q_{BEP}$	77.82	$1.0Q_{BEP}$	77.82
90	$0.9Q_{BEP}$	79.58	$1.0Q_{BEP}$	79.24
100	$0.9Q_{BEP}$	80.82	$1.0Q_{BEP}$	80.24
110	$0.9Q_{BEP}$	81.46	$1.0Q_{BEP}$	80.53
120	$0.8Q_{BEP}$	81.91	$1.0Q_{BEP}$	80.42
130	$0.8Q_{BEP}$	82.52	$1.0Q_{BEP}$	79.88

（3）轴功率曲线分析

图 4-23 为不同叶片包角核主泵的轴功率曲线。从图中可以看出,随着叶片包角的增大,同一工况的轴功率减小。当叶片包角为100°,110°,120°,130°时,随着流量的增加,轴功率曲线逐渐上升,在大流量时,轴功率曲线呈下降趋势,这表明叶片包角为100°,110°,120°,130°时不会出现过载现象。当叶片包角为80°,90°时,在小流量区域轴功率曲线出现驼峰,这表明泵的运行不稳定,随着流量的增加,轴功率曲线逐渐上升,易造成泵的过载。

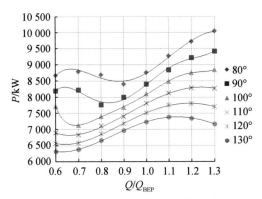

图 4-23　不同叶片包角核主泵的轴功率曲线

4.6.3　叶轮叶片进口边优化

在保持泵壳和导叶几何参数不变的前提下,只改变叶轮叶片进口边位置,对不同进口边设计方案的核主泵进行数值模拟。对比分析三种进口边方案对核主泵外特性的影响。图 4-24 为三种形式的进口边。

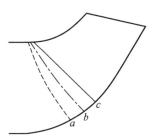

图 4-24　三种形式的进口边

（1）扬程曲线分析

图 4-25 为不同进口边核主泵的扬程曲线。从图中可以看出,不同进口边核主泵的扬程曲线具有相似的变化规律,即随着流量的增加,泵的扬程呈下降趋势,流量-扬程曲线的斜率绝对值逐渐增加。随着进口边向前延伸,流量-扬程曲线向上偏移,在同一工况下进口边 a 的扬程最大,其次是进口边 b 的扬程,进口边 c 的扬程最小。

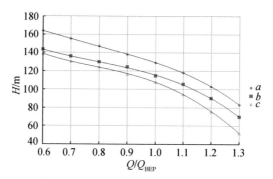

图 4-25　不同进口边核主泵的扬程曲线

（2）效率曲线分析

图 4-26 为不同进口边核主泵的效率曲线。从图中可以看出，随着流量增加，效率先增加后减小，均存在峰值，进口边 a 的最高效率点出现在 $0.9Q_{BEP}$ 工况，最高效率为 81.46%；进口边 b 的最高效率点出现在 $1.0Q_{BEP}$ 工况，最高效率为 83.09%；进口边 c 的最高效率点出现在 $1.0Q_{BEP}$ 工况，最高效率为 82.46%。随着进口边向前延伸，最高效率点向小流量偏移，在设计点附近进口边 b 的效率最高。

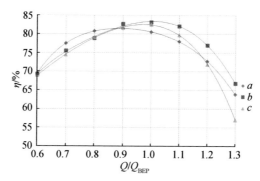

图 4-26　不同进口边核主泵的效率曲线

（3）轴功率曲线分析

图 4-27 为不同进口边核主泵的轴功率曲线。从图中可以看出，随着进口边前伸，同一工况的轴功率增加；随着流量的增加，轴功率曲线逐渐上升，在大流量时，轴功率曲线呈下降趋势，这表明三种形式叶片进口边的核主泵均不会出现过载现象。但进口边 a 的轴功率曲线在小流量区域出现了负斜率，

这表明进口边前伸易造成轴功率的不稳定。

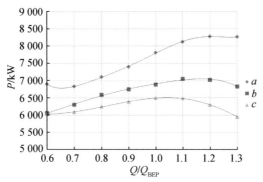

图 4-27　不同进口边核主泵的轴功率曲线

4.6.4　叶轮和导叶匹配关系

（1）叶轮与导叶叶片数匹配方案

选取模型泵的额定流量 $Q_n = 980$ m³/h，额定扬程 $H_n = 14.1$ m，转速 $n = 1480$ r/min，比转速 $n_s = 387.311$。根据已有的设计参数，由公式初步计算出过流部件的相关参数，然后通过正交试验模拟设计出较为合理的几何参数，再在 Pro/E 软件中建立三维模型，并导出用于流场模拟计算的三维水体，各过流部件如图 4-28 所示。

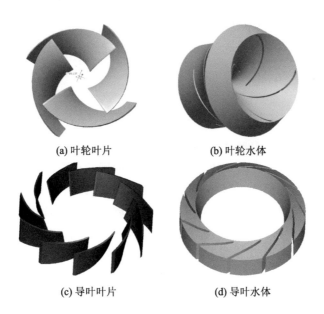

(a) 叶轮叶片　　　　　　　(b) 叶轮水体

(c) 导叶叶片　　　　　　　(d) 导叶水体

(e) 泵壳水体   (f) 装配体

图 4-28   过流部件造型与水体

数值模拟的目的是真实准确地反映泵的实际性能及内部流动状况。因较为优秀的模型水力性能更好,运行更为稳定,为了更为准确地模拟出模型泵的内部流动和空化特性,通过以下四组设计方案对核主泵的叶轮叶片数与导叶叶片数匹配进行优化,以便得到性能较为优秀的模型泵,具体方案如表4-18 所示。

表 4-18   叶轮与导叶叶片数匹配方案

方案	叶轮叶片数	导叶叶片数
一	4	11
二	4	12
三	5	11
四	5	12

根据设计方案和模型泵设计参数分别设计具有 4 叶片和 5 叶片的叶轮及具有 11 叶片和 12 叶片的导叶。在其他参数相同的前提条件下,具有 5 叶片叶轮模型泵的扬程会高于具有 4 叶片叶轮模型泵的扬程,由于主要目的在于根据不同的方案找出使模型泵具有较高效率的叶片数组合,若扬程稍高可对叶轮进行少量切割,而少量切割可近似认为效率不变。最终建立的 4 叶片和 5 叶片叶轮水体及 11 叶片和 12 叶片导叶水体如图 4-29 所示。

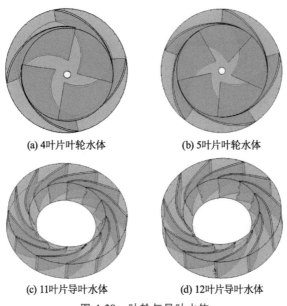

(a) 4叶片叶轮水体　　　　　(b) 5叶片叶轮水体

(c) 11叶片导叶水体　　　　　(d) 12叶片导叶水体

图 4-29　叶轮与导叶水体

（2）数值计算结果及分析

为了分析导叶叶片数对泵性能的影响规律,使叶轮叶片数保持不变,仅改变导叶叶片数来观测泵的性能。分别进行了两组模拟:第一组是叶轮叶片数保持 4 不变,使导叶叶片数为 11 或 12;第二组是叶轮叶片数保持 5 不变,使导叶叶片数为 11 或 12。泵性能曲线如图 4-30 所示,当叶轮叶片数为 4 不变时,导叶叶片数为 12 时泵的扬程低于导叶叶片数为 11 时泵的扬程;当叶轮叶片数为 5,流量小于 0.9 倍设计流量时,导叶叶片数为 12 时的扬程稍低于导叶叶片数为 11 时的扬程,而流量大于 0.9 倍设计流量时,导叶叶片数为 12 时的扬程与导叶叶片数为 11 时的扬程几乎相等。

如图 4-30 所示,当流量小于 1.1 倍设计流量时,无论叶轮叶片数为 4 还是 5,导叶叶片数为 11 时模型泵的效率均高于导叶叶片数为 12 时,设计流量点超出 2.1%,而当流量大于 1.1 倍设计流量时,5 叶片叶轮模型泵导叶叶片数为 11 时的效率开始逐渐低于导叶叶片数为 12 时的效率,所以从效率来看,导叶叶片数为 11 时模型泵更好。这是由于 12 叶片导叶与 4 叶片叶轮匹配时叶片未错开,叶轮每转过一定角度内部流场就进行一次较大波动,导叶和叶轮动静干涉较大,从而使该方案的扬程和效率降低。

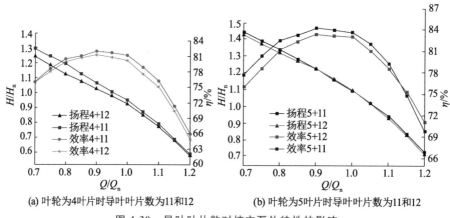

图 4-30 导叶叶片数对核主泵外特性的影响

　　为了分析叶轮叶片数对泵性能的影响,分别进行了两组模拟:第一组是导叶叶片数保持 11 不变,使叶轮叶片数为 4 或 5;第二组是导叶叶片数保持 12 不变,使叶轮叶片数为 4 或 5。泵性能曲线如图 4-31 所示,叶轮叶片数对模型泵的扬程影响较大,叶片数为 4 时的扬程明显高于叶片数为 5 时的扬程;从流量-效率曲线可以发现,导叶叶片数不变时,在设计流量点附近,4 叶轮叶片时的效率均最高,这是由于 4 叶片叶轮较 5 叶片叶轮减少了叶片的排挤和表面的摩擦,同时叶片具有足够的长度来保证对水进行充分的作用,使流场保持稳定。

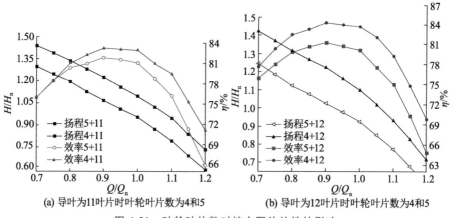

图 4-31 叶轮叶片数对核主泵外特性的影响

由上面的计算分析结果可知,叶轮叶片数与导叶叶片数的最佳组合为
4＋11 的形式。图 4-32 为模型泵在 $0.8Q_n$,$1.0Q_n$,$1.2Q_n$ 时的三维流线分布
图,从图中可以看出后两个工况时模型泵的内部流线分布均匀,说明模型泵
在这两个工况时的流动状态较好。泵壳一侧有一个旋涡是因为导叶安放位
置偏向一侧,在泵壳流道形成了螺旋状旋涡。

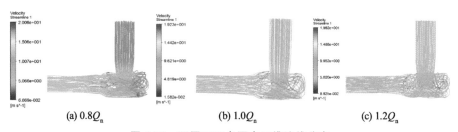

(a) $0.8Q_n$ (b) $1.0Q_n$ (c) $1.2Q_n$

图 4-32　不同工况点泵内三维流线分布

图 4-33 为模型泵在 $0.8Q_n$,$1.0Q_n$,$1.2Q_n$ 时叶轮和导叶中间截面静压分
布图,从图中可以看出,$0.8Q_n$ 时导叶进口处没有低压区,而 $1.2Q_n$ 时导叶进
口处有一个低压区(绿色区域),当高压区的液体和低压区的液体相接触时会
发生对流,同时会产生能量损失,这也是 $0.8Q_n$ 时的效率高于 $1.2Q_n$ 时的效
率的原因之一。

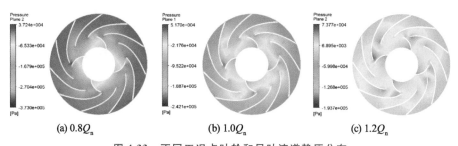

(a) $0.8Q_n$ (b) $1.0Q_n$ (c) $1.2Q_n$

图 4-33　不同工况点叶轮和导叶流道静压分布

图 4-34a,b,c,d 为四组方案在额定流量点的径向力变化规律,其中横坐
标和纵坐标分别表示径向力不同方向的分量,每个点分别表示叶轮转动 3° 时
的径向力大小及方向,叶轮转动一圈时,随叶轮与导叶叶片数的不同,径向力
呈不同的规则分布。由图可知:方案一中叶轮每扫过一个导叶叶片,径向力
方向旋转一周,而不同叶轮的叶片扫过时径向力幅值方向不同,因此叶轮旋
转一个周期径向力转 11 圈,而叶轮的 4 个叶片使径向力具有 4 个不同方向的

峰值点;方案二中导叶叶片数是叶轮叶片数的 3 倍,导致径向力动静干涉呈现 4 次较大的波动,径向力的平衡性和稳定性较差;方案三中规律和方案一类似,但是随着叶轮叶片数的增加,径向力的峰值明显增大;方案四中径向力随着扫过不同叶轮叶片在不同象限具有较大波动,其不稳定性增加了核主泵安全事故隐患,这是由于叶轮径向力大小和方向受到叶轮与导叶动静干涉的影响。方案一中叶轮和导叶的叶片数匹配干涉较低,而方案二中导叶叶片数是叶轮叶片数的 3 倍,叶轮叶片与导叶叶片未错开,造成叶轮每转一周径向力产生 4 次较大的波动。

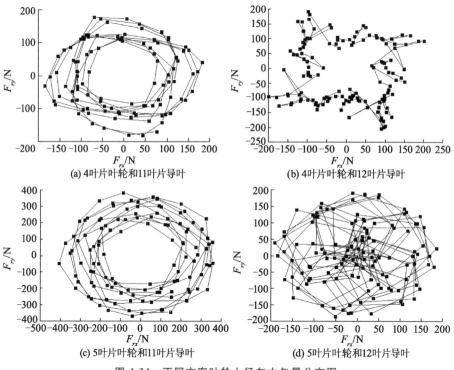

(a) 4叶片叶轮和11叶片导叶 (b) 4叶片叶轮和12叶片导叶

(c) 5叶片叶轮和11叶片导叶 (d) 5叶片叶轮和12叶片导叶

图 4-34 不同方案叶轮上径向力矢量分布图

图 4-35 为方案一中叶轮径向力在不同流量下的时域图,在额定流量点附近径向力最小,振动幅值最小,一个旋转周期内出现 11 个波峰波谷,这是由于叶轮每转过一个导叶叶片会产生一个波峰波谷,而叶轮叶片会影响峰值大小,说明叶轮和导叶的叶片数匹配可以较好地改善作用在叶轮上的径向力。流量从额定流量点降到 $0.8Q_n$ 时,径向力大小和脉动幅值有较大的增加,流量继续降低,径向力大小和脉动幅值变化不大,但不同波的峰值却有较大变

化,这是由于叶轮和导叶之间的动静干涉在小流量下对径向力的峰值影响更大。大流量工况下,径向力大小增大较为明显,脉动幅值也有少量增大。

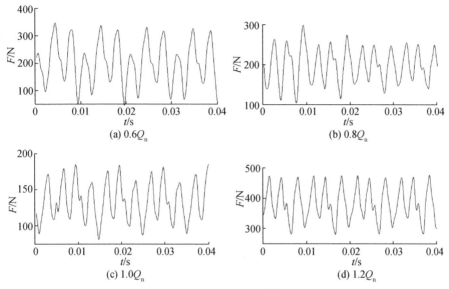

图 4-35 不同工况下方案一作用在叶轮上的径向力时域图

图 4-36 为方案一叶轮上的径向力在不同流量下的频域图,可以看出,脉动均以叶轮通过导叶频率 $f = 265.83$ Hz 为主。小流量工况下,径向力的高频脉动成分增加,在 88.61,17.22,354.45 Hz 出现较大的脉动幅值。大流量工况下,随流量的增加高频脉动幅值增大,$1.2Q_n$ 时在高频 1 091.1 Hz 下仍具有小幅度的脉动。额定工况下高频脉动幅值很小,泵运转稳定。

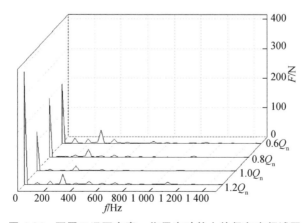

图 4-36 不同工况下方案一作用在叶轮上的径向力频域图

（3）试验与计算结果对比

分别对四组方案进行组合试验，四组方案的试验结果如图 4-37 所示。

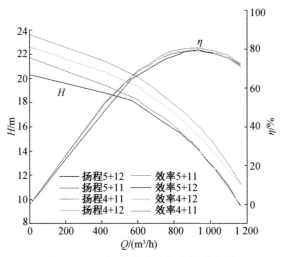

图 4-37　四组方案试验的外特性曲线

四组方案的流量-效率曲线的模拟结果与试验结果趋势和规律相同，效率模拟值与试验值相对误差在 2.5% 左右，扬程相对误差在 4% 左右，由此可知该计算方法是可行的。方案一的 4 叶片叶轮与 11 叶片导叶组合在设计流量点效率最高，为 80.85%，相比导叶叶片数不同的方案二提高了 1.1%，相比改变叶轮叶片数的方案三提高了 1.6%，说明叶轮叶片数对模型泵效率影响更大。在小流量时四组方案效率曲线接近，模型泵出现振动现象，而在 $0.6Q_n \sim 1.3Q_n$ 时泵运行稳定，处于高效区，方案一效率高出其他方案 0.8% ~ 2.3%，通过效率曲线可以得出方案一最优。

流量-扬程曲线的模拟结果与试验结果在整体趋势上吻合程度较高，扬程曲线均随流量的增加平滑下降。方案一设计流量点的扬程为 15.41 m，高于方案二的 14.70 m、方案三的 13.40 m、方案四的 13.13 m，由此可知 4 叶片叶轮的扬程曲线相比 5 叶片的方案更为优秀。随着流量的增大，不同导叶叶片数对扬程的影响减小，小流量 $0.4Q_n$ 时，方案一较方案二扬程高出 0.83 m，而大流量 $1.2Q_n$ 时，方案一较方案二扬程高出 0.11 m，方案三和方案四的扬程曲线对比具有相同规律。综合流量-扬程曲线和流量-效率曲线得出模型泵叶轮采用 4 叶片，导叶采用 11 叶片。

参考文献

［1］袁寿其. 低比速离心泵理论与设计［M］. 北京：机械工业出版社，1997.

［2］袁寿其，施卫东，刘厚林. 泵理论与技术［M］. 北京：机械工业出版社，2014.

［3］何希杰，劳学苏，陈岩. 离心泵分流叶片参数对性能影响的灰色理论分析［J］. 排灌机械工程学报，2012，30(3)：295－299.

［4］李亚林，袁寿其，陈义春，等. 快滤池进水渠道内堰板的正交试验与优化设计［J］. 华中科技大学学报(自然科学版)，2015，43(1)：96－100.

［5］沈艳宁，袁寿其，陆伟刚，等. 复合叶轮离心泵数值模拟正交试验设计方法［J］. 农业机械学报，2010，41(9)：22－26.

［6］袁寿其，张金凤，袁建平，等. 用正交试验研究分流叶片主要参数对性能影响［J］. 排灌机械，2008，26(2)：1－5.

［7］丛小青，袁寿其，袁丹青. 无过载排污泵正交试验研究［J］. 农业机械学报，2005，36(10)：66－69.

［8］张文涛，袁寿其，陈次昌. 试验设计技术与泵的试验设计［J］. 排灌机械，1992(3)：57－60.

［9］李文广，陈秉二. 叶轮几何参数对泵能量性能影响的正交试验研究［J］. 流体工程，1991(3)：6－9,64.

［10］陈茂庆，王顺利，方晓斌. 离心泵 $H-Q$ 曲线呈驼峰状的影响因素的正交试验［J］. 流体工程，1993(8)：11－13.

［11］Stepanoff A J. Centrifugal and axial flow pumps theory design and application［M］. New York：John Wiley and Sons，1957.

［12］张栋俊，徐士鸣. 类球形压水室出流管形状对核主泵性能的影响［J］. 水泵技术，2010(1)：21－25.

［13］邓绍文. 秦山核电二期工程主泵瞬态计算［J］. 核动力工程，2001，22(6)：494－496.

［14］Han J W，Lee T H，Eoh J H，et al. Investigation into the effects of a coastdown flow on the characteristics of early stage cooling of the reactor pool in KALIMER－600［J］. Annals of Nuclear Energy，2009，36(9)：1325－1332.

［15］王立来. AP1000 主泵飞轮及水润滑轴承研究［J］. 核动力工程，2017，38(1)：95－98.

［16］秦杰. 核主泵过流部件水力设计与内部流场数值模拟［D］. 大连：大连

理工大学，2010.

[17] Versteeg H K，Malalasekera W. An introduction to computational fluid dynamics：The finite volume method[M]. New York：John Wiley and Sons，1995.

[18] Launder B E，Spalding D B. Lectures in mathematical models of turbulence[M]. London：Academic Press，1972.

[19] 吴松涛，侯风华，戴锋. 非线性数据标准化处理过程中的线性近似法[J]. 信息工程大学学报，2007，8(2)：250-253.

[20] 严丽坤. 相关系数与偏相关系数在相关分析中的应用[J]. 云南财经大学学报，2003，19(3)：78-80.

[21] 蔡甲冰，刘钰，许迪，等. 基于通径分析原理的冬小麦缺水诊断指标敏感性分析[J]. 水利学报，2008，39(1)：83-90.

[22] 魏清顺，孙西欢，刘在伦. 导流器几何参数对潜水泵性能影响的通径分析[J]. 排灌机械工程学报，2014，32(3)：202-207.

[23] 钟华舟. 事故工况下 AP1000 核主泵惰转模型优化设计[D]. 镇江：江苏大学，2017.

[24] 吴玉林，刘树红，钱忠东. 水力机械计算流体动力学[M]. 北京：中国水利水电出版社，2007.

[25] 李植华，王百众，王元知. 关联度分析[J]. 农业系统科学与综合研究，1988(2)：7-10，6.

[26] 李钦奉，庞浩，刘汉阳. 灰关联分析法在机床润滑泵故障树中的应用[J]. 机床与液压，2020，48(5)：184-188.

[27] 周品，赵新芬. MATLAB 数理统计分析[M]. 北京：国防工业出版社，2009.

[28] 李炳军，朱春阳，周杰. 原始数据无量纲化处理对灰色关联序的影响[J]. 河南农业大学学报，2002，36(2)：199-202.

[29] 蔡峥. 事故工况下核主泵非线性惰转模型特性优化[D]. 镇江：江苏大学，2018.

[30] 龙云. AP1000 核主泵优化设计及全特性数值模拟[D]. 镇江：江苏大学，2014.

[31] 朱荣生. 离心泵叶轮不等扬程水力设计方法研究[D]. 镇江：江苏大学，2011.

[32] 陈宗良. CAP1400 核主泵水力设计及瞬态空化特性研究[D]. 镇江：江苏大学，2016.

⟳5

核主泵全特性

5.1 引言

核反应堆在满功率情况下运行时,如果核主泵进口段冷却剂管道发生破裂会导致失水事故发生,引起主冷却剂流失,使 RCS 压力整体下降。失水事故是指核反应堆主回路发生压力边界破口或破裂,系统部分冷却剂泄漏的事故。根据破口在一回路位置的不同,失水事故可分为冷管段破口失水事故和热管段破口失水事故;根据破口尺寸的大小,失水事故又分为大破口失水事故和中小破口失水事故。

失水事故瞬变过渡过程由欠热泄压和饱和泄压两个阶段组成。欠热泄压阶段的时间较短,系统压力在 5~100 ms 内降低到流体局部饱和压力;在饱和泄压阶段,冷却剂发生沸腾,系统呈现气液两相流动状态,而后以较慢的速率继续泄压过程。从上部堆芯和上腔室内最热位置开始发生前沿沸腾,并向整个一回路系统传播。当破口在热管段,且破口尺寸持续增大时,核主泵将在短时间内经历由泵工况到制动工况的瞬变过渡过程,同时伴随流量逐渐减小。当破口在冷管段,且破口尺寸持续增大时,核主泵将在短时间内经历流量突增的瞬变过渡过程。

近年来,随着全球核电事业高速发展,对核电厂一回路在失水事故等工况下反应堆系统内泵过渡过程的全特性研究已成为一大热点。核主泵能否长期安全稳定运转,关乎核岛乃至整个核电设备的安危。核反应的特殊性与核岛工作的复杂性对核主泵的性能提出了比普通工业用泵更高的要求。核主泵的全特性研究就是针对核主泵在包括失水事故等各种复杂工况下的流动特性的研究。除正常水泵工况以外,在启动、破口、断电、卡轴等状况下,核主泵还会出现反转工况、制动工况、飞逸工况和转速为零工况,因此开展核主泵全特性的研究是很重要的[1]。

本章在全流量范围内对核主泵的全特性进行深入研究,得出一系列重要结论,对核主泵在飞逸等多个工况下的运行特性有了更加深刻的认识。同时,为了完善全特性表达方式,本章介绍了一种归一化坐标系,这种数形结合的表达方式充分利用了全特性研究得出的结论,在全流域范围内对核主泵所有转速下的全特性做出了准确、完整、简洁的描述,很好地弥补了现有全特性表达方式的不足,对核主泵的全特性研究具有重要的推动作用。

5.2 全特性曲线

通常所说的泵外特性曲线,是指在正常运行条件下的特性曲线,也就是正转、正流量(液体从进口流向出口)、正扬程(叶轮出口总能大于进口总能)、正转矩(原动机把机械能传给液体)。与上述情况相反的情况,分别称为反转、负流量、负扬程、负转矩。在特殊运行工况下,泵可以在上述一个或若干个参数具有负值的情况下运行。水泵的全特性就是指泵在这些参数不同组合时的运行特性[2]。

水泵工况:功率从原动机传给水泵,转速和力矩乘积为正值,液体流过水泵后能量增加,即扬程和流量乘积为正值。

水轮机工况:功率从水泵传给原动机,即转速和力矩乘积为负值,液体流过水泵后能量减少。

制动工况:功率从原动机传给水泵,液体流过水泵后能量减少或不变。

特殊工况:转速为零和转矩为零的工况。

5.2.1 全特性

核主泵的正常运转工况为水泵工况,除此之外,核主泵在启动、破口、断电、卡轴等状况下,还会在反转工况、正反转制动工况、飞逸工况和转速为零工况下运行。全特性是对所有工况下运转特性的归纳整合。图 5-1 中的横坐标代表流量(Q),纵坐标代表扬程(H)和轴扭矩(M),该曲线称为核主泵的全特性曲线,是一种传统的全特性表达方式。

图 5-1 中,实线 a,b,c,d 代表扬程和流量的关系,虚线代表轴扭矩和流量的关系。将水泵工况定义为正转速＋n、正流量＋Q(液体从吸入侧流向排出侧)、正扬程＋H(叶轮出口能量大于进口能量)、正轴扭矩＋M(原动机把机械能传给液体),其他工况与上述情况相反的,分别定义为负转速－n、负流量－Q、负扬程－H、负轴扭矩－M。各工况在全特性曲线上的对应位置及各自

的工作特性在表 5-1 中列出。

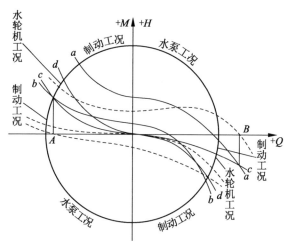

图 5-1 核主泵的全特性曲线

表 5-1 核主泵全特性[2-5]

曲线	位置	工况名称	转速 n	水能变化			功率传输	
				Q	H	P_e	M	P
a	第一象限	正转水泵工况	+	+	+	+	+	+
	第四象限	正转正流制动工况		+	−	−	−	−
	第二象限	正转逆流制动工况		−	+	−	+	+
b	第一象限	反转水泵工况	−	+	+	+	−	+
	第四象限	反转正流制动工况		+	−	−	−	+
	第二象限	反转逆流制动工况		−	+	−	+	−
c	第四象限	正流飞逸工况	+	+	−	−	0	0
	第二象限	逆流飞逸工况	−	−	+	−		
d	第四象限	正流转速为零工况	0	+	−	−	−	0
	第二象限	逆流转速为零工况		−	+	−	+	
第四象限曲线 c 与曲线 d 之间部位		正流水轮机工况	+	+	−	−	−	−
第二象限曲线 c 与曲线 d 之间部位		逆流水轮机工况	−	−	+	−	−	+

注：P_e 表示水力功率，P 表示轴功率。

传统的全特性表达方式(见图 5-1)虽然能够描述所有工况,但是只能表示一定转速下的全特性,其他转速下的全特性必须使用相似定律转换求解。此外,这种表达方式只能表示有限大小的流量区间,无法对无穷大的流量区间进行描述。因此,传统的全特性表达方式存在很大的局限性。

5.2.2 全特性试验

本次全特性试验采用的模型泵线性缩小尺寸系数为 2.77,额定转速为 1 480 r/min,额定流量为 841.5 m^3/h,额定扬程为 14.5 m,比转速 n_s 为 351,采用混流式叶轮、径向导叶和类球形泵壳。

试验过程中,为了克服试验系统引起的水力损失,使流体能够以负流量和远超额定值的正流量通过模型泵,需要添加 2 台增压泵提供必要的压能。模型泵与增压泵在不同工况的试验中以不同的方式紧密配合,因此需要在管路的特定位置安装阀门以保证系统正常运行。全特性试验原理如图 5-2 所示,试验现场如图 5-3 所示。

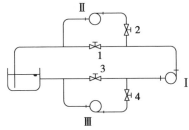

Ⅰ—模型泵;Ⅱ,Ⅲ—增压泵;
1,2,3,4—阀门

图 5-2 核主泵全特性试验原理

图 5-3 全特性试验现场

如表 5-1 所示,不同工况下核主泵的转速、水能变化、功率传输情况是不同的,为了对全特性所含的所有工况进行试验,系统中的泵和阀门按照表 5-2 进行设置。

表 5-2 全特性试验中的泵阀设置

工况名称	泵			阀门			
	Ⅰ	Ⅱ	Ⅲ	1	2	3	4
正转水泵工况	正转运行	×	×	√	×	√	×
正转正流制动工况		×	√	√	×	×	√
正转逆流制动工况		√	×	×	√	√	×

续表

工况名称	泵			阀门			
	Ⅰ	Ⅱ	Ⅲ	1	2	3	4
反转水泵工况	反转运行	×	×	√	×	√	×
反转正流制动工况		×	√	√	×	√	√
反转逆流制动工况		√	×	×	√	√	×
正流飞逸工况	脱离电机	×	√	√	√	×	√
逆流飞逸工况		√	×	×	√	√	×
正流转速为零工况	转轴卡死	×	√	×	√	√	×
逆流转速为零工况		√	×	×	√	√	×

注:"√"表示"泵运行"或者"阀门打开","×"代表"泵停机"或者"阀门关闭"。

为了使归一化曲线的精确度更高,对核主泵试验范围以外工况点的预测能力更强,全特性试验需要注意以下几点:① 试验中对转速、流量、扬程、轴扭矩等等数据的采集要尽可能精确,应使用高精度测量仪器对试验数据进行检测、采集;② 在每个工况的试验中,测试的工况点要足够多,增加试验工况点的密度可以提高后期数据处理的精确程度;③ 在制动工况、转速为零工况、飞逸工况的试验中,要在试验条件允许的前提下尽可能拓宽试验的流量区间[5-7]。

5.2.3 核主泵实型泵全特性等扬程和等扭矩曲线

根据模型泵全特性试验结果,按实型泵设计参数相似换算后,绘制核主泵实型泵全特性等扬程和等扭矩曲线,分别如图 5-4 和图 5-5 所示。

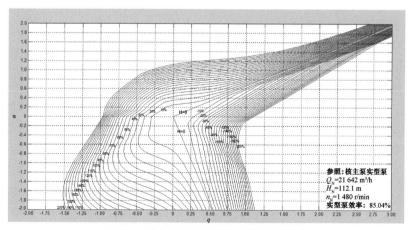

图 5-4　核主泵实型泵全特性等扬程曲线

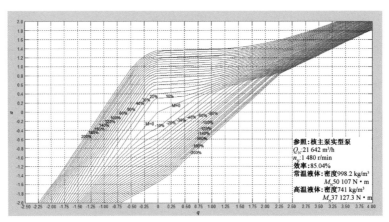

图 5-5　核主泵实型泵全特性等扭矩曲线

5.3　全特性分析

核主泵在不同工况下的运行状况是不同的,而且不同工况的外特性随流量变化而改变的规律也不尽相同,这一现象是由流体力学原理和核主泵特有的结构形式共同造成的。如果能够得到从负无穷到正无穷流量区间内核主泵在各个工况下外特性随流量变化而改变的规律,那么我们不仅可以利用这种规律检查全特性试验结果的准确性,而且可以对试验范围以外的核主泵全特性进行正确预测,在全流域上对核主泵全特性形成一个全面的认识。下面从流体力学和核主泵水力结构出发分析论证,寻找这种规律。

5.3.1　飞逸工况的二次特性

在飞逸工况下,扬程 H 与流量的平方 Q^2 成正比(图 5-1 中曲线 c 在第二、第四象限内均为以纵轴为对称轴的二次曲线),称为飞逸工况的二次特性。下面以正流飞逸工况为例进行证明。

飞逸工况最为重要的特征是叶轮轴扭矩 M 恒为零。对恒定转速的叶轮而言,当流量超过某一值后,流量越大,叶轮对流体的阻碍程度就越大,然而,在飞逸工况下叶轮转速会随着流量变化而改变,对流动的阻碍程度很小,试验结果也验证了这一点。因此,在图 5-1 全特性曲线中,正流飞逸工况曲线和正转正流制动工况曲线不可避免地交于一点。欧拉方程证明流量 Q、扬程 H、转速 n 三个参数中只有两个是独立的,任一参数随着另外两个参数的确定而确定。在正流飞逸工况曲线与正转正流制动工况曲线的交点处,两个工况点的 Q,H 相同,转速 n 也必然相同。由于核主泵几何参数、工质物理参数、运动参数在这两个工况点均相同,根据欧拉相似准则,叶轮动力状态也相同,即两个工况点的轴扭矩 M 相等,又由于飞逸工况下 M 恒为零,所以正转正流制动工况在交点处的 M 也等于零。由此可以得出结论,正流飞逸工况曲线与任意转速下的正转正流制动工况曲线的交点为该转速下正转正流制动工况中 M 为零的那一个工况点。换言之,可以认为正流飞逸工况曲线是由不同转速下正转正流制动工况曲线上 M 为零的工况点连接而成的。

核主泵在不同转速下运行的相似工况点满足相似定律。对转速为 n_1 时正转正流制动工况曲线上 M 为零的工况点 C $(n_1, Q_1, H_1, M_1 = 0)$ 进行分析,寻找该工况点在转速为 n_2 时的相似工况点 D (n_2, Q_2, H_2, M_2)。根据相似定律,工况点 C 和 D 满足约束:

$$\frac{Q_1}{Q_2} = \frac{n_1}{n_2} \tag{5-1}$$

$$\frac{H_1}{H_2} = \left(\frac{n_1}{n_2}\right)^2 \tag{5-2}$$

$$\frac{M_1}{M_2} = \left(\frac{n_1}{n_2}\right)^2 \tag{5-3}$$

显然,n_1/n_2 是一个有限大小的非零值,如果相似工况点 D 的轴扭矩 M_2 为一个非零值,那么式(5-3)无法成立,当且仅当 M_2 等于零时,M_1,M_2 的值均可视为无穷小量,两者的比值才能得到一个有限大小的非零值。因此,相似工况点 D 是转速为 n_2 时正转正流制动工况曲线上 M 为零的工况点。上述分析中转速 n_1,n_2 具有任意性。此外,任意转速下正转正流制动工况曲线上有且仅有一个 M 为零的工况点,分析可知,不同转速下的正转正流制动工况曲线上 M 为零的工况点互为相似工况点。

转速 n_1,n_2,n_3,$\cdots$ 对应的正转正流制动工况曲线上 M 为零的工况点 (Q_1, H_1),(Q_2, H_2),(Q_3, H_3),$\cdots$,根据相似定律可以转换为 (Q_1, H_1),$\left(\frac{n_2}{n_1} Q_1, \left(\frac{n_2}{n_1}\right)^2 H_1\right)$,$\left(\frac{n_3}{n_1} Q_1, \left(\frac{n_3}{n_1}\right)^2 H_1\right)$,$\cdots$,即

$$Q_1 = Q_1, \quad Q_2 = \frac{n_2}{n_1} Q_1, \quad Q_3 = \frac{n_3}{n_1} Q_1, \cdots \tag{5-4}$$

$$H_1 = H_1, \quad H_2 = \left(\frac{n_2}{n_1}\right)^2 H_1, \quad H_3 = \left(\frac{n_3}{n_1}\right)^2 H_1, \cdots \tag{5-5}$$

将数列(5-5)中的每一项与数列(5-4)中对应项的平方作比值,可得到数列(5-6):

$$\frac{H_1}{Q_1^2} = \frac{H_1}{Q_1^2}, \frac{H_2}{Q_2^2} = \frac{H_1}{Q_1^2}, \frac{H_3}{Q_3^2} = \frac{H_1}{Q_1^2}, \cdots \tag{5-6}$$

常数 $\dfrac{H_1}{Q_1^2}$ 用 K 替代表示,则数列(5-6)中的各项可以表示为

$$H_1 = KQ_1^2, H_2 = KQ_2^2, H_3 = KQ_3^2, \cdots \tag{5-7}$$

可见,不同转速下的正转正流制动工况曲线上 M 为零的工况点互为相似工况点,这些点构成的曲线为一条抛物线,表达式为 $H = KQ^2$,其中 K 是一个常数,该曲线称为相似抛物线。前文已证得正流飞逸工况曲线是由 M 为零的相似工况点连接形成的,因此正流飞逸工况曲线和上述相似抛物线重合,即图 5-1 中曲线 c 在第四象限内是一条以纵轴为对称轴的二次曲线。

同理推导,可以得出结论,在逆流飞逸工况下,扬程 H 和流量的平方 Q^2 呈正比关系,即图 5-1 中曲线 c 在第二象限内是一条以纵轴为对称轴的二次曲线。综上,飞逸工况的二次特性得以证明。

5.3.2　转速为零工况的二次特性

在转速为零工况下,扬程 H、轴扭矩 M 均与流量的平方 Q^2 成正比,称为转速为零工况的二次特性。证明如下。

（1）转速为零工况下扬程 H 与流量的平方 Q^2 成正比

在转速为零工况下,核主泵的叶轮、导叶、泵腔等过流部件均为静止的水力阻力,对流动的阻碍程度等于沿程水力损失、局部水力损失的叠加。

叶轮、导叶的结构复杂,工质流经时会有脱流、失速、旋涡等现象不断出现,呈湍流状态,流速 v 越高雷诺数越大,超出一定的流量范围后流动进入湍流水力粗糙区,此时沿程水力损失与 v^2 成正比。由于局部水力损失始终与 v^2 成正比,因此在转速为零工况下流体流经核主泵过程中损失的能量与 v^2 成正比,即扬程 H 与 v^2 成正比。

流体在静止叶轮中的绝对速度 v 与相对叶片的速度 w 相等,流道任一点处的速度三角形如图 5-6 所示,图中 v_m 为轴面速度分量,v_u 为圆周速度分量,β 为叶片安放角。

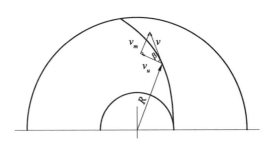

图 5-6　流道任一点处的速度三角形

由关系式 $v_m = Q/F$（式中，Q 代表流量，F 代表有效过水断面面积）可知，流道任一点处的轴面速度 v_m 与流量 Q 成正比。因为 β 在流道各处为定值，所以 $v_m / \sin \beta$ 的值与流量 Q 成正比，即流速 v 与流量 Q 成正比。

可见，转速为零工况下 H 与 v^2 成正比，也与 Q^2 成正比，即图 5-1 中的曲线 d 在第二、第四象限内均为以纵轴为对称轴的抛物线。

（2）转速为零工况下轴扭矩 M 与流量的平方 Q^2 成正比

转速为零工况下，流体流经核主泵的过程中主要受到重力、黏性力、叶片与流体之间的表面压力的共同作用。作用在叶片和流体上的表面压力是一对大小相等、方向相反的作用力与反作用力，这一对相互作用力对叶轮轴线的力矩大小相等。转速为零工况下，轴扭矩 M 是叶轮叶片各处所受表面压力对轴线的力矩总和，直接求取 M 比较困难，可以通过计算表面压力作用在流体上的总扭矩 M' 间接获得轴扭矩 M，因为 M 和 M' 大小相等。

进一步分析核主泵中流体受到的三种力，由于叶轮中的流体呈轴对称分布，因此重力对轴线不产生力矩，黏性力产生的力矩与表面压力产生的力矩相比可以忽略不计，可见，核主泵内部流体受到的扭矩几乎全部来自表面压力。

根据动量矩定理

$$M' = \mathrm{d}L/\mathrm{d}t \tag{5-8}$$

式中：$\mathrm{d}L$ 表示某一时间间隔 $\mathrm{d}t$ 内流体质点系对叶轮轴线动量矩 L 的变化量。由图 5-7 可分析在极短的时间间隔 $\mathrm{d}t$ 内封闭区间 I II 内的流体运动到 I′ II′ 位置的过程中动量矩的变化情况。区间 I′ II 为 I II 和 I′ II′ 的重叠部分，该区间内流体的动量矩在 $\mathrm{d}t$ 内保持不变，在流体从 I II 运动到 I′ II′ 的过程中，动量矩的变化量为

$$\mathrm{d}L = L_{\text{I}′\text{II}′} - L_{\text{I}\text{II}} = (L_{\text{II}\text{II}′} + L_{\text{I}′\text{II}}) -$$
$$(L_{\text{I}′\text{II}} + L_{\text{I}\text{I}′}) = L_{\text{II}\text{II}′} - L_{\text{I}\text{I}′} \tag{5-9}$$

根据流动的连续性，区间 II II′ 和 I I′ 内的流

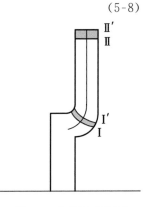

图 5-7 有效过水断面

体体积相等，质量为 $\rho Q \mathrm{d}t$。由于区间很小，可以认为这两部分液体到轴线的距离分别等于叶片的进、出口半径 R_1，R_2，平均流速分别等于叶片进、出口的平均速度 v_1，v_2，将流速 v 分解为轴面速度分量 v_m 和圆周速度分量 v_u，只有 v_u 能够产生动量矩，即

$$L_{\text{II}\text{II}′} = m v_{u2} R_2 = \rho Q \mathrm{d}t \cdot v_{u2} R_2, \quad L_{\text{I}\text{I}′} = m v_{u1} R_1 = \rho Q \mathrm{d}t \cdot v_{u1} R_1 \tag{5-10}$$

将式（5-10）代入式（5-9），得

$$dL = \rho Q dt \cdot (v_{u2} R_2 - v_{u1} R_1) \tag{5-11}$$

将式(5-11)代入式(5-8),得

$$M' = dL/dt = \rho Q \cdot (v_{u2} R_2 - v_{u1} R_1) \tag{5-12}$$

假设核主泵进口无预旋($v_{u1} = 0$),则表面压力对流体产生的总扭矩为

$$M' = \rho Q \cdot v_{u2} R_2 \tag{5-13}$$

由于圆周速度分量 v_{u2} 等于 $v_2 \cos \beta_2$,v_{u2} 与 Q 成正比,因此 M' 与 Q^2 成正比。因为 M 与 M' 大小相等,所以轴扭矩 M 与流量的平方 Q^2 成正比。

综上所述,转速为零工况的二次特性得到证明。

5.3.3　正反转制动工况与转速为零工况的相交性

当核主泵正转或者反转时,叶轮转速是固定的有限值,如果通过核主泵的流量大到一定程度,那么流体从泵进口流至出口所用时间会非常短,以至于在这么短的时间内叶轮转过的角度几乎为零。此时,无论正转还是反转,从叶轮对流体的作用来看,都等同于叶轮转速为零。不难判断,当流量趋近于正无穷或者负无穷时,正转制动工况曲线、反转制动工况曲线和转速为零工况曲线会交于点 S 与点 T,如图5-8所示。图5-8中,1和4分别代表正转正流制动工况和正转逆流制动工况,2和5分别代表正流转速为零工况和逆流转速为零工况,3和6分别代表反转正流制动工况和反转逆流制动工况。

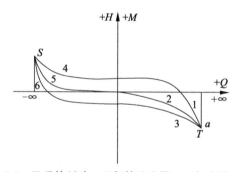

图5-8　正反转制动工况与转速为零工况相交性研究

下面使用速度三角形的方法详细分析核主泵的内部流动情况,论证上述判断的正确性。交点 S 的论证方法和交点 T 是类似的,限于篇幅,这里仅对交点 T 的存在性进行证明。

取叶轮流道内的任一点作为研究对象。轴面速度分量 v_m 随流量 Q 的增大而同比增大。在流量不断增大的过程中,该点处的速度三角形具有两个保持不变的特征:其一,圆周速度 u 的大小、方向均保持不变;其二,相对速度 w

的方向保持不变。正转正流制动工况、反转正流制动工况、正流转速为零工况下该点处的速度三角形如图 5-9 所示。

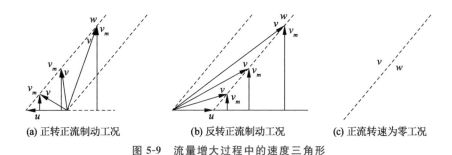

(a) 正转正流制动工况　　　　(b) 反转正流制动工况　　　　(c) 正流转速为零工况

图 5-9　流量增大过程中的速度三角形

在正转正流制动工况、反转正流制动工况下，Q 不断增大，v_m 随之增大，绝对速度 v 的大小和方向都会随着 Q 增大而改变。Q 越大，v 越大，其方向越接近平行于相对速度 w，当 Q 无限趋于正无穷时，v 和 w 的值趋于无穷大，两者方向趋近平行。由于圆周速度 u 是大小、方向固定的有限值，所以当 Q 无限趋近正无穷时，图 5-9a、图 5-9b 将无限趋近图 5-9c。

由此可以得出结论，当 Q 无限趋近正无穷时，在正转正流制动工况、反转正流制动工况、正流转速为零工况下，叶轮流道内的流动情况是无限趋于相同的，由于核主泵的导叶、泵腔均为静止部件，因此可以认为此时整个核主泵内部的流动情况是无限趋于相同的，这将导致核主泵具有相同的外特性，即此时三个工况下的扬程 H、轴扭矩 M 必然相等，图 5-8 中的交点 T 是存在的。

同理可以证明，当 Q 无限趋近负无穷时，正转逆流制动工况、反转逆流制动工况、逆流转速为零工况下核主泵内部流动情况和外特性表现也是相同的，图 5-8 中的交点 S 是存在的。

5.4　全特性的归一化表达方法

由前述可知，传统的全特性表达方式存在很大的局限性。因此，关于核主泵全特性及全特性表达方式很有必要进一步研究和完善。下面介绍核主泵全特性的归一化表达方法，这种数形结合的表达方式充分利用了前文深入研究核主泵全特性获得的结论，在全流域范围内对核主泵所有转速下的全特性情况做出了准确、完整、简洁的描述，很好地弥补了传统全特性表达方式的不足。

设额定转速 n_N 下的额定工况点为 $P_N(Q_N,H_N,M_N,n_N)$。设转速 n_1 下的任一工况点为 $P_1(Q_1,H_1,M_1,n_1)$，设 P_1 在转速 n_2,n_3 下的相似工况点分别为 $P_2(Q_2,H_2,M_2,n_2)$，$P_3(Q_3,H_3,M_3,n_3)$。

设 $\alpha_i=Q_i/Q_N$，$h_i=H_i/H_N$，$m_i=M_i/M_N$，$\beta_i=n_i/n_N$，其中 $i=1,2,3$，则

$$\frac{\alpha_i}{\beta_i}=\frac{Q_i/Q_N}{n_i/n_N}=\frac{Q_i}{n_i}\frac{n_N}{Q_N} \tag{5-14}$$

$$\frac{h_i}{\alpha_i^2}=\frac{H_i/H_N}{(Q_i/Q_N)^2}=\frac{H_i}{Q_i^2}\frac{Q_N^2}{H_N} \tag{5-15}$$

$$\frac{h_i}{\beta_i^2}=\frac{H_i/H_N}{(n_i/n_N)^2}=\frac{H_i}{n_i^2}\frac{n_N^2}{H_N} \tag{5-16}$$

$$\frac{m_i}{\alpha_i^2}=\frac{M_i/M_N}{(Q_i/Q_N)^2}=\frac{M_i}{Q_i^2}\frac{Q_N^2}{M_N} \tag{5-17}$$

$$\frac{m_i}{\beta_i^2}=\frac{M_i/M_N}{(n_i/n_N)^2}=\frac{M_i}{n_i^2}\frac{n_N^2}{M_N} \tag{5-18}$$

已知相似定律

$$\frac{Q_1}{Q_2}=\frac{n_1}{n_2},\ \frac{Q_1}{Q_3}=\frac{n_1}{n_3} \tag{5-19}$$

$$\frac{H_1}{H_2}=\left(\frac{n_1}{n_2}\right)^2,\ \frac{H_1}{H_3}=\left(\frac{n_1}{n_3}\right)^2 \tag{5-20}$$

$$\frac{M_1}{M_2}=\left(\frac{n_1}{n_2}\right)^2,\ \frac{M_1}{M_3}=\left(\frac{n_1}{n_3}\right)^2 \tag{5-21}$$

由式(5-19)、式(5-20)、式(5-21)推导得出

$$\frac{Q_1}{n_1}=\frac{Q_2}{n_2}=\frac{Q_3}{n_3} \tag{5-22}$$

$$\frac{H_1}{n_1^2}=\frac{H_2}{n_2^2}=\frac{H_3}{n_3^2},\ \frac{M_1}{n_1^2}=\frac{M_2}{n_2^2}=\frac{M_3}{n_3^2} \tag{5-23}$$

$$\frac{H_1}{Q_1^2}=\frac{H_2}{Q_2^2}=\frac{H_3}{Q_3^2},\ \frac{M_1}{Q_1^2}=\frac{M_2}{Q_2^2}=\frac{M_3}{Q_3^2} \tag{5-24}$$

可见，对不同转速下的相似工况点 P_1,P_2,P_3 而言，Q_i/n_i，H_i/Q_i^2，H_i/n_i^2，M_i/Q_i^2，M_i/n_i^2 均为不随转速变化而改变的常数。将该结论代入式(5-14)至式(5-18)分析可知，对不同转速下的相似工况点而言，α_i/β_i，h_i/α_i^2，h_i/β_i^2，m_i/α_i^2，m_i/β_i^2 均为不随转速变化而改变的常数。

根据不同转速下相似工况点具有的这一特点，结合前文对全特性深入分析得到的结论，可以建立一种特殊的坐标系，这里称之为归一化坐标系。归一化坐标系能够在横坐标 $[-1,1]$ 的坐标系空间内准确、简洁地表达核主泵任意转速、全流域[流量 $Q\in(-\infty,+\infty)$]中的所有工况，很好地弥补传统全

特性表达方式(见图 5-1)的不足。由于扬程归一化曲线和轴扭矩归一化曲线的拟合原理、方法相同,下面仅以扬程为例进行说明。

5.4.1 归一化坐标系的建立

已经得出一个工况点在不同转速下的相似工况点具有相等的 $\alpha/\beta, h/\alpha^2$, $h/\beta^2, m/\alpha^2, m/\beta^2$ 值,因而可以使用上述各式建立归一化坐标系,以达到用尽可能少的曲线表达任意转速下的全特性的目的。由于飞逸工况是由一系列相似工况点构成的,转速为零工况的转速始终为零,所以对这两个工况的描述方式不同于其他工况,需要添加坐标 α 和 h/α。为了能够在有限的坐标系空间内描述全流域上的全特性,需要添加坐标 β/α 和 $1/\alpha$。

扬程归一化坐标系中含有四种坐标组合,分别为 $\alpha/\beta-h/\beta^2, \beta/\alpha-h/\alpha^2$, $\alpha-h/\alpha, 1/\alpha-\alpha/h$。其中,$\alpha/\beta-h/\beta^2$ 和 $\alpha-h/\alpha$ 用于对 $\alpha/\beta\in[-1,1]$ 和 $\alpha\in[-1,1]$ 范围内的全特性进行描述,$\beta/\alpha-h/\alpha^2$ 和 $1/\alpha-\alpha/h$ 用于对 $\beta/\alpha\in[-1,1]$ 和 $1/\alpha\in[-1,1]$ 范围内的全特性进行描述。

5.4.2 归一化曲线的拟合

将核主泵全特性试验所得数据在扬程归一化坐标系中拟合得到的曲线称为扬程归一化曲线,如图 5-10 所示,其中每一段曲线都代表不同工况,对应不同坐标组合,由三个字母组成的编码表示,具体的对应关系见表 5-3。

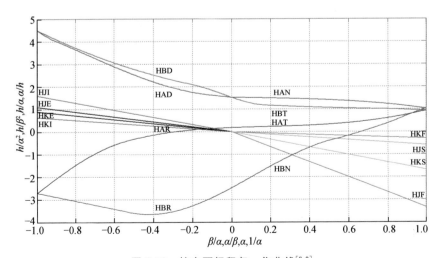

图 5-10 核主泵扬程归一化曲线[8,9]

表 5-3　归一化曲线编码与工况、坐标组合的对应关系

字母		工况、坐标组合	
首字母		H——扬程归一化曲线	M——轴扭矩归一化曲线
中间字母	A	$\alpha/\beta - h/\beta^2$	$\alpha/\beta - m/\beta^2$
	B	$\beta/\alpha - h/\alpha^2$	$\beta/\alpha - m/\alpha^2$
	J	$\alpha - h/\alpha$	$\alpha - m/\alpha$
	K	$1/\alpha - \alpha/h$	$1/\alpha - \alpha/m$
末尾字母		N——正转水泵工况、正转正流制动工况 D——正转逆流制动工况 R——反转水泵工况、反转正流制动工况 T——反转逆流制动工况	F——正流飞逸工况 E——逆流飞逸工况 S——正流转速为零工况 I——逆流转速为零工况

受试验条件限制,不可能在全流域范围内进行全特性试验,往往只能得到有限大小流量范围内的试验数据,因此拟合出的归一化曲线是不完整的。归一化坐标系的巧妙之处在于充分利用了前文推导得出的关于核主泵全特性的一系列重要结论,能够对超出试验范围的核主泵外特性进行正确预测,从而在全流域上拟合出完整的归一化曲线,对核主泵在全流域上的全特性进行描述。

简要说明如下:

① 在飞逸工况、转速为零工况下,扬程 H 和流量的平方 Q^2 成正比,即 H/Q 与 Q 成正比,h/α 与 α 成正比,因此在坐标系 $\alpha - h/\alpha$ 和 $1/\alpha - \alpha/h$ 中,表达飞逸工况、转速为零工况的曲线均为过原点的直线。尽管有限的试验数据拟合出的归一化曲线是不完整的,但是可以按照不完整曲线的发展趋势向坐标系原点作直线延伸,从而获得上述工况在全流域上的完整归一化曲线。

② 在正转正流制动工况和反转正流制动工况下,同样无法获得全流域上的试验数据。根据前文分析可知,当 Q 趋于 $+\infty$ 时,正转正流制动工况、反转正流制动工况、正流转速为零工况的外特性表现是趋于相同的,因此,当 Q 趋于 $+\infty$,β/α 趋于 0 时,正转正流制动工况对应的归一化曲线 HBN 和反转正流制动工况对应的归一化曲线 HBR 交于一点,交点在归一化坐标系的纵轴上。由于正流转速为零工况的扬程 H 与流量的平方 Q^2 成正比,可以根据试验数据求出 H/Q^2,h/α^2 的值,曲线 HBN 和曲线 HBR 的交点在纵轴上的位置即为通过正流转速为零工况试验数据求出的 h/α^2 值。尽管用来拟合曲线 HBN 和曲线 HBR 的试验数据是不完整的,但是由于知道两条曲线相交于纵轴,而且交点位置也能求出,因此可以根据不完整曲线的发展趋势以及两条

曲线的交点拟合出完整的曲线,在全流域上对正转正流制动工况和反转正流制动工况进行描述。基于同样的原理,可以拟合出完整的曲线 HBD 和曲线 HBT。

核主泵的轴扭矩归一化曲线如图 5-11 所示,每段曲线与工况、坐标组合的对应关系见表 5-3,建立坐标系、绘制曲线的方法与上述方法一致,这里不再赘述。

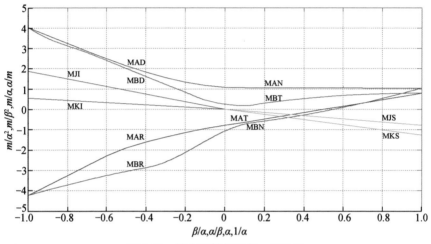

图 5-11　核主泵轴扭矩归一化曲线

5.4.3　归一化曲线的使用与优越性

使用归一化曲线可以方便地查询核主泵在任意工况点的外特性,也可以按照外特性要求反求出达到该外特性所需的运行条件。例如,已知核主泵在正转转速 n 下运行,流量为 Q,计算得到 $\alpha^* = Q/Q_N$,$\beta^* = n/n_N$。

① 当 $\alpha^*/\beta^* < 1$ 时,在 $\alpha/\beta - h/\beta^2$ 和 $\alpha/\beta - m/\beta^2$ 坐标组合对应的正转曲线 HAN 和 MAN 中分别查询得到 h^*/β^{*2} 和 m^*/β^{*2} 的具体数值,由于 β^* 值已知,因此可以求出 h^* 和 m^* 的值,该工况点核主泵的扬程、轴扭矩分别为 $H = H_N h^*$,$M = M_N m^*$。

② 当 $\beta^*/\alpha^* < 1$ 时,在 $\beta/\alpha - h/\alpha^2$ 和 $\beta/\alpha - m/\alpha^2$ 坐标组合对应的正转曲线 HBN 和 MBN 中分别查询得到 h^*/α^{*2} 和 m^*/α^{*2} 的具体数值,由于 α^* 值已知,因此可以求出 h^* 和 m^* 的值,该工况点核主泵的扬程、轴扭矩分别为 $H = H_N h^*$,$M = M_N m^*$。

归一化坐标系充分利用了深入研究核主泵全特性得到的一系列重要结论,使用有限的试验数据拟合,对核主泵在任意转速下、全流域上的全特性进行了准确、完整、简洁地表达,很好地弥补了传统全特性表达方式只能描述有限流量区间及特定转速的不足。归一化曲线具有极强的准确性、完整性和实用性,在很大程度上方便了查询使用和全特性研究工作,对核主泵的开发设计及运行维护具有重大的积极意义。

5.5 核主泵的全特性数值计算

在总结前人研究成果的基础上,考虑到试验成本较高,有必要采用数值模拟方法对核主泵正常运转和失水事故时复杂工况的全特性进行研究,从而为核主泵的结构、水力及工艺设计提供基础参考[10,11]。

5.5.1 计算方法及边界条件

在流入流量一定时,为了得到更加准确的速度和压力梯度,进口采用压力进口边界条件;出口采用质量流量出口边界条件,其值通过流量进行确定。壁面采用无滑移壁面边界条件。为了更好地处理流动边界层,在近壁区域采用标准壁面函数。输送介质为清水。负流量时进、出口边界条件互换。计算过程中的亚松弛因子均采用 ANSYS CFX 软件的默认值,残差收敛精度设置为 10^{-4}。

5.5.2 全特性曲线计算结果

(1) 全特性曲线的量纲转换

采用定转速进行计算,即从负流量到正流量,转速不变,分正转和反转。为了更清楚地比较核主泵不同工况下的全特性曲线,采用无因次特性曲线:以设计工况点的参数为1,包括流量 Q_N、扬程 H_N、功率 P_N、叶轮扭矩 M_N、叶轮轴向力 F_N、前后盖板扭矩 M_{2N}、前后盖板轴向力 F_{2N}、叶片扭矩 M_{1N} 及叶片轴向力 F_{1N}。各参数值见表 5-4。

表 5-4　计算结果的主要参数

H_N/m	$M_N/(N \cdot m)$	F_N/N	$M_{2N}/(N \cdot m)$	F_{2N}/N	$M_{1N}/(N \cdot m)$	F_{1N}/N
125.2	42 896.3	59 787.6	380.5	−81 284.4	42 515.8	141 072

从表 5-4 计算结果的主要参数可以看出,设计工况点的前后盖板扭矩 M_{2N} 远小于叶片扭矩 M_{1N},叶片扭矩的大小接近于叶轮扭矩,可以认为泵在正常运行时,叶轮受到的扭矩几乎全部来自叶片。

（2）全特性曲线

图 5-12 为根据计算结果作出的核主泵全特性运行工况曲线,包括转速为正、为零、为负三种情况下的流量-扬程曲线(实线)和流量-扭矩曲线(虚线)。扭矩 $M=0$ 的特性曲线是由分界点 R,S(叶轮扭矩正负的分界点)拟合而成,过这两点分别作抛物线 OR 和 OS。

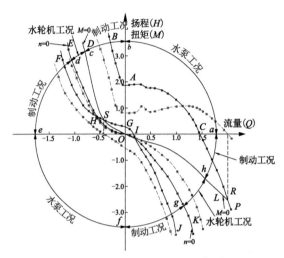

图 5-12　核主泵全特性曲线[1,12]

各参数符号规定如下:

流量 Q:流体从泵的进口向泵的出口方向流动时,流量为正,反之(反冲)为负;

扬程 H:泵出口处的能量(压力)大于进口处时,扬程为正,反之为负;

转速 n:泵的叶轮向着叶轮叶片工作面方向转动时,转速为正,反之为负;

扭矩 M:原动机把机械能传递给液体时,扭矩为正,反之为负;

泵的水力功率 P_e:液体流经泵后能量增加时,水力功率为正,反之为负。

① 转速为正

从图 5-12 中可以得出,当转速 $n>0$ 时,在正转逆流工况下,即液流从泵的出口处向进口方向反冲流动时,随着流量的不断增大,核主泵的流量-扬程曲线呈现明显陡增的趋势,扬程要远大于核主泵正常运行时的扬程,如曲线 AB 所示。在正常工况下,即液流从泵的进口处向出口方向流动时,随着流量的不断增大,流量-扬程曲线呈现整体下降的趋势,如曲线 AC 所示,但在 $0.1Q_N \sim 0.4Q_N$ 工况下,流量-扬程(Q-H)曲线出现非稳态驼峰,驼峰的产生可能与水泵叶轮区域的二次流及导叶区域的二次流有密切关系。流量增大到点 C 以后,出现正转正流制动,此时流量、转速均为正,扬程为负,并且扬程曲线下降趋势更陡。流量-扭矩(Q-M)曲线具有和 Q-H 曲线相似的变化规律,在正转逆流工况下,随着流量的不断增大,核主泵的 Q-M 曲线呈现明显陡增的趋势,扭矩要远大于核主泵正常运行时的扭矩。在正常工况下,$0.1Q_N \sim 0.4Q_N$ 工况区间也出现了驼峰现象,随着流量的不断增大,Q-M 曲线呈现缓慢上升的趋势,在 $1.1Q_N$ 工况时开始缓慢下降,在 $1.9Q_N \sim 2.0Q_N$ 之间出现扭矩的正负分界点,其对应于 Q-H 曲线的点 R。

② 转速为负

从图 5-12 中可以得出,当转速 $n < 0$ 时,Q-H 曲线整体呈抛物线型变化趋势,在反转逆流工况下,即液流从泵反转时由出口处向进口方向反冲流动,随着流量的不断增大,核主泵的 Q-H 曲线呈现抛物线型上升趋势,如曲线 HF 所示。曲线 GH 表示的特殊工况 2 为水轮机未达到额定转速时的同步转速,泵不能输出功率,达不到能量回收的目的。在正流量区段,随着流量的增加,出现特殊工况 1,如曲线 GI 所示。流量为零时,点 G 为 Q-H 曲线与扬程坐标轴的交点,点 I 为扬程的正负分界点,此时叶轮反转,泵在没有任何外加能量(反冲与顺冲)的情况下运行,其流量和扬程(特别是流量)比叶轮正转时要小得多,其特性曲线也落在第一象限。随着流量的不断增加,从点 I 开始,泵处于反转水轮机工况,Q-H 曲线呈现下降趋势,且下降趋势较明显,如曲线 IJ 所示。Q-M 曲线具有和 Q-H 曲线相似的抛物线型变化趋势,从零流量到负的大流量呈现类似抛物线型上升趋势,从零流量到正的大流量呈现类似抛物线型下降趋势。在 $-0.4Q_N \sim -0.5Q_N$ 之间出现扭矩的正负分界点,其对应于 Q-H 曲线 GF 上的点 S。

③ 转速为零

从图 5-12 中可以得出,当转速 $n = 0$ 时,Q-H 曲线整体呈抛物线型变化趋势,在逆流制动工况下,即液流从泵停转制动时由出口处向进口方向反冲流动,随着流量向负方向增大,Q-H 曲线呈现抛物线型上升趋势,如曲线 OE 所示。在正流制动工况下,随着流量向正方向增大,Q-H 曲线呈现抛物线型下降趋势,如曲线 OK 所示。Q-M 曲线的变化趋势和 Q-H 曲线的变化趋势相似,呈抛物线型。

5.5.3 全特性工况叶轮扭矩和受力分析

(1) 叶片扭矩

图 5-13 为核主泵全特性工况下的流量-叶片扭矩曲线,曲线 af、be 及 cd

分别为转速 $n>0$, $n=0$ 及 $n<0$ 时的流量-叶片扭矩(Q-M_1)曲线。当转速 $n>0$ 时,在正转逆流工况下,随着流量向负方向增大,曲线 af 呈现明显类似直线的上升趋势;在正常工况下,$0.1Q_N$~$0.4Q_N$ 之间也出现驼峰,随着流量不断增大,曲线 af 呈现缓慢上升的趋势,从 $1.1Q_N$ 工况开始缓慢下降,在 $1.9Q_N$~$2.0Q_N$ 之间出现扭矩的正负分界点。当转速 $n<0$ 时,Q-M_1 曲线整体呈抛物线型变化趋势,从零流量到负的大流量呈现类似抛物线型上升趋势,从零流量到正的大流量呈现类似抛物线型下降趋势,在 $-0.4Q_N$~$-0.5Q_N$ 之间出现扭矩的正负分界点。当转速 $n=0$ 时,Q-M_1 曲线整体也呈抛物线型变化趋势,在逆流制动工况下,随着流量向负方向增大,曲线 Ob 呈现抛物线型上升趋势;在正流制动工况下,随着流量向正方向增大,曲线 Oe 呈现抛物线型下降趋势。各曲线的变化规律和图 5-12 中叶轮扭矩 M 的变化规律一致。这表明,包括设计点在内,从负流量变化到正流量,前后盖板扭矩占叶轮所受扭矩的比例很小,叶轮所受的扭矩主要来自叶片所受的扭矩。

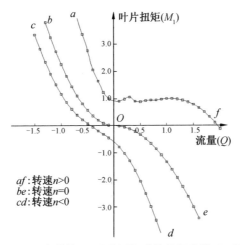

图 5-13 全特性工况下流量-叶片扭矩曲线 Q-M_1

(2) 前后盖板扭矩

图 5-14 为核主泵全特性工况下的流量-前后盖板扭矩(Q-M_2)曲线,曲线 af,be 及 cd 分别为转速 $n>0$,$n=0$ 及 $n<0$ 时的 Q-M_2 曲线,从负流量到正流量,三条曲线均呈现缓慢上升的趋势。在正流量时,随流量的增加,Q-M_2 曲线变化趋势呈直线;在负流量时,Q-M_2 曲线上升趋势先快后慢,曲线 af 略有波动。Q-M_2 曲线变化趋势和 Q-M,Q-M_1 截然不同,且未破坏 Q-M 和 Q-M_1 曲线的相似性,所以前后盖板所受的扭矩对叶轮的影响很

小,且前后盖板所受的扭矩也相对很小。

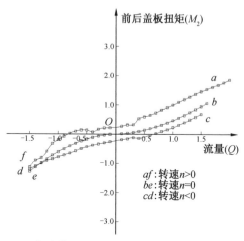

图 5-14　全特性工况下流量-前后盖板扭矩曲线 Q-M_2

（3）叶轮轴向力

图 5-15 为核主泵全特性工况下的流量-叶轮轴向力（Q-F）曲线,曲线 af,be 及 cd 分别为转速 $n>0$,$n=0$ 及 $n<0$ 时的 Q-F 曲线。当转速 $n>0$ 时,在正转逆流工况下,随着流量向负方向增大,曲线 af 呈现明显陡增的趋势,其值要远大于核主泵正常运行时的轴向力;在正常工况下,$0.1Q_N$～$0.4Q_N$ 之间轴向力的变化趋势异常,造成该现象的原因可能是该区段泵的 Q-H 曲线出现非稳态驼峰,随着流量不断增大,曲线 af 整体呈现下降趋势,在 $1.1Q_N$～$1.2Q_N$ 之间出现叶轮轴向力的正负分界点。当转速 $n<0$ 时,从负流量到正流量,叶轮轴向力呈现近似直线的下降趋势,在 $0.3Q_N$ 工况点附近出现叶轮轴向力的正负分界点。当转速 $n=0$ 时,随着流量从零流量向负方向增大,叶轮轴向力呈现近似直线的上升趋势;随着流量从零流量向正方向增大,叶轮轴向力呈现近似抛物线型下降趋势。

（4）叶片轴向力

图 5-16 为核主泵全特性工况下的流量-叶片轴向力曲线,曲线 af,be 及 cd 分别为转速 $n>0$,$n=0$ 及 $n<0$ 时的流量-叶片轴向力（Q-F_1）曲线,曲线的变化规律和 Q-M_1 曲线相似。当转速 $n>0$ 时,在正转逆流工况下,随着流量向负方向增大,曲线 af 呈现明显类似直线的上升趋势;在正常工况下,随着流量不断增大,曲线 af 呈现缓慢上升的趋势,在 $0.6Q_N$ 工况达到最大值时开始缓慢下降,在 $1.5Q_N$～$1.6Q_N$ 之间出现叶片轴向力的正负分界点。当转

速 $n<0$ 时，Q-F_1 曲线整体呈抛物线型变化趋势，从零流量到负的大流量呈现类似抛物线型上升趋势，从零流量到正的大流量呈现类似抛物线型下降趋势。当转速 $n=0$ 时，Q-F_1 曲线整体也呈抛物线型变化趋势，在逆流制动工况下，随着流量向负方向增大，曲线 Ob 呈现抛物线型上升趋势，在该工况下曲线 be 和 cd 基本一致；在正流制动工况下，随着流量向正方向增大，曲线 Oe 呈现抛物线型下降趋势。

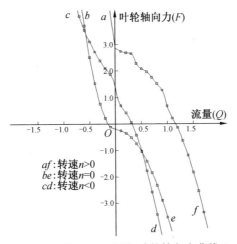

图 5-15 全特性工况下流量-叶轮轴向力曲线 Q-F

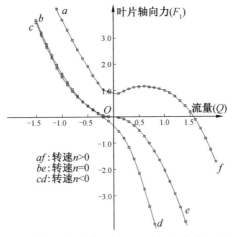

图 5-16 全特性工况下流量-叶片轴向力曲线 Q-F_1

（5）前后盖板轴向力

图 5-17 为核主泵全特性工况下的流量-前后盖板轴向力（Q-F_2）曲线，曲线 af，be 及 cd 分别为转速 $n>0$，$n=0$ 及 $n<0$ 时的 Q-F_2 曲线。当转速 $n>0$ 时，在正转逆流工况下，随着流量向负方向增大，曲线 af 呈现明显突增的趋势，其值远大于正常工况时受的轴向力，说明正转逆流时前后盖板承受极大的轴向力；在正常工况下，随着流量不断增大，曲线 af 呈现缓慢下降的趋势，在 $0.3Q_N \sim 0.4Q_N$ 之间出现轴向力的正负分界点，在 $1.4Q_N$ 工况达到最小值时开始缓慢上升。当转速 $n<0$ 时，Q-F_2 曲线整体呈抛物线型变化趋势，从零流量到负的大流量呈现类似抛物线型上升趋势，从零流量到正的大流量也呈现类似抛物线型上升趋势。当转速 $n=0$ 时，在逆流制动工况下，随着流量向负方向增大，轴向力呈现抛物线型上升趋势；在正流制动工况下，随着流量向正方向增大，轴向力呈现抛物线型上升趋势，相对于逆流制动工况，该上升趋势更缓慢，曲线 be 整体呈类似抛物线型，且最低点落在纵坐标轴上。

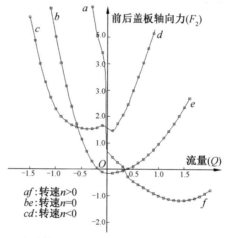

图 5-17　全特性工况下流量-前后盖板轴向力曲线 Q-F_2

参考文献

［1］龙云. AP1000 核主泵优化设计及全特性数值模拟［D］. 镇江：江苏大学，2014.

［2］关醒凡. 现代泵技术手册［M］. 北京：中国宇航出版社，1995.

［3］钱卫东. AP1400 核主泵的四象限特性试验研究［J］. 水泵技术，2015

(5)：7-12.

[4] 邢军，王阔，陈兴江，等. 核主泵四象限特性试验研究[J]. 水泵技术，2018(4)：5-8.

[5] 郑梦海. 泵测试实用技术[M]. 北京：机械工业出版社，2006.

[6] 郑梦海. 泵的四象限试验[J]. 水泵技术，1998(5)：3-5.

[7] 赵玉艳，陶洁宇，纪永刚. 泵的四象限特性试验研究[J]. 水泵技术，2011(5)：6-8.

[8] 刘永. 小破口卡轴事故工况下 AP1000 核主泵水动力特性分析[D]. 镇江：江苏大学，2017.

[9] Zhu R S, Liu Y, Wang X L, et al. The research on AP1000 nuclear main pumps' complete characteristics and the normalization method [J]. Annals of Nuclear Energy, 2017, 99: 1-8.

[10] 张扬. 变转速工况下核主泵四象限外特性预测[D]. 兰州：兰州理工大学，2018.

[11] 朱荣生，王学吉，卢永刚，等. 气液两相流工况下核主泵的正转全特性研究[J]. 核动力工程，2017，38(3)：65-71.

[12] 付强，龙云，朱荣生，等. 失水事故工况下主泵全特性数值分析[J]. 核动力工程，2014，35(2)：121-126.

6

核主泵卡轴事故工况水动力特性

6.1 引言

核主泵是压水堆核电厂中最关键的核岛一回路主设备之一,是核岛内唯一的旋转设备,其功能是驱动一回路中带有放射性的高温冷却剂连续循环,实现堆芯与蒸汽发生器之间的热能交换,从而产生高压蒸汽,经由汽轮机及汽轮发电机实现发电[1]。核主泵运行故障,将直接导致核反应堆停堆,甚至会造成核安全事故[2,3]。由于对水力性能、材料强度、主轴密封、四象限下的轴向力和径向力、转子动力学等方面有着极高的综合要求,因而核主泵的设计制造是中国核电自主化过程中遇到的一个重大技术难题。

为了极大限度地保障核岛安全,核主泵的冷却功能不仅要满足反应堆的正常工作需要,而且要能够经受住各类事故工况的考验,例如断电、破口、卡轴等严重事故。人们希望核主泵在这些重大事故发生后能够尽可能保持足够强大的冷却能力,直至核岛安全停堆,以消除爆发核安全事故的可能性。要做到这一点,首先需要详细了解事故发生以后核主泵的响应情况,继而有针对性地优化核主泵的设计与制造。只有不断对核主泵以及由它推动的主冷却剂系统做超设计基准事故工况的研究,才能推动核电技术朝着更加安全可靠的方向迈进。

核主泵卡轴事故工况是一种复杂的瞬态过渡过程,可以将其理解为核主泵全特性中的一个特殊工况,但是目前并没有准确简洁的表达方式对这一过程进行数形结合的合理表达[4,5]。

核主泵卡轴事故属Ⅲ类工况(极限事故工况),指核主泵在额定工况点满功率运行时转子突然受到极大的阻力矩被迫快速停转。卡轴持续时间远小于停机惰转和急停用时,造成事故的直接原因有核主泵联轴器破裂、轴承润

218

滑系统故障等[6]。卡轴后核主泵推送冷却剂能力骤降,回路冷却剂流量降低、温度升高,燃料棒存在偏离泡核沸腾(DNB)的危险[7]。本章主要研究小破口下卡轴事故中核主泵的响应情况,为核主泵的优化改进提供重要的依据。

6.2 卡轴事故的理论分析

核主泵发生卡轴事故的原因主要有联轴器破裂、轴承润滑系统出现故障等,造成事故的原因不同,产生的卡轴阻力矩、卡轴时长、转速以及外特性随时间的变化曲线也不同。核主泵的安全设计标准要求停机半流量用时超过 5 s[8],断电 20 s 后叶轮转速通常能达到近 400 r/min[9]。核主泵卡轴事故可以定义为由主轴相关机械部件发生故障导致的,叶轮以远小于正常停机时长快速停止转动的一系列事故。

6.2.1 卡轴事故中的外特性变化

卡轴事故属于非定常的瞬态过程,下面从核主泵外特性的角度描述卡轴事故。本章研究正常水泵工况(核主泵绝大多数时间内保持的工况)下发生卡轴的情形,事故期间核主泵从正常水泵工况快速过渡到正流转速为零工况,图 6-1、图 6-2 展示了这段时间内流量、扬程、转速和时间之间的变化关系,图中 q, h, n' 和 t' 分别代表无因次流量 Q、无因次扬程 H、无因次转速 n 和无因次时间 t。

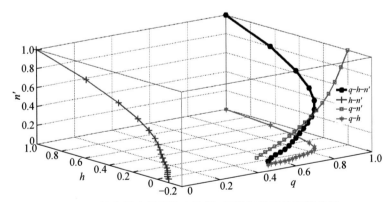

图 6-1　核主泵卡轴事故中流量、扬程和转速的变化关系

图 6-1 中曲线 q-h-n' 代表坐标系 q-h-n' 中的曲线,曲线 h-n',q-n',q-h 分别代表对应坐标系下的曲线。卡轴事故发生后核主泵流量是不断减

小的,以曲线 $q-h-n'$ 为例进行分析,随着流量递减,扬程和转速也呈下降趋势,值得指出的是,当叶轮停止转动时核主泵流量仍保持在 40% 左右,扬程降为负值。曲线 $h-n'$,$q-n'$,$q-h$ 分别展示了扬程、流量、转速两两之间的关系,对比曲线 $q-n'$ 和 $q-h$ 容易看出,随着流量减小,核主泵扬程下降趋势比转速下降趋势更加明显,这一特点在曲线 $h-n'$ 中同样得到体现,该曲线朝 $+n'$ 方向明显凸起,可见扬程下降比转速下降更快一些。

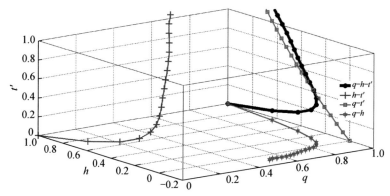

图 6-2　核主泵卡轴事故中流量、扬程和时间的变化关系

图 6-2 中的无因次曲线 $q-h-t'$ 存在于坐标系 $q-h-t'$ 中,代表卡轴事故发生后流量和扬程随时间的变化情况,曲线 $q-h$,$q-t'$,$h-t'$ 分别存在于各自对应的坐标系中。分析可知,在卡轴事故发生后,扬程首先快速降低至较低值然后以较平缓的趋势降至负值,流量减小的趋势比扬程平缓一些,在叶轮彻底停转时核主泵仍保持 40% 左右的流量。

6.2.2　卡轴事故的归一化曲线

值得指出的是,核主泵卡轴事故的外特性变化过程并不能在全特性曲线图 5-1 中表示,这是因为事故过程中核主泵转速由高到低发生连续变化,而全特性曲线中只能表达一种或者多种非连续转速的外特性情况,下面使用归一化曲线对核主泵卡轴事故过程中外特性的变化进行描述。

图 6-3 为核主泵卡轴事故的归一化曲线,曲线坐标系定义方法如 5.4 节核主泵全特性的归一化表达方法所述,该图简洁地展示了卡轴事故发生后核主泵扬程、流量和转速在连续变化过程中存在的关系,使用 5.4.3 中的方法可以很方便地求得卡轴事故过程中任意外特性参数对应的其他外特性参数值。

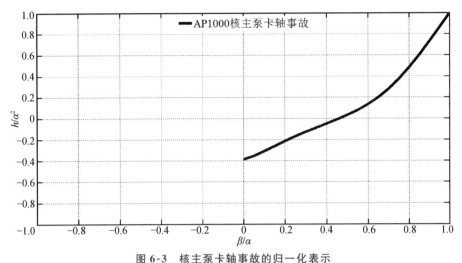

图 6-3　核主泵卡轴事故的归一化表示

6.3　卡轴事故试验

核主泵小破口下的卡轴事故是一种非定常瞬态过渡过程,事故过程中包括流量、扬程、叶轮转速在内的外特性各参数短时间内变化较大,而这些参数随时间的变化规律很复杂,造成卡轴事故的原因不同,各参数随时间的变化规律也就不同,鲜有文献记录这些外特性参数随时间变化的函数关系。

本节主要通过试验方法研究核主泵小破口下卡轴事故中外特性随时间的变化情况,并分析各参数变化的特点及内部原因。

6.3.1　试验目的与试验台

核主泵小破口下卡轴事故的试验目的在于确定事故过程中核主泵外特性各参数随时间的变化关系,并分析参数变化的特点及原因。核主泵小破口下的卡轴事故实际上包括小破口和卡轴两类事故,其中小破口事故是前提,即在小破口已经存在的前提下发生卡轴,这就要求试验台必须能够同时模拟两种事故。

核主泵小破口失水事故发生后破口位置压力骤降,由于反应堆一回路冷却剂温度很高,该位置会有空化现象发生,产生的空泡与冷却液混合形成气液两相流并流向核主泵内部,要在试验中实现这一过程就需要在试验台上加入能够实现空化的相关设备;核主泵卡轴通常是由联轴器破裂、轴承润滑系统出现故障等原因造成的,试验当中最经济也最易实现的卡轴方式就是在试验泵后串联一个制动器,选用功率合适的制动器可以使核主泵在极短的时间内从正常转速降为零转速,从而很好地模拟核主泵的卡轴过程。要控制卡轴事故持续时间,也就是核主泵从正常转速降为零转速所用时长,可以通过调节制动器功率大小实现。

图 6-4 即为小破口下卡轴事故试验台。本次试验所用试验泵与原型核主泵的缩放比例为 1∶5.544,其性能参数列于表 6-1 中。试验台主要部件包括制动器、电动机、测功仪、试验泵、涡轮流量计、稳压罐、阀门、真空罐、真空泵、压力脉动传感器等,其中电涡流制动器额定吸收功率为 10 kW 且功率可调节,涡轮流量计输出脉冲信号且单位时间输出的脉冲数量仅与流量大小有关,脉冲信号采用数据采集卡以 500 SPS(sample per second,每秒采样次数)的采样频率高速采集,WJCG 型测功仪用来采集核主泵瞬时转速与瞬时功率,采样频率为 50 SPS,满足本次试验需要。

压力脉动传感器采样频率为 1 000 SPS,用于采集泵体多个关键位置的压力脉动信号,传感器探头布置如图 6-5 所示,其中 1,2,3,4 号传感器分布在泵腔上表面且监测方向与泵腔表面垂直,5 号传感器位于泵腔侧面且监测方向为水平方向。

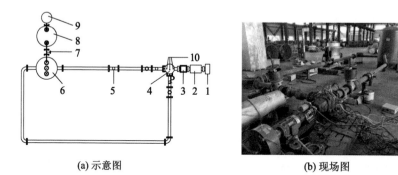

(a) 示意图   (b) 现场图

1—制动器;2—电动机;3—测功仪;4—试验泵;5—涡轮流量计;6—稳压罐;
7—阀门;8—真空罐;9—真空泵;10—压力脉动传感器

图 6-4 核主泵小破口下卡轴事故试验台

表 6-1 核主泵试验泵的主要性能参数

额定工况点参数	额定转速 $n/$ (r/min)	额定流量 $Q/$ (m^3/h)	额定扬程 H/m	比转速 n_s
数值	1 480	105	3.6	351

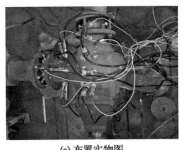
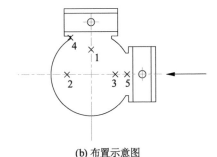

(a) 布置实物图　　　　　　　(b) 布置示意图

图 6-5　压力脉动传感器布置方案

6.3.2　试验方案

核主泵小破口下的卡轴事故是小破口事故与卡轴事故的叠加,在设计试验方案时应将小破口事故和卡轴事故的严重程度作为变量考虑。如前所述,小破口事故对核主泵及反应堆一回路的影响主要在于它所导致的空化,越是严重的小破口事故导致的空化越严重,本次试验以试验泵扬程下降百分比为标准分别再现了 0,2% 和 5% 三种情况下的小破口事故。此外,调整制动器功率使卡轴事故分别持续 2,3 和 4 s,模拟三种不同严重程度的卡轴事故。表6-2 列出了需要进行的 9 个试验组合与各组试验的命名。

表 6-2　对照试验设置与命名

卡轴持续时长/s	小破口严重程度/%		
	0	2	5
2	试验 0-0	试验 2-0	试验 5-0
3	试验 0-3	试验 2-3	试验 5-3
4	试验 0-4	试验 2-4	试验 5-4

首先进行试验 0-0,0-3 和 0-4,这三个试验不需要模拟小破口事故的发生,无须用到真空泵和真空罐,保持阀门关闭即可。试验之前调节制动器功率到需要的数值(制动器在不同功率下工作可以使叶轮分别在 2,3 和 4 s 内停止转动),开启试验泵使试验台系统运转起来,调节试验泵出口阀门使流量保持在额定流量值,此时试验泵在额定工况点运行,待系统运行稳定后开启制动器,与此同时关闭试验泵电动机,让叶轮在制动器的作用下快速停转,使用测功仪、连接有数据采集卡的涡轮流量计、压力脉动传感器记录下试验过

程中叶轮转速、流量和压力脉动的瞬时数据。

在完成上述卡轴事故试验后,进行小破口下的卡轴事故试验,需要用到真空泵和真空罐等试验台的其他部件。以试验 2-0,2-3 和 2-4 为例进行说明,试验 5-0,5-3 和 5-4 的操作方法类似。试验开始首先启动试验泵,在额定工况点运行并实时监测流量、扬程大小,然后关闭阀门、开启真空泵降低真空罐内压力,再打开阀门连通稳压罐与真空罐持续降低回路整体压力,其间适当调节试验泵出口阀门保证系统流量稳定在额定值;当监测到试验泵扬程下降 2% 时关闭阀门稳定回路压力,至此完成小破口事故的设置。接下来在已经完成设置的小破口条件下进行卡轴试验,操作方法同试验 0-0,0-3 和 0-4。需要说明的是,完成一组小破口下的卡轴试验后,下一组试验开始时需要按照上述步骤重新调节系统压力以保证测试泵扬程下降百分比不变。

6.3.3　试验结果

在完成表 6-2 列出的各项试验后,可以获得大量有关小破口下卡轴事故的试验数据,整理分析这些涉及转速、流量、压力脉动特性的数据有助于清晰认识事故的发展过程,也可以为下一步通过 CFD 技术进行更详细的计算研究打下重要基础。

小破口条件下的卡轴事故形式上是两种事故的叠加,为了解小破口事故会对卡轴事故产生多大影响,首先需要对纯粹的卡轴事故进行研究,然后添加小破口条件进行对比分析,下面以这样的思路分析试验结果。

（1）卡轴事故试验结果分析

卡轴事故的发生可以让核主泵外特性在极短时间内发生大幅度变化,其中以叶轮骤停的特征最为明显,由于流体惯性较大而核主泵各过流部件内部存在足够空间通过,因此卡轴事故发生后流量减小至零的用时大于叶轮停转用时。本章重点研究叶轮由额定转速降为零这段时间内核主泵外特性、压力脉动和内部流动的特征,因为这段时间内核主泵受冲击最为剧烈。

（2）转速、流量的变化规律

核主泵转速与流量随时间发生剧烈变化是卡轴事故过程的显著宏观特征,泵内压力场、流场的变化可以视为转速、流量变化引起的微观特征。在核主泵卡轴事故研究中,首先需要明确转速、流量随时间的变化情况。通过表 6-2 中试验 0-0,0-3,0-4 获得相关数据整理得到图 6-6,图中所示为不同程度卡轴事故下转速与流量随时间的变化曲线,其中 n' 和 q 分别代表无因次转速和无因次流量,t' 表示无因次时间,T 为试验 0-0 中叶轮转速彻底停转所用时长 1.92 s。

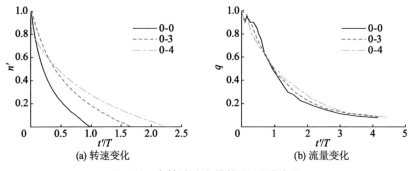

图 6-6　卡轴试验中的转速、流量变化

试验 0-0,0-3,0-4 中制动器开启功率递减,模拟卡轴事故的严重程度依次降低,从图 6-6a 中可以清晰地看到,三条转速变化曲线区别明显。试验 0-0 中转速降低的速度最快,在 $1T$ 左右从额定转速降至零;试验 0-4 中转速降低最慢,叶轮停转用时将近 $2.25T$。观察图 6-6a 中的三条曲线不难看出,核主泵卡轴事故中转速降低有一个共同的特点,就是在事故之初转速降低速度最快,随着事故发展叶轮转速降低速度逐渐放缓。图 6-6b 为试验 0-0,0-3,0-4 中流经核主泵的瞬时流量随时间的变化曲线,虽然三个试验对应的卡轴事故严重程度不同,但是流量变化曲线的区别并不像转速变化曲线那样明显,仅有细微差别:卡轴事故越严重,在绝大多数时间内流经核主泵的流量下降趋势越陡,流量由额定流量降至零的总用时越短。

（3）压力脉动分析

通过核主泵泵腔压力脉动的分析可以了解事故过程中流体与泵壳的相互作用情况。图 6-7、图 6-8、图 6-9 分别表示试验 0-0,0-3,0-4 获得的压力脉动情况。对比分析可以发现,即使卡轴事故的严重程度不同,泵腔压力脉动仍然具有一些共性,这些共性可以认为是卡轴事故中泵腔压力脉动的重要特征。

测量压力脉动的传感器分布如图 6-5 所示,主要测量泵腔内部上表面的压力变化情况。从试验结果来看,泵腔内上表面各位置的压力脉动幅值区别较大。1 号传感器位置所测压力脉动的振幅是最大的,该位置靠近核主泵导叶且与导叶出口方向正对;3 号传感器位置所测压力脉动的振幅仅次于 1 号;2 号传感器位置的压力脉动比较特殊,它的振幅远小于其他位置,可见该位置流体对泵腔内壁的冲击是比较均匀的。除去振幅不同以外,各位置压力初值、终值和变化曲线几乎一致,卡轴事故发生后叶轮做功能力减弱,流体获得的能量减小,1～4 号传感器位置处流体静压随之下降,5 号传感器位置处压力脉动变化过程与之相反,这是因为叶轮转速降低,叶轮进口位置的真空度下降导致压力回升,回升终值与其他传感器下降终值接近。

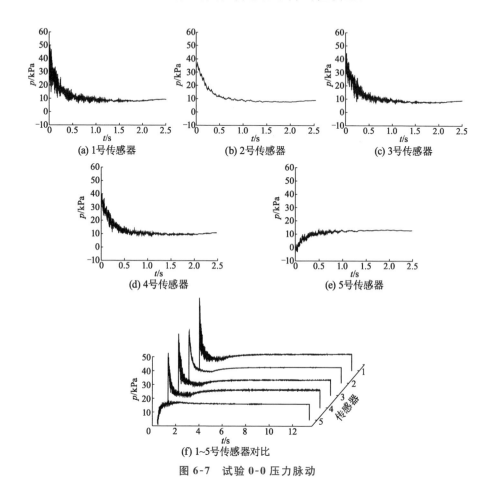

(a) 1号传感器　　(b) 2号传感器　　(c) 3号传感器

(d) 4号传感器　　(e) 5号传感器

(f) 1~5号传感器对比

图 6-7　试验 0-0 压力脉动

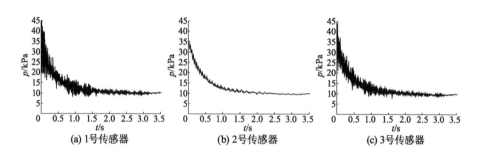

(a) 1号传感器　　(b) 2号传感器　　(c) 3号传感器

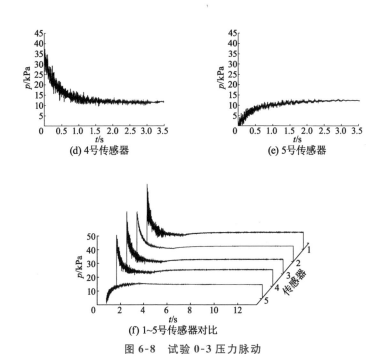

(d) 4号传感器

(e) 5号传感器

(f) 1~5号传感器对比

图 6-8 试验 0-3 压力脉动

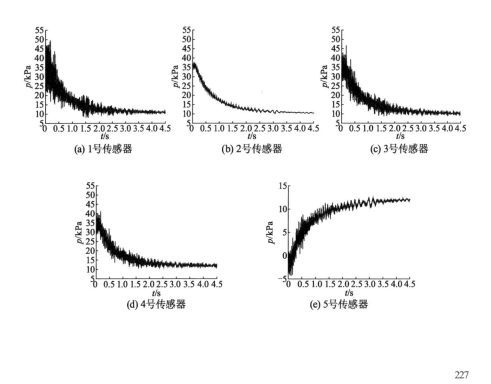

(a) 1号传感器

(b) 2号传感器

(c) 3号传感器

(d) 4号传感器

(e) 5号传感器

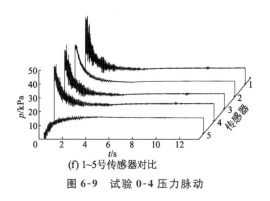

(f) 1~5号传感器对比

图 6-9　试验 0-4 压力脉动

不同程度卡轴事故下泵腔内壁上表面附近压力脉动变化的区别主要在于压力值变化曲线。表 6-3 为不同程度卡轴事故下压力由初值降至终值用时对比,表中卡轴总时间与图 6-6a 中叶轮转速降至零的用时一致,分析发现,传感器所测压力脉动由初值变化到终值用时小于卡轴总时间。换言之,卡轴事故发生后,在叶轮尚未彻底停转之前,泵腔内壁上表面附近流体静压就已经变化到了最终值。其原因可能是叶轮转速降至某一临界值的时候就会失去对流体的推动作用,流体无法通过叶轮获得能量提升,甚至还要推动叶轮损失一些能量,因而泵内各处压力很快变化到与叶轮停转后接近的压力值。压力脉动变化的这一特征随着卡轴事故严重程度的不同而有所变化。表 6-3 中的时间比指的是压力改变用时与卡轴总时间的比值,对比可知,卡轴事故越严重,压力改变用时与卡轴总时间的比值越小,这也从侧面印证了前面的解释,即卡轴事故越严重,叶轮转速下降趋势越陡峭,转速降低至临界值用时越短,进而压力变化至终值用时也越短。

表 6-3　压力下降用时对比

卡轴试验	0-0	0-3	0-4
压力改变用时/s	0.60	2.00	3.50
卡轴总时间/s	1.80	3.25	4.30
时间比	0.33	0.62	0.81

6.3.4　小破口对卡轴事故的影响

在分析完不同程度卡轴事故下核主泵转速、流量和压力脉动的变化情况后,开展小破口条件下的卡轴事故研究,即研究小破口事故对卡轴事故的影响情况。

（1）小破口条件对转速、流量变化的影响

图 6-10 为小破口条件下卡轴试验中的转速、流量变化曲线，其中曲线 0-0,2-0,5-0 分别代表试验 0-0,2-0,5-0 的数据结果。观察发现，不同程度小破口条件下发生卡轴事故后，核主泵叶轮转速和流量变化曲线与单纯卡轴事故下的变化曲线相近，造成这一现象的原因主要在于转速和流量的下降过程主要受卡轴事故产生的阻力扭矩、叶轮转动惯量及系统流量影响，小破口条件并不会对这些因素造成太大影响。

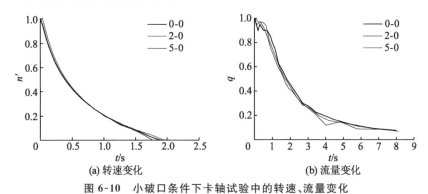

(a) 转速变化　　　　　　(b) 流量变化

图 6-10　小破口条件下卡轴试验中的转速、流量变化

（2）小破口条件对压力脉动的影响

图 6-7、图 6-11、图 6-12 分别为试验 0-0,2-0,5-0 测得的压力脉动情况。经观察可知，小破口条件下卡轴事故中压力脉动变化的许多特征与单纯卡轴事故下的情况基本一致，个别特征由于小破口事故的发生而出现变化。

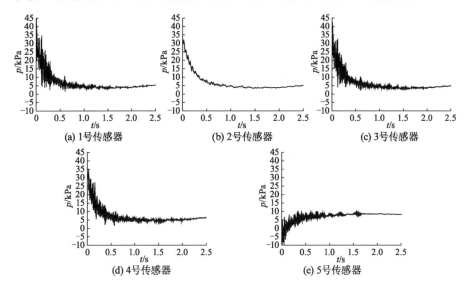

(a) 1号传感器　　　　(b) 2号传感器　　　　(c) 3号传感器

(d) 4号传感器　　　　(e) 5号传感器

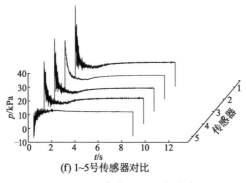

(f) 1~5号传感器对比

图 6-11　试验 2-0 压力脉动

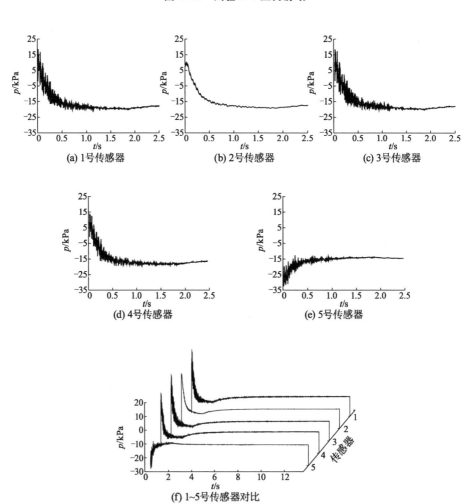

(a) 1号传感器　　　　　(b) 2号传感器　　　　　(c) 3号传感器

(d) 4号传感器　　　　　　　　(e) 5号传感器

(f) 1~5号传感器对比

图 6-12　试验 5-0 压力脉动

不同程度小破口条件下的卡轴事故中,各监测点压力脉动变化曲线几乎一致,1~4 号传感器位置压力下降幅度均为 30 kPa 左右,5 号传感器位置压力上升幅度均为 13 kPa 左右,各监测点位置压力值由初值下降至终值用时均接近 0.65 s,因此,小破口条件并未对卡轴事故中泵腔内壁上表面附近压力变化曲线形状造成太大影响。

泵腔内壁上表面附近压力脉动受小破口条件影响较大的特征主要是压力分布区间和脉动振幅。与单纯卡轴事故相比,小破口条件下压力脉动在坐标系纵轴的分布区间整体下移,下移程度与小破口事故的严重程度呈正相关。小破口对反应堆一回路造成的最大影响在于瞬间降低破口处压力,继而降低回路系统整体压力,小破口事故的严重程度不同,系统压力下降程度也不同,各传感器位置的压力脉动变化区间也会出现高低之分。小破口条件对卡轴事故的另外一个重要影响在于压力脉动振幅会因小破口事故而上升,该现象较明显的是 3 号、4 号和 5 号传感器位置。小破口条件下叶轮进口位置发生空化,相变过程伴随产生振动,导致附近压力脉动振幅上升。由于 5 号传感器距离叶轮进口位置最近,因此该处测得的压力脉动振幅相对无小破口条件而言上升最为明显。由此可知,5 号传感器所处位置的压力脉动振幅受小破口条件影响最大。

6.4　卡轴事故数值计算

通过试验研究可以对核主泵小破口条件下卡轴事故的外特性、泵腔内壁上表面压力脉动等有所认识,最重要的是可以获得事故中核主泵转速、流量随时间的变化关系,这是进行数值计算不可或缺的边界条件。

数值计算方法与传统的理论分析方法、试验测量方法组成了研究流体流动问题的完整体系。试验测量方法所得到的试验结果真实可信,是理论分析方法和数值计算方法的基础,但是往往受模型尺寸、流场扰动、人身安全和测量精度的限制存在局限性;理论分析方法所得结果具有普遍性,但是它往往要求对计算对象进行抽象和简化;数值计算方法克服了前两种方法存在的缺点,可以看作在流动基本方程(质量守恒方程、动量守恒方程、能量守恒方程)控制下对流动的模拟,通过这种数值模拟,可以得到极其复杂问题的流场内各个位置上的基本物理量(如速度、压力、温度、浓度等)的分布,以及这些物理量随时间的变化情况,确定旋涡分布特性、空化特性及脱流区等,还可以据此算出相关的其他物理量。本节在试验的基础上,通过商用 CFD 软件对核主泵在卡轴事故中的外特性、流场、压力脉动等变化进行分析,为小破口条件下卡轴事故的研究提供基础。

6.4.1 数值计算方法

数值计算中的边界条件是指在求解域的边界上所求解的变量或其一阶导数随地点及时间变化的规律,只有给定了合理边界条件的问题才可能计算得出流场的解。因此,边界条件是使 CFD 问题有定解的必要条件,任何一个 CFD 问题都不可以没有边界条件。

核主泵卡轴事故属于瞬态过渡过程,其间核主泵叶轮转速、流量和泵内流场、压力场在极短时间内发生剧烈变化,作为模拟该过程的重要边界条件,叶轮转速和流量随时间的变化函数可以根据图 6-6 所示试验结果拟合获得。在 CFD 模拟中,为了使核主泵在卡轴事故发生前达到稳定工作状态,前处理时设定事故发生前核主泵保持在额定工况点运行 0.12 s,因此试验 0-0,0-3,0-4 对应 CFD 模拟中核主泵叶轮转速 n 和质量流量 Q 可以表示为以下各式:

试验 0-0:

$$\begin{cases} Q = 4\ 953.4\ \mathrm{kg/s}(0\ \mathrm{s} \leqslant t \leqslant 0.12\ \mathrm{s}) \\ Q = 2.794\ 3 \times t^5 - 60.051 \times t^4 + 446.32 \times t^3 - 1\ 193.8 \times t^2 - \\ \quad 348.11 \times t + 5\ 434.4(0.12\ \mathrm{s} \leqslant t \leqslant 2.02\ \mathrm{s}) \end{cases} \tag{6-1}$$

$$\begin{cases} n = 1\ 480\ \mathrm{r/min}(0\ \mathrm{s} \leqslant t \leqslant 0.12\ \mathrm{s}) \\ n = 244.03 \times t^4 - 1\ 403.4 \times t^3 + 3\ 052 \times t^2 - 3\ 338.4 \times t + \\ \quad 1\ 799.4(0.12\ \mathrm{s} \leqslant t \leqslant 2.02\ \mathrm{s}) \end{cases} \tag{6-2}$$

试验 0-3:

$$\begin{cases} Q = 4\ 953.4\ \mathrm{kg/s}(0\ \mathrm{s} \leqslant t \leqslant 0.12\ \mathrm{s}) \\ Q = 0.312\ 73 \times t^5 - 5.258\ 2 \times t^4 + 11.811 \times t^3 + 262.85 \times t^2 - \\ \quad 2\ 085.3 \times t + 5\ 493.9(0.12\ \mathrm{s} \leqslant t \leqslant 2.02\ \mathrm{s}) \end{cases} \tag{6-3}$$

$$\begin{cases} n = 1\ 480\ \mathrm{r/min}(0\ \mathrm{s} \leqslant t \leqslant 0.12\ \mathrm{s}) \\ n = 26.83 \times t^4 - 242.71 \times t^3 + 854.56 \times t^2 - 1\ 647 \times t + \\ \quad 1\ 643.9(0.12\ \mathrm{s} \leqslant t \leqslant 2.02\ \mathrm{s}) \end{cases} \tag{6-4}$$

试验 0-4:

$$\begin{cases} Q = 4\ 953.4\ \mathrm{kg/s}(0\ \mathrm{s} \leqslant t \leqslant 0.12\ \mathrm{s}) \\ Q = -0.650\ 41 \times t^5 + 12.972 \times t^4 - 91.278 \times t^3 + \\ \quad 433.17 \times t^2 - 1\ 919.5 \times t + 5\ 348.5(0.12\ \mathrm{s} \leqslant t \leqslant 2.02\ \mathrm{s}) \end{cases} \tag{6-5}$$

$$\begin{cases} n = 1\ 480\ \mathrm{r/min}(0\ \mathrm{s} \leqslant t \leqslant 0.12\ \mathrm{s}) \\ n = 6.453\ 2 \times t^4 - 78.947 \times t^3 + 376.97 \times t^2 - 1\ 033.4 \times t + \\ \quad 1\ 568.7(0.12\ \mathrm{s} \leqslant t \leqslant 2.02\ \mathrm{s}) \end{cases} \tag{6-6}$$

将关于 n 和 Q 的公式代入叶轮转速和进口质量流量的设置中即可实现对卡轴事故过渡过程中变化转速、流量的设置,此外,根据式(6-1)至式(6-6)设定试验 0-0,0-3,0-4 的"Total Time"分别为 2.02,3.42,4.42 s,模拟时间步长为 0.040 541 s。本次模拟采用质量流量进口条件和静压出口条件,参考压力为 1 atm(1 atm=101 325 Pa),流体介质为 25 ℃的清水,叶片表面和泵腔内壁采用光滑无滑移设置。湍流模型采用目前应用最广泛、最可靠的 $k-\varepsilon$ 模型,该模型在计算大范围的薄剪切层流动和回流流动时,不必因为具体情况的不同而调整模型的常数就能得到非常理想的计算结果,特别适用于雷诺剪切应力起主要作用的限制流[10],符合本次模拟的要求。模拟设置收敛标准为 10^{-4},单次时间步计算的停止标准为 20 步迭代计算,差分格式设定(Advection Scheme)选择迎风格式(Upwind)。

本次模拟在核主泵流场添加了较多监测点用于准确捕捉过流部件内部流动情况,监测点位置和名称如图 6-13 所示,其中,图 6-13a 为叶片工作面与相邻叶片背面之间曲面的轴面投影图,图 6-13b 为处于叶轮前后盖板中间流面的平面示意图。

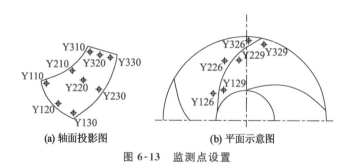

图 6-13 监测点设置

6.4.2 外特性分析

卡轴事故中核主泵转速、流量、扬程、流体对泵轴产生的扭矩和功率等参数变化过程复杂,了解它们的变化情况可以加深对事故的认识,有助于评估事故对核主泵自身及反应堆回路系统造成的损伤,对下一步制订事故应急预案、优化设计核主泵及其反应堆系统意义重大。

(1)外特性变化情况

前面已经通过试验得到了卡轴事故过程中核主泵转速、流量随时间的变化曲线,这里将 CFD 模拟得到的扬程、流体对泵轴产生的扭矩和功率等其他参数与转速、流量在一个坐标系中统一描述,如图 6-14 所示,以全面展示卡轴事故过程中核主泵外特性变化情况。图中 n', q, h, m', p' 分别代表无因次化的转速、流量、扬程、流体对泵轴产生的扭矩(下面简称"扭矩")、流体对泵轴产生的功率(下面简称"功率"), t 代表时间。

图 6-14a~c 分别为试验 0-0,0-3,0-4 对应 CFD 模拟获得的外特性变化情况,各参数无因次化后随时间的变化曲线各不相同,变化最为缓慢的是流量 q,变化快速且复杂的是扬程 h、扭矩 m' 和功率 p',前面在试验部分已经对转速 n' 和流量 q 的变化情况做了描述,这里不再赘述,仅对其他三个参数的变化情况加以分析。

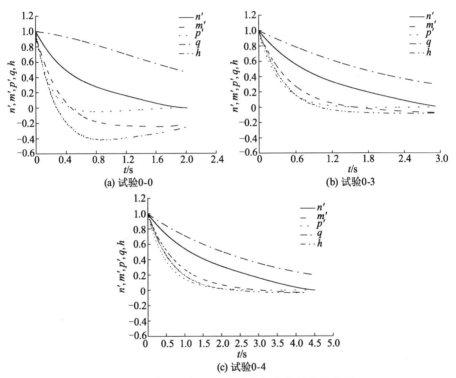

图 6-14　试验对应 CFD 模拟所得外特性变化曲线

卡轴事故中核主泵扬程 h 的大小变化对分析一回路冷却剂压力非常重要,从图 6-14 可以看出,扬程 h 随时间发生了剧烈变化,而且单调性也发生了变化,先是由正值不断下降至负值,当叶轮转速达到某一值时 h 值达到最小,然后开始朝着零值逐渐回升,但是直到叶轮彻底停止转动时 h 值仍然为一个负值。扭矩 m' 和功率 p' 的变化与 h 具有一些相似性,都经历了两种单调性的变化,先是降至负值最低值,然后向着零值回升。因为 p' 是 m' 和 n' 的乘积,而

无因次量 m' 和 n' 属于 $[-1,1]$ 的区间,所以 p' 的下降比 m' 和 n' 陡峭、最小值比 m' 的最小值要大,图中 p' 曲线和纵坐标为零的横轴之间的面积代表了叶轮对流体做的功,横轴上方面积代表正功,下方面积则代表负功,正负面积之和等于卡轴事故期间叶轮对流体做功的总和。

(2) 卡轴事故严重程度对外特性变化的影响

根据图 6-14 很容易看出试验 0-0,0-3,0-4 对应 CFD 模拟中参数 n',q,h,m',p' 的变化曲线各不相同,可见不同程度的卡轴事故下各外特性参数的变化过程差别是很大的。在前面试验部分已经对转速 n' 和流量 q 的变化曲线受卡轴事故严重程度的影响情况做了分析,下面主要分析其他三个参数受影响情况。为了便于比较分析,将试验 0-0,0-3,0-4 中的参数 h,m',p' 分别单独表示在一个坐标系中,如图 6-15 所示。

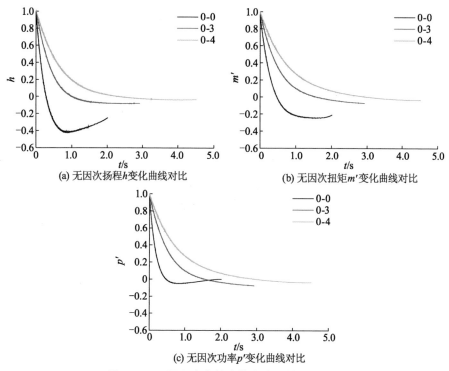

图 6-15 不同程度卡轴事故中外特性变化比较

观察图 6-15,总体而言,卡轴事故越严重,各参数变化曲线越陡峭,下降后的最低值越小(功率 p' 变化曲线除外),但是变化的单调性不同。图 6-15a 所示为 h 变化曲线的比较,在卡轴事故最严重的试验 0-0 对应 CFD 模拟中,

h 变化过程最为剧烈,卡轴总时长为 1.80 s,扬程降为零用时 0.25 s 左右,之后 h 仍然保持较为陡峭的下降趋势直至达到最低值 -0.4 左右,随后 h 以较大斜率回升,但是在卡轴事故结束时刻(以叶轮转速降为零作为卡轴事故结束的标志)h 仍然保持 -0.25 左右的负值,这足以看出在发生极为严重的卡轴事故过程中,扬程会发生急剧且复杂的变化,核主泵会在极短的时间内由一个推动冷却剂做功的部件变成一个对反应堆一回路冷却剂流动产生阻碍的部件,而且这种阻碍作用是非常大的。对于试验 0-3 和 0-4,通过 CFD 模拟可以看出,由于它们对应的卡轴事故严重程度比试验 0-0 要轻,因此 h 变化过程没有试验 0-0 那么剧烈和复杂,h 下降至零值用时较长。表 6-4 将各试验扬程降为零值的用时做了对比。此外,h 最低值也有所不同,试验 0-3 和 0-4 对应的 h 变化并没有试验 0-0 那么明显的单调性,整体上可以视为一个单调递减的过程,h 的最低值属于区间 $(-0.1, 0)$。由此可以得出结论,卡轴事故越严重,叶轮失去对冷却剂做功的能力就越早,而且在这之后对冷却剂流动产生的阻碍作用越大。

表 6-4　无因次扬程 h 下降至零值用时对比

CFD 模拟	0-0	0-3	0-4
h 降至零值用时/s	0.25	1.00	2.30
卡轴总时间/s	1.80	3.25	4.30
时间比	0.14	0.31	0.53

试验 0-0,0-3,0-4 的卡轴事故严重程度依次减弱,对试验 0-0 进行 CFD 模拟所得 m' 变化曲线呈现出两种单调性,首先陡降至负值最低值,然后朝零值方向回升且在叶轮彻底停转时仍为负值。试验 0-3 和 0-4 对应 CFD 模拟中的 m' 变化曲线略有不同,其单调性基本上保持递减且在叶轮停转时为负值。表 6-5 对比了 m' 下降至零值所用时间。功率 p' 和 m' 具有相似的变化过程,由于功率 p' 是 m' 与 n' 相乘所得,而无因次量 m' 和 n' 属于 $[-1, 1]$ 的区间,因此 p' 在任意时刻下的绝对值都比 m' 的绝对值要小。从曲线形状来看,p' 随时间的变化曲线更加靠近坐标系的横轴。

表 6-5　无因次扭矩 m' 下降至零值用时对比

CFD 模拟	0-0	0-3	0-4
m' 降至零值用时/s	0.48	1.50	3.10
卡轴总时间/s	1.80	3.25	4.30
时间比	0.27	0.46	0.72

6.4.3 内流场分析

核主泵卡轴后转速 n、流量 Q、扬程 H、扭矩 M、功率 P 等参数会成为反应堆控制系统识别事故类型、及时干预的重要触发信号。图 6-14 为卡轴后的外特性变化情况：n 的减小趋势逐渐减缓；Q 在卡轴初期变化平缓，之后近似线性降低并在卡轴结束时接近半流量；H，M 和 P 相继减小为负值后缓慢趋近零值。下面通过试验 0-0 的 CFD 模拟，从核主泵内部流动出发研究各参数变化情况，这将为反应堆控制系统的合理设置提供有力依据，也将为核主泵优化设计提供思路。

（1）卡轴事故发生前后对比分析

图 6-16 为卡轴期间各监测点液体相对叶轮叶片的速度变化曲线，图 6-17 为监测点位置静压变化曲线。

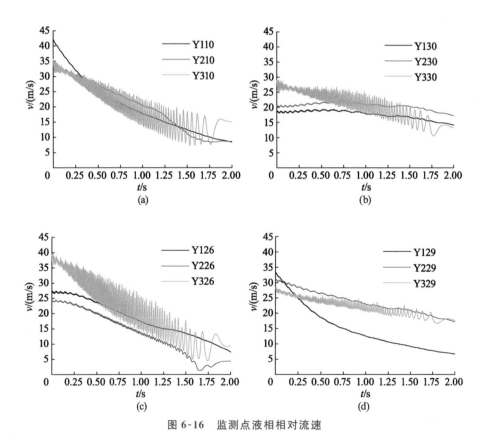

图 6-16　监测点液相相对流速

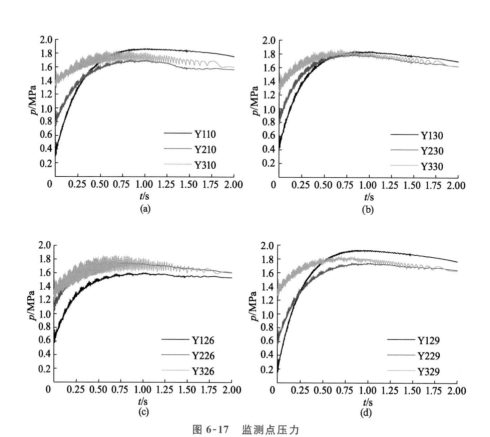

图 6-17　监测点压力

第 0 s 卡轴尚未发生,此时泵内流场符合额定工况下的正常流动。图 6-16 显示叶轮进口处,靠近前盖板和叶片背面的位置流速高而叶片工作面和后盖板附近流速低,这是由叶轮进口压力场决定的。从图 6-17 可以看出,叶轮进口叶片背面和后盖板附近压力更低,流体受进口管段压力推动会以更快的速度向叶轮进口的低压区运动。进入叶轮的流体从旋转叶片上获得能量,到达叶轮出口位置时具有更高的速度和压力。图 6-16 显示,流经工作面(见图 6-16c)和后盖板(见图 6-16b)附近流线的流体在相对速度上有更大的提升,这是因为额定工况下叶轮旋转推动流体时工作面和后盖板位置与流体接触更好,更便于提高流体能量。

第 2 s 卡轴事故结束,叶轮完全停止转动,分析图 6-16 和图 6-17 可知此时泵内流动情况与 0 s 时差别较大。卡轴结束以后,流体流经叶轮并不能额外获得能量,由于从进口到出口叶轮流道过流面积和叶片安放角变化不大,因此流经叶轮过程中流体速度变化很小,仅有小幅提速,这是叶片空间扭曲造型约束了流体流动造成的。其中,以叶片背面附近流线(见图 6-16d)上流体速度增加幅度最大,这是因为卡轴发生后流体更多地贴近叶片背面流动,受其空间扭曲造型约束,流体流速有所增加。卡轴结束后流体流经叶轮时速度与压力的关系近似符合伯努利定理,各流线流速小幅增加对应压力的小幅减小,这在图 6-17 中得到印证。

(2) 卡轴过渡过程分析

以上分析了卡轴事故开始前与结束后两个时刻泵内流动情况的区别,0~2 s 的卡轴过程正是两者之间的过渡过程。分析图 6-16 和图 6-17 发现,受叶轮和导叶的动静干涉影响,叶轮出口位置的速度、压力在卡轴发生之前就存在幅度相对较大的振动,卡轴发生以后叶轮减速导致干涉频率降低,速度和压力的振动频率随之减小。此外,速度振幅随着卡轴的持续不断增大,而压力振幅则不断减小,虽然两种振动皆由动静叶片干涉引起,但是振幅变化情况完全相反。

图 6-18 为核主泵卡轴期间叶轮叶片表面附近从进口到出口的压力变化情况。如图 6-18a 所示,卡轴之前,叶片进口工作面压力大于背面,根据叶轮旋转方向可知,此时该部位叶片对流体做正功,流体能量得到提升;卡轴发生后,叶片两面之间的压差越来越小,0.25 s 之后叶片背面压力大幅超过工作面,此时流体对叶片大量输出功率导致自身能量损耗。图 6-18b 显示,卡轴发生后,处于进出口中间位置的叶片部分输出能量的时间更长,约为 1 s,1~2 s 期间叶片两面压力相当,该部位叶片没有阻碍流动造成流体能量消耗。分析图 6-18c 发现,卡轴过程中该部位叶片两面压力均有变化但压差基本维持不变,可见该部位叶片与流体的相互作用受卡轴影响较小,这是因为卡轴之前流体受叶轮旋转作用在到达叶片出口附近时已经具有和叶片接近的圆周线速度,该处叶片推动流体的作用不再显著,而卡轴以后叶轮流道对流体流动的约束性依然很强,当流体流至叶片出口附近时速度方向接近叶片出口安放角,不会在叶片两面形成较大压差,阻碍流动程度较低。由此可见,发生卡轴事故后叶片对流体做正功的能力不断下降并逐渐进入阻碍流动的状态,其中叶片进口位置最先进入阻碍状态且阻碍程度最大,叶片中部向流体输出能量的时间最长且不会对流动造成较大阻碍,叶片出口受卡轴影响较小,与流体的相互作用始终较弱。图 6-14 中 h,m' 和 p' 相继减小为负正是由于卡轴过程中叶片从推动流体输送能量逐渐变成了阻碍流动吸收能量。

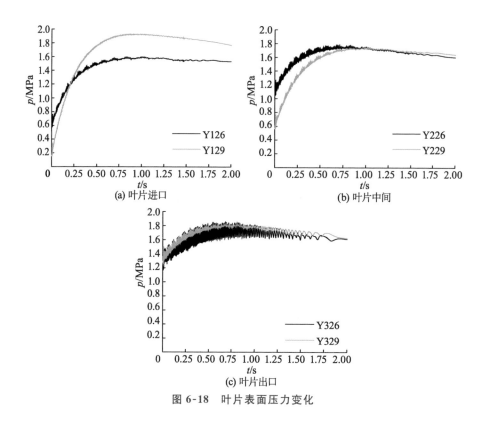

(a) 叶片进口

(b) 叶片中间

(c) 叶片出口

图 6-18　叶片表面压力变化

（3）卡轴过渡过程泵内涡的形成与发展

核主泵内部的流动状态并不是理想的层流,流速、压力的波动是一直存在的,同时伴随有一定程度的旋涡,当运行在额定工况点时泵内流动的湍流程度比较低,因为过流部件的设计通常是以额定工况下流动最优为目标。当卡轴事故发生后,核主泵会在极短时间内由额定工况点开始连续经过无数个非额定工况点,其间泵内流动变化剧烈,下面从泵内涡的形成与发展这一角度出发分析该过程中泵内湍流的特点。

流速矢量图 6-19 至图 6-21 分别为卡轴事故过程中叶轮、导叶和泵腔内旋涡的发展情况,$0T,0.1T,0.25T,0.4T,0.55T,0.7T,0.85T,1T$ 代表时刻,T 表示整个卡轴事故持续时间(试验 0-0 卡轴事故持续时长为 1.8 s,则 T 代表 1.8 s 的整段时间)。

观察图 6-19 发现,卡轴事故发生前($0T$)核主泵叶轮在额定工况下的流动很流畅,这得益于叶轮良好的水力造型。卡轴事故发生后叶轮内部流动开始变得紊乱,对比 $0.1T,0.25T,0.4T$ 时刻与 $0T$ 时刻的流速矢量图可以看出,流动中的旋涡不断发展,较显著的位置是叶片工作面进口附近。在 $0.55T$ 到 $1T$ 阶段泵内旋涡获得了进一步发展,面积增大,向叶片出口方向延伸较远,可以看到叶片工作面进口附近流动受旋涡影响很大,对流动造成较大阻碍。

观察图 6-19 可知,随着卡轴事故持续,叶轮内的旋涡越来越严重,但是最严重时刻并非卡轴事故的最后时刻而是 $0.85T$ 左右,此时旋涡的面积和剧烈程度远胜于其他时刻,$1T$ 时刻的旋涡较 $0.85T$ 时刻出现了发散趋势,剧烈程度减弱。由此可以得出结论,卡轴事故过程中泵内旋涡的发展经历了两个阶段,$0.85T$ 之前趋于严重,$0.85T$ 之后趋于消散,卡轴事故结束瞬间泵内依然存在一定程度的旋涡。

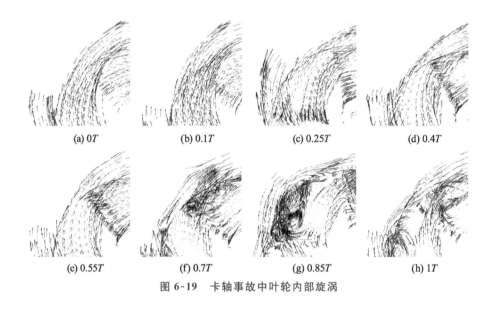

(a) $0T$ (b) $0.1T$ (c) $0.25T$ (d) $0.4T$

(e) $0.55T$ (f) $0.7T$ (g) $0.85T$ (h) $1T$

图 6-19 卡轴事故中叶轮内部旋涡

同理分析导叶和泵腔内湍流发展变化情况。图 6-20 为卡轴事故过程中导叶内部旋涡的流速矢量图,与叶轮相同的是,卡轴事故发生前导叶内流动几乎没有明显涡流,卡轴事故发生后出现较大旋涡并不断发展变化,$0.85T$ 时刻左右旋涡程度最大。与叶轮不同的是,导叶内旋涡所处位置在叶片背面,而且在旋涡发展严重时几乎覆盖整个叶片背面,导叶流道内很大一部分面积被旋涡占据。

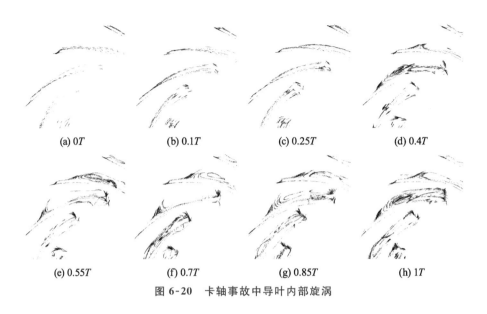

(a) 0T　　　　(b) 0.1T　　　　(c) 0.25T　　　　(d) 0.4T

(e) 0.55T　　　　(f) 0.7T　　　　(g) 0.85T　　　　(h) 1T

图 6-20　卡轴事故中导叶内部旋涡

图 6-21 为泵腔内旋涡在卡轴事故过程中的变化情况。类球形泵体具有容积大的特征,有利于吸收反应堆一回路压力波动却不利于流动,因此即使是在额定工况下运行泵腔内也存在一些明显旋涡,但旋涡面积较小、严重程度较轻。

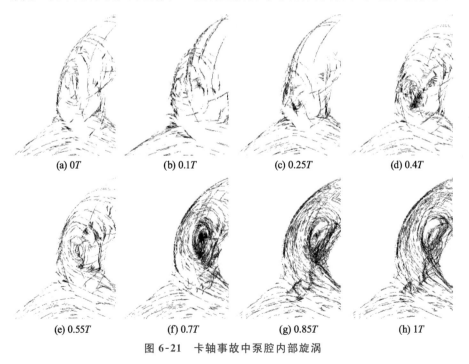

(a) 0T　　　　(b) 0.1T　　　　(c) 0.25T　　　　(d) 0.4T

(e) 0.55T　　　　(f) 0.7T　　　　(g) 0.85T　　　　(h) 1T

图 6-21　卡轴事故中泵腔内部旋涡

卡轴事故发生后泵腔内部流动的紊乱程度逐渐增加,涡流获得发展,旋涡面积和剧烈程度有所增加,0.7T 时刻附近泵腔内涡流最为严重,此时泵腔距离导叶出口较远的侧面接近泵腔隔舌部位形成面积较大的严重旋涡,周围流动受旋涡影响流动轨迹发生扭曲,流动的流畅性受到较大影响,0.7T 时刻以后旋涡逐渐发散,在卡轴事故结束时刻泵腔内依然有一定程度的明显旋涡存在。卡轴事故加重了泵腔内部的旋涡程度,但是并未对旋涡位置产生太大影响,从图 6-21 可以看出,泵腔内部最严重的旋涡始终保持在泵腔远离导叶侧面靠近泵腔隔舌的位置。

6.5 卡轴事故空化数值计算

6.5.1 数值计算方法

小破口下卡轴事故 CFD 模拟的前处理与 6.4.1 中单独卡轴事故的 CFD 模拟类似,不同之处在于需要加入空化相关设置。空化的发生与压力密切相关,为了合理设置压力边界条件,呈现出与试验对应的空化程度,首先要获得一条空化特性曲线,然后由曲线找出非定常的小破口下卡轴事故模拟中的压力边界条件所需的具体数值。

(1) 定常计算下的前处理及空化特性曲线模拟

为了获得核主泵的空化特性曲线,需要进行一系列定常计算,求解不同压力边界条件下核主泵的扬程。在 CFD 前处理中设置核主泵流量和转速均为设计值,即保证核主泵在额定工况点运行,然后从进口压力的最高值向最低值变化,在每个压力值下进行一次定常计算,获得相应的压力值,一个压力值与一个扬程值相对应构成一个点,模拟所得全部数据对应的点连接构成的曲线即为空化特性曲线。

行业中广泛使用的空化特性曲线横坐标为有效空化余量 $NPSHA$,这一无量纲值与压力的转换关系如式(6-7)所示。

$$NPSHA = \frac{p_k}{\rho g} - \frac{p_v}{\rho g} \qquad (6-7)$$

式中:p_k 为叶片背面进口稍后处的压力;p_v 为空化压力(汽化压力);ρ 为液体密度;g 为重力加速度。

$$H = \frac{p_d - p_s}{\rho g} + \frac{v_d^2 - v_s^2}{2g} + (Z_d - Z_s) \qquad (6-8)$$

式中:p_d,p_s 分别为泵出口、进口处液体的静压力;v_d,v_s 分别为泵出口、进口处液体的流速;Z_d,Z_s 分别为泵出口、进口到测量基准面的距离。

通过定常计算,获得的空化特性曲线如图 6-22 所示,纵坐标 h 代表无因次扬程。定义 $h=1.00,0.98,0.95,0.90$ 四种情况分别为 A,B,C,D,对应扬程下降分别为 0,2%,5%,10%,代表四种不同严重程度的小破口事故。从图 6-22 中可以分别找到情况 A,B,C,D 对应的 $NPSHA$ 值,结合式(6-7)可以求出这四种情况下的核主泵进口压力值,由于 CFD 模拟中采用出口压力设置,因此核主泵进口压力可以通过式(6-8)转换成出口压力,通过计算可以得出 A,B,C,D 四种情况下核主泵出口相对压力分别为 1 500,1 100,1 070,1 025 kPa。

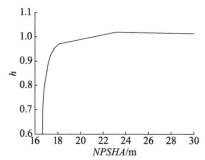

图 6-22　核主泵 CFD 模拟空化特性曲线

(2) 小破口下卡轴事故 CFD 非定常计算的前处理

通过模拟空化特性曲线可以获得四种不同程度小破口事故模拟时需要设置的泵出口压力值,该值和泵进口流量一起构成模拟的进出口边界条件,本节研究的卡轴事故对应 6.3 节中卡轴时长持续 2 s 的卡轴试验,因此流量和转速的变化设置如式(6-1)和式(6-2)所示,模拟壁面设置、湍流模型及收敛精度等与 6.4.1 部分所述一致,下面仅对有关空化的设置加以说明。

空化现象是一种典型相变,参与流体有液相和气相两种,因此需要在设置中添加除了液相以外的另外一种相态——气相,本次模拟设置温度与试验对应,取值为 25 ℃,因此添加气相为"Vapour at 25 ℃",并将该相设定为连续相,空化产生空泡的直径设为 2 μm,空化压力为绝对压力 3 170 Pa,使用 Rayleigh-Plesset 方法模拟空化空泡的形成与溃灭。关于两相流的模拟有均相流和分相流等多种方法,本次模拟选用目前该领域内采用较多的更为精确的分相流方法,且对液相和气相均使用标准 k-ε 湍流模型。

本节模拟监测点设置与 6.4 节一致,各监测点命名和位置详见图 6-13 及 6.4.1 部分的说明。

6.5.2 外特性

核主泵外特性主要包括扬程、扭矩、功率、效率等,由于卡轴事故发生后核主泵会在极短的时间内停转,其间泵内流动必然混乱,因此核主泵的效率高低并不是特别值得关注的特性。下面处理 CFD 计算结果得到无因次扭矩 m' 和无因次功率 p' 随时间的变化曲线,为了便于比较 A,B,C,D 四种不同程度小破口下的卡轴事故,这里将四种情况下的曲线在同一幅图中进行比较分析。

(1) 外特性变化情况

小破口条件下卡轴事故中核主泵的外特性变化会影响反应堆一回路系统的运行,因而很有必要对事故中核主泵的外特性进行计算分析,这对制订反应堆系统在事故中的应急处理方案有重大意义。从图 6-23 中可以看出,A,B,C,D 四种不同程度小破口下卡轴事故中核主泵外特性的变化曲线极为相似,区别主要在于事故初期。

图 6-23a、图 6-23c 和图 6-23e 分别为小破口下卡轴事故发生后核主泵无因次扬程 h、无因次扭矩 m' 和无因次功率 p' 随时间的变化曲线。从图中可以看出,事故发生后扬程、扭矩和功率发生陡降,分别在 0.28,0.48,0.48 s 附近降至零点,之后各参数依然保持下降趋势,分别在 0.8,1.6,1.6 s 附近达到最低值,之后逐渐向零值回归,但是曲线上升斜率较小,事故结束时各参数仍为负值。对比 A,B,C,D 四种不同程度下的外特性变化曲线发现,在整个卡轴事故过程中小破口严重程度对外特性变化的影响并不大,明显受到小破口事故影响的时间段为卡轴事故发生初期的 0.1 s 内。

图 6-23b、图 6-23d 和图 6-23f 为小破口下卡轴事故发生最初的 0.1 s 内外特性变化曲线,该时段内小破口严重程度明显影响卡轴事故发生后核主泵外特性变化情况。以图 6-23b 中无因次扬程 h 为例进行说明,情况 A 代表无小破口事故发生,卡轴事故发生后 h 曲线立即下降,而 B,C,D 情况下 h 下降出现不同程度的延迟,延迟时间分别为 0.067,0.069,0.090 s,说明小破口事故越严重,扬程下降延迟时间越长,延迟之后各曲线会以几乎竖直的趋势降到情况 A(即无小破口下的卡轴事故)对应的 h 变化曲线上。无因次扭矩 m' 和无因次功率 p' 也有类似特征,即小破口事故越严重,扭矩和功率下降延迟时间越长。

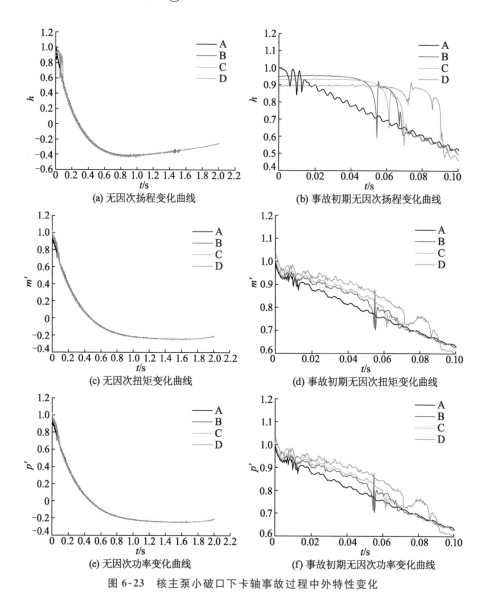

图 6-23　核主泵小破口下卡轴事故过程中外特性变化

卡轴事故发生后核主泵叶轮转速快速下降,叶轮传递给流体的能量随之减少,核主泵扬程、扭矩和功率自然出现骤降,但是图 6-23b、图 6-23d 和图 6-23f 却显示出了一种超乎常理的延迟现象,为形象起见,称这种延迟现象为"惯性现象"。

(2)"蓄能"现象的产生原因

卡轴事故发生后,叶轮转速骤降,核主泵输送能量的能力降低,导致扬程下降。但是,如果核主泵在卡轴之前受小破口事故影响已经发生了空化,那么空化会在卡轴之前"蓄能"并在卡轴之后"供能",使扬程等外特性参数能够在相当一段时间内保持不变。小破口事故引起的空化是发生"惯性现象"的内在原因。下面以 D 类小破口下的卡轴事故为例进行详细说明。

图 6-24 所示为该事故中叶片进口三个监测点压力随时间的变化情况,点 K 在叶片进口背面靠近前盖板,是三个点中最易发生空化的,如果核主泵内发生空化,那么该点将是其中空化程度最高的。图 6-24 中 -97 kPa 为空化压力,卡轴之前 D 类小破口造成点 K 和 Y129 两点均出现空化,卡轴之后 Y129 处压力很快升至空化压力以上并停止空化,而点 K 处压力较长时间保持不变并持续空化。可见,卡轴事故发生后叶轮进口空化区域会朝着压力最低、空化最严重位置逐渐缩小直至消失,在此期间,核主泵空化程度不断下降,给冷却液输送能量的能力提升,有助于扬程上升,正好补偿了叶轮减速造成的扬程下降,因此扬程能够在这段时间保持不变。当叶轮转速降低到一定程度时,叶片进口全部区域压力均回升至空化压力之上,泵内空化消失,扬程呈现出下降趋势。扭矩和功率"惯性现象"的产生原因与扬程相同。

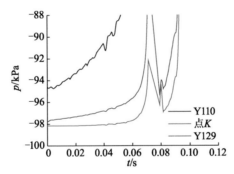

图 6-24　D 类情况下卡轴事故初期核主泵进口压力变化

正是由于核主泵空化在卡轴事故过程中逐渐消失引发了"惯性现象",也就不难理解,小破口事故越严重则核主泵进口位置的空化越严重,卡轴事故发生后空化消失耗时越多,"惯性现象"也就越发明显。由于 B,C,D 三种情况对应的小破口事故严重程度依次加重,因此这三种情况下发生卡轴事故以后"惯性现象"显著程度依次递增。

6.5.3　空化特性

小破口条件下卡轴事故的一个重要特征是存在气液之间的相变。核主泵进口受叶轮旋转作用压力很低,小破口事故造成一回路系统压力整体降低,此时核主泵进口出现空化现象。卡轴事故发生后叶轮转速骤降,泵内各处压力随之变化,泵内相变也会经历一个快速变化的过程,由于小破口条件的存在,卡轴事故发生后泵内的流动情况会更加复杂。

下面从卡轴事故发生后泵内空化区域的变化情况以及泵内流场、压力场和径向力等几个方面对小破口条件下卡轴事故中核主泵内部流动机理进行阐述。

(1)泵内空化区域变化情况

卡轴事故发生在小破口条件下,事故之初泵内就已经存在一定程度的空化现象,图 6-25 为卡轴事故发生后泵内低压区域及气相聚集区域的渐变过程。需要说明的是,图 6-25 中非透明多色部分代表含气率高于 5% 的气相聚集区,不同颜色代表不同含气率;透明淡蓝色区域代表泵内低压区,这里定义压力低于空化压力的区域为低压区。

图 6-25 定性地显示了卡轴事故发生以后泵内空化的变化过程。由图容易看出,泵内低压区主要分布在叶轮进口和叶片背面附近,叶片工作面仅在叶片进口靠近前盖板附近存在低压区。叶轮内含气率高于 5% 的区域完全包含于低压区域,气相更多地聚集在叶片背面进口边到大约 3/4 叶片长度这一区间。图 6-25 列出了卡轴事故发生后多个时刻叶轮内低压区、空泡聚集区的分布情况,随着事故的持续,泵内低压区、空泡聚集区的体积减小,其中,低压区向着叶片进口方向不断缩小,而空泡聚集区则贴着叶片背面沿叶片出口向叶片进口方向逐渐缩小。

值得注意的是,空泡聚集区并非从四周向着含气率最高的位置缩小,而是从远离叶轮进口位置向着进口方向不断缩小,从 0.07 s 开始空泡聚集区基本收缩到了叶片背面进口位置,到 0.10 s 时叶轮内的低压区和空泡聚集区均消失。出现这一现象的原因在于,叶轮内含气率最高位置与低压区压力最低位置并不一致。叶轮内的压力最低位置在叶片背面进口附近靠近前盖板处(简称点 K),卡轴事故发生后该处依然为泵内压力最低位置,点 K 在事故过程中产生空泡持续时间最长,产生空泡量最大,图 6-25 中空泡最终消失位置正是该处。而叶轮内含气率最高位置处于低压区和高压区(指压力值高于汽化压力的区域)交界处,叶轮内产生的空泡在液相的裹挟下向着叶轮出口方向流动,低压区全部空泡都会流经高低压区交界面然后在高压区破裂溃灭,因此交界面位置必然成为叶轮内部含气率最高的位置,伴随着卡轴事故的持续,高低压区交界面向着叶轮进口方向移动,含气率最高位置随之发生变化。

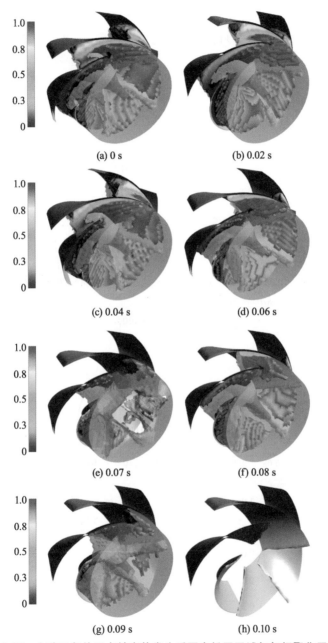

(a) 0 s　　　　　　　　(b) 0.02 s

(c) 0.04 s　　　　　　　　(d) 0.06 s

(e) 0.07 s　　　　　　　　(f) 0.08 s

(g) 0.09 s　　　　　　　　(h) 0.10 s

图 6-25　小破口条件下卡轴事故发生后泵内低压区域与气相聚集区域

图 6-26 为叶轮流道内各流线上含气率随时间的变化情况,定量描述了空化区域在卡轴事故中的变化情况。从时间轴看,叶轮内的空化现象仅存在于卡轴事故发生的前 0.1 s 以内,之后泵内空化消失,气液两相流变为纯液相流动。在这 0.1 s 的时间段内,各位置含气率总体上呈递减趋势,且流线靠近出口位置的含气率始终为零,流线中间位置含气率比流线靠近进口位置高,但是相比流线靠近进口位置而言,流线中间位置含气率更早地降至零值。

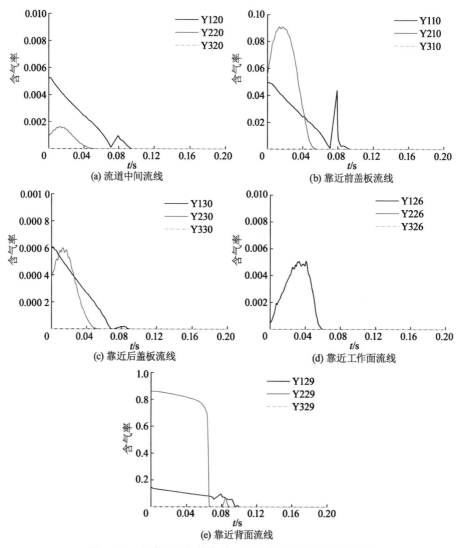

图 6-26　小破口下卡轴事故中叶轮内各流线含气率变化

综合对图 6-25 和图 6-26 的分析可以印证 6.5.2 部分所述内容,正是卡轴事故发生以后泵内空化区域经历了这样的变化,导致了"惯性现象"的发生。

(2) 小破口对卡轴事故中泵内流场、压力场的影响

受气液两相流影响,小破口条件下卡轴事故中泵内流场和压力场与纯液相下有差异。对于流场可以分别从流线、流速上定性、定量分析,流线的流畅程度体现流动是否顺畅,流速变化体现流体流动过程中动能变化情况。对于压力场主要分析叶轮叶片两面压差变化,如对图 6-18 的分析,叶轮叶片两面压差正负可反映究竟是叶轮对流体输出能量还是流体对叶轮输出能量。

图 6-27 中黑色线条为小破口下卡轴事故中核主泵叶轮内部液相流线,多彩色块为叶轮内含气率高于 5% 的空间,标尺为不同颜色与含气率之间的对应情况。图 6-27 中列出了事故发生后 6 个时刻的流场情况,可以看出,事故过程中流道中间的流线总体上是比较流畅的,只是在局部出现了扭曲混乱。认真分析 6 幅分图总结归纳得出规律:流线出现混乱的位置处于气相聚集区边缘。通过对图 6-25 的分析已经得知这一边缘正是高低压区交界面,空化产生的空泡在此处受高压作用破裂溃灭,从而引起压力脉冲,干扰附近流动,因此可以看到叶轮内液相流线在该位置出现扭曲混乱。

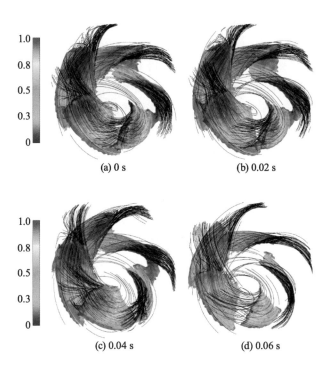

(a) 0 s   (b) 0.02 s

(c) 0.04 s   (d) 0.06 s

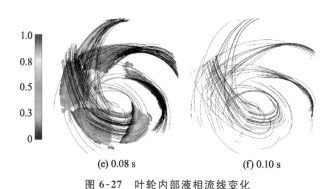

(e) 0.08 s   (f) 0.10 s

图 6-27   叶轮内部液相流线变化

图 6-28 为事故过程中叶轮内各监测点位置的流速变化情况。图 6-28a 中的三个监测点均匀分布在流道中间流线上,图 6-28b、图 6-28c 和图 6-28d 中的监测点分别分布在叶轮进口、中间和出口位置。图 6-28a 显示,事故发生后流道中间流线上三个监测点流速的大小关系发生了变化,事故发生前流线中间流速最高而流线进出口流速相当,事故发生后流线中间流速骤降至最低,此后继续缓慢降低。此外,流线上流速波动最大的监测点位于流线出口。叶轮进口各位置流速差异较大,这一点可以从图 6-28b 中看出,此时流速差异主要体现在前后盖板上,叶片两面的流速还是很接近的,这是因为此处流速主要是叶轮旋转造成真空度导致的,前盖板处叶轮半径更大,造成的真空度更高,因此吸入流体的流速更快,而此时叶片尚未对流体做功,因此叶片两面的流速差异较小。卡轴事故发生以后,叶片背面靠近前盖板处流速下降最快,很快降至四个监测点中的最低值。图 6-28c 为叶轮中间部分四个监测点的流速变化情况,一个比较明显的特征是叶片工作面靠近前盖板附近的监测点流速变化最大,事故发生后该点流速在 0.5 s 内降至四个监测点中的最低值,并在此后继续下降至接近零值。叶轮出口附近流速最明显的特征为流速波动很大,如图 6-28d 所示,这一特点以工作面附近监测点流速最为明显,而且这种振荡随着卡轴事故的持续不断放大,直到卡轴事故结束前 0.6 s 左右才有所减小,由此可见,卡轴事故发生以后叶轮与导叶的动静干涉并非立即减弱或者不断加强,而是一个先加强后减弱的过程。

通过分析叶轮内各位置流速变化情况得知,小破口条件下卡轴事故发生以后泵内流速变化复杂,不同位置流速变化各不相同,虽然整体上都呈现出下降的趋势,但是下降幅度和振荡情况各不相同,甚至有监测点在整个事故过程中流速几乎没有改变太多,如泵出口叶片背面靠近后盖板附近监测点处。

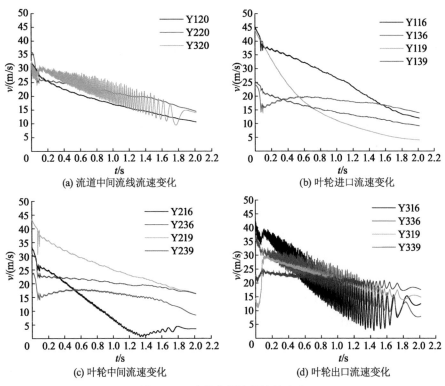

图 6-28　叶轮内部液相流速变化

　　泵内各处流速变化是叶轮与流体相互作用的一个体现,图 6-28 中各监测点位置流速变化的规律可以用叶轮叶片和流体的相互作用在卡轴事故中的变化情况来解释。下面对小破口下卡轴事故中核主泵叶轮叶片和流体的相互作用变化情况加以分析,如图 6-29 所示。

　　图 6-29a 与图 6-29b 分别为卡轴事故与小破口下卡轴事故中叶轮不同位置叶片两面压差随时间变化情况,曲线各值为叶片工作面压力与对应位置叶片背面压力之差,该值为正,代表此时叶轮对流体输出正功率,即推动流体流动;该值为负,代表此时叶轮对流体输出负功率,即阻碍流体流动。对比图 6-29a 和图 6-29b 可知,卡轴事故发生之前是否存在小破口条件对叶轮叶片做功的影响主要在于叶片进口段。小破口条件下反应堆一回路系统压力下降,因此图 6-29b 中叶轮进口位置的压力要比图 6-29a 中更低。此外,卡轴事故之初的 0.1 s 内,受空化影响,叶轮进口和中间位置叶片两面压差出现较大振幅的振荡,而叶轮出口位置叶片两面压差并未受小破口事故太多影响。

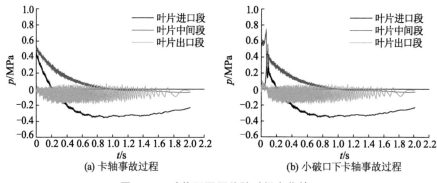

图 6-29　叶片两面压差随时间变化情况

（3）小破口对卡轴事故中叶轮径向力的影响

在核主泵运行情况分析中，除流场、压力场外，叶轮径向力也是很重要的一个方面。图 6-30 为小破口条件对卡轴事故过程中叶轮径向力的影响情况分析，其中图 6-30a、图 6-30b 分别为径向力合力、径向力分力的比较。由图 6-30a 可以看出，小破口条件对卡轴事故中核主泵叶轮径向力合力的影响主要发生在卡轴事故之初的 0.1 s，在存在小破口条件的情况下，事故之初的 0.1 s 内径向力合力振荡幅度更大，而且径向力合力的平均值在该时段内出现了先陡降后陡增的变化过程。除该时段外，绝大多数时间内图 6-30a 中的两条线几乎是重合的。图 6-30b 为叶轮径向力分力随时间变化情况的对比，可以看出，沿着时间轴正方向曲线回转半径不断减小，对比有无小破口条件两种情况下叶轮径向力分力变化情况并未发现明显差异。可见小破口条件对卡轴事故中叶轮径向力的影响主要表现在事故之初的 0.1 s 内，正是叶轮内存在空化现象的时段。

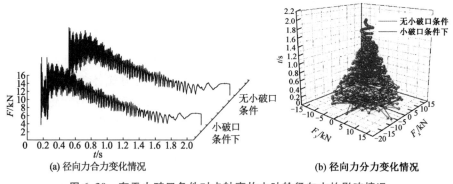

图 6-30　有无小破口条件对卡轴事故中叶轮径向力的影响情况

6.6 卡轴事故瞬态试验

核主泵在事故断电工况下,系统压力边界、流量、叶轮转速等特征值均会在短时间内剧烈变化,核主泵会表现出复杂的非定常瞬态特性。核主泵因事故停机时会进入惰转工况,惰轮的存在可缓解事故的发展。然而,当卡轴事故发生时,转子由于受到外力矩的影响,惰轮无法发挥其正常作用,致使核主泵在卡轴事故过程中呈现出更为强烈的非定常瞬变流动特性,流体流动状态急剧突变致使压力边界突变,极有可能对核主泵设备及 RCS 系统造成不可估量的损坏。系统管路受迫振动、短时间内一回路整体压力下降,堆芯若得不到足够充分的冷却,热量堆积将导致堆芯烧损,极有可能诱发核泄漏,后果不堪设想。

核主泵卡轴事故瞬变过渡工况是其安全运行评价和考核的重要指标,目前鲜有文献对卡轴事故工况及卡轴工况下核主泵特性参数的变化情况进行研究,本节主要是通过试验方法研究在不同程度的卡轴事故下核主泵相应特性参数随时间的演化规律及内部特征。

针对卡轴事故工况的特殊性,作者专门设计搭建了一套适用于卡轴事故的瞬态试验测试系统进行卡轴试验,以经过项目鉴定的 HM351-150 模型试验样机为研究对象,通过改变制动器的励磁电流,研究不同卡轴程度下核主泵流量、转速、扭矩、扬程的瞬变规律及事故过程中的压力脉动特性,并分析其内在联系和响应情况。

6.6.1 试验目的与试验系统设计

本试验的研究目的在于模拟不同程度下的卡轴事故,实现流量、转速、扭矩、进出口压力脉动等相应特性参数随时间变化的瞬态采集,分析其演化规律及建立相应的卡轴瞬态数学模型,同时为后续的流固耦合瞬变工况分析提供边界条件。

本卡轴瞬态试验系统结构设置为闭式管路系统,主要由试验泵装置、管路系统及动态采集系统三大部分构成。

(1) 试验泵装置

试验泵装置如图 6-31 所示,从右至左依次为试验泵、扭矩传感器、电动机、制动器,它们两两之间由弹性套柱销联轴器串联连接。由于条件限制无法进行实型泵试验,试验泵采用已经过项目鉴定的 HM351-150 模型试验样机,其与实型泵的缩放比例为 1:5.508 6,试验泵的主要性能参数见表 6-1；瞬时扭矩和转速的采集选用可连续测量正反扭矩的 TQ660 扭矩传感器，量程为 −50~50 N·m，精度等级为 0.2；电动机选用频率为 50 Hz、额定功率为 2.2 kW 的 Y2-100L1-4 双出轴电动机；制动器选用 FZ100J 磁粉制动器，最大可控扭矩为 100 N·m，对应电流为 2.5 A，精度等级为 0.5。

制动器　电动机　扭矩传感器　试验泵

图 6-31　试验泵装置

（2）管路系统

在对核主泵的假想事故安全评定研究中，往往将事故可能发生的最大化程度作为研究重点。为捕捉到更显著的瞬变流动特性，在保证试验系统所需的所有基本功能的同时，要使流动起来的管路流体的动量和冲击最大化，需尽可能地简化管路系统以减少不必要的损失，因此管路仅需保留调节阀、流量计、高位水箱各一个，90°弯头数个及变径管即可。

由于模型泵进、出口管的管径为既定的 Φ125 mm，因此只考虑 Φ125 mm 和 Φ150 mm 两种管路方案，忽略管路湍流振动及阻尼损耗，联立管路流体的能量方程组、动量方程组，结合管路系统中的局部阻力损失、沿程阻力损失及模型试验样机的外特性参数，确定了两套方案：采用 Φ125 mm 管路时，管网长约 29.7 m；采用 Φ150 mm 管路时，管网长约 81.0 m。算得管路流体动量与管长呈正相关关系，管路越长则动量越大，明显第二种方案更优，但由于试验场地受限，最终采取两种管径相结合的方案搭建，总管长 33.5 m，试验台管路系统示意图如图 6-32 所示，试验台管路系统现场图如图 6-33 所示。

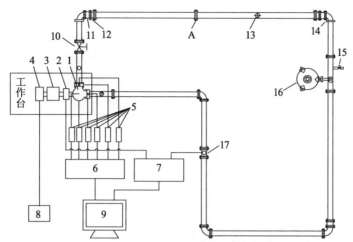

1—试验泵；2—扭矩传感器；3—双出轴电动机；4—磁粉制动器；5—压力变送器；
6—数据采集器；7—采集卡；8—张力控制器；9—计算机(上位机)；10—出口闸阀；
11—管路软接头；12—变径管；13—管路排气阀；14—大半径弯头；15—泄水阀；
16—高位水箱(水箱下游出水口高于整体管路)；17—涡轮流量计

图 6-32　试验台管路系统示意图

图 6-33　试验台管路系统现场图

(3) 动态采集系统

动态采集系统由高精度压力变送器、485-20 型数字传感器集线器(见图 6-34)、精度等级为 0.2 的 LWGY 型液体涡轮流量计、精度等级为 0.2 的 TQ660 转速转矩传感器、USB3200 型数据采集卡(见图 6-35)及计算机组成。其中，泵进口的压力变送器量程为 -0.1～0.1 MPa，其余压力变送器量程为 0～0.5 MPa，测量精度等级为 0.2%，采样频率为 1 000 SPS，所有采集到的瞬态数据均传送到计算机上，通过基于美国国家仪器(NI)公司的 LabVIEW 开发的数据采集控制系统实现试验的统一控制和处理。

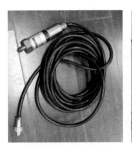

图 6-34　压力变送器及数字传感器集线器

图 6-35　USB3200 型数据采集卡和信号调理模块

　　造成核主泵卡轴事故的可能原因有轴承润滑系统故障、转子零部件脱落、联轴器破裂及其他机械故障等。不同的卡轴程度、卡轴部位、卡轴原因下,卡轴持续时间不同,核主泵相应的流量、转速、扭矩等参数随时间的演化规律也不尽相同。本试验主要通过在模型试验泵后串联一个磁粉制动器来实现不同卡轴程度的模拟。试验中需在极短的时间内将转子由额定转速刹停至零,由于磁粉制动器的励磁电流与转矩呈线性关系,可通过磁粉制动器配合张力控制器来控制励磁电流的大小,以实现不同卡轴程度的模拟。磁粉制动器具有滑差转矩稳定、反应灵敏、可操作性强等优点,可以很好地满足本试验的要求。磁粉制动器和张力控制器如图 6-36 所示。

(a) 磁粉制动器　　　　　　　　　　　(b) 张力控制器

图 6-36　磁粉制动器和张力控制器

6.6.2 试验方案

本章试验主要研究不同严重程度的卡轴瞬态工况下核主泵流量、转速、扭矩等外特性参数随卡轴时间的变化规律,同时对核主泵进、出口及泵体典型位置的压力脉动特性进行采集。在进行卡轴瞬态试验前,先进行一次试验泵稳态工况下的外特性试验,稳态下参数通过泵性能参数采集仪器(TPA)采集。下面重点介绍卡轴瞬态试验测试的步骤和实现过程。

试验主要包括以下几个步骤:

① 试验前先对所有仪器进行校准。

② 安装仪器及采集线,调整试验回路至在各要求的工况下均能正常运行,所有测试仪器调整至最佳状态。

③ 启动电动机,调节阀门开度使试验系统在额定流量工况下运行,运行一段时间至平稳状态。

④ 通过控制张力控制器来调整励磁电流的大小,以获得不同的卡轴制动力矩,以此来模拟不同卡轴严重程度的状态。首先将励磁电流调整为 0.00 A,测试试验泵在无制动力矩下的停机惰转瞬态工况。

⑤ 启动数据采集系统开始测试,稳定运行 5 s 后,开启磁粉制动器,制动器与电动机间为双联动开关,制动器开启的同时电动机电源断开,泵机组进入该工况下瞬变运行状态,通过动态采集系统实现该瞬态工况下流量 Q、转速 n、扭矩 M、监测点压力脉动数据的高速采集,待电动机彻底停转 5~10 s 后停止数据采集,仪器复位,每个工况重复试验 3 次,最后对采集到的 3 组数据做均值处理。

⑥ 重复步骤③~⑤,从小到大依次调整励磁电流为 0.14,0.20,0.25,0.35,0.65 A 进行试验,共获得 6 大组试验数据,对应的试验序号和卡轴时间如表 6-6 试验序号信息对照所示,制动器的制动力矩越大,卡轴持续时间越短,代表卡轴事故越严重。

表 6-6　试验序号信息对照

试验序号	励磁电流/A	卡轴时间/s
kz00	0.00	3.9
kz01	0.14	2.7
kz02	0.20	1.9
kz03	0.25	1.5

试验序号	励磁电流/A	卡轴时间/s
kz04	0.35	0.9
kz05	0.65	0.5

6.7　卡轴事故瞬态试验结果

在完成上述 6 大组试验后,可以获得大量不同严重程度下卡轴瞬态事故的试验数据,对不同卡轴工况的转速、流量、扬程、压力脉动特性数据进行整理分析,有助于清晰认识卡轴事故过程的瞬态演化进程,同时也可为进行更详细深入的流固耦合瞬态分析奠定重要基础。

6.7.1　瞬态外特性

（1）瞬态流量演化规律

图 6-37 为 6 组不同试验方案试验泵的卡轴瞬态流量变化曲线,其中 kz05 卡轴励磁电流为 0.65 A,对应卡轴时间为 0.5 s,详细数据见表 6-7,试验组序号越大,代表转子卡死时间越短,相应的卡轴程度也就越严重。图中,横坐标时间节点 0 之前为卡轴前试验系统稳定运行工况,时间节点 0 为卡轴起始时间标志,从这之后试验泵组进入卡轴瞬态工况。由图 6-37 可知,进入卡轴瞬态工况前,6 组方案系统流量稳定一致,均保持在额定流量附近,为后续试验对比分析排除了其他因素的干扰;进入卡轴瞬态工况后,6 组方案系统流量均近似呈指数函数形式下降,但整体上依然存在 kz00＞kz01＞kz02＞kz03＞kz04＞kz05 的关系,同一时间下,卡轴持续时间短的其流量小于卡轴持续时间长的;定义 $\dfrac{\mathrm{d}Q}{\mathrm{d}t}$ 为瞬时流量加速度,从图 6-38 中可以看到,瞬时流量加速度曲线存在"突变峰",其绝对值先增大后减小(负号代表加速度的方向与流体流动方向相反或流量下降),最后逐渐趋于零,卡轴时间越短"突变峰"极值越大,这种现象随着卡轴严重程度的增强而更加明显;当流量变化进入后期阶段时,流量逐渐进入平缓状态,瞬时流量加速度也越来越小,并且卡轴程度越严重,流量变化越缓慢。出现以上现象的原因在于,卡轴发生后,系统内流状态突然发生了改变。

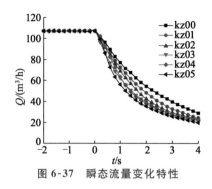

图 6-37　瞬态流量变化特性

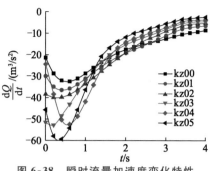

图 6-38　瞬时流量加速度变化特性

表 6-7　转子彻底停转时管路剩余流量

试验序号	kz00	kz01	kz02	kz03	kz04	kz05
卡轴持续时长/s	3.9	2.7	1.9	1.5	0.9	0.5
剩余流量/%	27.94	34.11	41.47	45.14	63.27	73.82

　　表 6-7 为统计的转子彻底停转时管路剩余流量百分比。由表可知，当泵转速彻底降为零时，系统管路内流体由于惯性的作用不会立即停止流动，仍有流量剩余，随着卡轴持续时间的缩短，卡轴程度增强，相应的剩余流量随之上升，在 kz05 中表现最为强烈，这是流体惯性作用表现出来的滞后现象。

　　（2）瞬态转速演化规律

　　图 6-39 和图 6-40 分别为卡轴事故工况下瞬态转速和瞬时角加速度变化特性。

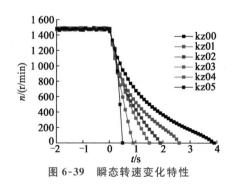

图 6-39　瞬态转速变化特性

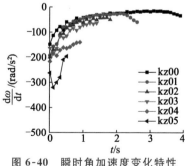

图 6-40　瞬时角加速度变化特性

　　观察图 6-39 不难看出，卡轴瞬态过程中的转速呈非线性下降，并且卡轴程度对转速的影响明显，转速下降速率随着卡轴程度的增强而加快；图 6-40

中卡轴工况下转子的瞬时角加速度也具有较明显的规律,大体上呈对数曲线型变化,瞬时角加速度绝对值由负向较大值随着卡轴时间的推进而逐渐减小,在接近卡轴结束时略有上升趋势;同时注意到,在卡轴程度较为严重时,卡轴初期的瞬时角加速度出现了与瞬时流量加速度类似的"突变峰"现象,可能与试验泵突然进入卡轴事故状态受到极大的冲击有关。

(3)瞬态扭矩演化规律

卡轴试验过程中的瞬态扭矩变化特性如图 6-41 所示,整个过程表现出非常明显的瞬态行为,在额定工况运行区($t=-2$ s→$t=0$ s)扭矩总体稳定,基本可满足本次试验的要求;进入卡轴事故后($t>0$ s),扭矩快速降低至零后并未停止,继续降低至出现负向极值,随后在卡轴瞬态结束后迅速回升,最后进入缓慢回升阶段并向零值逼近。产生上述卡轴瞬态过程扭矩演化现象的原因在于,在稳定运行时,叶轮转子对流体输出功率会对流体产生一个扭矩,转子的扭矩输出为主动力矩,根据牛顿第三定律,叶轮转子会受到流体对其的一个等值反向扭矩。进入卡轴瞬态后,流体流量和转子转速均急速下降,而流体由于惯性会产生一反向扭矩以阻止这种变化,前期转子对流体的扭矩依然为主动。但结合图 6-37 和图 6-39 可知,转速 n 的变化速率远大于流量 Q 的变化速率,而叶轮对流体的能量输出依赖于转速的提供,即转子对水流的扭矩下降,其做功能力随着转速的降低急速下降,直至到达一个临界点,流体对转子的扭矩为主动,扭矩进入反向状态直至卡轴瞬态结束(转速 $n=0$ r/min)。显而易见,在卡轴初期依然能监测到扭矩的不稳定突变现象;卡轴程度越严重的试验组反向极值越大,说明不同的卡轴程度条件对扭矩的变化影响明显。

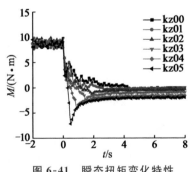

图 6-41　瞬态扭矩变化特性

(4)瞬态扬程演化规律

与稳态工况时核主泵的扬程计算不同,瞬态计算中系统内流体的惯性作用明显,考虑到流体惯性作用,卡轴事故阶段中任意时刻下核主泵的瞬态扬

程可分为基本扬程和惯性扬程两大部分。瞬态扬程计算表达式[11]为

$$H = \frac{p_o - p_i}{\rho g} + \frac{Q^2}{2g}\left[\left(\frac{4}{\pi d_o^2}\right)^2 - \left(\frac{4}{\pi d_i^2}\right)^2\right] + \left(\frac{L_{eq}}{gA_0}\right)\frac{\mathrm{d}Q}{\mathrm{d}t} \tag{6-9}$$

式中:H 为瞬态扬程,m;p_i,p_o 分别为泵进、出口压力,Pa;ρ 为流体密度,kg/m³;g 为重力加速度,m/s²;Q 为瞬态流量,m³/s;d_i,d_o 分别为进、出口管直径,m;L_{eq} 为等效管长,m;A_0 为管段截面积,m²;$\mathrm{d}Q/\mathrm{d}t$ 为瞬态流量变化率,m³/s²。

卡轴瞬态过程中扬程的变化特性曲线如图 6-42 所示,曲线总体变化趋势与扭矩的演化规律相近;卡轴事故发生后,扬程快速降低至零值后继续降低,直至卡轴瞬态工况结束,扬程达到反向极值,随后由快速回升过渡到缓慢回升阶段并向零值逼近。同样地,不同的卡轴程度条件对扬程的变化影响巨大。

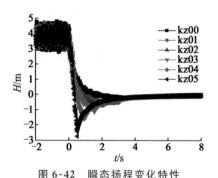

图 6-42　瞬态扬程变化特性

6.7.2　四象限瞬变过渡过程

为更好地分析核主泵在卡轴事故阶段的瞬态特性,排除数值大小对结果分析的干扰,注重特性曲线变化本身的规律,对瞬态参数进行无因次化处理,无因次参数值通过将瞬态参数与相应额定工况的参数相除获得。现以无因次化的流量、转速、扭矩及扬程随时间的变化来描述卡轴事故瞬变过渡过程。

图 6-43 为同一卡轴程度条件下卡轴瞬态外特性无因次参数变化曲线,在此仅对卡轴程度较严重的试验组 kz05 做深入分析,以时间 $t=0$ s(卡轴事故发生时刻)、$t=0.32$ s($H=0$ 时刻)、$t=0.355$ s($M=0$ 时刻)和 $t=0.5$ s($n=0$ 时刻)为界限,将整个试验参数变化过程分为五个阶段。区间 $t=-0.5$ s→$t=0$ s 为试验前期核主泵在额定工况运行的阶段Ⅰ,参数 Q,n,M,H 虽有波动但基本稳定在 1.0 左右;区间 $t=0$ s→$t=0.5$ s 为卡轴瞬态过程,此过程又

以扬程 $H=0$ 和扭矩 $M=0$ 时的时间节点为界分为 Ⅱ,Ⅲ,Ⅳ 阶段,Ⅴ 阶段为卡轴完成后的系统后续响应过程。由图 6-43 可知,系统进入卡轴瞬态过程时,流量 Q、转速 n、扭矩 M 和扬程 H 与时间均呈非线性下降曲线关系,但各参数曲线的下降陡峭程度不同,相同时间内各参数的下降速率关系为 $v_Q<v_n<v_M<v_H$。即在卡轴瞬态过程中(Ⅱ,Ⅲ,Ⅳ 阶段),卡轴事故的发生对水流的影响类似于关阀过程,压力波的传递迅猛强烈,所以卡轴对扬程的影响最大,扭矩和转速次之,而流量由于流体惯性效应的原因影响最小。

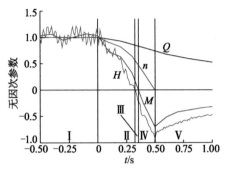

图 6-43　卡轴瞬态外特性无因次参数变化

通常将如表 6-8 所示的八大工况的合集称为泵的全特性工况,又称四象限工况。分析图 6-43 中各参数的变化规律可知,卡轴事故下核主泵的运行工况非常特殊,核主泵已在全特性工况中的部分工况内运行。

表 6-8　泵的八大运行工况

工况	参数			
	Q	H	n	M
1 正常水泵工况	+	+	+	+
2 水轮机工况	−	+	−	+
3 正转正流制动工况	+	−	+	+
4 反转水轮机工况	+	−	+	+
5 反转正流制动工况	+	−	−	−
6 反转水泵工况	−	−	−	−
7 反转逆流制动工况	−	+	−	−
8 正转逆流制动工况	−	+	+	+

各参数符号规定如下：

流量 Q：流体从泵进口流向泵出口时，流量为正，反之为负；

扬程 H：泵出口压力大于泵进口压力时，扬程为正，反之为负；

转速 n：泵叶轮向规定的正常方向旋转时，转速为正，反之为负；

扭矩 M：原动机把能量传递给流体时，扭矩为正，反之为负。

分析图 6-43 可知，Ⅰ阶段：$Q>0$，$H>0$，$n>0$，$M>0$，则有 $M \cdot n>0$，即核主泵吸收原动机的功率，$Q \cdot H>0$，即流体流经核主泵后能量增加，属于正常水泵工况；卡轴事故发生前期的Ⅱ阶段：$Q>0$，$H>0$，$n>0$，$M>0$，则有 $M \cdot n>0$，虽然卡轴事故已发生，但核主泵仍在吸收匿存在转子中的能量，$Q \cdot H>0$，即流体流经核主泵后能量增加，此阶段属于类似于正常水泵工况的特殊水泵工况；随着卡轴事故的发展，系统进入Ⅲ阶段：$Q>0$，$H<0$，$n>0$，$M>0$，则有 $M \cdot n>0$，核主泵继续吸收匿存在转子中的能量，$Q \cdot H<0$，即流体流经核主泵后能量减少，此阶段属于正转正流制动工况；随着卡轴事故的进一步发展，系统进入Ⅳ阶段：$Q>0$，$H<0$，$n>0$，$M<0$，则有 $M \cdot n<0$，核主泵吸收的功率小于零，$Q \cdot H<0$，即流体流经核主泵后能量减少，也即流体在给核主泵转子输入能量，属于反转水轮机工况，本阶段的特点是核主泵在负扬程的作用下使转子正转，流量为正，转子吸收来自流体工质的能量，此工况类似于串联运行的两台水泵，当下游水泵动力中断，而水依然正流，下游水泵在正向水流的冲击下正向转动的情形；当 $t=0.5$ s 转速 n 已完全降为零时，扬程 H 和扭矩 M 达到反向最大值后，其大小不再增加，系统进入Ⅴ阶段：$Q>0$，$H<0$，$n=0$，$M<0$，此阶段为卡轴结束后的后续响应阶段，属于核主泵卡死工况，水流虽还有较大流量，但转子已卡死，为纯耗能阶段，流量 Q 继续减小，M 和 H 则由负向极值逐渐减小，最后均趋于零。

上述工况中，卡轴瞬态的Ⅱ，Ⅲ，Ⅳ阶段可总结为稳态运行过程中，叶轮将泵送系统中的冷却剂在系统内循环实现其稳态冷却换能功能。当施加在核主泵转子上的稳定扭矩丧失后，系统内参数发生改变，核主泵叶轮内和管路系统中的冷却剂流量均开始减小，对于阶段Ⅱ，Ⅲ，当系统内流体惯性能量低于转子所储存的剩余惯性能量时，叶轮在随着冷却剂流动衰减期间将继续其抽水泵送任务；对于阶段Ⅳ，当管路系统内流体惯性能量高于转子所储存的剩余惯性能量时，则有系统流体将开始驱动泵叶轮转子做功。

在试验系统管路 A 处增设一管道增压泵（见图 6-32），将电动机电源关闭，同时调节张力控制器的励磁电流将试验泵彻底卡死后进行试验，可获得图 6-44 中的卡死工况特性曲线（$n=0$ 曲线）；将核主泵扭矩传感器后的负载（电动机及制动器）完全脱离后进行试验，可获得图 6-44 中的飞逸工况特性曲线（$M=0$ 曲线）。图 6-44 中横、纵坐标 $Q=0,H=0$ 和特性曲线 $n=0,M=0$ 将四象限分为 8 个域，即核主泵的八大工况。为更清晰地认识卡轴事故过程中的过渡特性，提取图 6-42 中的数据并在四象限图中绘制出来，如图 6-44 所示，即获得了卡轴事故工况下核主泵四象限跨域过渡转变特性曲线。由图 6-44 可知，卡轴事故下，曲线会从第一象限向第四象限跨域过渡，阶段Ⅰ在 $Q=1,H=1$ 附近近似呈直线小幅度变化，卡轴事故发生后($t>0$ s)，曲线由正常水泵工况Ⅰ向左下方变化，分别经历特殊水泵工况Ⅱ、正转正流制动工况Ⅲ向反转水轮机工况Ⅳ过渡转变，当到达 $t=0.5$ s 转子彻底停转后，卡轴工况四象限跨域过渡转变特性曲线基本稳定在卡死工况特性曲线上，并向左上方的原点趋近。

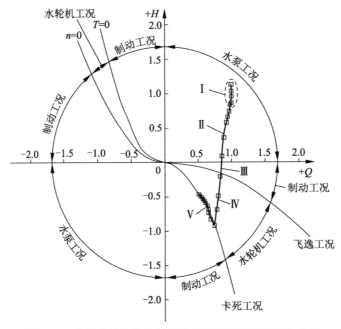

图 6-44 卡轴事故下核主泵四象限跨域过渡转变特性曲线

6.7.3 压力脉动特性

(1) 稳态工况(卡轴前)下压力脉动分析

试验中压力传感器探头监测点设置分布如图 6-45 所示，传感器 1 和 2、3 和 4、5 和 6 两两相对呈 90°布置，监测方向按单号传感器竖直、双号传感器水平布置，其中，1 号、2 号、5 号和 6 号传感器位于泵进出口，3 号和 4 号传感器位于类球形泵体上。

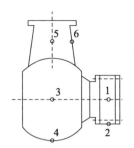

图 6-45　压力传感器探头监测点设置分布图

　　稳态工况下泵进出口压力脉动时域图如图 6-46 所示,进入卡轴事故前
5 s 的压力基本稳定,泵进口和出口压力均呈周期性波动。泵进口 1 号和 2 号
传感器为负压,泵出口 5 号和 6 号传感器为正压,水平方向上监测的两传感器
2 号和 6 号相对于竖直方向上布置的两传感器 1 号和 5 号时均压力要高,这
与试验泵的安装方向和传感器的布置形式相关。图 6-47 为稳态工况下泵进
出口压力脉动频域图,从图中可知,1 号、2 号和 5 号压力传感器的主频为
28.14 Hz,接近但略大于试验泵轴频(24.67 Hz),这是由于监测点离叶轮和
导叶距离较近,受叶轮和导叶间传递过来的动静干涉作用的结果;同时,泵进
出口均存在低频脉动现象(4.19 Hz),振幅从 1 号至 6 号传感器逐渐增大,甚
至在 6 号传感器中超越 28.14 Hz 占据主导地位,成为 6 号监测点的主频,这
可能与核主泵采用的类球形泵体导致存在出口局部涡流和流动不稳定有关,
试验泵从进口看为顺时针旋转,6 号传感器更为靠近出口低压涡带区,所以表
现最为强烈。

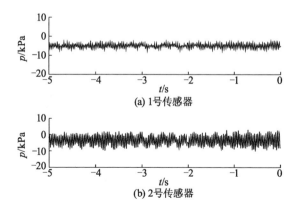

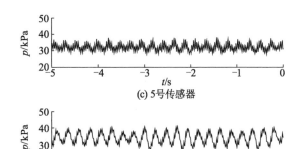

图 6-46　稳态工况下泵进出口压力脉动时域图

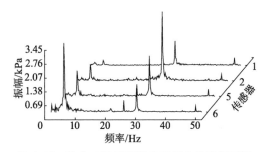

图 6-47　稳态工况下泵进出口压力脉动频域图

（2）卡轴事故工况下压力脉动分析

图 6-48 为 1～6 号压力传感器在不同卡轴程度下的对比系列图,观察发现,不同严重程度条件下发生卡轴事故后,泵进口的 1 号和 2 号压力传感器压力值变化趋势相似,均由负值剧增至正值,当卡轴瞬态结束后(即本书中所述的转子转速完全降为零),压力值再次发生突变,由正值开始呈近似指数曲线下滑并逐渐稳定在某一值。这是卡轴瞬态事故发生后,转速下滑,核主泵叶轮对流体的做功能力降低,相应地泵进口位置真空度迅速回弹的表现;同时,瞬态压力曲线的突变速率及增幅随着卡轴程度的增强而增大。

虽然 3～6 号传感器瞬态压力值变化趋势总体也相似,但由于其监测的流体位于叶轮出口后面,流体经过叶轮做功,所以初值表现为正值,随着卡轴事故的发展,其瞬态压力值随着叶轮做功能力的下降而急速下降,最终进入平缓过渡状态至趋于一稳定值;随着卡轴程度的增强,压力变化曲线越发陡峭,说明卡轴程度对瞬时压力变化影响显著。

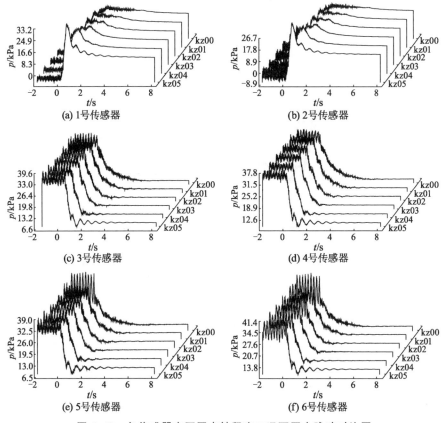

图 6-48　各传感器在不同卡轴程度工况下压力脉动对比图

　　图 6-49 为同一卡轴程度条件下各压力传感器压力脉动时域对比图,由图可知,同一卡轴程度工况下,监测点的压力波动具有同时性,即表现为系统压力增或压力降,在卡轴过渡过程中,传感器的时均压力与稳定运行工况下的情况截然相反,水平方向上监测的 2,4,6 号传感器相对于对应竖直方向上布置的 1,3,5 号传感器时均压力要高。

　　值得注意的是,当卡轴事故发生后,系统会发生强烈的压力振荡现象,并且随着卡轴程度的增强而增强,卡轴程度最严重的试验组 kz05 表现最为强烈。这是由于转子的快速卡死,管路系统内压力水流的惯性作用而产生水流冲击波的外在表现,类似于水力学中常说的"水锤效应"。整个过程类似于一个关阀过程,叶轮瞬间转速快速下降,对流体产生截流,所以会发生进口处的 1,2 号压力传感器压力陡升,处于叶轮后的 3~6 号压力传感器压力陡降的现象。水锤效应对系统的破坏力与系统内流体动量有关,符合式(6-10)所示的冲量定理：

$$Ft = mv \qquad\qquad (6-10)$$

式中：F 为流体冲击力，N；t 为卡轴时间，s；m 为流体质量，kg；v 为流体速度，m/s。

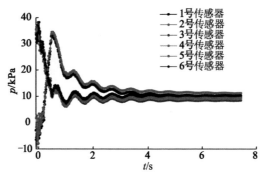

图 6-49　同一卡轴程度下各传感器压力脉动时域对比图

　　随着卡轴程度的增强，卡轴持续时间缩短，当卡轴时间 t 趋于零时，冲击力 F 趋于无限大。分析可知，由水锤效应产生的瞬时破坏压强可达一回路循环系统正常工作压强的几十倍甚至数百倍。这种急剧上升的压强波动，可导致核主泵一回路循环系统产生强烈振动噪声，发生核岛管道甩击、叶轮泵体及管道等过流部件或边界元件的结构破坏，最终导致其他事故的并发，反应堆冷却剂加剧丧失，堆芯偏离泡核沸腾引发核泄漏等一系列严重事故，后果不堪设想。

参考文献

［1］蔡龙，张丽平．浅谈压水堆核电站主泵［J］．水泵技术，2007(4)：1-9．

［2］陈秋炀，周拥辉．止回阀对 EPR 反应堆主泵卡轴事故后果的影响［J］．核动力工程，2012，33(5)：76-78,95．

［3］姚进国，李载鹏，杨晓强．田湾核电站主泵卡轴事故分析［J］．中国核电，2011，4(2)：174-179．

［4］钟伟源．卡轴事故工况下核主泵流固耦合瞬变特性研究［D］．镇江：江苏大学，2018．

［5］刘永．小破口卡轴事故工况下 AP1000 核主泵水动力特性分析［D］．镇江：江苏大学，2017．

［6］台山核电有限公司．台山核电厂 1、2 号机组初步安全分析报告［R］．

TS-X-GTST-TPD-SAR-001,2008.

［7］ 郝老迷. 秦山核电厂主泵轴卡死事故的堆芯 DNBR 计算[J]. 原子能科学技术，1993(4)：309 - 313.

［8］ 姜茂华，邹志超，王鹏飞，等. 基于额定参数的核主泵惰转工况计算模型[J]. 原子能科学技术，2014, 48(8)：1435 - 1439.

［9］ 徐一鸣，徐士鸣. 核主泵惰转转速计算模型的比较[J]. 发电设备，2011, 25(4)：236 - 238.

［10］ 潘中永，袁寿其. 泵空化基础[M]. 镇江：江苏大学出版社，2013.

［11］ Li Z F，Wu D Z，Wang L Q，et al. Numerical simulation of the transient flow in a centrifugal pump during starting period[J]. Journal of Fluids Engineering，2010，132(8)：081102.

7

核主泵流固耦合特性

7.1 引言

核主泵卡轴事故是一种典型的极限事故工况,对 RCS 系统及核主泵均会产生巨大的影响,轻则会对设备和系统造成不可逆转的损坏,严重时会出现燃料棒偏离泡核沸腾(DNB)、堆芯烧毁、引发大面积核泄漏等事故,给人类和环境带来毁灭性灾难[1-3]。

随着越来越多的流固耦合问题在实际工程应用中被提出,越来越多相关学科的研究方法和理论成果被应用在流固耦合问题的研究中,使得对流固耦合问题的认识及研究变得更加深入。然而,流固耦合在核主泵中的研究还相对较少,特别是核主泵瞬态过程中的流固耦合研究在国内极度缺乏。因此,亟需对核电设备本身及系统在事故下的响应做深入的研究和探讨。基于理论基础,采用试验研究和双向流固耦合相结合的方法对核主泵结构特性进行研究,获得卡轴事故下核主泵瞬变流与结构耦合响应规律,可为核主泵后续的结构设计和水力设计提供理论依据。

本章首先分析核主泵事故前、事故后、事故过程中扬程最低时刻的应力应变情况,并简要分析核主泵的模态。

其次将试验研究获得的三组不同卡轴程度下的流量和转速变化曲线,通过 MATLAB 软件建立对应计算边界模型,进行卡轴事故下的双向瞬变流固耦合计算,解析核主泵内部流场随时间的演化过程及非稳态理论扬程中转子旋转加速附加扬程和叶轮内冷却剂加速造成的瞬时扬程,探讨核主泵卡轴事故下湍动能、涡量和瞬态压力变化演化,然后总结分析事故过程能量过渡转换规律。

最后对基于双向流固耦合的核主泵卡轴事故瞬态过渡过程中转子的结

构特性进行对比分析,揭示卡轴事故瞬态过程中核主泵叶轮所受径向及轴向载荷、叶轮转子的典型区应力分布、瞬态动应力等演化规律,为核主泵后续的结构设计、制造、检验、试验及对假想事故工况下系统的安全评价提供指导。

7.2 卡轴事故流固耦合特性

7.2.1 模态分析

模态分析可以分为固有模态分析和预应力模态分析,本章在分析过程中考虑了流体对固体的作用情况,是一种预应力模态分析。模态分析的研究对象是模型的频率、振型和阻尼比等参数,研究目的是了解模型的振动情况。核主泵卡轴事故工况是一种危险性极高的瞬态过渡过程,叶轮强度会经受严峻考验,模态分析可以帮助了解叶轮动力响应,为分析叶轮受损情形提供依据。

需要强调的是,针对卡轴事故工况这一瞬态过程进行流固耦合计算是复杂的,对计算机提出了很高的要求。本章的分析计算首先在卡轴事故过程中确定了三个时刻点 t_1, t_2, t_3,分别为图 6-15a 中的 0,0.8,1.8 s,代表卡轴事故发生前、事故中、事故刚结束,选择 0.8 s 是因为该时刻核主泵扬程降至负值最低值,此时流体域和固体域之间的相互作用比其他时刻更为剧烈,然后对这三个时刻下的流固耦合情况进行了计算分析。

本次预应力模态分析中均已考虑叶轮重力、离心力和流体对叶轮的压力,使用 ANSYS 中的 Workbench 平台计算得到核主泵的前 10 阶模态,如图 7-1 所示。容易看出,核主泵模态随着阶数增加频率值整体上呈非线性上升趋势,t_1, t_2, t_3 时刻下核主泵叶轮上的预应力不同,但是并没有在核主泵模态的各阶频率上产生太大区别[4]。

振型是指振动过程中模型各位置偏离平衡位置的形态。图 7-2 是三个时刻下核主泵振型的最大变形量比较。从图 7-2 可以看出,三个时刻中 t_2 时刻的变形量最大,阶数越大 t_2 时刻变形量超出其他时刻越多,这是因为 t_2 时刻为卡轴事故工况发生以后核主泵扬程降至负值最低值的时刻,此时核主泵流量仍然较大而转速已经大幅降低,叶轮与流体之间的作用为流体向叶片输出功率,叶轮叶片形状并不适合这种工况,因而此时流体域与固体域之间相互作用力很大,超过了 t_1, t_3 两个时刻。对比其他两个时刻,发现 t_3 时刻的振型最大变形量更小,此时核主泵卡轴事故工况刚刚结束,叶轮转速为零,核主泵流量低于额定值的一半,叶片与流体域的相互作用相对较弱。观察图 7-2 可以得到另外一个规律,即随着阶数的增加,振型的最大变形量并非呈线性增加趋势,而是在 6 至 8 阶存在转折,9 阶和 10 阶振型最大变形量远高于其他各阶。

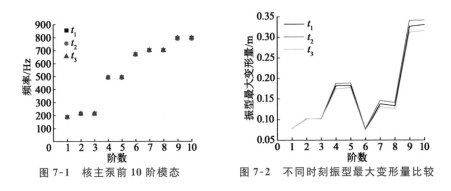

图 7-1　核主泵前 10 阶模态　　　　图 7-2　不同时刻振型最大变形量比较

图 7-3 至图 7-5 分别为 t_1,t_2,t_3 时刻下核主泵的振动变形计算结果。对比三个时刻下叶轮各阶振型发现叶轮变形情况相似,下面以 t_2 时刻为例进行分析。1 阶时叶轮振型相对较微小,最大变形位置在叶轮前盖板靠近出口处;2 阶时最大变形位置发生变化,位于后盖板靠近叶片出口位置,同时叶轮前盖板靠近进口位置的变形量也较大;3 阶情况下叶轮振型较为明显,后盖板出现较大幅度的扭曲;4 阶时叶轮变形加重,前后盖板整体均出现严重变形,最大变形位置在叶轮前盖板靠近出口位置;5 阶和 6 阶振型相对较轻微,最大变形位置分别为前盖板中间和前盖板靠近出口位置;7 阶和 8 阶的振型最大变形位置分别出现在叶轮叶片中间和出口位置;9 阶和 10 阶模态中叶片变形非常严重,叶片、前后盖板均出现较大变形,最大变形位置均在前盖板靠近叶轮出口位置。

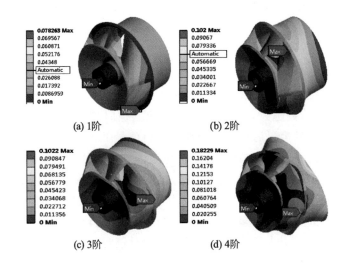

(a) 1阶　　　　　　　　(b) 2阶

(c) 3阶　　　　　　　　(d) 4阶

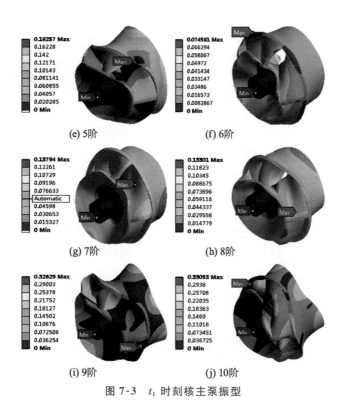

(e) 5阶   (f) 6阶

(g) 7阶   (h) 8阶

(i) 9阶   (j) 10阶

图 7-3 t_1 时刻核主泵振型

(a) 1阶   (b) 2阶

(c) 3阶   (d) 4阶

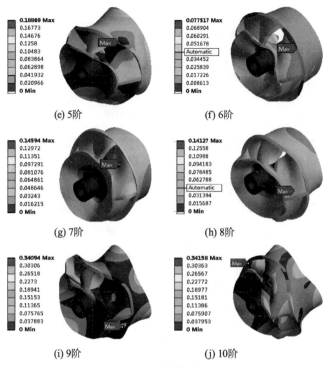

(e) 5阶   (f) 6阶

(g) 7阶   (h) 8阶

(i) 9阶   (j) 10阶

图 7-4 t_2 时刻核主泵振型

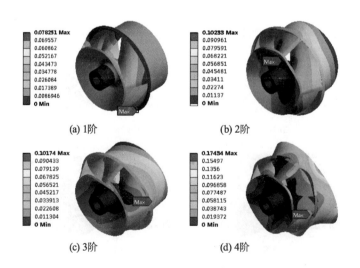

(a) 1阶   (b) 2阶

(c) 3阶   (d) 4阶

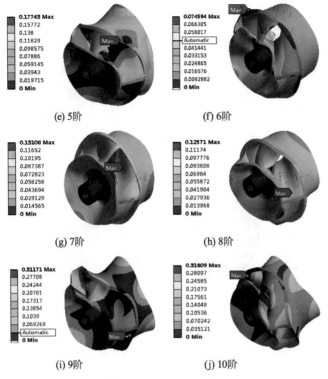

(e) 5阶   (f) 6阶

(g) 7阶   (h) 8阶

(i) 9阶   (j) 10阶

图 7-5 t_3 时刻核主泵振型

7.2.2 应力应变

下面分析计算核主泵在卡轴事故工况中的叶片应力应变情况,同 7.2.1 部分一致,下面采用双向流固耦合对卡轴事故工况中的三个时刻点 t_1, t_2, t_3 进行分析,计算结果分别如图 7-6、图 7-7、图 7-8 所示。这里将三个时刻下叶轮应力与应变的最大值列于表 7-1 中进行对比。

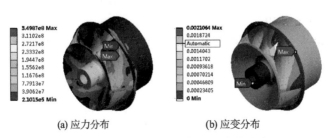

(a) 应力分布   (b) 应变分布

图 7-6 t_1 时刻核主泵叶轮应力应变分布

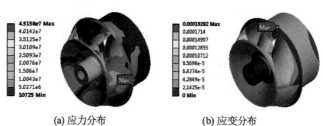

(a) 应力分布   (b) 应变分布

图 7-7 t_2 时刻核主泵叶轮应力应变分布

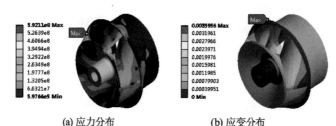

(a) 应力分布   (b) 应变分布

图 7-8 t_3 时刻核主泵叶轮应力应变分布

表 7-1   不同时刻下核主泵叶轮最大应力应变对比

时刻	t_1	t_2	t_3
最大应力/MPa	349.870	45.158	592.110
最大应变/μm	2 106.40	192.82	3 595.60

从表 7-1 可以看出,随着卡轴事故的持续,核主泵叶轮最大应力与最大应变均为先减小后增大。从图 7-6 至图 7-8 可以看出,卡轴事故工况刚刚开始的 t_1 时刻,叶轮最大应力位置在叶片进出口中间,最大变形位置在叶轮前盖板靠近出口处; t_2 时刻叶轮最大应力位置在叶轮前盖板上,最大变形位置在叶轮前盖板靠近出口处; t_3 时刻为卡轴事故工况刚刚结束时刻,此时叶轮最大应力位置在叶片出口处,最大变形位置仍然在叶轮前盖板靠近出口处。

7.3 稳态工况双向流固耦合特性

在核主泵卡轴瞬态特性研究前,先对核主泵在稳态工况下的流固耦合特性进行计算分析,为后续的卡轴瞬态特性研究奠定基础。

7.3.1 数值计算方法

(1) 流体域与固体域三维造型

用于计算的核主泵结构示意图如图 1-2a 所示。核主泵计算模型的三维造型如图 7-9 所示，采用混流式叶轮，叶轮叶片数为 5，扭曲式径向导叶，导叶叶片数为 11，考虑到核主泵在高温时的受热均匀性，泵体设计成类球形，虽然相对于蜗壳式泵体会造成较大的水力损失，但结构安全性可大大提升。叶轮材料选用铁素体-奥氏体双相不锈钢，材料密度为 7 930 kg/m³，弹性模量为 210 GPa，泊松比为 0.27，屈服强度 σ_s 为 550 MPa。

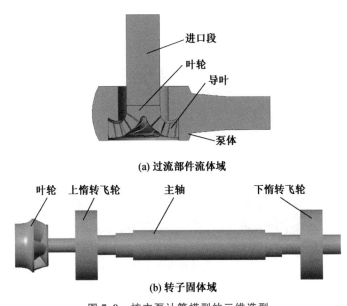

(a) 过流部件流体域

(b) 转子固体域

图 7-9 核主泵计算模型的三维造型

(2) 流体域与固体域网格划分

对于流体域，利用 ICEM-CFD 网格划分软件对水体进行网格划分，如图 7-10 所示，为了兼顾计算资源且保证计算模型具有更好的收敛性，流体域水体均采用六面体结构网格，并对叶片表面边界层和交界面区域进行设置膨胀率加密处理。经网格无关性检查后发现，当计算模型的网格数高于 300 万时，扬程变化小于 0.5%。综合考虑计算资源与计算精度，最终取流体域网格划分单元总数约为 323.3 万，其中进口段水体、叶轮水体、导叶水体、泵体水体网格单元数分别为 44.1 万、62.8 万、97.5 万、118.9 万。

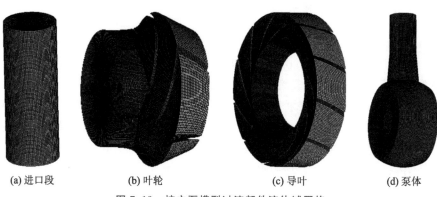

(a) 进口段　　　　　　(b) 叶轮　　　　　　(c) 导叶　　　　　　(d) 泵体

图 7-10　核主泵模型过流部件流体域网格

对于固体域,运用 ANSYS Workbench 中的 Mesh 模块对叶轮结构部分进行网格划分,为使叶轮与主轴转子具有共节点,先将叶轮与主轴合并成新的组合体再划分网格。为便于操作,在单向耦合中对转子结构进行网格无关性检查后得到一套与流体域叶轮相匹配且兼顾计算准确性及计算时间的四面体网格,如图 7-11 所示,网格节点总数约为 6.7 万,网格单元总数约为 3.8 万。

图 7-11　核主泵模型转子固体域网格

(3) 约束及边界条件设置

采用双向流固耦合方法对核主泵内流场和转子结构场进行迭代求解。流场计算采用雷诺时均 N - S 方程和 SST 湍流模型,结构响应采用弹性体结构动力学方程,运用任意拉格朗日法跟踪固体边界和流体边界的运动状况。

双向流固耦合计算涉及流体域的非定常计算和固体域的瞬态动力学分析,其中流场的非定常计算在 ANSYS CFX 中进行,结构场的瞬态动力学分析在 ANSYS Workbench 中的 Transient Structure 模块进行。为保证流固耦合计算的顺利进行,须先分别求解流场和结构场,确保其有较好的收敛性后,再进行流固耦合求解。

在流场计算时,空间和时间分别采用高阶精度和二阶欧拉后差格式,计算域结合核主泵系统的运行条件,设置进口为全压进口(Total Pressure),出口为给定的质量流量(Mass Flow),参考压力为 1 atm(1 atm＝101 325 Pa),壁面粗糙度设为 12.5 μm,近壁面处选用标准壁面函数,壁面边界条件设为绝热无滑移壁面,对于耦合过程中叶轮流体域网格变形,设置动网格处理,流场中每个计算时间点的残差收敛目标为 10^{-5}。数据传递过程的松弛因子及收敛目标均采用软件默认值。

固体域计算中,材料参数设为双相不锈钢,瞬态分析的阻尼模型采用比例阻尼,叶轮叶片与前后盖板内侧设置为流固耦合面,加载重力加速度和由叶轮转动产生的向心加速度,在推力轴承处设置为固定约束,两个径向轴承处设置为圆柱面约束,其中上径向轴承设置为径向固定、轴向和切向自由,下径向轴承设置为径向和轴向固定、切向自由,如图 7-12 所示。

综合考虑计算精度和计算量,兼顾叶轮流体域与固体域网格数的差异,取时间步长为 0.000 676 s(即叶轮旋转 6°),总时间为 0.243 36 s,即旋转 6 个周期。值得注意的是,流场非定常计算与结构瞬态动力学分析中的时间步长和总时间应保持一致。

Transient
Time: 0.24336 s
2018/3/31 14:57

[A] Standard Earth Gravity: 9.8066 m/s²
[B] Rotational Velocity: 154.99 rad/s
[C] Cylindrical Support: 0. m
[D] Cylindrical Support 2: 0. m
[E] Fixed Support
[F] Fluid Solid Interface
[G] Fluid Solid Interface 2
[H] Fluid Solid Interface 3

图 7-12 叶轮约束及载荷

7.3.2　有无预应力下的模态分析

预应力会影响转子结构的刚度,从而影响转子的模态振型[5]。表 7-2 为静止状态和正常工作状态下,分别考虑有无预应力效应时叶轮转子的前 10 阶固有频率表。无预应力指的是转子在空气中自由振动;考虑离心力时将主泵额定工况时的转速 $n=1\ 480$ r/min 加载到转子上完成离心力载荷的施加;考虑水压力时以额定流量工况下双向流固耦合后的压力载荷作为边界条件。由表 7-2 可知,在这三种工况下叶轮转子前 10 阶固有频率有一定差别,但总体差别不大。考虑离心力时,叶轮转子第 1 阶、4 阶和 7 阶固有频率降低,其余阶次的固有频率有所增加或不变;相对于无预应力下的固有频率,考虑离心力、重力和耦合水压力共同作用时,叶轮转子前 10 阶固有频率均有所下降,但变化幅度不大,均在 8.4% 以内,且基本上阶次越高,下降幅度越小,直至第10 阶时考虑离心力、重力和耦合水压力的固有频率与无预应力下的固有频率相等。因此,在计算核主泵叶轮转子的振动频率时直接计算叶轮转子在无预应力下的固有频率有一定参考意义。由于叶轮结构属于循环对称结构,因而叶轮结构的固有频率有重频现象,如考虑所有预应力下的第 7 阶和第 8 阶。叶轮转子的转动频率为 24.67 Hz,叶片通过频率为 123.33 Hz,与叶轮转子各阶次固有频率均不相等,因此不会发生共振,初步确定转子结构合理。

表 7-2　叶轮转子固有频率

频率阶次	$f_{无预应力}$/Hz	$f_{+离心力}$/Hz	变化率/%	$f_{+离心力、重力和耦合水压力}$/Hz	变化率/%
1	53.134	50.260	−5.4	48.648	−8.4
2	53.219	56.252	+5.7	48.741	−8.4
3	67.911	67.911	+0.0	67.662	−0.4
4	93.185	86.359	−7.3	91.828	−1.5
5	93.541	96.856	+3.5	92.199	−1.4
6	96.856	100.930	+4.2	96.851	0.0
7	136.890	129.610	−5.3	136.200	−0.5
8	137.040	144.760	+5.6	136.200	−0.6
9	156.360	156.350	0.0	156.240	−0.1
10	252.560	252.560	0.0	252.560	0.0

叶轮转子在考虑所有预应力下的前 10 阶模态振型如图 7-13 所示,需要指出的是图示中为相对标尺,并非实际变形状态。前 6 阶及第 10 阶振型中变形主要发生在叶轮和上惰轮,而第 7～9 阶振型中变形主要发生在下惰轮以下区域。第 1,2,8,9 阶模态为沿 x 轴和 y 轴的摆动振型;第 3,4,7,10 阶模态为沿径向向外的拉伸振型;第 5,6 阶模态为 2 阶扭转振型。

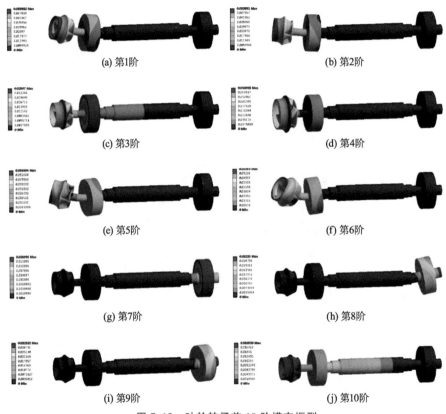

(a) 第1阶　　　　　　　　　　　　　　(b) 第2阶

(c) 第3阶　　　　　　　　　　　　　　(d) 第4阶

(e) 第5阶　　　　　　　　　　　　　　(f) 第6阶

(g) 第7阶　　　　　　　　　　　　　　(h) 第8阶

(i) 第9阶　　　　　　　　　　　　　　(j) 第10阶

图 7-13　叶轮转子前 10 阶模态振型

7.3.3　水动力特性

(1) 试验结果对比

分别对核主泵在 $0.6Q_D$,$0.8Q_D$,$1.0Q_D$,$1.2Q_D$ 和 $1.4Q_D$ 五个流量工况点双向流固耦合及流体域非定常模拟数据最后一圈的计算扬程进行时均化处理,并与试验结果进行对比,如图 7-14 所示,标识 fdc 表示流体域非定常模拟结果,fsi 表示双向流固耦合结果,test 表示试验结果。由图可以看出,数值模拟的扬程与试验结果存在一定偏差，但总体趋势基本一致，并且耦合后扬程均有所降低，降低的幅度为 1.5 m 左右，除 $1.4Q_D$ 流量点外，其余各流量点耦合后的扬程与试验值之间的偏差均有所减小，表明双向流固耦合后的结果更接近试验值，在设计流量工况点与试验值的偏差为 1.82%，印证了耦合结果的可靠性。由于耦合计算过程中同时考虑了流体域与固体域的相互影响，流体的压力载荷作用致使叶轮结构发生变形扭曲，而叶轮结构场的变化又反过来影响泵内部流场的分布，耦合后更接近主泵内部真实的流动情况，因而导致耦合前后计算结果的差异性。这说明，流场计算模型能够较准确地预测其性能，即流场计算可以较为准确地得到叶轮表面的压力载荷，为叶轮的结构场分析提供保证。

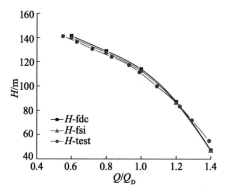

图 7-14　数值模拟时均化扬程与试验值对比

（2）流固耦合作用对外特性的影响

为研究流固耦合作用对核主泵流场及结构场的影响，分别计算 $0.6Q_D$，$0.8Q_D$，$1.0Q_D$，$1.2Q_D$ 和 $1.4Q_D$ 五个流量工况点的双向流固耦合结果，并与未耦合的流体域非定常计算结果进行对比分析。

图 7-15 所示为核主泵流固耦合前后第 6 个周期的扬程和效率外特性变化，标识 fluid 代表纯液相非定常计算结果，fsi 代表双向流固耦合结果。如图 7-15a 所示，耦合前后 $1.0Q_D$ 和 $1.2Q_D$ 流量工况下扬程均呈正弦波形周期性波动，因受叶轮与导叶间动静耦合作用形成 10 个波峰和 10 个波谷，而 $0.8Q_D$ 流量工况下由于处于偏小流量易形成旋涡及流动分离，对流场的扰动较大，故周期性不明显。耦合后泵在这三个工况点的扬程均有所下降，同时相位角略有不同，流固耦合前后相位角相差 12° 左右。如图 7-15b 所示，耦合前后泵效率同样呈周期性波动，$0.8Q_D$ 流量工况下的效率规律性较差；流固耦合后核主泵在三个流量工况点的效率均有所上升，波动幅值增加，$0.8Q_D$ 流量工况下

效率增加的最大幅值为 1.6% 左右,相位角偏差较小约为 8°,并且耦合后效率的曲线波动规律性较耦合前有所增强。

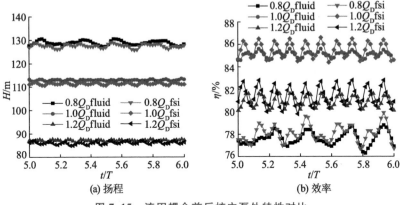

(a) 扬程　　　　　　　　(b) 效率

图 7-15　流固耦合前后核主泵外特性对比

（3）流固耦合作用对内流场的影响

为进一步分析流固耦合作用对核主泵内部流场的影响,选取导叶出口边中点所在径向截面为分析平面,对核主泵内部流动特性进行分析。

① 静压分布对比分析

图 7-16 为 $1.0Q_D$ 工况下 $t=0.216\ 3\ \text{s},t=0.229\ 8\ \text{s},t=0.243\ 4\ \text{s}$ 截面中流固耦合前后的压力对比云图。从图中可以看出,在同一时刻下,流固耦合前后核主泵叶轮、导叶及泵体内的压力分布基本一致,耦合后泵内的整体静压值比耦合前略有降低,不同时刻下的降低幅度略有差异,这正是图 7-14 中耦合后扬程降低的原因;不同时刻下静压最小区域均处于叶轮进口处,随着转子的旋转做功,叶轮内压力随半径增大由内向外递增,并且叶轮内静压梯度明显;由于导叶的降速扩压作用,流经导叶的液流静压持续扩大直至进入泵体后达到最大,但由于泵体采用的是在高温中受力较为均匀的类球形泵体,虽然安全性较高但不利于流动,所以冷却剂在泵体内会产生较大损失,导致泵体出口管附近静压降低,并且在顺着叶轮旋转方向的第一个类隔舌处存在一个明显的低压区,此处会产生明显的流动分离和旋涡,流动损失较大;不同时刻下,由于叶轮与导叶间的动静干涉效应影响,截面内的静压分布略有差异。

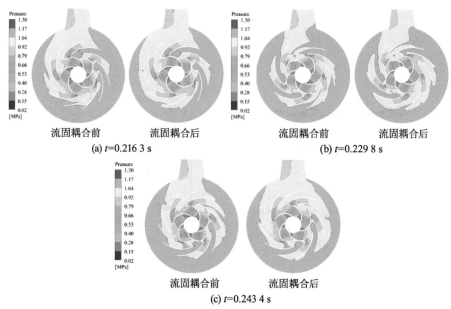

(a) t=0.216 3 s　　　　　　　　　　　(b) t=0.229 8 s

(c) t=0.243 4 s

图 7-16　$1.0Q_\mathrm{D}$ 工况不同时刻下流固耦合前后静压分布对比

② 绝对速度分布对比分析

图 7-17 为 $1.0Q_\mathrm{D}$ 工况下最后一圈中，$t=0.216\ 3\ \mathrm{s}$，$t=0.229\ 8\ \mathrm{s}$ 和 $t=0.243\ 4\ \mathrm{s}$ 截面中叶轮流固耦合前后的绝对速度对比云图。从图中可以看出，同一时刻下，流固耦合后叶轮内绝对速度分布规律与流固耦合前一致，耦合后叶轮内速度总体略有升高；不同时刻下的绝对速度分布趋势略有差异，但区别不大；叶轮进口靠近工作面处速度最低，随着叶轮的旋转做功，流体吸收叶轮传递过来的能量后，流道内绝对速度随着叶轮半径的增大而增大；同一半径处，叶片工作面上的绝对速度要低于叶片背面；在叶轮工作面靠近出口处出现了片状高速区，流固耦合后的高速区面积明显大于耦合前。

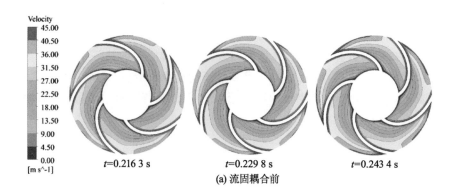

t=0.216 3 s　　　　　t=0.229 8 s　　　　　t=0.243 4 s

(a) 流固耦合前

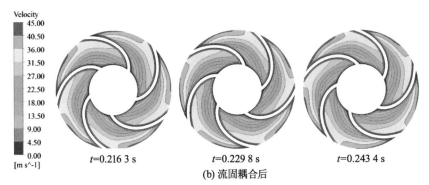

(b) 流固耦合后

图 7-17　1.0Q_D 工况不同时刻下流固耦合前后绝对速度分布对比

③ 不同流量工况下绝对速度整体分布对比分析

图 7-18 为 $t=0.243\ 4\ s$ 时，在 $0.6Q_D$，$1.0Q_D$，$1.4Q_D$ 三个流量工况下流固耦合后叶轮、导叶与泵体截面内绝对速度整体分布云图。从图中可以看出，三个流量工况点均存在局部低速区；$1.0Q_D$ 额定工况下，除在类隔舌两侧存在低速区外，叶轮和导叶内速度分布均较为均匀，未发现明显的低速区；在小流量工况（$0.6Q_D$）时，低速区主要分布在叶轮工作面靠近进口处和导叶凸面靠近出口处，随着流量的增大叶轮内的速度递增，其内低速区逐渐消失；至大流量工况（$1.4Q_D$）时，局部低速区占据了导叶一半以上的流道区域，主要分布在导叶凸面。低速区内流向与附近来流方向不一致易引发复杂的旋涡现象，以上说明在小流量和大流量时均不利于流动，会造成泵内流动不稳定。

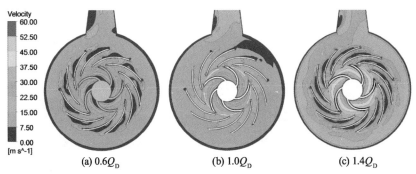

(a) $0.6Q_D$　　　　　　(b) $1.0Q_D$　　　　　　(c) $1.4Q_D$

图 7-18　不同流量工况下流固耦合后绝对速度整体分布云图（$t=0.243\ 4\ s$）

7.3.4　叶轮应力变形

（1）叶轮转子应力总体分布

图 7-19 为在 $t=0.243\,4$ s 时刻，$0.6Q_{\mathrm{D}}$，$1.0Q_{\mathrm{D}}$ 和 $1.4Q_{\mathrm{D}}$ 工况下叶轮转子的等效应力（Von Mises Stress）总体分布图，限于篇幅且为使研究结果具有更高的可辨性，选取核主泵实型泵计算模型在五个工况点中差异较大的小流量点 $0.6Q_{\mathrm{D}}$、额定流量点 $1.0Q_{\mathrm{D}}$ 和大流量点 $1.4Q_{\mathrm{D}}$ 进行重点分析。

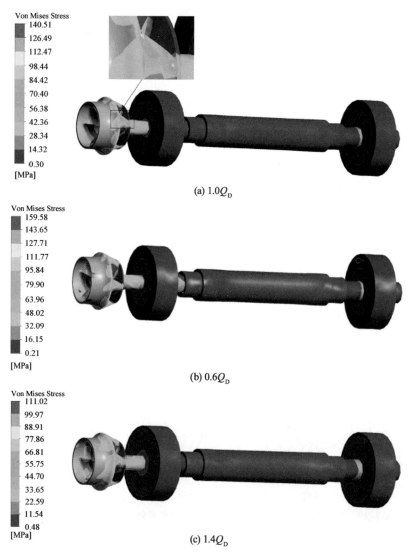

(a) $1.0Q_{\mathrm{D}}$

(b) $0.6Q_{\mathrm{D}}$

(c) $1.4Q_{\mathrm{D}}$

图 7-19　不同流量工况下叶轮转子等效应力总体分布（$t=0.243\,4$ s）

由图 7-19 可以看出,不同流量工况下转子的等效应力总体分布规律相似,等效应力主要集中在叶轮及上下惰轮上,从径向看均呈中心对称分布;叶轮上的等效应力大致由进口到出口逐渐增大。对比图 7-19a、图 7-19b、图 7-19c 发现,叶轮出口边及叶片根部易发生应力集中,且叶轮的最大等效应力均出现在叶片出口边吸力面与前盖板交界处,这使得叶片与前盖板交界处强度降低,在交变载荷的作用下容易产生疲劳破坏,而最小等效应力分布在叶轮轮毂处。另外,叶片进口边在非设计工况下由于冲击较大易出现局部应力集中及应力分布不均现象。随着流量的降低,叶轮最大等效应力逐渐增大,原因是随着流量的降低,叶轮流体域静压逐渐增加,在 $0.6Q_D$ 下的最大等效应力为 159.58 MPa,叶轮转子材料为铁素体-奥氏体双相不锈钢,材料屈服强度 σ_s 为 550 MPa,按第四强度理论计算得知叶轮转子在三个工况点下的强度均符合要求。

以上结果表明,核主泵叶轮在 $0.6Q_D$、$1.0Q_D$ 和 $1.4Q_D$ 工况下的应力集中主要发生在前盖板与叶片出口交界处,这主要是由该区域结构的不连续性导致的,且该处应力由于无法通过弹性变形释放,易导致叶片近支点部位形成应力集中。因此,在进行叶轮结构优化设计时,要充分考虑流体与固体相互耦合的作用,可通过圆弧过渡、对叶片进行加厚等方式优化叶片应力分布。

(2)双向耦合作用下叶轮转子变形总体分布

图 7-20 为在 $t=0.243\ 4$ s 时刻,双向流固耦合作用后核主泵叶轮转子分别在 $0.6Q_D$、$1.0Q_D$ 和 $1.4Q_D$ 不同流量工况下的位移变形总体分布图。

由图 7-20 可以看出,不同流量工况下叶轮的变形分布具有一定的相似性,转子的大变形区主要集中在上惰轮和叶轮上,且变形分布呈现出明显的偏心分布规律,由偏心中心向外随着半径的增大而增大,变形量梯度明显;不同流量工况下的偏心程度不同,其中小流量 $0.6Q_D$ 时偏心程度最大,大流量 $1.4Q_D$ 时次之,在额定工况下偏心程度最小。以上说明,叶轮和上惰轮受转子离心力的拉伸作用明显,叶轮受压力场影响而产生弯曲变形。注意到叶轮前盖板与叶片的变形要远大于叶轮后盖板和轮毂区域,叶轮的最大变形量随着流量的减小而逐渐增大,在 $0.6Q_D$、$1.0Q_D$ 和 $1.4Q_D$ 三个工况下双向流固耦合叶轮最大变形量分别为 1.12、0.76、0.52 mm,这是因为随着流量的降低,叶轮内压力载荷随之升高,说明压力载荷对叶轮的变形分布起着主要的影响作用;叶轮的最大变形发生在前盖板靠近叶轮出口处一侧,并且随着叶轮的旋转,最大变形区发生周期性交替变化,轮毂处变形最小,这是叶轮内压力载荷和离心力共同作用的结果。

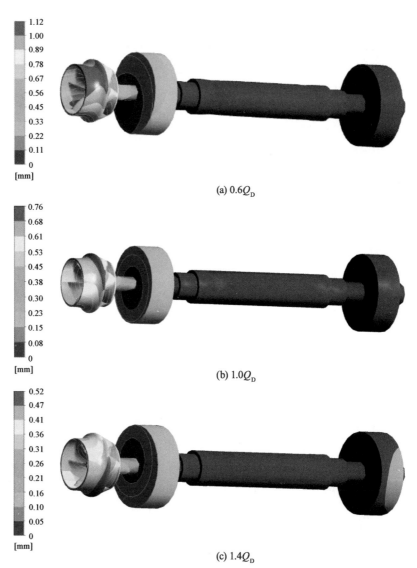

(a) 0.6Q_D

(b) 1.0Q_D

(c) 1.4Q_D

图 7-20　不同流量工况下叶轮转子位移变形总体分布($t=0.2434$ s)

（3）叶片进出口边动应力分析

从以上对叶轮转子应力和变形总体分布的分析可以发现，叶轮的进出口边易出现较大的应力集中和大变形，可能会对叶轮转子的安全性造成威胁。下面对这些典型位置进行深入分析，对叶片进出口边进行数据监测和提取。如图 7-21 所示，叶片进口边上从前盖板往后盖板方向设置 3 个监测点，分别

为 Bi1,Bi2,Bi3;叶片出口边的压力面和吸力面上从前盖板往后盖板方向设置
6 个监测点,分别为 Bop1,Bop2,Bop3 和 Bos1,Bos2,Bos3;叶轮前盖板与叶片
压力面的交线上设置 3 个监测点,分别为 Sp1,Sp2 和 Sp3。

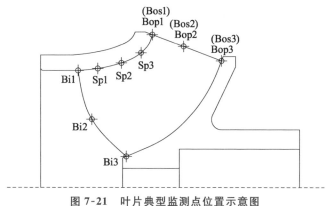

图 7-21　叶片典型监测点位置示意图

　　图 7-22 分别示出了在 $1.0Q_D$ 流量工况下,叶片进出口边在最后两圈 9 个
监测点的动应力变化规律,其中 T 代表叶轮转一圈所用时间。从图 7-22a 可以
看出,叶片进口边上靠近叶轮前后盖板的监测点 Bi1 和 Bi3 由于得不到应力释
放,所以动应力较大,叶片中点处的监测点 Bi2 动应力较小;各监测点动应力随
时间呈周期性波动变化,其中靠近后盖板的监测点 Bi3 变化幅度最大,其峰峰值
是其余两点处的 6~8 倍,除小波形变化外还随时间呈现出大波形变化规律,叶
片的高振幅动应力点是引起裂纹,导致结构破坏的主要原因之一,在结构设计
中此处应重点留意,避免长时间运行产生结构疲劳破坏和裂纹扩展。

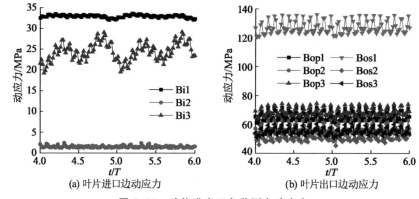

(a) 叶片进口边动应力　　　　　　(b) 叶片出口动应力

图 7-22　叶片进出口各监测点动应力

图 7-22b 为叶片出口边上的动应力分布,Bop 和 Bos 分别代表叶片出口边压力面和吸力面上的监测点。对比图 7-22a 可以看出,出口边上监测点动应力同样随时间呈周期性波动变化,且周期性更为明显,总体上出口边的动应力要大于进口边,这是由于出口压力大所致;而压力面与吸力面上监测点动应力时均值大小由前盖板向后盖板交替变化,靠近前盖板时吸力面上监测点 Bos1 时均应力较大,过渡到与后盖板连接处时换压力面上监测点 Bop3 的较大,此规律在图 7-19 的局部图中也有体现,出口边处流场压力载荷较为复杂,此处局部动应力可重点关注。

对 $0.6Q_D$,$1.0Q_D$ 和 $1.4Q_D$ 三个流量工况下在计算过程中每一个时间步上叶轮转子中的最大动应力进行提取。图 7-23 示出了各流量工况下转子转过一圈时的最大动应力变化规律,可以看出,不同流量工况下动应力变化趋势相同,且总体动应力随着流量的降低而增大,即随着叶轮内压力载荷的增大而增大;随着叶轮的旋转,转子最大动应力随着角度变化而波动,周期性明显,叶轮旋转一圈共出现 11 个波峰和 11 个波谷,与导叶叶片数相同。图 7-24 所示为分别对 $0.6Q_D$,$1.0Q_D$ 和 $1.4Q_D$ 三个流量工况下的转子最大动应力做快速傅里叶变换(FFT)后得到的最大动应力频域图,计算用核主泵模型泵转速 $n=1\,480$ r/min,叶轮和导叶的叶片数分别为 5 和 11,计算出转子的转频为 24.67 Hz,叶轮叶频为 123.33 Hz,导叶叶频为 271.33 Hz。从图中可以看出,不同流量工况下,转子的最大动应力多为低频脉动,各流量工况下的主频均为 271.33 Hz,与导叶的叶频相等,其振幅随着流量的增大而增大。由以上分析可知,在影响转子动应力变化的因素中压力载荷占主导地位,并会受到叶轮与导叶动静干涉效应的影响而呈现出瞬时应力值交替的变化规律。

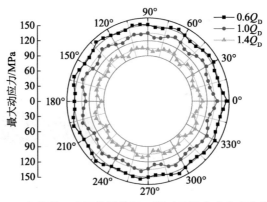

图 7-23　各流量工况下转子转过一圈时的最大动应力变化规律

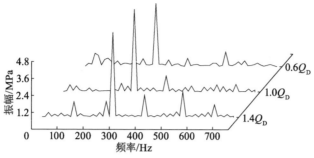

图 7-24　各流量工况下最大动应力频域图

7.4　卡轴事故流固耦合瞬态水力特性

为了探究卡轴事故过渡过程中核主泵的内流演化机理,同时为核主泵结构场瞬态特性分析奠定基础,本节基于双向流固耦合开展了核主泵卡轴瞬态内流特性研究。

7.4.1　计算模型

(1) 边界条件数学模型

为深入分析不同卡轴程度下核主泵瞬态内流水力特性及耦合动力特性,以核主泵实型泵为几何模型,从第 6 章卡轴事故试验研究中挑选出具有代表性的三组试验 kz01,kz03 和 kz05 作为研究对象,将获得的流量和转速变化规律进行相似换算后,利用商业数学软件 MATLAB 拟合成相应的曲线公式作为卡轴事故工况下的边界模型。将 MATLAB 拟合的公式,通过 CEL 自定义函数功能在 ANSYS CFX 中设置输入,为保证核主泵在卡轴事故发生前具有稳定的流动状态,排除流固耦合仿真初期计算的高幅波动对结果的影响,设定核主泵在进入卡轴事故前先在额定工况点稳定运行 0.1 s,对应的数学边界模型公式如下:

① 试验 kz01 模型

流量 Q_t 公式:

if($t \times 1 < 0.1$ [s],29.633[kg s^-1],(($0.331 \times t^5 \times 1$[s^-5]$-3.398 \times t^4 \times 1$[s^-4]$+12.41 \times t^3 \times 1$[s^-3]$-14.35 \times t^2 \times 1$[s^-2]$-29.17 \times t \times 1$[s^-1]$+110.05) \times 997/3600 \times 5.5086^3$)[kg s^-1])

转速 n_t 公式:

if($t \times 1 < 0.1$ [s],1480[rev min^-1],($62.2 \times t^4 \times 1$[s^-4]$-486.4 \times t^3 \times 1$[s^-3]$+1410 \times t^2 \times 1$[s^-2]$-2089 \times t \times 1$[s^-1]$+1675.2$)

[rev min^−1])

② 试验 kz03 模型

流量 Q_t 公式：

if(t×1<0.1 [s],29.633[kg s^−1],((0.1282×t^5×1[s^−5]−0.9785×t^4×1[s^−4]+1.43×t^3×1[s^−3]+11.6×t^2×1[s^−2]−59.88×t×1[s^−1]+113)×997/3600×5.5086^3)[kg s^−1])

转速 n_t 公式：

if(t×1<0.1 [s],1480[rev min^−1],(112.3×t^4×1[s^−4]−604.8×t^3×1[s^−3]+1379×t^2×1[s^−2]−2170×t×1[s^−1]+1683.5)[rev min^−1])

③ 试验 kz05 模型

流量 Q_t 公式：

if(t×1<0.1 [s],29.633[kg s^−1],((22.83×t^5×1[s^−5]−135.5×t^4×1[s^−4]+291×t^3×1[s^−3]−255.1×t^2×1[s^−2]+29.19×t×1[s^−1]+106.35)×997/3600×5.5086^3)[kg s^−1])

转速 n_t 公式：

if(t×1<0.1 [s],1480[rev min^−1],(63020×t^4×1[s^−4]−91790×t^3×1[s^−3]+40330×t^2×1[s^−2]−8035×t×1[s^−1]+1965)[rev min^−1])

由于双向瞬态流固耦合仿真极其消耗计算资源,工作量是纯液相计算的数十倍,在保证结果具有较高可靠性的前提下,综合考虑计算精度和计算时间,取时间步长为 0.001 s,三个卡轴工况 kz01,kz03 和 kz05 对应的计算总时间分别为 0.6,1.6,2.8 s,并保证流场瞬态计算与结构瞬态动力学分析中的时间步长和总时间一致,以 $1.0Q_D$ 稳态工况下最后时刻对应的双向流固耦合结果文件为初始条件,其余边界条件设置与 $1.0Q_D$ 稳态工况下的计算设置一致。

(2) 流体域监测点命名规则说明

为精准捕捉卡轴工况下核主泵内部流动信息,在叶轮内设置了数组监测点,其位置分布如图 7-25 所示,命名形式为 im(1/2/3)(p/m/s)(1/2/3/4),命名规则如下:监测点命名由四部分组成,第一部分字母 im 代表叶轮;第二部分数字代表由前盖板往后盖板方向的三条流线 1,2,3;第三部分字母 p,m,s 分别代表额定工况下的叶片压力面(工作面)、流道中间位置、叶片吸力面(背面);第四部分数字 1,2,3,4 分别代表沿流体流动方向从叶轮进口到叶轮出口的四个等距点。例如,im1s2 表示叶轮吸力面靠近前盖板的第一条流线上的第二个点。

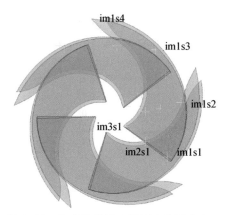

图 7-25 叶轮流体域内监测点位置分布图

7.4.2 数值计算与试验对比

将卡轴事故瞬态工况下的双向流固耦合计算结果与对应的试验组试验结果进行对比分析,图 7-26 至图 7-28 分别为 kz01,kz03,kz05 三个试验组对应的流固耦合计算与试验结果对比图,各图中(a)为卡轴事故瞬态扬程对比,(b)为卡轴事故瞬态扭矩对比,test 标识代表试验结果,fsi 标识代表流固耦合计算结果。试验组 kz01 中,对于扬程曲线,时间区间[0.4 s,1.1 s]内计算值略低于试验值,最大偏差 9.5%;对于扭矩曲线,时间区间[1.7 s,2.7 s]内计算值略低于试验值,最大偏差 6.7%。试验组 kz03 中,对于扬程曲线,时间区间[0.1 s,0.3 s]内计算值略低于试验值,最大偏差 14.6%;对于扭矩曲线,时间区间[0.9 s,1.5 s]内计算值略低于试验值,最大偏差 7.1%。试验组 kz05 中,对于扬程曲线,偏差较大区间为[0 s,0.1 s]与[0.2 s,0.4 s],最大偏差 10.6%;对于扭矩曲线,偏差较大区间为[0.35 s,0.45 s],最大偏差 7.1%。

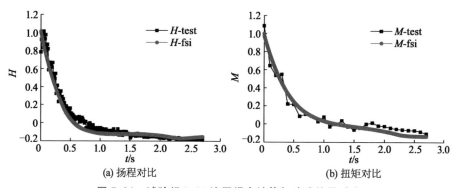

图 7-26 试验组 kz01 流固耦合计算与试验结果对比

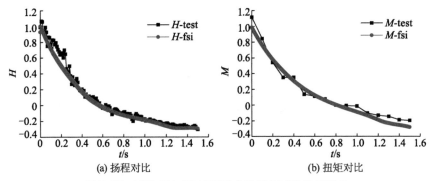

(a) 扬程对比   (b) 扭矩对比

图 7-27　试验组 kz03 流固耦合计算与试验结果对比

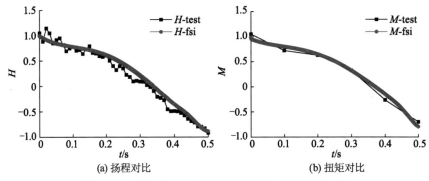

(a) 扬程对比   (b) 扭矩对比

图 7-28　试验组 kz05 流固耦合计算与试验结果对比

综上所述,三组数据中,扬程曲线在卡轴瞬态的前中期偏差较大,扭矩曲线偏差较大区间均出现在卡轴瞬态后期。耦合计算的扬程和扭矩与试验结果随时间的变化曲线总趋势基本一致,虽然耦合计算与试验结果在少数区间存在一定偏差,但整体吻合程度较高,耦合计算的瞬态扭矩和扬程最大偏差均在核电瞬态试验的允许范围 15% 内,说明上述所建立的卡轴瞬态流量与转速随时间变化曲线边界条件准确性较好,同时印证了耦合计算结果具有较高的可靠性。

7.4.3　不同卡轴条件下瞬态模型

经流固耦合瞬态仿真计算后,获得了 kz01,kz03 和 kz05 三个不同卡轴程度工况下的瞬态模型如图 7-29 至图 7-31 所示,图中示出了相应卡轴程度下转速 n_t、流量 Q_t、扭矩 M 和扬程 H 参数特性曲线随卡轴时间的演化规律。将三个卡轴模型中的三个过渡阶段工况数据提取后绘制在表 7-3 中,为后面的内流场演化分析提供对比参考。

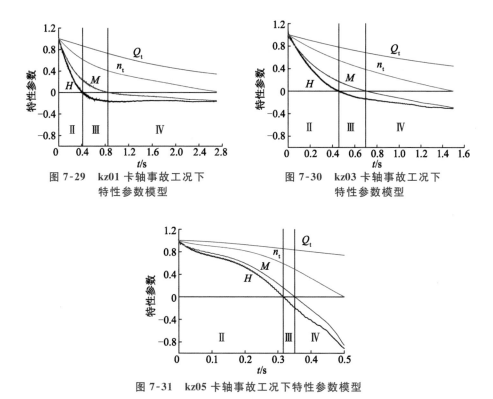

图 7-29 kz01 卡轴事故工况下
特性参数模型

图 7-30 kz03 卡轴事故工况下
特性参数模型

图 7-31 kz05 卡轴事故工况下特性参数模型

表 7-3 计算卡轴模型过渡工况

卡轴模型	特殊水泵工况 II	正转正流制动工况 III	反转水轮机工况 IV
kz01	[0 s, 0.41 s]	[0.41 s, 0.85 s]	[0.85 s, 2.70 s]
kz03	[0 s, 0.46 s]	[0.46 s, 0.70 s]	[0.70 s, 1.50 s]
kz05	[0 s, 0.32 s]	[0.32 s, 0.35 s]	[0.35 s, 0.50 s]

7.4.4 非稳态扬程瞬态效应

泵类机械在稳定工作状态下时速度矩对时间的偏导数为零,由动量矩定理可以推导出著名的欧拉方程式,即泵的理论扬程可表示为

$$H_t = \frac{1}{g}(u_2 v_{u2} - u_1 v_{u1}) \tag{7-1}$$

式中:H_t 为泵理论扬程,m;u_2 为叶轮出口圆周速度,m/s;v_{u2} 为叶轮出口处速度在圆周方向上的分量,m/s;u_1 为叶轮进口圆周速度,m/s;v_{u1} 为叶轮进口处速度在圆周方向上的分量,m/s;g 为重力加速度,m/s^2。

但核主泵在卡轴事故过程中属于瞬态变化，核主泵转子具有较大的瞬时加速度，流量 Q、转速 n 及扭矩 M 等会随着时间变化。此时，欧拉方程式不再适用，因为事故下核主泵已完全脱离稳态运行工况，转子在瞬间卡死的过渡过程中其制动加速度及系统管路内的冷却剂加速度对泵的性能均有较大影响。此时，核主泵在非稳态过渡过程中某一时刻下的瞬态扬程为对应瞬态工况下稳态扬程和非稳态扬程之和，叶轮转子在瞬变过程中的广义方程式[6]为

$$H_{su} = H_s + H_u = \frac{1}{g}(u_2 v_{u2} - u_1 v_{u1}) + \frac{\omega}{\rho g Q_t} \Omega_j D^5 \frac{d\omega}{dt} - \frac{\omega}{\rho g Q_t} \Omega_M D^2 \frac{dQ_t}{dt} \quad (7\text{-}2)$$

式中：H_{su} 为瞬态总理论扬程，m；H_s 为稳态理论扬程，m；H_u 为非稳态理论扬程，m；ρ 为冷却剂密度，kg/m^3；ω 为瞬时角速度，rad/s；Q_t 为瞬时流量，m^3/s；Ω_j 为叶轮区域流体旋转惯性常数；Ω_M 为叶轮区域流体的流动惯性常数；t 为时间，s；D 为叶轮名义直径，m。

在核主泵非稳态过渡过程中，瞬态扬程中的第二部分非稳态理论扬程 H_u 又包括旋转加速附加扬程 H_{u1} 和管路内冷却剂加速造成的瞬时扬程 H_{u2} 两个部分，即

$$H_u = H_{u1} - H_{u2} \quad (7\text{-}3)$$

$$\begin{cases} H_{u1} = \dfrac{\omega}{\rho g Q_t} \Omega_j D^5 \dfrac{d\omega}{dt} \\ H_{u2} = \dfrac{\omega}{\rho g Q_t} \Omega_M D^2 \dfrac{dQ_t}{dt} \end{cases} \quad (7\text{-}4)$$

$$\begin{cases} \Omega_j = \dfrac{\pi \rho}{32}(\overline{D}_2^4 \overline{b}_2 - \overline{D}_1^4 \overline{b}_1) \\ \Omega_M = \dfrac{\rho}{8}\left(\dfrac{\overline{D}_2^2}{\psi_2 \tan \beta_2} - \dfrac{\overline{D}_1^2}{\psi_1 \tan \beta_1}\right) \end{cases} \quad (7\text{-}5)$$

式中：H_{u1} 为旋转加速附加扬程，m；H_{u2} 为管路内冷却剂加速造成的瞬时扬程，m；$\overline{D}_1$，$\overline{D}_2$ 分别为叶轮中流线在进、出口位置的直径与叶轮名义直径 D 的比值；$\overline{b}_1$，$\overline{b}_2$ 分别为叶轮中流线在进、出口位置的过水断面宽度与叶轮名义直径 D 的比值；ψ_1，ψ_2，β_1，β_2 分别为泵叶轮中间流线进、出口处水流的排挤系数和叶片安放角，$(°)$。

结合式（7-3）、式（7-4）可知，叶轮尺寸大小及卡轴瞬态制动加速度对卡轴事故中核主泵非稳态扬程的影响起着主导作用。相对来说，尺寸大的核主泵叶轮在卡轴事故中对其非稳态扬程的影响要比尺寸小的明显，因此在进行叶轮水力设计及结构设计时，在满足设计工况的前提下应尽量取小值，以缓解在由事故造成的核主泵瞬态过渡过程中非稳态扬程的变化，增加设备及一

回路系统的安全性。

下面就试验组 kz05 对应的实型泵卡轴模型在卡轴瞬态过程中的非稳态理论扬程进行计算分析,在剔除运行过程中效率因素对结果的影响后,初步分析卡轴瞬态过程中转子的制动加速度和核主泵叶轮内的惯性流量加速对核主泵瞬态扬程的影响。

图 7-32 为 kz05 对应的核主泵数学模型在卡轴瞬态过程中流量与转速的时间演化图,从图中可以清晰地看出卡轴瞬态过程中流量和转速的特性变化曲线,其中 0 s 代表卡轴事故开始并在 0.5 s 后结束,卡轴过程历时 0.5 s。由图可知,卡轴事故过程中流量和转速均随时间递减,历时 0.5 s 后转子转速彻底转变为 0,此时流量仅由 4.968 m^3/s 转变为 3.672 m^3/s,可以看出卡轴瞬变过渡完成时管路系统内仍然保留有 73.9% 的流量;整个过程中转速的变化率远大于流量的变化率。

图 7-33 示出了根据流量和转速的特性变化曲线及核主泵叶轮水力结构参数计算所得出的卡轴瞬态过程旋转加速度扬程 H_{u1} 与流量加速度扬程 H_{u2} 的时间演化曲线,其中负值代表扬程与稳态工况时的方向相反。非稳态理论扬程 H_u 包括转子的旋转加速附加扬程 H_{u1} 和叶轮内冷却剂加速造成的瞬时扬程 H_{u2},可以看出在卡轴瞬态过程中的非稳态扬程中转子的旋转加速附加扬程 H_{u1} 为主要成分,远大于由叶轮内冷却剂加速造成的瞬时扬程 H_{u2},除泵叶轮的结构参数外,这主要是由转速和流量的加速度 $\dfrac{d\omega}{dt}$ 和 $\dfrac{dQ_t}{dt}$ 不同所造成的。

其中,H_{u2} 呈抛物线型函数曲线关系,叶轮内冷却剂加速度所造成的瞬时扬程绝对值先增大后减小,极值出现在 0.24 s;转子的旋转加速附加扬程 H_{u1} 在卡轴瞬态过程中随着卡轴时间的演化大体上呈三次多项式函数曲线关系,出现两个极值点,在卡轴事故初期,H_{u1} 随着转子转速及角加速度的减小而减小,到大约 0.1 s 后,虽然转速持续减小,但角加速度剧增导致 H_{u1} 绝对值反向增大,至 0.32 s 附近时转速减小的相对程度远小于流量的减小程度,此时瞬态加速度附加扬程值达到一个临界值,此后随着卡轴事故进入瞬态过渡后期,旋转加速度附加扬程 H_{u1} 的绝对值逐渐减小,至卡轴结束时 H_{u1} 的绝对值转变为 0。

事实上,在整个卡轴过程中,流量及瞬态扬程特性不仅与核主泵叶轮结构参数自身有关,而且与一回路管路系统的管路特性密不可分,要想更为准确详细地了解卡轴事故过程中的非稳态参数变化特性,后期需将管路系统特性联系起来考虑。

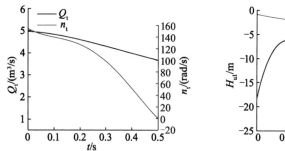
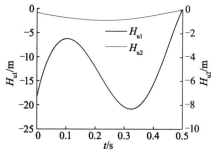

图 7-32　卡轴事故下流量与转速的时间演化　图 7-33　卡轴事故下 H_{u1} 与 H_{u2} 的时间演化

7.4.5　瞬变流动特性

（1）泵内瞬态湍动能及涡量分析

在流体力学中，流动包括层流与湍流两种典型的流动状态。流态通常采用雷诺数 Re 判定，雷诺数较小时，黏滞力对流体的影响占主导地位，流场中流速的扰动会因黏滞力而衰减，流体流动稳定，为层流；反之，雷诺数较大时，惯性力占主导地位，流体流动较不稳定，即使是微小的流动变化都容易被发展及增强，从而形成紊乱、不规则的湍流流动。湍动能（Turbulence Kinetic Energy）是用来描述流体湍流脉动程度的最常见物理量，可用以衡量流体黏性耗散损失的大小及脉动扩散的范围[7]。图 7-34 是叶轮进口边监测点的瞬态湍动能变化图，可以发现，在卡轴事故的初期至中期，进口边上的湍动能均较为平稳；靠近壁面的监测点 im1p1，im1s1，im3p1 与 im3s1 湍动程度要强于处于中间流线处的 im2p1 和 im2s1；随着卡轴事故的发展，在 0.25 s 后湍动能开始变化，靠近前后盖板处的湍动能出现先增后减现象，即曲线有极大值。此外，观察到靠近后盖板的 im3p1，im3s1 极值出现早于靠近前盖板的 im1p1 与 im1s1，说明湍动扰动由后盖板沿着进口边向前盖板传递。

涡量（Vorticity）是一个描述旋涡运动的常用物理量，流体速度矢量的旋度 rot V 即为流场的涡量，等于流场中微团角速度 $\boldsymbol{\omega}$ 的 2 倍。在实际流场中，黏性流体微团在 x,y,z 三个方向均有角速度[8]，合角速度表达如下：

$$\boldsymbol{\omega}=\omega_x\boldsymbol{i}+\omega_y\boldsymbol{j}+\omega_z\boldsymbol{k} \tag{7-6}$$

$$|\boldsymbol{\omega}|=\omega=\sqrt{\omega_x^2+\omega_y^2+\omega_z^2} \tag{7-7}$$

此时涡量公式为 rot $V=2\boldsymbol{\omega}=\nabla\times V$。

在流体湍流流动分析中，涡量是研究流场的一个重要参数，理论上只要有"涡量源"存在，在流体中便会表现出尺度大小不一的涡旋。研究涡量是充分了解核主泵在卡轴瞬态中旋涡运动的强度及其发展的重要利器。图

7-35 为叶轮进口边压力面及吸力面各监测点瞬态涡量变化图,可以看出:事故发生初期,叶轮进口边流体涡量较小并随时间缓慢下降,说明流体整体运动趋势受影响程度较小,流体由于惯性作用仍较大程度地保持原有状态流动,整体流动相对稳定;当卡轴事故发展到后期[0.32 s,0.5 s],吸力面(背面)上监测点涡量总体仍呈下降趋势,但变化幅度增大,叶片进口边压力面(工作面)监测点 im1p1,im2p1 与 im3p1 涡量急剧上升,到 0.5 s 时达到稳定工况时的 3~6 倍,这是由于此时核主泵已进入卡轴事故的第Ⅲ阶段反水轮机工况,泵内流态发生颠覆性变化,核主泵在负扬程的作用下使转子正转,流量为正的情况下吸收来自冷却剂的能量,泵内部流动极其紊乱,扰动剧烈。

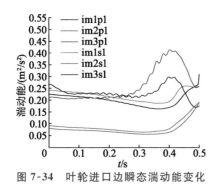

图 7-34　叶轮进口边瞬态湍动能变化

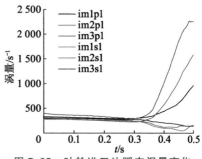

图 7-35　叶轮进口边瞬态涡量变化

图 7-36 与图 7-37 分别示出了叶轮流道内瞬态湍动能及瞬态涡量变化情况。对比两图可知,叶轮流道内的瞬态湍动能与瞬态涡量随时间的变化具有一定的相似性。在卡轴事故发展到 0.42 s 前,流道内瞬态湍动能较小,基本稳定在 0.1 m²/s² 以内,其间瞬态湍动能与涡量均缓慢下降,同时观察到沿着中间流线从进口到出口湍流强度逐渐增强(im2m1→im2m4),部分原因在于叶轮出口靠近导叶进口边,流动过程中受叶轮与导叶动静干涉作用影响;在 0.42 s 以后,除了远离出口边的点 im2m1 外,其余监测点的瞬态涡量及湍动能均急剧上升,原因在于核主泵叶轮所做的功已低于管道内流体惯性所携带的动能,核主泵已完全进入反水轮机工况后期,叶轮已无法对流体做正向功,叶轮工作面的压力已低于叶轮背面的压力,从而产生液流失速现象,在叶轮工作面产生大量旋涡流、二次流,并且迅速向流道内蔓延,靠近叶轮出口的点 im2m4 由于原始压差大,涡量及湍动能变化剧烈,而点 im2m1 由于远离出口且原始压差较小,所以受影响不大,涡量及湍动能继续呈下降趋势。

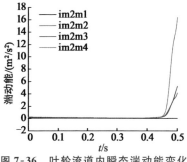

图 7-36　叶轮流道内瞬态湍动能变化

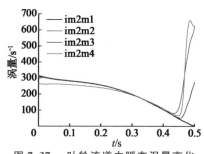

图 7-37　叶轮流道内瞬态涡量变化

图 7-38 与图 7-39 分别示出了叶轮出口边监测点瞬态湍动能与瞬态涡量的变化曲线,可以看出:整个卡轴瞬变过程中,叶片吸力面上的湍动能受影响较小,其值随着流量的减小逐渐降低;在卡轴瞬态后期,叶轮因为做功能力的转变,叶片压力面处于旋涡产生、发展与强化区域,湍动能急剧上升,说明卡轴瞬态后期泵内流动极其不稳定。

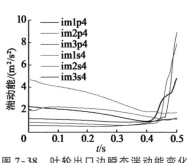

图 7-38　叶轮出口边瞬态湍动能变化

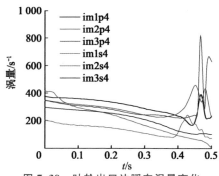

图 7-39　叶轮出口边瞬态涡量变化

对比图 7-34 与图 7-38 发现,叶轮出口边上的湍动强度远大于进口边,数值上是其数十倍。相比之下,涡量值则正好相反(见图 7-35 与图 7-39),叶轮进口边上的涡量值是出口边上的数倍,其原因在于:随着卡轴事故的发展,流量与转速急速下降,但转速的下降速率要大于流量的下降速率,进入卡轴事故第Ⅲ阶段时,某一时刻下,系统中实际瞬态流量要大于该转速工况下的泵特性流量,可以理解为相当于泵处于该转速下的大流量工况运行。根据速度三角形可知,叶片进口边处于负冲角,流体液流与叶片进口边压力面间产生流动分离,区间内涡流随之产生,导致进口边上涡量急剧上升并且随着卡轴事故的发展而剧烈变化。观察发现进口边靠近轮毂的监测点涡量最大,中流线的次之,靠近前盖板的涡量最小,这是因为轮毂侧半径小而前盖板处半径大,旋涡在靠近轮毂侧形成,但受离心力和哥氏力的影响发展到前盖板处时涡量逐渐减弱;另外,旋涡从叶片进口边靠近轮毂侧工作面形成后,逐渐向出口边扩散,但由于叶轮叶片对流体的空间扭曲约束作用,流体微团的旋转速度与叶轮流速趋于一致,因而旋涡的发展受到抑制,在叶轮进口附近形成,发展到出口时强度逐步消散。

(2) 泵内瞬态压力变化

为研究事故下叶轮内瞬态压力变化规律,定义无量纲数:

$$C_p = \frac{p_i}{0.5\rho u^2} \tag{7-8}$$

式中:p_i 为泵内某一时刻某一点的静压值,Pa;ρ 为流体介质密度,kg/m³;u 为额定工况叶轮外缘绝对速度,m/s。

图 7-40 为叶轮进口边瞬态压力变化图。由前面图 7-34 可以看出,卡轴瞬态初期,叶片进口边压力面的监测点静压值要高于吸力面,随着卡轴事故的发展,流量与转速逐渐降低,叶轮的做功能力下降造成叶轮压力面静压值随之逐渐下降,监测点 im1p1,im2p1 与 im3p1 压力值最终趋于接近,同时由于叶轮进口处真空度的不足,在叶轮进口边吸力面处监测点 im1s1,im2s1 与 im3s1 压力表现为先上升后下降的变化趋势;从 $t = 0.3$ s 往后,随着卡轴事故的演化,进入卡轴事故中后期后叶片进口边压力面与吸力面处压力差值逐渐拉大;在卡轴事故后期 0.4～0.5 s,监测点 im1p1,im2p1 与 im3p1 处压力值出现交替现象,造成这种交替现象的原因在于卡轴事故接近后期流态改变剧烈,流动越来越不充分而产生局部冲击、二次回流。

图 7-41 为叶轮流道内监测点瞬态压力变化图。卡轴事故开始前($t = 0$ s),叶轮流道内从进口到出口呈现出明显的压力梯度,由于叶轮对冷却剂输出能量,从而出现流道内监测点从进口到出口压力逐渐递增(im2m1→im2m4);卡轴事故发生后,随着叶轮对冷却剂功率输出减小,瞬时流量、转速降低,流道内监测点 im2m2,im2m3,im2m4 的瞬态压力随卡轴时间的增加而逐渐减小,同时压力梯度也逐渐降低;对于点 im2m1,其靠近叶轮进口,由于此处冷却剂受叶片的约束能力不强而在卡轴事故过程中影响不大,瞬态压力基本稳定在卡轴事故开始前的同一值。

图 7-42 为卡轴事故过程中叶轮出口边监测点瞬态压力变化曲线图,可以看出:各监测点瞬态压力随着时间呈脉动性递减变化,相对于叶片进口边上的瞬态压力,出口边上的瞬态压力变化曲线更具规律性;工作面上三个监测点的压力曲线与背面上三个监测点的压力曲线分别重合在一起,说明出口边

上的压力梯度不明显。卡轴事故发生前,叶片出口边上工作面压力明显大于背面压力,此时叶片对冷却剂做正功,能量由叶轮传输给冷却剂介质,冷却剂能量得到提升;卡轴事故发生后,出口边上工作面与背面的压差递减,在 $t=0.36\ \mathrm{s}$ 左右时工作面与背面瞬态压力等值,此后背面的压力反超工作面,从而叶轮出口边处进入叶轮吸收冷却剂能量状态,叶轮做负功,系统内的总能量进一步消耗。对比图 7-40 发现,叶片进口边工作面与背面压力进入等值状态的时间点为 $t=0.30\ \mathrm{s}$ 左右,出口边的压力等值点出现的时间要滞后于进口边。

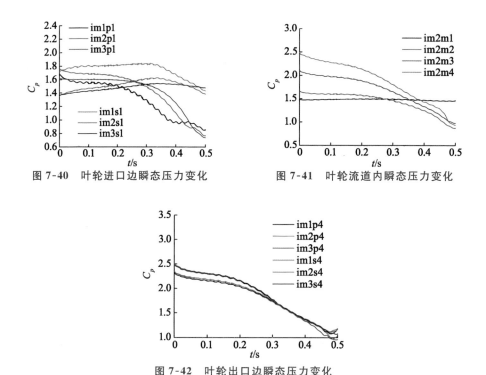

图 7-40　叶轮进口边瞬态压力变化　　　图 7-41　叶轮流道内瞬态压力变化

图 7-42　叶轮出口边瞬态压力变化

7.4.6　内流场能量过渡

卡轴事故工况是一个瞬态过渡过程,其间核主泵内能量发生极为复杂的瞬态转换和变化,下面以试验组 kz05 对应的卡轴工况过程为例进行重点分析。为便于观察和分析,定义泵内流场中的比压能 E_p 如下:

$$E_p = \frac{P_j}{P_{\max}} \tag{7-9}$$

式中：E_p 为流场中的比压能；P_j 为流场中任意时间任意节点的压能；P_{max} 为卡轴开始瞬间 $t=0$ s 时刻叶轮内最大压能。

卡轴事故发生前（见图 7-43a）核主泵在额定流量工况满负荷运行,冷却剂由泵进口段流入,经叶轮做功和导叶降速扩压后,比压能 E_p 呈梯度升高,在泵腔内达到最大,而类球形泵体设置不可避免地产生部分流动损失后在出口段发生部分压降,属正常现象,叶轮、导叶及泵腔内总体比压能分布均匀且梯度变化符合正常流体流动规律,说明卡轴事故发生前流动状态稳定良好,而模型优良的水力性能归功于良好的水力及结构设计。观察图 7-43a～f 不难发现,随着卡轴事故的发展,流动状态开始恶化（见图 7-43b,c）,导叶及泵腔内的比压能分布逐渐呈现出非线性变化,但从进口段到泵腔比压能仍呈梯度升高,高比压能区仍处在泵体泵腔内;发展到 $t=0.3$ s 时,可以明显观察到,高比压能区已由泵腔转移到叶轮出口及导叶进口区,同时进口段比压能 E_p 也相对逐渐攀升,结合图 7-30 可知,此时扬程仍然为正,说明此时仍然处于泵送工况,能量依然由叶轮传递给冷却剂,推动着冷却剂在一回路系统中实现循环功能;当卡轴进入中后期后（$t=0.4$ s 和 $t=0.5$ s）,核主泵内流场进一步恶化,高比压能区已完全转移到进口段,导叶及泵腔内完全被低比压能区占据,此时一回路系统管路内的冷却剂惯性能已大于泵转子中所蕴含的惯性能,泵转子由冷却剂推动着转动对叶轮做功,能量由冷却剂传递给叶轮转子,即转子此时也处于耗能状态,在逐渐消耗管路系统内的冷却剂惯性能,对一回路系统极为不利,会迅速扩大和恶化事故;而由 $t=0.4$ s 到 $t=0.5$ s 演变时,进口段高比压能大幅度上升,虽然导叶内从被低比压能占据过渡到末期时甚至出现负比压能,但流体流经导叶后在泵腔内比压能增大,说明此过渡阶段下导叶对流动的耗能状态有缓解作用。以上分析进一步解释了第6章卡轴试验研究中第Ⅱ,Ⅲ,Ⅳ阶段——特殊水泵工况、正转正流制动工况和反转水轮机工况发生的内在原因和流动机理。

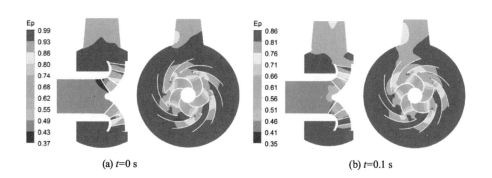

(a) $t=0$ s   (b) $t=0.1$ s

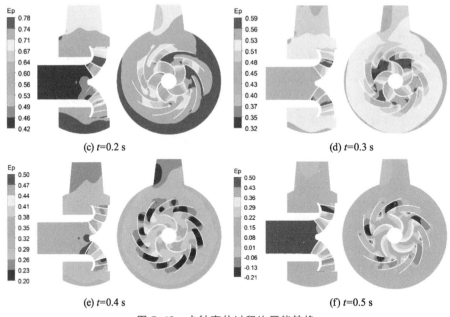

(c) t=0.2 s (d) t=0.3 s

(e) t=0.4 s (f) t=0.5 s

图 7-43　卡轴事故过程比压能转换

7.5　卡轴事故流固耦合结构瞬态载荷特性

核电系统中,安全性为重中之重。核电设备存在"安全等级",核主泵作为 RCS 系统中的主要承压设备及最核心的动力旋转机械,安全要求极高,属于安全一级设备,设计等级为一级,质量为 A 组。确切地说,核主泵应符合 ASME 规范第Ⅲ篇(核动力装置部件)中关于一级设备的规定[9],而核主泵在卡轴事故下其结构场会发生强烈振荡,对设备的安全性造成极大威胁,因此,对基于流固耦合的核主泵卡轴瞬态结构场特性进行分析研究具有重要的工程意义。

7.5.1　叶轮瞬态径向和轴向载荷

(1)卡轴事故过程叶轮瞬态径向载荷分析

在核主泵的运行过程中,转子径向载荷与轴向载荷是一项重要的监测参数,关乎整个一回路系统的响应和运行。核主泵流固耦合联合仿真计算过程中的径向载荷分力、合力的定义及计算公式见式(7-10)、式(7-11)和式(7-12)。

$$F_{rx} = \iint_{A_2} v_x \rho v_r \mathrm{d}A - \iint_{A_1} v_x \rho v_r \mathrm{d}A - \rho \frac{\partial}{\partial t} \int_V \mathrm{d}Q v_x - \iint_{A_2} \cos(\theta + \omega t) p(r_2, \theta) \mathrm{d}A$$

$$(7\text{-}10)$$

$$F_{ry} = \iint_{A_2} v_y \rho v_r \mathrm{d}A - \iint_{A_1} v_y \rho v_r \mathrm{d}A - \rho \frac{\partial}{\partial t} \int_V \mathrm{d}Q v_y - \iint_{A_2} \cos(\theta + \omega t) p(r_2, \theta) \mathrm{d}A$$

$$(7\text{-}11)$$

$$F_r = (F_{rx}^2 + F_{ry}^2)^{0.5} \tag{7-12}$$

式中：F_{rx}，F_{ry} 分别为径向载荷沿 x 方向和 y 方向的分量，N；F_r 为径向合力，N；A_1，A_2 分别为叶轮进、出口过流面积，m^2；v_x，v_y 和 v_r 分别为流体质点沿 x，y 方向和径向的分速度，$\mathrm{m/s}$；ω 为旋转角速度，$\mathrm{rad/s}$；θ 为流体质点初始角度，($^\circ$)；t 为时间，s；ρ 为流体密度，$\mathrm{kg/m}^3$。

图 7-44、图 7-45 和图 7-46 分别为 kz01，kz03 和 kz05 三个不同卡轴严重程度工况所对应的瞬态径向合力随时间的变化图。由图 7-44 至图 7-46 可知，卡轴事故工况下，由于转速、流量随时间快速变化，核主泵叶轮转子的径向载荷呈现出非常明显的瞬态特性。整个卡轴过渡过程中，瞬态径向合力呈振荡变化并且出现三次明显的攀升突变，为方便描述和分析，本书称之为"冲击径向载荷"，分别处于卡轴瞬态初期、卡轴中期附近和卡轴后期。先就图 7-44 中的 kz01 组进行重点分析，卡轴持续总时长为 2.7 s，在卡轴瞬态初期的 0～0.1 s 期间观察到第一次瞬态径向力攀升现象，核主泵已进入卡轴瞬态，外特性参数突变，能量在叶轮内堆积从而反映到转子叶轮上，转子所受瞬态径向载荷在泵流道及管路系统内流体的共同响应下呈振荡形式急剧上升，此过程中呈现出极高振幅，而随着时间的变化振幅有所降低；瞬态径向载荷在 0.1 s 左右达到峰值，此时管路系统及泵内流场逐渐适应卡轴变化，随着流量和转速的降低，转子所受径向载荷逐渐下降，叶轮内的高压区由叶轮出口向叶轮进口转移，叶轮内压力载荷也随之下降；在 $t = 0.66$ s 后，核主泵内压力发生颠覆性变化，虽然叶轮进出口处压力均逐渐回落，但进口相对于出口的压力却逐渐上升，能量在叶轮进口处形成堆积，随之核主泵与管路系统冷却剂间的能量传递形式发生改变，由核主泵转子对系统内流体做功转换成系统内流体对核主泵转子做功，遂在 $t = 0.65 \sim 0.77$ s 期间观察到第二次明显的冲击径向载荷；之后随着叶轮转速降低，系统管路内的能量进一步损耗下降，转子所受径向载荷又逐渐下降，与此同时其振幅也逐渐降低；进入卡轴事故后期后，系统管路内流量再一次减小，泵内流场变化更为复杂，流场均匀性降低，整场压力载荷分布受影响，导致在 $t = 1.77 \sim 1.91$ s 期间出现第三次瞬态冲击径向载荷。观察图 7-45 和图 7-46 可知，kz03 试验组的三次瞬态冲击径向载荷出现时刻分别为 $t = 0$ s，$t = 0.56$ s 和 $t = 1.07$ s；kz05 试验组的三次瞬态冲击径向载荷出现时刻分别为 $t = 0$ s，$t = 0.36$ s 和 $t = 0.45$ s。结合表 7-3 分析可知，卡轴事故下冲击径向载荷分别出现在特殊水泵工况、正转正流制动工

况向反转水轮机工况过渡阶段及反转水轮机工况。对比图 7-44、图 7-45 和图 7-46 可知，随着卡轴严重程度的增加，瞬态冲击径向载荷的冲击程度反而有所下降，这是系统内冷却剂对参数的快速变化以应变缓冲的外在表现，虽然卡轴时间缩短，但系统内流量减小幅度较小，原因是系统冷却剂的惯性。

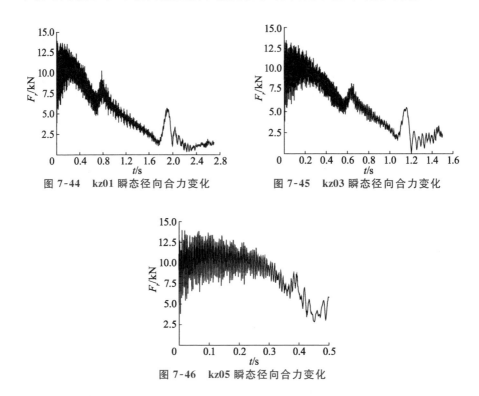

图 7-44　kz01 瞬态径向合力变化　　　　　图 7-45　kz03 瞬态径向合力变化

图 7-46　kz05 瞬态径向合力变化

　　图 7-47 为不同卡轴严重程度下各时间段瞬态径向力矢量图，横纵坐标分别为转子径向载荷在 x 轴和 y 轴的分量，图中某一点数据表示该时刻下径向载荷的大小和方向。为方便观察和对比分析，分别将三个不同卡轴程度条件下的卡轴瞬态过程划分为 $0T_0$，$0.2T_0$，$0.4T_0$，$0.6T_0$，$0.8T_0$ 五个时段，其中 T_0 代表相应条件下的卡轴总时长，每个时段代表相应时刻下持续的 0.1 s 时间段，如 kz03 中的 $0.2T_0$ 代表的时间段是 0.3～0.4 s。图 7-48 为 kz05 径向合力的周期转变图。

　　对比三种不同卡轴严重程度下的瞬态径向载荷，发现其整体变化规律相似：在整个卡轴瞬态过程中转子瞬态载荷均围绕着原点旋转，转子瞬态载荷值随着卡轴时间的推进而逐渐降低；在卡轴初期转子的径向载荷受叶轮与导叶动静干涉效应的影响在矢量图中表现为明显的五边形，随着卡轴时间的推进,叶轮内相对高载荷区由叶轮出口转移到叶轮进口,瞬态径向载荷受叶轮与导叶动静干涉效应的影响减弱而逐渐转变为圆形或椭圆形,越接近卡轴瞬态后期这种变化越明显;同一时段下,瞬态径向载荷值从小到大依次为 kz01,kz03,kz05,时间段越往后两两间的差值越大,原因与瞬态冲击径向载荷雷同,在此不赘述。结合图 7-47 和图 7-48 发现,在卡轴瞬态过渡过程中,除了径向载荷值发生改变外,其方向及角度也同时发生相应变化,随着叶轮的旋转发生扭转,第一圈与第二圈的扭转角为 5°左右,第二圈与第三圈的扭转角约为 3°,即随着卡轴事故的发展,其扭转角也发生相应变化。

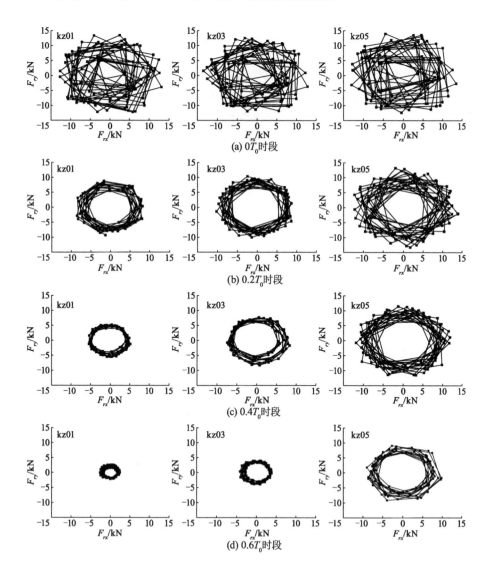

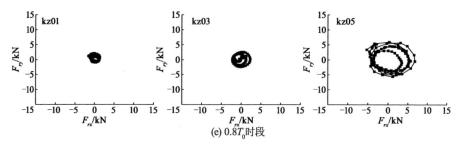

(e) $0.8T_0$时段

图 7-47　不同卡轴严重程度下各时间段瞬态径向力矢量图

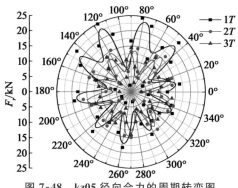

图 7-48　kz05 径向合力的周期转变图

（2）卡轴严重程度对瞬态轴向载荷的影响

图 7-49 为不同卡轴严重程度下叶轮瞬态轴向载荷变化图。相对于径向载荷,轴向载荷振荡变化的幅度很小,说明由叶轮与导叶动静干涉或水力激振等造成的压力波动对轴向载荷影响较小。卡轴前及卡轴事故初期,叶轮转子的轴向载荷为负值,代表此时轴向载荷方向与额定工况下的冷却剂流动方向相反;随着卡轴事故的发展,不同卡轴严重程度下转子所受轴向载荷均由负值开始减小,在某个时间点达到零值后反向增大,在卡轴事故结束后达到反向最大,转子快速卡死会对系统与设备造成极大冲击。对比 kz01,kz03,kz05 三种不同卡轴严重程度下转子所受轴向载荷发现,卡轴程度越严重对轴向载荷影响越大,并且与卡轴工况下对应的瞬态扬程特性曲线规律呈反向相关(反向主要由两者方向不一致造成),原因在于:叶轮转子所受轴向力主要由转子所受重力、叶轮前后盖板的不对称及液体流经叶轮进出口在叶轮上产生的动反力作用产生,由于在卡轴事故过程中转子所受重力载荷始终保持不变,故本节不做考虑,而后两者均与泵内流场中的相对压差关系密切,遂可体现在瞬态扬程曲线上,卡轴程度越严重,瞬态扬程变化越明显,于是有卡轴程

度越严重对轴向载荷影响越大,瞬态轴向载荷变化越明显[10]。

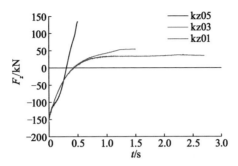

图 7-49 不同卡轴严重程度下瞬态轴向载荷变化

7.5.2 叶轮典型区应力分布及其演化规律

核主泵转子部件中,叶轮由于始终浸泡在冷却剂中,瞬变事故工况下时刻受到液流的直接冲击。经本书研究发现,叶轮区是卡轴事故工况下的高应力集中分布区,且一回路系统内瞬变流动对其影响巨大。在叶轮中叶片的进出口边及叶片根部受力明显,易出现应力集中和应力转移,图 7-50 为核主泵在卡轴事故开始时刻叶片米赛尔等效应力分布图,下面以经双向耦合仿真后的 kz05 卡轴模型为例,对叶轮中这些易出现应力集中区域进行重点分析。图 7-51 为叶轮的监测交线示意图,命名如下:叶片进口边交线为 Bi、前盖板与叶片工作面交线为 Sp、前盖板与叶片背面交线为 Ss、后盖板与叶片工作面交线为 Hp、后盖板与叶片背面交线为 Hs、叶片前盖板出口处外周交线为 o。

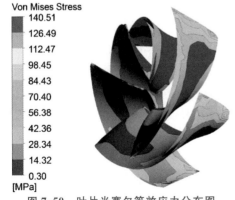

图 7-50 叶片米赛尔等效应力分布图

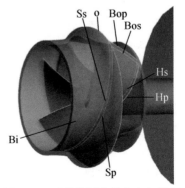

图 7-51 叶轮监测交线命名与设置

（1）叶片前盖板出口处外周交线动应力分布

图 7-52 示出了卡轴事故过程中叶片前盖板出口处外周交线 o 动应力分布及随卡轴时间的演变规律。从图中可以观察到交线 o 上的动应力呈五角星形分布，在卡轴过程中，随着时间的推进，流量和转速逐渐降低，从而导致 o 线上的整体应力分布呈递减趋势，且各时间节点下的应力具有相同的分布规律，最大应力分别位于 0°，69°，140°，215°，287°。从对应时间节点下的叶轮应力分布图中观察得知，这些高应力集中点均位于叶片出口边与前盖板的交点上，但却未位于 72° 及其倍数角度上，与其相位差角大致分别为 0°，3°，4°，2°，1°，原因在于：卡轴事故下叶轮在复杂载荷下会发生拉伸和扭转，从而产生非线性分布的位移变形。

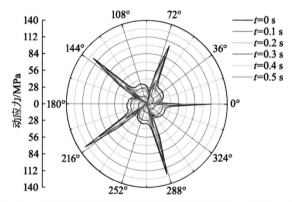

图 7-52　卡轴过程中叶片前盖板出口处外周交线 o 动应力分布

（2）叶片根部交线动应力分布

叶片根部区由于受约束大，无法通过位移变形释放应力，因而易造成应力集中。图 7-53 示出了卡轴瞬态过程中叶片根部交线动应力分布及随时间的变化规律，其中 β 代表各叶根交线从叶片进口沿液流方向至叶片出口的相对位置，$\beta=0$ 表示位于叶片进口边上，$\beta=1$ 表示位于叶片出口边上。

由图 7-53 不难看出，各卡轴时间点下，高应力值主要出现在叶片根部靠近进出口边的支点处，为方便描述，本书将这种现象暂且称为支点高应力；对于同一条叶根交线，其上等效应力具有随着卡轴时间的推进先递减后递增回升的变化规律。对比图 7-53a、图 7-53b、图 7-53c 和图 7-53d 发现，叶根交线 Sp 与 Hp 动应力分布规律相似，叶根交线 Ss 与 Hs 动应力分布规律相似，叶片工作面上的叶根交线（Sp 和 Hp）在 $\beta=0$ 处的支点高应力值要大于 $\beta=1$ 处，而叶片背面上的叶根交线则恰恰相反，在 $\beta=1$ 处的支点高应力值要大于

$\beta=0$ 处。究其原因,是叶轮需要通过叶片的工作面对冷却剂做功,进口边最先受到液流的冲击作用,所以此处会产生较大的应力载荷,而在叶片出口边处由于有向背面倾斜的叶片出口安放角的存在,导致出口边靠近叶片背面处厚度较薄产生尖角,从而造成在叶片背面的叶根交线(Ss 和 Hs)上叶片出口边处的支点高应力值要大于叶片进口边处的现象。

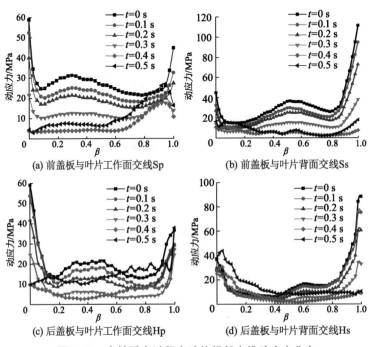

(a) 前盖板与叶片工作面交线Sp

(b) 前盖板与叶片背面交线Ss

(c) 后盖板与叶片工作面交线Hp

(d) 后盖板与叶片背面交线Hs

图 7-53 卡轴瞬态过程中叶片根部交线动应力分布

(3) 叶片进出口边动应力分布与转移

图 7-54 示出了卡轴瞬态过程叶片进出口边动应力分布及转移规律,其中 α 代表叶片进出口边上从前盖板至后盖板的相对位置,$\alpha=0$ 表示位于前盖板上,$\alpha=1$ 表示位于后盖板上。卡轴瞬态初期至中期($t=0\sim0.3$ s),叶片出口边 Bos 应力呈"w"型分布,叶片与前后盖板的交互区出现支点高应力,呈现出两端及中间应力高的状态;卡轴初期出口边 Bos 与叶片进口边 Bi 应力差值较大,随着卡轴事故的不断发展,进口边应力值从整体大于叶片进口边 Bi 逐渐递减并向 Bi 靠近($t=0\sim0.3$ s),应力逐渐由出口边向进口边转移,而在卡轴后期叶片出口边 Bos 靠近前后盖板处的支点高应力逐渐消失殆尽($t=0.4$ s 和 $t=0.5$ s 时),Bos 边应力向扁平化、均匀化趋势演变,取而代之的是叶片进

口边 Bi 中部高应力与靠近后盖板的支点高应力出现,主要是由于卡轴进入中后期后($t=0.4$ s 和 $t=0.5$ s),核主泵内流场进一步恶化,高比压能区逐渐转移到进口段;卡轴瞬态后期,叶片进口边 Bi 上靠近前盖板处并无支点高应力出现,主要是由于卡轴瞬态进入后期,系统流量与转速均处于较低水平,转速过低给液流提供的离心力不足,造成冷却剂仅在叶片中部及轮毂处堆积,无法到达半径较大的叶轮前盖板处,该处受载荷较低。

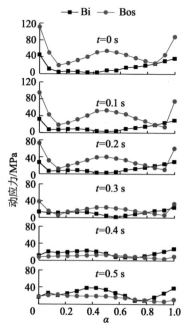

图 7-54 卡轴瞬态过程叶片进出口边动应力分布及转移

7.5.3 典型位置瞬态动应力及其演化规律

图 7-55 至图 7-57 分别示出了卡轴事故下叶片进口边、出口边及叶根交线 Sp 上各典型监测点瞬态动应力随卡轴时间的变化规律,其中监测点的位置分布见图 7-21。

由于卡轴瞬态过程中在靠近叶片进口边处流场情况多变,流动状态转换复杂,进口边上的三个典型监测点 Bi1,Bi2 和 Bi3 的动应力随卡轴时间的演化规律各不相同,表现出明显的差异性。综合瞬态动应力曲线应力变化趋势、振荡幅度看,三点中 Bi1 受影响最小,Bi2 次之,Bi3 受影响最大,出现明显的应力转折及高振幅特性,卡轴事故下的结论与 7.3 节中稳态工况下的双向流固耦合结果相吻合。点 Bi1 瞬态动应力随着卡轴时间的推进呈先降低后升高趋势,动应力曲线趋势转变点在 $t=0.36$ s;点 Bi2 由于处于进口边中点位置,在卡轴事故中比压能一路攀升呈指数线型上升变化,动应力的振荡幅度逐渐减小;而靠近后盖板处的点 Bi3 瞬态动应力同样呈波动振荡形式变化,从卡轴初期向中期过渡时,由于点 Bi3 靠近轮毂,此处始终会有较充足的流体堆积,瞬态动应力值仅略有降低趋势,说明系统内转速和流量的减小趋势对其影响微弱,在正转正流制动工况向反转水轮机工况过渡区间($t=0.36$ s 附近)出现振幅突增现象,此后点 Bi3 处瞬态动应力呈大梯度递增变化。

图 7-56 示出了卡轴工况下叶片出口边各点瞬态动应力演变规律。由图可知,叶片出口边上监测点动应力总体变化趋势相似,随着卡轴时间的推进呈波动振荡规律递减,在 $t=0.4$ s 附近减至某一临界值后出现转折,随后进入卡轴瞬态后期,动应力转向递增趋势;同一卡轴时刻下,叶片出口边工作面 Bop 和背面 Bos 上的各点动应力振荡幅度相当,其振荡幅度虽然随卡轴时间的推移呈先减后增趋势,但相对于进口边振荡幅度变化和差异性较小,这是由卡轴工况下的内流场决定的。

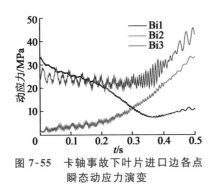

图 7-55　卡轴事故下叶片进口边各点瞬态动应力演变

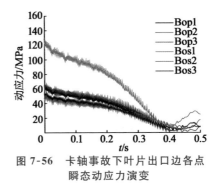

图 7-56　卡轴事故下叶片出口边各点瞬态动应力演变

图 7-57 为卡轴事故下 Sp 线上各点瞬态动应力随卡轴时间的演变,线上各监测点瞬态动应力均值变化规律与出口边上各点趋势相似,而总体振荡幅度差异性较大,由大到小依次为 Bop1,Sp3,Bi1,Sp2,Sp1。随着卡轴事故的发展,动应力虽有波动,但整体呈下降趋势,而接近卡轴事故后期阶段,随着内流的恶化,动应力又随时间呈上升趋势。虽然 Sp 线上各监测点瞬态动应力随卡轴时间的推进均表现出先递减后回升的趋势,但动应力拐点位置却有较大差异。对 Sp 线上监测点动应力曲线拐点参数信息进行提取,如表 7-4 所示,Sp 线上从叶轮进口沿着流动方向向后,其监测点变化曲线拐点的瞬态动应力值递减,瞬态动应力曲线的拐点出现的时间越来越晚,表明从叶片进口

到出口系统内流体惯性能量对叶根处的冲击效应逐渐减弱。

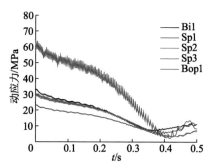

图 7-57 卡轴事故下 Sp 线上各点瞬态动应力演变

表 7-4 Sp 线上监测点动应力曲线拐点参数信息

监测点	Bi1	Sp1	Sp2	Sp3	Bop1
相对位置 β	0	0.25	0.50	0.75	1.00
拐点时间节点/s	0.36	4.00	4.20	4.30	4.10
拐点应力值/MPa	7.44	5.79	3.75	3.50	3.20

参考文献

[1] 郝老迷. 秦山核电厂主泵轴卡死事故的堆芯 DNBR 计算[J]. 原子能科学技术, 1993, 27(4): 309 - 313.

[2] 孟冬辉, 闫荣鑫, 孙立臣, 等. 以低温泵为主泵的真空检漏系统研究[J]. 真空, 2010, 47(6): 33 - 36.

[3] 陈素君, 杨静. 镀膜设备真空系统主泵的配置[J]. 真空, 2010, 47(1): 7 - 10.

[4] 刘永. 小破口卡轴事故工况下 AP1000 核主泵水动力特性分析[D]. 镇江: 江苏大学, 2017.

[5] 曹卫东, 刘冰, 张忆宁, 等. 预应力下矿用抢险排水泵转子部件湿模态计算[J]. 排灌机械工程学报, 2016, 34(6): 477 - 482.

[6] 平仕良, 吴大转, 王乐勤. 离心式水泵快速开启过程的瞬态效应分析[J]. 浙江大学学报(工学版), 2007, 41(5): 814 - 817.

[7] 秦杰. 核主泵过流部件水力设计与内部流场数值模拟[D]. 大连: 大连理工大学, 2010.

［8］吴晓晶，吴玉林，张乐福，等. 混流式水轮机转轮的涡量场分析［J］. 水力发电学报，2008，27(3)：131－136.

［9］周文霞. 核主泵地震谱响应及转子临界转速分析［D］. 上海：上海交通大学，2010.

［10］钟伟源. 卡轴事故工况下核主泵流固耦合瞬变特性研究［D］. 镇江：江苏大学，2018.

⟳8

核主泵失水事故工况压力脉动特性

8.1 引言

作为核一级设备,核主泵承担着输送冷却介质、保护堆芯的重任,即使微小的故障都可能造成巨大的灾难。因此,核主泵在正常运行时的稳定性和事故工况下的安全性都需要满足极为苛刻的要求。与一般工业用泵相比,可能引发的灾难性后果对核主泵压力边界的完整性及其在事故工况下的可运行性提出了严格的技术要求。在核电厂安全评价体系中,发生破口失水事故(LOCA)时核主泵的安全性能是必须考虑的。破口失水事故是指核电厂因RCS主管道发生破裂而造成的冷却剂丧失事件[1],破口事故会造成核主泵压力边界的破损并导致一系列的连锁事故,甚至导致堆芯烧毁而引发核泄漏事故,是核电厂设计的主要基准事故之一。按照破口位置的不同,破口失水事故可分为进口破口失水事故和出口破口失水事故;根据破口面积的大小,破口失水事故又可分为小破口失水事故(SBLOCA)和大破口失水事故(LBLOCA)[2]。当核电厂冷却剂主进口管路发生小破口失水事故时,系统压力逐渐降低,伴随着压力的降低,在核主泵流道内压力脉动特性将对系统产生激励,此时主泵处于正转水泵工况;当大破口发生在冷却剂进口管路时,核主泵进口压力迅速降低,在出口高压的作用下极可能出现核主泵正转而冷却剂逆向流动的现象,此时核主泵处于正转逆流工况,在此工况下,泵内压力脉动同样会随着压力的降低而产生不同的激励特性。核主泵从设计之初就必须服从严格的安全评价体系的约束,根据ASME规范(或同等规范)的规定,核主泵不仅需要完成各种特殊条件(例如地震、热冲击等)下的试验考核,还需要对各种事故工况下的运转特性进行研究。

核主泵依靠冷却剂来实现能量传递,当核主泵工作时,叶片随着叶轮的旋转与固定导叶周期性地交汇,导致叶轮和导叶内速度、压力分布相互影响[3],这种转动叶轮与静止导叶之间的相互作用被称为动静干涉[4]。一方面,以固定转速旋转的叶轮出口尾流会对固定导叶的内流场产生周期性的影响;另一方面,固定导叶的存在同样会改变叶轮出口的边界条件,从而引起叶轮内速度、压力场的周期性变化。叶轮与导叶之间的动静干涉作用会使核主泵内的压力在一定范围内连续波动,这种压力单次持续时间不长,且呈现一定周期性的现象被称为压力脉动[5]。现有研究[6-8]表明,叶轮出口的不均匀流动及叶轮与导叶之间的动静干涉是引起泵内流场压力脉动及远场噪声的主要原因。一方面,由动静干涉引起的压力脉动在流场内不断传播,持续不断的压力脉动不仅可能使某些部件在长期交变应力的作用下发生疲劳破坏,还可能沿径向传播造成核主泵过流部件的异常振动[9];在某些特定条件下,当压力脉动的振动频率接近机械系统的固有频率时,还有可能诱发共振,造成机械结构的损坏,对核主泵的安全稳定运行形成严重威胁。另一方面,压力脉动信号与内流场的流动分布密切相关,其中包含大量与流场相关的信息,所以核主泵在不同运行状态的压力脉动信号具有不同的表现形态。对压力脉动信号的研究不仅有助于了解核主泵内部流动机理,还可以通过对压力脉动信号的频谱分析对核主泵的工作状态进行监测。由此可见,对核主泵在不同工况下的压力脉动特性进行系统研究是十分必要的。

目前,国内外众多的专家学者已经对核主泵内的压力脉动规律做了大量研究[10-16],但主要集中在正转水泵工况,而对核主泵在事故工况下压力脉动特性的研究鲜有其闻。本章通过 CFD 数值模拟与试验研究相结合的方法,对发生进口破口失水事故时核主泵内压力脉动及内部流动特性进行研究。

8.2 数值计算方法

8.2.1 基础理论

(1) 动静干涉的影响频率

在流体机械内,通常将叶轮旋转过程中与静止导叶或泵体之间非稳态的相互作用称为动静干涉(RSI)。不同叶轮叶片数 Z_r 与导叶叶片数 Z_s 的组合会影响流场的周期性特性。从导叶或其他静止部件来看,叶轮叶片的影响频率可表示为

$$f_s = \frac{n \times Z_r \times k}{3\ 600} (k = 1, 2, 3, \cdots) \tag{8-1}$$

式中:n 为叶轮的转速,rad/min;k 表示叶频及其谐波的阶数。通常情况下将 $k=1$ 时的频率 f_s 称为叶频。

如果以旋转叶轮为参考系,则导叶对叶轮的影响频率表示为

$$f_r = \frac{n \times Z_s \times m}{3\ 600}(m=1,2,3,\cdots) \tag{8-2}$$

式中:n 表示叶轮的转速,rad/min;m 表示导叶对叶轮影响而造成干涉波及其谐波的阶数。

(2) 压力脉动分类及传播方式

已有研究[17]表明,在流体机械内存在着两种不同性质的压力脉动——湍流脉动和脉源脉动。湍流是指流体质点做无规则不定向的混杂运动[18],从宏观上看,此时流体质点相互混杂,呈现杂乱无章、瞬息万变的流动状态,在流经核主泵过流部件时,流体介质受到叶轮巨大作用力而向下游运动的过程本质上即为强湍流运动。当流体介质处于湍流状态时,由于质点之间强烈的相互作用,其运动速度、压力均表现出不规则的脉动现象,这种脉动称为湍流脉动。发生湍流时质点处于杂乱无章的状态,因此湍流脉动具有随机性,在流体机械领域,空化、回流、旋涡等因素都会产生湍流脉动。与湍流脉动相对的一类压力脉动是脉源脉动——当不考虑黏性力的影响时,流场内介质受到固有频率的振动源振动而引起的压力脉动被称为脉源脉动[19]。由叶轮转动产生的轴频、叶轮-导叶动静干涉作用引起的叶频及其倍频等压力脉动信号都属于脉源脉动。

流场内压力脉动的传播主要有两种方式——以压力波(类似于声波)的方式和以介质为载体随流动向下游传播的方式[20]。两者的区别在于:压力脉动以压力波的方式传播时是全方位的,可向任何方向传播,而以介质为载体的传播方式则只能向下游传播;压力脉动以压力波的方式传播时的速度极快,而依靠介质传播的方式则取决于流动速度——海啸是最为人熟知的一种物理现象,由深海地震引发的海啸波浪总是晚于地震波到达海岸,因此人们可以依靠对地震波的分析对海啸的发生进行预警。此外,两者的区别还在于频率信号的改变——在传递过程中,以压力波形式传播的信号可以保持固有频率,而以介质为载体的压力脉动信号传播则可能会受到水流速度的影响而发生改变。在流体机械中,以介质为载体的传播方式是压力脉动的主要传播方式。

8.2.2 数值计算

几何相似的泵可以通过泵的相似定律建立在相似工况下性能参数之间

的联系。在相似定律的基础上，可以推出一系列几何相似的泵性能之间的综合数据，这个综合数据就是比转速[21]。按照相似定律对核主泵原型机进行换算，缩小后的模型泵的主要设计参数如表 8-1 所示，按照模型泵的设计参数等比例制造试验泵用于试验验证。利用造型软件建立核主泵模型泵的三维计算模型，计算域包括叶轮、导叶、类球形泵壳、进口段、出口段。同时考虑到进出口边界可能对计算结果造成的影响，对核主泵模型泵的进口段、出口段进行适量延伸。核主泵三维造型如图 8-1 所示。

表 8-1 核主泵主要设计参数

类型	流量 $Q_{BEP}/(\text{m}^3/\text{h})$	扬程 H/m	转速 $n/(\text{r/min})$	比转速 n_s
模型泵	41.8	4.3	2 900	382

图 8-1 核主泵三维造型

分别沿中间流线在核主泵进口、叶轮、压水室及核主泵出口建立一系列监测点，图 8-2 所示为设置的部分监测点在流场中的位置示意图。

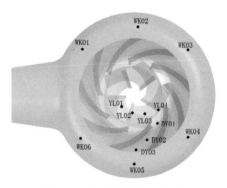

图 8-2 监测点位置示意图

8.3　正转水泵工况压力脉动特性

8.3.1　压水室内压力脉动特性

核主泵模型泵压水室属于固定的导水机构,不仅能够将上游的流体介质收集起来输送到下游、消除叶轮旋转造成的环量,还可以降低流体介质的流速,将动能转化为压力势能,因此它对核主泵内压力分布的影响很大。核主泵的压水室包括固定导叶和类球形壳体,两者内的压力场联系紧密、相互影响,本节主要研究正转水泵工况下核主泵导叶、类球形壳体内的压力脉动规律,必要时结合内流场对其中的现象做进一步分析。

（1）泵壳内压力分布的不均匀性

核主泵的压水室位于流场下游,介质流经此处时逐渐将动能转化为压力势能,压水室的结构会对整个流场的压力分布产生一系列影响。核主泵设计过程中,基于安全性及制造工艺性的考虑,泵壳采用了类球形设计。类球形壳体极大地提高了核主泵的安全系数,这对于极为注重设备可靠性的核电设备来说无疑是明智的。然而从水力性能的角度出发,与目前广泛采用的螺旋形蜗室相比,类球形壳体的设计并不完全符合流动规律[22,23]。鉴于核主泵泵壳对流场内压力分布的重要影响,有必要对类球形泵壳内的压力分布进行分析。

在数值计算时沿核主泵泵壳周向均匀地建立 6 个监测点 WK01,WK02,…,WK06,首先对泵壳内的压力分布进行分析。图 8-3 为核主泵在额定流量时泵壳内的压力分布图,图中标明了计算监测点所在位置。显而易见,监测点 WK02,WK03 所在区域的压力要高于 WK05,WK06 一侧的压力。

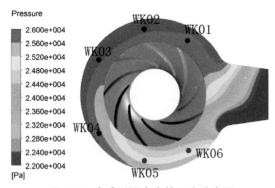

图 8-3　类球形泵壳内的压力分布图

表 8-2 分别统计了监测点 WK01,WK02,…,WK06 在最后五个计算周期内的平均压力,并对不同监测点的平均压力进行了方差分析。其中,总误差平方和

$$SST = \sum_{i=1}^{m} \sum_{j=1}^{n_i} (y_{ij} - \bar{y})^2 \qquad (8-3)$$

组间误差平方和

$$SSA = \sum_{i=1}^{m} \sum_{j=1}^{n_i} (\bar{y}_{ij} - \bar{y})^2 \qquad (8-4)$$

组内误差平方和

$$SSE = \sum_{i=1}^{m} \sum_{j=1}^{n_i} (y_{ij} - \bar{y}_{ij})^2 \qquad (8-5)$$

式(8-1)至式(8-3)中样本平均数定义为

总样本平均数

$$\bar{y} = \frac{i}{n} \sum_{i=1}^{m} \sum_{j=1}^{n_i} y_{ij} \qquad (8-6)$$

各组样本平均数

$$\bar{y}_{ij} = \frac{1}{n} \sum_{j=1}^{n_i} y_{ij} \qquad (8-7)$$

统计量

$$F = \frac{SSA/(m-1)}{SSE/(n-m)} \qquad (8-8)$$

式中:y_{ij} 表示样本观测值;$\bar{y}_{ij}$ 表示个体样本平均值;总样本平均数 $\bar{y}$ 表示样本观测值;n 为所有样本观测值的个数;n_i 为各组样本观测值的个数;m 为分组数目。表 8-2 中,P 值是检验统计量 F 超过具体样本观测值的概率。

表 8-2　监测点 WK01,WK02,…,WK06 压力方差分析

汇总				
组	观测数	求和	平均	方差
WK01	5	636 475	127 295	1 744
WK02	5	637 615	127 523	2 404
WK03	5	637 323	127 465	2 774
WK04	5	635 911	127 182	1 841
WK05	5	634 125	126 825	1 503
WK06	5	630 806	126 161	585

方差分析					
差异源	误差平方和 SS	均方 MS	F 值	P 值	F 临界值
组间	6 548 599	1 309 720	724	2.38E-25	2.62
组内	43 399	1 808			
总计	6 591 998				

根据方差分析原理,样本数据的波动可通过误差平方和来反映,总误差平方和 SST 可以分解为组间误差平方和 SSA 和组内误差平方和 SSE[24],而组间误差平方和 SSA 直接反映分组因子(本例指监测点代表的压水室内不同位置)对样本波动的影响程度。根据表 8-2 的计算结果可以看出:监测点 WK01,WK02,WK03 所在区域的平均压力较大,其中监测点 WK02 处的平均压力最大,沿圆周方向监测点 WK03,WK04,WK05,WK06 的平均压力逐渐减小并在 WK06 处达到最小值;统计数据中组间误差平方和 SSA(不同监测点之间的差异)远大于组内误差平方和 SSE(同一监测点不同计算周期之间的差异),这说明压水室内监测点所处位置对压力分布的影响远大于计算周期所带来的影响;而统计量 P 值远小于 0.01,这就表示不同监测点压力分布之间的差异极为显著。

根据速度矩保持性定理和流体力学的理论,为使压水室内的流动保持稳定,流体介质的流动迹线应保持对数螺旋线[25]。采用类球形结构使得泵壳内远离出口区域的过流断面面积增加,流经此区域的流体介质速度降低,压强增大,从而形成局部高压区;而靠近泵壳出口的区域流速较大,形成低压区。压水室内压力分布不均不仅会在某些特殊工况下形成回流、流动分离等不稳定流动现象[22],同时还会影响叶轮、导叶内的压力分布(8.3.2 部分具体分析了采用类球形泵壳结构对叶轮内压力脉动的影响),造成叶轮受到的径向力增大,对核主泵的稳定运行造成危害。

(2)压水室内压力脉动时域分析

核主泵导叶位于叶轮之后,其内部的压力分布受到叶轮的强烈干涉作用;而泵壳紧邻导叶,与导叶内的压力场相互影响,联系十分紧密。通过数值计算得到核主泵压水室内的压力分布情况,数据处理的结果如图 8-4、图 8-5 所示。

图 8-4、图 8-5 分别为核主泵在额定流量点时导叶、泵壳内监测点的压力脉动时域图,为避免冗余和清晰表达,图 8-5 只给出了 WK02,WK06 的曲线,泵壳内其他监测点也具有相同的规律。

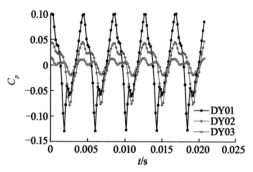

图 8-4　导叶监测点压力脉动时域图

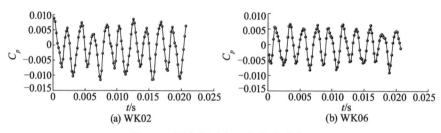

(a) WK02　　　　　　　　　　　　　(b) WK06

图 8-5　泵壳监测点压力脉动时域图

为了消除静压对数据的影响,对压力脉动数据进行量纲均一化处理,定义压力脉动系数 C_p:

$$C_p = \frac{p - \bar{p}}{0.5\rho u^2} \tag{8-9}$$

式中:p 为瞬态静压值;$\bar{p}$ 为平均静压值;ρ 为流体密度;u 为叶轮圆周速度。

核主泵内的动静干涉是由叶轮与导叶相互作用形成的,因此核主泵压水室内的压力分布必然受到叶轮的强烈干扰。综合分析上述两图可以发现,与其他位置相比,导叶进口的压力脉动十分剧烈,DY01 处的压力脉动幅值约为 WK02 处振幅的 10 倍;沿着流动方向 DY01—DY03 来看,距离动静干涉界面越远的监测点,其压力脉动的振幅越小,这主要是由于介质进入导叶之后受到导叶片越来越严格的约束,压力脉动的振幅逐渐减小。同时,导叶内监测点的压力变化具有明显的规律:在一个周期内各监测点的压力脉动曲线都出现了 5 个波峰和 5 个波谷,而在 DY02,DY03 曲线中,相邻两个波峰之间还出现了一个小波峰,且越靠近导叶出口小波峰越明显。泵壳内所有监测点的压力脉动则表现出一致的规律性:在叶轮的一个旋转周期内都出现了 10 个波峰和 10 个波谷——10 个波峰由 5 个高峰和 5 个低峰组成,每两个高峰之间都包夹着一个低峰,低峰的峰值稍低于高峰峰值;而波谷也表现出同样的规律。

图 8-6 为核主泵压水室内监测点 DY02,DY03,WK01,WK02 的压力脉动时域图,从中可以清晰地看出压力脉动曲线中波峰由 5 个逐渐过渡成 10 个的变化过程。显而易见,顺着流动方向,监测点 DY02—DY03—WK01—WK02 的平均压力逐渐升高。在导叶内监测点 DY02 的脉动曲线中存在 5 个波峰,但在每个波峰稍后的地方均存在一个小"突峰";监测点的压力随着流动逐渐升高,压力脉动的振幅不断减小,而这些小"突峰"却逐渐发育变大,在 DY03 的脉动曲线中这些小"突峰"已经发育成小波峰,只是峰值低于大波峰;位于泵壳内的监测点的平均压力较高,此时大波峰的振幅减小,而小"突峰"的振幅则相对增大,逐渐发育成峰值略低于大波峰的低峰。由此可以看出,泵壳内压力脉动与导叶内压力脉动的变化趋势一脉相承,均与叶轮的旋转运动有关。

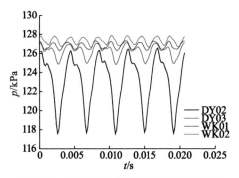

图 8-6　部分监测点的压力脉动时域图

为了揭示核主泵压水室内出现上述脉动规律的内在原因,现结合流场内的压力云图做进一步分析。图 8-7a～l 为叶轮转动 72°(1T/5)过程中压水室内的压力云图,以计算结果中 $STEP=93$ 时的压力云图为起始状态,此时叶轮叶片 1 正对导叶叶片 I。由于泵壳内的压力变化过程不易观测,因此对导叶流道 1 内的压力变化过程进行分析(按照计算设置,图中每步 $STEP$ 对应叶轮旋转 3°)。从图中可以发现:从 $STEP=93$ 到 $STEP=101$ 的过程中,导叶流道 1 内的压力逐渐增大并在 $STEP=101$ 时达到最大值;从 $STEP=101$ 开始导叶流道 1 内的压力逐渐减小,当 $STEP=106$ 时导叶流道 1 内的压力取得极小值;随后导叶流道 1 内的压力随着叶轮的转动逐渐增大,至 $STEP=109$ 时达到极大值,与 $STEP=101$ 时的压力云图相比,此时的高压区面积较小,说明 $STEP=109$ 时导叶流道 1 内的压力比 $STEP=101$ 时的压力低;从 $STEP=109$ 开始,导叶流道 1 内的压力又逐渐减小;当 $STEP=117$ 时,叶轮内叶片 2 到达叶片 1 的初始位置,此时导叶流道内的压力要低于 $STEP=106$ 时的压力,此时的压力为整个过程中的最小值。此后,叶轮的其余 4 个叶片又依次经过导叶流道 1,导叶流道内的压力重复上述变化过程。在一个旋转周期内,导叶流道 1 内的压力出现了 5 次上述周期性变化。

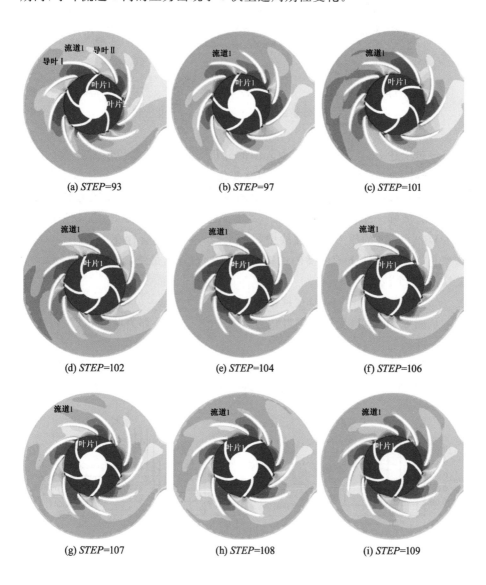

(a) $STEP=93$　　　　　(b) $STEP=97$　　　　　(c) $STEP=101$

(d) $STEP=102$　　　　　(e) $STEP=104$　　　　　(f) $STEP=106$

(g) $STEP=107$　　　　　(h) $STEP=108$　　　　　(i) $STEP=109$

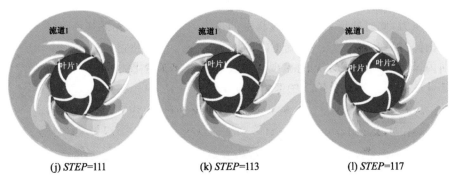

(j) *STEP*=111   (k) *STEP*=113   (l) *STEP*=117

图 8-7   叶轮转动 1T/5 过程的压力变化云图

经过上述对导叶流道内压力云图的分析得出:由于受到叶轮转动的强烈干扰,导叶内的压力会出现 5 次周期性变化,每个周期导叶内压力都会依次出现最大值—极小值—极大值—最小值的变化,这种变化规律在压力脉动曲线中则以大波峰—小波谷—小波峰—大波谷的形式出现。因此,图 8-6 中监测点 DY02,DY03 的压力脉动曲线中每两个波峰之间都会存在一个小"突峰"。这些小"突峰"在向下游传播的过程中不断发育成长,最终在泵壳内形成 10 个波峰和 10 个波谷。

(3) 压水室内压力脉动频域分析

从图 8-8a 中可以发现:导叶内 3 个监测点的主频都为叶频,其余峰值均出现在叶频的倍频处,说明叶轮是导叶内压力脉动的主要来源;对比各监测点的主频峰值,可以发现,越靠近叶轮与导叶交界的监测点,其主频峰值越大,说明越靠近动静边界的监测点受到动静干涉作用的影响越大。

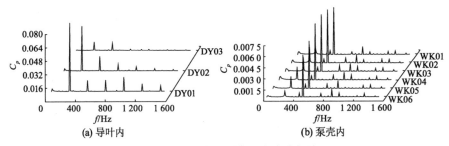

(a) 导叶内   (b) 泵壳内

图 8-8   压水室内监测点压力脉动频域图

图 8-8b 为泵壳内监测点 WK01,WK02,…,WK06 的压力脉动频域图,对图中数据分析可知:泵壳内各监测点的主频都为 483.3 Hz(即 2 倍叶频),次

主频为叶频,此外峰值还出现在 3 倍叶频处、4 倍叶频处,这说明泵壳内的压力主要受到动静干涉作用的影响;除此之外,还在 9 倍轴频(435 Hz)、18 倍轴频(870 Hz)处出现了峰值,说明泵壳内的压力同时也受到导叶的影响。频率峰值能够反映出压力脉动的强度,从主频峰值来看,处于泵壳内高压区的监测点 WK01,WK02,WK03 的主频峰值较大,处于低压区的监测点的主频峰值则相对较小。

8.3.2 叶轮内压力脉动特性

首先对叶轮内不同监测点的压力脉动进行分析,图 8-9 为额定流量点时监测点 YL01,YL03,YL04 的压力脉动曲线。图 8-9 中叶轮进口监测点 YL01 与叶轮流道中部监测点 YL03 的压力脉动曲线因波动幅度较小而重叠在一起,而叶轮出口监测点 YL04 的压力脉动波动幅度明显大于其他两点的压力脉动波动幅度,这是因为监测点 YL04 位于叶轮出口,较其他监测点更接近叶轮-导叶交界面,因此受到叶轮与导叶动静干涉作用的影响更大,其压力脉动波动幅度也更大。由图可以看出,在一个旋转周期内,叶轮出口监测点 YL04 的压力脉动曲线中出现了 9 个波峰和 9 个波谷,与导叶叶片数相同,进一步说明叶轮内压力脉动的变化与导叶密切相关;同时还可以看出,叶轮出口监测点 YL04 的压力脉动曲线中出现的 9 个脉动波的振幅虽然大体相同,但其波峰值却出现波动:随着叶轮的转动,该点的波峰值先基本保持稳定,然后从第五波峰开始逐渐降低,在第七波峰处波峰值达到最小值 0.037 64,随后逐渐升高,至第九波峰处波峰值又恢复高位。图 8-10 为 YL04 在 4 个周期内的压力脉动曲线,可以看出该监测点的压力脉动在每个周期都保持同样的变化规律,并非计算误差所致。

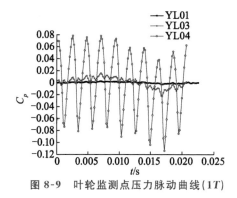

图 8-9 叶轮监测点压力脉动曲线(1T)

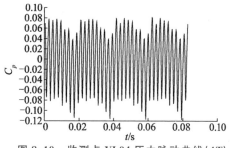

图 8-10 监测点 YL04 压力脉动曲线(4T)

为进一步探究上述现象出现的原因,现结合核主泵内流场的压力分布规律进行分析。图 8-11 为核主泵内流场的压力分布图,从泵壳内压力分布来看,当核主泵处于工作状态时,按顺时针方向从泵壳出口点 A 到泵壳内点 B 的大约 1/4 区域内压力要明显低于泵壳内的其他区域,这样就会导致在相应的导叶流道内形成低压区。当旋转的叶轮经过低压区时,叶轮出口处的压力随之降低,其压力脉动系数 C_p 也相应减小;而经过高压区时,叶轮出口处的压力升高,压力脉动系数 C_p 又增大。叶轮周期性地旋转,就导致叶轮出口监测点 YL04 处压力脉动峰值周期性地升降。从叶轮的角度来看,非对称的外部边界条件意味着其在旋转过程中受到周期性的外部扰动,从而引起叶片应力交替变化,这对核主泵的安全运行是不利的。与螺旋形蜗壳相比,基于安全性、制造工艺性考虑,核主泵泵壳采用了类球形设计,在提高主泵安全性能的同时造成泵壳内压力分布不均,这也就引起了叶轮出口压力脉动的不稳定性。

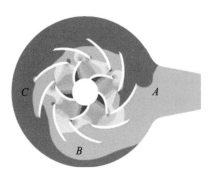

图 8-11　压水室的压力分布不均

图 8-12 为监测点 YL01,YL03,YL04 的压力脉动频域图。由图可以发现,在额定流量下,叶轮进口监测点 YL01、叶轮中部监测点 YL03 压力脉动的主频都是轴频 48.3 Hz,但 YL01 的压力脉动主频幅值较小,约为 YL03 的主频幅值的 1/7;叶轮中部监测点 YL03 的次主频出现在 9 倍轴频处,同时还出现了 18 倍轴频,这说明此处的压力脉动受到叶轮-导叶动静干涉效应的影响;叶轮出口监测点 YL04 靠近叶轮与导叶交界面,受到动静干涉效应的强烈影响,其主频、次主频分别为 435,870 Hz,分别是轴频的 9 倍、18 倍,且主频峰值远大于叶轮内其他监测点的峰值。同时发现,频率等于轴频 48.3 Hz 的分量峰值仅次于次主频;频谱中出现了 2 倍、3 倍轴频,说明该点的压力同时受到叶轮转动的影响。

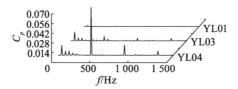

图 8-12　叶轮内监测点压力脉动频域图

8.4　正转逆流工况压力脉动特性

核电设备与常规设备最大的区别在于其极为苛刻的安全技术要求,这些特殊的技术要求远比一般工业设备的技术要求苛刻,同时正是这些苛刻的安全技术要求有力地保证了核电厂的安全运行。在核主泵的设计过程中不仅需要考虑其在设计工况时的性能,还需要对各种可能发生的事故工况条件下核主泵的运行特性进行分析。破口事故(LOCK)是核电厂设计的基准事故之一,当冷却剂进口管路发生大破口事故时,RCS 的压力边界因受到破坏而导致核主泵进口压力急速降低,冷却剂在出口高压的作用下逆向流动,从而形成正转逆流的流动现象。本节主要对正转逆流工况下核主泵内的压力脉动特性进行研究,分析此工况下流量、空化对核主泵压力脉动造成的影响;同时,通过正转逆流试验对数值计算的结果进行验证。

8.4.1　正转逆流工况流动特性

目前,研究人员已经对核主泵在正转水泵工况下的流动特性做了大量研究,但对其在正转逆流工况下的流动特性尚未进行深入研究。本部分通过数值计算的方法对核主泵在正转逆流工况下的流动特性进行研究,模拟时改变流体介质的流动方向,核主泵的出口成为流动进口,核主泵的进口则成为流动出口,其余的设置不变。下面对正转逆流工况下核主泵的内流场进行分析。

图 8-13 是正转逆流工况($-1.0Q_{BEP}$)下核主泵泵壳内的流线分布图。从图中可以看出,在正转逆流工况下,流体介质沿着泵壳内壁从核主泵出口向导叶逆向流动,在泵壳远离核主泵出口的一端形成了一对旋向相反的对称旋涡。这是因为流体介质从核主泵出口进入泵壳之后分为两股,分别沿着泵壳内壁左右两个半圆周向下游流动,当流动到泵壳后半部时流场内的压力梯度增加,以致引起流动分离,从而在远离核主泵出口的一端形成了对称分布的反向旋涡。此处流体介质的流速较低,随着流动不断流向下方的导叶,在有些研究中将这种结构的旋涡称为通道涡。同时还可以发现,除了上述通道涡

以外,在导叶出口附近还出现了较多的小旋涡(如图中红色涡所示),这些旋涡可能是流体介质冲击导叶形成的:在正转逆流工况下,泵壳内的流体介质的流动相对自由,当介质流动到导叶出口时,其液流角与导叶出口安放角存在偏差,流体介质冲击导叶片而形成局部旋涡。非定常计算结果显示,在泵壳内远离核主泵出口一侧出现的通道涡是稳定的,而在导叶出口附近出现的旋涡则具有随机性且极易受到破坏。

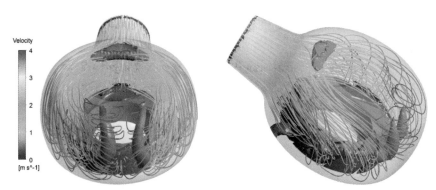

图 8-13　正转逆流工况下泵壳内流线分布图

图 8-14 分别为不同工况下核主泵叶轮及导叶内的流线和压力分布图。对比正转逆流工况和正转水泵工况下的压力分布图可以发现:在正转水泵工况下,沿着流动方向(叶轮—导叶)流场内的压力基本呈现逐渐升高的趋势,局部压力最高值出现在导叶出口;在正转逆流工况下,总体来看沿着流动方向(导叶—叶轮)流场内的压力逐步降低,局部压力最高值出现在叶轮流道出口靠近叶片工作面的区域,此处的压力梯度较大,压力远高于叶片背面的压力。同时还可以发现,在相同的进口压力和流量下,正转逆流工况时导叶和叶轮内的压力梯度远大于正转水泵工况时的压力梯度。

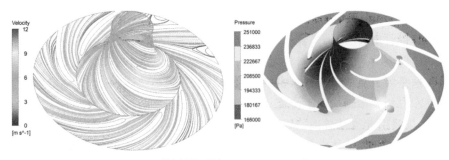

(a) 正转水泵工况($1.0Q_{BEP}$, $p=200$ kPa)

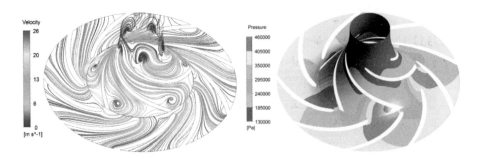

(b) 正转逆流工况($-1.0Q_{BEP}$, p=200 kPa)

图 8-14　叶轮及导叶内流线和压力分布图

对比叶轮和导叶内的流线分布图可以发现：在正转水泵工况（$1.0Q_{BEP}$）下，叶轮和导叶内的流线平顺光滑且分布均匀，流体介质沿着叶轮和导叶流道平稳地流向下游；而在正转逆流工况（$-1.0Q_{BEP}$）下，在叶轮 5 个流道出口靠近叶片背面的地方均出现了脱流，在导叶内则没有观察到明显的不稳定流动结构。这可能是因为流体介质在导叶内受到了导叶片的严格约束，只能沿着导叶流道向下游流去，流体介质到达导叶进口时，其液流角与导叶进口安放角一致；当流体介质在压差的作用下进入叶轮出口时，其液流角与叶轮出口安放角严重偏离，从而使得在叶轮出口靠近叶片背面的一侧出现了流动分离。从压力分布图可以看出，叶片背面是流道内的低压区，在这里形成的旋涡不易向高压侧扩散，因此此处的局部旋涡是稳定的。另外，从图中还可以发现，在叶轮进口附近也出现了大量的不稳定流动结构，说明此处的流动状态极度复杂混乱。

对比正转水泵工况和正转逆流工况下叶轮进口附近的流线分布图（见图8-15）可以发现，在正转逆流工况下，靠近叶轮口环壁面的流体介质流速较高，从叶轮进口流出后仍然保持周向运动，因此这些介质在进口流道内保持螺旋向前运动；而进口流道中部的流速较低，从叶轮不同流道内流出的流体介质在此处相互混杂，从而在叶轮进口附近形成大量的回流和不稳定流动结构。

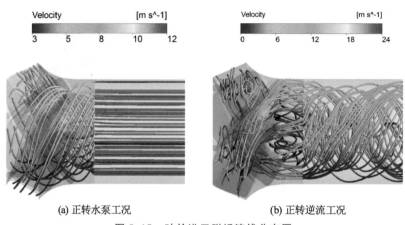

(a) 正转水泵工况   (b) 正转逆流工况

图 8-15 叶轮进口附近流线分布图

8.4.2 泵内压力脉动特性

(1) 压水室内的压力脉动特性

图 8-16 为正转逆流工况($-1.0Q_{BEP}$)下核主泵导叶内监测点 DY01，DY02，DY03 的压力脉动时域图和频域图。从导叶内监测点的时域图可以看出，在一个旋转周期内，导叶内各监测点的压力脉动曲线中都出现了 5 个波峰和 5 个波谷，说明此时导叶内压力脉动主要受到叶轮转动的影响；距离叶轮-导叶动静干涉界面越远，其压力脉动的振幅越小，这与核主泵处于正转水泵工况下的规律一致。

表 8-3 列出了导叶内监测点在正转逆流工况($-1.0Q_{BEP}$)和正转水泵工况($1.0Q_{BEP}$)下压力脉动振幅的对比数据。从表中可以看出：在正转逆流工况下，导叶内三个监测点的压力脉动振幅远远大于正转水泵工况下对应监测点的振幅，这说明在正转逆流工况下导叶内的压力脉动强度远超正转水泵工况时的强度。在正转逆流工况下，DY02 的压力脉动振幅约为 DY01 的振幅的 1/2，DY03 的振幅则衰减为 DY01 的振幅的 1/8 左右；而在正转水泵工况下，上述比值均大于正转逆流工况下的同一比值。这是因为在正转水泵工况下，监测点 DY01 位于流动上游，由叶轮-导叶动静干涉引起的压力脉动向下游传播衰减较小；而在正转逆流工况下，监测点 DY01 位于流动下游，由动静干涉引起的压力脉动向上游传播会产生较大的衰减。

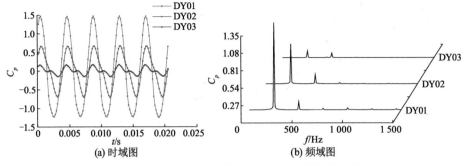

(a) 时域图　　　　　　　　　(b) 频域图

图 8-16　导叶内监测点的压力脉动时域图和频域图

表 8-3　正转逆流工况和正转水泵工况下导叶内监测点压力脉动振幅对比

监测点	正转逆流工况		正转水泵工况		A_i/A_j
	振幅 A_i	A_i/A_1	振幅 A_j	A_j/A_1	
DY01	2.68	1.00	0.19	1.00	14.11
DY02	1.35	0.50	0.12	0.63	11.25
DY03	0.31	0.12	0.04	0.21	7.75

　　从导叶内监测点的压力脉动频域图可以看出,正转逆流工况下导叶内监测点的主频为242.07 Hz,与正转水泵工况下的主频241.67 Hz(叶频)相差不大,同时次主频(484.14 Hz)约为2倍叶频,说明此时导叶内的压力脉动仍然主要受到叶轮旋转的影响。

　　图 8-17 分别给出了正转水泵工况和正转逆流工况下导叶内监测点的压力脉动时域图。从压力脉动曲线变化趋势来看,在正转逆流工况下监测点DY01,DY02 的压力脉动曲线均类似正弦曲线,而在正转水泵工况下上述两监测点的压力脉动曲线中都出现了明显的小"突峰"(图中红色箭头所示);监测点 DY03 的压力脉动曲线中,在相邻两个波峰之间出现了小波峰,该脉动曲线与正转水泵工况下的脉动曲线变化趋势一致。对比正转水泵工况和正转逆流工况下导叶内监测点出现小"突峰"的压力脉动曲线,可以得出这样的规律:压力脉动振幅越小,小"突峰"越明显——同一监测点在正转逆流工况下的压力脉动振幅远大于正转水泵工况下的振幅,但后者压力脉动曲线中出现的小"突峰"更明显。

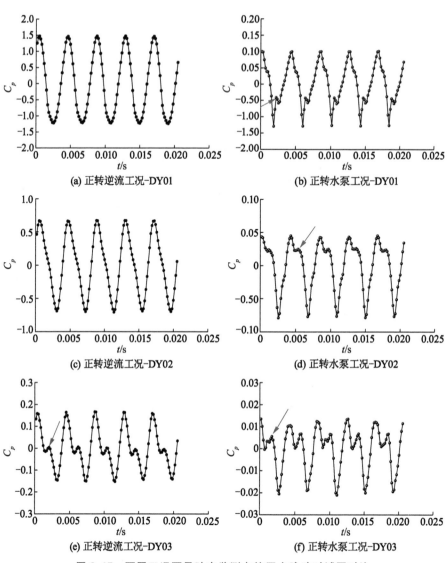

图 8-17 不同工况下导叶内监测点的压力脉动时域图对比

图 8-18 分别为泵壳内监测点 WK02 和 WK06 在正转水泵工况和正转逆流工况下的压力脉动时域图,其他监测点的时域图具有相同的变化规律,故不再一一列出。由图可以看出,在正转逆流工况下,泵壳内监测点的压力脉动曲线在叶轮的一个旋转周期内都出现了 10 个波峰和 10 个波谷,这与正转水泵工况下的变化趋势一致;与正转水泵工况相比,正转逆流工况下泵壳内的压力脉动十分剧烈:以监测点 WK02 为例,在正转水泵工况时其压力脉动

的振幅达到 0.018 20,而在正转逆流工况时其振幅达到 0.100 40,后者约为前者的 5.5 倍。

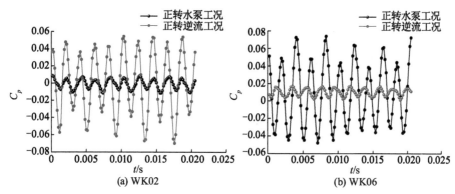

图 8-18　不同工况下泵壳内监测点的压力脉动时域图

图 8-19 所示为泵壳内监测点 WK01,WK02,…,WK06 的压力脉动频域图,从图中可以看出,在正转逆流工况下,泵壳内各监测点的主频均为 484.14 Hz,与正转水泵工况下的主频(2 倍叶频,483.34 Hz)相差不大;各监测点的次主频为 242.07 Hz,近似等于叶频,这说明叶轮与导叶的动静干涉仍然是影响泵壳内压力脉动的主要因素。此外,峰值稍低于次主频峰值的频率为 435.73 Hz,约为 9 倍轴频,该频率的出现与导叶有关,说明泵壳内的压力脉动也受到了导叶的影响。

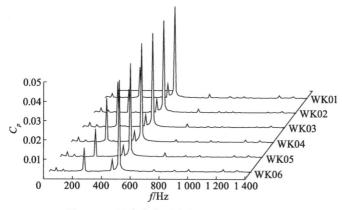

图 8-19　泵壳内监测点的压力脉动频域图

综上分析,与正转水泵工况相比,处于正转逆流工况下的核主泵压水室内监测点的压力脉动特性仅仅发生了数值上的变化,没有性质的改变。这是因为核主泵压水室内的压力脉动主要受到叶轮转动的影响,流体介质作为压力脉动传播的载体,其流动方向的改变仅使压力脉动在压水室内传播时强度发生变化,而不会引起频率的改变。与正转水泵工况相比,正转逆流工况下核主泵压水室内所有监测点的压力脉动振幅都大幅增加,强烈的压力脉动对核主泵的运行极为不利。

(2)叶轮内的压力脉动特性

图 8-20a 所示为叶轮内监测点 YL01,YL03,YL04 的压力脉动时域图,从图中可以看出,在正转逆流工况下,叶轮内监测点的压力脉动曲线在一个周期内都出现了 9 个波峰和 9 个波谷,这是受到固定导叶的影响——旋转叶轮周期性地经过 9 片固定导叶叶片,从而在一个周期内叶轮内出现 9 次压力脉动。在监测点 YL04 处,受到压水室内压力分布不均的影响,在一个周期内出现的 9 个波峰峰值同样出现波动——图 8-20b 所示为监测点 YL04 在 5 个周期内的压力脉动时域图,从中可以明显观察到压力脉动波峰的周期性变化。

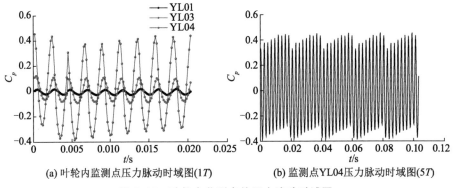

(a) 叶轮内监测点压力脉动时域图(1T)   (b) 监测点YL04压力脉动时域图(5T)

图 8-20   叶轮内监测点的压力脉动时域图

表 8-4 列出了叶轮内监测点在正转逆流工况和正转水泵工况下压力脉动振幅的对比数据,从中可以看出,不论是在正转水泵工况还是正转逆流工况,从 YL01 到 YL04 的压力脉动振幅都迅速增大,越靠近叶轮与导叶交界面处的监测点,其脉动幅度越大;比较正转逆流工况与正转水泵工况下监测点 YL01 的压力脉动幅值,可以发现正转逆流工况下该监测点的脉动幅值约为正转水泵工况下脉动幅值的 7.72 倍,同时其他监测点在正转逆流工况下的压力脉动幅值也远大于正转水泵工况下的相应幅值,这说明相比正转水泵工况,正转逆流工况下叶轮内的压力脉动十分剧烈;在正转逆流工况下,监测点 YL03 的压力脉动振幅 A_3 与 YL04 的压力脉动振幅 A_4 的比值约为 0.273 4,

而在监测点 YL02 和 YL01 处该比值分别为 0.248 7 和 0.056 5,这说明越远离动静干涉交界面,压力脉动的振幅衰减越大;与正转逆流工况相比,在正转水泵工况下各监测点的压力脉动振幅与 YL04 的振幅的比值则小很多,这说明正转逆流工况下叶轮流道内的压力脉动振幅衰减较慢。同时结合表 8-4 来看,可以发现压力脉动在向上游传播过程中的衰减总比向下游传播时的衰减快。

表 8-4　正转逆流工况和正转水泵工况下叶轮内监测点压力脉动振幅对比

监测点	正转逆流工况		正转水泵工况		A_i/A_j
	振幅 A_i	A_i/A_4	振幅 A_j	A_j/A_4	
YL01	0.041 7	0.056 5	0.005 4	0.036 5	7.72
YL02	0.183 4	0.248 7	0.029 2	0.197 2	6.28
YL03	0.201 6	0.273 4	0.032 8	0.221 5	6.15
YL04	0.737 5	1.000 0	0.148 1	1.000 0	4.98

图 8-21 所示为正转逆流工况下叶轮内监测点 YL01,YL02,YL03,YL04 的压力脉动频域图。在正转逆流工况下,叶轮出口监测点 YL04 的主频为 435.73 Hz,约为 9 倍轴频,次主频约为 18 倍轴频,频谱中的峰值还出现在频率 $f=48.41$ Hz 及其倍频等处,此时 YL04 处的频谱组成与正转水泵工况下的差别不大。而在此工况下叶轮内其他监测点 YL03,YL02,YL01 的主频也变成 435.73 Hz,这与正转水泵工况下相应监测点的主频(轴频)不同。

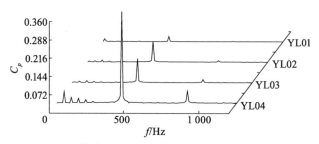

图 8-21　正转逆流工况下叶轮内监测点压力脉动频域图

（3）泵进口压力脉动特性

对比分析核主泵进口在正转逆流工况和正转水泵工况下的压力脉动规律,图 8-22 所示为上述两种工况下核主泵进口监测点 JK01 处的压力脉动时域图和频域图。从图 8-22a 中可以看出,在正转逆流工况下,核主泵进口监测点 JK01 的压力脉动曲线在一个周期内出现 9 个波峰和 9 个波谷,与叶轮内监测点的压力脉动曲线十分接近,这是因为在正转逆流工况下,核主泵进口位于叶轮的下游,由叶轮-导叶动静干涉引起的压力脉动随着流动向下游传播过程中遇到的阻尼作用较小;同时可以发现,与正转水泵工况相比,处于正转逆流工况下的核主泵进口处的压力脉动振幅远大于正转水泵工况下的脉动幅值。

从图 8-22b 和图 8-22c 中可以看出,在正转水泵工况下,核主泵进口处的主频、次主频分别为轴频、9 倍轴频,而在正转逆流工况下,9 倍轴频取代轴频成为进口处的主频,轴频成为次主频,此处的压力脉动频谱的组成成分与叶轮内监测点的基本一致;从峰值来看,在正转逆流工况下核主泵进口处的主频、次主频峰值都远大于正转水泵工况下的相应峰值。

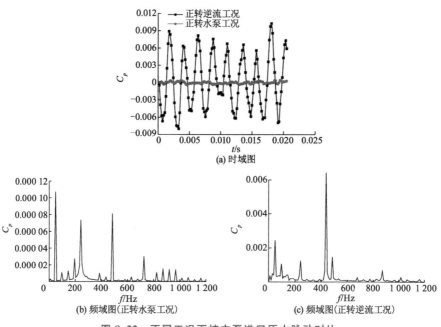

图 8-22　不同工况下核主泵进口压力脉动对比

总体来看,处于正转逆流工况下的核主泵流场内各监测点的压力脉动振幅都大于正转水泵工况时的相应值;在正转逆流工况下,叶轮、核主泵进口监测点的主频都变为 9 倍轴频,而压水室内的压力脉动主频则始终为 2 倍叶频。

8.4.3　流量对压力脉动的影响

破口事故发生时不仅会造成系统压力的降低,而且会引起一回路冷却剂流量的变化,因此对不同流量下核主泵流场内压力脉动特性的研究是必要的。本部分主要研究正转逆流工况下流量对核主泵流场内压力脉动的影响，同时结合流场分析对相关规律进行解释，重点对叶轮、导叶和核主泵进口监测点的压力脉动变化规律进行研究。

（1）不同流量下导叶内压力脉动特性分析

图 8-23 为不同流量下核主泵导叶内不同监测点的压力脉动时域图与频域图。

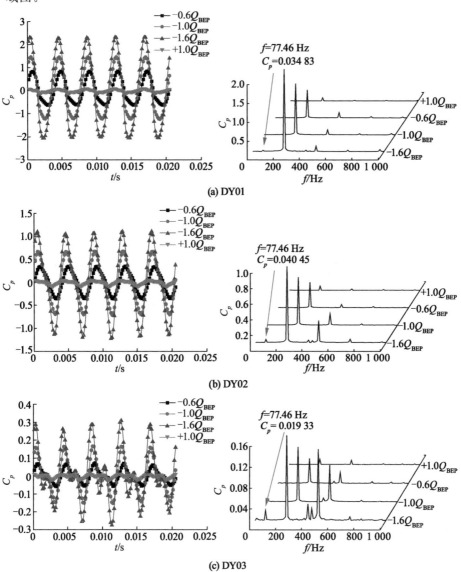

图 8-23　不同流量下导叶内监测点的压力脉动时域图与频域图

首先对监测点的时域图进行分析,不难发现:不管是在正转逆流工况还是正转水泵工况,导叶内所有监测点在一个周期内的压力脉动曲线中都出现了 5 个波峰和 5 个波谷,且正转逆流工况下的脉动幅度远大于正转水泵工况下的脉动幅度;在正转逆流工况下,随着逆流流量的增加,流场内的压力脉动振幅不断增大,这说明在正转逆流工况下导叶内的压力脉动强度随着流量的增加而增强。根据前面的分析可知,正转水泵工况下监测点 DY02,DY03 的压力脉动曲线中出现了小"突峰",而正转逆流工况下只有监测点 DY03 的压力脉动曲线中存在小"突峰",且逆流流量越大,压力脉动振幅越大,小"突峰"越不易观察到。从图 8-23 中的频域图可以看出,随着逆流流量的增大,导叶内所有监测点的主频(叶频)峰值都不断增大。值得注意的是,当逆流流量增大到 $-1.6Q_{BEP}$ 时,导叶中部监测点、出口监测点频谱中频率为 77.46 Hz 的信号逐渐增强(图中红色箭头所示);从幅值来看,在监测点 DY01 和 DY03 该信号的幅值均小于 DY02 的幅值,这说明该信号产生于导叶中部监测点 DY02 附近。该信号频率约为轴频信号的 1.6 倍,与轴频信号关系不大,由此推断,该信号的出现可能与流场内的流动结构有关。

(2)不同流量下叶轮内压力脉动特性分析

图 8-24 为叶轮内监测点的压力脉动频域图。从图中可以看出,在正转逆流工况下,随着逆流流量的增加,叶轮内监测点的主频(均为 9 倍轴频)峰值不断增大,说明叶轮内的压力脉动越来越强烈,这与导叶内压力脉动的变化规律是一致的。分析各监测点频谱成分发现,当逆流流量增大到 $-1.6Q_{BEP}$ 时,在叶轮监测点的频谱低频区中都出现了频率为 29.1 Hz 的脉动信号,其信号强度沿着流动方向(YL04—YL01)逐渐降低。该频率的信号沿着流动方向在叶轮中逐渐衰减,而在导叶的频谱中则没有监测到该频率的信号,这说明该信号可能产生于叶轮出口附近。

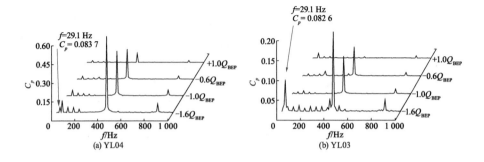

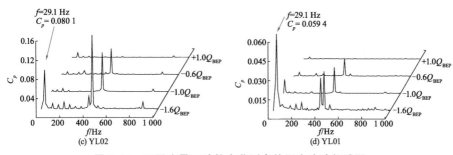

图 8-24　不同流量下叶轮内监测点的压力脉动频域图

　　正转逆流工况下,流体介质在出口高压的强大作用力下向核主泵进口流动,逆流介质与正转叶轮在叶轮出口发生激烈碰撞,这一过程不仅会引起强烈的振动,还会在叶轮出口产生大量的旋涡,因此上述信号的出现可能与叶轮流道内的旋涡有关。为了做进一步探究,结合核主泵内流场进行分析。图 8-25 示出了正转逆流工况下不同流量点叶轮流道内旋涡强度的变化规律。从图中可以看出,在正转逆流工况下,强旋涡区域主要分布在叶轮出口;在小流量点($-0.6Q_{BEP}$),叶轮出口附近的强旋涡区域较小;当流量增大到$-1.0Q_{BEP}$时,叶轮出口处强旋涡分布区域稍有增大,并逐渐向叶轮进口方向扩展;当流量增大到$-1.6Q_{BEP}$时,叶轮出口的强旋涡区快速地向叶轮中部扩大。强旋涡区快速扩大的过程,与叶轮监测点频谱中 29.1 Hz 的脉动信号增强的过程吻合,因此推断该频率的信号可能是由叶轮出口附近的旋涡运动引起的。

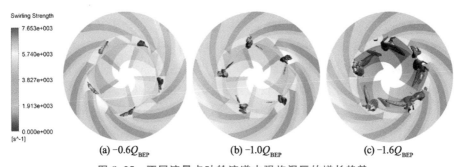

图 8-25　不同流量点叶轮流道内强旋涡区的增长趋势

（3）不同流量下进口压力脉动特性分析

图 8-26 为正转逆流工况不同流量下核主泵进口监测点的压力脉动频域图，从图中可以看到，随着流量的增大，核主泵进口处的主频（9 倍轴频）持续增大；当逆流流量增大到 $-1.6Q_{BEP}$ 时，进口监测点的主频幅值远大于 $-1.0Q_{BEP}$ 流量下的主频幅值。此时，核主泵进口频谱的低频信号迅速增强，这些信号的频率在 $0\sim67.78$ Hz 之间，且振幅较大；频率为 406.67 Hz 的脉动信号也迅速增强。当逆流流量继续增大时，进口监测点的主频幅值继续增大，而在低频区出现的低频信号幅值则出现衰减。这些信号的频率与轴频、叶频没有倍数关系，它们的出现可能与核主泵进口的回流有关。

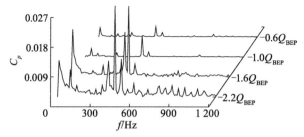

图 8-26 不同流量下核主泵进口监测点的压力脉动频域图

图 8-27 为不同流量下叶轮进口的流线分布图，重点观察图中核主泵进口附近的流线发现：在正转逆流工况下，当流量为 $-0.6Q_{BEP}$ 时（见图 8-27a），从叶轮流出的流体介质汇集在核主泵进口附近，此时的流速较低，流动十分混乱，在核主泵进口形成了较大范围的回流区；随着逆流流量的增大，在 $-1.0Q_{BEP}$ 和 $-1.6Q_{BEP}$ 流量点（分别见图 8-27b 和图 8-27c），流体介质的流速不断增加，回流区域明显减小，处于回流区的介质流速也明显增加；当逆流流量增大到 $-2.2Q_{BEP}$ 时，核主泵进口的流线变得平顺，进口附近的回流区面积快速缩小。结合图 8-26 中的压力脉动规律来看，当逆流流量较小时，核主泵进口流动混乱，回流区域较大，回流区存在大量的局部小旋涡，但此时流速较低，由回流产生的低频脉动信号较弱，在频谱图中不易观测；随着逆流流量的增大，在回流区域面积不断减小的同时，回流区域介质的流速不断增大，回流区域旋涡的强度不断增强，从而使得核主泵进口监测点频谱中的低频脉动不断增强；而当逆流流量增大到 $-2.2Q_{BEP}$ 时，回流区面积快速缩小，由回流产生的低频信号强度也逐渐降低。

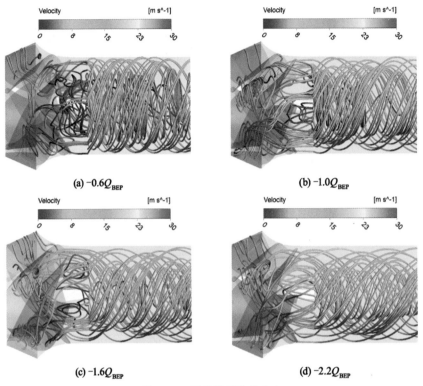

(a) $-0.6Q_{BEP}$

(b) $-1.0Q_{BEP}$

(c) $-1.6Q_{BEP}$

(d) $-2.2Q_{BEP}$

图 8-27　叶轮进口流线分布

8.5　小流量工况压力脉动特性

核主泵在小流量工况运行时处于不稳定流动状态,叶轮高速旋转导致的叶轮和导叶间的动静干涉作用、边界层分离、二次回流,会使泵产生振动、噪声、压力脉动等现象,严重时甚至会损害设备,因此针对小流量工况下核主泵内部压力脉动的研究,对降低泵的振动和提高反应堆系统的稳定性有实际意义。

8.5.1　数值计算方法

非定常计算以定常的收敛解作为初始条件,交界面设置为 Transient Rotor-Stator 模式。叶轮旋转 4 个周期,总计算时间为 0.137 1 s,叶轮每转 $2°$ 作为一个时间步长,时间步长为 $2×10^{-4}$ s。每经过 171 个时间步长,叶轮旋转一周。选取第 4 个周期的结果用于分析。叶轮叶片数为 5,导叶叶片数为 11,叶轮的转动频率 $f=29.2$ Hz,叶频为 $T=146$ Hz[14]。

为了监测不同工况下核主泵内部压力脉动,沿水流方向在叶轮流道内依次选取监测点 Y1,Y2,Y3,Y4 及在导叶流道内依次选取监测点 G1,G2,G3,G4。在距离叶轮出口边 1.5 mm 和距离导叶出口边 10 mm 的圆周上每隔 15° 取一点,各取 24 个点,分别记为 A1,A2,…,A24 和 B1,B2,…,B24。各监测点具体位置设置如图 8-28 所示。

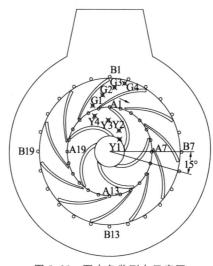

图 8-28　泵内各监测点示意图

8.5.2　泵内压力脉动特性

旋转部件与静止部件的动静干涉以及流体的黏性作用,使得离心泵内部流场呈现非定常的流动特征。这种流动特征会引起流场的压力脉动,并进一步导致噪声现象加剧,同时在叶片上也会产生一个交变作用力,使叶片发生振动。

（1）圆周方向压力脉动静压分布图

为了分析叶轮与导叶动静干涉以及导叶与泵壳造成的不稳定流动,在叶轮和导叶出口附近分别取点 A1,A2,…,A24 和 B1,B2,…,B24,监测流体静压变化情况,监测结果如图 8-29 所示（图中 Q_n 为额定流量）。

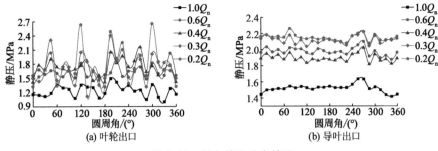

图 8-29   周向静压分布情况

从图 8-29a 可以看出，叶轮与导叶间隙存在较大的压力脉动，叶轮与导叶的相互干扰以及非设计工况点的二次回流造成不稳定流动。叶轮出口附近沿圆周方向流体压力波动分布并不均匀，基本呈正弦变化规律，各工况压力脉动的最大值出现在 $45°,120°,210°,300°$ 附近，对应于图 8-28 所示叶片处监测点位置。设计工况点的压力脉动较为均匀，非设计工况点压力变化较大，其中 $0.2Q_n$ 工况的压力脉动最大，最大值为 2.655 MPa，且波动幅度最大，从 $0.2Q_n$ 到 $1.0Q_n$，随着流量变大，静压及其波动幅度逐渐减小，沿周向每隔约 $30°$ 出现一次峰值，这是由于导叶叶片数影响叶轮出口压力变化。各均值随流量变大而减小，但 $0.6Q_n$ 的周向压力均值大于 $0.4Q_n$。

从图 8-29b 可以看出，导叶出口附近也存在压力脉动，但峰值和幅度比叶轮出口附近小，沿周向的压力脉动也略为平缓，这是因为导叶起到使流动稳定的作用。和叶轮出口附近压力脉动一样，导叶出口附近沿圆周方向流体压力波动分布也并不均匀，基本呈正弦变化规律，每隔 $30°$ 出现一次峰值。在 $240°\sim300°$ 之间，各流量下的压力脉动存在明显的上升突降过程，畸变发生在 $285°;90°\sim240°$ 之间的压力脉动较为平缓；$0°$ 即对应于出口位置的压力脉动最小，这主要是因为类球形压水室的对称结构影响了流体在压水室流动方向末端的出流。从图中可以较为明显地看出，随着流量变大，导叶出口压力脉动呈现梯度变化，各工况点的压力脉动变化规律近乎一致。压力脉动幅度从大到小依次为 $0.2Q_n,0.3Q_n,0.6Q_n,0.4Q_n,1.0Q_n$，与叶轮出口压力脉动均值变化规律一致。

（2）叶轮流道内压力脉动时域与频域分析

图 8-30 为叶轮流道监测点 Y1,Y2,Y3,Y4 压力脉动的时域特性。此处约定波动幅度 $C_A = (p_{max} - p_{min})/p_{max}$（$p_{max}$ 为对应点的最大压力，p_{min} 为对应点的最小压力）。频谱图中，横坐标为频率值，纵坐标为各个频率值对应的压

力脉动能量幅值。由图 8-30 可以看出,在叶轮流道内压力波动比较明显,这主要是由叶轮和导叶的动静干涉以及小流量时叶轮内的涡流造成的。叶轮内各监测点在设计工况点的压力脉动呈现明显的规律性变化,在一个周期内出现 11 个波峰和 11 个波谷,这是由叶轮和导叶间的动静干涉作用引起的。而叶轮内各监测点在 $0.2Q_n \sim 0.6Q_n$ 工况点的压力脉动虽也出现约 11 个波峰和 11 个波谷,但其规律性不显著,同时其波动幅度比设计工况点时更为剧烈,这是因为在小流量区域叶轮内出现的二次回流及叶轮和导叶的动静干涉成为流体振动的动力源,从而产生压力脉动。

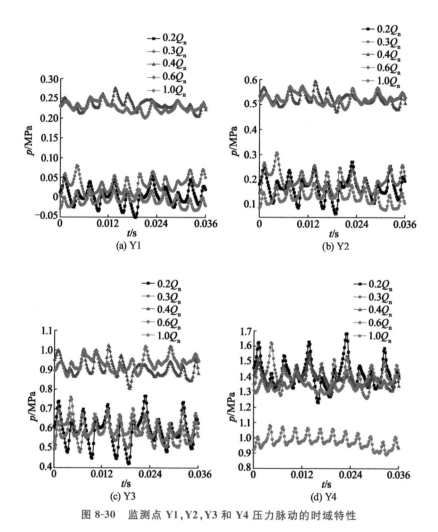

图 8-30　监测点 Y1,Y2,Y3 和 Y4 压力脉动的时域特性

监测点 Y1 在 $0.2Q_n$，$0.3Q_n$，$1.0Q_n$ 工况点的平均压力很低，因此 p_{max} 很小，从而导致 C_A 异常大，$0.4Q_n$ 和 $0.6Q_n$ 工况点的压力脉动均值明显大于 $0.2Q_n$，$0.3Q_n$，$1.0Q_n$ 工况点，原因可能是在 $0.2Q_n$ 和 $0.3Q_n$ 工况点叶轮进口产生了回流。监测点 Y2 和 Y3 的压力脉动均值变化趋势与点 Y1 相似，说明在 $0.2Q_n$ 和 $0.3Q_n$ 工况点叶轮的中段涡结构仍然存在，但此时回流结构对点 Y3 的影响略有减弱。监测点 Y1，Y2，Y3 在 $0.4Q_n$ 和 $0.6Q_n$ 工况点的压力脉动远大于其他工况点，原因是随着流量的减小，叶轮进口处的回流逐渐加剧，导致叶轮进口堵塞效应增强，流动损失增加，尤其是在 $0.2Q_n$ 和 $0.3Q_n$ 工况点。而监测点 Y4 从 $0.2Q_n$ 工况点到 $1.0Q_n$ 工况点的压力脉动均值呈递减趋势，这是因为点 Y4 处于叶轮流道出口中间，液流流动通畅，受叶轮内回流影响小，从而导致叶轮对不同工况下流体做功产生明显的压力梯度。

图 8-31 为监测点 Y1，Y2，Y3，Y4 的压力脉动通过快速傅里叶变换 (FFT) 得到的对应频域特性。叶轮流道内监测点 Y1，Y2，Y3，Y4 在 $0.4Q_n$ 工况点的主频为 $138\ Hz(0.95T)$，在其他工况点的主频为 $331.5\ Hz(2.27T)$，压力脉动主要集中在低频区，各监测点的主频与理论计算所得的叶轮频率及其倍频之间存在一定的偏差，主要是因为小流量时叶轮内回流引起流体的运动。压力脉动主要集中在低频区，几乎监测不到高频成分的存在，这是因为在泵内部无空化发生的情况下，压力脉动的低频信号主要是由叶轮和导叶间的动静干涉、高速旋转叶片表面的流动分离及泵内部产生的旋涡引起的。在设计工况点主频处的脉动幅值远高于谐波处的脉动幅值，因此可以认为设计点叶频在由压力脉动诱发的泵振动中起主导作用。而在小流量区域，主次频处的脉动幅值大小差别并不明显，甚至在低频区域存在多个次高峰值，这表明在小流量区域诱导泵振动的原因不仅仅是叶轮与导叶的动静干涉作用，还包括叶轮流道内的涡流，且两者所占比重相当。

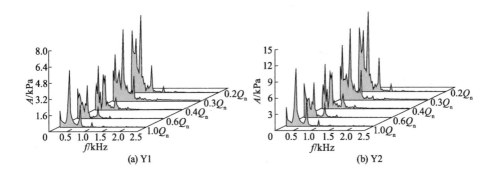

(a) Y1　　　　　　　　　　(b) Y2

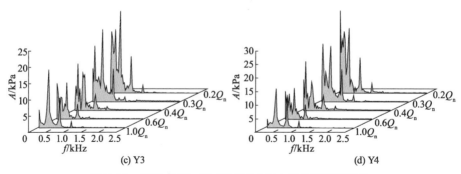

(c) Y3 (d) Y4

图 8-31 监测点 Y1,Y2,Y3 和 Y4 压力脉动的频域特性

（3）导叶流道内压力脉动时域与频域分析

图 8-32 为导叶流道监测点 G1,G2,G3,G4 压力脉动的时域特性和对应频域特性。从图中可以看出,在导叶流道内压力波动比较明显,小流量工况下的压力波动更为剧烈,这主要是由于叶轮和导叶的动静干涉以及类球形压水室对导叶出流的影响。导叶内各监测点在设计工况点的压力脉动呈现明显的规律性变化,在一个周期内出现 5 个大波峰和 5 个大波谷,每个大波峰又包含 1 个小波峰和 1 个小波谷,小波峰峰值远小于大波峰,这说明宏观的叶轮-导叶动静干涉对压力脉动的产生起主要作用。导叶内监测点 G1 和 G3 在 $0.2Q_n \sim 0.6Q_n$ 工况点的压力脉动虽也出现约 5 个波峰和 5 个波谷,但其规律性减弱,同时其波动比设计工况点时更为剧烈,而监测点 G4 在 $0.2Q_n \sim 0.6Q_n$ 工况点并未表现出明显的 5 个波峰和 5 个波谷,且规律性不显著,这说明小流量区域的压力脉动除了受到动静干涉的影响外,导叶内的二次回流也起到明显作用,尤其是导叶出口附近点 G4 的二次回流。

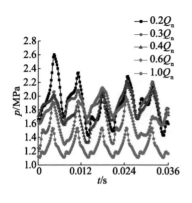

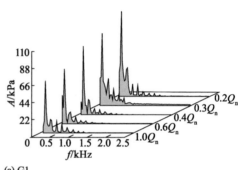

(a) G1

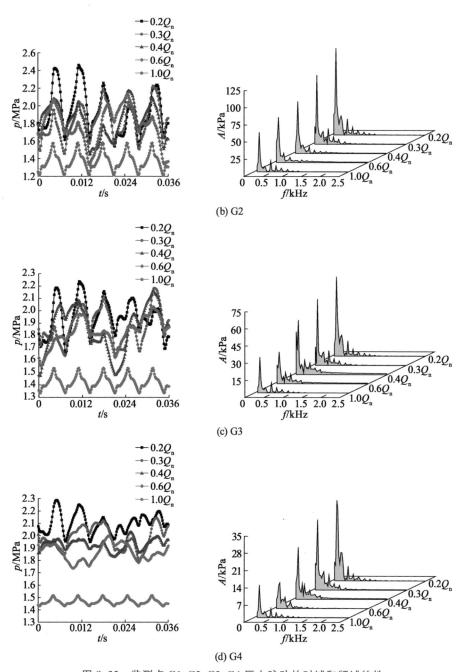

(b) G2

(c) G3

(d) G4

图 8-32 监测点 G1,G2,G3,G4 压力脉动的时域和频域特性

小流量工况下导叶流道内点 G1，G2，G3，G4 的压力脉动均值随着流量的增加不断减小，但点 G1 和 G2 在 $0.4Q_n$ 工况点略有畸变，原因是 $0.2Q_n$ 和 $0.3Q_n$ 工况点时流道内的回流产生了较大的能量损失。而除了点 G4 外，其他各点波动幅度也基本随着流量增加呈下降趋势，说明随着流量的增加，叶轮和导叶内的回流区域减小，流体的通顺能力逐渐增强。在频谱图中，导叶流道内各监测点的压力脉动主频为 138 Hz$(0.95T)$，这表明小流量区域的压力脉动虽也受导叶内的回流影响，但叶轮和导叶的动静干涉起主要作用。

（4）叶轮出口周向压力脉动时域与频域分析

图 8-33 为叶轮出口周向监测点 A1，A7，A13 和 A19 压力脉动的时域特性与对应频域特性。

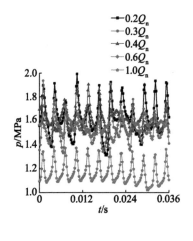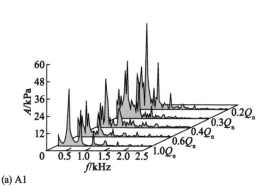

(a) A1

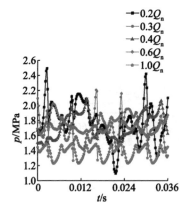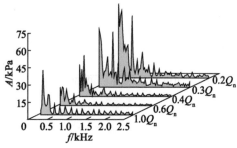

(b) A7

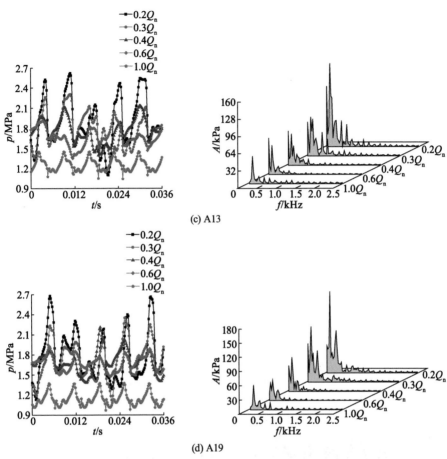

(c) A13

(d) A19

图 8-33　监测点 A1,A7,A13 和 A19 压力脉动的时域和频域特性

　　由图 8-33 可以看出,叶轮出口周向压力波动比较明显,各监测点在设计工况点的压力脉动呈现规律性变化,点 A1 在一个周期内出现 11 个波峰和 11 个波谷,点 A7,A13 和 A19 则在一个周期内出现 5 个波峰和 5 个波谷,每个波峰又包含 1 个小波峰和 1 个大波峰,这主要是由叶轮和导叶间的动静干涉作用以及叶轮出口的射流-尾迹引起的。监测点 A1 在 $0.2Q_n \sim 0.6Q_n$ 工况点的压力脉动也出现约 11 个波峰和 11 个波谷,其周期性规律减弱。监测点 A7,A13 和 A19 在 $0.2Q_n \sim 0.6Q_n$ 工况点的压力脉动基本呈现 5 个波峰和 5 个波谷,其规律性不明显,波动更为剧烈。

　　各监测点的压力脉动均值随着流量的增加呈现下降趋势,但点 A1 和 A7 在 $0.4Q_n$ 工况点略有畸变,波动幅度随着流量的增加呈减小趋势,点 A1 和 A19 在 $1.0Q_n$ 工况点略增,原因是小流量区域流道内的回流产生较大的能量损失,叶轮出口周向监测点 A1,A7,A13 和 A19 的压力脉动峰值信号主要产生在叶频及倍叶频处,压力脉动主要集中在低频区。但在点 A7 处小流量压力脉动规律性差且主频混乱,这表明类球形压水室导致叶轮出口液流不均匀。

（5）导叶出口周向压力脉动时域与频域分析

图 8-34 为小流量工况下监测点 B1,B7,B13 和 B19 压力脉动的时域特性与对应频域特性。由图 8-34 可以看出,导叶出口周向压力波动比较明显,各监测点在设计工况点的压力脉动呈现规律性变化,在一个周期内出现 5 个大波峰和 5 个大波谷、5 个小波峰和 5 个小波谷,这表明在设计点叶轮和导叶间的动静干涉作用起主导作用。各监测点在 $0.2Q_n$ 工况点的压力脉动出现 5 个波峰和 5 个波谷,其周期性规律相比设计点减弱;在 $0.4Q_n$ 工况点各监测点的压力脉动基本呈现 2 个大波峰和 2 个大波谷,近似呈 2 个拱形,每个拱形又包含若干波峰和波谷;在 $0.6Q_n$ 工况点各监测点的拱形大波峰被抑制,呈现多个无规律的波形,这是因为受导叶末端回流影响和类球形压水室束缚,在 $0.4Q_n$ 工况点导叶出口环向产生不均匀的类似喘息的脉动,从而导致压力脉动呈 2 个大拱形,而随着流量的增加,导叶出口回流区域减小,流道变得通顺,这种喘振被抑制。

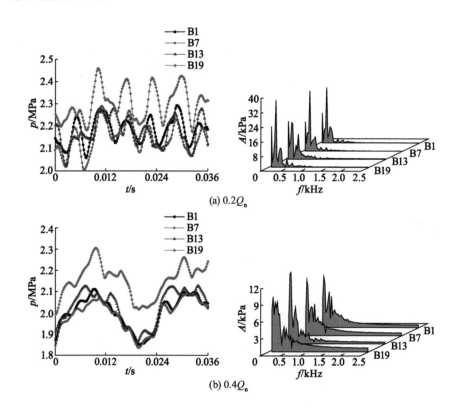

(a) $0.2Q_n$

(b) $0.4Q_n$

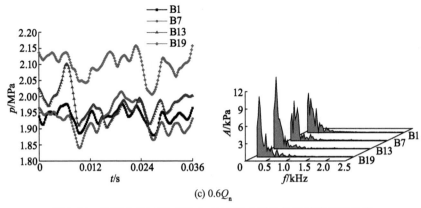

图 8-34　监测点 B1,B7,B13 和 B19 压力脉动的时域和频域特性

　　小流量各工况下导叶出口周向压力脉动主要集中在低频区,峰值信号主要产生在叶频处,监测点在 $0.2Q_n$,$0.4Q_n$,$0.6Q_n$ 工况点的压力脉动特性和设计点的区别很大,说明小流量区域导叶出口周向的流动极不稳定,原因主要是受导叶出口回流影响和类球形压水室束缚。从点 B7 到点 B19,压力脉动均值不断增加,这是泵壳收集流体造成的。导叶出口周向的压力脉动幅度明显小于叶轮出口周向的压力脉动幅度,说明导叶起到了很好的导流作用,对降低泵的振动作用显著。

8.5.3　流场分析

（1）静压分布

　　图 8-35 为截面 A-A 在小流量工况下的静压分布,截面 A-A 是类球形压水室轴向的中心断面。从图中可以看出,各工况下静压在叶轮进口处最小,因为叶轮对流体做功,随后沿流动方向静压逐渐增大;而后因为类球形压水室将动能转换为压能,在导叶流道内进口处静压逐渐增大,在泵壳内静压达到最大值。随着流量的增加,泵壳和导叶内的压力不断减小,叶轮旋转时产生的压力场呈非对称。出水管始端的压力分布也呈现明显的区别,这是因为主泵结构采用对称形式。随着流量变大,全流道内的压力变化更加均匀,说明流动更稳定,而在 $0.2Q_n \sim 0.4Q_n$ 的小流量区域,压力变化不均匀,说明在全流道存在不稳定流动现象,易造成泵的振动。

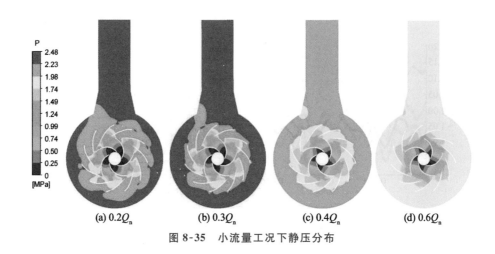

(a) 0.2Q_n (b) 0.3Q_n (c) 0.4Q_n (d) 0.6Q_n

图 8-35   小流量工况下静压分布

（2）速度云图

图 8-36 为截面 A - A 在小流量工况下的速度云图。

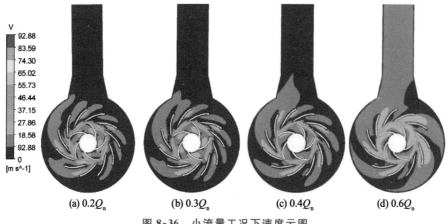

(a) 0.2Q_n (b) 0.3Q_n (c) 0.4Q_n (d) 0.6Q_n

图 8-36   小流量工况下速度云图

从图 8-36 中可以看出，核主泵的速度云图呈不完全对称分布，主泵内部区域流场存在明显区别。从 0.2Q_n 到 0.6Q_n，主泵内部出水段和类球形压水室交界附近高速度云图面积逐渐变大，说明主泵内的出流变得更加顺畅，而且主泵结构的对称性导致速度云图呈不完全对称分布，使得类隔舌处流体不容易流出，一部分流体产生撞击，不能一次性流出泵壳，在泵壳内滞留从而形成复杂涡结构。在 0.2Q_n 和 0.3Q_n 工况，类隔舌处速度云图分布明显区别于其他工况的分布,该处的等速度云图并未向出口段延伸,说明主泵内的液流在该处受结构影响形成高压区;在叶轮出口和导叶进口处,$0.3Q_n$工况下的速度值大于其他工况,说明该处流道内存在更强烈的动静叶干涉等复杂流动现象;在叶轮和导叶流道内,相比于$0.6Q_n$工况,$0.3Q_n$工况下的速度云图分布不流畅,且在叶轮进口处和导叶出口处,速度云图也异于$0.6Q_n$工况下的,存在不等值分布,说明在主泵叶轮区域及导叶区域形成了二次流。图示各工况下导叶流道均出现高速液流,形成射流。泵在小流量各工况下出现旋转失速时,叶轮与导叶之间的间隙会泄漏出一部分分流,此泄流的速度远高于叶轮的转速。

(3)湍动能分析

图 8-37 为截面 A-A 在小流量工况下的湍动能分布图。从图中可以看出,在$0.6Q_n$工况下,未出现局部高湍动能,而在$0.2Q_n \sim 0.4Q_n$工况下,叶轮叶片进口处、叶轮叶片背面出口处和导叶进口处湍动能较大,说明主泵内部流动不稳定,存在较大的能量损失;按叶轮旋转方向湍动能分布极不规律,且存在局部高湍动能区,主要存在于出口段对应的导叶进口流道内。

(a) $0.2Q_n$ (b) $0.3Q_n$ (c) $0.4Q_n$ (d) $0.6Q_n$

图 8-37 小流量工况下湍动能分布

参考文献

[1]朱继洲,单建强. 核电厂安全[M]. 北京:中国电力出版社,2010.

[2]朱齐荣. 核动力机械设计[M]. 长沙:国防科技大学出版社,2006.

[3]袁寿其. 水泵偏大流量设计方法的探讨[J]. 排灌机械,1988(1):4-8.

［4］司乔瑞. 离心泵低噪声水力设计及动静干涉机理研究［D］. 镇江：江苏大学，2014.

［5］（瑞士）彼得·德夫勒，（瑞士）米尔哈姆·施克，（加）安德烈·库都. 水力机械中流动诱导的脉动和振动［M］. 方玉建，张金凤，译. 镇江：江苏大学出版社，2015.

［6］Long Y，Wang D Z，Yin J L，et al. Numerical investigation on the unsteady characteristics of reactor coolant pumps with non-uniform inflow［J］. Nuclear Engineering and Design，2017，320：65 – 76.

［7］Long Y，Wang D Z，Yin J L，et al. Experimental investigation on the unsteady pressure pulsation of reactor coolant pumps with non-uniform inflow［J］. Annals of Nuclear Energy，2017，110：501 – 510.

［8］刘攀. 动静干涉引起的水轮机组振动研究［D］. 武汉：华中科技大学，2016.

［9］张克危. 流体机械原理（下）［M］. 北京：机械工业出版社，2001.

［10］Miyabe M，Furukawa A，Maeda H，et al. On improvement of characteristic instability and internal flow in mixed flow pumps［J］. Journal of Fluid Science and Technology，2008，3(6)：732 – 743.

［11］Miyabe M，Maeda H，Umeki I，et al. Unstable head-flow characteristic generation mechanism of a low specific speed mixed flow pump［J］. Journal of Thermal Science，2006，15(2)：115 – 120.

［12］Cho Y J，Kim Y S，Cho S，et al. Advancement of reactor coolant pump (RCP) performance verification test in KAERI［C］// 2014 22nd International Conference on Nuclear Engineering. American Society of Mechanical Engineers，2014：1 – 6.

［13］Baumgarten S，Brecht B，Bruhns U，et al. Reactor coolant pump type RUV for Westinghouse reactor AP1000［C］// Proceedings of the International Congress on Advances in Nuclear Power Plants，2010：12 – 17.

［14］朱荣生，龙云，付强，等. 核主泵小流量工况压力脉动特性［J］. 振动与冲击，2014，33(17)：143 – 149.

［15］倪丹，杨敏官，高波，等. 混流式核主泵内流动结构与压力脉动特性关联分析［J］. 工程热物理学报，2017，38(8)：1676 – 1682.

［16］朱荣生，李小龙，袁寿其，等. 1 000 MW 级核主泵压水室出口压力脉动［J］. 排灌机械工程学报，2012，30(4)：395 – 400.

[17] 李靖,王晓放,周方明. 非均布导叶对核主泵模型泵性能及压力脉动的影响[J]. 流体机械,2014,42(9):19-24.

[18] 何秀华. 水泵压力脉动的类型研究[J]. 排灌机械,1996(4):47-49,67.

[19] 黄伟光,陈乃兴,山崎伸彦,等. 叶轮机械动静叶片排非定常气动干涉的数值模拟[J]. 工程热物理学报,1999(3):294-298.

[20] 何秀华. 水泵压力脉动及其应用研究[D]. 镇江:江苏工学院,1990.

[21] 徐洪泉,孟晓超,张海平,等. 空腔危害水力机械稳定性理论Ⅲ——空腔对尾水管涡带压力脉动的影响和作用[J]. 水力发电学报,2013,32(4):204-208.

[22] 王鹏,袁寿其,王秀礼,等. 大流量工况下核主泵内部不稳定特性分析[J]. 振动与冲击,2015,34(9):196-201,217.

[23] 倪丹,杨敏官,高波,等. 混流式核主泵非定常流动特性的研究[J]. 工程热物理学报,2016,37(10):2110-2115.

[24] 袁卫. 统计学[M]. 2版. 北京:高等教育出版社,2005.

[25] 关醒凡. 现代泵理论与设计[M]. 北京:中国宇航出版社,2011.

⑨

核主泵失水事故工况气液两相流动特性

9.1 引言

失水事故(LOCA)是指一回路失去冷却剂造成压力边界被破坏,压力降低,导致冷却剂迅速汽化的情况[1],主要原因有:一回路管道或者辅助系统管路发生破裂;主循环泵的轴封或者阀杆破坏造成冷却剂泄漏[2]。当一回路发生失水事故后,由于压力的迅速下降,管路内的冷却剂将发生沸腾,此时核主泵处于复杂的气液两相流工况,随着沸腾现象加剧,管路内气相增加,会造成核主泵的运行条件恶化,致使堆芯产生的热量不能及时被带走,引发堆芯熔化,从而扩大核事故。核主泵除了在额定工况下运行,还会在一些非设计工况下运行,比如气液两相流工况,而核主泵在某些非设计工况下的安全运行是预防核事故发生的重要保证[3]。核主泵和一般的常规泵不同,不仅需要保证其具有完整的压力边界条件,而且需要保证其在特殊的事故工况下能够可靠地运行,因此对核主泵的安全可靠运行提出了更高的要求[4]。近几年,随着社会对核能的关注和核电事业的快速发展,核主泵的气液两相流研究已成为科研工作者关注的焦点。

9.2 泵工况气液两相流数值计算与试验

9.2.1 试验方法及结果分析

数值模拟采用的是课题组现有的核主泵水力模型,为了验证模拟方法的准确性,根据现有比较成熟的水力模型设计并制造相应的水力样机,并在水力样机上进行试验研究。样机额定流量 $Q_n = 114.2 \ m^3/h$,额定扬程 $H_n = $

3.37 m,转速 $n=1\ 480$ r/min,比转速 $n_s=387$。

（1）试验管路布置图

气液两相流性能验证试验在闭式试验台上进行，改变泵进口含气率（指气液两相中气相所占的体积分数）的值进行多组试验，并对试验结果进行对比分析。在模型泵闭式试验台上进行的水力样机试验，需要按照 GB/T 3216－2016《回转动力泵　水力性能验收试验　1 级、2 级和 3 级》、SL140－2006《水泵模型及装置模型验收试验规程》的相关规定实施。

核主泵模型泵试验台原理图如图 9-1 所示，核主泵模型泵试验装置实物图如图 9-2 所示。

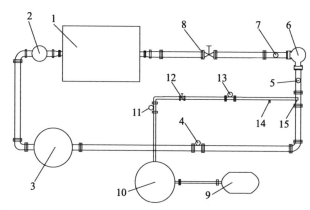

1—水箱；2—增压泵；3—稳压罐；4—电磁流量计；5—进口测压孔；6—模型泵；

7—出口测压孔；8—出口流量调节阀；9—空气压缩机；10—气体稳压罐；

11—气体减压阀；12—气体流量调节阀；13—温差补偿型气体涡轮流量计；

14—气体测压孔；15—气液混合装置

图 9-1　核主泵模型泵试验台原理图

图 9-2　核主泵模型泵试验装置实物图

（2）模拟结果和试验结果对比分析

图 9-3 为核主泵的模拟结果和试验结果的对比图,图 9-3a,b,c 分别表示含气率 α（本章中 α 均为容积含气率）为 0,10%,20% 工况下的模拟数据和试验数据。

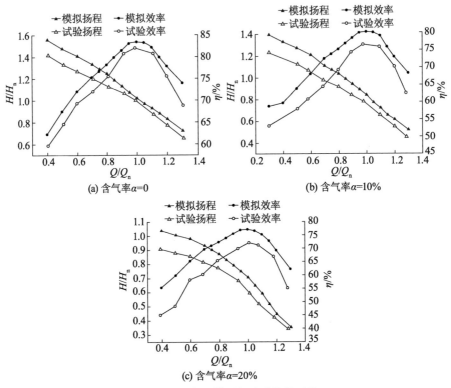

图 9-3　核主泵模拟与试验结果对比

通过图 9-3 可以看出,核主泵模拟数据和试验数据存在一定的偏差,模拟数据的整体性能要好于试验数据,但是在曲线总体趋势上两者吻合程度较高。

容积含气率为 0 时,试验数据和模拟数据具有较高的吻合度:在额定流量点,模拟扬程高于试验扬程,相对误差为 2.07%;在额定流量点,模拟效率高于试验效率,相对误差为 3.03%;扬程模拟数据和试验数据最大误差为 7.21%,效率模拟数据和试验数据最大误差为 3.31%。容积含气率为 10% 时,在额定流量点,试验扬程和试验效率分别比对应模拟数据低 8.62% 和 5.01%;容积含气率为 20% 时,在额定流量点,试验扬程和试验效率分别比对应模拟数据低 13.84% 和 8.64%。上述数据说明数值模拟结果是可信的,对核主泵的设计具有一定的指导作用。

核主泵在气液两相工况下数值模拟的结果优于试验结果的原因:数值模拟计算没有考虑泄漏损失及机械损失等;ANSYS CFX 是在理想状态下进行气液两相模拟的,对气相介质进行了一系列的假设,与实际运行情况并不完全相符;叶轮制造过程中,由于叶轮铸造工艺的限制及铸造误差,试验用的模型和模拟用的模型存在一定的误差;经过相似换算制造的试验样机,其内部流动特性与实型泵存在一定的差异。

9.2.2 气液两相流计算方法

在温度、压力等参数发生改变后,水蒸气的变化十分复杂[5],参考前人研究中对水蒸气的处理方法[6-8],本章使用空气代替水蒸气的方法进行核主泵气液两相流研究,后面不再重复说明。

(1) 计算域及交界面设置

运用 CFD 软件对核主泵的气液两相流工况进行模拟,求解的类型定义为定常计算,流体域一共包含四个部件,分别为进口段、叶轮、导叶和泵壳。其中,进口段、导叶和泵壳是静止部件,故其流道区域均采用静止坐标系,三者计算域均设置为静止域(Stationary)[9]。叶轮作为旋转部件,采用旋转坐标系,坐标系坐标轴为 Z 轴,旋转方向为逆时针方向,定义域设置为旋转域(Roating),叶轮的转速设置为 1 480 r/min[10]。交界面是指两个不同的定义域之间相互接触的部分,本章中要设置的交界面主要有三个,分别为进口段-叶轮、叶轮-导叶和导叶-泵壳交界面,分别设置为动静交界面、动静交界面和静静交界面[11]。

(2) 边界条件设置

采用非均相流模型,冷却剂和气体分别设定为连续相和离散相,分别采用 k-ε 湍流模型和零方程湍流模型,含气率通过控制泵进口处气体和液体的混合比例来实现[12]。液相和气相分别采用无滑移固壁面和自由滑移壁面条件。ANSYS CFX 中壁面条件采用粗糙壁面,粗糙度设置为 12.5 μm[13]。使用压力进口和质量流量出口,其中进口的压力设置为 200 kPa[3]。

(3) 计算求解定义

求解参数设置中对流项(Advection Scheme)设定为高阶求解(High Resolution),湍流数值项(Turbulence Numerics)设定为 First Order[14];收敛判据(Convergence Criteria)设置为平均值(RMS),收敛精度设置为 10^{-4}(收敛精度越高,计算结果越准确,但计算时间越长,取 10^{-4} 即满足一般的工程需要）；求解参数的时间项（Timescale Control）设定为 Physical Timescale，时间步长设置为 $\Delta t = 60/(1\,480 \times 2\pi) = 6.452 \times 10^{-3}$ s；最大迭代步数设置为 1 000 步，其他选项采用默认设置[15]。

9.2.3 气液两相定常流动

(1) 含气率对泵外特性的影响

分别对进口容积含气率 $\alpha = 0, 10\%, 20\%, 30\%, 40\%$ 下核主泵的外特性进行模拟，通过数值模拟得到核主泵在不同流量下的外特性曲线，如图 9-4 所示。图 9-4a 和图 9-4b 分别为不同含气率下的核主泵无因次扬程曲线和效率曲线。由图 9-4a 可知，在含气率 $\alpha = 0$（液相工况）时，$1.0Q_n$ 处的扬程为 112.52 m，满足设计点的扬程（111.3 m）要求；泵的扬程曲线随流量增大呈下降趋势，且在 $0.7Q_n \sim 1.0Q_n$ 区间下降速度较慢，在 $1.0Q_n \sim 1.2Q_n$ 区间下降速度较快。其他含气率下具有类似变化规律：在 $1.0Q_n$ 流量点，不同含气率下扬程分别下降 $0.17H_n, 0.30H_n, 0.42H_n, 0.51H_n$；在 $1.1Q_n$ 流量点，分别下降 $0.14H_n, 0.25H_n, 0.35H_n, 0.43H_n$；在 $1.2Q_n$ 流量点，分别下降 $0.11H_n, 0.19H_n, 0.26H_n, 0.32H_n$。由此可以看出，随着流量的增大，核主泵的扬程受含气率的影响逐渐减弱。由图 9-4b 可以看出，在含气率 $\alpha = 0$ 时，核主泵最高效率点在 $1.0Q_n$ 处，其效率为 83.38%，高效区在 $0.95Q_n \sim 1.1Q_n$ 之间；核主泵的效率随着容积含气率的增加而下降，下降的速度和含气率的大小有一定的正相关性，这是因为随着进口容积含气率的增加，核主泵叶轮内的气体含量逐渐增多，液体含量逐渐减少，且叶轮对气体的做功能力远小于对液体的做功能力，导致泵效率降低。

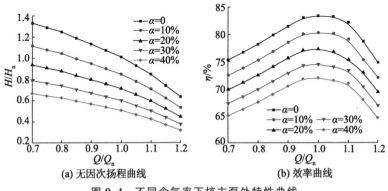

(a) 无因次扬程曲线   (b) 效率曲线

图 9-4　不同含气率下核主泵外特性曲线

（2）泵内气体分布规律分析

由图 9-5 水平中截面气体分布图可以看出，泵过流部件内气体体积分数的值随容积含气率的增加而不断增大，气体聚集现象随容积含气率的增加越来越明显且高气体体积分数区域不断扩大。

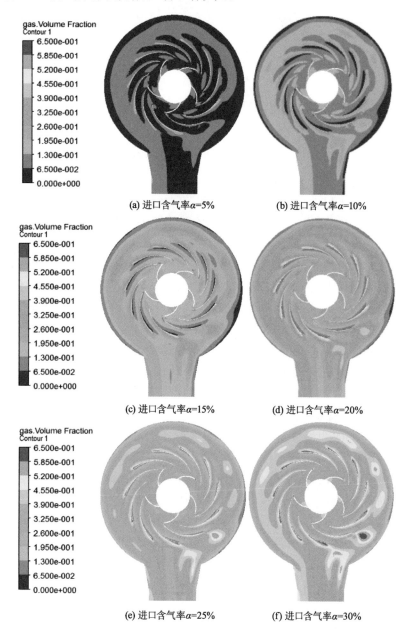

(a) 进口含气率α=5%　　　　　(b) 进口含气率α=10%

(c) 进口含气率α=15%　　　　　(d) 进口含气率α=20%

(e) 进口含气率α=25%　　　　　(f) 进口含气率α=30%

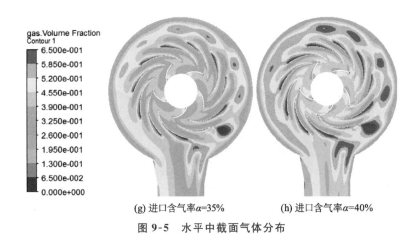

(g) 进口含气率α=35%　　　(h) 进口含气率α=40%

图 9-5　水平中截面气体分布

叶轮叶片进口处和叶片出口处相比,前者气体聚集现象比较明显而后者不太明显,这主要是由离心力与半径的关系决定的:半径越大离心力越大,气体越不容易出现聚集;反之,气体聚集现象越明显。

在叶轮流道内,叶片背面和叶片工作面相比较,前者更利于气体的聚集,这主要是因为两者之间压力差的存在,前者压力小而后者压力大,致使气体在压力的作用下被挤到前者所在的位置。在叶片背面沿着液流方向气体聚集区内气体体积分数逐渐减小,这主要是因为流体受到叶轮的做功作用,致使流体的动能随着半径增大而增加,即半径越大流体的流动速度越大,流动速度越大越不容易出现气体聚集现象。叶片工作面只有在进口处有少量气体聚集的现象,主要是因为此处的离心力比较小,在其他位置气体分布较均匀,无明显聚集现象,这主要是因为叶轮对其内部的流体做功主要是通过叶片工作面实现的,叶片工作面上具有较大的压力和流体速度,加之离心力的作用,使叶片工作面上的气体分布均匀,无明显聚集现象。

在导叶流道内,在导叶进口流道中间出现气体聚集现象且随着含气率的增加聚集现象变得严重,这主要是因为此处受到叶轮-导叶的动静干涉作用,容易产生涡旋,造成气体聚集;比较导叶叶片的凸面和凹面,前者更容易出现气体聚集现象,且在导叶叶片凸面的气体聚集现象随着半径增大而更加严重。产生这种现象主要和导叶的结构有关,因为采用扭曲型径向导叶结构容易造成气体滞留现象,不利于气体的顺利排出,加之导叶对流体具有降速的作用,使得导叶出口处的流体速度较低,易造成气体在出口处聚集。

由图 9-5 可以看出,泵壳流道内,在导叶出口和泵壳壁面之间存在大范围的气体滞留区域,该气体滞留区域呈环状分布,气体滞留区域内的气体体积分数明显高于周边区域,且较高气体体积分数的气体滞留区多出现在泵壳右半部分;当含气率高于 30% 后,环状的气体滞留区内出现了多个不连续的高气体体积分数的气相团,且高气体体积分数的气相团随着含气率的增加有扩大的变化趋势。产生这种现象主要是因为从导叶流入泵壳内的流体,由于失去导叶流道的限制,流体的运动状态发生了很大的改变,造成一部分流体沿着泵壳内壁以逆时针方向运动,一部分流体流向出口方向,在这两部分流体的作用下,容易造成泵壳内气体的堆积。在泵壳右半部分的类隔舌部位,由于此处靠近出口,上述两部分流体的运动方向差别较大,流动紊乱程度更大,因此容易出现气体体积分数较高的气体滞留团;泵壳左半部分由于上述两部分流体的运动方向相同,致使流体流动顺畅,不利于气体的滞留,故泵壳左半部分气体滞留现象明显弱于泵壳右半部分。

为了更加全面地了解泵内气体分布的情况,在额定工况点选取进口容积含气率分别为 5%,10%,15%,20%,25%,30%,35%,40% 时垂直中截面的气体分布图进行分析。从图 9-6 可以看出,核主泵内部气体的含量和气体聚集区内的气体体积分数都随着进口含气率的增加出现不断增大的变化趋势;在进口段气体分布比较均匀,但是在靠近叶轮进口的轮毂中心轴线处存在一个范围很小的气体聚集区,且此气体聚集区内的气体体积分数明显高于周围区域,这是因为进口段靠近叶轮进口处的流体会受到叶轮叶片的作用并随之一起做旋转运动,而轮毂的中轴线正是旋涡的中心,所以此处更利于气体积聚;在叶轮和导叶的进口边、出口边均有不同程度的气体聚集现象,且在叶轮的后盖板处具有比较明显的气体滞留现象,导致这种现象的原因是压力的不均匀分布和二次流的影响作用;在泵壳出口的相对位置即各图的上部,对称分布着两个类圆形的气体聚集区域,且气体聚集区域中心位置的气体体积分数明显高于周边区域,同时左侧气体聚集区域要大于右侧气体聚集区域,造成这种现象的原因可能是,从导叶流出的流体正对着泵壳的中间部分,受到泵壳的限制后,流体分为两部分,分别在泵壳上部(见图 9-5 中泵壳左侧)和泵壳下部(见图 9-5 中泵壳右侧)做螺旋状运动,气体随着液体一起在泵壳内做螺旋状运动,运动到螺旋中心位置时便会堆积形成气体聚集区。

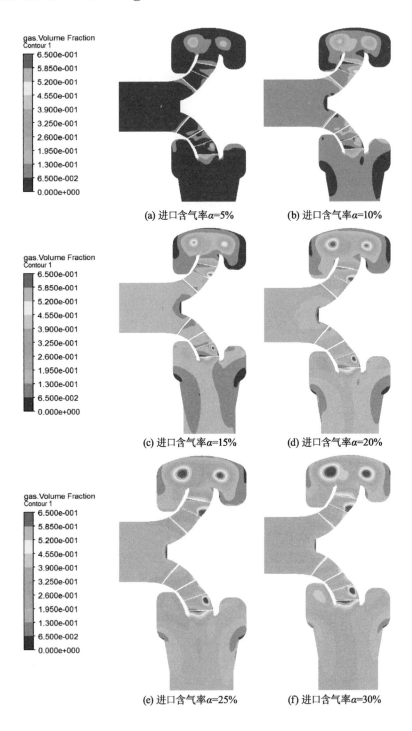

(a) 进口含气率α=5%   (b) 进口含气率α=10%

(c) 进口含气率α=15%   (d) 进口含气率α=20%

(e) 进口含气率α=25%   (f) 进口含气率α=30%

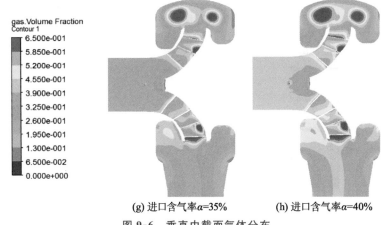

(g) 进口含气率α=35%　　　　(h) 进口含气率α=40%

图 9-6　垂直中截面气体分布

（3）速度矢量及流场分析

为进一步了解类圆形高含气率气体聚集区域的形成原因,对该区域的流体进行流体速度矢量分析。分析图 9-7 可知,叶轮内的流体速度随着半径的增大绝对值不断增大,这是由于叶轮对其内部的流体做功使得叶轮出口处的流体具有更大的动能,这也说明了为什么叶轮进口处比出口处更容易聚集气体;叶轮叶片背面的流体速度绝对值要小于工作面的流体速度绝对值,这也是造成背面气体聚集的一个原因;由泵壳流道内的流体速度矢量图可以看出,在泵壳右下部分的类隔舌处,流体的速度矢量比较紊乱,速度方向主要分为两个方向,一部分向下方出口处流动,一部分向泵壳右侧流动,且此区域流体速度的绝对值比较小,这也为此处气体的聚集创造了条件;在泵壳右侧存在多处流体速度矢量紊乱的区域,在该区域内流体速度的绝对值小于周边区域,这也是该区域容易造成气体聚集的原因;在泵壳的左半部分流道内流体的速度矢量比较规则,流体的速度大小比较相近,这和此处气体分布是相对应的。

从图 9-8 可以看出,进口段处的流体速度矢量分布比较规则,进入叶轮后的流体经过叶轮的做功作用后,其动能增加且叶轮前盖板处的流体流速明显高于后盖板处,到叶轮出口处前后盖板处的流体流速相差不大,利于液体的稳定出流;导叶内流体的速度矢量也比较规则,但是在靠近导叶后盖板处出现了回流现象,并出现明显的旋涡,这也造成了此处的气体聚集现象;流经导叶的流体,在进入类球形泵壳后分为两部分,这两部分流体分别绕泵壳上下部分做旋涡状运动且这两部分流体运动方向相反,由于旋涡的吸附作用,旋涡的中心处会聚集气体,从而导致旋涡中心处气体体积分数较高。

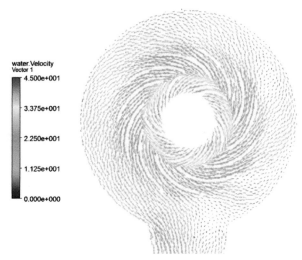

图 9-7　水平中截面速度矢量图

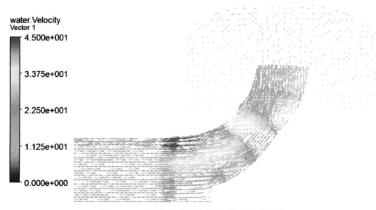

图 9-8　垂直中截面部分速度矢量图

9.2.4　气液两相流非稳态流动特性

（1）监测点的选取及瞬态设置

为深入了解核主泵在气液两相流工况下的非稳态流动特性，对核主泵在含气率为 0，10%，20% 和 30% 时分别进行非定常瞬态数值模拟。非定常瞬态数值模拟以定常的收敛结果作为初始计算的条件，Analysis Type 设置为 Transient，叶轮旋转一圈的过程中，每 3° 进行一次计算作为一个时间步长，一圈共有 120 个时间步长,因此时间步长为 $\Delta t = 60/(1\ 480 \times 120) = 3.378\ 4 \times 10^{-4}$ s,非定常的总计算时间设置为 0.35 s,整个数值模拟计算过程叶轮共完成 8 个旋转周期。在进行压力脉动时域分析时,只选择叶轮第 8 个运转周期内的数据,因为此时叶轮已经达到稳定运行状态,此时的数据可信度较高[16]。

为了检测气液两相流工况下核主泵内部流道的压力脉动情况,在核主泵的叶轮和导叶流道内设置一系列的监测点,监测点位置如图 9-9 所示。监测点 Y11,Y21,Y31 沿液流方向靠近叶轮叶片工作面分布;监测点 Y12,Y22,Y32 沿液流方向靠近叶轮叶片背面分布;监测点 Y1,Y2,Y3 沿叶轮流道中间流线分布;监测点 D1,D2,D3 沿导叶流道中间流线分布。

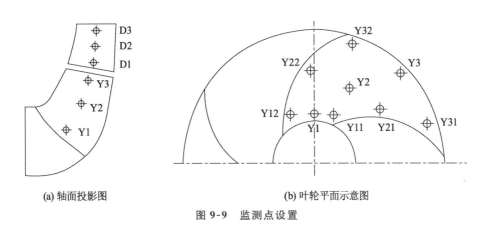

(a) 轴面投影图　　　　　　　　　　(b) 叶轮平面示意图

图 9-9　监测点设置

(2)叶轮叶片工作面压力脉动时域分析

图 9-10 为不同进口含气率时叶轮叶片工作面处的压力脉动时域图,图 9-10a,b,c,d 分别显示进口含气率为 0,10%,20% 和 30% 时叶轮叶片工作面处的压力脉动值。从图中可以看出,叶片工作面监测点的压力波动变化比较明显,各监测点压力分别围绕某一值上下波动,在一个运行周期内一共出现了 11 个波峰和 11 个波谷,与导叶的叶片数刚好相等,说明叶轮内监测点的压力脉动和导叶叶片数之间存在一定的关系,压力脉动的幅度沿着液流方向逐渐增大,这主要是受到叶轮-导叶动静干涉作用的影响,越靠近动静交界面受到的影响越严重,压力脉动的幅度就越大。监测点 Y31 靠近叶轮出口处,由于液体受到叶轮的做功作用和叶轮-导叶动静干涉作用,所以压力值最高且压力脉动幅度最大。随着进口含气率的增加,压力脉动幅度有所减小,但是当进口含气率为 30% 时,压力脉动幅度大幅度增加,原因可能是在少量的气体进入叶轮后,叶轮内流体的流动性能变好,在一定程度上减小了压力脉动的

波动幅度,而随着气体含量继续增多,大量的气体占据了叶轮流道空间,阻塞了液流的流动,增加了压力脉动的幅度。

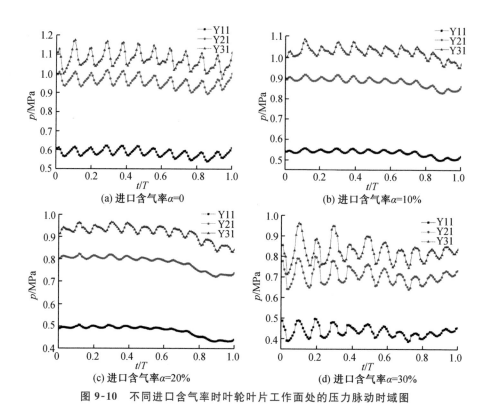

图 9-10　不同进口含气率时叶轮叶片工作面处的压力脉动时域图

（3）叶轮出口压力脉动时域分析

图 9-11 为不同进口含气率时叶轮出口处的压力脉动时域图。分析图 9-11 可知,叶轮出口处压力脉动现象也比较明显,但各监测点压力不再围绕某一值上下波动,与图 9-10 对比发现,出口监测点的压力波动幅度明显增大,在一个运动周期内共出现 11 个波峰和 11 个波谷。在液相工况下,叶轮出口处不同监测点压力值大小基本相等并且具有相同的波动变化规律,表明叶轮在液相工况下具有良好的出流效果。在气液两相流工况下,叶轮出口处三个监测点的压力值不再相等,沿叶轮叶片背面向叶轮叶片工作面方向,监测点的压力值呈现出逐渐增大的趋势,叶轮流道中间监测点压力脉动幅度最小;随着进口含气率的增加,三个监测点的压力值均有所减小,并且三个监测点之间的压力差值变大。这表明核主泵在较高含气率下工作会造成叶轮出口处的压力不均匀分布,产生不稳定流动,不利于核主泵的稳定运行。

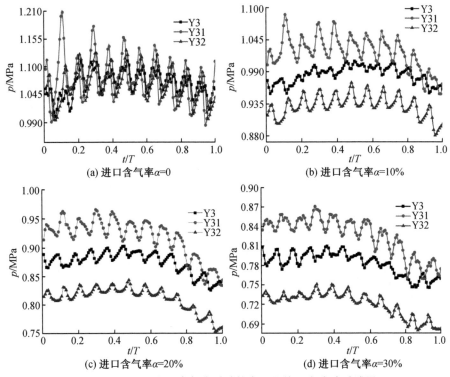

(a) 进口含气率α=0

(b) 进口含气率α=10%

(c) 进口含气率α=20%

(d) 进口含气率α=30%

图 9-11　不同进口含气率时叶轮出口处的压力脉动时域图

（4）导叶中间流线压力脉动时域分析

图 9-12 为不同进口含气率时导叶中间流线处的压力脉动时域图,图 9-12a,b,c,d 分别显示进口含气率为 0,10％,20％和 30％时导叶中间流线处的压力脉动值。通过图 9-12 可以看出,导叶中间流线处压力脉动变化规律性比较明显,在一个运动周期内一共出现了 5 个波峰和 5 个波谷,与叶轮叶片数相同,表明导叶内压力脉动和叶轮叶片数之间存在一定的关系;各监测点压力围绕某一值有规律地上下波动,压力脉动幅度沿进口监测点 D1 向出口监测点 D3 方向呈逐渐减小的趋势,平均压力值沿液流方向呈逐渐增大的趋势,这主要是因为导叶具有降速扩压的作用,使得从叶轮流入导叶的液体的静压在导叶内沿着液流运动方向逐渐增大,在导叶出口处达到稳定出流的效果。随着进口含气率的增加,导叶流道内压力脉动的幅度和压力的平均值都有所减小,表明在气液两相流工况下导叶可以起到很好的稳压效果。

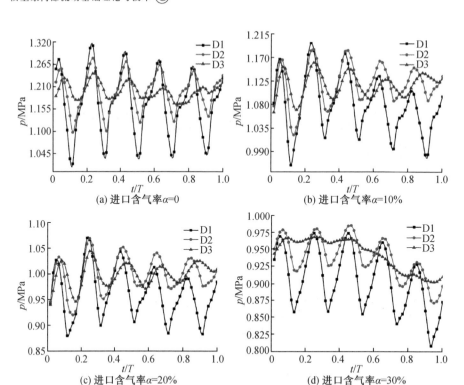

图 9-12　不同进口含气率时导叶中间流线处的压力脉动时域图

9.3　不同含气率条件下反转工况全特性

在发生地震、停电等情况时,正常运行的核主泵由于失去动力源,核主泵的主轴不能继续为叶轮提供动力以保持其继续正向旋转,由于叶轮的出口压力大于进口压力,会导致出现液流从叶轮出口流向叶轮进口的情况,即出现核主泵叶轮反向转动的情况。当核主泵发生反转时,核主泵运行的工况可能是反转逆流制动工况、反转水泵工况和反转正流制动工况中的任何一种。若核主泵在失去动力源后又发生小破口事故,则核主泵叶轮将会在复杂的气液两相流工况下进行反向旋转(核主泵转速为负值),此时核主泵的性能将会发生很大的改变,严重影响核主泵的安全运行,因此本节主要对小破口失水事故工况下核主泵的反转工况全特性进行分析。

9.3.1　反转工况全特性

(1) 不同含气率下核主泵反转扬程全特性分析

图 9-13a 所示为不同含气率下核主泵的反转扬程全特性曲线,其中,核主

泵的反转全特性曲线包含 3 个工作阶段,分别为反转逆流制动工况($Q<0$,$H>0$)、反转水泵工况($Q<0$,$H<0$)和反转正流制动工况($Q>0$,$H<0$)。从图 9-13a 可以看出,在反转逆流制动工况($Q<0$,$H>0$)下,随着含气率的增加,核主泵的扬程曲线出现向下偏移的变化规律,且扬程曲线具有相似的变化规律;随着流量的减小,扬程曲线出现下降的变化趋势,并且含气率越低下降速度越快。当 $Q<-1.0Q_n$ 时,随着流量的减小,扬程曲线以较快的速度下降,且含气率越低扬程曲线斜率越大,即下降速度越快,含气率越高扬程曲线下降速度越慢;当 $-1.0Q_n<Q<-0.6Q_n$ 时,扬程曲线变得较为平缓,下降速度较慢。在反转水泵工况($Q<0$,$H<0$)下,当 $-0.6Q_n<Q<0$ 时,扬程曲线变化幅度很小,并且不同含气率下扬程值差别很小。在反转正流制动工况($Q>0$,$H<0$)下,随着流量的增加,扬程曲线斜率越来越大,即下降速度越来越快,且含气率越低扬程曲线下降速度越快,含气率越高扬程曲线下降速度越慢。

从图 9-13a 可以看出,在反转逆流制动工况($Q<0$,$H>0$)下,在 $-1.8Q_n$ 流量点,含气率为 0.1,0.2,0.3,0.4 和 0.5 时,扬程值分别下降 26%,59%,61%,80% 和 91%;在 $-1.4Q_n$ 流量点,含气率为 0.1,0.2,0.3,0.4 和 0.5 时,扬程值分别下降 21%,54%,59%,77% 和 89%;在 $-1.2Q_n$ 流量点,含气率为 0.1,0.2,0.3,0.4 和 0.5 时,扬程值分别下降 18%,52%,56%,70% 和 87%,即在反转逆流制动工况下,随着流量的减小,含气率对核主泵扬程特性的影响逐渐减弱。在反转正流制动工况($Q>0$,$H<0$)下,在 $1.0Q_n$ 流量点,含气率为 0.1,0.2,0.3,0.4 和 0.5 时,扬程值分别下降 11%,32%,37%,49% 和 58%;在 $1.4Q_n$ 流量点,含气率为 0.1,0.2,0.3,0.4 和 0.5 时,扬程值分别下降 16%,38%,45%,55% 和 63%;在 $1.8Q_n$ 流量点,含气率为 0.1,0.2,0.3,0.4 和 0.5 时,扬程值分别下降 17%,41%,49%,59% 和 66%,即在反转正流制动工况下,随着流量的增大,含气率对核主泵扬程特性的影响逐渐增强。

(2) 不同含气率下核主泵反转扭矩全特性分析

图 9-13b 所示为不同含气率下核主泵的反转扭矩全特性曲线,对比图 9-13a 和图 9-13b 可以发现,核主泵反转扭矩全特性曲线与核主泵反转扬程全特性曲线具有类似的变化规律:随着含气率的增加,核主泵反转扭矩全特性曲线的下降速度逐渐变慢。在反转逆流制动工况($Q<0$,$H>0$)下,核主泵的扭矩曲线以较快的速度下降,随着流量的减小,核主泵扭矩曲线的下降速度逐渐变慢,在 $0.9Q_n$ 处不同含气率下的扭矩同时变为 0,即随着流量的不断减小,在反转逆流制动工况($Q<0$,$H>0$)下,输送不同含气率的介质,核主泵几乎同时进入反转水泵工况($Q<0$,$H<0$)。在反转水泵工况($Q<0$,$H<0$)下,扭矩曲线以较为平稳的方式变化,并且不同含气率下扭矩值差别很小。在反

转正流制动工况($Q>0,H<0$)下,随着流量的增加,扭矩曲线斜率越来越大,即下降速度越来越快,且含气率越低扭矩曲线下降速度越快,含气率越高扭矩曲线下降速度越慢。

分析图 9-13b 可知,在反转逆流制动工况($Q<0,H>0$)下,在 $-1.8Q_n$ 流量点,含气率为 0.1,0.2,0.3,0.4 和 0.5 时,扭矩值分别下降 15%,46%,61%,76% 和 92%;在 $-1.4Q_n$ 流量点,含气率为 0.1,0.2,0.3,0.4 和 0.5 时,扭矩值分别下降 16%,47%,64%,78% 和 93%;在 $-1.2Q_n$ 流量点,含气率为 0.1,0.2,0.3,0.4 和 0.5 时,扭矩值分别下降 18%,58%,69%,87% 和 97%,即在反转逆流制动工况下,随着流量的减小,含气率对核主泵扭矩特性的影响逐渐增强。

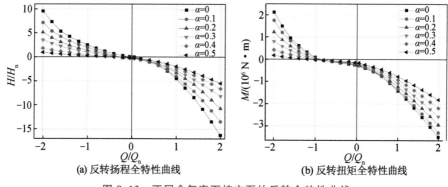

(a) 反转扬程全特性曲线　　　　　　(b) 反转扭矩全特性曲线

图 9-13　不同含气率下核主泵的反转全特性曲线

在反转水泵工况($Q<0,H<0$)下,在 $-0.6Q_n$ 流量点,含气率为 0.1,0.2,0.3,0.4 和 0.5 时,扭矩值分别下降 1.6%,2.8%,8.6%,10% 和 46%;在 $-0.4Q_n$ 流量点,含气率为 0.1,0.2,0.3,0.4 和 0.5 时,扭矩值分别下降 7.7%,11%,14%,20% 和 48%;在 $-0.2Q_n$ 流量点,含气率为 0.1,0.2,0.3,0.4 和 0.5 时,扭矩值分别下降 21%,34%,37%,45% 和 54%,即在反转水泵工况下,随着流量的减小,含气率对核主泵扭矩特性的影响逐渐增强。

在反转正流制动工况($Q>0,H<0$)下,在 $0.8Q_n$ 流量点,含气率为 0.1,0.2,0.3,0.4 和 0.5 时,扭矩值分别下降 2.8%,12.6%,23%,34% 和 45%;在 $1.2Q_n$ 流量点,含气率为 0.1,0.2,0.3,0.4 和 0.5 时,扭矩值分别下降 4%,15%,25%,36% 和 47%;在 $1.6Q_n$ 流量点,含气率为 0.1,0.2,0.3,0.4 和 0.5 时,扭矩值分别下降 6.3%,17%,26%,37.2% 和 48%,即在反转正流制动工况下,随着流量的增大,含气率对核主泵扭矩特性的影响逐渐增强。

9.3.2 叶轮和导叶气体体积分数分布

为了研究反转全流量工况下不同含气率时核主泵的叶轮和导叶流道内气体体积分数分布和变化规律,在叶轮和导叶流道的中间流面上取一条流线,流线上设置若干监测点,如图 9-14 中流线 a 所示。通过对含气率分别为 0.1,0.2,0.3,0.4 和 0.5 的冷却剂在不同流量点的模拟计算,分析叶轮和导叶流道内气体体积分数随监测点相对位置(R/R_0)的变化情况,其中 R_0 表示叶轮和导叶流道的中间流线与叶轮出口边的交点到叶轮旋转中心轴线的垂直距离,R 表示叶轮和导叶流道的中间流线上的点到叶轮旋转中心轴线的垂直距离。R/R_0 取值范围为 $0 \sim 1.75$,R/R_0 取值越小距离叶轮进口越近,取值越大距离导叶出口越近,$R/R_0 = 0$ 表示叶轮旋转中心轴线和监测点流线的交点,$R/R_0 = 1$ 表示叶轮出口边与叶轮和导叶流道的中间流线的交点。

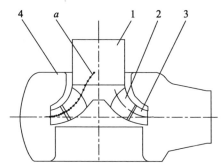

1—进口段;2—叶轮;3—导叶;4—泵壳;a—监测点所在流线

图 9-14 核主泵叶轮和导叶流道内监测点分布

(1) 不同运行工况下叶轮和导叶流道内气体体积分数分布

图 9-15a 为反转逆流制动工况($-1.0Q_n$)下不同含气率时叶轮和导叶流道内气体体积分数分布。从图中可以看出,在反转逆流制动工况下,高含气率主要集中在叶轮叶片进口前区域($R/R_0 < 0.45$),在相对位置 $R/R_0 < 0.45$ 流体域内含气率均远高于冷却剂的平均含气率(0.1,0.2,0.3,0.4 和 0.5),在叶轮流道内($0.45 < R/R_0 < 1$)含气率出现先下降后波动性上升的变化规律,在 $R/R_0 = 0.7$ 处和导叶进口处($R/R_0 = 1.1$)出现波谷极值,在叶轮叶片出口处($R/R_0 = 1$)出现波峰极值。含气率越高叶轮和导叶流道内的气体体积分数越高,且不同含气率时其气体体积分数具有相同的变化规律,这主要是由于压力差的作用,即导叶出口压力大于叶轮进口压力,使导叶出口到叶轮进口方向压力逐渐减小,气体的压缩程度逐渐减弱,出现了导叶出口到叶轮进口

含气率总体逐渐增大的变化趋势,在叶轮出口处($R/R_0=1$)和导叶进口处($R/R_0=1.1$)由于受到叶轮-导叶动静干涉作用分别出现波峰极值和波谷极值,在叶轮内部 $R/R_0=0.7$ 处出现含气率波谷极值的原因可能是此处流体在受到叶轮做功作用后速度迅速增大,流体中的气体不宜在此处滞留,故出现了波谷极值。

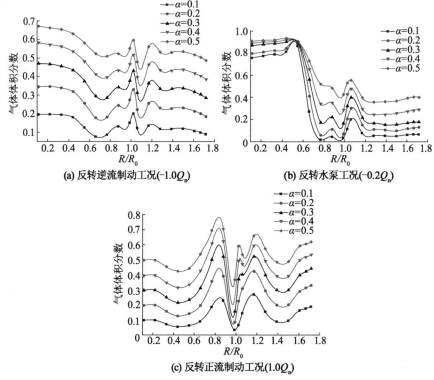

图 9-15 不同运行工况下叶轮和导叶流道内气体体积分数分布

图 9-15b 为反转水泵工况($-0.2Q_n$)下不同含气率时叶轮和导叶流道内气体体积分数分布。从图中可以看出,不同含气率时,在叶轮和导叶流体域内冷却剂的气体体积分数分布规律一致,随着含气率的增加,叶轮和导叶流道内气体体积分数曲线向上偏移。由图 9-15b 可知,高含气率区主要分布在叶轮叶片进口前区域($R/R_0<0.45$),该区域内含气率均在 0.75~0.95 区间内,在叶轮叶片进口处($R/R_0=0.45$)不同含气率时叶轮和导叶流道内气体体积分数同时达到最大值且最大值相同,在该区域内($R/R_0<0.45$),当含气率为 0.1 和 0.2 时其气体体积分数曲线十分接近,当含气率大于 0.2 时其气体

体积分数曲线大幅度地向上偏移且不同含气率时气体体积分数曲线间的差距进一步减小;流体流入叶轮内部($0.45<R/R_0<0.8$)后,其气体体积分数曲线出现了陡降的变化规律,且含气率越高气体体积分数曲线的下降速度越慢,在叶轮流道内($0.45<R/R_0<1$)其气体体积分数分布极不均匀;在导叶的进口处($R/R_0=1.1$)出现了波峰极值,流体进入导叶流道后,其气体体积分数分布相对均匀,沿着导叶进口到出口方向未出现较大的波动。

图 9-15c 为反转正流制动工况($1.0Q_n$)下不同含气率时叶轮和导叶流道内气体体积分数分布。从图中可以看出,在叶轮和导叶流道内,从叶轮进口到导叶出口气体体积分数以上下波动的形式变化,并且多次出现波峰和波谷极值,在叶轮出口前到导叶进口后区域内($0.8<R/R_0<1.2$),气体体积分数波动情况最为明显,且随着含气率的增加其波动规律变得更加复杂。

(2) 不同流量工况下叶轮和导叶流道内气体体积分数分布

图 9-16 为含气率为 0.3 时叶轮反转全流量工况下叶轮和导叶流道内气体体积分数分布,图 9-16a 为反转逆流制动工况,图 9-16b 为反转水泵工况,图 9-16c 为反转正流制动工况。

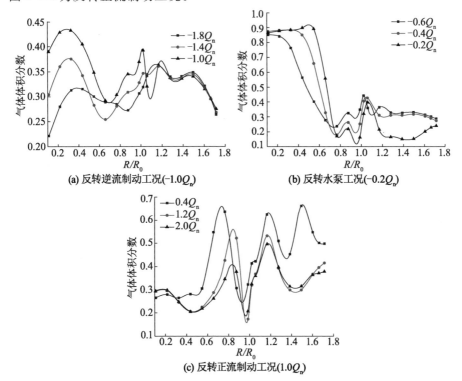

图 9-16　不同流量工况下叶轮和导叶流道内气体体积分数分布

从图 9-16a 可以发现,在反转逆流制动工况下,在叶轮叶片进口前 $R/R_0<0.45$ 区域和导叶叶片进口后 $R/R_0>1.2$ 区域,不同流量下的气体体积分数具有相同的变化规律;在叶轮叶片进口前 $R/R_0<0.45$ 区域,随着流量的减小,气体体积分数的极大值向叶轮进口处推移。从图 9-16b 可以发现,在反转水泵工况下,高含气率区主要分布在叶轮叶片进口前区域($R/R_0<0.4$),在叶轮出口处附近出现气体体积分数极大值,随着流量的减小,该极大值向远离叶轮出口方向推移。从图 9-16c 可以发现,在反转正流制动工况下,随着流量的增加,气体体积分数曲线的极大值沿着叶轮进口向导叶出口方向推移,且极大值呈现逐渐减小的变化规律。

9.4 气液两相流瞬态水动力特性

一回路发生小破口失水事故后[17],由于压力急剧下降使管路中的冷却剂迅速汽化成水蒸气,此时核主泵的运行工况变为复杂的气液两相流工况,泵内部的径向力、轴向力、静压等动态特性会发生较大的变化,同时两相流工况下出现的气体聚集、涡旋、脱流、速度滑移等现象,极易造成核主泵的不稳定流动,影响核主泵的安全运行[18]。

因此,通过对小破口失水事故初期的瞬态特性研究[19],可以更好地了解核主泵在小破口失水事故下内部的瞬态流动规律,揭示核主泵气液两相流与泵内振动和压力波动之间的关系,为核主泵的设计提供参考依据。

9.4.1 气液两相流瞬态数值计算方法

(1)边界条件

由于一回路发生小破口失水事故后系统中的含气率上升速度非常快,从 0 上升到 40% 左右历时很短,所以可以使用线性关系近似表示含气率与时间之间的函数关系,模拟中叶轮每旋转 3° 进行一次计算,两次计算的时间间隔作为一个时间步长,叶轮旋转一圈包含 120 个时间步长,因此时间步长为 $\Delta t=60/(1\,480\times120)=3.378\,4\times10^{-4}$ s,模拟的总时间为 0.35 s,其间叶轮一共转动 8.4 圈,0.081 08 s 为事故发生时刻,模拟期间核主泵进口含气率 α 和出口质量流量 Q_m 分别按式(9-1)和式(9-2)设置,其中含气率 α 的单位是 1,出口质量流量 Q_m 的单位是 kg/s。

$$\alpha=\begin{cases}0, & 0\leqslant t\leqslant0.081\,08\ \text{s}\\1.644\,5t-0.133\,3, & 0.081\,08\ \text{s}\leqslant t\leqslant0.35\ \text{s}\end{cases} \tag{9-1}$$

$$Q_m=\begin{cases}6\,011.6, & 0\leqslant t\leqslant0.081\,08\ \text{s}\\6\,011.6(1-\alpha), & 0.081\,08\ \text{s}<t\leqslant0.35\ \text{s}\end{cases} \tag{9-2}$$

（2）监测点的选取

为更好地了解小破口失水事故下核主泵内部流动的变化规律，在泵的内部设置了一系列监测点，监测点的具体布置如图 9-17 所示。沿着液流方向，在叶轮的中间流线上依次设置三个监测点 Y1，Y2，Y3；靠近叶轮前盖板处依次设置三个监测点 Y4，Y5，Y6；靠近叶轮后盖板处依次设置三个监测点 Y7，Y8，Y9；在导叶的中间流线上依次设置三个监测点 D1，D2，D3。在泵壳内部中截面基圆上每隔 60°取一个监测点，沿顺时针方向依次设置六个监测点 C1，C2，…，C6；在泵壳类隔舌处设置两个对称监测点 C7 和 C8；在出口段设置三个监测点 C9，C10 和 C11。

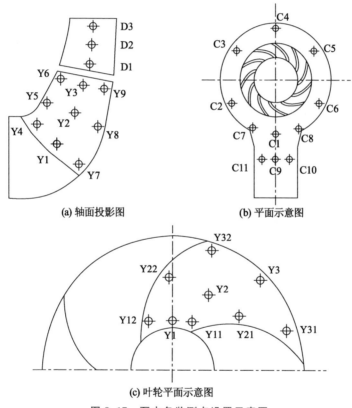

(a) 轴面投影图   (b) 平面示意图

(c) 叶轮平面示意图

图 9-17 泵内各监测点设置示意图

9.4.2 瞬态流动特性

（1）小破口失水事故下核主泵外特性的变化

在对核主泵失水事故工况下的数值模拟中，设置第 0.081 08 s 为小破口失水事故的发生时刻,此时刻之前为额定工况。图 9-18 为小破口失水事故下核主泵外特性的变化图。从图中可以看出,发生小破口失水事故后,随着含气率的增加,核主泵的轴扭矩 M 曲线呈逐渐下降趋势,且曲线斜率的绝对值越来越大,即轴扭矩 M 下降的速度越来越快;核主泵的效率 η 曲线总体呈下降趋势,在事故发生时刻到 0.25 s 之间泵的效率下降速度越来越快,在0.25～0.28 s 之间泵的效率围绕某一值上下波动,可能的原因是,在这段时间内泵扬程围绕某一值上下波动,0.28 s 之后继续下降;核主泵的扬程 H 曲线出现先上升后下降的变化规律,在 0.175 s 时泵的扬程 H 达到最高值约为128 m,高出设计扬程 15%,0.175 s 之后泵的扬程开始下降,到 0.35 s 时泵的扬程下降到 91.1 m,造成这种变化趋势的原因可能是:液体在泵内部的流动是十分复杂的,泵由额定工况向气液两相流工况变化的过程中,含气率的增加在一定程度上增强了叶轮的做功能力,因而出现泵扬程上升的现象,但是随着含气率的继续增加,泵流道内出现气体堆积现象,致使流道的过流面积变小,流体的速度增大,造成了更多的能量损失,因而出现泵扬程下降的现象。由此可以看出,在发生一回路小破口失水事故后,核主泵的性能变化是十分复杂的,为了解变化的规律需要进一步研究。

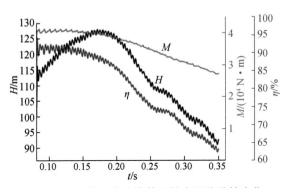

图 9-18　小破口失水事故下核主泵外特性变化

（2）小破口失水事故下核主泵内瞬态气相分布

图 9-19 为发生小破口失水事故后监测点含气率随时间的变化情况。在0.081 08 s 一回路发生小破口失水事故,由于压力条件被破坏,一回路中的冷却剂迅速汽化变成水蒸气,此时核主泵的运行工况变为复杂的气液两相流工况。

从图 9-19 可以看出,在一回路发生小破口失水事故后,气体依次流经核主泵的进口段、叶轮、导叶和泵壳等过流部件。从图 9-19a 可以看出,在 0.122 5 s时叶轮进口位置开始出现气体,气体首先在叶轮进口前盖板（Y4）处聚集,最后在叶轮进口后盖板(Y7)处聚集,随着时间的增加,叶轮进口背面(Y12)处气体含量的增加速度最快且气体体积分数最高,叶轮进口后盖板(Y7)处气体含量增加得最慢且气体体积分数最低,叶轮进口的其他监测点 Y1,Y4,Y11 处气体含量的增加速度和气体体积分数相差不大,这是因为叶轮工作面和背面之间存在压力梯度,使气体不易在叶轮工作面处堆积,而叶轮后盖板处的流体速度相对其他位置较小,因此气体容易在后盖板处堆积产生气体滞留现象。

从图 9-19b 可以看出,在 0.137 5 s 时叶轮中间位置开始出现气体,叶轮中间后盖板(Y8)处气体聚集现象较严重,随着时间的增加,其气体体积分数以较快的速度增大,到 0.25 s 达到最大值 0.7,之后出现先下降后上升的变化规律,在 0.337 5 s 时再次达到峰值,然后出现下降趋势,其他监测点 Y2,Y5,Y21,Y22 处的气体体积分数增大速度几乎相同,且气体体积分数相差也不大,出现这种现象的原因可能是:随着进口容积含气率的增加,流道内的气体逐渐增多,中间各监测点的气体体积分数出现增大的变化趋势,而中间部分靠近后盖板处监测点 Y8 的气体体积分数变化规律不同于其他监测点,其原因可能是监测点 Y8 靠近后盖板,此处液体的流速较低,再加上气液两相间的滑移作用,使气泡更容易在此处聚集且出现波动现象。

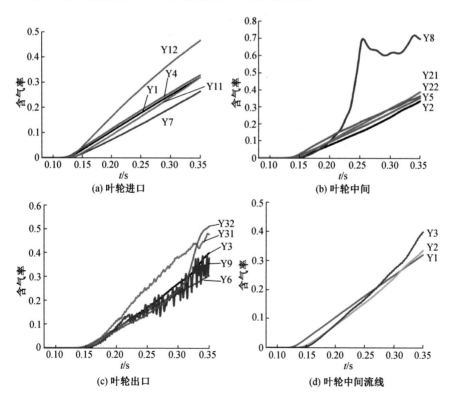

(a) 叶轮进口

(b) 叶轮中间

(c) 叶轮出口

(d) 叶轮中间流线

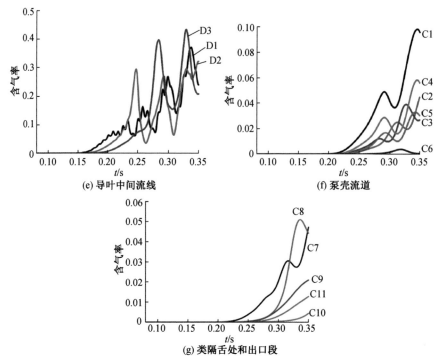

图 9-19　小破口失水事故工况下各监测点的含气率变化

从图 9-19c 可以看出,在 0.145 s 时叶轮出口位置开始检测到气体,各监测点的含气率变化规律差别较大,监测点 Y31 处含气率上升速度最快,这表明在叶轮出口处的工作面容易出现气体聚集的现象,造成这种现象的原因可能是:随着进口容积含气率的增加,越来越多的气体在叶轮流道内聚集,影响了流体原有的流动方向,致使在叶轮出口靠近工作面处出现涡旋,加之叶轮-导叶动静干涉作用,多方面作用致使监测点 Y31 处含气率上升速度最快。在 0.312 s 之前,监测点 Y3,Y6 和 Y32 处的含气率上升速度差别不大,但是在 0.312 s 之后,监测点 Y32 处的含气率以较快的速度上升,这表明随着进口容积含气率的增加,气体在叶轮出口背面处的聚集效应增强;监测点 Y9 处的含气率以波动的方式增加且波动幅度越来越大,造成这种现象的原因可能是该监测点位于叶轮出口处,此处流体具有较大的湍动能,再加上动静叶片的干涉作用,很容易造成含气率的波动现象,而且进口容积含气率的增加加剧了这种现象。

从图 9-19d 可以看出,气体进入叶轮后依次流经叶轮的进口、中间和出口,且在这三处中间流线上含气率的变化趋势几乎是一样的,表现出明显的跟随性。

图 9-19e 描述了导叶中间流线上含气率的变化情况,从图中可以看出,三

个监测点含气率变化均出现波动且波动的程度各不相同,沿着液流方向含气率波动情况得到加强,含气率总体上呈逐渐上升趋势。分析图可以看出,沿着液流方向含气率变化具有明显的跟随性,且具有相同的变化规律,监测点 D1 最早出现波动,监测点 D2 跟随监测点 D1 波动,监测点 D3 再跟随监测点 D2 波动,造成这一现象的原因是:运动的叶轮和静止的导叶之间存在动静干涉作用,导致导叶进口处含气率变化出现波动,导叶特殊的多流道空间结构为波动的传播提供了条件,在导叶内旋涡、脱流和二次流等因素的作用下出现了波动程度增强的现象。

图 9-19f 描述了泵壳流道内含气率的变化情况,从图中可以看出,各个监测点的变化趋势不是全部相同的,监测点 C1,C4,C5,C3,C2 处的含气率出现比较明显的波动,总体呈现上升的变化规律。与图 9-19e 导叶中间流线含气率变化图相比较,泵壳内监测点含气率波动幅度明显减弱,监测点 C1 处含气率上升速度最快,含气率值也最高,监测点 C6 处含气率波动不是很明显,且含气率较低,产生这种现象的原因可能是:叶轮和导叶的动静干涉作用使导叶内的含气率产生明显的波动性变化,由于导叶采用的是扭曲型径向导叶,其特殊的空间结构使这种波动性变化得以保持和延续,从导叶出口流出的两相流体将这种含气率的波动传递到了泵壳内,致使泵壳内含气率变化也具有波动性,但是波动幅度变小;由于监测点 C1 位于泵壳的出口位置,泵内大部分气体都需要从此处流出泵壳,随着进口容积含气率的增加,C1 处含气率自然会增大且相比泵壳内其他监测点其含气率值最高;监测点 C6 位于泵壳内流体圆周运动的起始位置,只有少量从导叶流出的气体流经 C6,致使 C6 处含气率较低。

图 9-19g 描述了类隔舌处和出口段含气率的变化情况,分析类隔舌处监测点 C7 与 C8 的含气率变化可以看出,两者含气率都以较快的速度增加且有波动,在 0.287 5 s 之前,两者含气率变化较小,曲线上升相对平稳,而在 0.287 5 s 之后,两者含气率都以较快的速度增加,表明类球形泵壳的类隔舌处容易造成气体聚集,不利于气体流出泵壳;而出口段三个监测点 C9,C10 和 C11 的含气率存在相似的变化规律,三者含气率都以相对平稳的速度增加,监测点 C9 处含气率上升速度最快,监测点 C10 处含气率上升速度最慢。这是因为随着小破口失水事故的持续,泵内的含气率逐渐增加,流体流动的紊乱程度增强,致使类隔舌处监测点 C7 和 C8 的含气率在 0.287 5 s 后出现快速增加且伴随着波动现象;监测点 C9 位于出口中间位置,液流流速较大,液流中夹杂着大量的气体,致使该监测点含气率值最高;监测点 C11 正对来流方向,流体流速高于点 C10,液流中夹杂着较多的气体,故出现点 C11 的含气率值高于点 C10 的情况。

（3）泵内瞬态径向力变化分析

主要对一回路发生小破口失水事故初期大约 0.35 s 的时间进行研究,这期间叶轮大约转过了 8.4 圈,前两圈含气率为 0,第三圈开始为事故发生时刻,含气率开始发生变化。图 9-20 给出了叶轮转动时径向力大小的变化情况。图 9-20 采用了极坐标系,极坐标系中的角度表示叶轮转过的角度,纵坐标代表叶轮径向力的大小。从图中可以看出,叶轮每转动一圈,径向力的大小都呈现有规律的变化,每一圈中均出现 10 个极大值,包括 5 个数值较大的极大值和 5 个数值较小的极大值。在叶轮每一圈转动中,数值较大的极大值和数值较小的极大值交替出现,且极大值出现的位置都是相同的。从图中还可以看出,各圈径向力的变化规律相似,各圈径向力大小总体上呈现先不断减小后保持不变的变化规律,各圈数值较大的极大值和数值较小的极大值间的差距不断缩小,从第四圈开始两类极大值间的差距越来越小,第七圈和第八圈两类极大值几乎相等。

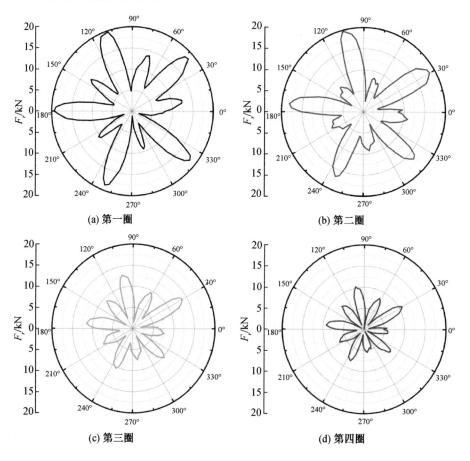

(a) 第一圈　　　　　　　　　(b) 第二圈

(c) 第三圈　　　　　　　　　(d) 第四圈

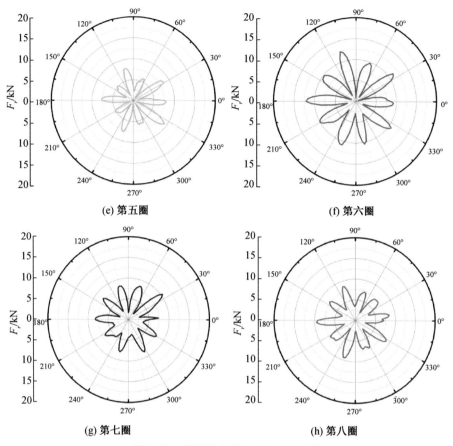

(e) 第五圈　　　　　　　　　(f) 第六圈

(g) 第七圈　　　　　　　　　(h) 第八圈

图 9-20　叶轮瞬态径向力大小变化图

在核主泵中,叶轮叶片和导叶叶片相对位置时刻发生变化,造成从叶轮流入导叶内流体的运动状态和受力情况也时刻发生变化。当叶轮叶片和导叶叶片相对位置利于流体流动时,流体与叶片之间会产生较小的相互作用力,此时作用在叶轮上的径向力将会比较小,出现极小值;反之,径向力将会出现极大值。在发生小破口失水事故后,泵内部的气体含量不断增大,致使叶轮对流体的做功能力减弱,流体对叶轮的反作用力减小,导致叶轮受到的径向力呈现先减小后保持不变、两类径向力极大值差值逐渐减小的变化规律。

（4）泵内瞬态压力变化分析

为了进一步了解小破口失水事故下核主泵内部的瞬态流动特性,对小破口失水事故下核主泵的内部压力变化情况进行研究。通过图 9-21 可知,叶轮进口处的压力值随含气率增加有增大的趋势,但增大的速度逐渐变慢,各监测点的压力值波动性变化,波动程度随含气率增大有所减小。监测点 Y7,Y1,Y4 处压力呈梯度分布,随着含气率的增加三者间的压力差值有减小的趋势,这是由监测点离叶轮前后盖板位置的远近决定的:监测点 Y4 离前盖板较近,液体流动速度较大,压力值较小;监测点 Y7 离后盖板较近,液体流动速度较小,压力值较大。

分析图 9-22 可知,叶轮出口处压力值随着含气率的增加出现先缓慢增大后快速减小的变化趋势,出现这种现象的原因可能是:一定程度的含气率的增加缓和了液体流动的不稳定性,增强了叶轮的做功能力,致使叶轮出口处压力值出现增大的情况,但是这种增强作用很微弱,随着含气率的继续增加,大量的气体阻塞了叶轮的流道,大大削弱了叶轮的做功能力,致使叶轮出口处压力值出现快速减小的情况;监测点 Y9,Y3,Y6 处压力值依次减小,Y9 和 Y6 处压力波动较大,Y3 处压力波动较小,这是因为监测点 Y9 和 Y6 分别靠近后盖板壁面和前盖板壁面,由于壁面为粗糙壁面,离壁面越近流体受到的剪切作用越强,气相和液相间速度滑移会增大,压力波动也会增大。与图 9-21 比较可知,叶轮出口处三个监测点间的压力差值变小,这样更利于叶轮内液流的稳定出流。

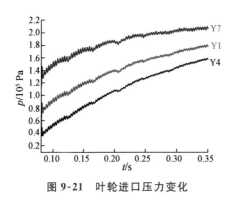

图 9-21　叶轮进口压力变化

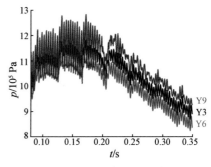

图 9-22　叶轮出口压力变化

从图 9-23 可以看出,叶轮叶片工作面各监测点压力值呈现出阶梯性的变化规律,各监测点压力值随着时间的增加(含气率的增加)呈现先阶梯性上升后阶梯性下降的变化且波动程度减小;监测点的压力值和波动幅度都随着半径的增大而增大,越靠近叶轮出口处受到的叶轮和导叶间动静干涉作用就越强,故监测点 Y31 处压力波动程度最大,监测点 Y11 处压力波动程度最小;由于叶轮内流体受到叶轮的做功作用,所以流体沿着流动方向压力值越来越大,表现为监测点 Y11,Y21,Y31 处压力值依次增大。

图 9-24 为叶轮叶片背面压力变化图,从图中可以看出,叶片背面监测点

Y12 和 Y22 处压力值随着含气率的增加都有所增大,但是监测点 Y32 处压力值随着含气率的增加有所减小,沿着流动方向瞬态压力的波动程度增强。

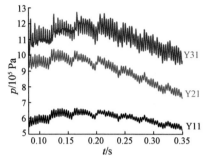

图 9-23　叶轮叶片工作面压力变化

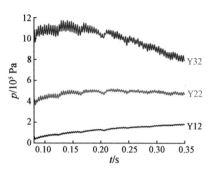

图 9-24　叶轮叶片背面压力变化

图 9-25 为叶轮中间流道压力变化图,分析图可以看出,随着含气率的增加,监测点 Y1 处压力值有所增大,而监测点 Y2 和 Y3 处的瞬态压力值有所减小;沿着流动方向瞬态压力值增大且波动幅度变大,其原因是:叶轮流道内的流体受到叶轮的做功作用,能量增大,压力增大,沿着液流方向液流的湍动程度逐渐变强,致使瞬态压力波动幅度变大。

图 9-26 为导叶中间流道压力变化图,从图中可以看出,沿着液流方向监测点的压力值有所增大,但是压力波动程度减小,其原因是监测点 D1 距离导叶进口较近,受到的叶轮-导叶动静干涉作用较强,故波动程度较大,D2 次之,D3 最小;导叶具有降速扩压的作用,致使监测点 D1,D2,D3 处压力值依次增大。

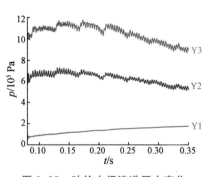

图 9-25　叶轮中间流道压力变化

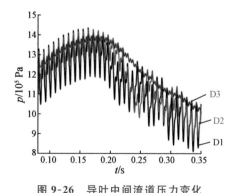

图 9-26　导叶中间流道压力变化

图 9-27 为泵壳流道压力变化图,从图中可以看出,泵壳流道右半部分和

左半部分监测点的压力变化情况几乎一致且压力脉动幅度较小,前者各监测点的压力值基本相等,后者各监测点的压力值沿着流体流动方向 C3→C2→C1 依次减小,各监测点的压力值随着含气率的增加出现先增后减的变化规律。造成这种现象的主要原因是:从导叶流出的部分流体会沿着泵壳逆时针方向流动,在泵壳右半部分流体的流动方向与出流方向相反,流体的速度增加量不是很大,故压力值变化不明显;在泵壳左半部分流体的流动方向与出流方向相同,流体在流动过程中速度得到加强,在此过程中其压力值逐渐减小,越靠近出口流体流速越大,压力值就越小,在监测点 C1 处压力值最小。

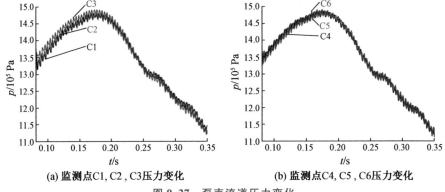

(a) 监测点C1, C2, C3压力变化　　　(b) 监测点C4, C5, C6压力变化

图 9-27　泵壳流道压力变化

　　图 9-28 为类隔舌处压力变化图,从图中可以看出,监测点 C8 和 C7 两者压力值随含气率变化具有类似的变化趋势,都随含气率增加出现先增后减的变化规律;前者压力值明显高于后者,但是两者的压力波动幅度相差不大。

　　图 9-29 为出口段压力变化图,从图中可以看出,三个监测点 C9, C10 和 C11 处压力值几乎相等,且具有相同的变化规律,波动幅度相差不大,随着含气率的增加出口段监测点的压力值出现先增大后减小的变化规律。

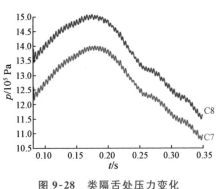

图 9-28　类隔舌处压力变化

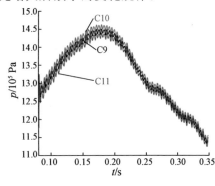

图 9-29　出口段压力变化

9.4.3　瞬态流场

(1) 中截面静压分布

图 9-30 为核主泵中截面在不同时刻的静压分布。图 9-30a,b,c,d,e,f,g,h,i 分别为 $t=0.05,0.11,0.14,0.17,0.20,0.23,0.26,0.29,0.32$ s 时的静压分布图,对应的核主泵进口含气率分别为 $0,5\%,10\%,15\%,20\%,25\%,30\%,35\%,40\%$。

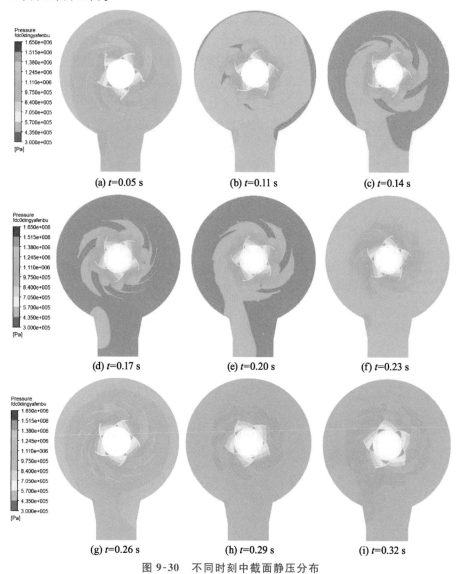

(a) $t=0.05$ s　　(b) $t=0.11$ s　　(c) $t=0.14$ s

(d) $t=0.17$ s　　(e) $t=0.20$ s　　(f) $t=0.23$ s

(g) $t=0.26$ s　　(h) $t=0.29$ s　　(i) $t=0.32$ s

图 9-30　不同时刻中截面静压分布

　　从图 9-30 中可以看出,核主泵中截面的静压值随着泵进口含气率的增加呈现先增大后减小的变化规律,其原因可能是:少量的气体进入泵内部可以在一定程度上缓和流体流动的不稳定性,使流体的流动性能变好,在较小程度上增强叶轮的做功能力,导致静压值增大;随着进入泵内部气体的增多,气体会占据更多流道空间,阻碍流体的正常流动,随着含气率的增加,流道内回流、湍流、脱流和二次流等现象会越来越严重,不利于流体的顺利流动,从而出现静压值减小的现象。由于叶轮对流体的做功作用,静压值沿着流体流动方向逐渐增大,在叶轮内静压值呈轴对称分布且具有明显的梯度;沿着流体流动方向,导叶流道内的静压值逐渐增大,主要是因为导叶具有降速扩压的作用。静压值在泵壳内呈非对称分布,最大值出现在泵壳的近壁面处,这主要是因为核主泵采用了类球形的泵壳结构,其特有的出流方式造成了静压值的非对称分布。从图中还可以看出,左侧类隔舌处存在局部低压区,因为左侧类隔舌处流体流动方向与出流方向一致,流体流速较大,静压值较小。

　　(2) 中截面速度云图

　　图 9-31 为不同时刻核主泵中截面速度云图。

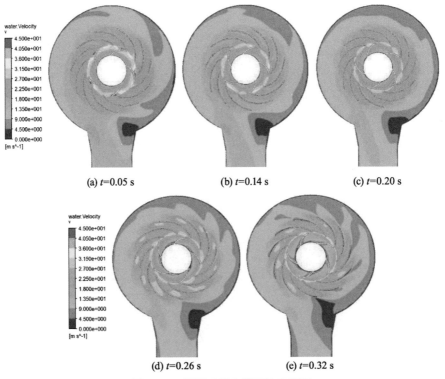

(a) t=0.05 s　　　　(b) t=0.14 s　　　　(c) t=0.20 s

(d) t=0.26 s　　　　(e) t=0.32 s

图 9-31　不同时刻中截面速度云图

图 9-31a,b,c,d,e 分别为 $t=0.05,0.14,0.20,0.26,0.32$ s 时的速度云图,对应的核主泵进口含气率分别为 0,10%,20%,30%,40%。

分析图 9-31 可知,小破口失水事故发生后,随着核主泵进口含气率的增加,叶轮流道内速度逐渐减小,这主要是因为随着含气率的增加,叶轮的做功能力变弱,叶轮内流体动能减小;导叶流道内速度逐渐增大,局部出现低速区,这种现象主要是由扭曲型径向导叶的结构引起的,随着含气率的增加,越来越多的气体占据导叶的流道空间,堵塞了部分流道,造成过流面积减小,进而导致导叶流道内液体流速增大,同时由于气体的增多,导叶流道内出现了脱流、回流等,造成局部低速区的产生;泵壳流道内低速区主要分布在泵壳的右半部分靠近泵壳壁面处,随着含气率的增加,低速区不断增大,其原因主要是泵壳右半部分流体流动方向与出流方向相反,且泵壳近壁面容易出现气体堆积的现象;随着进口含气率的增加,核主泵出口段的高速区面积逐渐减小,表明过多的气体不利于核主泵的顺畅流动;右侧类隔舌处存在比较明显的低速区,随着进口含气率的增加,该低速区不断扩大,造成这种现象的主要原因是多股流体流经此处使流动变得复杂,很容易产生涡旋,造成能量的极大损失,不利于核主泵的稳定运行。

参考文献

[1] 缪方明,陈宁,张江涛. 核电常规岛给水泵 CAP1400 转子动力学分析 [J]. 热能动力工程,2014,29(4):439-444,463-464.

[2] 林茵. CAP1400 核主泵空化流场特性分析[D]. 大连:大连理工大学,2015.

[3] 邢树兵. AP1000 核主泵气液两相流数值模拟及试验研究[D]. 镇江:江苏大学,2015.

[4] Wang X L, Yuan S Q, Zhu R S, et al. Numerical simulation on pressure fluctuation of reactor coolant pump with complex impeller based on CFD technique[J]. Atomic Energy Science and Technology, 2014,48(1):99-105.

[5] 付强,习毅,朱荣生,等. 含气率对 AP1000 核主泵影响的非定常分析 [J]. 振动与冲击,2015,34(6):132-136.

[6] 朱荣生,习毅,袁寿其,等. 气液两相条件下核主泵导叶出口边安放位置[J]. 排灌机械工程学报,2013,31(6):484-489.

[7] Poullikkas A. Effects of two-phase liquid-gas flow on the performance

of nuclear reactor cooling pumps[J]. Progress in Nuclear Energy, 2003, 42(1): 3 − 10.

[8] Poullikkas A. Two phase flow performance of nuclear reactor cooling pumps[J]. Progress in Nuclear Energy, 2000, 36(2): 123 − 130.

[9] Karassik I J, Messina J P, Cooper P, et al. Pump handbook[M]. New York: McGraw-Hill, 2001.

[10] Caridad J, Asuaje M, Kenyery F, et al. Characterization of a centrifugal pump impeller under two-phase flow conditions[J]. Journal of Petroleum Science and Engineering, 2008, 63(1 − 4): 18 − 22.

[11] 周岭, 施卫东, 陆伟刚, 等. 深井离心泵数值模拟与试验[J]. 农业机械学报, 2011, 42(3): 69 − 73.

[12] Stepanoff A J. Centrifugal and axial flow pumps: Theory, design, and application[M]. New York: John Wiley & Sons, 1957.

[13] 周水清, 孔繁余, 王志强, 等. 基于结构化网格的低比转数离心泵性能数值模拟[J]. 农业机械学报, 2011, 42(7): 66 − 69.

[14] 刘建瑞, 王董梅, 苏起钦, 等. 船用冷却泵的数值模拟与优化设计[J]. 排灌机械工程学报, 2010, 28(1): 22 − 24, 30.

[15] 杨孙圣, 孔繁余, 宿向辉, 等. 泵及泵用作透平时的数值模拟与外特性实验[J]. 西安交通大学学报, 2012, 46(3): 36 − 41.

[16] 王冕. 气液两相流泵含气量对泵性能的影响研究[D]. 武汉: 武汉工程大学, 2013.

[17] Farhadi K. Analysis of flow coastdown for an MTR-pool type research reactor[J]. Progress in Nuclear Energy, 2010, 52(6): 573 − 579.

[18] 陈杰, 周涛, 刘亮, 等. AP1000 机组小破口失水事故模拟分析[J]. 华电技术, 2016, 38(1): 68 − 71, 75, 79.

[19] Gao H, Gao F, Zhao X C, et al. Transient flow analysis in reactor coolant pump systems during flow coastdown period[J]. Nuclear Engineering and Design, 2011, 241(2): 509 − 514.

⑩

核主泵断电事故工况惰转特性

10.1 引言

核主泵是核电厂冷却回路系统中的重要组成部分。核电厂发生事故后,在核主泵断电失去动力源的情况下,冷却回路系统可依靠核主泵的惰转特性继续运行一段时间,排出反应堆中的热量。对于系统管路而言,如果惰转过渡过程时间较短,整个管路内部流体的流速将迅速减小,管系可能发生剧烈振动,降低管路系统回路的可靠性。核主泵惰转过渡过程中消耗的能量主要由泵转子、电动机转子与飞轮的转动惯量提供,飞轮储能作为一种有效的储能手段,其储存的转动惯量要明显高于泵转子与电动机转子。

对于核反应堆而言,惰转过渡过程时间较短,则冷却回路工作时间短,反应堆热量不能及时排出,容易造成堆内氢气集中,严重时会发生爆炸事故,不利于系统安全。因而,惰转过渡过程时间长短是核主泵安全评价的重要内容。传统的方法是增加飞轮的转动惯量来延长惰转时间,但该方法受核主泵的尺寸和能耗限制。在尺寸方面,核主泵采用的是屏蔽电动机来避免冷却剂泄漏,对各部件的尺寸有所限制,包括飞轮,且过大尺寸的飞轮在成本和可靠性方面也有较高的要求;在能耗方面,飞轮的主要作用是延长核主泵惰转时间,但是在启动和正常运行过程中需要提供大量的能量去维持其运行,增加飞轮的转动惯量会使系统的能耗增加。目前轴封型核主泵飞轮主要有整体式与分离式两种类型[1],为了保证核主泵惰转过渡过程达到安全评价标准,要求在规定时间内核主泵内冷却剂循环流量足以冷却堆芯,防止反应堆达到偏离泡核沸腾状态[2]。为了在有限的体积内最大限度地提升核主泵的惰转特性,同时确保飞轮在极端情况下可以保持完整性和无损性,对核主泵飞轮在结构和加工精度方面都有很高的要求。飞轮通常由高密度重金属钨合金块和不锈钢轮毂组成,且电动机主轴上一般固定有多组飞轮。

断电事故工况下,核主泵的惰转过渡过程属于瞬态流动过程,对其内部流动的瞬态模拟分析相比稳态过程数值模拟分析更为复杂,并且在惰转过渡过程的大部分时间内,核主泵流量、转速和扬程等参数都是非线性变化的,因此掌握其惰转变化规律和研究其内部瞬态流动特性的难度大大提升。

本章通过理论分析、数值模拟和试验研究三者相结合的方法,对核主泵惰转特性进行研究,从水力性能和力矩性能两方面优化叶轮惰转过渡过程,分析不同转动惯量和管路阻力对惰转过渡过程的影响,探索在惰转过渡过程中不同转动惯量对核主泵叶轮内部流动和动力特性的影响,并在此基础上根据叶轮几何参数建立惰转过渡过程数学模型。导叶的主要作用是改善流场和减小泵壳内流动损失,为了降低核主泵惰转过渡过程的能量损耗,提升其惰转性能,保障核电厂的安全可靠,分析了不同导叶优化方案对核主泵惰转过渡过程内部瞬态流动变化规律的影响,建立了基于导叶主要几何参数的惰转数学模型。

10.2 断电惰转过渡过程瞬态特性试验

为了分析在不同转动惯量和不同阀门开度下惰转过渡过程瞬态特性的变化特点,进一步揭示泵性能、不同转动惯量和不同阀门开度对惰转过渡过程瞬态特性的影响,搭建了惰转过渡过程瞬态测量试验台。

10.2.1 试验对象

(1) 模型泵

为了节约试验成本且更好地研究核主泵惰转过渡过程中的瞬态特性,利用模型泵来完成核主泵惰转过渡过程的试验,对象为高精度的核主泵水力模型,可满足常温常压工况下的非线性惰转瞬变过渡过程试验。其中,模型泵额定流量 $Q_n=104\ \mathrm{m^3/h}$,额定扬程 $H_n=3.6\ \mathrm{m}$,转速 $n=1\ 480\ \mathrm{r/min}$,比转速 $n_s=351$,核主泵与水力模型的尺寸系数为5.56。模型泵如图10-1所示。

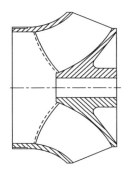

图 10-1 试验叶轮结构图和模型泵实物图

（2）飞轮

当核主泵因断电而进入惰转工况时，通过反应堆芯的冷却剂流量不断减小，导致反应堆内温度不断升高，容易造成安全事故。为了避免出现事故，通过添加飞轮来增加主泵机组的转动惯量，从而延长泵的惰转时间[3]。飞轮提供的惯性能量不仅可以保证冷却回路系统在惰转过渡过程中有足够的排热能力，而且有助于建立后续的自然循环。此外，较大的转动惯量还可以控制核主泵启动时的上升速度，这在反应堆从自然循环向强迫循环过渡时非常重要[4]。下面为飞轮的计算模型，式（10-1）是飞轮转动惯量计算式和飞轮储能计算式，从式中可以看出转动惯量正比于飞轮质量和外径，而储能可以通过改变飞轮外径和厚度来增加或减少。为了探究不同转动惯量对惰转过渡过程的影响，试验加工了 4 组不同转动惯量的经过动静平衡处理的飞轮（见图10-2），其转动惯量分别为 0.15，0.30，0.50，0.75 kg·m² ，按从小到大编号为A，B，C，D，且转动惯量不同的飞轮可以通过螺栓组合来增加转动惯量。

$$I = \int_{R_1}^{R_2} 2\pi\rho h r^3 \mathrm{d}r = \frac{1}{2}m(R_1^2 + R_2^2)$$
$$E = \frac{1}{2}I\omega^2$$

(10-1)

式中：E 为飞轮转动惯量储存的能量，J；I 为飞轮转动惯量，kg·m²；ρ 为飞轮材料的密度，kg/m³；R_1 和 R_2 分别为飞轮轴径和外径，m；h 为飞轮高度，m；ω 为飞轮运行角转速，rad/s。

（3）核主泵惰转过渡过程瞬态测量试验台

本试验采用闭式试验台，图 10-3 是核主泵惰转过渡过程瞬态测量试验台结构示意图，该试验台包括模型泵、稳压水罐、阀门、涡轮流量计、电动机、扭矩仪和飞轮等（图 10-4 为现场图）。

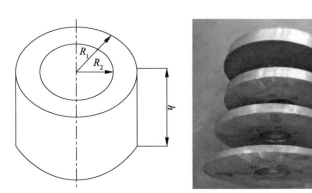

图 10-2　飞轮结构图和实物图

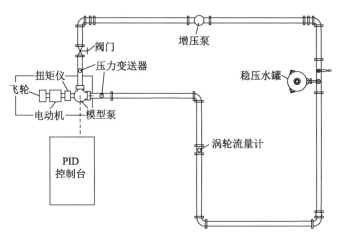

图 10-3　惰转试验台示意图

图 10-4　惰转试验现场图

10.2.2　试验参数的测量与采集

（1）稳态工况下特性参数的采集

泵性能参数采集仪器（TPA）：通过连接各种参数测量传感器（相关介绍见惰转工况特性参数采集）可直接得到泵转速、扬程、轴功率等数据，系统会自动绘制所需流量-扬程、流量-效率等曲线。

（2）惰转工况下特性参数的采集

流量的测量：针对本试验台管路选用公称直径为 125 mm 的 LWGY 型涡轮流量传感器，涡轮流量计可以直接显示流量大小，同时可以输出 4～20 mA 的电流脉冲信号，采集精度为 0.5 级，流量计安装需要保证前、后直管段的长度，以确保测量的准确性，本试验台流量计前直管段长度为 25 倍流量计内径，后直管段长度为 10 倍流量计内径[5]。由于惰转过渡过程中流量是不断变化的，无法通过流量计直接读取，为了得到瞬时流量，需要通过数据采集卡（本试验采用的是北京阿尔泰科技发展有限公司生产的 USB3200 型数据采集卡，如图 10-5a 所示）来收集惰转过渡过程中的电流脉冲信号变化情况，而数据采集卡一般是通过采集电压信号来完成数据采集的，因此需要转换模块（见图 10-5b）来将电流信号转换为电压信号。在惰转过渡过程中可得到流量随时间的变化关系。

(a) USB3200型数据采集卡　　　　　　　(b) 转换模块

图 10-5　数据采集卡和转换模块

扬程的测量和采集：扬程是单位重量的液体在泵进、出口的能量差。试验台泵进、出口在同一水平高度，进、出口测压截面直径相同，测压管段摩擦可忽略不计，因此可根据进、出口测压截面的压力差直接计算出扬程。试验台泵进、出口测压室压力使用 WT2000 型智能压力变送器（见图 10-6a）进行测量,测量进口静压的压力变送器位于泵进口上游 2D 处,测量出口静压的压力变送器位于泵出口下游 2D 处。测量进、出口静压的压力变送器量程分别为 -0.1~0.1 MPa 和 0~0.5 MPa,测量精度等级为 0.2%。测量的进、出口压力由 285-20 型数字传感器采集器(见图 10-6b)收集并输入计算机中。

(a) WT2000型智能压力变送器　　　　(b) 285-20型数字传感器采集器

图 10-6　压力变送器和数字传感器采集器

电动机瞬时转速的测量和采集:本试验电动机瞬时转速通过 ZJ 型转速转矩传感器(见图 10-7a)完成采集,测量精度为 0.1 级,工作原理是根据磁电转换和相位差原理,将转速机械能量转换成两路有一定相位差的电信号,通过采集电信号来完成瞬时转速的测量。传感器不能单独测量电动机转速,需要有一定的负载,为了保证高测量精度,安装时需要保证被测电动机、泵、传感器三者有较高的同心度。针对传感器所采集的电信号,本试验采用与 ZJ 型转速转矩传感器配套的 WJCG 测功仪(见图 10-7b)进行采集,该测功仪可每 0.02 s 采集一次,在惰转过渡过程中传感器将采集的瞬时电信号传输给测功仪直接完成瞬时转速的采集,从而得到惰转过渡过程中转速随时间的变化关系。

(a) ZJ型转速转矩传感器　　　　　　(b) WJCG测功仪

图 10-7　转速转矩传感器和测功仪

（3）试验内容及试验步骤

为了研究转动惯量和管路阻力对惰转过渡过程的影响,试验内容主要包括三个方面:

① 性能优化对惰转过渡过程的影响(对比 4.3 节中叶轮正交优化前后两个模型)。

② 不同转动惯量的飞轮在额定流量下的惰转瞬态过程。

③ 相同转动惯量的飞轮在不同阀门开度下的惰转瞬态过程。

试验步骤如下:

① 优化前后泵外特性曲线的采集和惰转过渡过程试验:将阀门开度调到最大,开启泵,待其稳定运行后,调节阀门使其在 $1.2Q_n$ 工况下运行稳定,然后通过泵性能参数采集仪采集各特性参数,分别采集 $0\sim1.1Q_n$ 工况下的各特性参数,并重复试验测量三次。完成一组数据采集后,更换叶轮,按上述步骤进行优化后泵的各特性数据的采集。

② 不同转动惯量的飞轮在额定流量下的惰转瞬态过程试验:开启电源开关启动泵(混流泵启动对阀门开启和关闭没有具体要求),调节出口阀门使泵稳定在额定流量点运行,调试各设备使之能正常准确运行,关闭电源开关,保持阀门开度不变,使泵停止运行。分别装配 A,B,C,D 和 AD 五组不同飞轮进行试验,启动泵,使其稳定运行一段时间后,开启测量仪器,关闭电源使泵停止运行,采集惰转过渡过程中的外特性数据,并重复试验测量三次。完成一组试验测量及数据采集后,按照以上步骤进行其他四组不同飞轮及组合的试验。

③ 不同管阻下的惰转瞬态过程试验:结束不同转动惯量对惰转瞬态过程影响试验后,装上飞轮 D,进行不同管阻对惰转瞬态过程的影响试验。首先,开启电源开关启动泵,调节出口阀门使泵在 $0.8Q_n$ 工况点稳定运行,开启测量仪器,关闭电源停泵,采集惰转过渡过程特性数据,并重复试验测量三次,完成 $0.8Q_n$ 工况点管阻对惰转过渡过程影响试验的数据采集。然后,按照以上步骤,通过调节阀门开度,分别完成 $0.9Q_n,1.1Q_n,1.2Q_n$ 三个工况点管阻对惰转过渡过程影响试验的数据采集。

10.2.3 试验结果及分析

（1）泵水力性能优化对惰转的影响

图 10-8 为核主泵优化前后外特性和惰转过渡过程中转速的变化,从图中可以看出,优化对核主泵外特性和惰转过渡过程中转速变化有较大的影响(因为叶轮本身转动惯量较小,小范围地改变叶轮几何参数,转动惯量的改变量可以忽略不计)。图中,H^*,Q^* 和 n^* 分别为对应瞬时值与额定值的比值。

从图 10-8a 中可以看出,优化后扬程和效率都有一定的提升,其中,设计点效率从 70% 提高到 73%,提升幅度为 3%,设计点扬程从 $1.0H_n$ 提高到 $1.1H_n$。在 $0.9Q_n$ 和 $0.7Q_n$ 两个小流量工况点,效率分别从 66.73% 和 58.90% 提高到 71.61% 和 64.01%,提升幅度分别为 4.88% 和 5.11%,和设计点效率提升幅度相当,使整个小流量区间的效率得到了明显的提高。从图 10-8b 中可以看出,优化前后惰转过渡过程中转速曲线是不同的,优化前转速在大约 $0.8T_1$ ($T_1 = 2.7$ s)时下降到零,而优化后转速在大约 $1T_1$ 时下降到零。在整个惰转过渡过程中,优化后的转速都大于优化前的转速。

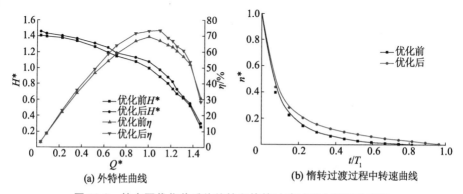

(a) 外特性曲线　　　　　　　(b) 惰转过渡过程中转速曲线

图 10-8　核主泵优化前后外特性和惰转过渡过程中转速的变化

结合图 10-8a 和图 10-8b 可知:通过结构上的优化,核主泵几乎整个高效区的效率都得到了提升,其中,设计点和小流量区间的效率得到了明显的提升,使泵在运行过程中能量损失减小,而惰转过渡过程是转速和流量从额定点不断下降的过程。由于设计点和小流量区间的效率有较大幅度的提升,所以在惰转过渡过程中,对应的能量损失有所减小,惰转时间有所延长。

（2）不同转动惯量对惰转过渡过程的影响

图 10-9 为在 T_2($T_2 = 11$ s)时间内五组不同转动惯量的飞轮在惰转过渡过程中泵各特性曲线及各特性下降速度曲线。从图中可以看出:在惰转过渡过程中转速、流量和扬程与时间都呈非线性曲线关系,不同转动惯量对应的各特性曲线的陡峭程度不同;惰转过渡过程中各特性下降速度曲线变化率由大变小,最终趋于不变。就图 10-9 而言,不同转动惯量的飞轮在惰转过渡过程中转速、流量和扬程特性曲线及各特性下降速度曲线变化情况不同,转动惯量越小,各特性下降速度初始值越大,各特性曲线下降越陡峭;转动惯量越大,各特性下降速度初始值越小,各特性曲线下降越平缓。

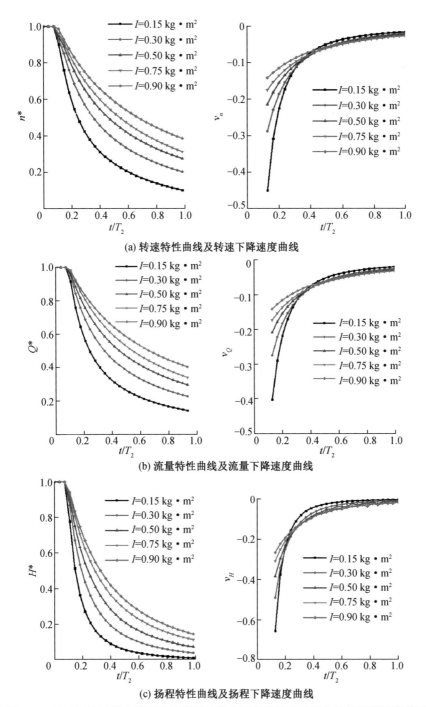

(a) 转速特性曲线及转速下降速度曲线

(b) 流量特性曲线及流量下降速度曲线

(c) 扬程特性曲线及扬程下降速度曲线

图 10-9　惰转过渡过程中不同转动惯量的核主泵各特性曲线及各特性下降速度曲线

比较图 10-9a,b,c 可知:转速、流量和扬程在相同时间内下降的幅度不同,扬程特性曲线下降速度最快,转速特性曲线下降速度次之,流量特性曲线下降速度最慢。结合各特性下降速度曲线可知:五组惰转试验对应的扬程下降速度初始值都大于转速下降速度初始值和流量下降速度初始值,所以扬程下降的程度最大,而转速下降速度初始值大于流量下降速度初始值,因而转速下降程度大于流量下降程度。再结合泵的基本原理可知:泵的扬程和转速呈平方关系,所以扬程下降的速度比转速下降的速度要快;流量和转速呈线性关系,理论上流量和转速的下降速度应该相同,但是由于流量计一般设置在进口管路进行流量测量,所以在瞬态过程中流量下降速度滞后于转速下降速度。

(3) 不同管阻对惰转过渡过程的影响

图 10-10 为在 T_2($T_2 = 11$ s)时间内五组不同管阻在惰转过渡过程中泵各特性曲线及各特性下降速度曲线。从图中可以看出:在相同转动惯量的飞轮作用下,惰转过渡过程中各特性与时间呈非线性曲线关系,不同阀门开度对应的特性曲线有所不同;惰转过渡过程中各特性下降速度曲线变化率由大变小,最终趋于不变。就图 10-10 而言,不同阀门开度在惰转过渡过程中转速、流量和扬程特性曲线及各特性下降速度曲线变化情况不同。从图 10-10a 中可以看出:当泵在 $0.8Q_n$ 工况下完成惰转过渡过程时,转速下降速度初始值较大,转速下降较快;当泵在 $1.2Q_n$ 工况下完成惰转过渡过程时,转速下降速度初始值较小,转速下降较慢。从图 10-10b 中可以看出:当泵在 $0.8Q_n$ 工况下完成惰转过渡过程时,流量下降速度初始值较小,流量下降较慢;当泵在 $1.2Q_n$ 工况下完成惰转过渡过程时,流量下降速度初始值较大,流量下降较快。从图 10-10c 中可以看出:当泵在 $0.8Q_n$ 工况下完成惰转过渡过程时,扬程下降速度初始值较大,扬程下降较快;当泵在 $1.2Q_n$ 工况下完成惰转过渡过程时,扬程下降速度初始值较小,扬程下降较慢。

比较图 10-10a,b,c 可知:各特性下降速度大小关系为 $v_H > v_n > v_Q$,表明在不同工况下惰转时,扬程下降都是最快的,流量下降都是最慢的,转速下降速度在两者之间;在不同工况下惰转时,在相同时刻相邻工况间各特性的变化大小不同,转速变化最小,扬程变化最大,流量变化大小在扬程和转速之间,表明不同工况下惰转对转速的变化影响不大,对扬程的变化影响较大,对流量的变化影响程度在两者之间。造成流量、转速和扬程在下降过程中出现差异的原因是:虽然改变系统管路阻力使惰转初期流体本身的转动惯性大小发生了改变,但在惰转初期,机组的转动惯量远大于流体自身的转动惯性,因而在惰转过渡过程中不同管路阻力对转速下降过程影响不大;而流量和扬程惰转在不同的管阻作用下对应的初始值不同,由于不同管阻对应的转速下降幅度几乎相同,因而小管阻对应的初始流量下降速度大、扬程下降速度小,大管阻对应的初始流量下降速度小、扬程下降速度大。

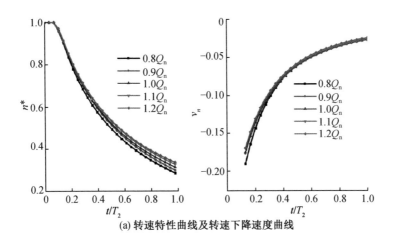

(a) 转速特性曲线及转速下降速度曲线

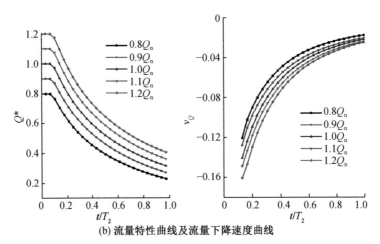

(b) 流量特性曲线及流量下降速度曲线

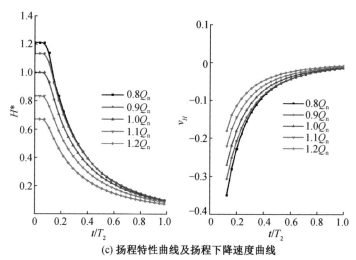

(c) 扬程特性曲线及扬程下降速度曲线

图 10-10 惰转过渡过程中不同管阻的核主泵各特性曲线及各特性下降速度曲线

10.3 不同转动惯量下非线性惰转过渡过程

核主泵作为冷却回路系统的核心运行部件,在设计上对其惰转特性有严格的安全要求,其主要的安全评价标准为半流量最短时间(一般为 5 s)[6]。由 10.2 节试验可知,转动惯量对泵的惰转瞬态过程有很大的影响,因此,通过了解转动惯量对核主泵惰转过渡过程中内部流场和动力特性的影响情况,可进一步加深对核主泵惰转过渡过程的认识。下面通过建立在不同转动惯量下的核主泵计算模型,完成非线性惰转过渡过程计算。

10.3.1 非线性惰转过渡过程

核主泵惰转工况如图 10-11 所示分为两个阶段:第一阶段为非线性惰转瞬变阶段,是最重要的阶段[7]。在非线性惰转瞬变开始时,核主泵电动机已经断电,核主泵的惯性压头(与机组的惰转惯量有关)比重力压头(与主泵所在回路的流动惯性有关)大得多,一回路内冷却剂的流动主要靠核主泵的机组转动惯量来维持。第二阶段为线性惰转瞬变阶段,在惰转过渡过程后期,机组储存的能量耗尽,其惯性压头几乎消失,冷却剂依靠自身的流动惯性继续运行。鉴于核主泵惰转过渡过程的安全设计标准是冷却剂达到半流量所用时间,因此,重点研究非线性惰转瞬变过渡过程。

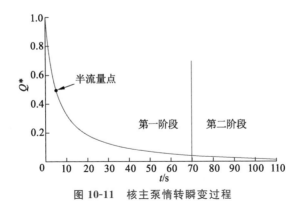

图 10-11　核主泵惰转瞬变过程

10.3.2　非线性惰转过渡过程非定常计算

（1）非定常计算模型的建立

为了深入研究不同转动惯量在惰转过渡过程中对核主泵水力特性和动力特性的影响，以 10.2 节的试验泵作为几何模型，将试验中五组不同转动惯量对应的转速和流量利用 MATLAB 软件拟合成对应的曲线公式作为数学模型（图 10-12 为转动惯量 $I=0.90$ kg · m^2 的拟合结果）。由于在惰转过渡过程中转速和流量都随时间而减小，如果在设置边界条件时单纯考虑转速的改变，而不考虑流量的变化，所得的内部流场变化结果不准确。所以需要同时考虑转速和流量随时间的变化，才能得到准确的结果。将 MATLAB 拟合的公式通过 ANSYS CFX 中的自定义函数功能，定义转速和流量 Expression 公式 $n(t)$ 和 $Q(t)$，分别代入叶轮和出口边界条件中控制叶轮转速和泵流量[8]。其中，主要边界条件和监测量 Expression 公式如下（以 $I=0.90$ kg · m^2 为例）：

流量 $Q(t)$ 公式：if t ∗ 1＜1s, 28.8, 179.3/(t ∗ 1[s^−1]＋5.083)

转速 $n(t)$ 公式：if t ∗ 1＜1s, 1480,（−143.2 ∗ t ∗ 1[s^−1]＋10430)/(t ∗ 1[s^−1]＋5.877)

扬程：massFlowAve（Total Pressure in Stn Frame @ Outlet）− massFlowAve(Total Pressure in Stn Frame@Inlet)/(wden ∗ g)

扭矩函数：torque_ z（）@ HUB ＋ torque_ z（）@ YP ＋ torque_ z（）@SHROUND

轴向力函数：force _ z（）@ HUB ＋ force_ z（）@ YP ＋ force_ z（）@SHROUND

径向力函数：force_x( )@ HUB ＋ force_x( )@ YP ＋ force_x( )@SHROUND

force_y( )@ HUB ＋ force_y( )@ YP ＋ force_y( )@SHROUND

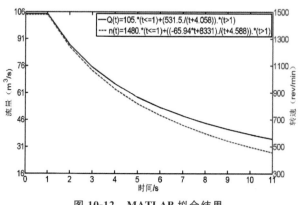

图 10-12　MATLAB 拟合结果

（2）非定常计算

在核主泵惰转过渡过程中，流体在流道内的流动是非对称非定常的瞬态过程，其非定常计算的设置与定常计算的设置有所不同，非定常计算不单纯考虑空间因素对物理量的影响，而将时间也作为影响物理量的重要因素。首先确定计算总时间和计算时间步长，从前面的分析可以看出，在惰转过渡过程中，流动惯性随着惰转的进行影响效果不断加强。这里主要研究非线性惰转过程中不同转动惯量对内部流场的影响，因此需要尽量排除流动惯性的影响，故选取 7.2 s 作为计算总时间，针对不同转动惯量选取相同分析频率 $f＝2\,000$ Hz 以方便对计算进行分析，故计算时间步长 $\Delta t＝0.003\,6$ s。

图 10-13 为非定常计算的扬程和试验测量的扬程对比图，从图中可以看出，在计算初期，非定常模拟计算的扬程值略小于试验值，但在整个计算周期内，数值模拟所得扬程与时间曲线和试验扬程与时间曲线重合度比较高，数值模拟扬程和试验扬程之间的误差在允许范围内，说明将试验惰转过渡过程中转速、流量与时间的关系式代入计算所得结果比较准确。

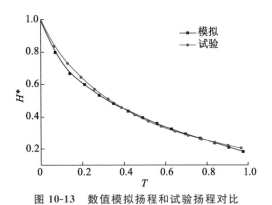

图 10-13　数值模拟扬程和试验扬程对比

10.3.3　惰转瞬态流场

为了更好地分析不同转动惯量对内部流场的影响,将计算总时间作为一个分析周期 $T(T=7.2\ \mathrm{s})$,分别取 $0,0.2T,0.4T,0.6T,0.8T,1.0T$ 六个时刻作为分析点。在惰转过渡过程中,主要依靠飞轮转动惯量储存的能量维持核主泵的运行,叶轮作为核主泵的核心部件,其内部能量变化情况决定了核主泵整体能量变化情况,因此,可通过分析叶轮在不同转动惯量下的内部物理量变化来反映不同转动惯量对核主泵内部流场的影响。

(1) 不同转动惯量对叶轮出口周向速度的影响规律

图 10-14 为不同转动惯量下惰转过渡过程中不同时刻出口周向速度的变化情况。从图中可以看出,不同转动惯量下在惰转过渡过程中周向速度都不断减小,并在不同时刻、相同位置出现 5 个波峰和 5 个波谷,其中在 0 时刻有4 个波峰幅度大小几乎相等,另一个出现在大约 260° 位置处的波峰幅度比其余 4 个都小。根据叶轮速度分布可知周向速度波峰和波谷的位置分别出现在叶片出口背面处和叶片出口工作面处,由于叶片存在一定的厚度,在厚度对应的流动区域高速流体和低速流体混合流动,使周向速度由最大值向最小值急剧减小,同时保持周向速度始终连续变化。由于靠近工作面区域的流体和靠近背面区域的流体运动状况不同,所以同一流道从工作面到背面在各时刻周向速度不是呈直线递增,而是呈波浪形递增,其中 50°~120° 之间的流道周向速度在各时刻都出现了两个明显的拐点,表明该流道的内部流动状况可能比其他流道的差。结合试验内容可知,在惰转过渡过程中飞轮储藏的能量通过不断运输流体被消耗,因而惰转过渡过程转速下降速度不断变小,各时刻周向速度之间的间隔也不断变小。

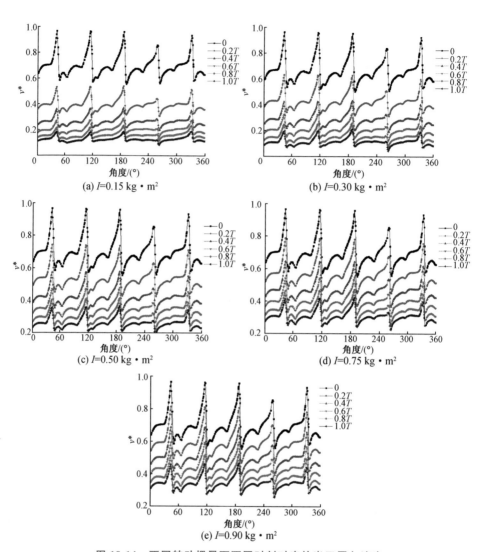

图 10-14　不同转动惯量下不同时刻对应的出口周向速度

通过比较图 10-14a,b,c,d,e 可知,不同转动惯量下在相同惰转时间内,虽然不同时刻周向速度之间的间隔不断变小,但是不同转动惯量对应不同时刻之间的间隔有较大的区别。与图 10-14b,c,d,e 相比,图 10-14a 中 0 和 0.2T 时刻之间周向速度出现了明显的断层现象,而其他图中周向速度没有出现断层现象,且随着转动惯量的不断变大,0.2T 时刻周向速度最大峰值不断接近 0 时刻的峰值。同时可以发现,图 10-14a 中周向速度下降幅度最大,图 10-14e 中周向速度下降幅度最小,说明转动惯量大小决定周向速度下降幅度大小;对比不同转动惯量下不同时刻周向速度在波峰和波谷之间的波动情况可以发现,转动惯量小,在惰转后期几乎没有波幅,而转动惯量大,在惰转后期依然保持一定的波幅。

(2) 不同转动惯量对叶轮周向湍动能的影响规律

湍动能是描述湍流强度大小的物理量,湍动能越大说明湍流强度越大[9]。图 10-15 为不同转动惯量下不同时刻周向湍动能的变化情况。从图 10-15 中可以看出,不同转动惯量下在惰转过渡过程中 $0,0.2T,0.4T,0.6T,0.8T$,$1.0T$ 六个时刻周向湍动能都呈现相同的有规律的变化趋势,在 $0°\sim360°$ 之间出现了 5 个波峰和 5 个波谷,相邻波峰和波峰(波谷和波谷)之间相隔 $72°$,相邻波峰和波谷之间相隔约 $45°$。不同时刻对应的波峰和波谷幅度依次减小,表明在惰转过渡过程中,流体在圆周方向的湍流强度随转速的不断减小而降低。对比图 10-15a,b,c,d,e 可知,转动惯量为 0.15 kg $\cdot$ m² 时在 $0.2T$,$0.4T,0.6T,0.8T$ 和 $1.0T$ 五个时刻的周向湍动能最小,转动惯量为 0.90 kg $\cdot$ m² 时在 $0.2T,0.4T,0.6T,0.8T$ 和 $1.0T$ 五个时刻的周向湍动能最大,表明转动惯量越大,在相同计算时间内,叶轮周向湍动能越大,且不同转动惯量对应各相邻时刻周向湍动能之间的间隔不同,转动惯量为 0.15 kg $\cdot$ m² 时的各时刻湍动能之间的间隔明显大于其他转动惯量对应的各时刻间隔,说明在惰转过渡过程中湍动能的下降速度正比于飞轮的转动惯量。由于同一时刻周向湍流能不同,结合图 10-14 可以发现,湍动能的波峰对应周向速度波峰和波谷的位置,而湍动能的波谷对应周向速度在流道出现的拐点处,说明圆周上流体的湍流情况不同,从叶片出口工作面到叶片背面之间,湍动能先减小至波谷后又上升到波峰。

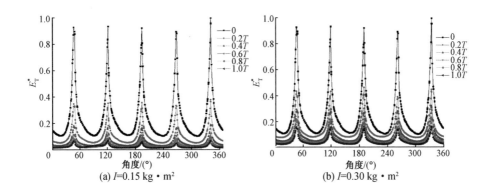

(a) $I=0.15$ kg $\cdot$ m²   (b) $I=0.30$ kg $\cdot$ m²

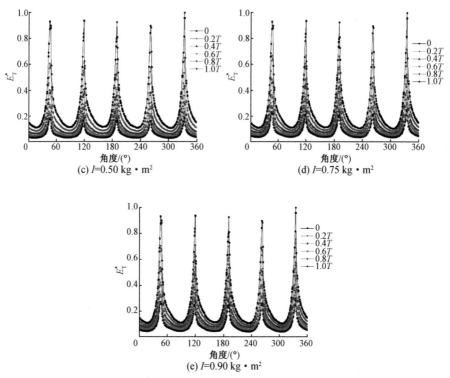

图 10-15　不同转动惯量下不同时刻对应的周向湍动能

（3）叶轮内部流动和能量分析

图 10-16 为不同转动惯量下惰转过渡过程中叶轮中间截面在不同时刻的流线和动能云图，首先分析在惰转过渡过程中中间截面在不同时刻的动能分布和变化情况。通过分析图 10-16a，b，c，d，e 可知，在惰转过渡过程中，不同转动惯量对应的不同时刻中间截面动能变化趋势相同，都是不断减小，这是因为在惰转过渡过程中，核主泵失去动力源后，叶轮在飞轮的惰性作用下继续对输送的液体做功，使飞轮所储存的能量不断被消耗，所以输送的液体的动能不断变小。

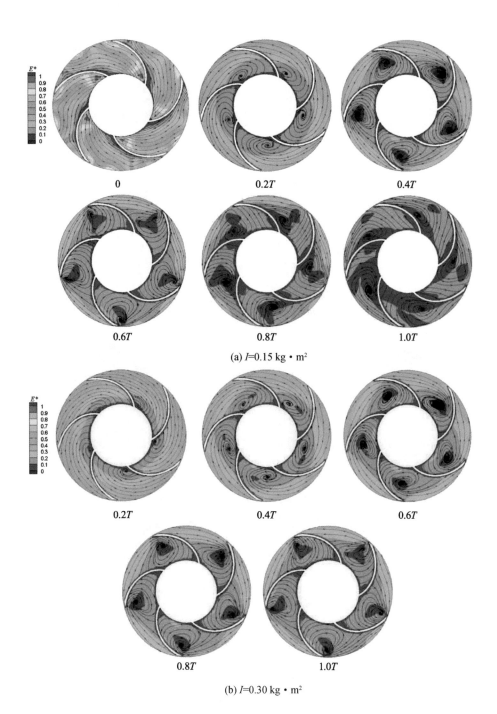

(a) I=0.15 kg · m²

(b) I=0.30 kg · m²

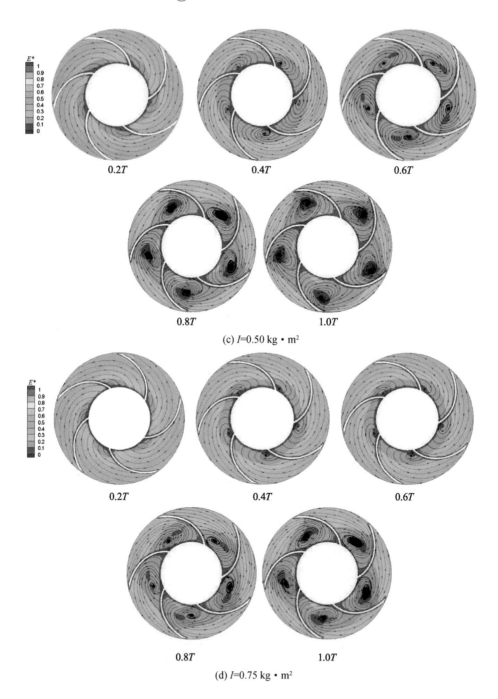

0.2T   0.4T   0.6T

0.8T   1.0T

(c) I=0.50 kg · m²

0.2T   0.4T   0.6T

0.8T   1.0T

(d) I=0.75 kg · m²

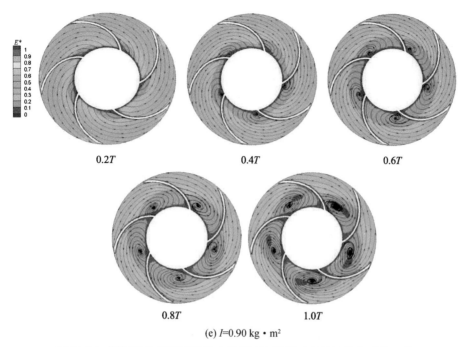

(e) I=0.90 kg·m²

图 10-16　不同转动惯量下叶轮中间截面在不同时刻的流线和动能云图

比较图 10-16a,b,c,d,e 可知,在惰转过渡过程中,虽然不同转动惯量对应的动能都减小,但是不同时刻中间截面上动能的大小和分布不同。其中,图 10-16a 和图 10-16e 有较大的区别,从图 10-16a 中可以看出,在 0 时刻,泵还没有惰转时,叶轮中间截面上动能最大处位于叶片背面进口处,动能最小处位于叶片工作面进口处,叶片工作面的动能比叶片背面的要小,流道中从叶片工作面到背面动能不断变大,就整个叶轮而言,从进口到出口,动能整体上不断增加;在 0.2T 时刻,叶轮中间截面上整体动能下降,流道靠近叶轮进口处动能值较小,叶片进口工作面和背面的动能相同;在 0.4T 时刻,叶轮中间截面上动能下降区域面积占大半个流道,且在流道中间靠近叶片背面出现局部的低能区;和 0.4T 时刻相比,在 0.6T 时刻,叶轮中间截面上动能下降区域面积扩大,局部低能区向叶轮中间流道靠近;在 0.8T 时刻,流道内靠近叶片工作面出现一定面积的低能区;在 1.0T 时刻,低能区由叶片工作面向流道中扩散。相比于图 10-16a,图 10-16e 中各时刻的动能明显比较大,且在 0.2T 时刻叶片进口处工作面的动能明显小于叶片背面,在 0.4T~1.0T 时刻之间动能较小区域面积没有图 10-16a 中的大,在 1.0T 时刻靠近叶轮进口流道才出现面积较小的低能区,出现的时间远迟于图 10-16a 中低能区出现的时间。

造成图 10-16a,b,c,d,e 中动能大小不同的原因是不同转动惯量储存的能量不同,较大的转动惯量储存较多的能量,可减缓转速下降的速度,而较小的转动惯量由于储能较少,很快被消耗完,转速急剧下降,导致流道中流体的动能下降速度很快;造成图 10-16a,b,c,d,e 中动能分布不同的原因是能量下降的梯度使内部流场变化不同。

为了解释不同转动惯量下中间截面上动能在同一惰转周期内分布不同的原因,通过在不同时刻动能云图上作流线图来分析内部流场在惰转过渡过程中的变化,从而影响能量分布。图 10-16a,b,c,d,e 中都显示在中间截面靠近进口低动能区域产生了旋涡,然后向流道中扩散,但是旋涡产生的时刻和强度不同,特别是在图 10-16a 和图 10-16e 中。从图 10-16a 中可以看出,在 0 时刻中间截面上没有明显的旋涡,在 0.2T 时刻中间截面上靠近进口叶片工作面低动能区域产生旋涡,在 0.4T 时刻中间截面上在流道中间出现强度较大的旋涡,在 0.6T 时刻中间截面上在流道出口靠近叶片背面出现强度较小的旋涡,在 0.8T 和 1.0T 两时刻中间截面上在流道中间靠近叶片工作面出现强度较小的旋涡。相比于图 10-16a,图 10-16e 中在 0.4T 时刻叶轮进口叶片工作面才产生强度较小的旋涡,而在 0.4T~0.8T 时刻之间旋涡强度有所增强,位置几乎没有改变,直到 1.0T 时刻旋涡强度进一步增强,位置扩散到流道中间。结合不同转动惯量下在同一周期不同时刻的流线图,可以总结出惰转过渡过程中流线的变化过程:由于在叶轮进口工作面存在不同流速区域,因此流体在离开叶片工作面时在其周围形成自由剪切层,自由剪切层自身具有不稳定性,自发失稳后卷成旋涡,流入叶轮流道中,旋涡在流动过程中从周围相连的剪切层中吸收能量维持运动[10-12]。随着飞轮提供的能量不断被消耗,速度梯度不断下降,旋涡周围的剪切层能量不足以维持旋涡运动,在黏性的作用下,旋涡自身的能量不断被耗散,强度不断降低[13-15]。造成图 10-16a,b,c,d,e 中旋涡变化不同的根本原因是速度梯度变化率不同,对于图 10-16a 而言,转动惯量比较小,速度梯度在惰转前期变化较大,所以旋涡在 0.2T 时刻就已经产生,在 0.4T 时刻,在水流的作用下旋涡扩散到流道中间,并且通过从周围流体中获取能量维持运动,造成周围出现低能区,在惰转后期,由于储能几乎被耗尽,旋涡没有能量维持运动,便慢慢被消耗掉;而对于图 10-16e 而言,由于飞轮转动惯量较大,储能较多,在整个计算周期内,速度梯度变化一直比较均匀,在 0.4T 时刻中间截面上才在叶轮叶片进口工作面处产生旋涡,从 0.6T 时刻到 0.8T 时刻旋涡位置几乎没有发生太大的变化,强度却一直在增强,在 1.0T 时刻旋涡才脱落到流道中,导致流道中出现小面积的低能区。结合中间截面动能和流线的变化可知,不同转动惯量的飞轮由于储存的能量不同,在惰转过渡过程中对叶轮的内部流动状态有较大的影响:储能越多,叶轮进口叶片工作面由于流动分离产生的旋涡出现的时间越晚,流体在流道内的流动相对来说较有序;储能越少,叶轮进口叶片工作面由于流动分离产生的旋涡出现的时间越早,流体在流道内的流动相对而言较混乱,同时叶轮内部流动又作用于流场中的能量分布。

10.3.4 转动惯量对叶轮动力特性的影响

(1) 惰转过渡过程中不同转动惯量对轴向力的影响

图 10-17 为惰转过渡过程中不同转动惯量对轴向力的影响,从图中可以看出,不同转动惯量下在相同的惰转时间内轴向力变化是不同的,在转动惯量为 $0.15\ \mathrm{kg \cdot m^2}$ 时轴向力下降幅度最大,下降速度初始值比较大,导致在惰转初期轴向力下降幅度特别大,随后速度不断减小,轴向力下降幅度最终几乎不变;而在转动惯量为 $0.90\ \mathrm{kg \cdot m^2}$ 时轴向力下降幅度最小,下降速度初始值比较小,使得在整个过程中轴向力下降幅度都不是很大。不同转动惯量对应的轴向力下降幅度不同,这与机组储存的能量有关,结合前面的能量分析可知,较小的转动惯量使叶轮流场各处的速度和压力迅速下降,导致轴向力迅速下降,当转动惯量储存的能量被消耗完后,轴向力就不再下降;而较大的转动惯量能够保持叶轮内部的压力和速度缓慢下降,使轴向力不至于迅速下降。因此,在惰转过渡过程中,机组的转动惯量越大,轴向力下降的幅度越小。

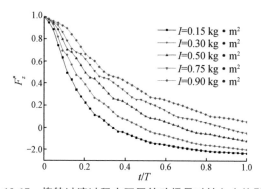

图 10-17 惰转过渡过程中不同转动惯量对轴向力的影响

(2) 不同转动惯量的飞轮在惰转过渡过程中对叶轮径向力的影响

核主泵采用空间导叶结构,理论上不会产生径向力,但是由于转子在加工和装配上存在一定的误差,叶轮的外径圆与导叶的内径圆是有偏心的,造成叶轮和导叶之间发生干涉,从而产生径向力[16,17]。同时,由于口环存在泄漏,间隙处不同位置压力不同,也会产生部分径向力。在惰转过渡过程中,转速和流量不断变小,径向力也会不断变小。图 10-18 为转动惯量为 $0.90\ kg\cdot m^2$ 时惰转过渡过程中叶轮在 x,y 方向的径向力分量,从图中可以看出,在惰转周期内径向力在 x,y 方向的分量都在不断变小。为了更好地观察不同转动惯量下惰转过渡过程中径向合力的变化情况,将惰转周期划分为 $0,0.2T$,$0.4T,0.6T,0.8T$ 和 $1.0T$ 六个时刻,通过试验得到不同转动惯量在各个时刻对应的转速和流量,代入计算模型中进行旋转一周的非定常计算,得到不同转动惯量下对应的不同时刻径向合力的大小(见图 10-19)。

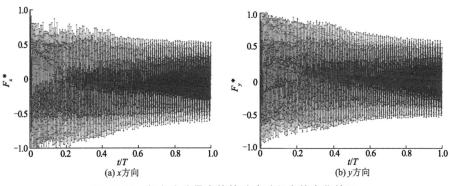

图 10-18　径向力分量在惰转过渡过程中的变化情况

从图 10-19 中可以看出在各转动惯量下叶轮径向力在叶轮旋转一圈内不同时刻的分布情况,径向合力可围成包含 10 个较大波峰和 10 个波谷的闭合花瓣曲线,其中波峰的位置分别在 10°,50°,80°,110°,150°,180°,220°,250°,290°,320°,波谷的位置分别在 30°,72°,95°,144°,165°,216°,240°,288°,310°,360°,即叶轮转动 30°~50°即出现波峰和波谷,其中在 72°,144°,216°,288°,360°径向合力波谷幅度最小,结合叶轮的叶片数可将径向合力曲线分为 5 个部分,即在每个部分中径向合力出现 2 次大小不同的波峰和 3 次波谷,且在 220°~275°和 275°~360°两个区间内,曲线形状明显不同于其他三个区间,出现该现象的原因是:在叶轮旋转约 72°的过程中,叶轮和导叶出现了两个明显的干涉位置,导致出现 2 次波峰和 3 次波谷,而初始位置的不同可能是造成 220°~275°和 275°~360°两个区间内曲线形状明显不同于其他三个区间的原因。在相同转动惯量下,由于不同时刻对应的转速和流量不同,所以径向合力大小也有所不同,同理可知不同转动惯量在相同时刻对应的径向合力大小也会有很大的不同,说明在惰转过渡过程中叶轮和导叶之间的干涉作用随着转速和流量下降不断减弱。通过比较图 10-19a,b,c,d,e 可知:图 10-19a 中各时刻对应的花瓣曲线之间的距离由大变小,而图 10-19e 中各时刻对应的花瓣曲线之间的距离比较均匀,说明转速和流量下降的幅度决定了径向合力下降的幅度。

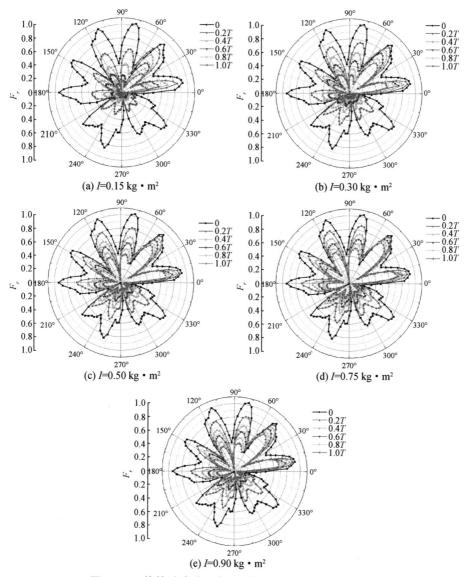

图 10-19　惰转过渡过程中不同转动惯量对径向力的影响

10.4 基于叶轮几何参数的惰转数学模型

从第4章的研究可知,核主泵叶轮不同几何参数不只直接影响泵的性能,还通过和其他参数之间的耦合作用间接影响泵的性能。一般通过改变某一个几何参数的大小来改变泵的性能,本质上是同时改变该参数对性能的直接影响作用和该参数与其他参数耦合对性能的间接影响作用。在惰转过渡过程中,由于泵的转速和流量都发生变化,因而泵各几何参数对力矩性能的直接作用和它与其他参数耦合的间接作用都会发生改变,应根据不同几何参数与力矩性能的关系选取最优叶轮几何参数组合。下面在前文的基础上,研究惰转过渡过程中不同叶轮几何参数组合和力矩系数的关系,通过主成分分析法来构建关于叶轮几何参数与转速在惰转过渡过程中的数学模型。

在正常运行工况下,根据力矩平衡原理,核主泵转子部分应该满足电动机的电磁力矩 T_e、冷却剂对叶轮的水力矩 M_h、转子的摩擦力矩 M_f 和转子转动惯性矩 $I\dfrac{d\omega}{dt}$ 四者平衡,关系式如下:

$$T_e = M_h + M_f + I\frac{d\omega}{dt} \tag{10-2}$$

式中: T_e 为核主泵电动机的电磁力矩,N·m; M_h 为冷却剂对叶轮的水力矩, N·m; M_f 为转子的摩擦力矩,N·m; I 为核主泵机组总的转动惯量,kg·m²。

当核主泵失去电源以后,电磁力矩 T_e 消失,核主泵依靠机组转动惯量储存的能量惰转运行,转子转动惯性矩作为动力矩不断衰减,其内部力矩关系式见式(10-3)。

$$I\frac{d\omega}{dt} = -(M_f + M_h) \tag{10-3}$$

从式(10-3)可以看出,惰转过渡过程的总时间由转动惯量 I、冷却剂对叶轮的水力矩 M_h 和转子的摩擦力矩 M_f 三者共同决定,其中,转动惯量由机组决定,摩擦力矩与水力矩之和可表示为一个系数 K 和角速度平方 ω^2 的积[18],结合泵的内部能量转换可知,系数 K 主要与泵叶轮几何参数有关,可得式(10-4):

$$I\frac{d\omega}{dt} = -K\omega^2$$

$$I\frac{d\omega}{dt} = -f(x_1, x_2, \cdots, x_n)\omega^2 \tag{10-4}$$

式中: $x_1, x_2, \cdots, x_n$ 为叶轮几何参数,泵的扬程和效率主要由叶片出口安放角、叶片数、叶片包角、叶轮进口直径、叶轮出口直径、叶片出口宽度、叶轮出口倾斜角和面积比等八个参数决定。下面分析上述八个叶轮几何参数与力矩系数 K 之间的关系。

10.4.1 不同惰转工况下力矩系数的正交试验

（1）正交试验的目的

① 分析叶轮几何参数对不同力矩系数的直接影响作用及通过与其他几何参数耦合的间接影响作用。

② 以惰转过渡过程中力矩最小为目标得出叶轮几何参数的最优组合。

（2）正交试验的结果

为了研究惰转过渡过程中力矩系数与叶轮几何参数之间的关系，选取转动惯量对应的惰转过渡过程中转速、流量与时间的特性曲线，通过 ANSYS CFX 软件计算 4.3 节 18 组不同叶轮几何参数组合（见表 4-2）在 $0.5Q_n$，$0.6Q_n$，$0.7Q_n$，$0.8Q_n$，$0.9Q_n$ 和 $1.0Q_n$ 惰转工况下对应的水力矩值，后期通过除以对应工况点的转速平方得到惰转过渡过程中六个工况点不同叶轮几何参数对应的力矩系数（见表 10-1）。从表 10-1 中可以看出，不同叶轮几何参数组合对相同惰转工况的影响不同，相同叶轮几何参数组合对不同惰转工况的影响也不同。

表 10-1　惰转过渡过程中六个工况点不同叶轮几何参数对应的力矩系数

序号	$M_{0.5Q_n}$	$M_{0.6Q_n}$	$M_{0.7Q_n}$	$M_{0.8Q_n}$	$M_{0.9Q_n}$	$M_{1.0Q_n}$
1	1.334	1.314	1.301	1.282	1.290	1.287
2	1.637	1.594	1.568	1.544	1.542	1.535
3	1.894	1.894	1.894	1.894	1.894	1.894
4	1.633	1.598	1.577	1.562	1.557	1.551
5	2.145	2.087	2.053	2.038	2.015	2.005
6	1.416	1.396	1.383	1.367	1.372	1.368
7	1.432	1.412	1.399	1.383	1.388	1.385
8	1.669	1.632	1.609	1.589	1.586	1.579
9	1.933	1.933	1.932	1.934	1.932	1.900
10	1.513	1.477	1.454	1.426	1.409	1.428
11	1.324	1.313	1.304	1.289	1.300	1.298

序号	$M_{0.5Q_n}$	$M_{0.6Q_n}$	$M_{0.7Q_n}$	$M_{0.8Q_n}$	$M_{0.9Q_n}$	$M_{1.0Q_n}$
12	1.789	1.744	1.719	1.700	1.691	1.682
13	1.931	1.931	1.930	1.932	1.930	1.930
14	1.728	1.729	1.728	1.728	1.729	1.729
15	1.818	1.773	1.745	1.724	1.717	1.709
16	1.417	1.402	1.393	1.379	1.386	1.384
17	1.455	1.424	1.404	1.380	1.387	1.382
18	1.460	1.437	1.422	1.405	1.410	1.406

10.4.2 基于逐步回归分析叶轮几何参数对惰转力矩系数的影响

从前文可知,叶轮的八个结构参数对力矩系数的影响程度不同,且不同结构参数之间具有耦合作用,例如面积比与叶轮进口直径、叶轮出口直径、叶片出口宽度和叶轮出口倾斜角之间都有很大的相关性。单纯将面积比、叶轮进口直径、叶轮出口直径、叶片出口宽度和叶轮出口倾斜角等几何参数代入拟合成线性回归方程,不能合理解释对应的各项回归参数的意义。因此,为了得到一个可靠的叶轮几何参数与力矩系数的回归模型,需要一种能够排除参数间耦合作用的方法,有效地从众多结构参数中逐步选出对力矩系数贡献率大的参数,剔除贡献率小的参数,从而建立最优的回归方程[19]。

逐步回归是从第一个结构参数开始,根据偏相关系数从大到小逐个引入回归方程中,当引入的结构参数由于后面引入的其他结构参数而变得不显著时,将其剔除出回归方程[20]。从引入结构参数到从回归方程中剔除结构参数,为逐步回归的一步。逐步回归的每一步都要进行 F 值检验以确保每次引入的结构参数有统计意义。基于 DPS 数据处理系统,完成对不同惰转工况下力矩系数与叶轮几何参数的逐步回归计算。DPS 数据处理系统在计算叶轮几何参数与力矩系数之间的逐步回归时,由系统根据内部计算确定 F 的临界值(一般为 0.1),在临界值下不断引入和剔除变量,根据调整前后的相关系数来确定是否终止操作,一般当调整后的相关系数小于调整前的相关系数时终止操作。终止操作后,系统主要输出各变量参数的自身统计值、相关系数表、偏相关系数表、回归方程式、通径系数表、决定系数和剩余通径系数[21]。用户可以根据决定系数和剩余通径系数来评估采用线性回归结果的精确性。

首先将 18 组不同的叶轮几何参数组合与对应力矩系数值按照六个惰转工况点定义成六组不同的数据块,然后将各数据块标准化处理后,进行逐步回归计算。对于叶轮各参数与力矩系数值,系统会根据偏相关系数自动计算,提示用户将作用效果显著的参数引入,而对作用效果不显著的几何参数,系统会提示用户根据临界值将其剔除。最终系统根据临界值引入了叶片出口安放角、叶片包角、叶片数、叶轮出口直径、叶片出口宽度和面积比六个参数,剔除了叶轮出口倾斜角和叶轮进口直径。系统输出了惰转过渡过程六个工况力矩系数与叶轮几何参数之间的线性回归方程、偏相关系数(见表 10-2)、决定系数(见表 10-3)、剩余通径系数(见表 10-3)和通径系数。

表 10-2　叶轮几何参数与不同惰转工况的偏相关系数

	$M_{0.5Q_n}$	$M_{0.6Q_n}$	$M_{0.7Q_n}$	$M_{0.8Q_n}$	$M_{0.9Q_n}$	$M_{1.0Q_n}$
$r(M_i, \beta_2)$	0.822	0.837	0.840	0.843	0.841	0.837
$r(M_i, \varphi)$	-0.742	-0.753	-0.752	-0.752	-0.744	-0.741
$r(M_i, Z)$	0.933	0.926	0.919	0.911	0.900	0.904
$r(M_i, D_2)$	0.398	0.403	0.398	0.396	0.372	0.395
$r(M_i, b_2)$	-0.487	-0.422	-0.377	-0.352	-0.323	-0.327
$r(M_i, Y)$	0.762	0.720	0.685	0.664	0.633	0.634

表 10-3　不同惰转工况下的决定系数和剩余通径系数

	$M_{0.5Q_n}$	$M_{0.6Q_n}$	$M_{0.7Q_n}$	$M_{0.8Q_n}$	$M_{0.9Q_n}$	$M_{1.0Q_n}$
决定系数	0.951	0.947	0.942	0.938	0.932	0.934
剩余通径系数	0.220	0.230	0.240	0.248	0.260	0.258

(1) 偏相关分析

从表 10-2 中可以看出,经过偏相关分析挑选出的六个叶轮几何参数在惰转过渡过程中对力矩系数的影响大小是不同的。叶片出口安放角、叶片包角、叶片数和面积比对惰转过渡过程的力矩系数作用效果较大,而叶轮出口直径和叶片出口宽度对惰转过渡过程的力矩系数作用效果较小。其中,叶片出口安放角、叶片数、面积比和叶轮出口直径对力矩系数作用系数为正值,说明在一定范围内增大叶片出口安放角、叶片数、面积比和叶轮出口直径会增大力矩系数;叶片包角和叶片出口宽度对力矩系数作用系数为负值,说明在一定范围内增大叶片包角和叶片出口宽度会减小力矩系数。

从表 10-3 中可以看出,采用逐步线性回归在六个惰转工况下决定系数都在 0.9 以上,剩余通径系数都比较小,说明所选的叶轮八个结构参数与力矩系数之间完全可以通过逐步回归建立线性方程,故所得方程非常可靠,准确性很好。

(2) 叶轮几何参数对力矩系数的通径作用

图 10-20 是在惰转过渡过程中叶轮主要几何参数对力矩系数的直接和间接作用大小,从图中可以看出,在惰转过渡过程中叶轮不同几何参数的作用大小是不同的。

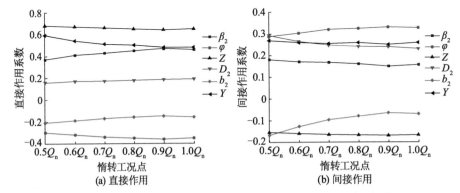

图 10-20 惰转过渡过程中叶轮主要几何参数对力矩系数的通径作用

从图 10-20a 中可以看出,在惰转过渡过程中叶轮不同几何参数对力矩系数的直接作用是不同的,叶片数、叶片出口安放角、叶轮出口直径和面积比对力矩系数直接作用系数都是正值,说明增大叶片数、叶片出口安放角、叶轮出口直径和面积比都会使力矩系数增大,而叶片出口宽度和叶片包角对力矩系数直接作用系数都是负值,说明增大叶片出口宽度和叶片包角会使力矩系数减小;在惰转过渡过程中,叶片出口安放角和叶片包角直接作用系数的绝对值不断变小,而面积比和叶片出口宽度直接作用系数的绝对值不断变大,叶片数和叶轮出口直径直接作用系数的绝对值几乎不变,表明在惰转过渡过程中,叶片出口安放角和叶片包角对力矩系数作用的权重不断减小,而面积比和叶片出口宽度对力矩系数作用的权重不断增大。从图 10-20b 中可以看出,在惰转过渡过程中叶轮不同几何参数对力矩系数的间接作用是不同的,叶片出口安放角、叶片包角、叶轮出口直径和面积比对力矩系数间接作用系数都是正值,说明它们通过叶轮参数之间的耦合作用来间接增大力矩系数,而叶片数和叶片出口宽度对力矩系数间接作用系数都是负值,说明它们通过叶轮参数之间的耦合作用来间接减小力矩系数;在惰转过渡过程中,叶轮出口直径和叶片出口宽度间接作用系数的绝对值不断变大,叶片包角间接作用系数的绝对值不断变小,而叶片出口安放角、面积比和叶片数三者间接作用系数的绝对值几乎不变,表明在惰转过渡过程中,叶轮出口直径和叶片出口宽度与其他叶轮参数之间的耦合作用对力矩系数影响不断增强,而叶片包角与其他叶轮参数之间的耦合作用对力矩系数影响不断减弱。

(3) 惰转过渡过程中叶轮几何参数最优组合

从上述分析可知,不同叶轮几何参数组合对相同惰转工况影响不同,相同叶轮几何参数组合对不同惰转工况影响也不同。从式(10-4)可知,在惰转过渡过程中,力矩系数越小,惰转时间越长。通过结合偏相关分析过程和通径作用结果来选取惰转过渡过程中叶轮几何参数最优组合,选取结果见表10-4。

表 10-4 叶轮几何参数最优组合

因素	选取理由	最优结果
γ	在一定范围内,叶轮出口倾斜角在惰转过渡过程中对力矩系数没有明显的影响,故取平均值	23
β_2	在一定范围内,叶片出口安放角偏相关系数为正值,在惰转过渡过程中间接作用系数几乎不变,故取较小值	20
φ	在一定范围内,叶片包角偏相关系数为负值,应取较大值,但考虑到在惰转过渡过程中,直接作用系数为负值且绝对值不断减小,间接作用系数为正值且不断减小,取值过大意义不大,故取平均值	120
Z	在一定范围内,叶片数偏相关系数为正值,应取较小值,但考虑到间接作用系数为负值,不宜太小,故取平均值	5
D_2	在一定范围内,叶轮出口直径偏相关系数在惰转过渡过程中保持正值,直接作用系数为正值但变化较小,间接作用系数为正值且不断增大,故取较小值	760
b_2	在一定范围内,叶片出口宽度偏相关系数为负值,且直接和间接作用呈现负增强趋势,故取较大值	200
D_0	在一定范围内,叶轮进口直径在惰转过渡过程中对力矩系数没有明显的影响,故取平均值	555
Y	在一定范围内,面积比偏相关系数为正值,且在惰转过渡过程中,直接作用系数为正值且不断增大,故取较小值	0.905

10.4.3 基于主成分分析构建惰转过渡过程数学模型

通过逐步分析可得出叶轮六个几何参数与力矩系数之间的线性回归方程[见式(10-5)],如果要预测整个惰转过渡过程中叶轮几何参数与力矩系数之间的关系,需要综合考虑各个工况下的线性回归方程。

$$
\begin{cases}
M_{0.5Q_n} = 1.64 + 0.088\beta_2^* - 0.072\varphi^* + 0.153Z^* + 0.044D_2^* - 0.036b_2^* + 0.112Y^* \\
M_{0.6Q_n} = 1.616 + 0.097\beta_2^* - 0.077\varphi^* + 0.152Z^* + 0.042D_2^* - 0.037b_2^* + 0.115Y^* \\
M_{0.7Q_n} = 1.601 + 0.1\beta_2^* - 0.08\varphi^* + 0.159Z^* + 0.044D_2^* - 0.04b_2^* + 0.122Y^* \\
M_{0.8Q_n} = 1.587 + 0.11\beta_2^* - 0.085\varphi^* + 0.158Z^* + 0.042D_2^* - 0.041b_2^* + 0.122Y^* \\
M_{0.9Q_n} = 1.585 + 0.112\beta_2^* - 0.085\varphi^* + 0.16Z^* + 0.041D_2^* - 0.045b_2^* + 0.129Y^* \\
M_{1.0Q_n} = 1.581 + 0.107\beta_2^* - 0.082\varphi^* + 0.163Z^* + 0.038D_2^* - 0.05b_2^* + 0.141Y^*
\end{cases}
$$

$$(10-5)$$

式中:M_i 为不同惰转工况下的力矩系数($i = 0.5Q_n, 0.6Q_n, 0.7Q_n, 0.8Q_n, 0.9Q_n, 1.0Q_n$),结构参数上标有"$*$"的是经过标准化后的结构参数。

选用主成分分析法来综合确定整个惰转过渡过程中的力矩系数性能。所谓的主成分分析就是将有较大相关性的原始数据转化成彼此不相关或相互独立的新数据,根据贡献率和累计贡献率(一般要求累计贡献率大于 70%)来确定新主要成分的个数,特征值大小代表新成分对综合评价的权重大小[22]。新数据一般比原始数据个数少,且能够解释综合指标。主成分分析的矩阵计算公式如下:

$$
\begin{bmatrix}
v_{11} & v_{21} & \cdots & v_{n1} \\
v_{12} & v_{22} & \cdots & v_{n2} \\
\vdots & \vdots & \vdots & \vdots \\
v_{1m} & v_{2m} & \cdots & v_{nm}
\end{bmatrix}
\begin{bmatrix}
x_1^* \\
x_2^* \\
\vdots \\
x_n^*
\end{bmatrix}
=
\begin{bmatrix}
c_1 \\
c_2 \\
\vdots \\
c_m
\end{bmatrix}
\tag{10-6}
$$

式中:c_m 为第 m 个主要成分,$\boldsymbol{v}_m = [v_{i1}, v_{i2}, \cdots, v_{im}]^T$ 为特征向量,x_i^* 为标准化后的参数。

经过主成分分析后所产生的新的参数要能够解释综合指标,如果选取叶轮几何参数作为原始数据生成新的几组相互独立的参数去解释惰转过渡过程中的力矩系数性能,结果是不合理的,因为原始数据只是针对六个不同工况下的力矩系数,不能反映整个惰转过渡过程中的力矩系数性能。考虑到整个惰转过渡过程中转速都是连续变化的,各惰转工况下的力矩系数有很大的相关性,要合理解释整个惰转过渡过程中的力矩系数性能,需要产生新的相互独立的参数。因此,可选取六个惰转工况下的力矩系数作为原始数据,通过 DPS 数据处理系统中的多元分析中的主成分分析功能完成主成分分析。一般在主成分分析前必须要对原始数据进行标准化处理,以避免原始数据中的数据尺寸影响特征值的大小[23]。但是力矩系数本身就是无量纲的数据,所以不必进行标准化处理。经过 DPS 处理后输出的结果分别为原始数据间的相关性矩阵、相关性矩阵特征值和特征向量。

表 10-5 是六个惰转工况下的力矩系数之间的相关系数表,从表中可以看出六个惰转工况之间的相关系数都很大,表明虽然叶轮的模型改变了,但是惰转过渡过程不会因为外界环境的改变而使转速和流量等物理量发生间断的变化,不存在相互独立的工况点。

表 10-5 六个惰转工况下的力矩系数之间的相关系数

	$0.5Q_n$	$0.6Q_n$	$0.7Q_n$	$0.8Q_n$	$0.9Q_n$
$0.6Q_n$	0.997 2				
$0.7Q_n$	0.993 0	0.999 0			
$0.8Q_n$	0.989 0	0.997 3	0.999 5		
$0.9Q_n$	0.985 3	0.995 2	0.998 4	0.999 6	
$1.0Q_n$	0.985 1	0.995 1	0.998 3	0.999 3	0.999 4

表 10-6 是通过六个惰转工况下的力矩系数的相关系数矩阵计算所得的五个特征值,即成分的贡献率和累计贡献率,从表中可以看出,第一主成分特征值大小为 5.976 9,贡献率达到了 99% 以上,而其他主成分特征值比较小,贡献率非常低。因此,选取第一主成分就可以完整描述整个惰转过渡过程中的力矩系数,各成分因素的特征向量见表 10-7。

表 10-6 不同主成分特征值

	特征值	贡献率/%	累计贡献率/%
第一主成分	5.976 9	99.614 6	99.614 6
第二主成分	0.022 2	0.370 8	99.985 4
第三主成分	0.000 7	0.011 4	99.996 8
第四主成分	0.000 2	0.002 8	99.999 6
第五主成分	0.000 0	0.000 4	100.000 0

表 10-7　不同因素的特征向量

	因素 1	因素 2	因素 3	因素 4	因素 5	因素 6
第一特征向量	0.406 4	0.762 7	0.050 0	0.331 1	0.260 0	0.271 5
第二特征向量	0.408 7	0.264 9	0.000 6	−0.202 2	−0.351 1	−0.773 7
第三特征向量	0.409 0	−0.027 5	−0.059 1	−0.494 3	−0.511 4	0.567 9
第四特征向量	0.408 8	−0.227 7	−0.210 8	−0.455 3	0.724 0	−0.071 8
第五特征向量	0.408 3	−0.382 9	−0.569 6	0.582 8	−0.150 3	0.000 0
第六特征向量	0.408 3	−0.385 8	0.790 8	0.241 2	0.030 7	0.007 2

通过表 10-7 可以计算出第一主成分为

$$M_{new} = 0.406\ 4 M_{0.5Q_n} + 0.762\ 7 M_{0.6Q_n} + 0.05 M_{0.7Q_n} +$$
$$0.331\ 1 M_{0.8Q_n} + 0.26 M_{0.9Q_n} + 0.271\ 5 M_{1.0Q_n} \tag{10-7}$$

式中：M_{new} 是根据六个惰转工况下的力矩系数产生的新的参数变量，能够描述整个惰转过渡过程中力矩系数的变化情况。

一般根据主成分和特征值的关系，可以建立主成分综合评价模型。但是，由于惰转是一个连续的过程，主成分分析是根据六个相邻工况计算出特征值，其特征值是集中六个工况的影响权重，而每个工况都对惰转过渡过程有必不可少的作用，因而虽然第一主成分的贡献率达到了 99.6% 以上，但是特征值是六个工况重复影响权重的综合。为了使第一主成分和第一特征值能够综合反映整个惰转过渡过程，需要去除所选六个工况对特征值的重复影响权重，即平均化特征值来得到新的能独立反映整个惰转过渡过程的特征值，通过第一主成分和新的特征值可得到如下惰转过渡过程的综合评价模型：

$$f(\gamma, \beta_2, \varphi, Z, D_2, b_2, D_0, Y) = 0.996\ 2 M_{new} \tag{10-8}$$

结合式(10-5)、式(10-7)、式(10-8)和式(10-9)可得到整个惰转过渡过程中力矩系数与叶轮几何参数的综合评价模型，将评价模型关系式代入惰转过渡过程的微分方程[见式(10-4)]中可解得惰转过渡过程中转速、时间、转动惯量和叶轮几何参数的关系式[见式(10-10)]，通过该关系式可预测不同转动惯量下相同叶轮几何参数组合在惰转过渡过程中转速与时间的关系曲线，以及相同转动惯量下不同叶轮几何参数组合在惰转过渡过程中转速与时间的关系曲线。

$$
\begin{cases}
f = -17.25 + 0.05\beta_2 - 0.04\varphi + 0.39Z + \\
\quad\quad 0.02D_2 - 0.02b_2 + 11.37Y \\
20 \leqslant \beta_2 \leqslant 30 \\
115 \leqslant \varphi \leqslant 125 \\
4 \leqslant Z \leqslant 6 \\
760 \leqslant D_2 \leqslant 770 \\
190 \leqslant b_2 \leqslant 200 \\
0.9 \leqslant Y \leqslant 1.1
\end{cases}
\tag{10-9}
$$

$$
\omega(t) = \frac{\omega_0}{1 + \dfrac{\omega_0}{I} f(\gamma, \beta_2, \varphi, Z, D_2, b_2, D_0, Y) t}
\tag{10-10}
$$

10.4.4 基于一维流体系统仿真平台验证惰转模型

Flowmaster 是一个一维流体系统设计和仿真平台,可以进行系统的稳态和瞬态计算[24]。由于 Flowmaster 的开放性功能,用户可以根据自己研究的课题自定义各种所需部件,来完成系统的搭建[25,26]。针对流体机械学科,相比其他软件,Flowmaster 可根据流体特性曲线完成流体机械稳态和瞬态计算,下面借助 Flowmaster 对所建模型进行验证。

(1) 模型选取

由于所建模型是根据 18 组不同叶轮几何参数得到的回归曲线,为了验证模型的通用性,需要另建模型进行验证。根据核主泵参数,通过 CFturbo 建立叶轮、导叶三维水体模型,通过三维建模软件 Pro/E 建立进口段和泵壳水体模型,其中叶轮几何参数数值大小见表 10-8,将叶轮主要结构参数代入式(10-5)和式(10-6)中可得到该叶轮参数下惰转过渡过程中转速的变化曲线[见式(10-11),其中转动惯量取 931 kg·m²]。将水体模型文件导入 ANSYS 进行网格划分和外特性计算,计算结果如图 10-21 所示。

表 10-8 叶轮几何参数数值大小

几何参数	$\gamma/(°)$	$\beta_2/(°)$	$\varphi/(°)$	Z	D_2/mm	b_2/mm	D_0/mm	Y
数值	24	27	113	6	768	197	547	0.97

$$
\omega(t) = \frac{155}{1 + 0.483t}
\tag{10-11}
$$

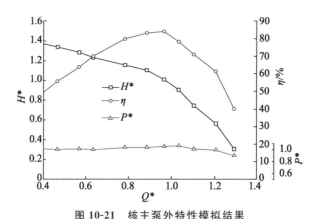

图 10-21　核主泵外特性模拟结果

（2）模型的验证及分析

为了验证核主泵惰转数学模型的正确性，根据试验内容在 Flowmaster 中搭建如图 10-22 所示闭式模拟试验台，将 ANSYS CFX 计算的流量-扬程曲线和流量-扭矩曲线结果定义到泵的特性曲线中。在泵部件中分别输入额定点流量、扬程、转速、功率、泵自身转动惯量、电动机转动惯量和工作逻辑值为 $4.97\ \mathrm{m^3/s}$,$111.3\ \mathrm{m}$,$1\,480\ \mathrm{r/min}$,$6\,600\ \mathrm{kW}$,$200\ \mathrm{kg\cdot m^2}$,$931\ \mathrm{kg\cdot m^2}$ 和 -1；在管道部件中分别输入管径和长度为 $760\ \mathrm{mm}$ 和 $20\ \mathrm{m}$；在阀门部件中分别输入公称直径和阀门开度为 $760\ \mathrm{mm}$ 和 $0.43\ \mathrm{radio}$；模拟设置：模拟时间步长为 $1\ \mathrm{s}$，总时间为 $60\ \mathrm{s}$，模拟类型为非定常瞬态模拟。运行后可得到转速与时间的关系曲线。

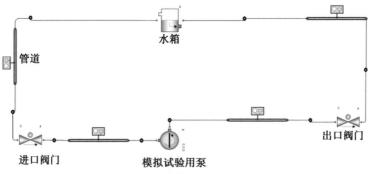

图 10-22　闭式模拟试验台结构图

（3）结果分析

图 10-23 为 Flowmaster 模拟试验结果和惰转模型计算结果，从图中可以

看出,在整个计算过程中惰转模型计算曲线和模拟试验曲线的趋势大体相同,只是在前 20 s 区别较大,而在 20 s 之后几乎没有区别,其中在 6 s 时两者的转速大约相差 70 r/min,相比较于初始转速,两者的误差大约为 70/1 480×100%＝4.7%,故该惰转模型具有一定的预测作用。

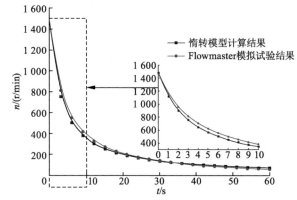

图 10-23　Flowmaster 模拟试验结果和惰转模型计算结果

10.4.5　水力性能和力矩性能优化效果对比

针对不同叶轮几何参数组合,分别从水力性能和惰转过渡过程中力矩性能两方面来优化惰转过渡过程,得到两组不同的最优叶轮几何参数组合模型(见表 10-9)。为了比较两者在核主泵的外特性和惰转特性方面的区别,首先通过数值模拟计算来比较两者的外特性区别(结果见图 10-24a),然后通过前面得到的惰转过渡过程的数学计算模型来比较两者的惰转特性区别(前 10 s 转速变化结果见图 10-24b)。

表 10-9　力矩性能和水力性能优化模型叶轮几何参数大小

	$\gamma/(°)$	$\beta_2/(°)$	$\varphi/(°)$	Z	D_2/mm	b_2/mm	D_0/mm	Y
力矩性能优化模型	23	20	120	5	760	200	550	0.905
水力性能优化模型	23	30	115	5	770	200	550	1.004

从图 10-24 可知,水力性能优化模型和力矩性能优化模型的外特性和惰转特性有所不同。从图 10-24a 中流量-扬程曲线可以看出,水力性能优化模型的扬程高于力矩性能优化模型;从流量-效率曲线可以看出,水力性能优化模型最高效率点大约在 $0.95Q_n$ 处,而力矩性能优化模型最高效率点大约在 $1.1Q_n$ 处;在小流量至 $0.95Q_n$ 工况,水力性能优化模型的效率值明显高于力

矩性能优化模型,而在大于 $0.95Q_n$ 工况,力矩性能优化模型的效率值明显高于水力性能优化模型。从图 10-24b 中可以看出,在惰转过渡过程中,力矩性能优化模型转速下降幅度明显大于水力性能优化模型转速下降幅度。结合图 10-24 及前文分析内容可知:通过叶轮几何参数来优化核主泵惰转过渡过程,主要是通过减小惰转过渡过程中叶轮中的能量损失,将机组转动惯量储存的能量最大化利用在对冷却剂做功中,从而延长惰转过渡过程的时间。水力性能优化模型主要是通过提高设计点的效率来整体提高小流量区域的能量消耗,从而减小惰转过渡过程中的能量损失;而力矩性能优化模型是通过减小惰转过渡过程中力矩消耗的能量值,提高小流量区域的效率值,延长惰转时间。

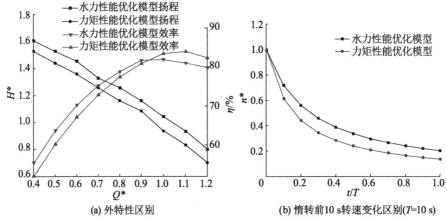

(a) 外特性区别　　　　　(b) 惰转前10 s转速变化区别(T=10 s)

图 10-24　水力性能优化模型和力矩性能优化模型外特性和惰转特性区别

10.5　不同导叶惰转瞬态特性试验

基于 4.4 节两种导叶优化方案,本节在搭建的惰转过渡过程瞬态特性试验台上进行优化结果试验验证,主要针对不同导叶模型泵外特性和惰转特性进行试验对比,对不同管阻下的导叶优化模型泵惰转特性的差异性进行分析,从而进一步了解导叶优化对泵水力性能和惰转特性的影响。

10.5.1　试验方法

(1) 飞轮设计

试验飞轮转动惯量的计算式为式(10-1),可以看出飞轮的转动惯量是正比于飞轮整体质量与飞轮外径的。为了更好地完成惰转试验,将飞轮进行动静平衡加工处理,得到的飞轮模型转动惯量由下至上依次为 0.013,0.023, 0.034,0.07 kg·m²,通过螺栓组合后其转动惯量叠加,因此试验飞轮最终转动惯量为 0.14 kg·m²。

(2) 试验参数的测量与采集

扬程一般是通过测量进、出口管路测压截面之间的压力差,根据扬程性能公式计算得到。试验台模型泵的进、出口管路测压截面的动态压力通过图 10-25a 所示的压力变送器进行测量,进口量程为 −0.1～0.1 MPa,出口量程为 0～0.3 MPa,精度等级为 0.1%。测量结果通过图 10-25b 所示的数字传感器集线器进行采集并将信号输入控制台计算机中进行处理。

(a)　　　　　　　　　　(b)

图 10-25　压力变送器和数字传感器集线器

转速的测量通过图 10-26 所示的扭矩仪来完成,精度等级为 1%,为了保证测量精度,要求待测泵、电动机与扭矩仪的同心度标准较高。功率、扭矩和转速的实时变化信号可以直接通过信号采集线传输至控制台计算机中,同步绘制出惰转各参数的变化曲线。

图 10-26　扭矩仪和信号采集线

（3）试验内容

为了探究两种导叶优化方案对模型泵外特性与惰转特性是否有影响，以及不同管阻对导叶优化模型泵惰转过渡过程影响的差异，已知模型泵额定流量为 $Q_n = 107 \ \mathrm{m^3/h}$，试验内容主要包括以下三个方面：

① 不同导叶对模型泵外特性的影响试验：将调节阀开度调至最大，开启装有优化前导叶的模型泵，待其稳定运行一段时间后，调节阀门开度使泵在 $1.2Q_n$ 工况下稳定运行，通过控制台计算机观察测量与采集设备传输的泵外特性参数，然后以 $0.1Q_n$ 为梯度分别采集 $0.4Q_n \sim 1.3Q_n$ 工况下的外特性参数，并重复试验测量三次。完成一组数据采集后，分别替换上两个优化后导叶重复上述步骤，完成导叶优化前后三组模型泵的外特性参数采集。

② 不同导叶对模型泵惰转特性的影响试验：在轴末端通过键连接的方式安装上组合飞轮，将调节阀开度调至最大，开启装有优化前导叶的模型泵，待其稳定运行一段时间后，对阀门开度进行调节，使泵在 $1.0Q_n$ 工况下稳定运行，然后关闭电源，通过控制台计算机观察测量与采集设备传输的泵惰转过渡过程中转速、流量与扬程的变化过程，并重复试验三次。完成一组试验数据采集后，分别替换上两个优化后导叶重复上述步骤，完成导叶优化前后三组模型泵的惰转特性参数采集。

③ 不同管阻对导叶优化模型泵惰转特性的影响试验：在轴末端通过键连接的方式安装上组合飞轮，将调节阀开度调至最大，开启装有分流式导叶的模型泵，待其稳定运行一段时间后，通过对阀门开度进行调节使泵在 $1.2Q_n$ 工况下稳定运行，然后关闭电源停泵，通过控制台计算机观察测量与采集设备传输的泵惰转过渡过程中转速、流量与扬程的变化过程，并重复试验三次。然后调节阀门开度，完成模型泵在 $0.8Q_n$、$0.9Q_n$、$1.0Q_n$、$1.1Q_n$ 四个工况点对应的管阻下惰转特性参数的采集。

10.5.2 试验结果及分析

（1）不同导叶对模型泵外特性的影响

图 10-27 为不同导叶的模型泵效率和扬程曲线的对比图，图中 $Q^* = Q/Q_n (Q_n = 107 \ \mathrm{m^3/h}，Q$ 为试验流量$)$，$H^* = H/H_0 (H_0 = 3.67 \ \mathrm{m}，H$ 为试验扬程$)$。从图中可以看出，导叶优化对模型泵的效率和扬程都有明显的影响。

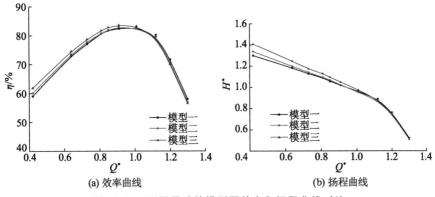

图 10-27　不同导叶的模型泵效率和扬程曲线对比

从图 10-27a 中可以看出,导叶优化后效率最明显的变化是特性曲线中最高效率点的变化。与原始导叶模型一对比可以发现,两个优化模型的最高效率点都有向小流量偏移的态势,依附在 $0.9Q_n$ 附近,且最高效率也比模型一的最高效率要高,其中分流式导叶模型三与模型一相比,最高效率从 81.3% 提高到 83.1%,提升幅度为 1.8%,正交优化导叶模型二效率优化效果与模型三相比略微次之,相比模型一效率提升幅度为 1%。另外,小流量区间 $0.4Q_n \sim 0.9Q_n$ 内,模型二与模型三较模型一的效率有较为明显的提升,整体提升了 2% ~ 3%,这是因为偏设计工况下泵的水力性能会受到很大的影响,而惰转过渡过程中大部分能量消耗都是由导叶内流动损失造成的。

从图 10-27b 中可以看出,导叶优化前后扬程的变化也比较明显,随着流量的增大,虽然三个模型的扬程整体变化趋势差异不大,都是在小流量时缓慢降低,在设计点流量后出现陡降,但是小流量范围内模型二与模型三的扬程较模型一均有明显的提高,提高幅度在 $0.1H_0 \sim 0.2H_0$ 之间,同时值得注意的是,随着流量逐渐增大向 $1.0Q_n$ 靠近,优化前后三个模型的扬程差距逐渐缩小,在 $1.0Q_n$ 扬程几乎相等,偏差不超过 0.2%,这意味着在设计工况下三种导叶的优化效果不明显。对比两个导叶优化模型扬程变化曲线发现,模型三在小流量区间扬程整体更高,且模型三在 $1.0Q_n$ 附近的扬程变化趋势较模型二更为缓和,模型二从 $0.8Q_n$ 到 $1.0Q_n$ 扬程有一个迅速的下降,模型三被分隔为上下叶片,且上下叶片错开一定角度,使得流量更为集中且上下不会相互影响,减少了叶轮出口处回流、脱流等二次流现象的发生,极大限度地降低了流体不稳定性和流动损失,提升了核主泵的扬程,同时改善了偏工况下的流态问题。

综上可知,模型泵导叶优化后,小流量区间的效率和扬程都有明显提升,且泵特性曲线高效区出现向小流量偏移的现象。对于惰转过渡过程而言,泵内流体流动过程能量损耗减小,这意味着在同样的飞轮惯性能量的带动下,非能动损耗下降,从而可以使惰转时间延长,流体过流量增加,惰转特性提升。

(2) 不同导叶对模型泵惰转特性的影响

图 10-28 为不同导叶的模型泵惰转过渡过程中各特性参数曲线的对比图,图中 $n^* = n/n_0$($n_0 = 1\ 480\ \text{r/min}$,$n$ 为试验转速),$Q^* = Q/Q_n$($Q_n = 107\ \text{m}^3/\text{h}$,$Q$ 为试验流量),$H^* = H/H_0$($H_0 = 3.67\ \text{m}$,H 为试验扬程)。从图中可以看出,在 T_2($T_2 = 11\ \text{s}$)时间内,优化前后三个模型泵在设计工况进行惰转时,各特性曲线与时间呈非线性关系,且在惰转过渡过程中转速、流量和扬程特性曲线及各特性下降速度曲线变化情况各不相同。

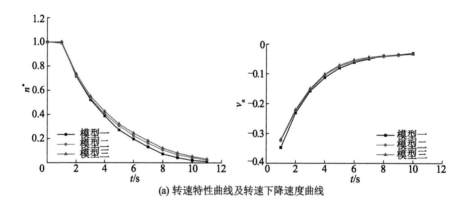

(a) 转速特性曲线及转速下降速度曲线

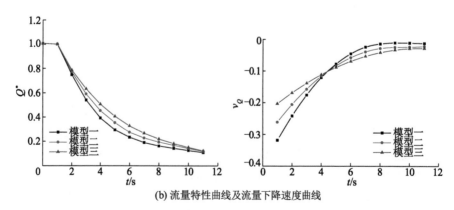

(b) 流量特性曲线及流量下降速度曲线

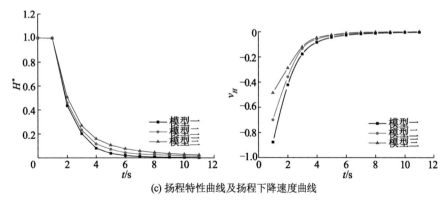

(c) 扬程特性曲线及扬程下降速度曲线

图 10-28　不同导叶的模型泵惰转过渡过程中各特性参数曲线对比

从图 10-28a 中可以看出,对比导叶优化前后三个模型泵,惰转开始阶段分流式导叶模型三转速下降速度最慢,而正交优化导叶模型二比模型三的下降速度稍快,原始导叶模型一的转速下降速度最快;随着惰转过程的进行,模型三和模型二的转速下降速度逐渐减缓,在 8~9 s 时三个模型的下降速度几乎相等,这是由于模型泵回路中流动惯性产生的重力压头慢慢接近核主泵转动惯量产生的惯性压头,转子转动受管路中流体影响下降逐渐变缓。

从图 10-28b 中可以看出,三个不同导叶的模型泵流量下降速度都是前期较快,然后逐渐变缓,这是由于惰转初期机组的动能远大于流体自身携带的动能,对流量变化影响较大,而随着惰转过程的进行,机组转动惯性逐渐消耗,泵的水力性能影响开始占优势,小流量工况下流体能量损耗减小,流量下降速度逐渐变缓。对比导叶优化前后三个模型泵发现,惰转过渡过程开始阶段模型三流量下降速度相对最慢,模型二比模型三的流量下降速度稍快,原始导叶模型一的流量下降速度最快。

从图 10-28c 中可以看出,导叶优化前后模型泵扬程的变化趋势都是在惰转开始阶段就出现陡降,随后下降速度逐渐变缓,这与模型泵转速的变化趋势相似,这是由于惰转开始阶段流量大,流速快导致流动损耗大,加剧了扬程的下降,而随着流量的减小,流速降低使流动损耗减小,下降速度逐渐变缓。对比导叶优化前后三个模型泵发现,惰转过渡过程开始阶段模型三扬程下降速度相对最缓,模型二比模型三的扬程下降速度稍快,原始导叶模型一的扬程下降速度最快。综上所述,相同条件下相比模型一和模型二,模型三的惰转特性最佳。

(3) 不同管阻对导叶优化模型泵惰转特性的影响

图 10-29 为不同管阻对导叶优化模型泵惰转特性的影响,模型泵选择惰

转特性最佳的分流式导叶模型三，图中 $n^* = n/n_0$（$n_0 = 1\ 480\ \text{r/min}$，$n$ 为试验转速），$Q^* = Q/Q_n$（$Q_n = 107\ \text{m}^3/\text{h}$，$Q$ 为试验流量），$H^* = H/H_0$（$H_0 = 3.67\ \text{m}$，H 为试验扬程）。从图中可以看出，各特性曲线与时间呈非线性关系。

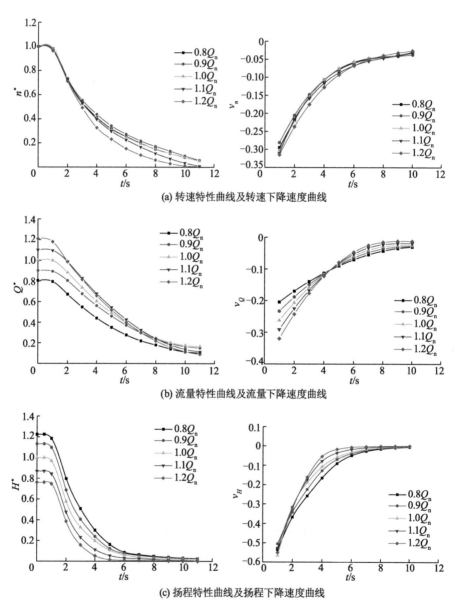

(a) 转速特性曲线及转速下降速度曲线

(b) 流量特性曲线及流量下降速度曲线

(c) 扬程特性曲线及扬程下降速度曲线

图 10-29　不同管阻对导叶优化模型泵惰转特性的影响

从图 10-29a 中可以看出,当泵在 $1.2Q_n$ 工况下开始惰转过渡过程时,转速下降速度初始值较大,转速下降较快;当泵在 $0.9Q_n$ 工况下开始惰转过渡过程时,转速下降速度初始值较小,转速下降较慢。由此可以发现,管阻越大,能量损耗越大,转速下降越快。而泵在 $0.8Q_n$ 工况下转速下降比在 $0.9Q_n$ 工况下要快,这是由于泵在 $0.9Q_n$ 工况点的运行效率要高于 $0.8Q_n$ 工况点。

从图 10-29b 中可以看出,模型泵试验中管阻越小,流量下降速度初始值越小,流量下降越慢;反之,流量下降速度初始值越大,流量下降越快。由此可以发现,不同管阻下流量下降速度的变化趋势是一致的,都是随着惰转时间的变化持续变小,但下降速度的快慢是不同的,在惰转开始阶段 $0.8Q_n$ 工况下流量下降最慢,而 $1.2Q_n$ 工况下流量下降最快。

从图 10-29c 中可以看出,不同管阻下扬程的变化趋势都是在惰转开始阶段出现陡降之后逐渐变缓,泵在 $0.8Q_n$ 工况下扬程下降速度较大,因此扬程下降较快,而泵在 $1.2Q_n$ 工况下扬程下降速度较小,因此扬程下降较慢,可以发现管阻对扬程下降快慢的影响是比较明显的。

对比转速、流量和扬程在惰转过渡过程中的变化过程可以发现:当改变系统管阻时,不同管阻对转速下降过程影响不大,而对流量和扬程下降过程影响较大。这是由于惰转初期阶段机组的转动惯量主导了惰转过程,而管路系统内流体自身的流动惯性对惰转的作用几乎可以忽略不计,因而导叶优化仅仅改变了流动特性,降低了损耗,在惰转过渡过程中改变管阻对机组转速影响不大,而对流动过程中流量和扬程的变化有较为明显的影响。

10.6 不同导叶惰转瞬变过程数值计算与分析

作为核反应堆冷却剂循环系统的核心运行部件,核主泵在事故工况下的惰转特性有严格的安全裕量要求,最主要的安全评价标准为保证惰转过程达到半流量的时间不低于 5 s[27]。由前述的试验内容可知,导叶结构优化对核主泵惰转瞬态过渡过程有一定的影响,因此需深入分析不同导叶对惰转过渡过程中压力脉动的影响情况,进一步加深对核主泵惰转过渡过程的本质认识。本节主要应用 ANSYS CFX 软件对核主泵非线性惰转瞬变过程进行变转速和流量的非定常模拟,监测泵壳出口流道的压力脉动现象,以揭示导叶优化对核主泵瞬态流动特性的影响,旨在为核主泵惰转特性优化和惰转过渡过程数学模型预测提供参考依据。

10.6.1 非定常数值计算

(1) 非线性惰转瞬变过程

由图 10-11 所示的核主泵惰转工况流量变化曲线可知,核主泵惰转过渡过程主要分为两个阶段,第一阶段为非线性惰转瞬变过程,第二阶段为线性惰转瞬变过程。在非线性惰转瞬变过程中,核主泵与机组转动惯量相关的惯性压头要比回路中流体的重力压头大。当惰转过渡过程中机组储存的能量耗尽,核主泵即进入短暂的线性惰转瞬变过程,此时机组转动惯量的惯性压头要比回路中流体的重力压头小。由于核主泵事故工况安全评价标准要求其惰转过渡过程的半流量最短时间不低于 5 s,而该时间点正好处于非线性惰转瞬变过程,因此对于非线性惰转瞬变过程的研究非常重要。

(2) 小波分析原理

① 函数定义

小波分析的思想源于伸缩与平移方法,对于任意函数 $h(t)$,$h(t) \in L_1 \bigcap L_2$,$H(0)=0$,则按下式生成函数簇 $\{h_{a,b}(t)\}$[28]:

$$h_{a,b}(t) = \frac{1}{\sqrt{|a|}} h\left(\frac{t-b}{a}\right) \tag{10-12}$$

式中:a 为任意非 0 实数;b 为任意实数。$H(\omega)$ 为函数 $f(t)$ 的傅里叶变换:

$$H(\omega) = \int_{-\infty}^{+\infty} f(t) \mathrm{e}^{-i\omega t} \, \mathrm{d}t \tag{10-13}$$

$H(\omega)$ 称为分析小波,$h(t)$ 称为基本小波,a 和 b 分别称为尺度因子和时间平移因子。

② 离散小波快速变换

离散小波快速变换中,Mallat 算法的原理是利用小波滤波器 H, G 和 h, g 对 $A_0[f(t)] = f(t)$ 信号分别进行分解与重构[29]。分解方法为

$$A_j[f(t)] = \sum_k H(2t-k) \, A_{j-1}[f(t)] \tag{10-14}$$

$$D_j[f(t)] = \sum_k G(2t-k) \, A_{j-1}[f(t)] \tag{10-15}$$

式中:t 为时间序列;$f(t)$ 为原始信号;j 为分解层数;H, G 为滤波系数;A_j 为信号 $f(t)$ 在第 j 层的低频近似部分系数;D_j 为信号 $f(t)$ 在第 j 层的高频细节部分系数。

重构算法为

$$A_j[f(t)] = 2\left\{ \sum_k h(t-2k) \, A_{j+1}[f(t)] + \sum_k g(t-2k) D_{j+1}[f(t)] \right\}$$

$$\tag{10-16}$$

式中：h,g 为小波重构滤波器系数。

③ 函数的构造

本节基于文献[30]选用 Daubechies 小波作为分析的基础，该小波从双尺度方程的系数 $\{h_k\}$ 出发进行离散正交小波设计，通常简写为 dbN，N 为小波阶数。小波 ψ 和尺度函数 φ 中的支撑区为 $2N-1$，ψ 的消失矩为 N。令

$$p(y) = \sum_{k=0}^{N-1} C_k^{N-1+k} y^k \tag{10-17}$$

其中 C_k^{N-1+k} 为二项式系数，则

$$|m_0(\omega)|^2 = \left(\cos^2 \frac{\omega}{2}\right)^N p\left(\sin^2 \frac{\omega}{2}\right) \tag{10-18}$$

$$m_0(\omega) = \frac{1}{\sqrt{2}} \sum_{k=0}^{2N-1} h_k e^{ik\omega} \tag{10-19}$$

式(10-19)为 $\{h_k\}$ 的传递函数。

（3）非定常计算边界条件

为了对比不同的导叶优化方案在惰转瞬变过程中的压力脉动特性，分别对优化前导叶、正交优化导叶和分流式导叶的模型泵进行非定常计算。基于 ANSYS CFX 采用 SIMPLEC 算法和标准 $k-\varepsilon$ 模型，为了更好地处理流动边界层，在近壁区域采用标准壁面函数，壁面采用绝热、无滑移边界条件。由于在惰转瞬变过程中需要同时考虑转速与流量的变化才能得到可靠的结果，基于惰转过渡过程样机试验结果，得到不同导叶的模型泵惰转过渡过程中转速和流量随时间的变化规律，通过动力相似换算后，通过 MATLAB 程序拟合得到原型泵的流量 $Q(t)$ 和转速 $n(t)$ 与惰转时间 t 的公式，通过 ANSYS CFX 中的自定义函数功能，分别定义不同导叶的核主泵水力模型转速与流量 Expression 公式，将公式 $Q(t)$ 和 $n(t)$ 分别代入数值模拟设置中，进口则采用总压进口。其中，各模型流量 $Q(t)$ 和转速 $n(t)$ 的 Expression 公式分别如下：

① 优化前导叶（模型一）

$Q(t)$：(if t * 1<1s, 4953 [kg s], (−9.25 * t^3 * 1[s^−3]+233 * t^2 * 1[s^−2]−2017 * t * 1[s^−1]+6783))[kg s]

$n(t)$：(if t * 1<1s, 1480 [rev/min], (−1.67 * t^3 * 1[s^−3]+48.7 * t^2 * 1[s^−2]−510.2 * t * 1[s^−1]+1943)) [rev/min]

② 正交优化导叶（模型二）

$Q(t)$：(if t * 1<1s, 4953 [kg s], (−6.16 * t^3 * 1[s^−3]+166 * t^2 * 1[s^−2]−1667 * t * 1[s^−1]+6421))[kg s]

$n(t)$：(if t＊1＜1s,1480 [rev/min],($-1.71＊t^3＊1$[s^-3]$+47.9＊$t^2＊1
[s^-2]$-493.2＊t＊1$[s^-1]$+1927$)) [rev/min]

③ 分流式导叶（模型三）

$Q(t)$：(if t＊1＜1s,4953 [kg s],($-3.08＊t^3＊1$[s^-3]$+98.8＊$t^2＊1
[s^-2]$-1197＊t＊1$[s^-1]$+6060$))[kg s]

$n(t)$：(if t＊1＜1s,1480 [rev/min],($-1.71＊t^3＊1$[s^-3]$+47.2＊$t^2＊1
[s^-2]$-484.4＊t＊1$[s^-1]$+1919$)) [rev/min]

（4）非定常模拟设置及监测点

以前文研究的定常数值计算结果作为非定常计算的初始条件进行计算，计算总时间取 7.2 s，叶轮每转 4°设为一个时间步长。本次模拟在核主泵泵壳出口流道设置了监测点，用于准确捕捉不同导叶对核主泵内部瞬态流动的影响情况，监测点位于泵壳出口流道中心位置，如图 10-30 所示。

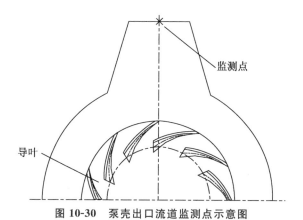

图 10-30　泵壳出口流道监测点示意图

10.6.2　数值计算结果及分析

（1）计算结果准确性验证

图 10-31 为计算扬程与试验扬程变化曲线图，横坐标为无量纲时间 t^*，$t^*=t/T$，$T=7.2$ s，纵坐标为无量纲扬程 H^*。从图中可以看出，除了计算初期有偏差，其余时间变化曲线之间重合度比较高，且偏差的误差也在可接受范围内，说明将试验结果流量和转速相似换算后得到的拟合 Expression 公式代入非定常计算后的计算结果是可靠的。

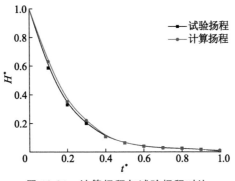

图 10-31   计算扬程与试验扬程对比

（2）惰转瞬变过程压力脉动的时域分析

图 10-32 为惰转瞬变过程不同导叶模型核主泵泵壳出口流道内压力脉动时域图。通过前文试验结果可知，不同的导叶优化方案对惰转特性的影响有所不同，但通过观察图 10-32 中三个模型可以发现，惰转瞬变过程流道内的压力脉动变化趋势有相似性，在计算时间 0～1 s 内，由于流量 Q 和转速 n 不变，此时的静压值 p 都呈具有明显周期性的波动，在 $t=1$ s 时系统失去外部动力开始惰转，流量 Q 和转速 n 出现骤变，此时静压值 p 随时间的变化都是非线性减小的，在惰转过渡过程的 1～3 s 内，静压值 p 的下降速度较快，而在惰转时间超过 3 s 后，静压值 p 的下降速度开始逐渐变缓。对比优化前导叶模型一和正交优化导叶模型二可以发现，惰转瞬变过程中，模型二在 0～1 s 阶段静压值 p 稳定在 1.25 MPa 上下波动，而模型一则稳定在 1.2 MPa 上下波动，这是由于优化过程中减小了导叶与叶轮的间隙，调整了叶片进口安放角，使叶轮出口的流体在进入导叶内的过程中流动损失更小；对比模型一与分流式导叶模型三也可以发现，模型三在 0～1 s 阶段的静压值 p 也比模型一高出0.5 MPa 左右，这也验证了改变导叶与叶轮的间隙和叶片进口安放角对降低核主泵内流动损失有明显效果。在惰转瞬变过程中，虽然模型一和模型二的变化趋势相同，但可以明显发现模型二压力脉动波动幅度比模型一小，主要原因是模型二优化过程中增大了叶片包角，降低了叶轮出口处二次回流对流态的影响，使流动更加平稳。对比模型三与模型一，同样发现模型三压力脉动波动幅度比模型一小，这是由于模型三导叶流道内增加了分流板，降低了二次流和紊流的影响，对于流态的稳定有一定的积极作用。另外，由于分流式导叶上下层叶片错开了一定角度，使上下分流道出口方向不同，这在一定程度上改善了导叶流道出口流体互相干扰的影响，减少了能量损耗。综上所

述,经过导叶优化后的核主泵改善了内部流动,降低了流动损失,因此提升了惰转特性,但由于压力脉动时域图中只能从宏观上看出静压值 p 随时间变化的过程,而无法从微观上对惰转瞬变过程的压力脉动变化细节信号进行分析,因此需要借助小波变换来对压力脉动做进一步的分析。

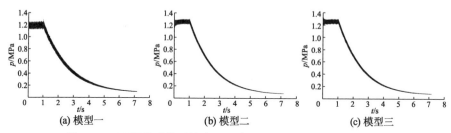

图 10-32　不同导叶模型核主泵泵壳出口流道内压力脉动时域图

（3）惰转瞬变过程压力脉动时域小波分析

选用 $N=5$ 时的 Daubechies 小波,基于离散小波快速变换 Mallat 算法,把不同导叶模型核主泵泵壳流道出口的压力脉动时域信号分解至 5 尺度,不同模型各子频带重构时域信号分别如图 10-33 所示,f 为转动频率,其中 a5 为第 5 层低频近似部分,其频段为 $0\sim f/32$,反映了压力脉动的变化趋势,而 d1~d5 为高频细节部分,其频段由 d1 到 d5 分别为 $f/2\sim f$,$f/4\sim f/2$,$f/8\sim f/4$,$f/16\sim f/8$,$f/32\sim f/16$,反映了不同频段的细节信号和变化规律。

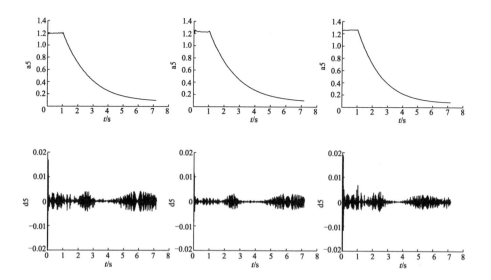

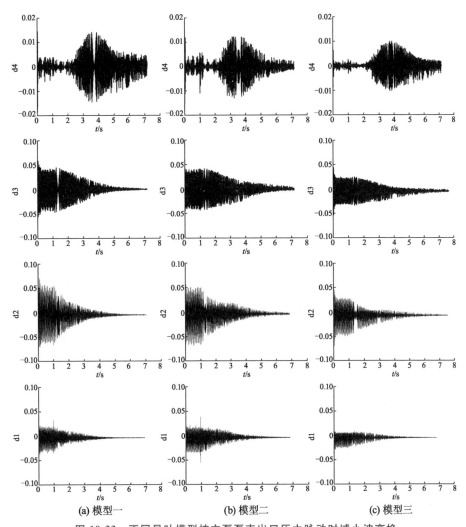

(a) 模型一　　　　　　　　(b) 模型二　　　　　　　　(c) 模型三

图 10-33　不同导叶模型核主泵泵壳出口压力脉动时域小波变换

　　图 10-33 为不同导叶模型核主泵泵壳出口压力脉动时域小波变换,由图可知,各导叶第 5 层低频信号 a5 都达到了对原信号明显的降噪效果,验证了上述分析的惰转瞬变过程压力脉动变化趋势的类似性。总体分析各导叶模型 d1~d5 频段对应的信号可知,在 d2,d3,d4 频段的压力脉动幅度都较大,而在高频段 d1 和低频段 d5 的压力脉动幅度相对较小。从图中可以看出,d1,d2 和 d3 对应的压力脉动信号随时间的变化趋势比较类似,压力脉动在惰转开始前的信号波动都具有一定的周期性,而随着惰转瞬变过程的进行波动幅值逐渐降低,由于高频阶段的压力脉动包含的能量较多,比较真实地反映了惰转

瞬变的压力脉动变化规律。低频段 d4 和 d5 则有不一样的变化趋势,在 0～1 s 的稳态过程中,d4 对应的压力脉动幅值要明显低于惰转开始阶段,在 0～1 s 阶段流量 Q 和转速 n 都是稳定的,而 d4 频段信号波动幅度却比后续流量和转速都变化时要小,这可能是由于稳态过程中叶轮和导叶动静干涉的频率与 d4 频段对应的信号频率相近,使信号受到削弱,随着惰转开始 d4 频段的压力脉动幅值逐渐增大,在 $t=3$ s 附近达到峰值后开始逐渐降低。d5 在整个过程中波动幅度都比较小,各导叶模型核主泵泵壳出口压力脉动在 3～4 s 阶段波动几乎都消失了,而在 $t=4$ s 后又出现一段波动信号,由于 $t=4$ s 后出口流道内流量已经很小,此时流体流动受到的外界影响因素仅有管路阻力,说明回路中管阻与 d5 频段对应的压力脉动有着密切的关系。

可以发现,不同的导叶优化模型泵在压力脉动时域信号不同频段整体变化趋势较为类似,但在惰转瞬变过程的不同阶段还是有明显不同,为了深入分析惰转过渡过程不同导叶模型核主泵泵壳出口流道的压力脉动变化情况,针对不同时段的压力脉动结果进行分段研究,分析得到惰转过渡过程中不同阶段的内部流动瞬态特性。其中,主要分析数值模拟过程的前 4 s,以 1 s 为一个阶段,如图 10-34 所示将整个数值模拟过程分为 4 个阶段进行压力脉动分析。

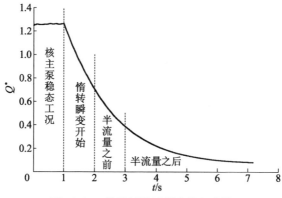

图 10-34　惰转过渡过程分段示意图

(4) 不同惰转阶段的导叶子频段压力脉动分析

图 10-35 为不同导叶模型核主泵泵壳出口 0～1 s 压力脉动小波分解,图中所示为小波分解后各层的高频系数重构子频段信号。由图可以发现,分流式导叶模型三泵壳内压力脉动在各子频段的信号波动幅度都要小于原始导叶模型一与正交优化导叶模型二,由于 0～1 s 阶段是设计工况的稳态过程,

此时高频信号的波动幅度反映的是不同导叶模型对泵壳内流态的影响,基于前文分析可知,由于分流式导叶流道内分流板的存在可以起到稳定叶轮来流的作用,因此大大降低了叶轮出口处二次回流带来的能量损失,而模型三的效率和扬程高于模型二和模型一,也就是说分流式导叶降低了压力脉动各高子频段的波动幅值,降低了核主泵的流动损耗,稳定了流态。另外,虽然模型二与模型一在不同子频段的波动幅度也非常接近,但对比两个模型核主泵压力脉动幅度各子频段,发现 d2 与 d3 子频段相同时间段内,模型二的压力脉动在 d2 子频段有 5 个峰值,在 d3 子频段有接近 5 个峰值,但有一个波动周期并不完整,而模型一的压力脉动在 d2 子频段有 6 个峰值,在 d3 子频段有 5 个峰值并多出半个不完整波动周期,由于相同时间内高频信号波动越快则说明流体压力脉动越不稳定,而模型二泵壳流道内压力脉动的波动频率要低于模型一,也就是说模型二的流态要比模型一的更稳定,模型二流动损失相应会更小,这也验证了模型二效率和扬程要优于模型一的优化效果。

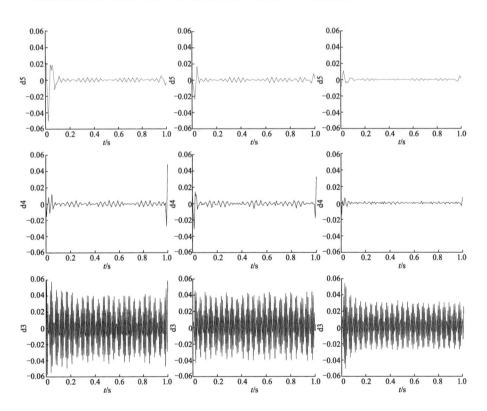

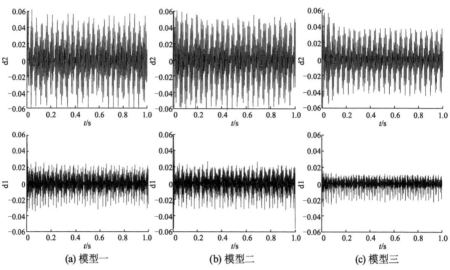

(a) 模型一　　　　　　　(b) 模型二　　　　　　　(c) 模型三

图 10-35　不同导叶模型核主泵泵壳出口 0～1 s 压力脉动小波分解

图 10-36 为不同导叶模型核主泵泵壳出口 1～2 s 压力脉动小波分解,图中所示为小波分解后各层的高频系数重构子频段信号。由于模拟过程从 $t=$ 1 s 开始出现流量 Q 和转速 n 的减小,此阶段反映了核主泵惰转过渡过程开始阶段的压力脉动情况。从图中可以看出,不同导叶模型在 d1,d4 和 d5 子频段对应的压力脉动信号非常接近,差异性并不明显;而在 d2 和 d3 两个子频段有较明显的差异性。对比不同导叶模型的 d2 子频段发现,原始导叶模型一的压力脉动幅值最大,正交优化导叶模型二次之,分流式导叶模型三最小。

在 1.3～1.4 s 时间段,各导叶模型的压力脉动 d2 子频段对应的信号都出现异常波动,这是由于惰转开始伴随着流量 Q 和转速 n 的骤变,虽然是从 $t=1$ s 就开始出现变化,但反映在泵壳出口处信号会有一定的时间延迟,信号的异常波动反映了流道中紊流产生的影响。与 d2 子频段类似,不同导叶模型核主泵泵壳出口在 d3 子频段 1.3～1.4 s 时间段也出现了异常波动,模型一的异常波动信号形状类似两个波动信号的融合,模型二的异常波动融合信号出现开始分离的状态,模型三的异常波动融合信号已经完全分离,也就是说导叶优化将这个异常融合波动分离了,由于波动分离后脉动会趋于平稳,此时的流态便得到了改善。出现上述现象是因为正交优化导叶的叶片包角变大了,减小了流道出口段涡量的产生概率,所以模型二会优于模型一,而基于模型二结构优化的模型三在导叶流道内另外设置了稳定流态的分流板,更有利于消除紊流和旋涡,当流量剧烈变化时,模型三受到的影响最小,因此能量损耗最低,流动最稳定。

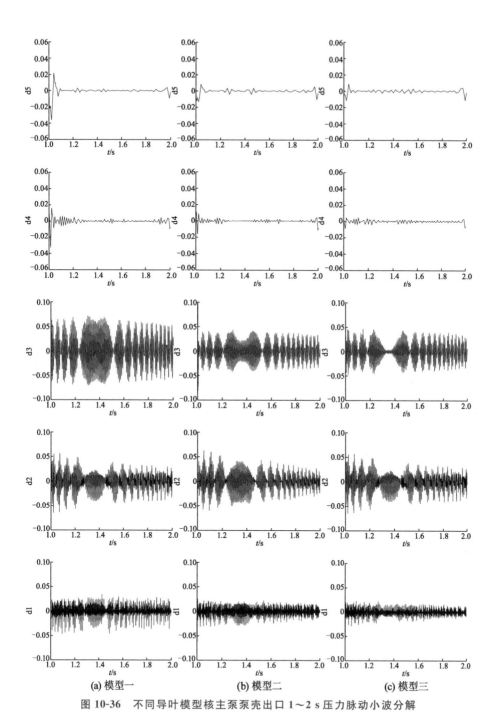

(a) 模型一　　　　**(b) 模型二**　　　　**(c) 模型三**

图 10-36　不同导叶模型核主泵泵壳出口 1~2 s 压力脉动小波分解

　　图 10-37 为不同导叶模型核主泵泵壳出口 2～3 s 压力脉动小波分解,图中所示为小波分解后各层的高频系数重构子频段信号。由于惰转过渡过程数值模拟时达到半流量的时间在 $t=3$ s 附近,因此该过程主要研究惰转半流量前的压力脉动。从图中可以看出,此过程在 d5 子频段的差异性非常小,在其他子频段的差异性主要体现在压力脉动幅值上,其中分流式导叶模型三的压力脉动幅值最小,原始导叶模型一的压力脉动幅值最大,正交优化导叶模型二的压力脉动幅值处于两者之间。另外,值得注意的是,泵壳出口压力脉动在 d4 子频段对应的信号波动趋势与其他四个子频段的信号有明显的不同,随着流量逐渐靠近惰转半流量值,d1,d2 和 d3 子频段对应的压力脉动波动幅度都是逐渐减小的,而 d4 子频段对应的压力脉动波动幅度在 $t=2.3$ s 附近开始出现递增的趋势,此时信号波动幅值越大惰转特性越差,这是由于在流量快速变化时,叶轮与导叶的动静干涉会影响流道内的流态,当导叶优化后包角增大,干扰信号被削弱,惰转流量会更加平稳。

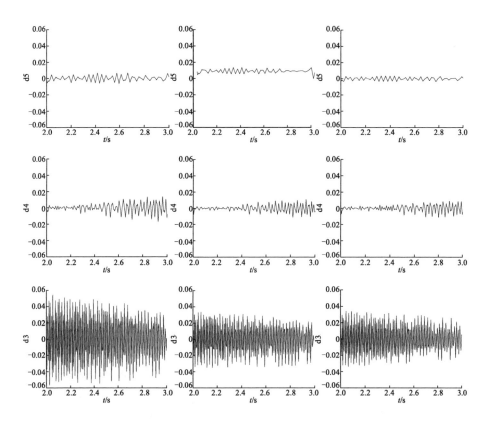

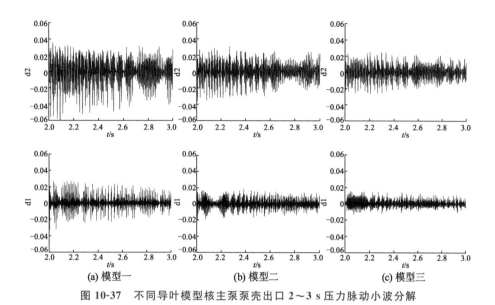

(a) 模型一   (b) 模型二   (c) 模型三

图 10-37   不同导叶模型核主泵泵壳出口 2~3 s 压力脉动小波分解

图 10-38 为不同导叶模型核主泵泵壳出口 3~4 s 压力脉动小波分解，图中所示为小波分解后各层的高频系数重构子频段信号。此时是流量小于惰转半流量的时间，主要分析的是泵壳出口在非线性惰转瞬变阶段后续的压力脉动情况。由图可知，不同导叶模型在各子频段的压力脉动幅值差距很小，这是由于此时流量变小，流量变化也变慢，受到外界干扰因素的影响后信号变化变小，反映在压力脉动幅值上也就相应变小。不同导叶模型核主泵泵壳出口压力脉动在 d5 子频段对应的信号几乎没有波动幅度，这是由于此时转动惯性几乎被消耗完，因此机组转子转动带来的干扰信号将会逐渐消失。其余子频段中，d1 和 d2 差距不大，而 d3 和 d4 有明显的差异性。对比 d3 子频段可以发现，在 $t=3.8$ s 附近各模型都有异常波动，原始导叶模型一的波动最为明显，正交优化导叶模型二的异常波动出现了两个信号融合的现象，而分流式导叶模型三的异常波动与其余信号脉动几乎无异。对比 d4 子频段可以发现类似的异常波动且波动具有更为明显的差异性，这与前文遇到的流动过程中产生紊流时压力脉动信号波动融合的现象类似，证明了导叶优化对小流量阶段异常波动的改善具有更明显的效果，分离后信号波动更有周期性，也就意味着流体流动受到的冲击减少了，流动损失会相应降低。

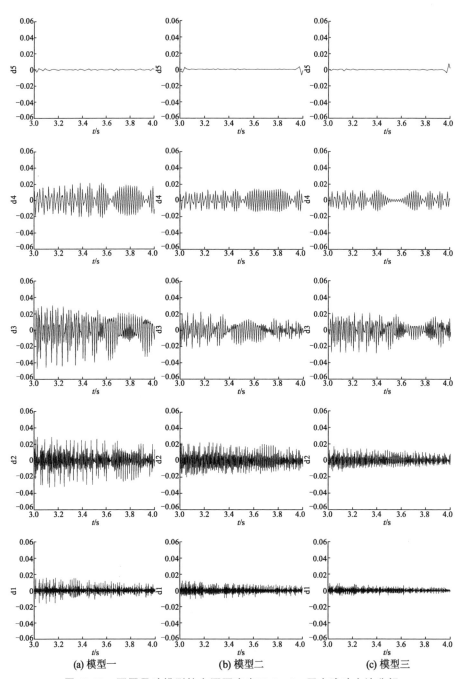

(a) 模型一　　　　　　　　　(b) 模型二　　　　　　　　　(c) 模型三

图 10-38　不同导叶模型核主泵泵壳出口 3～4 s 压力脉动小波分解

10.7 基于导叶参数的惰转数学模型

通过前述研究内容可知,核主泵导叶几何参数不同,对泵的水力性能和惰转特性都会产生一定的影响,由于不同设计参数之间存在耦合关系,因此导叶不同参数对泵性能的影响程度不仅取决于某单一几何参数的大小,参数改变后互相产生的影响也会对其性能有间接影响[31]。为了便于预测参数对核主泵性能的影响,建立惰转数学模型,本节基于不同导叶参数下核主泵的额定水力性能参数,对转矩进行简化分析后,结合多元线性回归模型推导出不同参数与额定点参数的关系,最终建立关于导叶主要参数的惰转转速数学模型并进行验证。

10.7.1 惰转过渡过程分析

一般对于核主泵惰转特性的研究都是基于非线性阶段的半流量时间,该阶段机组的惰转能量要远远大于回路中冷却剂惯性携带的能量,因此在建立惰转数学模型时可忽略其影响。因此,根据主泵转矩平衡原理[32]建立平衡方程:

$$-I\frac{\mathrm{d}\omega}{\mathrm{d}t}=M_\mathrm{h}+M_\mathrm{f} \tag{10-20}$$

式中:I 为机组转动惯量,$\mathrm{kg}\cdot\mathrm{m}^2$;$\omega$ 为旋转角速度,$\mathrm{rad/s}$;t 为时间,s;M_h 为水力矩;M_f 为摩擦力矩。

由于水力矩 M_h 和摩擦力矩 M_f 与角速度 ω 的平方成正比[19],式(10-20)可写为

$$-I\frac{\mathrm{d}\omega}{\mathrm{d}t}=C\omega^2 \tag{10-21}$$

式中:C 为与转矩相关的系数。

根据初始条件 $t=0,\omega=\omega_0$,式(10-21)的解为

$$\begin{cases} \omega=\dfrac{\omega_0}{1+t/t_\mathrm{p}} \\ t_\mathrm{p}=\dfrac{I}{C\omega_0} \end{cases} \tag{10-22}$$

式中:ω_0 为额定角速度;t_p 为半转速时间。

若忽略回路流动惯性对惰转性能的影响,则初始时有

$$P=(M_\mathrm{h}+M_\mathrm{f})\omega \tag{10-23}$$

同时,根据水泵的理论公式[33]可知:

$$P = \frac{g\rho QH}{3\ 600\eta} \tag{10-24}$$

式中:P 为电动机功率,W;g 为重力加速度,$g = 9.81\ \text{m}^2/\text{s}$;$\rho$ 为液体密度,kg/m³;Q 为流量,m³/h;H 为扬程,m;η 为效率,%。因此,结合式(10-21)、式(10-23)与式(10-24)可得:

$$C\omega^3 = \frac{g\rho QH}{3\ 600\eta} \tag{10-25}$$

联立式(10-22)和式(10-25)及方程 $n = \omega/(2\pi)$,可得基于额定参数的惰转工况的转速公式:

$$n(t) = \frac{n_0}{1 + \dfrac{g\rho Q_n H_n}{4\pi^2 n_e^2 I\eta_e}t} \tag{10-26}$$

式中:Q_n 为额定流量,m³/h;H_n 为额定扬程,m;η_e 为额定效率,%;n_0 为惰转时初始转速,r/min;n_e 为额定转速,r/min。

由正交试验结果可知,核主泵的额定点水力性能与导叶进口安放角 α_3、出口安放角 α_4、叶片包角 φ、叶片厚度 δ、出口宽度 b_4、导叶与叶轮间隙 R_t 这六个主要几何参数有关,考虑到惰转初始流量 Q_0 与核主泵额定流量 Q_n 相等,因此式(10-26)可以写成:

$$n(t) = \frac{n_0}{1 + \dfrac{g\rho Q_0 H(\alpha_3, \alpha_4, \varphi, \delta, R_t, b_4)}{4\pi^2 n_e^2 I\eta(\alpha_3, \alpha_4, \varphi, \delta, R_t, b_4)}t} \tag{10-27}$$

式中:$H(\alpha_3, \alpha_4, \varphi, \delta, R_t, b_4)$ 为各参数与泵扬程的数学关系式;$\eta(\alpha_3, \alpha_4, \varphi, \delta, R_t, b_4)$ 为各参数与泵效率的数学关系式。

10.7.2 核主泵惰转数学模型

(1) 多元线性回归数学模型

设变量 y 与变量 $x_1, x_2, \cdots, x_p$ 之间具有线性回归联系,于是多元线性回归的数学模型[34]为

$$\begin{cases} y_1 = \beta_0 + \beta_1 x_{11} + \beta_2 x_{12} + \cdots + \beta_p x_{1p} + \varepsilon_1 \\ y_2 = \beta_0 + \beta_1 x_{21} + \beta_2 x_{22} + \cdots + \beta_p x_{2p} + \varepsilon_2 \\ \cdots\cdots \\ y_N = \beta_0 + \beta_1 x_{N1} + \beta_2 x_{N2} + \cdots + \beta_p x_{Np} + \varepsilon_N \end{cases} \tag{10-28}$$

式中:$\beta_0, \beta_1, \beta_2, \cdots, \beta_p$ 是 $p+1$ 个回归估计参数;$x_1, x_2, \cdots, x_p$ 是 p 个数据值;$\varepsilon_1, \varepsilon_2, \cdots, \varepsilon_N$ 是 N 个相互独立且服从同一正态分布 $N(0, \sigma^2)$ 的随机变量。将式(10-28)转换成矩阵形式,设

$$\boldsymbol{X}=\begin{bmatrix} 1 & x_{11} & x_{12} & \cdots & x_{1p} \\ 1 & x_{21} & x_{22} & \cdots & x_{2p} \\ \vdots & \vdots & \vdots & & \vdots \\ 1 & x_{N1} & x_{N2} & \cdots & x_{Np} \end{bmatrix}$$

$$\boldsymbol{Y}=[y_1,y_2,\cdots,y_N]^{\mathrm{T}}$$

$$\boldsymbol{\beta}=[\beta_0,\beta_1,\beta_2,\cdots,\beta_p]^{\mathrm{T}}$$

$$\boldsymbol{\varepsilon}=[\varepsilon_1,\varepsilon_2,\cdots,\varepsilon_N]^{\mathrm{T}}$$

则多元线性回归矩阵为

$$\boldsymbol{Y}=\boldsymbol{X}\boldsymbol{\beta}+\boldsymbol{\varepsilon} \tag{10-29}$$

采用最小二乘估计法对式(10-29)中的参数 $\beta_0,\beta_1,\beta_2,\cdots,\beta_p$ 进行估计,设 $b_0,b_1,b_2,\cdots,b_p$ 分别代表参数 $\beta_0,\beta_1,\beta_2,\cdots,\beta_p$ 的最小二乘估计,则有多元线性回归方程:

$$\hat{y}=b_0+b_1x_1+b_2x_2+\cdots+b_px_p \tag{10-30}$$

式中: $b_0,b_1,b_2,\cdots,b_p$ 称为回归系数。对每一组观测值 $(x_{i1},x_{i2},\cdots,x_{ip})$,该式可确定一个回归值:

$$\hat{y}_i=b_0+b_1x_{i1}+b_2x_{i2}+\cdots+b_px_{ip} \tag{10-31}$$

这个回归值 $\hat{y}_i$ 与实际值 y_i 之差描述 y_i 偏离回归直线 $\hat{y}=b_0+b_1x_{i1}+b_2x_{i2}+\cdots+b_px_{ip}$ 的程度。全部回归值 $\hat{y}_i$ 与 y_i 的偏离平方和为

$$Q(b_0,b_1,b_2,\cdots,b_p)=\sum_{i=1}^{N}(y_i-\hat{y}_i)^2 \tag{10-32}$$

由最小二乘法原理[35]可知, $b_0,b_1,b_2,\cdots,b_p$ 应使 $Q(b_0,b_1,b_2,\cdots,b_p)$ 达到最小。由于式(10-32)是二次非负函数,故总存在最小值,通过微分学极值定理[36]求解可得到上述回归模型的最小二乘估计系数 b_i ,其中 $i=0,1,2,3,4,5,6$ 。

线性关系显著检验过程如下,首先做出以下假设:

$H_0:\beta_0=\beta_1=\beta_2=\cdots=\beta_p;H_A:$ 至少一个 $\beta_j\neq0,1\leqslant j\leqslant p$ 。

然后进行检验:

$$S_{yy}=\sum_{i=1}^{N}(y_i-\bar{y})^2=\sum_{i=1}^{N}(y_i-\hat{y})^2+\sum_{i=1}^{N}(\hat{y}_i-\bar{y})^2=SS_e+SS_R$$

$$SS_R=\sum_{i=1}^{N}b_j\cdot S_{jy}$$

$$S_{jy}=\sum_{i=1}^{N}(x_{ji}\cdot y_i)-\frac{1}{N}(\sum_{i=1}^{N}x_{ji})\cdot(\sum_{i=1}^{N}y_i)$$

其中 S_{yy},SS_e,SS_R 的自由度分别为 $N-1,N-p-1$ 和 p 。因此,可用统计量

$$F=\frac{MS_R}{MS_e}=\frac{SS_R/p}{SS_e/(N-p-1)}$$

做显著性检验。当检验的显著水平大于 0.05 时，H_0 成立；否则，H_0 不成立。

若上述检验拒绝 $H_0:\beta_0=\beta_1=\beta_2=\cdots=\beta_p$，则应进一步对各自变量的回归系数 $\beta_j (j=1,2,\cdots,p)$ 做显著性差异 t 分布检验，以剔除不重要的因素。

重新假设 $H_0:\beta_j=0$ 下，统计量 $t=\dfrac{b_j}{\sqrt{MS_\varepsilon \cdot c_{jj}}} \sim t(N-p-1)$，若对某一 β_j 的检验显著水平小于 0.001，则接受 $H_0:\beta_j=0$，即说明相应的自变量 x_j 对因变量 Y 没有明显影响，应将其从回归模型中剔除后重新进行回归分析。

（2）基于 MATLAB 求解水力性能数学模型

基于导叶各参数正交试验优化结果进行多元回归分析，由于导叶不同几何参数与扬程和效率之间关系的数据样本较多且关系较复杂，这里选择借助 MATLAB 软件构建多元回归模型，并预测关于导叶各参数的水力性能数学关系，主要过程如下：

① 将导叶不同几何参数组合与泵效率和扬程的关系分别整理并存为 txt 文件，其中 txt 文件内容中第一列保留试验序号，后七列按顺序分别为不同导叶方案的六个几何参数值和效率指标或扬程指标，每一列之间用逗号分隔，保存命名为 efficiency. txt 和 head. txt 两个文本文件，之后分别存入 MATLAB 工作台以便于直接读取。

② 由于对扬程和效率求解多元线性回归模型的过程是类似的，下面输入的命令为对效率关系的分析，为简化内容，不对求解扬程回归模型的命令做重复介绍。

打开 MATLAB 软件，在工作界面命令行窗口输入以下命令行（%后为对当前步骤的解读）完成对分析数据的定义：

Load('efficiency. txt');%读取工作台 efficiency. txt 文件

a＝load('efficiency. txt');%将 efficiency. txt 文件内容赋值给 a 矩阵

x1＝a(:,2);%将 a 矩阵第二列值赋值给 x_1

x2＝a(:,3);%将 a 矩阵第三列值赋值给 x_2

x3＝a(:,4);%将 a 矩阵第四列值赋值给 x_3

x4＝a(:,5);%将 a 矩阵第五列值赋值给 x_4

x5＝a(:,6);%将 a 矩阵第六列值赋值给 x_5

x6＝a(:,7);%将 a 矩阵第七列值赋值给 x_6

y＝a(:,8);%将 a 矩阵第八列值赋值给 y

X＝[ones(length(y),1),x1,x2,x3,x4,x5,x6];%将括号内容合并为新矩阵 X，其中 ones(length(y),1)命令为创建一个与 y 行数相等，值全为 1 的列矩阵

③ 然后基于最小二乘估计法构建以上定义数据块$(y, \boldsymbol{X})$的回归方程模型,并输出其回归系数 $b_i(i=0,1,2,3,4,5,6)$、回归系数区间 $bint$、残差 r、置信区间 $rint$ 和回归模型检验系数 $stats$,其中 $stats$ 中包括相关系数 r^2、显著性检验统计量 F 值和与 F 值对应的显著水平 p,命令行为

$[b, bint, r, rint, stats] = regress(y, X);$ %对数据块$(y, \boldsymbol{X})$进行回归分析,然后输出 $b_i, bint, r, rint, stats$ 等数据

完成上述命令行后,输出回归系数 $b_i(i=0,1,2,3,4,5,6)$,分别为 $b_0=42.026\ 4, b_1=0.028\ 3, b_2=-0.255\ 8, b_3=0.452\ 2, b_4=-0.091\ 7, b_5=-0.037\ 7, b_6=0.041\ 5$,回归系数区间 $bint$ 如表 10-10 所示。

表 10-10 回归系数区间

b_i	$bint$
b_0	[17.392 4, 66.660 4]
b_1	[−0.147 3, 0.204 0]
b_2	[−0.607 2, 0.095 5]
b_3	[0.311 6, 0.592 7]
b_4	[−0.232 2, 0.048 9]
b_5	[−0.178 2, 0.102 9]
b_6	[−0.028 8, 0.111 8]

然后读取回归模型检验系数 $stats$ 中的输出值,包括相关系数 $r^2=0.865\ 9$、显著性检验统计量 $F=9.489\ 6$、与 F 值对应的显著水平 $p=0.008$,其中相关系数 $r^2=0.865\ 9<0.9$,具有中等相关性,因此可以说模型是具有参考性的,但是显著水平 $p=0.008<0.05$,因此需要进一步对各系数做显著性差异 t 分布检验,其中每个自变量与因变量 t 检验值、显著水平 p 结果见表 10-11。

表 10-11 显著性差异检验结果

b_i	t	p
b_0	3.580 2	0.005 0
b_1	0.338 5	0.742 0
b_2	−1.528 0	0.157 5
b_3	6.751 7	0.501 0
b_4	−1.368 8	0.201 0
b_5	−0.562 4	0.586 2
b_6	1.239 4	0.000 8

分析表 10-11 可知，其中 x_6 与效率显著水平小于 0.001，判定为不显著，即 x_6 对效率没有明显影响，因此将 x_6 从上述回归模型中剔除后对剩余参数重新进行回归分析。重复上述数据定义和模型构建命令输入过程后，得到一个新的回归模型，其中新回归模型系数 $b_j (j = 0, 1, 2, 3, 4, 5)$ 分别为 $b_0 = 54.061, b_1 = 0.027\ 3, b_2 = -0.256, b_3 = 0.441, b_4 = -0.092, b_5 = -0.038$，回归系数区间 $bint$ 如表 10-12 所示。

表 10-12　新回归系数区间

b_i	$bint$
b_0	[39. 972 4, 68. 150 3]
b_1	[−0. 150 5, 0. 207 2]
b_2	[−0. 613 5, 0. 101 8]
b_3	[0. 309 1, 0. 595 2]
b_4	[−0. 234 7, 0. 051 4]
b_5	[−0. 180 7, 0. 105 4]

然后读取回归模型检验系数 $stats$ 中的输出值，包括相关系数 $r^2 = 0.915\ 9$、显著性检验统计量 $F = 3.449\ 1$，与 F 值对应的显著水平 $p = 0.053$，可以看到相关系数有所提高，达到了强相关性，而且修正后显著水平 $p > 0.05$，所以该回归模型具有较好的显著性，对于预测不同导叶几何参数的泵额定效率具有优良的参考性。

④ 由于差异性检验已达到要求，可以通过绘制如图 10-39 所示的拟合值与实际值曲线进一步对比分析回归模型的拟合程度，同时进一步绘制如图 10-40 所示的残差置信区间分布图，所需输入的命令行如下：

$t = 1:18;$％定义 t 矩阵作为样本序号矩阵

figure(1);％定义绘图 1

y_fitting＝X(t,:) * b;％定义回归模型拟合公式

plot(t,y_fitting,'r-',t,y(t,:),'b-',t,abs(y_fitting-y(t,:)),'k-');％绘制图形，包括拟合值曲线、实际值曲线和两条曲线之间的偏差值，并以不同颜色区分

legend('红-拟合值','蓝-实际值');％绘制不同曲线标识

figure(2);％定义绘图 2

ul＝rint(:,1);％定义置信区间上限值

Il＝rint(:,2);%定义置信区间下限值

plot(t,Il,'b-',t,r,'R *',t,ul,'g-');%绘制置信区间上、下限曲线和残差点并分别定义颜色

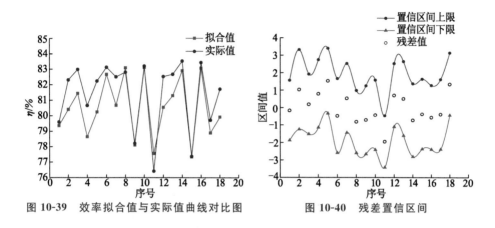

图 10-39　效率拟合值与实际值曲线对比图　　图 10-40　残差置信区间

由图 10-39 可以看出,红线代表的拟合值曲线与蓝线代表的实际值曲线在大部分区间内具有较高的重合度,两者之间偏差很小,只在少数参数组合点偏差较大,对于正交试验模型而言,在误差允许范围内,因此曲线之间拟合度是达到正常要求的。从图 10-40 中可以看出,所有残差值都在置信区间内,代表回归模型正常。综上所述,求解的多元线性回归模型合格,可以很好地预测不同导叶几何参数核主泵的额定效率,其中回归模型如下式:

$$\eta = 54.061 + 0.027\ 3a_3 - 0.256\alpha_4 + 0.441\varphi - 0.092\delta - 0.038R_t \quad (10\text{-}33)$$

依照上述操作输入相应的命令行求解扬程与各不同导叶几何参数组合的数学回归模型,最终输出结果如下:回归系数分别为 $b_0 = 123.176$, $b_1 = -0.073$, $b_2 = -0.308\ 5$, $b_3 = 0.221$, $b_4 = -0.018\ 9$, $b_5 = -0.783$, $b_6 = 0.018\ 5$;相关系数 $r^2 = 0.913\ 1$,显著性检验统计量 $F = 19.265\ 1$,与 F 值对应的显著水平 $p = 0.064$,可以看到,相关系数 $r^2 = 0.913\ 1 > 0.9$,达到了强相关性,显著水平 $p = 0.064 > 0.05$,所以该回归模型具有较好的显著性,回归系数区间如表 10-13 所示,回归模型为

$$H = 123.176 - 0.073\alpha_3 - 0.308\ 5\alpha_4 + 0.221\varphi - 0.018\ 9\delta - 0.783R_t + 0.018\ 5b_4$$

$$(10\text{-}34)$$

表 10-13　回归系数区间

b_i	$bint$
b_0	$[93.518\ 6,\ 152.832\ 4]$
b_1	$[-0.284\ 5,\ 0.138\ 5]$
b_2	$[-0.731\ 5,\ 0.114\ 5]$
b_3	$[0.052\ 3,\ 0.390\ 6]$
b_4	$[-0.188\ 1,\ 0.150\ 2]$
b_5	$[-0.952\ 3,\ -0.614\ 2]$
b_6	$[-0.066\ 1,\ 0.103\ 1]$

由图 10-41 扬程拟合值与实际值曲线对比图可以看出,红线代表的拟合值曲线与蓝线代表的实际值曲线的重合度很高,两者之间偏差值几乎不到实际值的 1%,所以可以说该回归模型具有非常高的拟合度。由图 10-42 残差置信区间分布图可以看出,残差值都在置信区间内,代表回归模型正常。

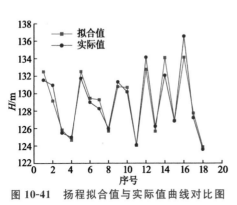

图 10-41　扬程拟合值与实际值曲线对比图

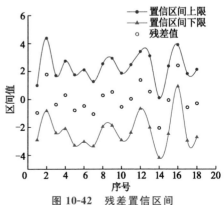

图 10-42　残差置信区间

（3）惰转数学模型

结合式(10-33)、式(10-34)与式(10-27),推导出一定范围内不同导叶几何参数核主泵在惰转过渡过程中转速和流量的数学模型,其中惰转转速数学模型如式(10-35)所示:

$$\begin{cases} n(t)=\dfrac{n_0}{1+\dfrac{g\rho Q_0 H(\alpha_3,\alpha_4,\varphi,\delta,R_t,b_4)}{4\pi^2 n_e^2 I\eta(\alpha_3,\alpha_4,\varphi,\delta,R_t,b_4)}t} \\ \eta=54.061+0.027\,3\alpha_3-0.256\alpha_4+0.441\varphi-0.092\delta-0.038R_t \\ H=123.176-0.073\alpha_3-0.308\,5\alpha_4+0.221\varphi-0.018\,9\delta-0.783R_t+0.018\,5b_4 \\ 22\leqslant\alpha_3\leqslant30 \\ 18\leqslant\alpha_4\leqslant22 \\ 70\leqslant\varphi\leqslant80 \\ 15\leqslant\delta\leqslant25 \\ 5\leqslant R_t\leqslant15 \\ 280\leqslant b_4\leqslant300 \end{cases}$$

$$(10\text{-}35)$$

10.7.3 基于动态仿真模拟验证惰转模型

基于 MATLAB 强大的系统建模和仿真功能[37]，用户可以随心所欲地搭建各种仿真系统，基于流体学科基础知识，结合刚性理论的压力管道中流体不稳定流动运动方程[38]，对不同外特性的流体机械进行仿真分析，其中方程如式(10-36)所示：

$$\frac{1}{g}\frac{dQ}{dt}\int_0^L \frac{dx}{A}+\frac{v^2-v_1^2}{2g}+H-H_1+h_f=0 \qquad (10\text{-}36)$$

(1) 模型的选取

由于上文建立的惰转数学模型是根据正交试验中的 18 组不同导叶几何参数得到的回归曲线，为了验证模型的通用性，需要另外建立模型进行验证。本部分根据核主泵参数基于速度系数法[39]和相似换算法设计核主泵模型导叶的主要参数，并设计核主泵水力部件的水体模型和网格模型，导叶的主要几何参数大小见表 10-14，将参数代入式(10-35)中，其中转动惯量 $I=931\ \text{kg}\cdot\text{m}^2$，可得到在该导叶参数下惰转过渡过程中转速的变化曲线方程，如式(10-37)所示。将核主泵水体网格计算模型文件导入 ANSYS CFX 进行数值模拟，性能计算结果如图 10-43 所示。

$$n(t)=\frac{74}{3+1.217\,8t}(\text{rad/s}) \qquad (10\text{-}37)$$

表 10-14 导叶几何参数大小

几何参数	$\alpha_3/(°)$	$\alpha_4/(°)$	$\varphi/(°)$	δ/mm	R_t/mm	b_4/mm
数值	24	18	78	22	6	296

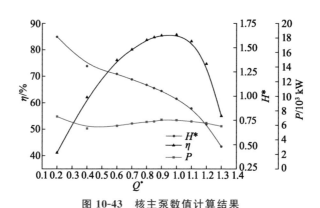

图 10-43　核主泵数值计算结果

（2）动态仿真模型的构建

为了验证惰转转速数学模型的准确性，在 MATLAB 中构建如图 10-44 所示简化的闭式试验台仿真系统。

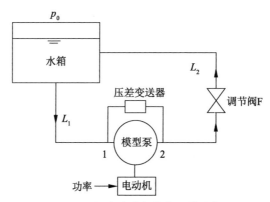

图 10-44　闭式试验台仿真系统结构图

将 ANSYS CFX 计算的流量-扬程曲线、流量-功率曲线和流量-效率曲线作为输入信号输入系统中的模型泵。结合控制过程原理[40]与上述刚性理论的压力管道中流体不稳定流动运动方程可知，仿真系统的动态数学模型流量输出如式（10-38）所示，转速输出如式（10-39）所示：

$$\begin{cases} p_1 = p_0 + \rho g H_0 - \rho \dfrac{L_1}{S_1}\dfrac{\mathrm{d}Q}{\mathrm{d}t} - \left(\lambda_1 \dfrac{L_1}{d_1} + \xi_1\right)\dfrac{\rho}{2S_1^2}Q^2 - \rho g L_1 \\[3mm] p_2 = p_0 + \rho g H_0 + \rho \dfrac{L_1}{S_1}\dfrac{\mathrm{d}Q}{\mathrm{d}t} + \left(\lambda_2 \dfrac{L_2}{d_2} + \xi_2\right)\dfrac{\rho}{2S_2^2}Q^2 + \rho g L_1 + \dfrac{\rho}{C_F^2}Q^2 \\[3mm] H = \dfrac{p_2 - p_1}{\rho g} \end{cases}$$

$$(10\text{-}38)$$

$$\frac{\mathrm{d}n}{\mathrm{d}t} = \frac{30}{\pi J} \times (M_d - M_f) \tag{10-39}$$

式中: p_1, p_2 分别为模型泵进口点和出口点的压力, Pa; p_0 为水箱液面压强, Pa; H_0 为水箱液面高度, m; L_1, L_2 分别为模型泵的进水管道长度和出水管道长度, m; S_1, S_2 分别为模型泵的进水管道截面积和出水管道截面积, m^2; d_1, d_2 分别为模型泵的进水管道管径和出水管道管径, m; λ_1, λ_2 分别为模型泵的进水管道沿程阻力系数和出水管道沿程阻力系数; ξ_1, ξ_2 分别为模型泵的进水管道局部阻力系数和出水管道局部阻力系数; ρ 为流体密度, 水的密度为 $\rho = 1\,000$ kg/m^3; g 为重力加速度, $g = 9.81$ N/kg; Q 为模型泵实时流量, m^3/h; H 为模型泵实时水头, m; C_F 为阀门阻力系数; n 为模型泵转速, r/min; J 为机组转动部分的转动惯量, kg·m^2; M_d 为电动机的输入力矩, kg·m; M_f 为电动机的阻力力矩, kg·m; t 为仿真过程时间, s。

由于该模型是基于泵的全特性曲线得到的, 对于泵在不同工况准稳态变化时, 该模型能较好地反映泵的水力变化过渡过程。在式(10-38)的流量输出信号和式(10-39)的转速输出信号中, 模型泵实时流量 Q 和水头 H 由输入的流量-扬程曲线信号 $H(Q)$ 实时定义, 电动机的输入力矩 M_d 由输入的流量-功率曲线信号 $P(Q)$ 实时定义, 阻力力矩 M_f 由输入的流量-扭矩曲线信号 $M(Q)$ 和流量-效率曲线信号 $\eta(Q)$ 同时定义, 除了以上输入信号通过实时定义以外, 其余参数的设定结合上文试验部分的试验台实际数据进行初始定义, 其中机组转动惯量 $J = 931$ kg·m^2, 管道管径和长度分别为 $d_1 = d_2 = 0.76$ m, $L_1 = 20$ m, $L_2 = 30$ m, 水箱液面压强 $p_0 = 1$ atm, 水箱液面高度 $H_0 = 0.8$ m, 系数 λ_1, λ_2, ξ_1, ξ_2, C_F 通过查询相关曲线得到[41], 将电动机开始转速设置为 $1\,480$ r/min, 系统仿真过程无外部电源信号加入。系统仿真模拟设置时间步长 $\Delta t = 1$ s, 总时间为 60 s, 仿真开始后输入信号, 仿真运行结束后可得到相应的 $\dfrac{\mathrm{d}Q}{\mathrm{d}t}$, $\dfrac{\mathrm{d}n}{\mathrm{d}t}$ 输出值, 通过积分运算可得到相应时间点的流量和转速曲线。

(3) 结果分析

图 10-45 为动态模拟仿真输出惰转转速变化和数学模型惰转转速计算结

果对比图,从图中可以看出,转速变化曲线的趋势类似,仅在 25 s 之前存在误差,在 $t=10$ s 时误差大约为 2.7%,在可接受范围内,故该惰转转速数学模型对于惰转过渡过程转速变化的预测是可靠的。

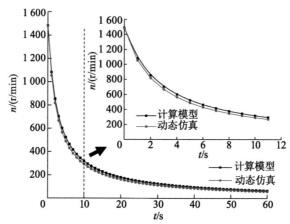

图 10-45　动态模拟仿真结果和数学模型计算结果对比

参考文献

［1］崔海燕,李天斌. 核主泵飞轮结构及设计要求探讨[J]. 通用机械,2015(9):79-82.

［2］张国铎. 基于智能控制理论的压水堆稳压器控制系统的研究[D]. 上海:上海电力学院,2013.

［3］唐堃,符伟,陈兴江,等. 核主泵惰转飞轮试验台架的研制及应用[J]. 水泵技术,2017(1):9-12.

［4］袁寿其,施卫东,刘厚林,等. 泵理论与技术[M]. 北京:机械工业出版社,2014.

［5］郑梦海. 泵测量实用技术[M]. 北京:机械工业出版社,2006.

［6］刘夏杰,刘军生,王德忠,等. 断电事故对核主泵安全特性影响的试验研究[J]. 原子能科学技术,2009,43(5):448-451.

［7］姜茂华,邹志超,王鹏飞,等. 基于额定参数的核主泵惰转工况计算模型[J]. 原子能科学技术,2014,48(8):1435-1439.

［8］王福军. 计算流体动力学分析:CFD 软件原理与应用[M]. 北京:清华大学出版社,2004.

[9] Wilcox D C. Turbulence modeling for CFD[M]. California：DCW Industries Inc，1993.

[10] 童秉纲,张炳暄,崔尔杰. 非定常与涡运动[M]. 北京：国防工业出版社，1993.

[11] Panton R L. Incompressible flow[M]. New York：John Wiley & Sons，2005.

[12] Frisch U. Turblence [M]. Cambridge：Cambridge University Press，1995.

[13] 童秉纲,尹协远,朱克勤. 涡运动理论[M]. 合肥：中国科学技术大学出版社，2009.

[14] Lugt H J. Vortex flow in nature and technology[M]. New York：John Wiley & Sons，1983.

[15] 尹协远,孙德军. 漩涡流动的稳定性[M]. 北京：国防工业出版社，2003.

[16] 付强,曹梁,朱荣生,等. CAP1400 核主泵导叶和叶轮匹配数研究[J]. 原子能科学技术，2016，50(1)：143-150.

[17] 江伟,朱相源,李国君,等. 导叶与隔舌相对位置对离心泵叶轮径向力的影响[J]. 农业机械学报，2016，47(2)：28-34.

[18] 徐一鸣. 断电事故下核主泵内流场数值模拟[D]. 大连：大连理工大学，2011.

[19] 刘立祥. 线性回归模型中自变量的选择与逐步回归方法[J]. 统计与决策，2015(21)：80-82.

[20] 唐启义. DPS 数据处理系统：实验设计、统计分析及数据挖掘[M]. 北京：科学出版社，2010.

[21] 贺江舟,龚明福,范君华,等. 逐步回归及通径分析在主成分分析中的应用[J]. 新疆农业科学，2010，47(3)：431-437.

[22] 周松林,茆美琴,苏建徽. 基于主成分分析与人工神经网络的风电功率预测[J]. 电网技术，2011，35(9)：128-132.

[23] 韩小孩,张耀辉,孙福军,等. 基于主成分分析的指标权重确定方法[J]. 四川兵工学报，2012，33(10)：124-126.

[24] 罗峰,周涛,贾瑞宣. Flowmaster 软件在 AP1000 启动给水系统瞬态运行中的应用[J]. 华电技术，2012，34(2)：31-33.

[25] 王福军,白绵绵,肖若富. Flowmaster 在泵站过渡过程分析中的应用[J]. 排灌机械工程学报，2010，28(2)：144-148.

[26] 焦震宇，刘惠. 流体仿真软件 Flowmaster 在冷却水泵配置分析中的应用[J]. 冶金动力，2009(4)：89-93.

[27] 邹志超. 核主泵水力部件初步设计及惰转特性研究[D]. 杭州：浙江大学，2013.

[28] 马秀红，曹继平，董晟飞. 小波分析及其应用[J]. 计算机技术与发展，2003，13(8)：93-94.

[29] 程兴民，毛海波，彭炜. 基于单频域段重构小波变换的电力系统谐波检测[J]. 科技创新与应用，2016(21)：198-199.

[30] 吕瑞兰，吴铁军，于玲. 采用不同小波母函数的阈值去噪方法性能分析[J]. 光谱学与光谱分析，2004，24(7)：826-829.

[31] 张勤昭，曹树良，陆力. 高比转数混流泵导叶设计计算[J]. 农业机械学报，2008，39(2)：73-76.

[32] 姜茂华，邹志超，王鹏飞，等. 基于额定参数的核主泵惰转工况计算模型[J]. 原子能科学技术，2014，48(8)：1435-1439.

[33] 关醒凡. 现代泵理论与设计[M]. 北京：中国宇航出版社，2011.

[34] 刘严. 多元线性回归的数学模型[J]. 沈阳工程学院学报(自然科学版)，2005，1(2)：128-129.

[35] 邹乐强. 最小二乘法原理及其简单应用[J]. 科技信息，2010(23)：282-283.

[36] 宋光兴. 一类非线性积-微分方程极值解的存在性定理[J]. 应用数学和力学，1996，17(11)：1019-1024.

[37] 刘金琨. 先进 PID 控制及其 MATLAB 仿真[M]. 北京：电子工业出版社，2003.

[38] 刘宏春. 凝给水系统给水泵动态建模及转速调节系统的研究[D]. 哈尔滨：哈尔滨工程大学，2004.

[39] 白小榜，沙毅，李金磊. 混流泵速度系数法水力设计探讨[J]. 水泵技术，2008(5)：11-15.

[40] 金以慧. 过程控制[M]. 北京：清华大学出版社，1993.

[41] 施振球. 动力管道设计手册[M]. 北京：机械工业出版社，2006.

核主泵空化特性

11.1 引言

空化现象是指液流中的流场压力降低到饱和的蒸汽压力之下时,液体将会由液态转变为充满蒸汽的气态空泡,从而其热力学状态进行改变[1]。核主泵发生空化时,扬程与效率会迅速下降,在严重空化和断裂空化状态下,会产生剧烈的振动和噪声。当核主泵提供的压头过小,冷却剂不能及时带走堆芯内的热量时,长时间地运行可能会导致堆芯过热发生偏离泡核沸腾,甚至会使燃料棒熔化,产生严重的后果。空化产生的振动会引起核主泵动静部件的碰撞,从而产生严重的机械事故,这些状况在核反应堆中是绝对不准许发生的。为确保核主泵在启停、断电、安全停堆地震、运行基准地震、回路失水等极端工况下的安全运行,核主泵的空化研究有着十分重要的意义。

目前世界上针对泵空化的研究很多,如泵空化的机理研究、试验研究及数值计算。数值计算具有经济及内部流动刻画精细等优点,近年来已成为流体机械空化研究领域内的一种有力工具。数值计算中,如何用一种数学模型来描述空化的机理,成为研究的热点和难点。2005 年,Ito 等[2]利用高温水和低温液氨这两种介质进行试验研究,得出温度对空泡的尺寸和形态具有很大影响;2006 年,Cervone 等[3]通过试验研究 NACA0015 水翼在不同空化数、温度等条件下的空化流,得出在相同的空化数下,随着温度的升高,空泡的厚度和长度不断增大。热力学效应在高温下会对空化产生抑制作用,而核主泵介质具有高温高压的性质,核主泵的空化数值模拟预测可以极大地节省设计费用和减少前期准备工作,因此很有必要针对核主泵的空化性能进行更加准确的预测和评估研究。

本章针对现有的空化模型,基于核主泵高温高压的工质物性考虑热力学效应,结合数值模拟和试验研究对空化模型进行改进,采用常用的湍流模型对核主泵进行空化流模拟,通过与试验结果对比获得最为适用的湍流模型。对常用的空化模型在核主泵空化模拟中的适用性进行对比,通过核主泵的定常和非定常计算,详细分析在不同流量、不同空化状态下核主泵的空化性能曲线以及内部流场的气泡体积分数分布、叶轮内压力分布、压力脉动等。利用修正后的空化模型对核主泵进行空化计算,将计算结果与试验结果进行比较,验证核主泵空化流数值预测的可行性[4]。对空化非定常流动开展数值计算与试验研究,以揭示空化瞬态过程中核主泵叶轮流道内气体体积分数、叶轮所受径向力及轴向力、压力脉动等变化规律[5]。

11.2 湍流模型对泵空化模拟的影响

11.2.1 不同湍流模型空化性能

如图 11-1 所示,在不同流量 $0.8Q_n$,$1.0Q_n$,$1.2Q_n$ 下,分别选取标准 k-ε,RNG k-ε,SST k-ω 三种不同的湍流模型进行预测[6-9],同时选用 Z-G-B 空化模型。通过逐渐减小进口压力来降低 $NPSH$,当 $NPSH$ 较大时,泵内不会发生空化,泵的扬程未受到影响,随着 $NPSH$ 的逐渐降低,泵内的空化程度逐渐加剧,由初生空化阶段到发展空化阶段、严重空化阶段,直至断裂空化阶段,数值计算较难收敛,同时泵扬程一直随着空化现象的加剧而降低。

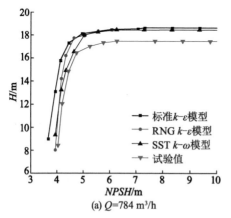

(a) Q=784 m³/h

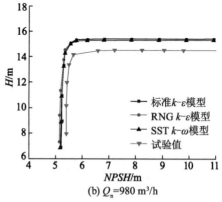

(b) Q_n=980 m³/h

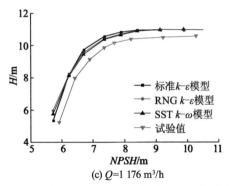

(c) Q=1 176 m³/h

图 11-1   不同湍流模型模拟预测与试验的空化性能曲线

由图 11-1 可知,总体来说,不同湍流模型的预测趋势与试验值的变化趋势相同,都是随着 $NPSH$ 的降低,泵扬程下降。比较三种湍流模型的预测值与试验值发现,不同湍流模型的预测值较为接近,而试验值与预测值有一定的误差。未发生空化时,在额定流量 Q_n=980 m³/h 下,标准 k-ε 模型预测的扬程为 15.33 m,RNG k-ε 模型为 15.18 m,SST k-ω 模型为 15.17 m,试验值为 14.48 m,三种湍流模型的绝对误差分别为 0.85,0.70,0.69 m,可见标准 k-ε 模型预测值与试验值相差较大;在小流量工况 Q=784 m³/h 下,标准 k-ε 模型预测的扬程为 18.62 m,RNG k-ε 模型为 18.44 m,SST k-ω 模型为 18.42 m,试验值为 17.43 m,三种湍流模型的绝对误差分别为 1.19,1.01,0.99 m。额定流量下未发生空化时,三种湍流模型的计算相对误差在 6% 以内,满足工程应用要求,其中 RNG k-ε 和 SST k-ω 模型的相对误差值较为接近,标准 k-ε 模型预测值与试验值误差较大,SST k-ω 模型预测值与试验值最为接近。总体来说,在额定流量 Q_n=980 m³/h 下,三种不同的湍流模型预测值误差均较小,而在小流量和大流量工况下,预测值误差相对较大,未发生空化时,预测值的最大误差在 5.55%～11.64% 之间。这主要是由于在小流量和大流量工况下,核主泵内部存在二次流、旋涡、流动冲击等,造成了较大的相对误差。在未发生空化时,三种湍流模型预测的扬程都偏高,可能是由于湍流模型未考虑到空化诱导、气体的可压缩性等,加上试验模型与预测模拟的实际壁面粗糙度、介质温度等条件不同,造成了预测的扬程偏高。

设模型泵的扬程下降 3% 时为临界空化状态,其对应的 $NPSH$ 为 $NPSH_3$,表 11-1 为不同流量下不同湍流模型的预测值与试验值所对应的 $NPSH_3$。由表可以看出,在临界空化状态下,大流量工况时,三种湍流模型的预测值较试验值的相对误差范围为 1.26%～5.34%;额定工况时,三种湍流模型的相对误差范围为 2.80％～3.66％；小流量工况时，三种湍流模型的相对误差范围为 6.78％～8.46％。由此可知，发生空化时，湍流模型在大流量工况下预测值较为准确。对比三种不同湍流模型在临界空化状态下的预测值与试验值的误差可以看出，SST $k-\omega$ 模型预测相对较为精确。

表 11-1　不同流量下不同湍流模型预测值与试验值对应的 $NPSH_3$

流量	标准 $k-\varepsilon$ 模型预测值/m	RNG $k-\varepsilon$ 模型预测值/m	SST $k-\omega$ 模型预测值/m	试验值/m	标准 $k-\varepsilon$ 模型相对误差/％	RNG $k-\varepsilon$ 模型相对误差/％	SST $k-\omega$ 模型相对误差/％
$0.8Q_n$	4.87	5.45	4.93	5.18	8.46	7.33	6.78
$1.0Q_n$	5.49	5.47	5.51	5.64	3.23	3.66	2.80
$1.2Q_n$	7.53	7.76	7.79	7.87	5.34	1.72	1.26

当 $NPSH$ 降低到一定程度时，扬程会随着 $NPSH$ 的降低而急剧下降，在图 11-1b 中（流量 $Q_n=980$ m³/h 的额定工况），当扬程下降到 60％，即各空化性能曲线的扬程降低到 11 m 左右时，空化对泵扬程产生很大影响。取试验值曲线上的三个数据点进行分析，$NPSH$ 由 5.428 m 降低到 5.414 m，降低了 0.014 m，此时扬程由 11.95 m 降低到 10.15 m，下降了 15.06％；然后随着 $NPSH$ 由 5.414 m 进一步降低到 5.410 m，扬程由 10.15 m 降低到 7.95 m，即随着 $NPSH$ 降低 0.004 m，扬程降低了 21.67％，可见此时已经发展到严重空化状态，随着 $NPSH$ 微小的降低，流道内会产生大量的气泡阻塞流道造成泵性能下降。额定工况下，扬程为 10 m 时，标准 $k-\varepsilon$ 模型、RNG $k-\varepsilon$ 模型、SST $k-\omega$ 模型的 $NPSH$ 预测值与试验值分别为 5.21，5.31，5.29，5.41 m，RNG $k-\varepsilon$ 模型模拟计算的相对误差最小；小流量 $Q=784$ m³/h 下，扬程为 9 m 时，标准 $k-\varepsilon$ 模型、RNG $k-\varepsilon$ 模型、SST $k-\omega$ 模型的 $NPSH$ 预测值与试验值分别为 3.66，2.97，2.91，3.06 m，RNG $k-\varepsilon$ 模型模拟计算的相对误差最小；大流量 $Q=1$ 176 m³/h 下，扬程为 6 m 时，标准 $k-\varepsilon$ 模型、RNG $k-\varepsilon$ 模型、SST $k-\omega$ 模型的 $NPSH$ 预测值与试验值分别为 5.83，5.71，5.76，6.11 m，此时标准 $k-\varepsilon$ 模型预测值与试验值相对误差最小。由以上数据分析可以看出，当发展到严重空化状态甚至断裂空化状态时，$NPSH$ 预测值与试验值的误差在 3.31％～12.47％之间，小流量时 RNG $k-\varepsilon$ 模型预测值较为精确，大流量时标准 $k-\varepsilon$ 模型预测值较为精确。

对比分析以上核主泵在不同流量下的不同空化程度，可以得出 SST $k-\omega$ 湍流模型最适合核主泵的空化模拟，但在一定工况下标准 $k-\varepsilon$ 模型与 RNG $k-\varepsilon$ 模型也可以适当提高空化预测的精确度。

11.2.2 不同湍流模型叶轮流场分析

为分析不同湍流模型在空化时对核主泵内部流动的影响,取额定工况 $Q_n=980\ \mathrm{m^3/h}$, $H=4.44\ \mathrm{m}$ 严重空化状态下的点进行分析,图 11-2 为该状态下不同湍流模型叶片背面上的气泡体积分数分布,图 11-3 为不同湍流模型叶轮中间流线切面的绝对速度分布,图 11-4 为不同湍流模型叶片背面上的静压分布。由各图可以看出,不同湍流模型对核主泵空化状态下的气泡体积分数、绝对速度与静压分布影响不大。

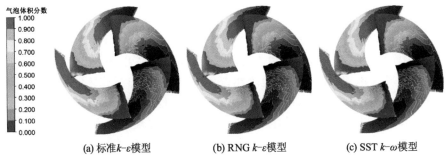

(a) 标准 k-ε 模型   (b) RNG k-ε 模型   (c) SST k-ω 模型

图 11-2 $1.0Q_n$, $H=4.44\ \mathrm{m}$ 严重空化状态下不同湍流模型叶片背面上的气泡体积分数分布

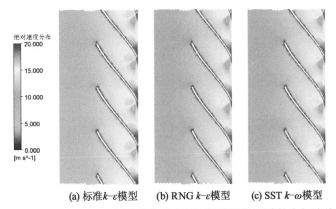

(a) 标准 k-ε 模型   (b) RNG k-ε 模型   (c) SST k-ω 模型

图 11-3 $1.0Q_n$, $H=4.44\ \mathrm{m}$ 严重空化状态下不同湍流模型叶轮中间流线切面的绝对速度分布

(a) 标准k-ε模型　　　　(b) RNG k-ε模型　　　　(c) SST k-ω模型

图 11-4　$1.0Q_n$，$H=4.44$ m 严重空化状态下不同湍流模型叶片背面上的静压分布

由图 11-2 可知，叶片中部到出口处气泡体积分数最大，此时叶片背面已经发生超空化，从气泡体积分数为 0.9 的云图边界上可以看出图 11-2b 与图 11-2c 中模型预测的气泡分布更为均匀，云图阶梯线也更为接近；图 11-3 中三个模型在叶片中流线上的绝对速度相差不大，低速区与高速区的位置和大小均无太大区别；图 11-4 中，由于此时叶片背面空化较为严重，叶片背面大部分区域为压力低于 10 000 Pa 的区域，在叶片进口边出现了压力阶梯，三个不同模型的压力阶梯具有相同趋势，标准 k-ε 模型进口高压区最小，同时 RNG k-ε 模型、SST k-ω 模型在叶片背面出口边出现小范围的高压区，而标准 k-ε 模型基本上没有该高压区的存在，可见标准 k-ε 模型在核主泵严重空化状态下的预测精度相对较差些，但三者的内部流动差异较小，表明湍流模型对核主泵空化模拟影响较小。

11.2.3　基于 SST k-ω 的泵内气泡体积分数分布数值计算

由上述对比可知，SST k-ω 湍流模型对空化模拟的预测相对更为精确，下面选用 SST k-ω 模型对不同空化状态进行对比研究。图 11-5 为在额定流量下不同 NPSH 时叶片间的气泡体积分数分布，图 11-5a 为初生空化阶段，图 11-5b，c 为发展空化阶段，图 11-5d 为严重空化阶段，图 11-5e 为断裂空化阶段。

从图 11-5 可以看出，当 NPSH＝6.13 m 时，首先在叶片背面进口边产生气泡，随着 NPSH 的逐渐减小，在图 11-5a～e 的空化发展过程中，叶片背面的空化区域从叶片进口向出口扩大，当 NPSH＝5.51 m 时，在叶片工作面的进口处发生空化，随着 NPSH 的降低，最后气泡占据整个叶片背面并与叶片工作面进口处空化区域相连，对整个流道造成堵塞，从而导致泵的性能严重下降。可以看出，虽然在叶片背面的进口处开始发生空化，但随着空化的加剧，空化核心区域向出口转移，图 11-5d 中空化最严重点在距离出口 1/4 处，图 11-5e 中在出口边缘具有较大的气泡体积分数为 1 的区域，这主要是由于随着空化程度的加深，气泡溃灭移向叶轮出口处,而溃灭过程导致流道紊乱堵塞。

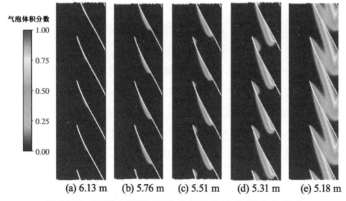

图 11-5 不同 *NPSH* 时叶片间的气泡体积分数分布

图 11-6 为模型泵在不同 *NPSH* 时叶片背面的压力云图,为了更为清晰地研究核主泵空化时的流场特性,减小压力坐标范围的大小,当压力值高于或者低于压力坐标范围时分别用坐标上限值或者下限值表示。

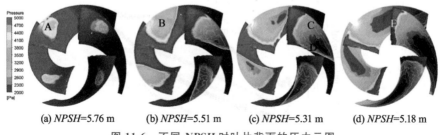

图 11-6 不同 *NPSH* 时叶片背面的压力云图

图 11-6a 中空化初生时,在叶轮进口边 A 区域产生局部低压区,最低压力点压力为 2 634 Pa,该处发生局部空化现象;随着 *NPSH* 的降低,低压区扩散,当达到图 11-6b 临界空化时,最低压力点 B 区域压力为 2 130 Pa,并逐渐由叶片进口附近向叶片出口扩散,空化主要发生在叶片前盖板附近,对轮毂处影响较小;图 11-6c 中已发生严重空化,产生大片压力低于 2 300 Pa 的低压区域,空化已由前盖板 C 区域向后盖板 D 区域扩散,对泵性能影响较大,而不同叶片压力分布不一致主要是由于泵壳的形状和出口导致不同叶轮流道流场不同;图 11-6d 中叶片背面大部分已被低压区覆盖,此时叶片出口处压力已经低于 2 500 Pa,叶片进口处压力反而增加,这是由于气泡充满整个叶轮流道

阻碍了流体通过,而叶片进口 E 区域压力高于 5 000 Pa,这主要是由于该处产生回流而未发生空化。

图 11-7 为模型泵在额定流量下不同 $NPSH$ 时叶片表面中间流线上的载荷分布,其中横坐标表示叶片表面中间流线上的点在叶片进口和出口之间的相对位置,纵坐标表示叶片在该点所受的载荷力。由图 11-7 可知,从叶片进口 $S=0$ 到叶片出口 $S=1$,叶片载荷整体呈上升趋势,当 $NPSH=10.89$ m 未发生空化时,表面载荷由 0.11 MPa 增加到 0.23 MPa,这是由于模型泵从进口到出口叶片作用面积减小而叶片间距离增大,从而导致叶片表面所受压力增大;由于进口正冲角导致载荷分布不均匀,$S=0\sim0.05$ 处载荷小范围降低;随着 $NPSH$ 的降低,叶片载荷减小,$NPSH=10.89,5.51,5.31,5.18$ m 时,表面最大载荷分别为 0.23,0.17,0.15,0.04 MPa,$NPSH=5.18$ m 时叶片工作面载荷分布不规则,证明空化会严重影响流道介质的正常流动;当空化初生 $NPSH=5.51$ m 时,叶片背面开始出现 0 载荷,随着 $NPSH$ 的降低,叶片背面的 0 载荷区域增大,$NPSH=5.51,5.31$ m 时,0 载荷区域分别为 $S=0.05\sim0.40$ 和 $0.05\sim0.75$,$NPSH=5.18$ m 时整个叶片背面无载荷分布,主要是由于叶片背面空化产生气泡,导致叶片背面和液体介质分离,从而载荷为 0。

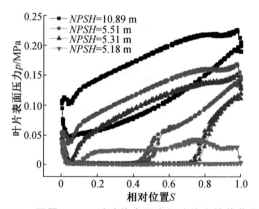

图 11-7 不同 $NPSH$ 时叶片表面中间流线上的载荷分布

11.3 空化模型对空化模拟的影响

11.3.1 不同空化模型的数值计算

目前,空化定常和非定常流动的模型计算主要分为单流体模型和均相流模型这两类。其中,基于正压流体法则的单流体模型不能精确地模拟空化旋涡流动特性,因此该类空化模型的应用具有很大的局限性。而基于输运方程的均相流模型由于其方程具有对流的特性,所以该类模型充分考虑了惯性力对于空泡的作用,现已有研究人员使用该类空化模型对各种空化流场进行计算。

基于相间传输的均相流模型主要有 Z－G－B 空化模型、Singhal 空化模型、Kunz 空化模型、S－S 空化模型等[10-13]。为了对比不同空化模型对核主泵空化性能预测的准确性,采用商用软件 ANSYS CFX 的求解器,通过二次开发将现有的 Singhal 空化模型与 S－S 空化模型嵌入 ANSYS CFX 中,从而可以使不同模型进行有效的对比研究。

图 11-8 给出了不同流量下三种空化模型(Z－G－B 空化模型、Singhal 空化模型、S－S 空化模型)计算得到的空化性能曲线与试验曲线的对比,采用第 3 章通过分析选取的 SST $k-\omega$ 湍流模型。由图可知,模拟计算的预测结果与试验结果存在一定差异,但变化规律与预测趋势相同:未发生空化时,三种空化模型的扬程计算值没有差别,且都能预测到 NPSH 降低到某个值时泵开始发生空化,随着 NPSH 的继续降低,核主泵由临界空化转变成严重空化直至断裂空化,扬程由缓慢下降转变成急剧下降。

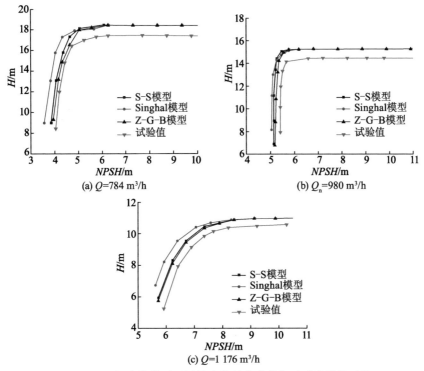

图 11-8 不同空化模型预测的空化性能曲线与试验曲线的对比

在计算过程中，Singhal 模型的收敛性低于其他两种模型，Z-G-B 模型的收敛性最好。与 11.2 节的不同湍流模型计算值比较不同，湍流模型由未发生空化到严重空化状态时，三种模型的模拟计算结果都存在一定差异，而且随着空化程度的加深，三种不同湍流模型对核主泵空化模拟计算的影响虽然都有所加强，但是不同湍流模型的影响变化不明显，不同空化模型之间的计算结果对比如图 11-8 所示：初生空化时，在额定流量工况 $Q_n = 980 \text{ m}^3/\text{h}$ 下，Z-G-B 模型、Singhal 模型、S-S 模型的扬程计算结果与试验结果分别为 15.279,15.278,15.279,14.480 m；在小流量工况 $Q = 784 \text{ m}^3/\text{h}$ 下，三种模型的扬程计算结果与试验结果分别为 18.429,18.426,18.429,17.531 m；在大流量工况 $Q = 1176 \text{ m}^3/\text{h}$ 下，三种模型的扬程计算结果与试验结果分别为 10.980,10.978,10.980,10.579 m，不同模型对泵扬程的数值计算结果几乎没有影响，与试验值的相对误差基本相同。但随着空化程度的加深，不同空化模型预测值的差别开始逐渐变大，为进一步比较不同空化模型计算结果的差异，表 11-2 给出了临界空化状态时不同空化模型的 $NPSH_3$，表 11-3 显示了严重空化状态时不同空化模型的差异。与试验结果相比，总体来说，Singhal 空化模型的计算结果比 Z-G-B 空化模型和 S-S 空化模型计算结果的预测精度要低，特别是在小流量 $Q = 784 \text{ m}^3/\text{h}$ 时空化模拟出现较大误差，如图 11-8a 所示，Singhal 空化模型在初生空化时模拟的扬程下降趋势与试验结果存在差异，预测扬程下降较快。

表 11-2 临界空化状态时不同流量下不同空化模型预测值与试验值 $NPSH_3$ 对比

流量	S-S 模型预测值/m	Singhal 模型预测值/m	Z-G-B 模型预测值/m	试验值/m	S-S 模型相对误差/%	Singhal 模型相对误差/%	Z-G-B 模型相对误差/%
$0.8Q_n$	4.91	4.80	4.93	5.18	7.34	10.33	6.78
$1.0Q_n$	5.30	5.49	5.51	5.64	4.65	3.20	2.80
$1.2Q_n$	7.86	7.88	7.79	7.87	0.16	1.72	1.26

表 11-2 为临界空化状态时不同流量下不同空化模型预测值与试验值的 $NPSH_3$ 对比，扬程下降 3% 时为临界空化状态。由表可以看出，在临界空化状态下，大流量工况时，三种空化模型预测值较试验值的相对误差范围为 0.16%~1.72%；额定工况时，三种空化模型的相对误差范围为 2.80%~4.65%；小流量工况时，三种空化模型的相对误差范围为 6.78%~10.33%。由此可知，临界空化时，空化模型在大流量下预测值较为准确。对比三种不同的空化模型在临界空化状态的预测值与试验值误差可以看出，在额定流量

和小流量工况下,Z－G－B空化模型对临界空化点的预测值误差分别为 2.80％和6.78％,预测较为精确;在大流量工况下,S－S空化模型的临界空化点预测值误差只有0.16％,预测精度较高;Singhal空化模型在大流量下预测精度与其他模型相差不大,但随着流量的减小,Singhal空化模型的预测精度与其他空化模型相比具有较大误差。

表 11-3 严重空化状态时不同流量下不同空化模型预测值与试验值 NPSH 对比

流量	S－S模型预测值/m	Singhal模型预测值/m	Z－G－B模型预测值/m	试验值/m	S－S模型绝对误差/m	Singhal模型绝对误差/m	Z－G－B模型绝对误差/m
$0.8Q_n$	3.83	3.63	4.98	5.12	1.29	1.49	0.14
$1.0Q_n$	5.12	5.03	5.19	5.40	0.28	0.37	0.21
$1.2Q_n$	5.96	5.68	6.07	6.25	0.29	0.57	0.18

表 11-3 为严重空化状态时不同流量下不同空化模型预测值与试验值的 NPSH 对比,流量 $Q=784$ m³/h,$Q_n=980$ m³/h,$Q=1\,176$ m³/h 时分别取扬程为 10,8,7 m 作为泵严重空化状态点。由表可以看出,大流量工况时,三种空化模型预测值较试验值的绝对误差范围为 0.18～0.57 m;额定工况时,三种空化模型的绝对误差范围为 0.21～0.37 m;小流量工况时,三种空化模型的绝对误差范围为 0.14～1.49 m。由此可知,严重空化时,空化模型在额定流量下预测值较为准确,而在大流量和小流量下预测结果有较大误差,小流量下误差值最大。对比三种空化模型在严重空化状态的预测值与试验值可以看出,Z－G－B空化模型预测较为精确,Singhal空化模型预测精度较低。

11.3.2 不同空化模型叶轮内部流场分析

图 11-9 为核主泵在额定流量 $Q_n=980$ m³/h 下,$NPSH=6.13$ m 初生空化时,不同空化模型的叶片背面气泡体积分数分布;图 11-10 为 $NPSH=5.51$ m 临界空化时,不同空化模型的叶片背面气泡体积分数分布;图 11-11 为 $NPSH=5.44$ m 严重空化时,不同空化模型的叶片背面气泡体积分数分布。由图 11-9 可以看出,不同空化模型的计算结果差别比较大,在初生空化状态,Z－G－B空化模型计算得到的叶片背面气泡分布区域相对较大,开始出现片状空化区域,S－S模型的气泡体积分数最小,反应最为迟缓。

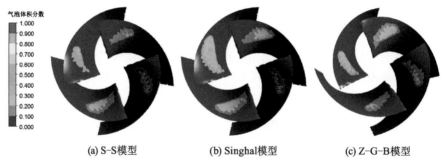

(a) S-S模型　　　　　(b) Singhal模型　　　　　(c) Z-G-B模型

图 11-9　初生空化时不同空化模型叶片背面气泡体积分数分布

　　图 11-10 中,由临界空化状态下 Z-G-B 空化模型叶片背面中部的空化区域可知,其气泡体积分数大于 0.9 的红色区域相对于其对两种模型更大;随着空化的程度加深,到严重空化状态时,图 11-11 中 Z-G-B 模型气泡体积分数大于 0.9 的区域持续增大,Z-G-B 模型的空化发展最为剧烈,气泡体积分数云图的阶梯更为密集,而 Singhal 空化模型相对于 S-S 模型空化区域更小,空化发展较为缓慢,由上述可知,随着 NPSH 的降低,Singhal 模型的气泡体积分数预测值精度会降低。

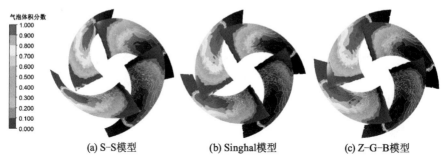

(a) S-S模型　　　　　(b) Singhal模型　　　　　(c) Z-G-B模型

图 11-10　临界空化时不同空化模型叶片背面气泡体积分数分布

(a) S-S模型　　　　　(b) Singhal模型　　　　　(c) Z-G-B模型

图 11-11　严重空化时不同空化模型叶片背面气泡体积分数分布

图 11-12 为不同空化模型在额定流量下初生空化时叶轮中间流线切面的静压分布；图 11-13 为临界空化时叶轮中间流线切面的静压分布；图 11-14 为严重空化时叶轮中间流线切面的静压分布。由各图可以看出，叶片背面的压力小于叶片工作面的压力，初生空化 $NPSH=6.13$ m 时，叶片进口背面开始出现低压区，随着 $NPSH$ 的降低，低压区域扩散，临界空化时扩散到叶片背面的中部，严重空化时在叶片工作面进口处也出现低压区，同时工作面与背面低压区开始相连，当达到一定程度时会造成气泡充满整个流道，从而造成断裂空化。

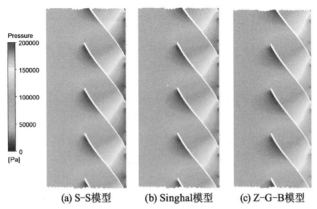

(a) S–S模型　　　　(b) Singhal模型　　　　(c) Z–G–B模型

图 11-12　初生空化时叶轮中间流线切面静压分布

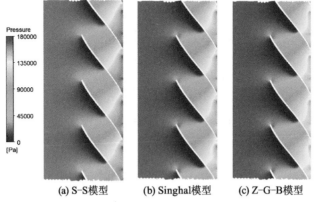

(a) S–S模型　　　　(b) Singhal模型　　　　(c) Z–G–B模型

图 11-13　临界空化时叶轮中间流线切面静压分布

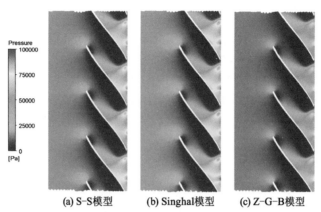

(a) S-S模型　　　　(b) Singhal模型　　　　(c) Z-G-B模型

图 11-14　严重空化时叶轮中间流线切面静压分布

$NPSH=6.13$ m 时,比较三种不同模型的静压可见,Z-G-B空化模型进口部分压力小于 20 000 Pa 的低压区相对于其他两种模型区别不是特别大,通过气泡分布观察流场的区别更为明显,但在流道出口处,S-S模型压力大于 180 000 Pa 的区域明显比 Z-G-B空化模型的高压区域大,从而初生空化时 S-S 模型计算值静压分布显示空化对泵内部流场影响相对小些;而严重空化时 S-S 模型的叶轮流道出口静压小于 Singhal 模型的出口静压。总体来说,由从叶片工作面到背面的压力分布情况可知,Z-G-B空化模型能更好地模拟出空化对叶轮流道内压力分布的影响。

11.3.3　不同空化模型非定常分析

将定常计算的结果设置为非定常计算的初始值,将叶轮每转动 4°定为一个时间步长,单步的时间步长为 $4.504\,5\times10^{-4}$ s,每经过 90 步叶轮旋转一个周期,叶轮总共旋转 10 个周期,总计算时间为 0.405 4 s,选取后面 5 个较为稳定的周期进行分析。为了得到泵内部发生空化时的压力场脉动规律,从叶轮流道进口到出口均匀取 A1,A2,A3 三个监测点,从导叶流道进口到出口均匀取 B1,B2,B3 三个监测点,如图 11-15 所示,以上所有监测点都取在流道的中截面上。

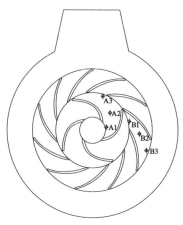

图 11-15　泵内各监测点示意图

　　图 11-16 为额定工况 $Q_n = 980 \ \text{m}^3/\text{h}$ 时，Z-G-B 空化模型在不同空化状态下叶轮内的静压脉动时域图，取泵扬程下降 3‰、$NPSH = 5.51 \ \text{m}$ 时作为临界空化点；取 $NPSH = 5.19 \ \text{m}$ 时作为严重空化点。由图 11-16a 可以看出，在未发生空化的情况下，在每一个周期 90 步内各个监测点的静压变化都很有规律，叶轮进口监测点 A1 的静压大小在 120 000～124 000 Pa 之间小幅度波动，流道中部监测点 A2 的静压波动幅值范围为 178 000～187 000 Pa，叶轮出口监测点 A3 的静压波动幅值范围为 210 000～243 000 Pa，由此可见，越靠近导叶的监测点压力脉动变化幅值越大，压力脉动波动规律以叶轮旋转一周为一个周期，A3 处波动最大，一个周期内有 8 个波峰，这主要是由导叶、泵壳等与叶轮的动静干涉以及流体自身的黏性作用引起的，同时叶片上也会有交变作用力产生，从而使叶片产生振动。图 11-16b 中，临界空化时，各监测点的压力脉动波动规律同样以叶轮旋转一周为一个周期，监测点 A1 的静压波动幅值范围为 69 000～74 000 Pa，A2 的静压波动幅值范围为 128 000～138 000 Pa，A3 的静压波动幅值范围为 154 000～206 000 Pa，由此可见，越靠近导叶的监测点压力脉动变化幅值越大，这与未发生空化时相似，但压力值有所减小，且脉动幅度增加，监测点 A3 在叶轮旋转一个周期内出现 4 个大波峰和 4 个大波谷，在压力峰值为 206 000 Pa 的大波峰左侧出现一个峰值为 170 000 Pa 左右的小波峰，不同的相邻小波峰与大波峰之间的间距不同。图 11-16c 中，发生严重空化时，监测点 A1 的压力脉动未出现波峰波谷，在 5 000 Pa 左右波动幅值很小，证明此时叶轮进口流道已被大量气泡堵塞，只有少量液体流动，从而造成进口监测点 A1 压力变化很小，A2 的静压波动幅值范围为 55 000～

69 000 Pa,A3 的静压波动幅值范围为 102 000～144 000 Pa,这时候叶轮流道出口的压力波动主要由叶轮和导叶的动静干涉引起,叶轮出口处具有较强烈且有规律的压力波动,导致 A3 处压力脉动幅度较大。综合比较,随着 $NPSH$ 的降低,压力值下降,压力脉动变得更为紊乱。

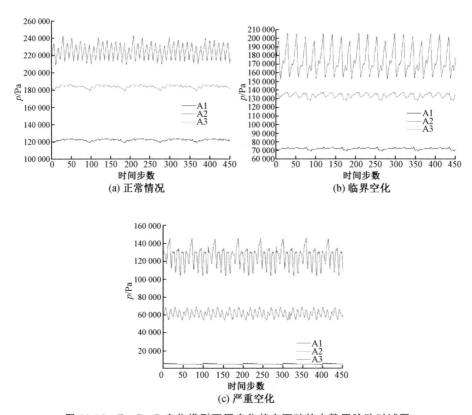

图 11-16　Z－G－B 空化模型不同空化状态下叶轮内静压脉动时域图

图 11-17 为额定工况 Q_n＝980 m³/h 时,S－S 空化模型在不同空化状态下叶轮内的静压脉动时域图,取 $NPSH$＝5.30,5.12 m 分别作为临界空化点和断裂空化点。由图 11-17a 可知,正常状态下,Z－G－B 空化模型和 S－S 空化模型的压力脉动变化基本相同。图 11-17b 中,临界空化状态下,监测点 A1 的静压波动幅值范围为 74 000～75 100 Pa,A2 的静压波动幅值范围为 134 000～142 000 Pa,A3 的静压波动幅值范围为 160 000～209 000 Pa,由此可见,在临界空化状态下,S－S 空化模型相对于 Z－G－B 空化模型压力值略高,波形变化较大,但更为规律,未出现大波峰和小波峰相连的情况。图

11-17c 中,严重空化状态下,监测点 A1 的静压波动幅值范围为 6 000～7 200 Pa,
A2 的静压波动幅值范围为 56 000～70 000 Pa,A3 的静压波动幅值范围为
110 000～160 000 Pa,由此可见,相比于 Z–G–B 空化模型,S–S 空化模型的
压力值略高,振幅更大,波形更为规律。

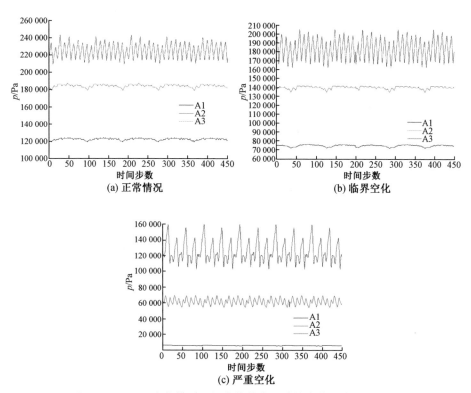

图 11-17　S–S 空化模型不同空化状态下叶轮内静压脉动时域图

Singhal 空化模型由于非定常模拟时收敛精度低,收敛步长多,而且在低
NPSH 时无法收敛,因此没有对其进行研究。通过以上两种不同空化模型的
静压脉动对比分析可知,随着 *NPSH* 的降低,Z–G–B 空化模型对核主泵空
化模拟的静压脉动更为精确。

图 11-18 为额定工况 Q_n=980 m³/h 时,Z–G–B 空化模型在不同空化状
态下叶轮内监测点 A1,A2,A3 的压力脉动频谱图,横坐标 *f* 为频率,纵坐标
A 为振幅。叶轮转速为 1 480 r/min,叶轮叶片数为 4,所以叶轮转频为
24.67 Hz,叶片频率为 98.67 Hz。

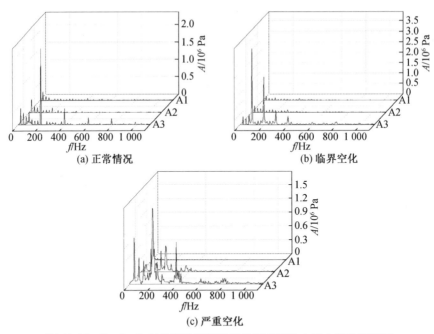

(a) 正常情况 (b) 临界空化

(c) 严重空化

图 11-18 Z－G－B 空化模型不同空化状态下叶轮内压力脉动频谱图

临界空化状态下主频在 98.7 Hz 处，振幅为 3 624 kPa；正常状态下主频在 197.3 Hz 处，振幅为 2 186 kPa；严重空化状态下主频在 197.3 Hz 处，振幅为 1 653 kPa。总体来说，临界空化状态的主频振幅最高，且主频信号产生在叶频处，正常状态和严重空化状态的主频均出现在 2 倍叶频处；从图 11-18a 中的正常状态可知，叶轮内的压力脉动主要集中在低频区域，随着 NPSH 的降低，图 11-18b 和图 11-18c 中的高频区域脉动明显逐渐增多；不同状态的各种峰值信号主要为转频的整数倍，例如图 11-18a 中监测点 A1，A2，A3 处出现的前 4 个峰值信号分别为 24.7，49.3，74.0，98.7 Hz；同一空化状态下，三个监测点 A1，A2，A3 的幅值从小到大排列，且趋势相同，说明 4 叶片叶轮和 11 叶片导叶的动静干涉是控制叶轮内压力脉动频率的主要因素。图 11-18a 中，在主频 197.3 Hz 之前，峰值的幅值随着频率的升高依次减小，高于主频的峰值主要出现在主频的倍数处。图 11-18b 中，随着空化的发生，A1，A2，A3 处的主频幅值均增大，中高频处的压力脉动增多，且变得更为紊乱。图 11-18c 中，压力脉动主要集中在 197.3 Hz 处，此时主要由空化控制叶轮内的压力脉动，造成在中高频区域出现局部范围的压力脉动集中区域，而由于空化和叶轮-导叶动静干涉的影响，压力脉动集中区域间隔为 2 倍叶频。

11.3.4 空化模型的热力学效应修正

(1) 空化模型的热力学效应

前文对湍流模型、空化模型进行了比较,采用 SST $k-\omega$ 湍流模型、Z-G-B 空化模型对核主泵空化性能进行模拟计算最为精确,Z-G-B 空化模型基于简化的 R-P 方程,未包含热力学效应,其气液两相的输运方程为

$$R_{\mathrm{e}} = F_{\mathrm{vap}} \frac{3\alpha_{\mathrm{nuc}}(1-\alpha_{\mathrm{g}})\rho_{\mathrm{g}}}{R_{\mathrm{B}}} \sqrt{\frac{2}{3} \frac{p_{\mathrm{v}}-p}{\rho_{\mathrm{l}}}} \tag{11-1}$$

$$R_{\mathrm{c}} = F_{\mathrm{cond}} \frac{3\alpha_{\mathrm{g}}\rho_{\mathrm{g}}}{R_{\mathrm{B}}} \sqrt{\frac{2}{3} \frac{p-p_{\mathrm{v}}}{\rho_{\mathrm{l}}}} \tag{11-2}$$

简化的 R-P 方程形式为

$$R_{\mathrm{B}} \frac{\mathrm{d}^2 R_{\mathrm{B}}}{\mathrm{d}t^2} + \frac{3}{2}\left(\frac{\mathrm{d}R_{\mathrm{B}}}{\mathrm{d}t}\right)^2 + \frac{2T}{R_{\mathrm{B}}} = \frac{p_{\mathrm{v}}-p}{\rho_{\mathrm{l}}} \tag{11-3}$$

式中:R_{B} 为球形气泡半径;T 为表面张力;p_{v} 为汽化压力;p 为外部的液体压力;ρ_{l} 为液体密度。该方程的左边为球形空泡的半径变化,右边为汽化压力与局部静压的关系。该公式不考虑热力学效应对空化的影响,应用汽化压力 p_{v} 近似代替空泡的内部压力 p_{B}。

引入黏性项的公式为

$$R_{\mathrm{B}} \frac{\mathrm{d}^2 R_{\mathrm{B}}}{\mathrm{d}t^2} + \frac{3}{2}\left(\frac{\mathrm{d}R_{\mathrm{B}}}{\mathrm{d}t}\right)^2 + \frac{2T}{R_{\mathrm{B}}} + \frac{4\nu}{R_{\mathrm{B}}} \frac{\mathrm{d}R_{\mathrm{B}}}{\mathrm{d}t} = \frac{p_{\mathrm{v}}-p}{\rho_{\mathrm{l}}} \tag{11-4}$$

式中:ν 为运动黏度。

上述 Z-G-B 空化模型的蒸发和凝结方程式[式(11-1)、式(11-2)]认为液相和气相压力差驱动相间质量传输,忽略了空化中热力学效应产生的影响,但对于核主泵高温介质,汽化相变时的汽化潜热会吸收气泡外部周围液体的热能,使得空泡内及空泡外形成温度梯度,从而对气泡的生长造成影响。

假设空泡中包括蒸汽和不凝性气体,由基本汽化热力学效应可知:

$$p_{\mathrm{B}}(t) = p_{\mathrm{v}}(T_{\mathrm{B}}) + \frac{3m_{\mathrm{G}}K_{\mathrm{G}}T_{\mathrm{B}}}{4\pi R^3} = p_{\mathrm{v}}(T_{\infty}) - \rho_{\mathrm{l}}\Theta + \frac{3m_{\mathrm{G}}K_{\mathrm{G}}T_{\mathrm{B}}}{4\pi R^3} \tag{11-5}$$

式中:T_{B} 为气泡内部温度;$p_{\mathrm{v}}(T_{\infty})$ 为气泡外部液体温度时的汽化压力;m_{G} 为气泡内部气体质量;K_{G} 为气体常数。计算汽化压力 p_{v} 应用气泡外部周围液体的温度 T_{∞} 比应用气泡内部温度 T_{B} 更为方便简单,因此使用 Θ 项表示 $p_{\mathrm{v}}(T_{\infty})$ 与 $p_{\mathrm{v}}(T_{\mathrm{B}})$ 之间的差别,Θ 项即为空化中的热力学效应修正项。

克劳修斯关系式为

$$\frac{\mathrm{d}p}{\mathrm{d}T} = \frac{L}{T\Delta v} \tag{11-6}$$

式中:L 为汽化潜热;Δv 为相变过程的比容变化。

通过式(11-6)推导可得到:

$$\Theta \cong \frac{\rho_{\mathrm{g}} L}{\rho_1 T_\infty}\left[T_\infty - T_{\mathrm{B}}(t)\right] \tag{11-7}$$

引入热力学界面上的潜热利用率函数式(11-8)与液体中热扩散方程式(11-9):

$$\left(\frac{\partial T}{\partial r}\right)_{r=R} = \frac{\rho_{\mathrm{g}} L}{k_1}\frac{\mathrm{d}R}{\mathrm{d}t} \tag{11-8}$$

$$\left(\frac{\partial T}{\partial r}\right)_{r=R} = \frac{T_\infty - T_{\mathrm{B}}(t)}{(a_1 t)^{1/2}} \tag{11-9}$$

式中:$\left(\dfrac{\partial T}{\partial r}\right)_{r=R}$ 为界面上液体的温度梯度;k_1 为液体热导率;a_1 为液体的热扩散率$\left(a_1 = \dfrac{k_1}{\rho_1 c_{\mathrm{PL}}},$ 其中 c_{PL} 为液体的比热$\right)$。

将式(11-8)与式(11-9)代入式(11-7)可以得到热力学效应修正项为

$$\Theta = \frac{\rho_{\mathrm{g}}^2 L^2}{\rho_1^2 c_{\mathrm{PL}} T_\infty a_1^{1/2}} t^{1/2}\frac{\mathrm{d}R}{\mathrm{d}t} \tag{11-10}$$

通过式(11-10)得到热传递对气泡生长速度的影响为

$$\frac{\mathrm{d}R_{\mathrm{B}}}{\mathrm{d}t} = \Delta T\sqrt{\frac{3}{\pi}}\frac{\rho_1 c_{\mathrm{PL}}}{\rho_{\mathrm{g}} L}\sqrt{\frac{a_1}{t}} \tag{11-11}$$

式中:c_{PL} 为液体的比热;ΔT 为空泡和外部液体的温差;L 为汽化潜热;a_1 为液体的热扩散率。对式(11-1)、式(11-2)考虑热力学效应[式(11-11)]后得到空化模型为

$$R_{\mathrm{e}} = F_{\mathrm{vap}}\frac{3\alpha_{\mathrm{nuc}}(1-\alpha_{\mathrm{g}})\rho_{\mathrm{g}}}{R_{\mathrm{B}}}\left[\sqrt{\frac{2}{3}\frac{p_{\mathrm{v}}-p}{\rho_1}} + \Delta T\sqrt{\frac{3}{\pi}}\frac{\rho_1 c_{\mathrm{PL}}}{\rho_{\mathrm{g}} L}\sqrt{\frac{a_1}{t}}\right] \tag{11-12}$$

$$R_{\mathrm{c}} = F_{\mathrm{cond}}\frac{3\alpha_{\mathrm{g}}\rho_{\mathrm{g}}}{R_{\mathrm{B}}}\left[\sqrt{\frac{2}{3}\frac{p-p_{\mathrm{v}}}{\rho_1}} + \Delta T\sqrt{\frac{3}{\pi}}\frac{\rho_1 c_{\mathrm{PL}}}{\rho_{\mathrm{g}} L}\sqrt{\frac{a_1}{t}}\right] \tag{11-13}$$

(2) 空化性能曲线分析

为比较热力学效应修正前后的空化模型对核主泵空化数值模拟的影响,图 11-19 给出了核主泵在不同流量下分别采用热力学效应修正前后的空化模型计算得到的预测值与试验值的对比。可以看出,热力学效应修正前后的预测值与试验值变化趋势相同,当泵的 $NPSH$ 降低到一定程度时均能较为正确地预测泵扬程下降,随着 $NPSH$ 的持续降低,泵扬程下降速度开始增大,但修正前后预测的扬程具有较大变化。空化发生前,空化模型修正前与修正后的模拟计算值相对误差很小,低于 0.02%,随着 $NPSH$ 的降低,模拟计算

值误差开始变大,额定流量 $Q_n = 980$ m³/h 下,修正前 $NPSH = 5.51$ m 时的扬程为 14.82 m,修正后 $NPSH = 5.51$ m 时的扬程为 14.91 m。

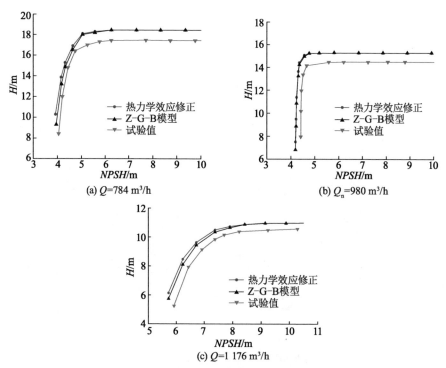

图 11-19　不同流量下空化模型热力学效应修正前后数值模拟预测值与试验值对比

　随着空化的发展,$NPSH = 5.2$ m 严重空化时,热力学效应修正前后的扬程分别为 8.86 m 和 9.49 m,可以发现,随着 $NPSH$ 的降低,空化模型的热力学效应对核主泵扬程的影响增大,这是由于随着空化程度的加深,单位体积内的气泡数量增多,蒸发过程的汽化潜热造成温度梯度分布扩大。不同流量下空化模型修正的影响也不同,流量 $Q_n = 980$ m³/h,扬程下降 3% 时,修正前后预测的 $NPSH_3$ 分别为 5.51 和 5.46 m;流量 $Q = 784$ m³/h 时,修正前后预测的 $NPSH_3$ 分别为 4.93 和 4.81 m;流量 $Q = 1\ 176$ m³/h 时,修正前后预测的 $NPSH_3$ 分别为 7.79 和 7.72 m。可以看出,额定流量($Q_n = 980$ m³/h)下热力学效应修正影响最小,大流量和小流量下热力学效应修正影响较大,特别是在小流量下,汽化潜热对介质的温度梯度变化影响程度较为明显。由于空化发生产生蒸汽时要从周围吸热,气泡周围环境温度降低会对空化起到一定影响,从而导致泵空化性能变化。与沸腾空化的产生和发展不同,核主泵空化发生时,由于压差产生的空化生长相对于热传导产生的空化生长是一个爆炸过程,因此在常温下加入热力学效应的修正比在高温下加入对空化产生的影响小。

（3）内部流场分析

为了分析热力学效应修正后的空化模型对核主泵内部流场的影响,图11-20 给出了流量 $Q_n = 980\ m^3/h$ 工况下热力学效应修正前后的空化模型计算得到的不同空化状态下的叶片间气泡体积分数分布。

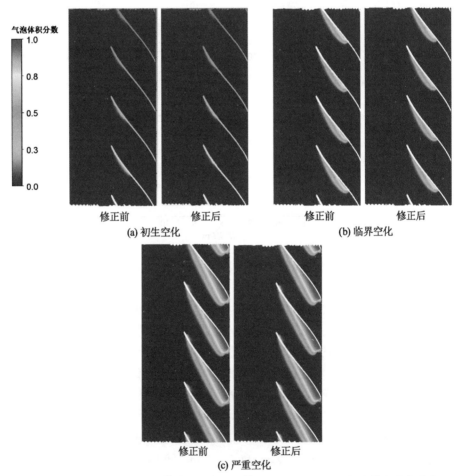

气泡体积分数
1.0
0.8
0.5
0.3
0.0

修正前　　　修正后　　　　　修正前　　　修正后
(a) 初生空化　　　　　　　　　(b) 临界空化

修正前　　　修正后
(c) 严重空化

图 11-20　空化模型热力学效应修正前后不同空化状态下叶片间气泡体积分数分布

从图 11-20 中可以看出,初生空化时,热力学效应修正后的空化模型在叶片背面进口边气泡长度相对于修正前较短;临界空化时,叶片背面出现片状空化,修正前背面的气泡体积分数更高,体积分数大于 0.9 的区域相对于修正后的区域更大;严重空化时,叶片工作面出现气泡,叶片背面出现超空化,修正前超出叶片背面的空化区域更大。

图 11-21 为流量 $Q_n = 980 \text{ m}^3/\text{h}$ 工况下空化模型热力学效应修正前后预测的叶片背面气泡体积分数分布。初生空化时,气泡体积分数分布区域对比最为明显,修正后的空化模型预测的气泡区域大于修正前预测的区域。由此可见,空化的热力学效应对核主泵空化起到了抑制作用,从而提高了泵的空化性能。

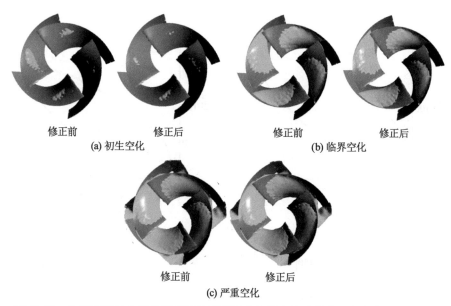

修正前　　　　修正后　　　　　　　修正前　　　　修正后
(a) 初生空化　　　　　　　　　　　(b) 临界空化

修正前　　　　修正后
(c) 严重空化

图 11-21　空化模型热力学效应修正前后不同空化状态下叶片背面气泡体积分数分布

同一工况下,不同叶片的工作面和背面所受载荷不同,图 11-22 所示为流量 $Q_n = 980 \text{ m}^3/\text{h}$ 工况下空化模型热力学效应修正前后预测的不同叶片中间流线上的压力分布。由图可知,不同叶片工作面的压力分布相差不大,而在叶片背面空化发生处不同的叶片压力分布规律具有明显的差别。初生空化状态时,从叶片进口 $S = 0$ 到叶片出口 $S = 1$,叶片载荷整体呈上升趋势,叶片背面 $S = 0.2 \sim 0.4$ 处,未修正的空化模型对不同叶片的预测结果差距较大,随叶片相对位置 S 的增大,压力曲线出现不规则上升,热力学效应修正后的空化模型预测的不同叶片的压力分布差距不大,同时压力曲线更为平滑。这主要是由于发生空化时,修正后的空化模型对叶片上不同空化位置的温度变化模拟更为精确,温度梯度的分布影响气泡的形成,不同温度场对叶片空化的抑制和促进导致叶片上气泡分布更为均匀,从而影响叶片上的压力载荷分布。临界空化状态时,不同叶片的压力不同区域主要出现在 $S = 0.5 \sim 0.7$ 处,修正后的空化模型预测的泵叶片上的压力载荷更大。严重空化状态时,叶片背面被气泡覆盖,从而导致叶片背面和液体介质分离,载荷为 0,由于空化区域扩散到叶片工作面,修正前后的空化模型预测的叶片工作面的压力分布出现差别,特别是在工作面出口处,修正后的空化模型预测的不同叶片上的压力值更大。综上所述,在核主泵空化时,热力学效应对叶片上的压力载荷分布具有明显影响。

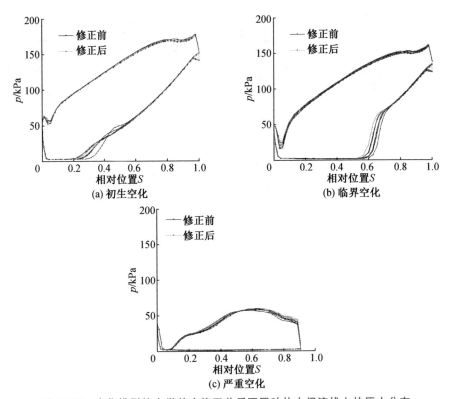

图 11-22　空化模型热力学效应修正前后不同叶片中间流线上的压力分布

11.4　空化性能试验

实际工程应用中,通过数值模拟计算可以缩短设计周期,能在方便快捷地预测泵性能的同时,详细分析泵内部流动状态,但通过试验才能验证预测的准确性。根据核主泵的性能参数,考虑到模型泵的制造和试验等因素,对相似换算后的模型泵进行空化试验,将试验结果与模拟方案的预测结果进行对比分析。

11.4.1 试验方法

(1) 模型泵相似换算

进行空化试验的模型泵参数:额定流量 $Q_n = 114.2$ m³/h,额定扬程 $H_n = 3.37$ m,转速 $n = 1\ 480$ r/min,比转速 $n_s = 387.311$。

模型泵的尺寸由相似换算 $D_M = D/\lambda_0$ 得到,可以通过式(11-14)求得尺寸系数 λ_0:

$$\lambda_0 = \frac{D}{D_M} = \sqrt[3]{\frac{Q}{Q_M}\frac{n_M}{n}} = \sqrt[3]{\frac{21\ 642}{114.2}\frac{1\ 480}{1\ 480}} = 5.74 \tag{11-14}$$

模型的性能曲线可以由式(11-15)、式(11-16)、式(11-17)进行换算[14]:

$$\frac{Q_M}{Q} = \left(\frac{n_M}{n}\right)\left(\frac{D_M}{D}\right)^3 \tag{11-15}$$

$$\frac{H_M}{H} = \left(\frac{n_M}{n}\right)^2\left(\frac{D_M}{D}\right)^2 \tag{11-16}$$

$$\frac{P_M}{P} = \left(\frac{n_M}{n}\right)^3\left(\frac{D_M}{D}\right)^5 \tag{11-17}$$

通过式(11-16)和式(11-18)可以对模型泵的空化性能曲线进行相似换算,从而得到实型泵的空化性能曲线。

$$\frac{NPSHR_M}{NPSHR} = \left(\frac{n_M}{n}\right)^2\left(\frac{D_M}{D}\right)^2 \tag{11-18}$$

图 11-23 为进行空化试验的核主泵模型实物图。

图 11-23 核主泵模型实物图

（2）空化试验台

常用的空化试验台主要分为闭式和开式两种，这里采用开式试验台进行模型泵的空化试验。开式试验台具有操作简单、安装便捷、试验成本低等优点。图 11-24 为模型泵的试验原理图，为保证泵进口管路密封以防止空气进入，进口管路的调节阀门采用水封阀，如图 11-25 试验管路现场安装图所示，泵进口管路的调节阀门直接淹没在水面之下，为了利于操作，通过加长阀门的调节杆使调节盘伸出水面。

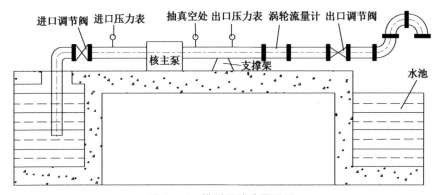

图 11-24　模型泵试验原理图

图 11-25　模型泵试验管路现场安装图

图 11-26a 为试验管路的出口，采用三个 90°弯头进行连接，其目的是保证试验出口管路满管，提高出口流量计的测量精度；图 11-26b 为试验台的控制系统。

(a) 试验管路出口   (b) 试验台控制系统

图 11-26   管路出口与泵产品自动测试系统及控制台

（3）试验步骤

在进行空化试验时,通过关小进口水封阀增加进口阻力,使试验泵进口压力降低,从而逐渐发生空化现象,当试验泵扬程下降 3% 时达到临界空化状态,继续降低试验泵进口压力,从而减小装置空化余量,并使得测点在 8 个以上,整个试验过程通过调节管路的出口调节阀保证流量不变。

空化性能试验的具体步骤：

① 搭建试验管路,关闭出口阀门,首先对泵体和管路进行气密封试验,确保不漏气。

② 进口阀全开,出口阀全闭,在泵出口处对管路抽真空,抽真空完毕后关闭抽真空阀与真空泵,同时启动试验样机,接着打开出口阀门调节出口流量。

③ 稳定运行一段时间后,先对模型泵进行外特性试验。

④ 完成外特性试验后,进口阀全开,调节出口阀保证流量至额定工况点或大流量、小流量工况点,再稳定运行一段时间后进行空化试验。通过调节进口水封阀降低进口压力,一旦流量产生变化,立即调节出口阀确保流量稳定。

⑤ 在进行空化试验时,为了得到更为精确的空化性能曲线,应当先简单地试做一次该流量下的空化试验,评估 $NPSH_3$ 的值与扬程随 $NPSH$ 的下降速度,第二次试验准确地记录不同空化状态下各测点的数据。

⑥ 做完一个流量下的空化试验后应分析试验数据,可以重复做 2～3 次试验取平均值。

11.4.2   试验结果及分析

试验得出模型泵最高效率点在流量 922.8 m^3/h 处,最高效率值为

80.48%,额定工况下扬程为 14.48 m。图 11-27 为模型泵的外特性模拟预测曲线与试验曲线对比,从图中可以看出,模型泵的预测值与试验值有一定误差,但二者的性能曲线整体趋势相吻合,预测的整体性能强于试验结果。由功率曲线可以看出,随着流量的增加,功率先增大后减小,表明核主泵具有无过载特性;扬程曲线随着流量的增加平滑下降,小流量下预测值与试验值相差较大,随着流量的增加误差减小。综上所述,应用 CFD 软件进行核主泵的外特性模拟预测比较准确,对核主泵的进一步优化等研究有重要参考意义。

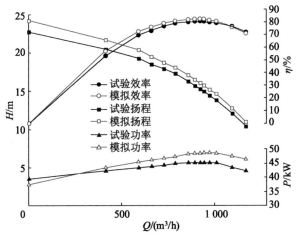

图 11-27　外特性模拟预测曲线与试验曲线对比

图 11-28、图 11-29、图 11-30 分别为流量 $Q=784,980,1\ 176\ \text{m}^3/\text{h}$ 时,核主泵的空化性能预测曲线与试验曲线对比。三种不同流量下,试验得到的 $NPSH_3$ 分别为 5.18,5.64,7.87 m,随着流量的增加,$NPSH$ 逐渐上升,在泵设计不合理的情况下,小流量工况下核主泵的空化性能会变差。三种不同流量下,$NPSH_3$ 的模拟值和试验值相对误差分别为 6.78%,2.80%,1.26%,说明对核主泵空化性能的模拟预测具有较高的精度,这对核主泵空化性能的分析和改进具有一定的指导意义。在额定流量下,临界空化发生后,随着 $NPSH$ 的降低,扬程下降较为陡峭;而在大流量和小流量工况下,扬程随着 $NPSH$ 的降低下降较为平缓,大流量下更为明显。这是由于核主泵为混流泵,流道相对于离心泵较宽,大流量工况下即使空化发展较为严重,扬程下降的趋势也相对较为平缓。

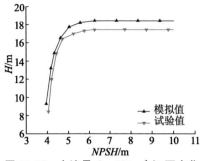

图 11-28　小流量 $Q=784$ m³/h 下空化
性能预测与试验曲线对比

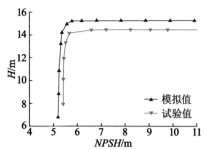

图 11-29　额定流量 $Q_n=980$ m³/h 下空化
性能预测与试验曲线对比

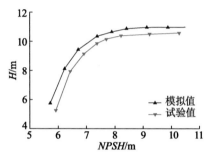

图 11-30　大流量 $Q=1\,176$ m³/h 下空化性能预测与试验曲线对比

11.5　空化非定常数值计算与试验

11.5.1　空化瞬态特性计算方法

（1）边界条件

核主泵在事故工况下可能发生空化现象，为了得到核主泵内部流场随核主泵进口压力下降的变化规律，进行空化瞬态过程的模拟。采用总压进口条件，并假设进口压力 p_{in} 与时间 t 之间存在如公式（11-19）所示的规律。计算的初始时刻进口总压设置为 p_1，在定常数值结果的基础上先保持压力不变运行一段时间后，再以线性关系连续改变进口压力。使用 ANSYS CFX 中的 CEL 功能设定进口压力与时间的变化关系：

$$p_{in}(t)=\begin{cases} p_1, & t\leqslant t_1 \\ p_1+p_0(t-t_1), & t>t_1 \end{cases} \tag{11-19}$$

式中：$p_{in}(t)$ 为进口压力，Pa；p_1 为核主泵空化初生工况进口压力，Pa；p_0 为压力下降系数；t 为时间，s；t_1 为初始时间，$t_1 = 0.040\ 54$ s。

计算总时间的确定：核主泵转速为 1 480 r/min，计算时设置叶轮每经过 120 个时间步长旋转一周，则时间步长 $\Delta t = 3.378 \times 10^{-4}$ s，总计算时间为 0.283 8 s（叶轮转动 6 圈）。经由定常模拟得到空化初生工况的数值解，以此为初始值进行空化瞬态模拟，求解精度为 10^{-5}。

（2）监测点的选取

通过监测点的设置获取核主泵内部流场中特定位置的瞬态流动特性。监测点分别设置在进口段、叶轮、导叶、压水室内，具体位置如下：监测点 J1，J2，J3 设置在进口段水体，平行于液流方向布置；取单个叶轮流道中间流线由进口向出口依次布置监测点 Y1，Y2，Y3，叶片工作面和背面分别设置监测点 Y4 和 Y5，监测点 Y3，Y4 和 Y5 距叶轮中间距离相等；监测点 D1，D2，D3 位于导叶中间流线；监测点 W1，W2，…，W4 间隔 90°布置在压水室靠近壁面位置，监测点 G1，G2，…，G5 位于类球形压水室类隔舌位置；在泵的出口扩压段设置三个监测点 C1，C2，C3。

11.5.2　空化瞬态数值计算结果及分析

（1）叶轮瞬态径向力、轴向力变化

图 11-31 为叶轮所受径向力时域图，图示曲线上每一点代表着该时刻叶轮所受径向力的大小和方向，F_x，F_y 分别表示某时刻叶轮在 X，Y 方向所受径向力与该方向上分力最大值之比，纵坐标为时间 t/T。图 11-31a，b 分别为瞬态空化过程中叶轮所受径向力及严重空化阶段叶轮所受径向力。

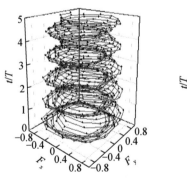
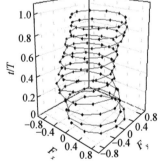

(a) 瞬态空化过程中叶轮所受径向力　　(b) 严重空化阶段叶轮所受径向力

图 11-31　瞬态空化过程中及严重空化阶段叶轮所受径向力时域图

由图 11-31a 可知，在整个瞬态空化过程的数值模拟中，叶轮所受径向力随时间的变化规律呈现出周期性,其周期为叶轮转动一圈的时间。随着进口压力的降低,叶轮所受径向力虽然出现变化,但由于叶轮所受径向力主要由核主泵输送的液体介质决定,因而其变化平缓。观察图 11-31b 不难发现,叶轮转动过程中所受径向力方向也相应变化。叶轮每转过 3°,叶轮所受径向力顺时针方向转动约 30°,相对于叶轮转动方向做反向运动。

图 11-32 为瞬态空化过程叶轮瞬态径向力合力,其中纵坐标为瞬态径向力合力与合力最大值的比值。从图 11-32a,b 中可以看出,叶轮每转动 30°,径向力出现一次波峰,叶轮转动时其径向力合力的峰值出现位置基本一致,受到空化程度加深的影响,径向力合力大小有小幅降低。叶轮转动一圈,径向力顺时针方向转动 12 圈,每圈转动过程中均呈现出先增大后减小的趋势,故径向力合力呈 12 花瓣形分布;比较各周期内径向力合力大小变化特点可知,在某些特定的角度如 0°~15°,90°~105°,180°~195°,270°~285° 上出现两次波峰一次波谷,而其余方向上均为单次波峰波谷,出现两次波峰一次波谷的角度间隔为 90°。造成这种分布规律的原因可能是:4 叶片间隔 90° 布置,当某个叶片转动到与导叶叶片相干涉的位置,其余 3 个叶片也会位于或即将位于与导叶叶片干涉的位置;由于导叶为静止过流部件,考虑到初始时刻叶轮与导叶之间的匹配关系,将导致在特定方向上径向力合力多出一次波峰。纵观5 个周期可以发现,这种径向力合力周向分布规律不受空化的影响,说明决定因素是泵本身的运行状态。

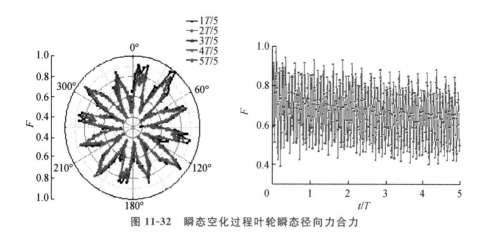

图 11-32　瞬态空化过程叶轮瞬态径向力合力

图 11-33 为瞬态空化过程叶轮瞬态轴向力,其值为负值,表明该核主泵叶轮所受轴向力指向叶轮进口。图中纵坐标为叶轮所受瞬态轴向力与最大轴向力的比值。

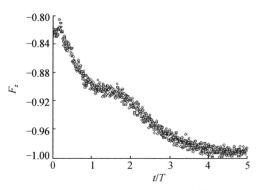

图 11-33　瞬态空化过程叶轮瞬态轴向力

　　空化首先发生在叶片背面,引起叶片背面压力迅速降低,而较低程度的空化不会影响叶片工作面压力分布,故而空化初期叶片表面压力差会变大,继而导致叶轮在 Z 方向所受轴向力在第一周期内急剧增加。在第二周期内叶片表面压力差保持平稳,在此阶段轴向力维持稳定。随着空化的加剧,叶片背面基本被气泡覆盖,叶片背面压力不再出现较大幅度下降;气泡逐渐向叶片工作面发展,引起叶片工作面压力下降,叶片表面压力差变大,导致叶轮所受轴向力再次增加,但其变化幅度小于第一周期。当空化发展到严重及断裂空化时,气泡已蔓延至整个叶轮流道,此时叶片工作面压力不会出现大幅下降,导致叶轮所受轴向力再次趋于稳定。瞬态空化过程中轴向力增加约20%。

　　图 11-34a,b 分别为瞬态空化过程中叶轮所受瞬态径向力、轴向力频域图,即将整个计算过程得到的瞬态径向力、轴向力分成 5 个周期并进行快速傅里叶变换得到的相应频域图。本节计算模型轴频为 24.6 Hz,叶频为 98.6 Hz。

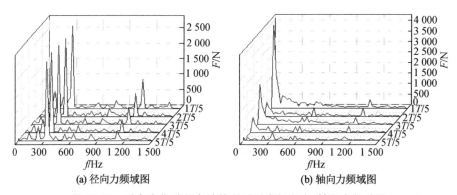

(a) 径向力频域图　　　　　　　　(b) 轴向力频域图

图 11-34　瞬态空化过程中叶轮所受瞬态径向力、轴向力频域图

由图 11-34a 可知,在整个空化过渡过程中径向力频域变化不大,且随着空化的发展,空化对叶片所受径向力频域特性影响减弱。径向力在 5 个周期内最大振幅均出现在 296 Hz 附近,约为叶频的 3 倍,并且逐次缓慢减小。在叶频整数倍位置均出现较大振幅,说明叶频转动的频率是影响径向力频域特性的主要因素。径向力合力振动主要集中在 0~300 Hz,但在 1 085 Hz 即 11 倍叶频处再次出现较高振幅,并且随着空化的发展该处振幅迅速降低,说明此处振幅受空化的影响远大于 296 Hz 处振动。

从图 11-34b 中可以发现,振动主要集中在低频区域,轴向力最大振幅出现在 49.3 Hz(轴频的 2 倍)处。在轴频的整数倍位置均出现较大振幅,说明影响轴向力振动的主要因素为叶轮的轴频。在瞬态空化计算的第一周期内叶轮所受轴向力振幅远大于其他周期,且随着空化的发展,振幅迅速下降。

综上所述,叶轮所受径向力、轴向力均集中在低频区域高幅振动。低频区域内除第一周期内轴向力最大振幅大于径向力振幅,其余周期内轴向力振幅均小于同周期内径向力振幅。高频区域内同样是径向力振幅大于轴向力振幅。这将导致核主泵在低频范围内径向持续振动明显强于轴向振动,这种现象随着空化的加剧愈加显著。

(2) 叶轮瞬态压力分析

图 11-35 为叶轮流道监测点及瞬态压力时域图。A1,A2,…,A5 与 Y1,Y2,…,Y5 一一对应。因为叶片工作面对液体做功,所以中间流线上三个监测点 Y1,Y2,Y3 压力呈增加趋势,叶轮出口处监测点平均压力值从大到小依次为 Y4,Y3,Y5。

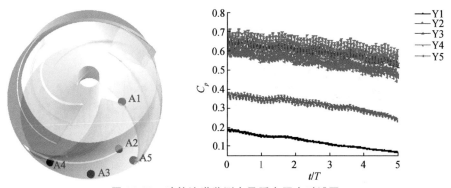

图 11-35　叶轮流道监测点及瞬态压力时域图

图 11-36 为叶轮监测点不同周期下瞬态压力时域图,其中纵坐标为压力脉动系数。由图 11-36a,b 可知,在第二周期内两处监测点压力基本保持不

变,其余 4 个周期内两处监测点压力均呈下降趋势。对比可以发现,第一、三、四周期内监测点 Y2 处压力波动程度大于监测点 Y1 处,但其压力下降幅度小于监测点 Y1。由图 11-36 可知,在第二周期内叶轮内空化虽然依旧存在,但此时总体积处于一种动态的稳定状态,即溃灭的与生成的气泡基本相当,这与第二周期内各监测点压力保持不变相契合。同理,第五周期内各监测点压力陡然降低,且下降速度呈增加趋势,导致空化发生区域不断向外发展,叶轮内气体体积分数呈现迅速增加的趋势。

观察图 11-36 可以发现,叶轮流道内压力脉动呈现出明显的周期性变化。一个周期内共有 11 次波峰和 11 次波谷,造成这一现象的原因是叶轮和导叶之间的动静干涉作用。随着进口压力的连续降低,五处监测点压力均有不同程度的下降,但越靠近出口位置处压力波动越大。这表明由动静干涉引起的压力波动在逆液体流动方向传播的过程中逐渐衰弱。

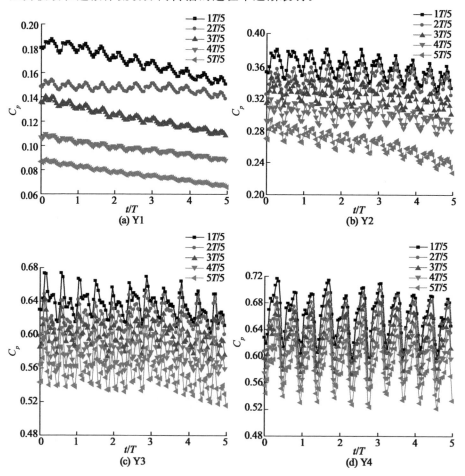

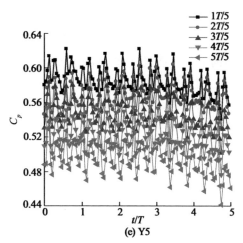

图 11-36 叶轮监测点不同周期下瞬态压力时域图

图 11-37 为叶轮出口处监测点 Y3，Y4，Y5 第一周期内瞬态压力时域图；图 11-38 为叶轮出口处监测点 Y3，Y4，Y5 第五周期内瞬态压力时域图。综合比较图 11-37 和图 11-38 可以发现，第一、五周期内点 Y3 处压力脉动系数 C_p 最大值分别约为 0.68 和 0.60，最小值分别为 0.60 和 0.52，压力波动幅度分别为 0.08 和 0.08；第一、五周期内点 Y4 处压力脉动系数 C_p 最大值分别为 0.72 和 0.64，最小值分别为 0.60 和 0.52，压力波动幅度分别为 0.12 和 0.12；第一、五周期内点 Y5 处压力脉动系数 C_p 最大值分别为 0.62 和 0.53，最小值分别为 0.56 和 0.44，压力波动幅度分别为 0.06 和 0.09。可见随着空化的发展，靠近叶片工作面处压力比背面处更稳定。

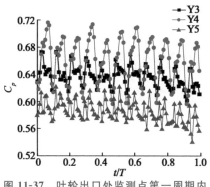

图 11-37 叶轮出口处监测点第一周期内瞬态压力时域图

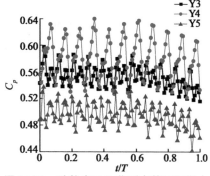

图 11-38 叶轮出口处监测点第五周期内瞬态压力时域图

监测点 Y3,Y5 相对于其余三处叶轮流道内监测点在同一个周期内压力脉动多出现 11 次波峰和 11 次波谷。对比第一、五周期点 Y3,Y5 压力时域特性可以发现相邻波峰间的差值不断缩小,而在出现相邻波峰的时段内点 Y4 的压力也有小段时间的平稳。造成这种现象的原因可能是:在叶轮出口位置靠近叶片工作面处压力稍高于叶片背面处,高压液体向低压侧运动,产生了二次回流。这股具有 11 次波峰和 11 次波谷脉动特性的高压流体与贴近叶轮背面出流的低压流体相互碰撞,使点 Y3,Y5 呈现如图 11-37、图 11-38 所示的压力脉动特征,且由叶片工作面向叶片背面方向此特征逐渐减弱。

(3) 导叶流道瞬态压力变化

图 11-39a,b,c 分别为导叶内监测点 D1,D2,D3 第五周期内瞬态压力时域图,可以看出,叶轮与导叶两者的出口附近压力脉动特性差异较大,叶轮内随液流流动方向压力脉动幅度增大,而导叶内随液流流动方向压力脉动幅度减小。

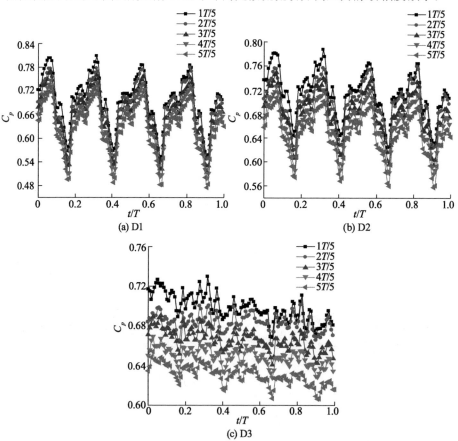

图 11-39　监测点 D1,D2,D3 第五周期内瞬态压力时域图

监测点 D1,D2 压力脉动有明显的规律性,每个周期内出现 4 次规律性脉动。本节研究的核主泵水力模型采用 4 叶片的叶轮与 11 叶片的导叶进行匹配,故对导叶流道内的各监测点而言,每个周期内将各出现 4 次上下波动。位于导叶出口位置的监测点 D3 的压力脉动变得尤为杂乱,规律性已无点 D1,D2 处明显。造成监测点 D3 压力脉动杂乱无序的原因可能有两点:其一,由叶轮流出的液体在导叶的扩压减速作用下,其自身的脉动特性受到削弱;其二,压水室采用类球形结构,这种特殊的压水室结构可能在一定程度上影响导叶的正常出流。单就导叶出口监测点 D3 各周期呈现出的压力脉动特性而言,随着进口压力的降低与空化的发展,监测点 D3 的压力脉动从杂乱无序慢慢转变为有序的状态。

监测点 D3 从第三周期开始每个周期内出现 4 次周期性变化,与前述点 D1,D2 类似。点 D3 在每个周期内压力脉动出现 8 次波峰、8 次波谷,且两个相邻波峰的峰值基本相等,波谷不明显。这说明导叶出口位置处的二次回流相较于叶轮出口处程度更弱。

图 11-40 为监测点 Y3,D3 压力脉动频域图,其中纵坐标为压力脉动系数 C_p。比较两监测点处压力脉动振幅可以发现,叶轮出口处监测点 Y3 最大振幅约为导叶出口处监测点 D3 最大振幅的 4 倍。由图可知,两处脉动均集中在 $0\sim600$ Hz 的中低频区域,在高频范围内振幅迅速减小。

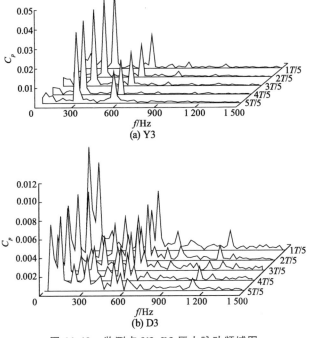

图 11-40 监测点 Y3,D3 压力脉动频域图

监测点 Y3 较大振幅均单独出现,两个相邻高幅振动之间频率相差约为 3 倍叶频。监测点 D3 则出现两个较大振幅相邻出现的情况,两个相邻高幅振动之间频率相差约为 2 倍轴频。在 100～450 Hz 范围内监测点 D3 较大振幅间隔 1 倍叶频,其后再次出现两个较大振幅相邻出现的情况。综合上述可知,空化对叶轮出口及导叶出口的压力脉动频域特性影响不大。

(4) 类隔舌处瞬态压力分析

图 11-41 为类隔舌处监测点布置图,图 11-41a 中阴影部分显示的 G 平面为监测点所在平面。监测点 G1,G5,G3 沿 Z 轴负方向呈一条直线均匀布置,与进口段液流流向相同。

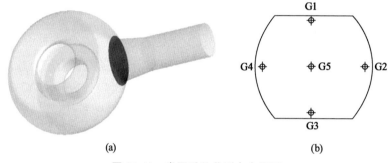

图 11-41　类隔舌处监测点布置图

图 11-42a 为监测点 G5 瞬态压力脉动时域图,图 11-42b 为类隔舌处其余各监测点瞬态压力脉动时域图。由于类隔舌处监测点 G1,G2,…,G5 压力脉动系数相近,绘制在同一幅图中时大部分数据点重叠在一起,故而以点 G5 压力脉动系数为基准值,其余四点以其压力脉动系数减去相应时刻点 G5 压力脉动系数来处理,得到类隔舌处各监测点瞬态压力脉动时域图。图 11-42b 中每个数据点均为该时刻下各监测点压力脉动系数与点 G5 压力脉动系数的差值,用 ΔC_p 表示。

由图 11-42 可知,在第二周期内类隔舌位置压力维持一段时间的稳定,这与由叶轮、导叶内监测点分析得出的规律相吻合。以点 G5 压力脉动系数为基准值,对比类隔舌处点 G1,G2,…,G4 压力脉动系数可以发现,点 G1,G2,G3 瞬态压力脉动规律相近。在第三、四、五周期内除点 G4 相对于点 G5 压力脉动系数有所减小外,其余三个监测点均有小幅增大。点 G1,G2,…,G4 压力脉动系数均高于点 G5,说明 G 平面低压区靠近中间位置,且低压区域向点 G1,G3,G4 方向延伸,点 G2 附近存在一个高压区。

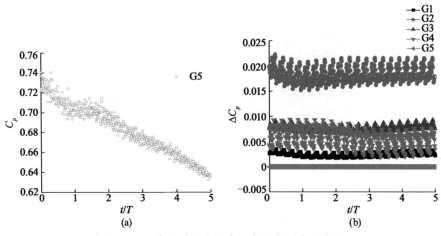

图 11-42　类隔舌处监测点瞬态压力脉动时域图

11.5.3　空化压力脉动试验方法

（1）空化试验台

采用闭式试验台进行模型泵的瞬态空化试验，并使用扭矩法测量泵外特性基本参数。在整个试验过程中要求循环系统与外界大气隔绝，为了保证回路的密封性，需要对试验台部分装置进行改造。图 11-43 为模型泵的试验台原理图，试验台现场如图 11-44 所示。

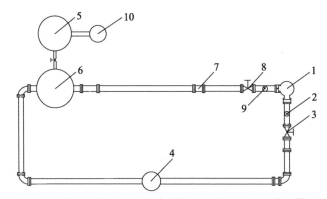

1—模型泵；2—出口段测压孔；3—出口水封阀；4—增压泵；5—真空罐；6—稳压罐；
7—液体涡轮流量计；8—进口水封阀；9—进口段测压孔；10—旋片式真空泵

图 11-43　试验台原理图

图 11-44 试验管路现场安装图

试验前先将试验回路中注满水以排除系统内的气体,封闭所有与大气连通的地方。管道上开有放水孔,该孔在稳压罐液面以下,从而确保放水期间不会有空气进入。为了避免介质温升影响空化试验结果的准确性,一般闭式试验台按试验泵功率每千瓦配 0.5 m³ 水,本次试验台循环回路内液体总体积满足要求。

(2)试验仪器及其参数

① 压力变送器:试验台泵进、出口测压段压力使用 WT2000 型智能压力变送器进行采集。进、出口压力变送器量程分别为 −0.1~0.1 MPa 和 0~0.5 MPa,精度等级为 0.2%。

② 转速转矩传感器:使用 ZJ 型转速转矩传感器并配套 WJCG 测功仪采集泵轴转速、转矩等数据。其工作原理为磁电转换、电相位差。转矩测量范围为 0~50 N·m。

③ 压力脉动采集器:使用 CY205 型压力传感器采集压力信号,由 285-20 型数字传感器采集器收集并输入计算机中。通过 Netsensor 软件实时读取压力值并储存。

④ 液体涡轮流量计:采用 LWGY 型涡轮流量传感器,涡轮流量计通径为 DN125,输出 4~20 mA 电流信号,采集精度为 0.5 级。

⑤ 轴运动监测系统:使用本特利轴运动监测系统 ADRE Sxp 软件和 408 动态信号处理仪采集并显示泵体振动数据。

⑥ 泵参数综合采集仪:通过采集仪综合处理泵转速、扭矩、轴功率、进出口压力等数据,得到所需的流量-扬程、流量-效率等曲线。

(3)试验注意事项

① 空化试验中进口闸阀填料密封处有可能有气体进入,需要对阀门进行改造以达到更佳的密封效果。本次试验使用水封阀的形式,如图 11-45a 所示。

② 试验中使用到了本特利轴运动监测系统,该装置对电磁信号十分敏

感。试验中遇到变频器对测试结果严重干扰的情况,经研究后对变频器与轴
运动监测系统分两路电源供电,并对变频器进行屏蔽处理,如图 11-45b 所示。

③ 旋片式真空泵所能达到的极限真空度非常高,真空罐与稳压罐之间需
要用钢制硬质管路连接。同时,为防止液体进入真空泵中造成损坏,由真空
罐上部进行抽气,如图 11-45c 所示。

④ 经计算试验回路总水力损失大于试验泵扬程,为能在更大流量范围内
测出泵外特性数据,回路中添加管道泵用以充当增压泵。

⑤ 为确保压力脉动探头能准确测量泵内部流场的脉动情况,在开测压孔
时保证传感器探头与所需探测平面切线方向垂直。

⑥ 试验泵与底板连接是否牢固可靠将对试验时采集的振动信号产生较
大影响,本次试验泵底座通过底板上的 T 形槽牢固固定。

⑦ 本次试验中使用到的仪表按各自要求正确安装使用,以保证试验数据
真实可靠。

 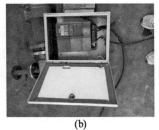 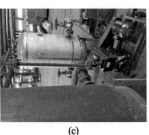

(a)　　　　　　　　　(b)　　　　　　　　　(c)

图 11-45　试验台部分装置

(4) 振动与压力脉动测点及采集设置

为了验证瞬态空化数值模拟中关于泵内部流场的预测,试验泵泵体上开
有一系列测压孔,测压孔布置如图 11-46a 所示,实际泵体布置情况如图
11-46b 所示。模型泵尺寸较小,部分位置由于干涉无法测得压力脉动信息。
压力脉动采集频率为 50 ms;轴运动监测系统采集频率为 50 ms。

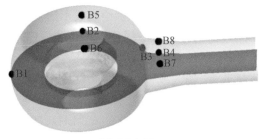 

(a) 测压孔布置　　　　　　　　　　　(b) 实际泵体布置

图 11-46　模型泵监测点布置

（5）试验步骤

在瞬态空化试验开始前，预先通过真空泵将真空罐抽至真空。试验开始时打开稳压罐与真空罐之间的阀门抽取稳压罐上方空气，降低泵进口位置压力，从而促使泵发生空化现象。试验中以泵扬程下降 3% 为标准来表示泵临界空化状态。继续降低试验泵进口压力，测得完整的 $NPSH-H$ 曲线。为了准确测得泵空化相关数据，$NPSH-H$ 曲线需确保 8 个点以上，整个试验过程中还需确保泵流量基本不变。

试验的具体步骤：

① 搭建试验所需管路，关闭进、出口阀门。对泵体和管路进行气密封试验，确保试验回路不漏气。

② 接通电源判断电动机旋转方向是否符合泵运行的要求。试验开始前进行转矩调零试验，即要求空载条件下泵与电动机相连时转矩读数为 0。

③ 试验回路流量稳定后，通过出口阀调节试验流量，对模型泵进行外特性试验。

④ 完成外特性试验后，将真空罐抽至一定真空度后缓慢打开与稳压罐相连的阀门，通过安装在泵进口位置的压力传感器观察压力是否连续降低。调试不同阀门开度对压力下降影响的大小，保证各传感器有足够时间测量泵相关参数。

⑤ 在进行空化试验时，通过相关试验仪器记录数据。采用扭矩法进行泵试验需重复做 2~3 次。

⑥ 完成一个工况点下的试验后，重复步骤①~⑤测量其他流量下泵瞬态空化试验数据。

11.5.4 空化压力脉动试验结果及分析

（1）未空化工况下振动与压力脉动试验结果

试验中使用本特利轴运动监测系统采集模型泵泵体上八处监测点的振动信号（监测点位置见图 11-46a，振幅单位为 mm/s），分别绘制成不同流量下相同位置振动频域图，如图 11-47 所示；相同流量下不同位置振动频域图，如图 11-48 所示。将监测点 B1，B2，…，B4 所在平面定义为模型泵中截面。当泵偏离设计工况点运行时振幅有明显改变，偏大或偏小相同流量后振动变化基本一致，但在流量降至设计流量 $0.7Q_n$ 时，中截面上振幅迅速减小，低于 $1.3Q_n$ 同一监测点处振幅。监测点 B1 及 B2 主频相等，约为 2.5 kHz，是叶频的 25 倍。监测点 B3 及 B4 主频偏向低频范围，其中 B3 处主频为 1.8 kHz，B4 处主频为 2 kHz。对比不同流量下相同监测点处振动主频可以发现，相同位置振动主频不随流量的变化而变化。沿 B1,B2,…,B4 顺时针方向即电动机旋转方向振动幅值呈下降趋势,类隔舌附近点 B3,B4 振幅相等,说明压水室内随液体流动方向泵体的振动减弱。对比中截面上四个监测点低频范围内的振动可以发现,低频范围内 B1,B2 基本无明显振动,而 B3,B4 在全频段保持较高振幅。B1,B2,…,B4 最大振幅为 3.5 mm/s。

监测点 B5,B6 于 B2 两侧对称布置,这两处监测点振幅最大,主频约为叶频的 21 倍。监测点 B7,B8 于压水室出水段两侧对称布置,振动主频与 B3,B4 相当。由 B5,B6,…,B8 各图可以发现,对称位置振动情况类似,说明类球形压水室设计达到预期目的。监测点 B5,B6,…,B8 振动幅值高于中截面上各点,其原因可能是泵轴向振动幅度高于径向。B5,B6,…,B8 四处监测点最大振幅达到 4.5 mm/s。

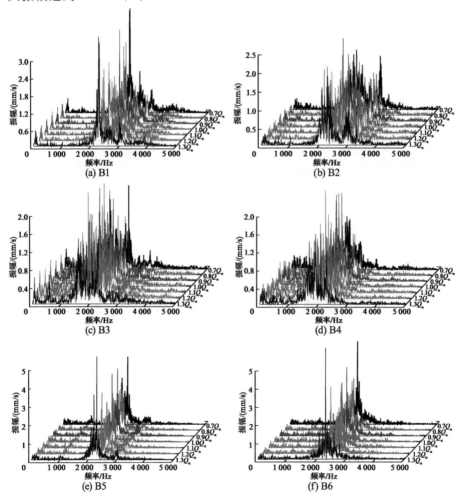

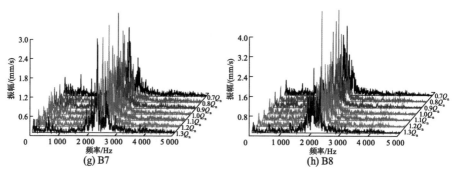

图 11-47　不同流量下相同位置振动频域图

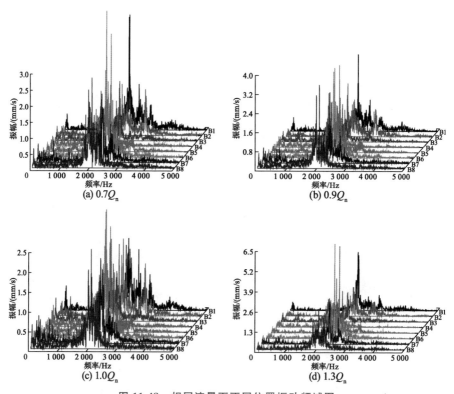

图 11-48　相同流量下不同位置振动频域图

　　综合比较各测点频域图可以发现，B1，B2 处还出现有明显次高频，主频与次高频间相差约 5 倍叶频。综上所述，模型泵在中截面上振动最小，偏离中截面后振动随之增大；各处振动主频均较高，为叶频的 18～25 倍；位于类隔舌附近的监测点在低频范围内振动尤为明显；叶频整数倍频率处均有高振幅，但幅度不一致，说明叶频能明显影响泵体的振动。对比不同流量时各监测点振幅变化情况可以发现，在设计点时均无较大振动，模型泵设计合理；相较而言，大流量下振动大于小流量下振动，随着流量的改变，各监测点振动情况随之发生变化。

图 11-49 为相同监测点不同流量下压力脉动时域图，图 11-50 为对应的相同监测点不同流量下压力脉动频域图。由图 11-49 可知，随着流量的减小，各监测点位置的压力均呈增加趋势，与外特性流量-扬程曲线变化保持一致。除 B5 外，不同流量下各点压力脉动具有相似的周期变化规律，且该处压力脉动幅值远小于其余四点处，仅为 B3，B6，B7 处振动幅值的 1/3 和 B1 处振动幅值的 1/8 左右。

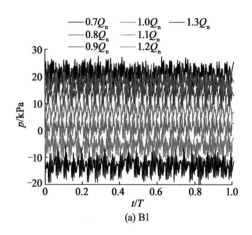

(a) B1

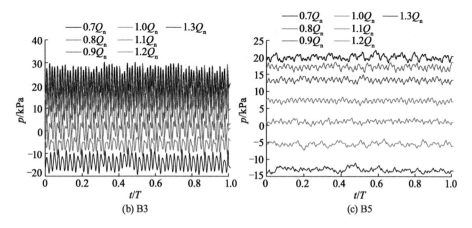

(b) B3

(c) B5

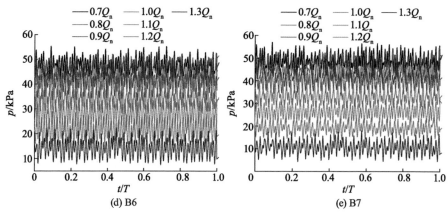

(d) B6　　　　　　　　　　　　　　(e) B7

图 11-49　相同监测点不同流量下压力脉动时域图

由图 11-50 可知,压力脉动振幅最大的监测点是 B1,振幅达到 1.6 kPa。在轴频、叶频整数倍处各监测点均有较高振幅。B1 振动频率在 0～300 Hz 之间,主频在 2 倍叶频处;其余各点频率范围为 0～150 Hz,其中 B5 主频在 1 倍轴频处,B3 和 B6 在 2 倍轴频处,B7 主频为 1.5 倍叶频。各监测点振幅最大值出现在不同流量下,当模型泵运行在设计工况下,各监测点的压力脉动均处于较弱的水平;偏离设计工况后内部流动条件恶化,压力脉动振幅增大,相对而言,偏小流量工况下压力脉动振幅更大。流体依次经过叶轮、导叶、压水室后,在压水室出口位置其压力脉动振幅基本保持不变,见类隔舌处监测点 B3、出口段监测点 B7。

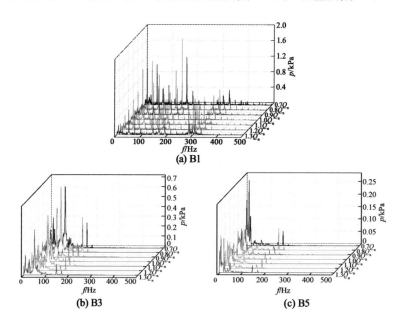

(a) B1

(b) B3　　　　　　　　　　　　　　(c) B5

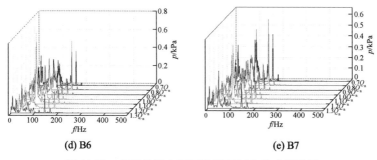

(d) B6　　　　　　　　(e) B7

图 11-50　相同监测点不同流量下压力脉动频域图

（2）瞬态空化下振动、压力脉动特性

对设计流量下运行的模型泵进行瞬态空化试验,试验中记录各监测点的压力脉动及振动信号。图 11-51 为瞬态空化试验中不同监测点压力脉动时域图,图 11-52 为瞬态空化试验中不同监测点振动频域图。模型泵尺寸较小,未运行模型泵体时相邻几个监测点的初始压力接近。当打开真空罐与稳压罐之间的阀门后,由图 11-51 可知,各监测点压力迅速下降,随后降幅减缓并保持稳定。监测点 B1,B3,B5,B6,B7 处压力降幅分别为 77,68,70,81,76 kPa。各监测点压力下降到稳定值所用时间不一致,压力下降过程有快有慢,靠近出口段的监测点 B3,B7 的压力变化最慢,说明空化对泵内部流场的影响至出口段时已大为减弱。

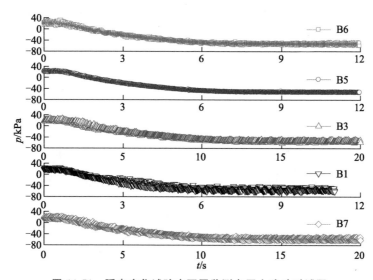

图 11-51　瞬态空化试验中不同监测点压力脉动时域图

图 11-52 为瞬态空化试验中三个不同时刻监测点振动频域图。对比图 11-48 中设计流量下振动频域图可以发现，在瞬态空化试验中各监测点处振幅有所增加，其中 B3，B4 两处增幅最为明显。除监测点 B5，B6 外，其余六处监测点高幅振动频域范围明显变宽。其中，出口段位置的监测点 B7，B8 表现最为显著，在 2～4 kHz 内均有较高振幅。B1，B2，…，B4 为泵体中截面上的监测点，B5 和 B6 偏向泵体两侧，B5 和 B6 振动幅度增幅小于 B1，B2，…，B4，且频域范围变化也较小，说明空化对泵体中截面的影响大于泵体两侧。

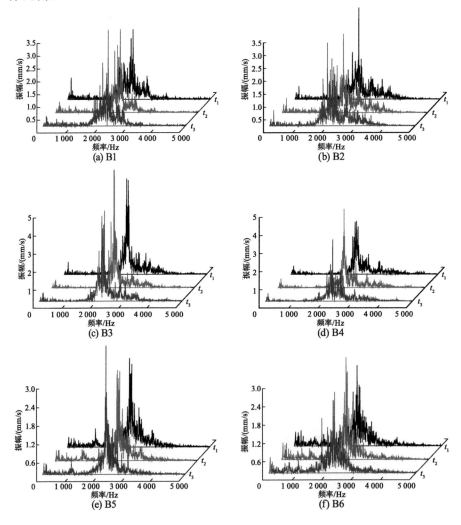

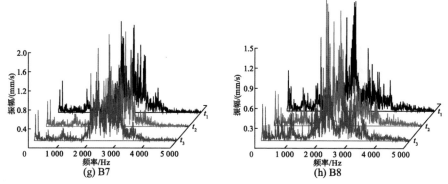

(g) B7   (h) B8

图 11-52   瞬态空化试验中不同监测点振动频域图

参考文献

［1］黄继汤. 空化与空蚀的原理及应用［M］. 北京：清华大学出版社，1991.

［2］Ito Y，Sawasaki K，Tani N，et al. Slowdown cryogenic cavitation tunnel and CFD treatment for flow visualization around a foil ［J］. Journal of Thermal Science，2005，14：346－351.

［3］Cervone A，Rapposelli E，D′Agostino L. Thermal cavitation experiments on a NACA0015 hydrofoil ［J］. Journal of Fluids Engineering，2006，128：326－331.

［4］曹梁. CAP1400 核主泵空化模型研究［D］. 镇江：江苏大学，2015.

［5］陈宗良. CAP1400 核主泵水力设计及瞬态空化特性研究［D］. 镇江：江苏大学，2016.

［6］Launder B E，Spalding D B. Lectures in mathematical models of turbulence［M］. London：Academic Press，1972.

［7］Yakhot V，Orszag S A. Renormalization group analysis of turbulence. I. Basic theory［J］. Journal of Scientific Computing，1986，1（1）：3－51.

［8］Menter F R，Kunts M，Langtry R. Ten years of industrial experience with the SST turbulence model［J］. Turbulence，Heat and Mass Transfer，2003，4（1）：625－632.

［9］Menter F R. Two-equation eddy-viscosity turbulence models for engineering applications［J］. AIAA Journal，1994，32（8）：1598－

1605.

[10] Zwart P J, Gerber A G, Belamri T. A two-phase flow model for predicting cavitation dynamics[C] // Fifth International Conference on Multiphase Flow. Yokohama, Japan, 2004.

[11] Singhal A K, Athavale M M, Li H. Mathematical basis and validation of the full cavitation model[J]. Journal of Fluids Engineering, 2002, 124(3): 617 – 624.

[12] Kunz R F, Boger D A, Stinebring D R. A preconditioned Navier – Stokes method for two-phase flows with application to cavitation prediction[J]. Computers & Fluids, 2000, 29(8): 850 – 872.

[13] Schnerr G H, Sauer J. Physical and numerical modeling of unsteady cavitation dynamics [C] // Fourth International Conference on Multiphase Flow. New Orleans, USA, 2001.

[14] 袁寿其, 施卫东, 刘厚林, 等. 泵理论与技术[M]. 北京: 机械工业出版社, 2014.

⑫

核主泵试验台

12.1 气液两相四象限试验台

12.1.1 试验台的组成

试验泵的额定流量为 120.16 m³/h,额定扬程为 3.429 m,试验转速为 1 440 r/min,比转速为 387,轴功率为 1.258 kW。

试验台系统的输送介质为气液两相流,同时试验台应具有独立的气相管路和液相管路,为此试验台具有流量可调节的气相源和液相源。气液两相四象限试验台系统上测试的外特性物理量包括气相流量、混合相流量、泵进口压力、出口压力、混合前气体压力、温度、混合后混合物温度、泵轴转速及扭矩,其中流量、进口压力、出口压力、扭矩、转速等物理量为在线测量。核主泵的整个试验台系统由液相管路部分、气相管路部分、气液混合部分、泵级部分、排出管路部分、测试仪器部分、调节部分和数据采集部分组成。

(1) 液相管路部分

液相源为非封闭水箱,考虑到气液两相四象限试验中的制动工况与飞逸工况,在液相管路还装有辅助泵,用于改变不同工况下核主泵的入口状态。

(2) 气相管路部分

试验时由空气压缩机输出的气体进入储气罐,然后由储气罐依次经过稳压阀和气体流量计,在气液混合器中均匀混合后进入核主泵,最后由水箱上方排入大气,为防止气液两相压力不匹配而产生倒灌,气相管路中配有单向阀。

(3) 气液混合部分

气液混合装置的气体入口压力明显大于液体入口压力,为使气液两相流进入核主泵前能够充分均匀混合,避免段塞流对核主泵造成冲击,试验台中安装有气液混合装置，以改善核主泵进口端的工况，提高试验的精度。液体从主流管进入混流筒，气体从输气管进入混流筒，混流筒中设有输气隔板，输气隔板的出口端钻有小孔，该混流筒采用多点混合的方式，能够使气液两相均匀混合形成泡状流后进入主泵入口。

（4）泵级部分

泵级部分由模型泵、扭矩仪及相应的传动轴和轴承座组成，模型泵与扭矩仪之间、扭矩仪与电动机传动轴之间均为弹性联轴器联结设计。模型泵由一台额定功率为 1.8 kW 的电动机驱动，额定转速为 1 480 r/min，采用变频器来实现电动机的调速，通过改变电流频率，使电动机转速在 0～1 500 r/min 范围内可调。

（5）测试仪器及数据采集部分

流量测量：由于目前多相流量混合计量的方法尚不成熟，因此本次试验采用气液两相分别计量的方法，其中为了准确计算气体的体积流量，在气体流量计上设有压力传感器。

（6）调节部分

液体流量调节通过泵出口处控制流量的闸阀和进口调节闸阀及旁路系统实现；气体流量调节通过安装在气相管路上的闸阀实现，为了控制多相泵进口气体压力，在储气罐和闸阀之间的管路上装有稳压阀。

图 12-1 为核主泵气液两相四象限试验管路布置图，实线为试验的液相管路部分，虚线为试验的气相管路部分。试验系统只采用一台辅助泵，通过调节管路中的闸阀来完成试验中不同工况的数据采集。

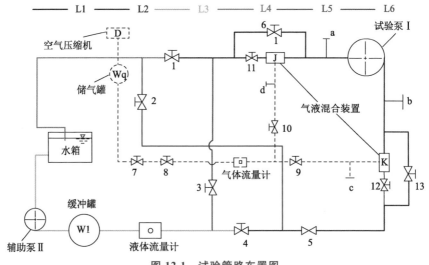

图 12-1　试验管路布置图

12.1.2 试验方法

为了保障气液两相四象限试验台的测量精度及满足试验测量要求,使用的测量仪器如下:一台泵参数综合测试仪(TPA)及±0.5%的电参数测量仪,一台精度为 0.5%的涡街流量计,一台 0.5 级的液体电磁流量计,两个 WT2000 型智能压力变换器,精度等级为 0.5%,量程分别为 0～0.5 MPa 和 -0.1～0.1 MPa,一台 ZJ 型转速转矩传感器等。图 12-2 为核主泵气液两相四象限试验系统,正式试验前应先按试验步骤开泵试运行,检查试验装置各部分是否正常工作,包括检查管线的密封性、设备仪器的调试、试运行调试等;当进行核主泵气液两相四象限试验时,输送介质依次是含气率为 0,10%,20%,30%的气液混合相,应先开启辅助泵,再开启试验泵,且当改变四象限中的运行工况时,应该清空试验泵及相连的连通管路内的液体,排除测压管线中的气体,以消除测压管线中存在气体时对测量精度的影响,记下测压系统的初始读数,从而保证在不同运行工况下核主泵气液两相四象限试验的精确性。其中,正转水泵和正转正流制动工况、正转逆流制动工况、反转水泵和反转正流制动工况及反转逆流制动工况的试验是从小流量向大流量进行的,为关阀启动;正流飞逸工况、正流卡死工况、逆流飞逸工况及逆流卡死工况的试验则是从大流量向小流量进行的,为开阀启动。下面结合图 12-1 对四象限各工况的试验方法进行说明。

图 12-2　气液两相四象限试验系统现场图

(1) 正转水泵和正转正流制动工况

在 0～192 m³/h 流量段,关闭阀门 1,2 和 4,打开阀门 3,5 和 6,先开启辅助泵Ⅱ,再开启试验泵Ⅰ,试验泵Ⅰ关阀启动(叶轮正转),然后通过控制阀门 5 调节试验泵Ⅰ的流量;在大于 192 m³/h 的流量段,选择降低试验转速至 980 r/min 进行试验,根据相似定律,即记录降速后流量大于 130.7 m³/h 的流量段的试验泵进出口压力、叶轮转速和轴功率的实时数据。当流体为含气率 10%,20%,30% 的气液两相流时,应在气相管路部分开启前对储气罐加压,保证储气罐内压力大于 0.75 MPa,关闭阀门 6 和 9,开启阀门 10 和 11,并保证气体流量计处的压强大于泵进口处的压强,控制稳压阀 7 的出口压力为 0.45 MPa,并调节阀门 8 的开度控制气体的流量。

(2) 正转逆流制动工况

在 −132~0 m³/h 流量段,关闭阀门 1,2,3 和 5,打开阀门 4,先启动辅助泵 II,再启动试验泵 I,然后通过控制阀门 1 调节试验泵 I 的流量,并实时监测试验泵进出口压力、叶轮转速和轴功率;在小于 −132 m³/h 的流量段,选择降低试验转速进行试验,根据泵的相似理论,在转速为 980 r/min 时,记录 4 个以上流量工况点的数据。当试验介质为含气率 10%,20%,30% 的气液两相流时,重复以上试验步骤。试验前应该清空试验泵及相连的连通管路内的气液混合相,由于该工况下流体入口压力较大,可适当提高储气罐内的气体压力。

(3) 反转水泵和反转正流制动工况

进行该工况试验时,关闭阀门 1,2,3 和 5,打开阀门 4,先启动辅助泵 II,再启动试验泵 I,试验泵 I 关阀启动(叶轮反转),然后通过控制阀门 1 调节试验泵 I 的流量,并实时监测试验泵进出口压力、叶轮转速和轴功率;在大流量段,选择降低试验转速至 980 r/min 进行试验,并记录 5 个以上流量工况点的数据。当试验介质为含气率 10%,20%,30% 的气液两相流时,重复以上试验步骤。

(4) 反转逆流制动工况

进行该工况试验时,关闭阀门 1,2,4 和 5,打开阀门 3,先启动辅助泵 II,再启动试验泵 I,试验泵 I 关阀启动(叶轮反转),然后通过控制阀门 2 调节试验泵 I 的流量,并实时监测试验泵进出口压力、叶轮转速和轴功率,记录 8 个以上流量工况点的数据;在大流量段,选择降低试验转速至 980 r/min 进行试验,并记录 5 个以上流量工况点的数据。当试验介质为含气率 10%,20%,30% 的气液两相流时,重复以上试验步骤。

(5) 正流飞逸工况

进行该工况试验时,关闭阀门 1,4 和 5,打开阀门 2 和 3,将试验泵 I 与电动机分离,使其处于自由旋转状态,启动辅助泵 II,然后通过控制阀门 2 调节试验泵 I 的流量,并实时监测试验泵进出口压力和叶轮转速,记录 8 个以上流量工况点的数据;在大流量段,选择降低试验转速至 980 r/min 进行试验,并记录 4 个以上流量工况点的数据。当试验介质为含气率 10%,20%,30% 的气液两相流时,重复以上试验步骤。

（6）正流卡死工况

进行该工况试验时，关闭阀门1,4和5,打开阀门2和3,将试验泵Ⅰ与电动机分离，并将泵轴固定，启动辅助泵Ⅱ,然后通过控制阀门2调节试验泵Ⅰ的流量，并实时监测试验泵进出口压力。当试验介质为含气率10%,20%,30%的气液两相流时，重复以上试验步骤。

（7）逆流飞逸工况

进行该工况试验时，关闭阀门2,3和5,打开阀门1和4,将试验泵Ⅰ与电动机分离，使其处于自由旋转状态，启动辅助泵Ⅱ,然后通过控制阀门1调节试验泵Ⅰ的流量，并实时监测试验泵进出口压力和叶轮转速；在大流量段，选择降低试验转速至980 r/min进行试验。当试验介质为含气率10%,20%,30%的气液两相流时，重复以上试验步骤。

（8）逆流卡死工况

进行该工况试验时，关闭阀门2,3和5,打开阀门1和4,将试验泵Ⅰ与电动机分离，并将泵轴固定，启动辅助泵Ⅱ,然后通过控制阀门1调节试验泵Ⅰ的流量，并实时监测试验泵进出口压力。当试验介质为含气率10%,20%,30%的气液两相流时，重复以上试验步骤。

12.2　停机惰转试验台

12.2.1　试验台的组成

试验台采用闭式试验台，图12-3是核主泵惰转过渡过程瞬态测量试验台结构示意图，该试验台包括模型泵、水箱、管路阀门、涡轮流量计和飞轮等。

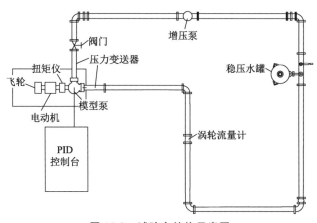

图 12-3　试验台结构示意图

惰转试验现场图如图 12-4 所示。

图 12-4　惰转试验现场图

12.2.2　惰转工况下特性参数的采集

流量的测量:针对本试验台管路选用公称直径为 125 mm 的 LWGY 型涡轮流量传感器(见图 12-5a),涡轮流量计可以直接显示流量大小,同时可以输出 4～20 mA 的电流脉冲信号,采集精度为 0.5 级,流量计安装需要保证前、后直管段的长度,以确保测量的精确性,本试验台流量计前直管段长度为 25 倍流量计内径,后直管段长度为 10 倍流量计内径。由于惰转过渡过程中流量是不断变化的,无法通过流量计直接读取,为了得到瞬时流量,需要通过数据采集卡(本试验采用的是北京阿尔泰科技发展有限公司生产的 USB3200 型数据采集卡,如图 12-5b 所示)来收集惰转过渡过程中的电流脉冲信号变化情况,而数据采集卡一般是通过采集电压信号来完成数据采集的,因此需要转换模块(见图 12-5c)来将电流信号转换为电压信号。在惰转过渡过程中可得到流量随时间的变化关系。

扬程的测量和采集:扬程是单位重量的液体在泵进、出口的能量差。本试验泵进、出口在同一水平高度,进、出口测压截面直径相同,测压管段摩擦可忽略不计,因此可根据进、出口测压截面的压力差直接计算出扬程。试验台泵进、出口测压室压力使用 WT2000 型智能压力变送器(见图 12-6a)进行测量,测量进口静压的压力变送器位于泵进口上游 2D 处,测量出口静压的压力变送器位于泵出口下游 2D 处。其中,进、出口压力变送器量程分别为 $-0.1～0.1$ MPa 和 $0～0.5$ MPa,测量精度等级为 0.2%。测量的进出口压力由 $285-20$ 型数字传感器采集器(见图 12-6b)收集并输入计算机中。

(a) LWGY型涡轮流量传感器

(b) USB3200型数据采集卡

(c) 转换模块

图 12-5　涡轮流量传感器、数据采集卡和转换模块

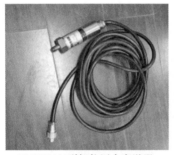

(a) WT2000型智能压力变送器

(b) 285-20型数字传感器采集器

图 12-6　压力变送器和数字传感器采集器

　　电动机瞬时转速的测量和采集：本试验电动机瞬时转速通过 ZJ 型转速转矩传感器（见图 12-7a）完成采集，测量精度为 0.1 级，工作原理是根据磁电转换和相位差原理，将转速机械能量转换成两路有一定相位差的电信号，通过采集电信号来完成瞬时转速的测量。传感器不能单独测量电动机转速，需要有一定的负载，为了保证高测量精度，安装时需要保证被测电动机、泵、传感器三者有较高的同心度。针对传感器所采集的电信号，本试验采用与 ZJ 型转速转矩传感器配套的 WJCG 测功仪（见图 12-7b）进行采集，该测功仪可每 0.02 s 采集一次，在惰转过渡过程中传感器将采集的瞬时电信号传输给测功

仪直接完成瞬时转速的采集,从而得到惰转过渡过程中转速随时间的变化关系。

(a) ZJ型转速转矩传感器　　　　　(b) WJCG测功仪

图 12-7　转速转矩传感器和测功仪

12.2.3　惰转试验内容及试验步骤

为了研究转动惯量和管路阻力对惰转过渡过程的影响,试验内容主要包括三个方面:① 性能优化对惰转过渡过程的影响;② 不同转动惯量的飞轮在额定流量下的惰转瞬态过程;③ 相同转动惯量的飞轮在不同阀门开度下的惰转瞬态过程。

试验步骤如下:

① 优化前后泵特性曲线的采集和惰转过渡过程试验:将阀门开度调到最大,开启泵,待其稳定运行后,调节阀门使其在 $1.2Q_n$ 工况下运行稳定,然后通过泵性能参数采集仪采集各特性参数,分别采集 $0 \sim 1.1Q_n$ 工况下的各特性参数,并重复试验测量三次,完成一组数据采集后,更换叶轮,按上述步骤进行优化后泵的各特性数据的采集。

② 不同转动惯量的飞轮在额定流量下的惰转瞬态过程试验:开启电源开关启动泵(混流泵启动对阀门开启和关闭没有具体要求),调节出口阀门使泵稳定在额定流量点运行,调试各设备使之能正常准确运行,关闭电源开关,保持阀门开度不变,使泵停止运行。分别装配 A,B,C,D 和 AD 五组不同飞轮进行试验,启动泵,使其稳定运行一段时间后,开启测量仪器,关闭电源使泵停止运行,采集惰转过程中的外特性数据,并重复试验测量三次。完成一组试验测量及数据采集后,按照以上步骤进行其他四组不同飞轮及组合的试验。

③不同管阻下的惰转瞬态过程试验:结束不同转动惯量对惰转瞬态过程的影响试验后,装上飞轮 D,进行不同管阻对惰转瞬态过程的影响试验。首先,开启电源开关启动泵,调节出口阀门使泵在 $0.8Q_n$ 工况点稳定运行,开启

测量仪器,关闭电源停泵,采集惰转过渡过程特性数据,并重复试验测量三次,完成 $0.8Q_n$ 工况点管阻对惰转过渡过程影响试验的数据采集。然后,按照以上步骤,通过调节阀门开度,分别完成 $0.9Q_n$,$1.1Q_n$,$1.2Q_n$ 三个工况点管阻对惰转过渡过程影响试验的数据采集。

12.3 卡轴事故工况下瞬态特性试验台

12.3.1 试验台的组成

卡轴瞬态试验系统结构设置为闭式管路系统,主要由试验泵装置、管路系统及动态采集系统三大部分构成。本试验的研究目的在于模拟不同程度下的卡轴事故,实现流量、转速、扭矩、进出口压力脉动等相应特性参数随时间变化的瞬态采集,分析其演化规律及建立相应的卡轴瞬态数学模型,同时为后续的流固耦合瞬变工况分析提供边界条件。

(1) 试验泵装置

试验泵装置如图 12-8 所示,从右至左依次为试验泵、扭矩传感器、电动机、制动器,它们两两之间由弹性套柱销联轴器串联连接。瞬时扭矩和转速的采集选用可连续测量正反扭矩的 TQ660 扭矩传感器,量程为 $-50 \sim 50$ N·m,精度等级为 0.2;电动机为频率 50 Hz、额定功率 2.2 kW 的 Y2 - 100L1 - 4 双出轴电动机;制动器为 FZ100J 磁粉制动器,最大可控扭矩为 100 N·m,对应电流为 2.5 A,精度等级为 0.5。

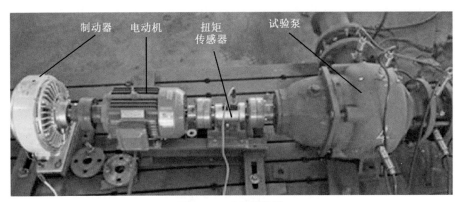

图 12-8 试验泵装置

（2）管路系统

在对核主泵的假想事故安全评定研究中，往往将事故可能发生的最大化程度作为研究重点。为捕捉到更显著的瞬变流动特性，在保证试验系统所需的所有基本功能的同时，要使流动起来的管路流体的动量和冲击最大化，需尽可能地简化管路系统以减少不必要的损失，因此管路仅需保留调节阀、流量计、高位水箱各一个，90°弯头数个及变径管即可。

由于模型泵进、出口管的管径为既定的 $\Phi125$ mm，因此只考虑 $\Phi125$ mm 和 $\Phi150$ mm 两种管路方案，忽略管路湍流振动及阻尼损耗，联立管路流体的能量方程组、动量方程组，结合管路系统中的局部阻力损失、沿程阻力损失及模型试验样机的外特性参数，确定了两套方案：采用 $\Phi125$ mm 管路时，管网长约 29.7 m；采用 $\Phi150$ mm 管路时，管网长约 81.0 m。算得管路流体动量与管长呈正相关关系，管路越长则动量越大，明显第二种方案更优，但由于试验场地受限，最终采取两种管径相结合的方案搭建，总管长 33.5 m，试验台管路系统示意图如图 12-9 所示，试验台管路系统现场图如图 12-10 所示。

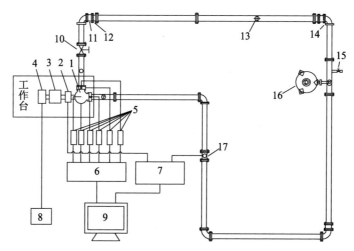

1—试验泵；2—扭矩传感器；3—双出轴电动机；4—磁粉制动器；5—压力变送器；
6—数据采集器；7—采集卡；8—张力控制器；9—计算机（上位机）；10—出口闸阀；
11—管路软接头；12—变径管；13—管路排气阀；14—大半径弯头；15—泄水阀；
16—高位水箱（水箱下游出水口高于整体管路）；17—涡轮流量计

图 12-9　试验台管路系统示意图

图 12-10　试验台管路系统现场图

（3）动态采集系统

动态采集系统由高精度压力变送器、485－20 型数字传感器集线器（见图 12-11）、精度等级为 0.2 的 LWGY 型液体涡轮流量计、精度等级为 0.2 的 TQ660 转速转矩传感器、USB3200 型数据采集卡及计算机组成。其中，泵进口的压力变送器量程为－0.1～0.1 MPa、其余压力变送器量程为 0～0.5 MPa，测量精度等级为 0.2％，采样频率为 1 000 SPS，所有采集到的瞬态数据均传送到计算机上，通过基于美国国家仪器（NI）公司的 LabVIEW 开发的数据采集控制系统实现试验的统一控制和处理。

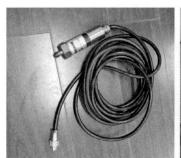

图 12-11　压力变送器及数字传感器集线器

造成核主泵卡轴事故的可能原因有轴承润滑系统故障、转子零部件脱落、联轴器破裂及其他机械故障等。不同的卡轴程度、卡轴部位、卡轴原因下，卡轴持续时间不同，核主泵相应的流量、转速、扭矩等参数随时间的演化规律也不尽相同。本试验主要通过在试验模型泵后串联一个磁粉制动器来实现不同卡轴程度的模拟。试验中需在极短的时间内将转子由额定转速刹停至零，由于磁粉制动器的励磁电流与转矩呈线性关系，可通过磁粉制动器配合张力控制器来控制励磁电流的大小，以实现不同卡轴程度的模拟。磁粉制动器具有滑差转矩稳定、反应灵敏、可操作性强等优点,可以很好地满足本试验的要求。磁粉制动器和张力控制器如图 12-12 所示。

(a) 磁粉制动器　　　　　　　　　　　(b) 张力控制器

图 12-12　磁粉制动器和张力控制器

12.3.2　试验方案及步骤

本试验主要研究不同严重程度的卡轴瞬态工况下核主泵流量、转速、扭矩等外特性参数随卡轴时间的变化规律,同时对核主泵进、出口及泵体典型位置的压力脉动特性进行采集。在进行卡轴瞬态试验前,先进行一次试验泵稳态工况下的外特性试验,稳态下参数通过泵性能参数采集仪器(TPA)采集。下面重点介绍卡轴瞬态试验测试的步骤和实现过程。

试验主要包括以下几个步骤:

① 试验前先对所有仪器进行校准。

② 安装仪器及采集线,调整试验回路至在各要求的工况下均能正常运行,所有测试仪器调整至最佳状态。

③ 启动电动机,调节阀门开度使试验系统在额定流量工况下运行,运行一段时间至平稳状态。

④ 通过控制张力控制器来调整励磁电流的大小,以获得不同的卡轴制动力矩,以此来模拟不同卡轴严重程度的状态,首先将励磁电流调整为 0.00 A,测试试验泵在无制动力矩下的停机惰转瞬态工况。

⑤ 启动数据采集系统开始测试,稳定运行 5 s 后,开启磁粉制动器,制动器与电动机间为双联动开关,制动器开启的同时电动机电源断开,泵机组进入该工况下瞬变运行状态,通过动态采集系统实现该瞬态工况下流量 Q、转速 n、扭矩 M、监测点压力脉动数据的高速采集,待电动机彻底停转 $5\sim10$ s 后停止数据采集,仪器复位。每个工况重复试验 3 次,最后对采集到的 3 组数据做均值处理。

⑥ 重复步骤③～⑤，从小到大依次调整励磁电流为 0.14，0.20，0.25，0.35，0.65 A 进行试验，共获得 6 大组试验数据，对应的试验序号和卡轴时间如表 6-6 试验序号信息对照所示，制动器的制动力矩越大，卡轴持续时间越短，代表卡轴事故越严重。

12.4 瞬态空化试验台

12.4.1 试验台的组成

采用闭式试验台进行模型泵的瞬态空化试验，并使用扭矩法测量泵外特性基本参数。在整个试验过程中要求循环系统与外界大气隔绝，为了保证回路的密封性，需要对试验台部分装置进行改造。图 12-13 为模型泵的试验台原理图，试验台现场如图 12-14 所示。

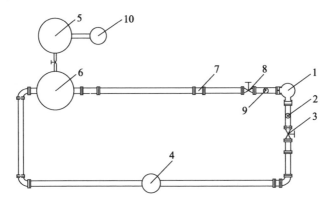

1—模型泵；2—出口段测压孔；3—出口水封阀；4—增压泵；5—真空罐；6—稳压罐；7—液体涡轮流量计；8—进口水封阀；9—进口段测压孔；10—旋片式真空泵

图 12-13　试验台原理图

图 12-14　试验管路现场安装图

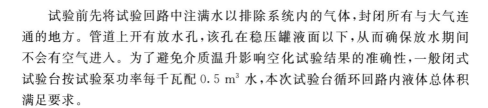

试验前先将试验回路中注满水以排除系统内的气体，封闭所有与大气连通的地方。管道上开有放水孔，该孔在稳压罐液面以下，从而确保放水期间不会有空气进入。为了避免介质温升影响空化试验结果的准确性，一般闭式试验台按试验泵功率每千瓦配 0.5 m³ 水，本次试验台循环回路内液体总体积满足要求。

12.4.2　试验仪器及其参数

① 压力变送器：试验台泵进、出口测压段压力使用 WT2000 型智能压力变送器进行采集。进、出口压力变送器量程分别为 -0.1~0.1 MPa 和 0~0.5 MPa，精度等级为 0.2%。

② 转速转矩传感器：使用 ZJ 型转速转矩传感器并配套 WJCG 测功仪采集泵轴转速、转矩等数据。其工作原理为磁电转换、电相位差。转矩测量范围为 0~50 N·m。

③ 压力脉动采集器：使用 CY205 型压力传感器采集压力信号，由 285 - 20 型数字传感器采集器收集并输入计算机中。通过 Netsensor 软件实时读取压力值并储存。

④ 液体涡轮流量计：采用 LWGY 型涡轮流量传感器，涡轮流量计通径为 DN125，输出 4~20 mA 电流信号，采集精度为 0.5 级。

⑤ 轴运动监测系统：使用本特利轴运动监测系统 ADRE Sxp 软件和 408 动态信号处理仪采集并显示泵体振动数据。

⑥ 泵参数综合采集仪：通过采集仪综合处理泵转速、扭矩、轴功率、进出口压力等数据，得到所需的流量-扬程、流量-效率等曲线。

12.4.3　试验方法和试验步骤

为了验证瞬态空化数值模拟中关于泵内部流场的预测，试验泵泵体上开有一系列测压孔，测压孔布置如图 12-15 所示。模型泵尺寸较小，部分位置由于干涉无法测得压力脉动信息。压力脉动采集时间设置为 120 s，采集频率为 50 ms；轴运动监测系统采集频率为 50 ms。

在瞬态空化试验开始前，预先通过真空泵将真空罐抽至真空。试验开始时打开稳压罐与真空罐之间的阀门抽取稳压罐上方空气，降低泵进口位置压力，从而促使泵发生空化现象。试验中以泵扬程下降 3% 为标准来表示泵临界空化状态。继续降低试验泵进口压力，测得完整的 $NPSH-H$ 曲线。为了准确测得泵空化相关数据，$NPSH-H$ 曲线需确保 8 个点以上，整个试验过程中还需确保泵流量基本不变。

图 12-15　模型泵监测点布置

试验的具体步骤：

① 搭建试验所需管路,关闭进、出口阀门。对泵体和管路进行气密封试验,确保试验回路不漏气。

② 接通电源判断电动机旋转方向是否符合泵运行的要求。试验开始前进行转矩调零试验,即要求空载条件下泵与电动机相连时转矩读数为 0。

③ 试验回路流量稳定后,通过出口阀调节试验流量,对模型泵进行外特性试验。

④ 完成外特性试验后,将真空罐抽至一定真空度后缓慢打开与稳压罐相连的阀门,通过安装在泵进口位置的压力传感器观察压力是否连续降低。调试不同阀门开度对压力下降影响的大小,保证各传感器有足够时间测量泵相关参数。

⑤ 在进行空化试验时,通过相关试验仪器记录数据。采用扭矩法进行泵试验需重复做 2~3 次。

⑥ 完成一个工况点下的试验后,重复步骤①~⑤测量其他流量下泵瞬态空化试验数据。

12.5　液态铅铋介质高温水力性能试验

12.5.1　试验设备

铅冷快堆主循环泵的输送介质为 LBE(液态铅铋合金),介质密度为 10.15×10^3 kg/m³,LBE 在堆芯进口处温度为 300 ℃,在堆芯出口处温度为 400 ℃,可以看出泵的运行温度区间为 300~400 ℃。由于输入介质为腐蚀性较强的 LBE,且泵运行温度高于 300 ℃,为了保温,试验装置设计成封闭式,根据装置容积设置加热功率,设定温度可自动调节,试验时在装置空间部分充入惰性气体,防止铅铋氧化。

由于泵头完全置于高温液态金属中,流量和扬程的测量是有难度的。流量采用靶式流量计测量,型号为 STF - 0100FLCGIASS,材质选用 316L 不锈钢,流量测量范围为 5~140 m³/h(见图 12-16)。靶式流量计对高黏度、高温和高腐蚀性的输送介质有很好的适应性,其工作原理是介质通过测量管时,介质的动能对阻流件(靶)产生的作用力与介质的流速成正比。由于本高温试验为封闭式,流量计的表头电子元件容易受到高温的影响,所以对流量计的颈部进行了加长,使表头伸出密闭空间之外,并在表头下方安装了散热片。

图 12-16　STF 靶式高温流量计

扬程的测量是在闭式试验台泵进口及导叶出口处分别安装压力传感器,压力传感器型号为 1199EFW11C40 高温压差变送器,测量范围为 0~200 kPa,精度等级为 0.5%(见图 12-17)。同样由于压力表头内电子元件容易在高温工况下损坏,压力表采用分离式结构,即表头安置在封闭空间之外,通过特制的毛线管(长度 2 m)传递压力信息。其中,和 LBE 接触的压力感应膜片材质采用耐腐蚀、耐高温的钽,并对压力传递毛线管进行降温(水冷)处理。

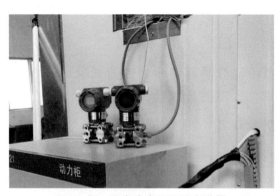

图 12-17　分离式高温压差变送器

12.5.2　高温试验台的设计及试验步骤

解决了流量和扬程的测量问题,下面介绍高温水力性能试验台的设计方案。高温试验台竖直安装在一个密闭保温空间内,墙体采用保温材料填充,保温层厚度为 18 cm,在保温墙内部安装加热装置,流量计和压力变送器的表头都安置在保温空间外部。试验开始前,将上储液罐内部装满固态 LBE,下储液罐为空,下储液罐的主要作用是试验结束后储存管路中的 LBE。为了方便调换上下储液罐的位置,密闭空间的上盖为可拆卸设计,在右侧设有 1 m高的小门,以方便管路的检修。需要注意的是,由于 LBE 的密度很大,在流体向下流动的位置安装了防水锤装置,以保护整个试验管路。在高温试验中,主循环泵最大的难题是密封,本试验台中在主循环泵的轴封位置设计了一个泄压孔,介质通过泄压管路最终流入主管道。在出口阀门处设置液位控制装置,防止上储液罐中储存的介质过多,使 LBE 介质溢出管路。在保温空间内布置多个温度监测模块,并通过温控装置来控制保温空间内的温度,温控柜功率为 10 kW。图 12-18 和图 12-19 分别为高温试验台的外部和内部现场局部图。

试验的具体步骤:

① 搭建试验管路,将充满 LBE 的上储液罐安装到位,此时上下储液罐的阀门均处于关闭状态,主管路出口阀门处于全开状态。首先对泵体和管路进行气密封试验,确保试验回路的密封性,并试运行试验泵,确定电动机旋向,同时完成泵的空载试验。

② 确定试验设备正常后,设置温控柜的温度参数为 300 ℃,对保温空间内部进行加热,同时打开流量计和压力传感器的冷却系统,当保温空间内部温度达到 300 ℃时,试运行试验设备是否正常,对主管路进行密封测试,并调试流量计和压力传感器。

③ 确定试验设备正常后,将密闭空间充满氮气,同时打开上储液罐和液位控制装置的出口阀门(LBE 的熔点为 120 ℃,此时 LBE 为液态),直至 LBE介质充满整个管路,然后关闭储液罐和液位控制装置的出口阀门。

④ 关闭主管路出口阀门,并打开电动机电源,试验泵进行关阀启动。试验从小流量向大流量进行,通过出口阀调节试验流量,对试验泵进行外特性试验,依次完成流量为 $0,0.1Q_d,0.3Q_d,0.5Q_d,0.6Q_d,0.7Q_d,0.8Q_d,0.9Q_d,$ $1.0Q_d$ 和 $1.2Q_d$ 十个工况点的扬程、轴功率和效率的记录。

⑤ 试验结束后,关闭电动机电源,并打开下储液罐进口阀门和液位控制阀门,将管路中的 LBE 存储在下储液罐中。然后通过温控柜关闭保温空间的

加热模块,待温度降低至 80 ℃时,关闭流量计和压力传感器的冷却系统,并关闭所有电源设备。

图 12-18　高温试验台外部现场图(局部)

图 12-19　高温试验台内部现场图(局部)

12.6　SEC-KSB 核主泵高温高压全流量试验台

12.6.1　试验台及试验方法

上海电气凯士比核电泵阀有限公司(以下简称 SEC-KSB)由上海电气与德国 KSB 共同出资设立。为了满足核电厂核安全 1 级核主泵工厂试验要求，SEC-KSB 于 2014 年建成了高温、高压、全流量核主泵试验台(见图 12-20)。该核主泵全流量试验台能够满足各类核主泵的测试要求，可实现核主泵组全流量工厂试验，满足中国先进核电机组——三代"华龙一号"轴封型主泵和"国和一号"CAP1400 湿绕组电动机主泵及 CAP 系列、AP 系列核主泵的全流量试验和相关功能试验的要求。

该试验台设计流量达 30 000 m³/h，设计温度 350 ℃，主调节阀前最高运行压力 178 bar(1 bar＝100 kPa)，供电功率 10 000 kW，能够覆盖全球现有核电厂各类型核主泵试验要求，包括瞬态及连续性耐久测试，试验台管路、支架设计及先进的西门子 PCS7 控制系统，能够满足对复杂系统试验工况下流量、压力及温度的调节和控制。高精度传感器、高可靠性数据采集模块和 KSB 集团专有 Pump Test 分析软件的使用，保证了试验台的系统测量精度，满足 ISO 9906 标准 1 级精度要求。

图 12-20　SEC-KSB 高温、高压、全流量试验台

(1)试验台技术参数

根据主要应用泵型及考虑后续可扩展性，试验台设计技术参数如表 12-1 所示。

表 12-1　试验台技术参数

技术参数	数值
最小运行流量/(m³/h)	2 000
最大运行流量/(m³/h)	30 000
主调节阀前最高运行压力/bar	178
主泵进口运行压力/bar	158
试验台设计温度/℃	350
试验介质	去离子水
主回路材料	主管道 WB36（内部堆焊 1.457 1）
供电电源/kW	10 000
行车吊高/m	21
行车起吊重量/t	100

（2）试验台主要标准

试验台主要标准如表 12-2 所示。

表 12-2　试验台主要标准

序号	标准	名称
1	ISO 9906:2012	回转动力泵　水力性能验收试验　1 级,2 级和 3 级
2	ISO 5167-4:2004	用插入圆截面管道中的压差装置测量流体流量. 第 4 部分:文丘里管
3	EN 13480-3	工业技术管道
4	EN 61508	电-电子-可编程的电子安全相关系统的功能安全
5	EN 61511	功能安全-加工工业部门设备系统安全
6	DIN 18800	钢结构

（3）适用泵型

该试验台可测试二代、二代加和三代核电厂中 SEC-KSB 不同类型的核主泵,包括 RER 型、RSR 型和 RUV 型三种。三种类型的主泵在设计和外观上有着根本的不同。RSR 型和 RER 型主泵水流由底部进入,水平径向排出;而 RUV 型主泵水流由顶部进入,水平径向排出。试验台为各类型主泵设计了相应的接口,三种类型主泵的相关参数如表 12-3 所示。

表 12-3 三种类型核主泵相关参数

SEC-KSB 泵型	RER 型	RSR 型	RUV 型
布置结构	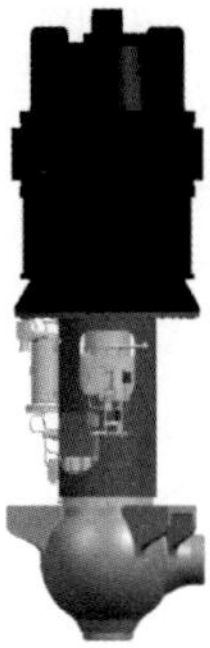	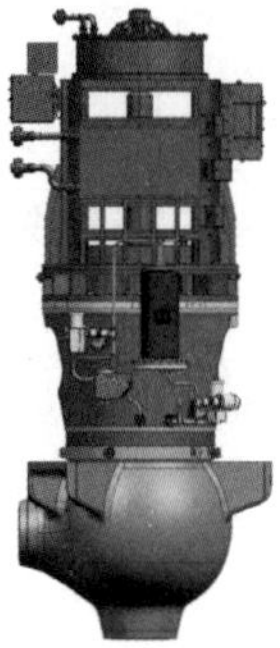	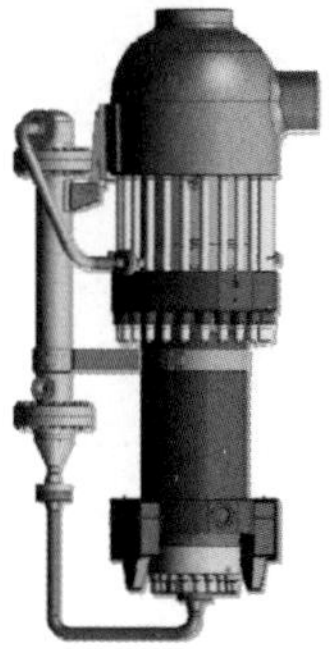
应用反应堆堆型	二代、二代加核电厂	二代、二代加、三代"华龙一号"核电厂	三代 CAP1400，CAP1000，AP1000 核电厂
	压水堆、沸水堆、重水堆	压水堆、沸水堆、重水堆	压水堆
型式	立式、单级、单吸	立式、单级、单吸	立式、单级、单吸
进口管嘴位置	竖直/下进	竖直/下进	竖直/上进
出口管嘴位置	水平	水平	水平
电动机位置	泵上方	泵上方	泵下方
主泵类型	轴封泵（有轴封）	轴封泵（有轴封）	湿绕组电动机泵（无轴封）

（4）试验项目

根据现有核电厂的要求，该试验台能够进行以下试验项目的测试：水力性能试验、连续测试参数、瞬态运行试验。

由于上述三种泵型的结构不同，在具体试验要求上也有所不同。

12.6.2　试验回路系统简介

SEC-KSB 高温、高压、全流量试验回路主要由主回路系统、主回路冷却系统、压力控制系统、去离子水制水系统、注入水系统、设备冷却系统、供电系统组成，如图 12-21 所示。

图 12-21 SEC-KSB 试验回路系统组成

（1）主回路系统

主回路系统流程如图 12-22 所示，主回路为闭式回路设计，主泵通过两个减压阀即主节流阀（序号 9）来调节泵出口的压力和流量。

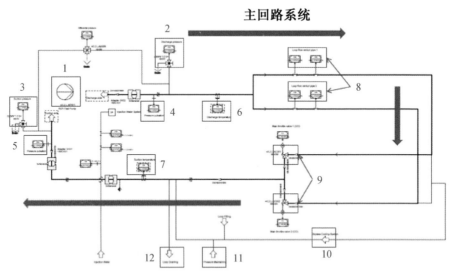

1—被测试泵；2—出口测压；3—进口测压；4—出口压力脉动传感器；
5—进口压力脉动传感器；6—出口温度传感器；7—进口温度传感器；8—文丘里流量计；
9—流量调节阀；10—冷却系统；11—保压系统；12—排水/下泄系统

图 12-22 主回路系统原理图

主泵出口通过DN1 000的管道连接至可拆卸管道连接系统。在可拆卸管道连接系统下游管道通过Y型管分成两路，两路管道经过大约7 m的直管段后连接至文丘里管（序号8，用于测量泵的流量）。在文丘里管下游经过两段180°弯管（管道从上部转到下部）连接到两个主节流阀（序号9）。在文丘里管下游直管段装有排气阀，用于回路注水时排气，此排气阀同样用于主回路冷却系统一次侧的排气。在主节流阀下游经过异径管（DN800/DN1 300）转至下一个可拆卸管道连接系统，进而连接至主泵进口。在可拆卸管道连接系统后，根据主泵类型的不同布置管路系统（见图12-23和图12-24）。在主泵进、出口的公共管段布置有相应的压力和温度测点（序号2,3,4,5,6,7），用于运行状况监测和泵水力性能测量，而泵进口压力测点根据不同泵型有不同的布置。

根据被测主泵的设计参数，关于主泵的入口方向，轴封型主泵入口朝下，湿绕组电动机型主泵入口朝上，为了在同一安装基础上进行两种主泵的测试，巧妙设计采用了共用J型管道（图12-23、图12-24中红色管道）和出口并联回路的方式，极大地节省了空间资源，降低了建造成本，同时提高了流量的控制及测量精度。为了便于不同型式及尺寸的泵型间的切换，创新性地设计了共用管路及泵进、出口侧采用了可拆卸管道连接系统（CSS连接法兰）连接结构。

（2）轴封型主泵管路布置

如图12-23所示，对于轴封型主泵进口侧管道，由可拆卸管道连接系统（CSS连接法兰）与J型管道（图12-23中红色管道）连接而成，其中J型管道由90°直角弯头和可拆卸管道连接系统组成，其后在主泵下侧经直管道到进口。在主泵出口侧，经异径管连接至DN1 000公共可拆卸管道连接系统，然后经Y-1型管、2条直管道、2个文丘里流量计、2个主节流阀、Y-2型管后回至公共管段（DN1 300）的可拆卸管道连接系统，形成了闭式循环回路。

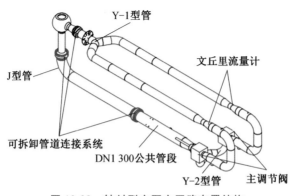

图12-23 轴封型主泵主回路布置结构

（3）湿绕组电动机主泵管路布置

图 12-24 为湿绕组电动机主泵主回路布置图，因主泵电动机在泵的下部，因此泵进口管路布置不同于轴封型主泵，管路系统需要重新布置。在公共管段（DN 1 300）末端可拆卸管道连接系统后，两种泵型采用不同的进口布置方式。为节省管道，对轴封型主泵测试中带 90°直角弯头的 J 型管进行 180°翻转，然后竖直用于湿绕组电动机主泵的进口管道，同时为便于连接和拆卸，增加一段 DN 1 300 主管道，其两端焊有 90°直角弯头及可拆卸管道连接系统，并穿过出口 Y-1 型管，然后从主泵上部通过直管段连接至泵进口。泵出口与轴封型主泵连接形式相同，此处不再赘述。

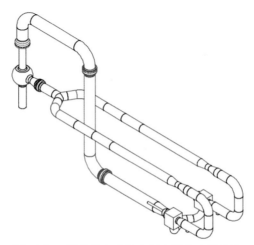

图 12-24　湿绕组电动机主泵主回路布置结构

（4）可拆卸管道连接系统

可拆卸管道连接系统是一种法兰连接形式设计，结构如图 12-25 所示，主要由管道法兰 A、夹持块、锁紧螺栓、管道法兰 B 及可移动护套组成，SEC-KSB 在国际上首次将此种连接结构应用到核主泵高温、高压、全流量试验回路设计中。

（5）主回路冷却系统

主泵试验工况的温度范围广，从 90 ℃（冷态）试验到 290 ℃（热态）试验。冷却系统的功能是带走不同工况下主泵运行产生的热量，需根据设定所需温度的要求来调节换热量，同时冷却系统考虑了特殊工况下系统的安全性和可靠性。

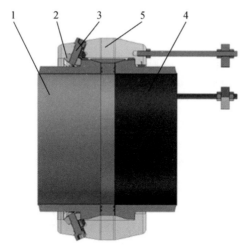

1—管道法兰 A;2—夹持块;3—锁紧螺栓;4—管道法兰 B;5—可移动护套

图 12-25　可拆卸管道连接系统(CSS 连接法兰)

　　根据试验工况对冷态试验温度 90 ℃和热态试验温度 290 ℃的要求,冷却系统采用从主回路节流阀上游引出适量的介质进入冷却系统,经冷态工况试验用或热态工况试验用的换热器冷却后,又流入主回路节流阀下游,因热态工况(系统温度约 290 ℃)较之冷态工况(系统温度约 90 ℃),换热器一次侧(需冷却的试验介质)与二次侧(冷却剂介质)的温差较大,所需的换热面积相差很大,故对两种试验工况分别选用两个不同的换热器,冷却原理如图 12-26所示。

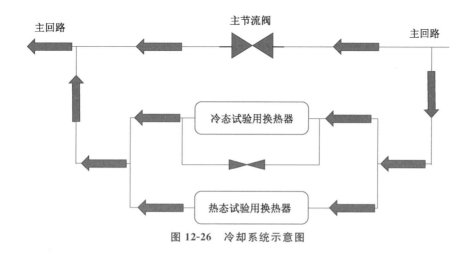

图 12-26　冷却系统示意图

冷态试验用换热器支路上又设有旁路,从冷态换热器前连至换热器出口,并设有阀门。热态试验时,若冷态试验用的换热器管路意外接通,则可通过开启旁路来降低温度梯度,进而降低热应力影响。在换热器前后各设有一个测温点,用以监控换热器的工作状态。

同时,因在主回路加热过程中系统中的水将不断膨胀,为保证系统压力稳定,需要将回路中的高温介质排出主回路,因此在排出支路上又设置了高温换热器,将向回路之外排放液体的温度控制在 90 ℃ 以下,以保证安全。

(6) 压力控制系统(见图 12-27)

为模拟核主泵在核电厂的正常运行工况,需将系统压力维持在 20 bar 和 155 bar 下进行试验,同时需能实现系统的增压及降压。稳压系统为主泵进口管路维持所需的运行压力,并为注入水提供所需的压力,有必要对稳压系统进行安全分析,以尽可能地减少压力对系统安全性的影响。

图 12-27　SEC-KSB 核主泵试验台压力控制系统(蓝色设备为柱塞泵)

稳压系统主要包括三台柱塞泵及各自对应的压力控制阀,为便于维护管路,在柱塞泵上下游均设有手动闸阀,柱塞泵上游设有空转保护装置,各柱塞泵下游设有测压点,测压点后接安全阀。在各柱塞泵出口接到普通管路前均设有止回阀和手动闸阀。在三台柱塞泵出口合流后还设有一个止回阀以确保系统压力不会超过限值,在止回阀前另有一旁路接流量累计仪及测压点,在与三台柱塞泵并联的管路上设有两个旁路阀直连稳压系统的进出口。

在柱塞泵下游减压阀及测压点后,管路分成两支,一支通过快速响应阀连接主回路,另一支连接下游压力控制管路。其中一路分支压力控制管路上依次设有闸阀、测温点,而后经冷却器一次侧过测温点、高压和低压侧手动闸阀及压力控制阀,在压力控制阀后的管路转为低压管路连接储水罐。压力控制采用两并联回路,当其中一路出现问题时,另一路可以正常使用,调压阀为气动阀,动作迅速。

（7）去离子水制水系统

SEC-KSB 核主泵试验台配有去离子水制水系统为主泵试验提供合格的去离子水介质,去离子水制水系统由去离子水的制备、存储及供给系统组成。

去离子水的处理指的是将普通自来水制备成核主泵试验用去离子水的过程。当自来水流经手动闸阀和取样口进入水处理系统后,经增压站、自动可逆流过滤器、隔离开关后进入软化系统,水中所含盐类被析出集中在盐水柜内,而后排入废水中,软化系统后亦设有一处取样口,软化水又经反渗透装置再度处理后进入去离子水罐存储。

（8）供电系统

SEC-KSB 核主泵试验台供电系统能为被测试泵提供如表 12-4 所示的供电方式,SEC-KSB 核主泵试验台是目前国内唯一能够实现核主泵机组全功率在线直起的试验台。

表 12-4　SEC-KSB 核主泵试验台供电能力

泵型	供电方式	备注	供电电压/kV
50 Hz 轴封泵	变压器直连	在线直起	6/6.6/10/11
50 Hz/60 Hz 湿绕组电动机泵	变频器	变频器＋变压器	6.9/10
60 Hz 轴封泵	发电机	发电机＋变压器	6/6.6/10/11

试验台配备的变压器采用 3 绕组型,次级绕组可提供 6 kV 电压,三级可供 10 kV 和 11 kV 电压,供电时均须通过断路器（见图 12-28）。中压开关柜是供电系统的关键设备,通过开、断各断路器,可安全有效地控制各设备供电。

（9）水力性能数据采集及处理系统

在核主泵试验过程中,为保证泵在不同工况点的稳定运行,泵的运行参数（Q, p, M 和 n）必须保持稳定。泵性能相关参数的测量、采集及分析由 SEC-KSB 专有分析软件 Pump Test 自动进行。在测量稳定工况点的运行参数时并不关注瞬时测量数据,而是关注该工况点运行数据平均值。试验结果将在软件的显示界面上显示,并输出存储在客户记录中。通过 Pump Test 软件进行测量和计算的泵性能相关数据（例如进出口压力、扬程、流量、空化余量、泵轴输入功率和效率等）同样可以记录和存储。

泵性能数据采集系统结构如图 12-29 所示,可以实现数据采集、在线计算、在线显示、数据存储及性能评估。Pump Test 操作界面如图 12-30 所示。

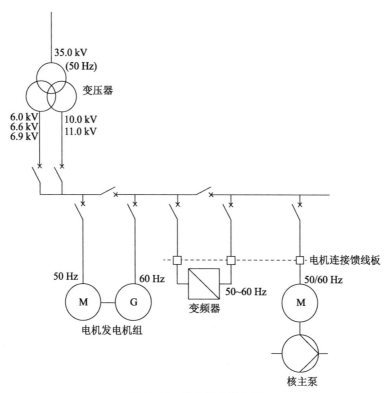

图 12-28　供电系统结构图

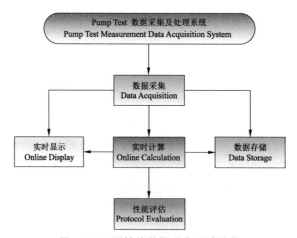

图 12-29　泵性能数据采集系统结构

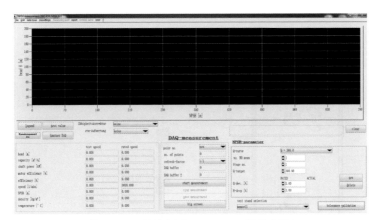

图 12-30　性能测试 Pump Test 操作界面

　　所有用于泵性能分析的参数（除功率 P 外）将通过高精度控制器 Gantner 进行采集并在 Pump Test 软件系统中进行计算分析。电机的功率通过 Yokogawa 功率计进行测量。Pump Test 软件实现的功能：能够实时地测量、计算、显示和保存数据，在 ISO 9906：2012 标准规定范围内自动计算和评估泵的性能数据；能够完成数据的离线展示、存档及输出，测量及计算的数据可直接导入 Excel，PDF 或其他软件设备中。

　　（10）试验台控制系统

　　SEC-KSB 核主泵试验台采用西门子 PCS7 控制系统，其结构如图 12-31 所示，试验台的自动化及仪表监测都由 PCS7 实现。PCS7 控制系统由多种 S7-400 控制器（PLC）及其 ET200 远程模块组成。所有的仪表通过 PA 现场总线传输信号，而所有的控制模块通过 DP 总线连接。同时，PCS7 DP 总线集成有湿绕组主泵变频器控制系统、MV 继电保护、电机控制装置、低压柜主断路器和两个 UPS 不间断电源的控制。

　　试验台的数据记录、试验准备和泵安全相关信号的监测都由西门子 PCS7 控制系统来完成，以保证泵的安全启动、稳定运行及安全停机，特别是保证泵的水力性能测试，整个传动系统（主电源、电动机、泵或变频器）和其他必要辅助系统（冷却系统、压力控制系统和注水系统等）的安全稳定运行。所有安全相关的控制、调节以及故障准则都集成在控制系统中。故障准则即安全矩阵，包括报警、暂停、停机和紧急停机值。

　　泵各运行流量点的数据采集及分析由独立并行的 Pump Test 数据采集及分析系统完成。Pump Test 软件安装在独立的计算机上。试验台自动控制系统功能完备且独立于 Pump Test 数据采集及分析系统。所有用于控制、调

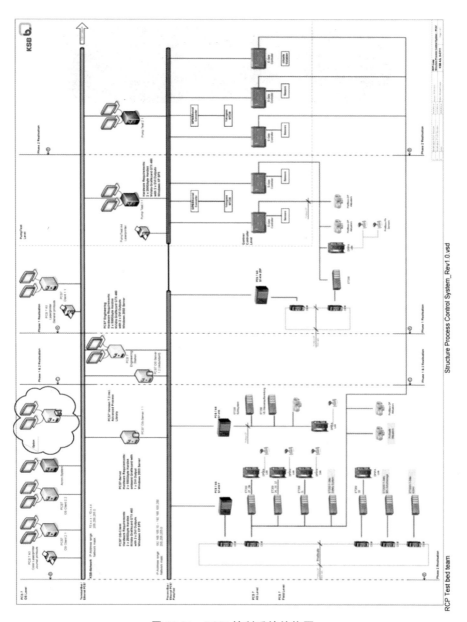

图 12-31　PCS7 控制系统结构图

节和启停的泵测量数据将通过总线同时传输至 Pump Test 数据采集及控制系统。通过 Gantner 控制器的 DP 总线将泵测量数据传输至控制系统中以显示和存档。对于仪表和传感器传输的数据，由 Gantner 的 I/O 模块独立记录，并不会影响 Pump Test 软件的运行。Pump Test 软件与 Gantner 控制器之间的通信通过 TCP/IP 协议网络完成。循环缓存保证了多个测量数据的快速读取(达到 1 ms)和较高的测量精度(19 Bit)。用于泵性能判定的数据的平均值和计算由 Pump Test 软件实现。对于 PCS7 控制系统中记录的数据,可通过 DP 总线和 Gantner 控制器传输至 Pump Test 作为参考数据,而 Pump Test 中计算或处理后的数据是无法通过 DP 总线或其他接口传输至自动控制系统的。

12.6.3 试验台安全设计

安全设计是指为预防事故的发生而进行的设计对策,同时也包括事故发生后的应急措施。以下是针对试验台可能发生的事故工况展开的对应的试验台安全保护设计及应急措施。

(1)风险评估

反应堆冷却剂主泵试验台设计压力为 180 bar,设计温度为 350 ℃。试验介质为本身危害极低的去离子水(人体大量饮用亦无大碍),若分析危害源,去离子水水质因素可忽略。

可能发生的事故主要包括系统压力超过限值、系统温度超过限值、系统压力过低、温度梯度过大导致材料失效、去离子水供给不足、维护不当、断电等,如预先没有做好安全计划,设置安全防护系统,则上述事故很有可能对人员、设备造成损伤。

① 系统压力超过限值

系统压力超过限值指的是试验台管路系统压力超过了管路的设计压力。

② 系统温度超过限值

系统温度超过限值指的是试验回路中介质的温度高于设计温度 350 ℃。

③ 系统压力过低

系统压力过低是指试验台管路系统内压力值低于对应温度下的水饱和压力(或低于设定压力值),发生汽化。

④ 温度梯度过大导致材料失效

材料失效是指试验台管路的磨蚀超过设计预期。

⑤ 去离子水供给不足

去离子水供给不足是指试验台回路或注入水系统供水不足。

⑥ 维护不当

若系统设备、仪表未能按期正常维护,则可能导致上述系统压力超过限值或去离子水供给不足等事故的发生。

⑦ 断电

安全系统的相关重要部件均需配有独立电源,当正常供电失效后,备用电源将自行启动,以确保试验台断电后无危险状况发生。

（2）试验台设计标准

试验台设计之初,应预先对可能出现的危险进行分析及评估,根据分析结论计算并选用适当的材料和组件,使试验台严格按照相关的标准要求建造,以确保其安全运行。

试验台建造执行的标准如下：

① 管道的设计按照 EN 13480-3（《工业技术管道》）。

② 不同类型的焊接接头完全按照对应的程序规范进行焊接。

③ 测量和控制仪表的计算和设计按照 EN 61508（《电-电子-可编程的电子安全相关系统的功能安全》）和 EN 61511（《功能安全-加工工业部门设备系统安全》）。

④ 回路配套基础设施的钢结构的计算和设计按照 DIN 18800（《钢结构》）第一部分和第二部分。

此外,部件的设计选用需按照下列标准：

① EN 12952《水管锅炉和辅助设备》。

② EN 12953《锅壳锅炉》。

③ EN 13445《压力容器》。

试验台管道和部件按照正常运行工况下低压和高压条件及相应安全系数进行设计,从而可确保试验台的安全运行。系统中的监控设备能够记录和纠正压力和（或）温度的增加和减少,以保证试验参数的有效性。

（3）降低压力超限风险的结构性措施

设计上考虑重要压力测点位置,设置三个压力传感器,通常这三个压力传感器的测量值是基本一致的,若由于失效或者损坏导致其中一个传感器测量值不准确,则三取二的设计方式会采用其他两个传感器提供的正确数值,即两个测量准确的传感器会"淘汰"另外一个错误或者不准确的传感器。如果有一个传感器的数值产生偏差,则有一个报警器报警；如果有两个或三个传感器的数值产生偏差,则预设的安全程序（差异监视）将自动启动。

（4）降低温度超限风险的结构性措施

如果监控设备失效,则回路中的温度将会因为不同的原因而升高（取决于哪个部件失效）。如果管路中的流量保持不变,则温度升高会导致压力增加。运行过程中,回路中各处的压力并不都一样。其中,某些部件进行增压（泵）,而某些部件进行减压（管路、节流阀和文丘里管）。减压部件会将压能转化为其他形式的能量,如热能、动能、声压能等。能量大多转化成热能,转化的热能将会导致试验介质(去离子水)温度进一步升高。能量转化成动能的部分则会导致流速的增加,进而可能影响管路的振动与位移;这部分能量又能部分转化为热能。转化的声压能使不同频率下的噪声增加。

预设的安全装置功能相当于一个温度限制器,它包括温度传感器,以及控制单元和执行器。温度传感器测点设在回路中有可能产生最高温度的位置,即主回路节流阀出口、管路重新聚合处。

(5) 辅助安全措施

在回路的最低位置点设有一个带可控安全阀的管道,必要时,回路的热量可在 1 h 内释放。

如果发生地震或者其他可能威胁到系统机械完整性的事故,安全阀可以通过手动(按钮、开关)或者通过传感器(如在设置点触发振动传感器)打开。

压力的降低过程不是线性的。在安全阀打开的短时间内,压力只会降低几巴。当热量按照线性关系降低时,会出现压力随着时间缓慢降低这种不相称的情况。在这种情况下,直至压力完全泄完并且热量全部散走之后,安全阀才会关闭。

除上述措施外,安全阀还会在设定的限值下自动打开。该功能通过气动控制装置记录三个内部压力开关的压力来执行,当压力超过限值后,弹簧式安全阀打开,通过注入压缩空气使压力达到安全范围。安全阀设置的压力限值要高于安全设备对应的设置压力,这样安全阀会在安全设备失效前打开。安全设施相对于过程控制系统是独立的。

在多余的压力被消除之前,系统热量是通过顶部的管道释放的;然后安全阀重新关闭。在此过程中,泵和其他设备不会停止,除非已经由安全设备使其停止(如压力等)。

(6) 紧急停机

作为安全设计的额外辅助措施,系统装有两个紧急停机方式,并配有多个开关点,操作人员可以通过操作开关使系统处于安全状态。

方式 1:切断所有设备(包括测试泵和测试电动机)的控制信号及电源。重置控制信号、激活相应操作模块。

方式 2:仅切断试验主泵电动机的电源。

(7) 最终风险评估

通过采取上述安全措施,试验台发生事故的风险已大幅降低。采取的措施旨在提高安全性并综合考虑经济因素,从技术安全角度看,负责安全系统的开发团队成员认为该系统可以在目前的安全设计下正常运行。

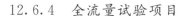

12.6.4 全流量试验项目

综上所述,SEC-KSB 建造的高温、高压、全流量核主泵试验台按照 ISO 9906:2012 及二代、二代加和三代核电厂中不同类型的核主泵的试验要求设计和建造,能够完成对核主泵机组的各种要求工况的试验。

试验台采用的管路和支架设计及先进的西门子 PCS7 控制系统,能够满足对系统试验工况下流量、压力和温度的调节和控制;高精度传感器、高可靠性数据采集模块和 KSB 专有 Pump Test 分析软件的使用,保证了试验台的系统测量精度;同时,为保证试验台的安全运行,进行了充分的安全分析。

先进压水堆核电厂核主泵的质量及性能可通过出厂前的全流量试验进行检验和确认,全流量试验回路应能模拟核电厂中核主泵寿期内可能经受的所有工况,首台泵进行不少于 200 h(新研发的主泵要求不少于 500 h)的高温、高压、全流量试验,以确认核主泵各项性能指标是否达到设计要求,控制回路能否有效动作,各项连锁保护设计是否合理、能否准确及时地动作等,这些都是考验核主泵试验的重要指标。

核主泵全流量试验台的升温依靠主泵转动功耗升温,与核电厂基本相同,降温则通过最终热阱即室外空-水冷却器散热。表 12-5 中总结了典型压水堆核主泵全流量试验项目。

表 12-5　核主泵全流量试验项目

序号	试验类别	试验项目
1	水力性能试验	流量-扬程/功率/效率曲线测试
2		空化试验
3		压力脉动测试
4		温升试验
5		负载滑差试验
6		泵启停试验
7	连续测试参数	泵轴振动
8		泵轴承特性
9		泵轴封特性
10		电动机振动
11		电动机温度
12		电动机冷水流量
13		电动机位置监测
14		电动机转速测量

序号	试验类别	试验项目
15	连续测试参数	电动机功率测量
16		试验回路监测
17	瞬态运行试验	高压冷却器断水试验
18		油冷却器断水试验
19		注入水断水试验
20		高压冷却器断水及注入水失水试验
21		高压冷却器一次侧断水试验
22		失电试验
23		反转试验
24		泵反转正启试验

在核主泵正式试验之前,为保证试验项目的全面性和完整性,通常会组织行业专家对主泵的试验项目进行审查和评审,因此,应综合考虑主泵的功能要求、系统瞬态、机组运行、解体检查等安全相关要求,合理设置相应的试验内容,能够覆盖主泵设备规范书的要求。主要试验内容包括:

(1)流量-扬程/功率/效率曲线测试

流量-扬程/功率/效率曲线测试用来验证主泵规定的性能数据。通常包括泵在工作温度 100 ℃以下的冷态试验和在额定温度(约 290 ℃)下的热态试验。

(2)空化试验

此试验的进行是为了测定泵空化性能曲线。所需的最小必需空化余量为 $NPSH_3$(扬程下降 3%)。

(3)压力脉动测试

进行此试验的目的是确定由叶片通过频率引起的泵压力脉动的最大振幅值,以及从泵设计角度是否需要考虑压力脉动对泵运行振动的影响。

(4)温升试验

额定载荷和额定冷却条件下,确定电动机绕组温度。

(5)负载滑差试验

测定转子转速与同步转速之差即滑差。

(6)惰转试验

考虑到安全方面的原因,断电后要求主泵可驱动主冷却剂继续通过反应堆芯并持续一定的时间。

(7)失电试验/泵备用

进行此试验的目的是验证泵失电后的安全运行。

（8）降压挂起试验

电网提供运行点电动机电源。由于无法人为干预进行变化，电网频率和电压均不恒定。为了试验电动机能承受电网电源波动，电动机应能承受额定运行点以外的波动而无任何损伤。电网的波动由变频器（VFD）模拟，并且不应超过试验回路限值。

（9）丧失设备冷却水试验

进行两次丧失设备冷却水试验（一次 30 min 试验，一次 24 h 试验），此试验的目的是验证泵在丧失设备冷却水后的安全运行。

（10）反转运行试验

通过此试验证实主泵反转运行的可能性。

（11）反转正向启动试验

进行此试验以验证变频器在泵反转状态重新启动的可能性。

（12）振动测量试验

为得到试验泵的机械、水力运行特性，振动测量值应与水力试验同一时间记录。通过把振动测量设备安装在轴承支架上，在三方向（水平、竖直及轴向）进行振动的测量。测量值为振动速度均方根 rms（或峰-峰振动值，单位为 μm）。

（13）正转载荷推力试验

进行此试验是为了通过目视检查确定在正转情况下电动机推力轴承的功能。

（14）反转载荷推力试验

进行此试验是为了通过目视检查确定在反转情况下电动机推力轴承的功能。

（15）可运行性试验

进行此试验是为了试验泵在核电厂的典型（有代表性）运行工况（实际的温度、压力、扬程和整个流量范围内）下的水力性能和所需的输入电功率。新研发的首台泵应累计运行 500 h 无故障。

（16）循环试验

此试验是为了验证主泵在长周期应力作用下的安全运行。核主泵机组应进行 50 个循环无故障运行。

（17）解体检查

性能试验后、进行清洁前，对主泵-电动机机组解体，并对所有零件进行目视检查。

12.6.5　典型类型核主泵结构图及试验台

典型类型核主泵结构图及试验台如图 12-32 至图 12-37 所示。

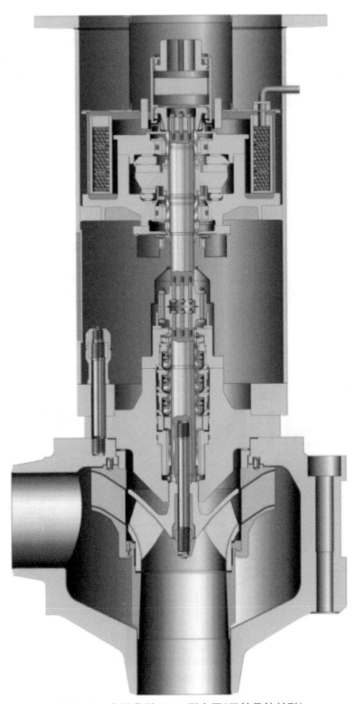

图 12-32　主泵类型：RER 型主泵（四轴承轴封型）

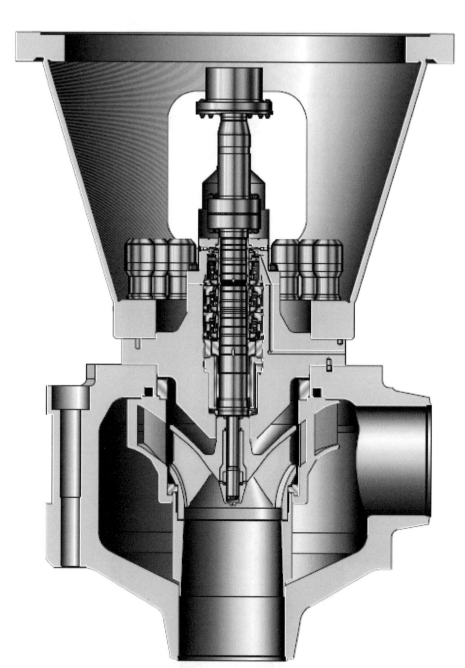

图 12-33　主泵类型:RSR 型主泵(三轴承轴封型)

图 12-34　主泵类型:RUV 型主泵(无轴封型)

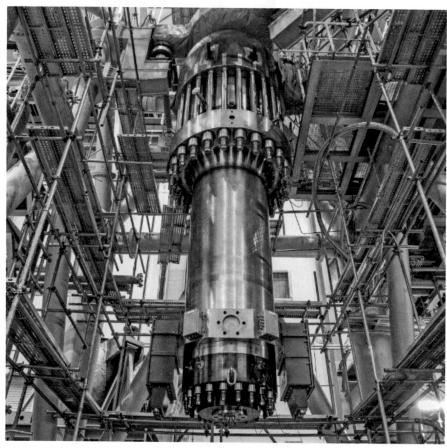

图 12-35 "国和一号"CAP1400 湿绕组电动机核主泵安装于测试台

图 12-36　RER/RSR 型主泵试验台安装布置

图 12-37　RUV 型主泵试验台安装布置